KB134739

플랜트 엔지니어링
공사 실무

Plant Engineering Construction practices

저자 **김재희**

도서
출판 **건기원**

머리말

플랜트 분야의 전문가로 30년 이상을 설계, 공사, 감리, 관리(PM/PD), 영업 업무를 수행하면서 플랜트 분야의 마땅한 지침서라고 할만한 전공도서나 실용도서가 없음을 안타깝게 생각한 끝에 그동안 쌓아온 플랜트분야 사업수행 전반의 경험과 프로젝트 수행 방안을 요약하여 정리하고자 하였다.

해외 플랜트 700억 달러(2014년) 수주 시대를 맞으며 본 도서가 영업, 엔지니어링, 조달, 건설(시공), 사업관리 등 전 부문에서 참조될 수 있는 귀중한 지침서가 되었으면 한다.

플랜트 및 엔지니어링 사업은 수주 산업으로 초기영업, 수주를 거쳐 사업의 종료 후 고객에 대한 미래의 가치성 및 신뢰성 확립까지 긴 과정을 거친다. 수주의 중요성 뿐만 아니라, 수주된 project의 효율적인 사업수행 및 시공관리를 통한 고객과의 상호간 이익을 이루어야 함이 수주산업의 궁극적인 목표라 할 수 있다.

이를 위해선 project의 실질적 수행 못지않게 project의 정확한 초기방향설정이 무엇보다 중요하다고 생각된다.

수주를 위한 고객접점에서 활동하는 영업부문, 사업관리 부문, 시공부문, CM부문 등 project 수행에 있어, 전반적인 주요 초기방향설정 과정과 관리 등 프로젝트 운영 시스템 전반에 대하여 정리하였다.

본서는 필자가 그동안 근무한 직장 및 현장에서 얻은 정보와 자료, 플랜트분야 각계각층의 연구 및 실행보고서 등을 참조하여 플랜트수행 과정을 단계별로 구성하였다.

아무쪼록 본서가 플랜트분야 전 과정을 두루 이해를 통하여 꾸준한 자기계발과 개개인의 능력향상에 유익한 실용서가 되기를 바란다.

끝으로, 본서의 발간을 위해 조언과 자료지원을 해준 모든 분들께 감사드립니다.

2015. 02. 25

저자 김재희 교수/기술사

Contents

Chapter 05 프로젝트 수행단계

Chapter 06 사업관리(CM)의 역할과 책임

Chapter 07 공사 수행

Chapter 08 공사관리 메뉴얼(FOR REFERENCE)

Chapter 09 JOB 관련자료의 정리 및 최종보고서(JPR 사례)

Contents

Appendix 부록

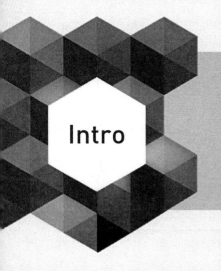

국내 플랜트산업의
현황과 미래전략

Intro

연구 발표자 : 김재희 교수/기술사

한국산업기술대학교 기계공학과

2014년 12월 12일

국내 플랜트산업의 연왕과 미래전략

연구배경 및 필요성

1. 국내,외(해외) 플랜트산업의 환경변화

2. 우리나라 플랜트산업의 강,약점(SWOT)

3. 플랜트산업의 트랜드

4. 부가가치 측면에서 플랜트산업

5. 국가 및 기업 차원의 전략 (국가의 지원정책 이나 제도)

6. 우리나라 플랜트산업의 집중화 (전략분야)

7. 맺는 말

*. 향우 정책 연구과제
1. 우리나라 플랜트 산업의 발전 모델
2. 플랜트산업의 고도와 전략
3. 플랜트 수출 다변화 방안 및 신흥시장 수주전략
4. 한국 플랜트 EPC 기업의 연재와 미래 전략
5. 플랜트산업전망과 국내플랜트 기자재 업체의 경쟁력분석(강화방안)

자료 조사

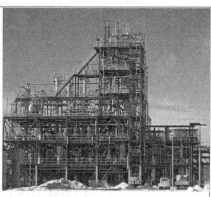

1. 산업연구원 자료

2. 월간산업경제동향 자료

3. 한국플랜트산업협회 자료

4. 한국엔지니어링 산업협회 자료

5. 해외건설협회 자료

6. 한국산업기술진용원 자료

7. 지식경제부 / 한국엔지니어링 진용협회 자료

8. 한국대표엔지니어링 기업 플랜트분야 관련 실적 및 자료

9. 기타 논문, 연구보고서(플랜트시장의 동향 및 분석)자료

참조자료

1. 플랜트산업 전망과 국내 플랜트 기자재업체의 경쟁력 분석(경제동향분석)

2. 산업기술 로드맵 : 플랜트/엔지니어링(지식경제부/한국산업기술진용원)

3. 엔지니어링 국제경쟁력 강화방안 연구(한국엔지니어링 진용협회)

4. 세계 경기침체에 대응한 플랜트 수출 다변화 방안 및 신용시장 수주구조 연구
   (한국플랜트산업협회)

5. 엔지니어링산업백서(한국엔지니어링 협회)

6. 주요국의 플랜트산업 육성정책과 시사점 (산업경제분석)

7. 기타 연업수행 경험 자료, 경제동향 분석 자료, SITE 자료 등

플랜트는

발전, 담수, 정유, 석유화학, 원유 및 가스처리, 해양설비, 환경설비 시설등과 같은 산업기반시설과 산업기계, 공장기계, 전기 통신기계 등 종합체로 생산시설이나 공장을 의미

따라서,

플랜트건설이란 ?
   종합적인 구조물 옥은 장치, 시설의 건설을 의미

플랜트엔지니어링은
   기계 및 전기 그리고 제어장치 등의 설치가 수반되는 생산 및 처리 등의 산업시설물 공사를 설계에서 부터 설비설치공사까지 전체과정을 일련의 순서에 따라 수행.

플랜트는 일반적으로 용역계약자가 단순이 시공만을 담당하는 것이 아니라 설계(Engineering)와 구매(Procurement), 시공(Construction) 등을 일괄제공(Turn-key)하는 EPC 방식으로 사업이 이루어지고 있어 일반제조업과 서비스업의 특징을 동시에 가지고 있는 산업이다.

최근 국내의 플랜트
   프로젝트의 거의 대부분이 Turn-key 방식으로 발주하는 추세이기 때문에 Turn-key 수행능력이 플랜트 시장에서 경쟁력을 확보할 수 있는 주요 요소가 되고 있다.

플랜트산업의 정의

-. 플랜트란 발전소나 정유공장과 같이 기계와 장치를 기술적으로 설치하여 생산자가 목적으로 하는 에너지나 제품의 원료 또는 중간재, 최종재를 생산하는 설비

-. 플랜트.엔지니어링 산업은 플랜트를 기획.수주, 설계(Engineering)하고 필요한 자재를 조달 (Procurement)하여 시공(Construction)하는 EPC 전반에 관련된 복합 엔지니어링 산업

-. 구매.조달의 주 대상인 플랜트 기자재 산업을 포함

-. 플랜트 엔지니어링 산업은 플랜트를 건설하기 위한 연구.기획, 타당성조사, 개념.기본설계(FEED, Front End Engineering and Design), 상세설계, 구매.조달, 시공, 감리, 유지.보수 등의 활동 전반을 포함

연구배경 및 필요성

플랜트산업은
1. 장기적인 투자와 지원이 절대적으로 필요
2. 핵심 인력양성과 높은 진입장벽 돌파가 이루어져야 성장
3. 플랜트는 타 산업에 비해서 R&D 규모가 크다.
4. 기술개발 목표 달성에 대한 위험부담도 크기 때문에 민간 차원의 기술개발이 용이하지 않아서 정부 차원의 전략적 기술개발 노력이 필요.

미국은
자원관련 메이저 업체를 중심으로 극지 자원개발에 적극적인 미국은 국가 차원에서 극지 환경보전과 국가 간 협력체계 강화 등을 통해 부가가치 위주 플랜트 선점

러시아를 포함한 노르웨이 등
유럽국가들은 지정학적 우위와 극안환경 해양플랜트 부문에 대한 기술력을 바탕으로 북극 등 극지 자원개발과 시장참여에 적극
일본은
정부 차원에서 종합적인 육성정책을 마련함과 동시에 업계 차원에서 유럽업체들과의 협력
중국은
정부 차원의 플랜트산업 육성정책을 다양한 관점에서 시행
싱가포르
정부와 기업이 협력하여 산업발전 정책공동 수립 시행

선진국은 물론 후발국들의 관련 정책을 감안할 때, 우리나라도 플랜트분야 고부가가치 시장을 주도할 수 있는 한국형 성장모델 구축이 필요.

1. 국내,외(해외) 플랜트산업의 환경변화

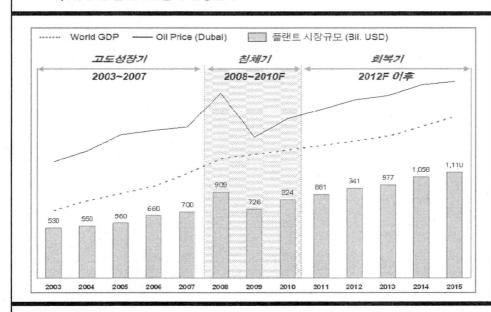

1.국내,외(해외) 플랜트산업의 환경변화

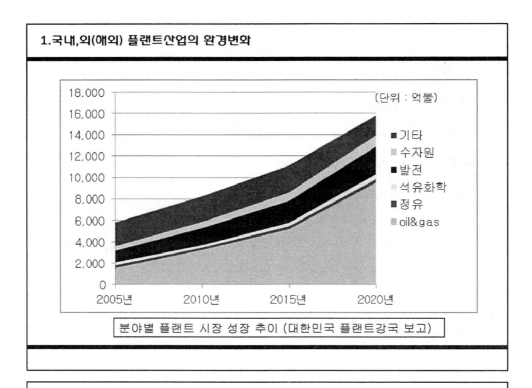

분야별 플랜트 시장 성장 추이 (대한민국 플랜트강국 보고)

1.국내,외(해외) 플랜트산업의 환경변화

구분	주요 동향	주요 이슈
정책/ 제도적 요인 (Political)	글로벌이슈 대응강화	기후변화관련 글로벌 이슈 해결에 있어 플랜트엔지니 어링 중요성 증가
	규제 및 리더쉽 강화	환경규제 및 제조자의 법적 책임 강화
		국제적인 데이터모델 표준화 강화
경제적 요인 (Economical)	글로벌 금융위기대응	플랜트의 공공발주 다소 완화
		발주자 중심으로의 시장회귀
	신흥 시장확대	중동, 동남아, 남미 등 신흥시장이 성장 주도
		급성장중인 에너지자원플랜트 협력강화
		무역장벽 완화를 위한 FTA강화
	세계시장의 경쟁심화	가격경쟁력과 기술경쟁력의 충돌
		플랜트 선진국의 고부가가치시장 독점
		후발국 경쟁력 강화에 의한 포지셔닝트랩 심화
		EPC공사 수주패턴의 고부가가치화 추구
	규모경제를 통한 글로벌 과점화	핵심사업의 컨소시엄 수주확대
		전략적제휴 및 M&A등 글로벌 카르텔화
		투자개발형 프로젝트 진출 활성화
		프로젝트 파이낸싱의 중요성 증대

1.국내,외(해외) 플랜트산업의 환경변화

사회/ 문화적 요인 (Social)	Glocalization (현지화 정책강화)	현지화와 글로벌화의 통합 조화 요구증대
		현지인력 및 기자재사용요구 확대
		현지조직의 독립적 성장화
	사회환경적 의식제고	공공 및 지역이익 갈등의 조정역할 증대
		상호 문화적 이해 및 융합
기술적 요인 (Technological)	기술융합현상의 가속화	IT기반의 융복합 신산업 출현 가시화
		환경규제대응 신재생 융합플랜트 활성화
		육상플랜트기술의 해상플랜트화
		테스트베드 플랜트를 통한 R&D실효성 확보
	기술집약적 고부가가치화	High Tech 융합기술의 지속적인 진보
		프로세스 라이선스 확보경쟁 심화
		라이선스와 연계된 핵심기자재 선점 증대
		프로젝트관리 및 정보보안 S/W관리기술 강화
	특허/표준 장벽 강화	특허/표준 장벽을 통한 산업 무기화 시도
	발주자요구의 고급 다양화	노동집약적 단순시공의 외국업체 참여제한 강화
		엔지니어링 기술이전과 인력양성 요구확대
환경적 요인 (Option)	기후변화 위기 가속화	지구 온난화 속도 가속화
		국제 환경규제 및 인증 제도 강화
		각국 정부의 녹색기술 투자 확대

2.우리나라 플랜트산업의 강,약점(SWOT)

Strength(강점)	Weakness(약점)
• 한국은 다양한 엔지니어링 · 플랜트 시장에서 급성장하여 세계 6위 수준 • 세계적인 정유 · 석유화학 · 담수 플랜트 경쟁력 보유 중이며 중동시장 시장점유율 세계 1위 • 상세설계 및 시공 (공기준수 · 단축) 등에서의 세계적 수준 경쟁력 확보 • 세계 1위의 조선 건조기술	• 원천기술을 포함한 엔지니어링, 기자재 경쟁력 취약 및 외화가득률 낮음 • Oil&Gas 플랜트 등 고부가가치 Upstream분야 경쟁력 미흡 • 정부 내에 분산되어 체계적이지 않은 R&D 지원 • 부족한 금융 지원 • 해양플랜트의 기자재/FEED 능력 부족
Opportunity(기회)	Threat(위협)
• 유가상승에 따라 에너지 · 자원 플랜트시장이 연 7% 성장 • Oil&Gas, 석유화학, Water, 해양 플랜트가 연 8% 이상 급성장 예상 • 중동 외 중남미 · 아시아 · 아프리카시장도 급격히 성장 중 • 심해/극지 유전 개발 플랜트 및 기자재 시장 급성장 • 해저/해상 플랜트에 대한 일괄도급 방식의 공사 발주	• 부족한 정부재원, 풍부한 자원의 신흥국가시장이 확대됨에 따라서 금융을 포함한 새로운 비즈니스모델 요구됨 • 중국, 인도 등 신흥공업국은 가격 경쟁력, 내수 물량을 무기로 성장 중 • 중국, 일본은 정책적으로 엔지니어링 · 플랜트 산업을 집중적으로 지원 중임 • 해양플랜트 분야에 대한 보수적인 업체 선정 • 유럽 재정위기로 인한 세계 경기 둔화

	강점(S)	약점(W)
기회 요인 (O)	**SO 전략** · 자원 외교와 건설경험을 바탕으로 에너지 · 플랜트 수주 확대 · Oil&Gas의 경우 국내 공기업의 구매력을 활용하여 본격적인 진입을시도 · 해양플랜트의 경우 국내 조선업의 세계적인 하부구조물 경쟁력을 활용하여 상부 플랜트 진입 시도 · 한국이 경쟁력이 있는 정유 · 석유화학 · 담수 플랜트로 새로 성장 중인 남미 · 아시아 · 아프리카 시장에 진출 · 심해/해양 플랜트의 일괄도급 공사 수행 능력 확보	**WO 전략** · 급성장 중인 에너지자원 플랜트에 필요한 기자재의 국산화 적극 장려를 통한 외화 가득률 제고 · 기자재 인증 제도 수립을 통한 국제 표준 적합 기자재 확산 · 시장이 확대되는 분야의 Upstream 공정기술 및 기본설계, 주요기자재 핵심기술 확보(R&D, M&A, JV 장려)로 해양플랜트 등 신시장 시장점유율 제고 · 정부 및 공공 금융기관의 플랜트 수출 금융 확대 · 정부부처간 효율적 지원체계 구축으로 미래 에너지 · 자원 플랜트 원천기술의 조기 확보 · 공격적인 기술 개발 및 Open Innovation
위협 요인 (T)	**ST 전략** · 금융 포함한 새로운 비즈니스 모델을 개발하여 한국이 강점을 가지는 시장의 점유율 및 수익률 향상 (PSA 등) · 정책적으로 국내 기업의 컨소시업을 장려하여 전체적인 국내 산업계의 수준을 향상시킴 · 국내가 강점이 있는 상세설계, 시공 분야 경쟁력 향상에 IT 기술을 적극적으로 활용함 · 정부주도의 실증기회 제공으로 수주경쟁력 제고	**WT 전략** · 신흥공업국으로부터 경쟁력 유지하기 국산화된 기자재 활용 촉진방법 필요함 (국내 Test Bed 구축을 통한 인증, 신뢰성, Track Record 확보) · 금융조달 능력이 있는 종합상사와 플랜트기업과의 동반진출 전략 수립 · 국내업체들이 공동으로 선진업체 원천기술 라이센스를 확보하거나 엔지니어링 전문업체 M&A를 통한 고부가가치 영역으로 사업영역 확장 · 특정 FEED/기자재에 대한 선진 업체와 전략적 제휴

3. 플랜트산업의 트랜드

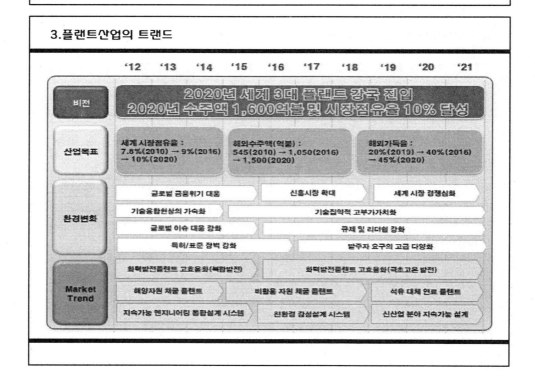

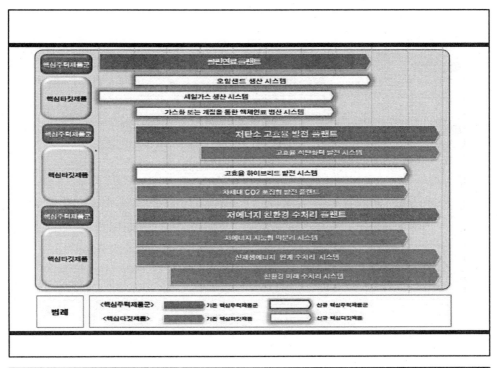

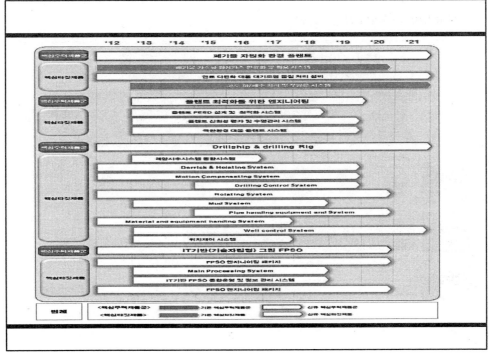

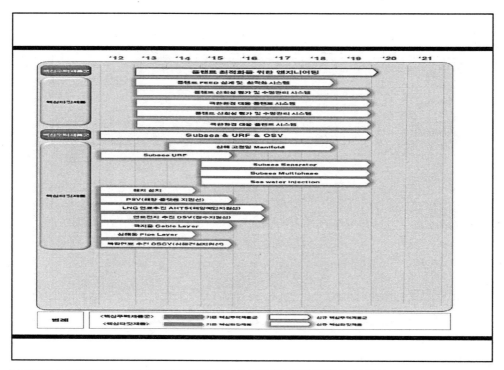

4.부가가치 측면에서 플랜트산업

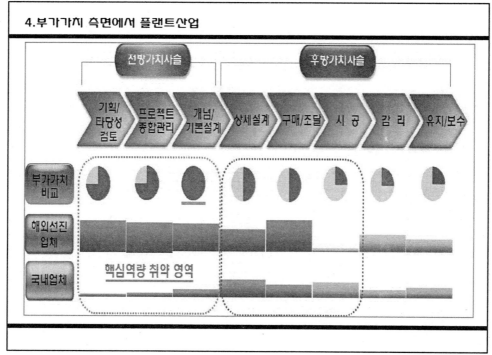

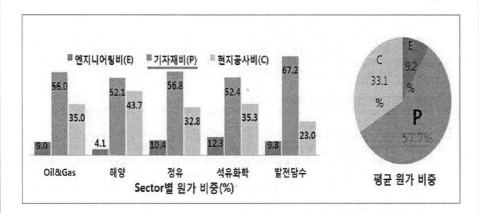

플랜트.엔지니어링산업의 원가 중 58%를 차지하는 플랜트 기자재산업 경쟁력강화 필요

5.국가 및 기업 차원의 전략 (국가의 지원정책 이나 규제)

1.정책.제도적 환경

1.1 글로벌 환경규제와 에너지문제 확산
   기후변화관련 에너지.환경 이슈해결을 위안 각국 정부의 대응 강화

1.2 급변하는 세계 플랜트시장을 주도하기 위안 각국 정부의 기술리더쉽 강화
   - ISO를 증심으로 국제적인 데이터 모델 표준화 및 지식기반화 적극 추진
   - 플랜트 표준화와 관련하여 유럽은 PISTEP, 독일은 STEP-CDS, 일본의 경우
     SCADEC 표준 등 ISO 10303기반의 도면교완 표준와 정책추진
   - 대외적으로는 자유경쟁정책과 대내적으로는 자국업체 보오정책 온재

1.3 엔지니어링 산업에 대안 정부의 패러다임 변화
   엔지니어링 산업의 고부가가치 산업으로의 인식 전완 및 국가 차원에서의 육성을
   위안 "엔지니어링산업진응법" 개정

   정부 최초의 엔지니어링 산업 발전 종합 대책 수립
   - 엔지니어링 액심 기술 역량 강와 및 경엄축적과 Track Record 확보

   - 인력양성기반 확충 및 애외 시장 진출 지원 강화

   - 증소업체간 협업 활성와 및 기업 친와적 시장 완경 구축

2.경제적 환경

2.1 글로벌 금융위기 및 신흥시장 확대
- 글로벌 금융위기에 따른 경기침체를 타개하기 위한 각국 정부의 플랜트 공공발주는 증가추세나 발주자 중심으로의 시장회귀 경향
- 급속한 경제성장을 이루고 있는 후발 신흥시장 규모의 거대화와 친환경 정책에 따른 청정 대체에너지에 대한 투자증가로 새로운 시장성장의 기대

2.2 세계시장의 경쟁심화 및 글로벌 과점화
후발기업들의 가격경쟁력과 선도 국들의 기술경쟁력 과의 대 격돌 상태로 변화

- 선진국들의 고부가가치 시장의 독점력 강화와 새로운 가치창조를 위한 EPC수주 패턴의 변화와 기술 및 가격 경쟁력 강화에 따른 플랜트 기업의 포지셔닝 변화 심화
- 시장 경쟁력 강화 및 고부가가치 제고를 위한 선진기업과 후발기업의 전략적 제유 및 M&A등 글로벌 카르텔화에 의한 핵심사업의 컨소시엄수주 확대
- 설계와 시공, 프로젝트 금융등 패키지형 서비스 요구증가 추세에 따른 투자 개발형 프로젝트 시장 활성와 및 프로젝트 파이낸싱의 중요성 확대
- 신규 플랜트 시장, 리모델링, 폐기 우 재 설치 등 재생 플랜트 시장이 선진국을 중심으로 부상하고, 에너지자원 확보 경쟁에 따른 신재생 에너지 플랜트 및 해양플랜트의 급속한 시장 확대 전망
- 경제 위기, 유가 변동에 따른 플랜트 발주 물량의 감소에 따른 국내 업체간 경쟁 가속화

3.사회적 환경

3.1 세계와 속에 권역화 및 지역화(Globalization)가속

- 세계와 속에 자국업체 보호를 위한 발주 처 연지인력 및 기자재 사용 요구가 확대 연지 조직의 독립적 성장을 위한 기술이전 및 교육·훈련을 통한 엔지니어 육성 등 글로벌화와 연지화의 통합적인 조화 요구 증가추세
- 경제성장과 함께 소득수준 향상이 두드러진 거대 후발 개도국들의 신규 플랜트 시장에서의 상호 문화적 이해와 융합을 통한 공공 및 지역이익 갈등의 조정 역할

3.2 엔지니어링.플랜산업의 기술인력 부족연상 심화

엔지니어링.플랜트 산업에서 해외진출 확대를 위해서는 인력수급이 매우 중요.
- 기본 및 상세설계를 위한 인력이 절대적으로 부족한 상황임
- 국내 플랜트 인력 풀에 한계 상황에 와 있기 때문에 인력 양성이 시급한 실정

엔지니어링.플랜트 산업의 기술인력 고령화
- IMF 구조조정에 의한 국내 엔지니어링.플랜트 분야에서의 사업관리 력, 기술력, 추진력이 우수한 인력의 퇴사와 신규 인력 미 충원으로 기술 인력의 고령화심화
- 플랜트 인력의 고령화와 세대 간 기술 전수 문제 등으로 국내 엔지니어링.플랜트 산업은 심각한 문제 봉착

4.기술적 환경

4.1 기술융합의 가속화와 고부가가치화 지속

- 스마트 전력 및 워터 Grid 연계 플랜트 등 IT기반의 융,복합 신 산업 출현의 가시화
- 글로벌 환경규제 대응 신 재생 융합 플랜트의 활성화
- 육상플랜트 기술의 해상플랜트에의 접목 등 기술융합 현상의 가속화
- 선도 국 기업들의 시장 수성을 위한 독자적인 프로세스 라이선스 확보
- 핵심 기자재의 선점을 위한 High Tech융합기술에 대한 지속적인 R&D투자 및 테스트 베드 플랜트를 통한 R&D 필요성 확보
- 자국 기업의 노하우와 기술정보
- 고객 제공의 설계자료 등 중요 정보를 보호하기 위한 정보보안 관리시스템과 프로젝트 관리기술 등 S/W관리기술 강화

4.2 기술장벽 강화 및 발주자 요구의 고급 다양화

- 기술 선도 국들의 특허/표준화 장벽을 통한 자국 산업보호를 위한 무기화 시도
- 거대 시장의 우발개도국들의 노동 집약적 단순시공의 외국업체 참여제한
- 고급 엔지니어링 기술이전 등 각국의 기술장벽 강화

5.환경규제 및 시장 환경

5.1 지구온난화 대응 글로벌 환경규제 및 인증제도 강화

- 국제 환경규제에 선제적 대응과 전략적 활용
- 미래 TRIEND의 사전 예측을 위한 대내외 역량강화
- 글로벌 안 환경 및 효율기준에 적합한 인증제도 강화

5.2 해외 자원개발 연계 플랜트 EPC 패키지 딜 전략 강화

- 최근 에너지 자원의 가격이 급상승함에 따라 경제적으로 빈곤하고 산업인프라가 부족한 자원보유국은 사외 간접자본 활성 및 산업 인프라를 지원하는 조건으로 자원개발을 협상하는 경우가 증가
- 파이낸싱, 기술이전, 인력양성 등을 연계한 수주전략이 필요

5.3 EPC 산업의 M&A 및 전략적 제유를 통한 글로벌 경쟁력 강화

- 엔지니어링.플랜트 산업의 중점 육성 분야에 대한 M&A 및 핵심기술의 전략적 제유를 통한 선진 브랜드 확보 및 업무영역 확장으로 글로벌 경쟁력 강화

6. 우리나라 플랜트산업의 집중화 (전략 분야)

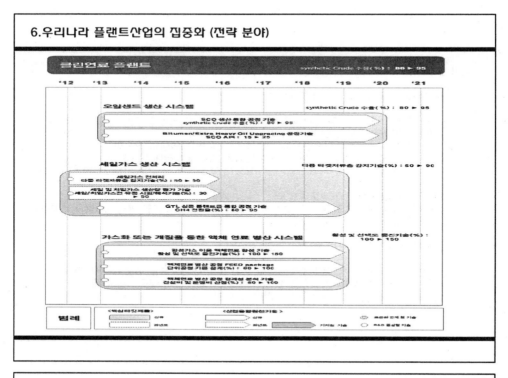

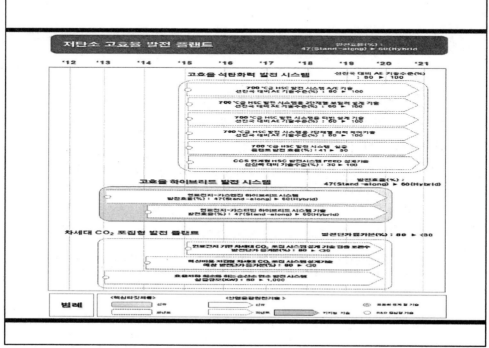

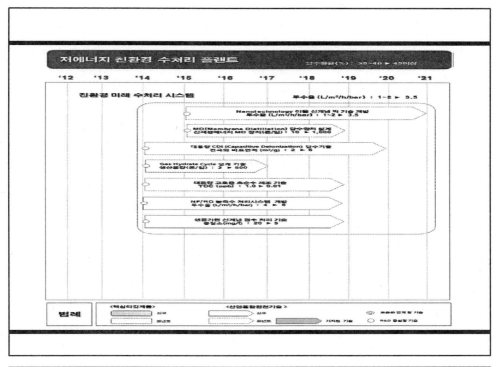

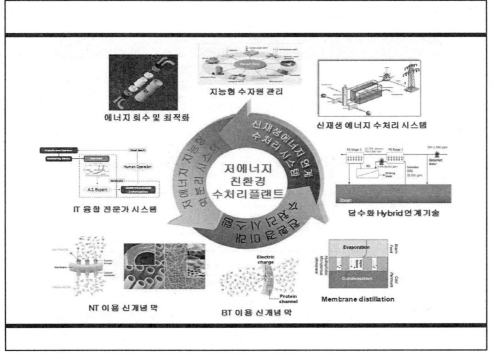

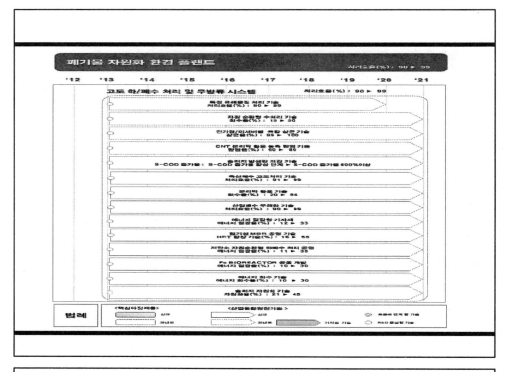

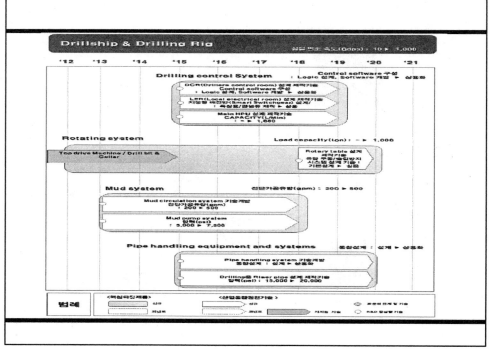

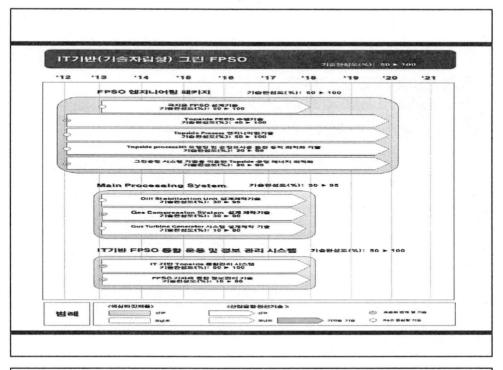

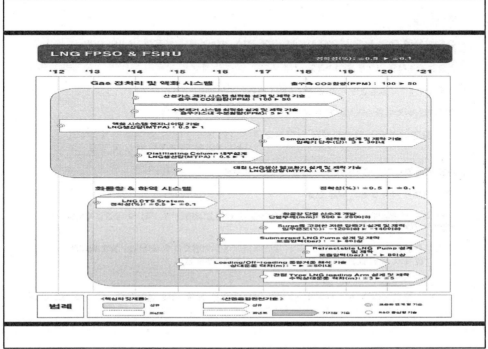

전략적 제휴의 필요성

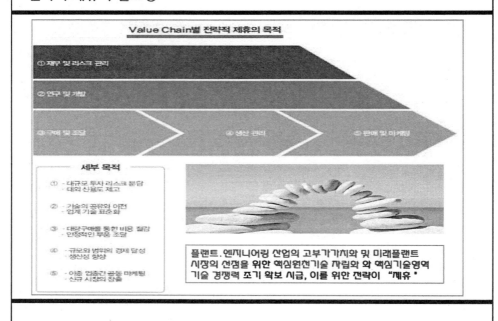

맺음말

주택부문에 대한 높은 영업의존도로 인해 국내 건설업계는 부동산 경기의 침체

건설업계의 체질 개선을 위해서라도 고부가가치 산업인 플랜트 부문의 육성과 기술개발이 필수

기술집약적인 산업특성상 중견 건설업체들의 시장진입이 쉽지는 않다.

적극적인 투자와 경험축적을 통해 장기적으로 그 과실을 공유해야 한다.

중견업체들의 플랜트부문 시장진출은 건설업계의 건전한 발전과 국가경제의
내실강화를 위해서도 반드시 필요

이를 위해 적극적인 정부지원이 필수적으로 요구됨

지식경제부 내에 플랜트 팀을 신설

당분간은 대영업체를 중심으로 지원이 이루어질 수 밖에 없겠지만 장기적으로 중견업체들을 위한
정책적 지원시책이 필요.

다만, 국내 플랜트산업의 경쟁력 제고는 정부의 정책적 지원만으로 이루어지는 것이 아니라
업계의 끊임없는 자기반성과 노력이 수반되어야 함.

여전히 성장전망이 밝은

해외 플랜트시장에서 정부와 업계의 상호협력을 통해 국내 업체들이 큰 손으로 부상

플랜트의 개념과 수행단계

1. 플랜트 개념과 분류

1.1 플랜트

1) 플랜트란 발전소나 정유공장과 같이 기계와 장치를 기술적으로 설치하여 생산자가 목적으로 하는 원료 또는 중간재 최종제품을 제조할 수 있는 생산설비

2) 플랜트 엔지니어링 산업은 플랜트를 수주설계(Engineering)하고 필요한 자재를 조달(Procurement)하여 시공(Construction)하는 EPC 전반에 관련된 복합엔지니어링산업

1.2 플랜트 범위

1) 플랜트 엔지니어링 산업은 플랜트를 건설하기 위한 연구·기획, 타당성 조사, 개념·기본설계(FEED, Front End Engineering and Design), 상세설계, 구매·조달, 시공, 감리, 유지·보수 등의 활동전반을 포함

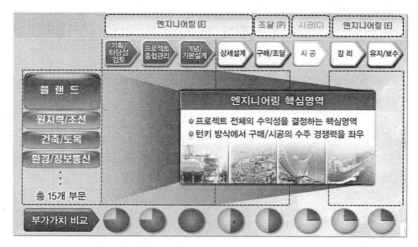

〈그림 1-1〉 플랜트 엔지니어링 산업의 범위

2) 플랜트 엔지니어링 산업은 플랜트의 목적에 따라 일반적으로 Oil&Gas/정유/석유화학, 발전/신재생, 해양, 수자원, 환경플랜트, 산업플랜트 등으로 분류

3) 기획타당성검토, 프로젝트종합관리, 설계 등 엔지니어링 산업과 기계, 전기, 계장 등의 플랜트 기자재산업을 포함

- 플랜트 엔지니어링 산업의 고부가가치화 및 미래플랜트시장의 선점을 위한 핵심 원천기술 자립화와 핵심기술영역 기술경쟁력 조기확보 시급

1.3 플랜트 엔지니어링 산업의 일반적 분류

1) Oil&Gas/정유/석유화학

오일 및 가스의 탐사 채굴 저장 수송관련플랜트원유 LNG, BTL, GTL, DME, CTL, Gas To Hydrate, Oil Sand 플랜트 포함을 위주로 하고 원유를 정제정유하거나 석유제품 및 천연가스를 원료로 하여 석유화학제품을 제조 및 생산하는 플랜트

2) 발전/신재생

중유 가스 석탄 원자력 등을 원료로 하여 전기에너지를 생산하는 플랜트(신재생에너지 IGCC, IGFC 등 포함)

3) 해 양

해양의 석유 가스 등의 자원을 시추하거나 생산된 에너지자원을 저장처리 하역하는 해상 및 해저설비플랜트

4) 수자원

수자원공급 해수담수화 수자원재이용등 수자원 생산관련플랜트

5) 환 경

대기오염정화 하·폐수처리 폐기물무해화 및 자원화를 포함한 환경 관련플랜트

6) 산업플랜트

반도체, 정밀유리공업, 디스플레이, 제약, 바이오, 의료장비, 식품 공장건설과 자동차, 제철제강, 시멘트, 유리, 곡류, 사료 공장의 양산 전반에 대한 플랜트 등 관련 플랜트 일체

7) 엔지니어링

연구·기획 타당성조사 개념·기본설계(FEED: Front End Engineering and Design), 상세설계·구매·조달 시공감리 유지·보수 등에 공통적으로 적용되는 엔지니어링기술

2. 플랜트 프로젝트 수행단계

2.1 플랜트 · 프로젝트 FLOW CHART

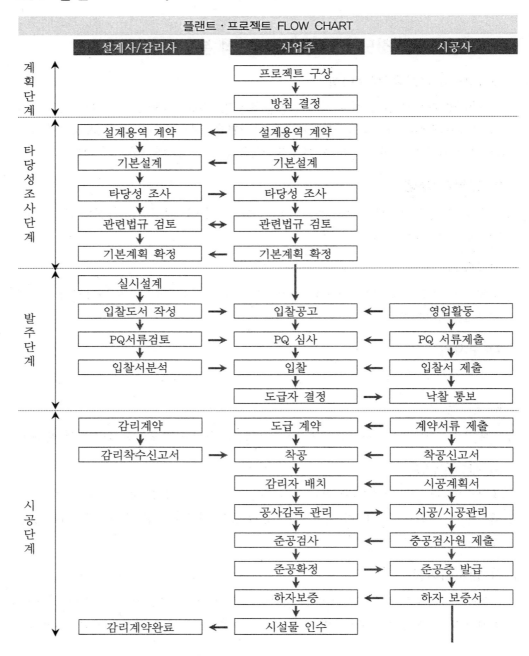

플랜트 · 프로젝트 FLOW CHART

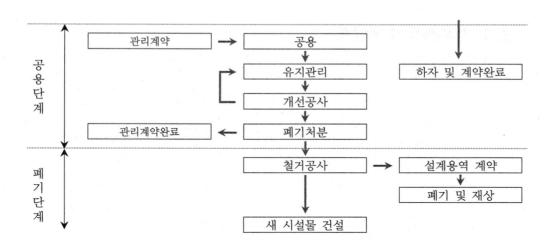

2.2 플랜트 EPC(T/K) WORK STEP

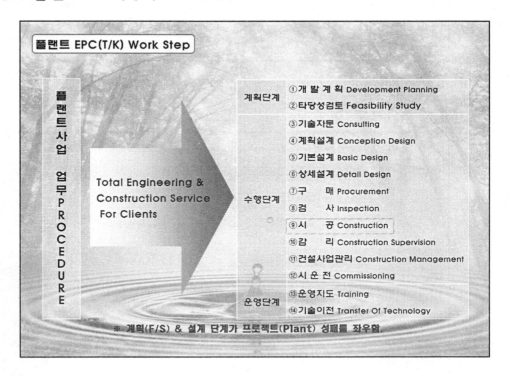

2.3 프로젝트 수행단계

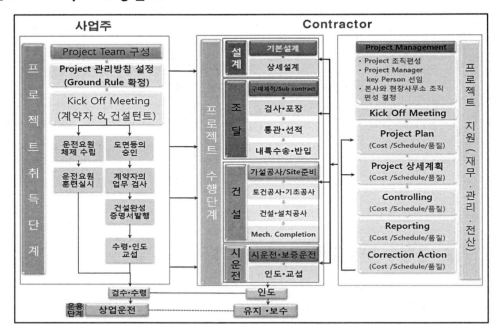

2.4 프로젝트 수행 흐름도

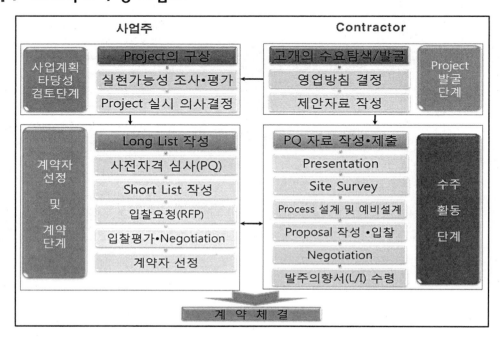

chapter 02

프로젝트 계획과
PM의 역할

1. 프로젝트 성공 요소

1.1 PROJECT 성공 요소

'프로젝트의 성공'에 기여하는 중요 요소들을 우리의 현실에 맞는 요소들로 새로 개발함에 앞서 기존의 연구결과들을 살펴 볼 필요가 있는데, 국내에서의 연구결과는 찾을 수 없기에 외국의 사례들을 모아 분석해 보면 대부분의 연구결과들의 공통적인 점은 프로젝트 성공을 위해서는 발주자의 기획, 설계 및 시공에서의 전과정에 걸친 적극적 참여가 중요하다는 것을 알 수 있다.

우선, Hayfield는 프로젝트의 성공적 결과를 결정하는 요소를 크게 발주자가 관리할 거시적 요소들과 설계자와 시공자가 관리할 미시적 요소들로 분류하였다. 그 분석은 다음과 같다.

1.1.1 거시적 요소

① **현실적이고 면밀한 프로젝트 정의** : 무엇을 건설하는냐 하는 그 대상을 우선 정확히 해야 한다. 사실 많은 발주처들이 이 면에 대해 정확치 않은 경우가 있다.

따라서 설계와 시공중 계속 요구사항이 변경되어 Change Order가 남발되며, 심지어는 준공 후에도 만족을 표시하지 않는 경우가 있는 것이다. **발주자와 함께 설계자나 시공자가 설계단계에서 보다 많은 노력을 쏟아야만 프로젝트 성공의 첫 걸음이 시작되는 것이다.**

② **프로젝트 수행시의 적극적이고 효율적인 참여** : 프로젝트 수행시 발주자가 제각기 다른 목적을 갖고 있는 설계자, 시공자, 감리자 등의 여러 조직을 공동의 목적을 향해 매진할 수 있도록 조정하는 리더의 역할에 충실할 때, 그 프로젝트의 성공은 보장될 수 있다. 특히 발주자의 시기적절하고 효율적인 의사결정은 중요한 요소인 것이다. 그러므로 어떤 회사는 수주 협상시 심지어 발주자의 이러한 '능력보유' 여부를 파악하려 애쓰기도 한다. 단기적인 이익창출보다는 성공적인 프로젝트를 수행했다는 장기적인 명성 축적이 그 회사의 경영철학이었기 때문이다.

또한, 공기나 가격면에서 무리한 요구를 하는 발주자는 설계자 및 시공자로부터 진정한 전문가정신(Professionalism)의 발휘를 기대할 수 없을 것이다. 전문가정신이 싹틀 수 있는 프로젝트 수행의 분위기를 조성할 수 있는 발주자만이 프로젝트의 성공을 이끌 수 있는 것이다.

③ **프로젝트 주변환경의 이해** : 민원발생 소지 여부, 정치적 문제 발생 여부, 일반대중들의 반감 여부 등 당면한 프로젝트의 주변환경을 이해하고 이에 대한 면밀한 대책 수립은 프로젝트 수행에 앞선 중요한 문제이다.

사실 많은 프로젝트들이 프로젝트 관리에는 성공했을지라도 이러한 주변환경요소의 관리에 실패해 준공 후에 나쁜 인상을 남기는 경우가 종종 있다.

④ **프로젝트 수행조직의 엄정한 선정** : 발주자가 경험이 없을수록 값싼 설계자와 시공자를 선택하는 경향이 있다. 오히려 발주자가 직접 지휘 통제할 수 있는 능력이 없다면 좀 더 유능한 설계자와 시공자를 선택해야 할 것이다.

1.1.2 미시적 요소

① **합리적인 프로젝트 수행목표 설정** : Contractor의 비합리적이고 지나친 원가절감 목표설정이 그 좋은 예로써, 이를 위한 맹목적인 노력은 결국 프로젝트의 성공에 나쁜 영향을 미친다.

② **권한과 책임이 명확한 조직설계 및 Teamwork 구성**

③ **프로젝트 수행을 위한 유능한 인적자원의 확보**

④ **원가, 공정, 품질에 관한 목표 달성을 위한 효율적인 관리체제 확립**

⑤ **보고체계, 전산시스템 등 정보유통체계의 확립**

이러한 프로젝트 성공 기여요소들을 파악은 어느 정도 가치가 있다고 할 수 있으나, 프로젝트 완료 후 완공물의 사용 시에 나타날 수 있는 가치에 대한 평가를 고려하지 않았다는 단점이 드러난다. 이것은 즉, 타당성조사, 설계, 시공, 사용 및 유지보수라는 프로젝트의 전체단계(Project Life Cycle)에 걸쳐서 나타날 수 있는 여러 상황들을 총체적으로 고려함이 더욱 중요하다는 의미이다.

사실 각 단계에서의 주요 관심사항들이 제각기 다른 것은 당연하다. 예를 들면, 대다수의 발주자, 설계자 그리고 시공자들은 무의식적으로 프로젝트의 초기단계에서는 공기를 우선적으로 고려하고 두 번째로 비용을, 그리고 품질을 마지막으로 중요시하는 경향이 있다. 프로젝트가 어느 정도 진척이 되면, 비용이 최대관심사가 되고 공기가 그 다음 문제로 떠오른다. 그리고, 프로젝트가 완공 될 즈음이면 품질문제가 가장 중요한 토의대상이 되는 이러한 현상은 어디서나 자주 발견된다. 이렇듯, 각 단계마다 주요 관심사항이 변하지만, 특기할 만한 사실은 사용 및 유지보수라는 마지막 단계는 종종 그 관심대상에서 제외된다는 것이다.

이 사용 및 유지보수 단계에서의 가치가 사실 프로젝트의 성공이라는 개념에 끼치는 영향은 지대하다. 그 예를 들면, 수십년전 준공된 경부고속도로의 경우 타당성조사, 설계, 시공까지는 성공적이었다 하더라도 그 후의 사용단계에서 보수유지를 위해 쏟아넣은 엄청난 비용을 고려할 때 과연 성공적인 프로젝트였다고 단언하기는 힘들 것이다.

반면, 올림픽대교의 경우, 설계 및 시공시 수많은 문제점들의 부각으로 인해 발주자와 시공자의 갈등과 사회적 비난 등이 있었고, 결국 예정된 공기를 지키지 못했으나 사용단계에서 별다른 문제가 없음을 살펴 볼 때, 과연 무엇이 진정한 프로젝트의 성공이었는가는 숙고할 필요가 있다.

즉, 프로젝트의 성공은 시간적인 개념이다. 따라서 프로젝트의 전체단계를 고려한 최종가치의 판단이 가장 중요한 것이다.

(1) 영국의 Morris와 Hough는 수많은 Literature Survey(기존연구사례 고찰)를 통해서 추출한 결과를 최근 발표했는데, 이들은 다음과 같은 요소들이 프로젝트의 성공과 밀접한 관계가 있음을 주장하고 있다.

① 명확한 프로젝트의 정의(Project Definition)

이는 프로젝트 참여자 간에 분명한 의사소통이 있어야 하며, 프로젝트의 수행단계별로 각각의 목적 등이 명확해야 한다는 뜻이다.

② 각종 사전 계획과 설계의 치밀성
③ 정치상황에의 민감성 및 대응의 치밀성
④ 참여자들의 합의에 의한 합리적 공기설정
⑤ 자금동원력 및 이에 대한 법적문제 해결능력
⑥ 합리적인 입찰 및 계약 방법의 활용

경쟁입찰이 비효율적일 때도 있으며, 적합한 입찰 준비기간의 부여와 Contractor와의 합리적인 조건의 조사를 거친 계약의 체결이 중요하다는 의미이다.

⑦ 효과적인 프로젝트 관리

발주자의 능동적 지휘, 발주자와 Contractor간의 협력관계 구축, 책임과 권한이 명확한 조직의 구성, 의사결정에 관한 책임, 권한의 궁극적 일원화, PM의 강력한 리더십, 프로젝트팀의 왕성한 동기유발, 효율적인 통제체제 및 감리체제 등이 중요하다는 뜻이다.

(2) 영국의 Ashley, Lurie 그리고 Jaselskis 등은 최근 건설현장과 관련된 각종의 연구결과에 대한 분석과 현장 종사자들과의 면담을 통해서, 2000여개의 프로젝트 성공요소들을 추출한 후 이를 다시 46개로 묶고, 또 다섯 개의 그룹으로 최종분류하였는데 이는 다음과 같다.

① 관리, 조직 그리고 의사소통에 관한 요소들

② 각종 계획에 관한 요소들

③ 각종 통제체제에 관한 요소들

④ 프로젝트의 정치, 경제, 사회적 환경에 관한 요소들

⑤ 기술적 요소들

(3) 이중에서 평범한 프로젝트와 성공적인 프로젝트를 구분짓는데 가장 결정적인 영향을 끼치는 요소로서, 이 연구는 다음의 다섯가지를 제시하였다.

상기의 관리, 조직 그리고 의사소통에 관한 요소들 중에서

① PM과 현장소장의 기술적, 행정적 경험과 능력 및 대인관계 유지능력과 의사전달능력

② 현장소장의 공기, 공사비, 안전 그리고 품질의 목표달성을 위한 헌신도

③ 현장 모든 직원의 목표달성을 위한 동기유발 정도 및 헌신도 각종 계획에 관한 요소들 중에서,

④ 설계 및 시공에 있어서 사전계획의 치밀성

이는 Network를 이용한 공정계획, Work Break-Down Structure를 이용한 업무의 정확한 분석, 자금수지분석(Cash Flow Analysis), 그리고 위험분석 및 대처방안 등이 포함된다. 각종 통제체제에 관한 요소들 중에서,

⑤ 목표와 실행의 차이를 비교분석할 수 있는 보고통제 체제의 확립 및 활용성도 특기할만한 사실은 상기 다섯가지 요소 중 ④항 시공전 사전계획의 치밀성과 설계전 사전계획의 치밀성을 그 중에서 가장 중요한 요소로 파악하였다는 것이다.

(4) 또한 이 연구는 다음의 여섯가지 기준들을 다수의 사람들이 가장 많이 쓰고 있는 프로젝트 성공의 기준으로 찾았다.

① 비용(공사비 등)

② 발주자 만족도

③ 준공물의 가능성

④ 관련 팀원의 만족도

⑤ 공기

⑥ Contractor 본사의 만족도

상기 연구는 프로젝트의 성공에 기여할 주요 요소들을 깊이있는 설계적 방법으로 찾아보았다는데 큰 의의가 있으나, 프로젝트 성공의 개념을 단지 발주자, Contractor 그리고 Project팀의 입장에서만 고려하였음은 여전히 문제로 남는다. 다시 말해서, 이 연구는

단지 설계와 시공의 단계만을 고려했기 때문에 준공 후의 사용, 보수, 유지 등의 측면을 프로젝트의 성공이라는 개념에서 도외시한 감이 있다는 것이다.

(5) 이상의 프로젝트 성공에 기여하는 중요 요인들에 대한 기존 연구결과의 분석에서 다음과 같은 공통점이 있음을 발견하게 된다.

① 프로젝트의 성공에는 설계자, 시공자 뿐만 아니라 발주자의 적극적인 역할이 선행되어야 한다.

② 이는 발주자측에서의 명확한 프로젝트의 정의, 프로젝트 수행시의 효율적인 리더쉽 발휘, 정치, 경제, 사회면에서의 프로젝트 주변 환경에 대한 이해 및 이에 대한 대책, 합리적인 입찰 및 계약방법의 활용등을 뜻한다.

③ 또한 설계 및 시공에 앞서 충분한 시간과 예산을 투자하는 치밀한 사전계획의 중요성을 발주자가 인식함이 긴요하다.

④ 합리적인 프로젝트 수행목표 설정은 설계자 및 시공자로 하여금 전문가정신을 발휘하게 하는데 필수적이다.

⑤ 프로젝트 수행을 위한 조직설계 및 의사결정 권한과 책임의 일원화, 효율적인 통제관리체제의 확립 또한 중요사항이다.

⑥ 유능한 인적자원의 확보 역시 중요한 사항인데, 이것은 특별히 PM의 기술적 능력만이 아닌 행정적 능력과 대인관계 및 의사전달능력이 고려되어야 한다.

지금까지 각종 Project들을 대상으로 한 프로젝트 성공요소에 대하여 살펴보고 이를 분석해 보았다. 이러한 요소들에 관심을 기울인다면 적어도 프로젝트 실패의 반복은 사전에 방지할 수 있을 것이다.

1.2 BASIC STRUCTURE OF PROJECT MANAGEMENT SYSTEM

1.2.1 Project 관리의 대상

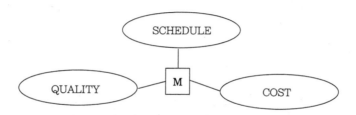

　　일반적으로 PROJECT 관리의 목적은 Schdule, Cost, Quality 등을 달성하는 것이고 관리의 우선순위는 그 첫 번째가 공기내 완료하는 것이다. 자금, 자재, Man Hour (이하 M/H) 등의 자원은 공기를 달성하기 위해서 예산내에서 집행되어야 할 것이다.
　　이러한 관리의 우선순위가 Project 환경의 변화에도 불구하고 그 순위가 크게 바뀔 수는 없겠으나 현재와 미래의 Project 관리는 보다 상위개념의 Quality와 안전욕구에 부응하기 위한 방향으로 점차 발전되어 가고 있다 하겠다.
　　한편, 공기와 품질을 주어진 예산내에서 그 목표대로 달성하여 가기 위해서 우리는 다수의정량적 대상을 관리하게 되는데 여기에 덧붙여 간과하여서는 안되는 것이 바로 정성적 대상이라는 것이다.
　　정량적 대상이 자원(자금, 자재, M/H 등)과 정보(Data)라고 한다면 정성적 대상은 바로 사람과 기술 등이라고 할 수 있을 것이다.
　　이러한 관점에서 우리는 아래와 같은 도식을 만들어 볼 수 있게 된다.

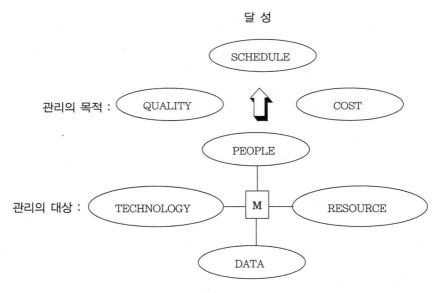

　　무엇을 관리할 것인가?
　　즉, 사람, 기술, 자원, 정보등을 관리함으로써 관리의 궁극적 목적인 공기, 품질, 비용목표를 달성하게 된다는 것이다.
　　특히 결국은 사람이다라는 부인할 수 없는 결론에 비추어 볼 때 미래 PROJECT 관리는 사람에 대한 연구와 깊은 이해를 바탕으로 하지 않으면 안 될 것이다.

1.2.2 BASIC STRUCTURE OF PROJECT MANAGEMENT SYSTEM

① PROJECT INITIATION STEPS
  - Review Precontract and Contract Documents
  - Establish Client Communication Channels
  - Hold Client Kick-Off Meeting
  - Establish Project Code of Account
  - Prepare Project Plan
  - Determine Project Organization
  - Hold Licensor Kick-Off Meeting
  - Hold Project Kick-Off Meeting
  - Issue Project Design Data
  - Prepare Project Coordination Procedure
  - Analyze Preliminary Project Estimate
  - Issue Preliminary Project Estimate
  - Review Engineering, Procurement and Construction Plan

② RESOURCE & DATA CONTROL

③ SCHEDULE CONTROL

④ QUALITY & SAFETY CONTROL

⑤ HUMAN CONTROL

⑥ ENGINEERING

⑦ PROCUREMENT

⑧ CONSTRUCTION

⑨ COMMISSIONING & TURN-OVER

⑩ TRAINNING

⑪ ADMINISTRATION

2. 프로젝트 계획

2.1 프로젝트 계획의 개요

사업관리의 목표인 품질, 비용, 기간의 최적화를 달성하기 위해서 해당 프로젝트의 자원 (사람, 물건, 돈, 시간, 기술, 정보)을 계획(Planning)하고 실행(Directing), 감리/조정 (Controlling)하는 데 있어 사업계획(Project Planning)과 조정체계(Control System)는 사업관리체계의 근간이 되는 2개영역이다.

이 기능은 조직화, Staff 배치, 지시, Control이라고 하는 다른 제 기능에 당연히 앞서야 하는 것이지만 단순히 앞서는 것만은 아니다. 왜냐하면 Management의 제 기능은 항상 상호의존관계를 갖고 있기 때문에 Planning은 끊임없이 경신, 개정을 필요로 하는 계속적 Process를 갖고 있다.

또, Plan을 확실히 Control 하기 때문에 Planning에 관한 정보를 끊임없이 관계조직 전체에 전달하는 것이 필요하며 비록 아무리 정성들여 수립한 계획이라도 아무도 몰라서는 가치가 없게 된다.

Planning의 목적은 조직의 목적달성을 용이하게 하는 것이며 Planning, Executing, Controlling, Corrective Acting과 같이 계속적으로 반복하는 Process로 보는 것이 적합하다. 또한 Project 수행기본방침을 설정하는 Project Plan은 통상 Project의 개시전후의 극히 단기간에 Project Manager에 의해 작성된다. 이 때문에 합리적이며 Systematic한 Project Planning System의 정비가 Planning 수행에 불가피하다고 할 수 있다.

2.1.1 프로젝트 계획의 개념

Project의 최종성과, 즉 목적달성을 위하여 Project의 Start 시점에서 작성되는 총합적인 기본계획을 말한다.

Project Plan은 Project 전반의 목적, 경영자원(Resource)면의 제약, 달성해야할 목표와 같은 사항에 의해 당해 Project를 위한 전반적인 필요조건 개념이 형성되어 계획으로 구체화된다.

Project Plan으로 책정되는 기본계획에는 다음과 같은 것이 있다.

① Project 수행의 기본사상, 방침, 전략의 설정

② 설계, 조달, 건설, 공사, 시운전의 수행계획

③ 구체적인 Project목표(시간, 비용, 기술성에 대한 달성목표)

④ Project 관리를 위한 방법과 수속

Project Plan은 Project의 Start시점에서 전반적인 Project수행 방침 또는 System을 설정하는 것이며 사후의 Executing(실행)단계에 작성되는 전문영역의 상세계획 (Detailed Plan)에 대한 Road Map역할을 하는 것이다.

2.1.2 프로젝트 계획 및 조정활동

사업관리의 활동은 Plan-Do-Check-Action(이하 PDCA)의 주기적 활동이라 할 수 있지만 기본계획의 수립 - 상세계획의 책정 - 지휘/통제의 주기로 전개된다(〈그림 2-1 참조〉).

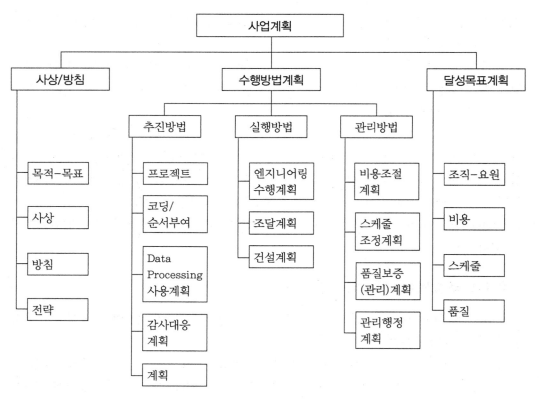

〈그림 2-1〉 사업계획체제

2.1.3 프로젝트 계획/조정체계의 서브시스템

사업계획/조정체계는 사업관리의 대상(조직, 실행작업, 엔지니어링 기술, 품질, 자금, 자원)의 사업계획/조정기능(기본계획, 상세계획, 모니터링 분석, 평가, 시정계획)과의 매트릭스(Matrix)상에 존재하는 체계라고 할 수 있다.

사업계획/조정체계는 크게 구분하여 사업관리의 전체 대상영역에 대하여 종합적으로 기본계획을 수립하는 체계(사업계획체계)와 대상영역별로 상세계획을 세워 실행상황을 모니터링하여 분석평가하고 시정계획을 세우는 주기적 활동의 체계(상세계획/조정체계)로 나눌 수가 있다. 전자는 프로젝트의 시작 단계에서 상세계획/조정체계를 가동시키기 위한 체계이고, 여기서 설정되어진 사업계획은 프로젝트가 종료에 이를 때까지 변경되어지는 것 없이 사업관리의 가이드라인이 되는 것이다. 여기에 대해서 후자는 프로젝트 가이드라인에 첨부하여 실행할 수 있도록 상세계획으로 전개하여 프로젝트의 변화에 대응하여 조정, 재 계획을 세우는 체계로 〈그림 2-2〉에 나타난 것 같이 다시 세분화시켜 사업관리 대상영역별로 아래와 같이 서비스시스템으로 전개시킨다.

① 조직, 요원관리 체계
② 실행작업관리 체계
③ 엔지니어링 기술관리 체계
④ 품질보증(관리) 체계

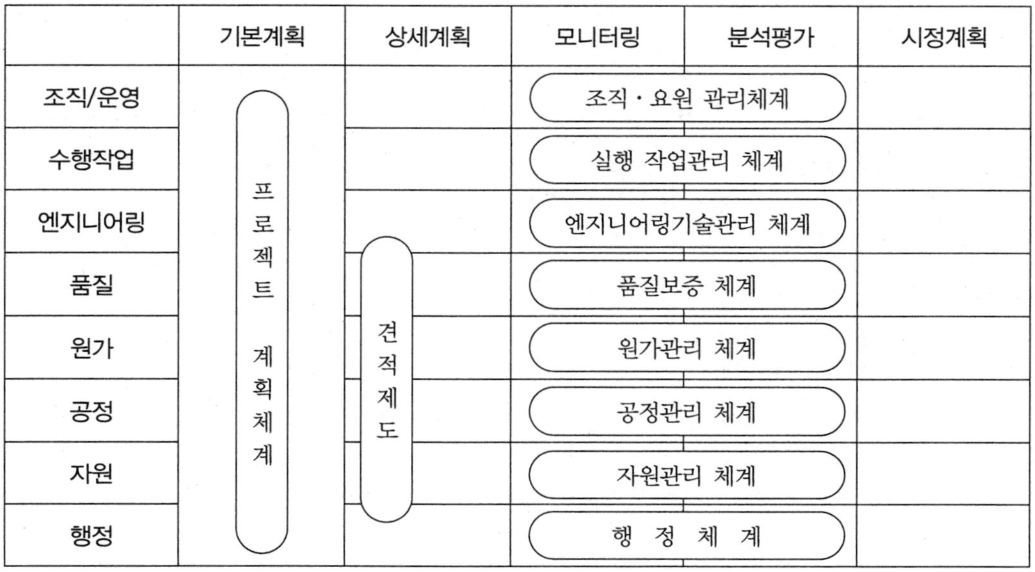

	기본계획	상세계획	모니터링	분석평가	시정계획
조직/운영	프로젝트 계획체계		조직·요원 관리체계		
수행작업			실행 작업관리 체계		
엔지니어링		견적제도	엔지니어링기술관리 체계		
품질			품질보증 체계		
원가			원가관리 체계		
공정			공정관리 체계		
자원			자원관리 체계		
행정			행 정 체 계		

〈그림 2-2〉 사업계획/조정체계

⑤ 견적제도

⑥ 원가(Cost)관리 체계

⑦ 공정(Schedule)관리 체계

⑧ 자원관리체계

⑨ 사업행정체계

다시 말해서, 사업행정체계는 사업관리와 함께 수행활동을 원활히 행하기 위한 지원 기능에 있지만, 사업계획/조정과 밀접하게 관련이 있고, 그 위에 그 자체 관리주기를 가진 것으로, 사업계획/조정체계의 중요 요소의 하나이다(〈그림 2-2 참조〉).

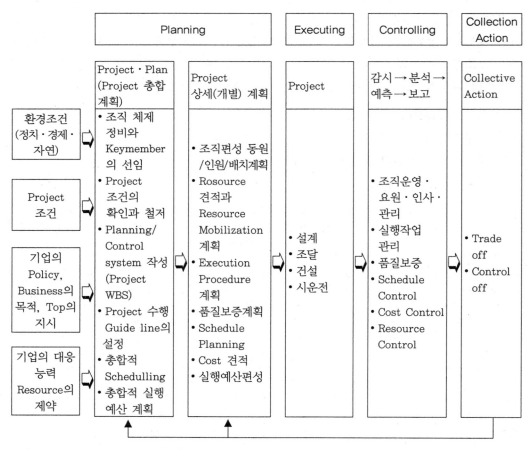

〈그림 2-3〉 Project Planning과 Project Management Cycle

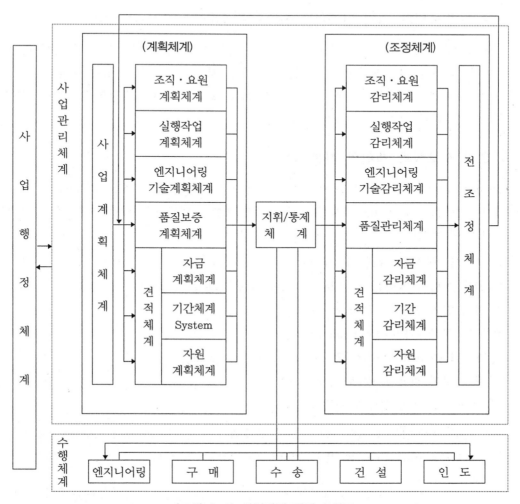

〈그림 2-4〉 사업관리 체계 흐름도

2.2 프로젝트 계획의 정의(Project Planning System)

사업계획체계라는 것은 프로젝트의 목적을 달성시키기 위한 활동을 유도하기 위해서 기본적, 총합적인 수행방침을 설정하는 체계이다. 따라서 상세한 사업계획/조정체계의 전제조건은 모두 이 사업계획체계에 있어 검토, 정리되어 "사업계획"으로 설정시킨다.

2.2.1 프로젝트 계획 단계(Project Planning Process)

Planning은 기본적인 관리기능이며 무엇이 요구되며 어떻게 달성하는가를 사고하는 과정이다. 이에 대해서 Plan은 거기에서 발생하는 특정 행동안의 표명에 불과하다. 따라서 Project Planning은 정보를 수집하여 Project Manager가 목적달성을 위한 수단을 결정하는 단계라고 할 수 있다.

2.2.2 프로젝트 계획의 기본요소

"Project Plan"이 프로젝트를 성공적으로 유도하기 위한 Road Map으로서의 기능을 다하기 위해서는 Planning 중에 반드시 명확한 표현과 의사결정을 위한 기본적 요소가 있으며 아래와 같다.

① 무엇을 목적으로 하는가?(What must be done?)
② 언제 어디서 행하는가?(When, Where must it be done?)
③ 어떤 방법이 옳은가?(How must it be done?)
④ 누가 행하는가?(Who must do it?)
⑤ 얼마나 Cost가 필요한가?(How must will it cost?)
⑥ 왜 그것이 필요한가?(Why is it necessary?)
⑦ Check point의 확인과 현장평가

상기 일곱 가지 항목에 관한 의사결정이 연속해서 행해지는 Project Planning의 과정을 Project Planning Process 또는 Planning Cycle이라 한다.

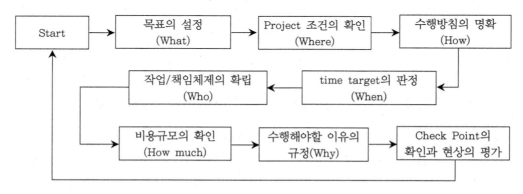

〈그림 2-5〉 Project Planning Process의 개념도

2.2.3 프로젝트 계획체계의 작업스텝(Step)과 Sub System

Project Planning System은 Project Control System, Project Management information System, Project management System의 기술적 측면에 있어서의 Sub System을 구성한다. 또한 효과적인 Project Management 실행을 위해서 상호관계를 가진 Total System의 기능이 요청되며 실행 시 다음 7개의 Sub System으로 전개된다.

이들 Sub System은 각각 상호관계를 유지하면서 순차 또는 동시 병행적으로 Planning되어 최종 성과물인 Project plan의 책정에 까지 이른다(〈그림 2-6 참조〉).

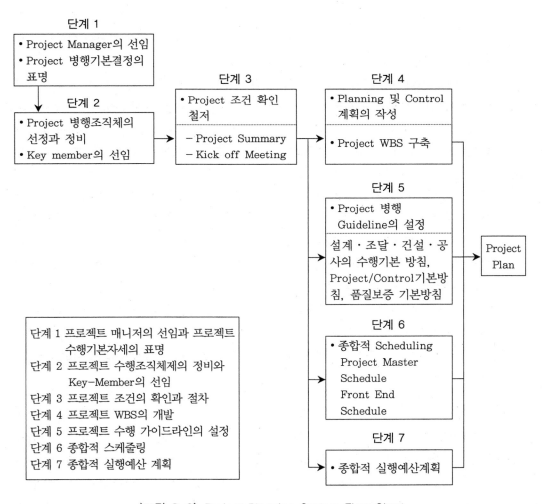

〈그림 2-6〉 Project Planning System Flow Chart

1) 단계 1: 프로젝트 매니저의 선임과 프로젝트 수행 기본자세

프로젝트 계획체계의 활동은, 프로젝트 매니저(Project Manager: 이하 PM)의 선임과 프로젝트 수행 기본 방침의 설정으로부터 시작한다. 이 단계는 사업계획에 있어 최고 경영자가 개입하여 스스로 주도하는 대단히 중요한 단계이고, 프로젝트 매니저의 선임과 선임된 프로젝트 매니저와 함께 행해지는 프로젝트 수행기본자세의 표명은 최고 경영자의 중요한 역할이다.

(1) 프로젝트 매니저 선임의 체계

프로젝트 매니저의 선임은 기본적으로 경영자의 전관사항에 있지만, 프로젝트의 규모, 경험의 정도, 기술적 축적도, 계약형태 등에 따라 그의 권한은 하위 직급에 이양되는 것이 일반적이다.

프로젝트 매니저의 선임 작업은 기업형태에 따라 다르지만, 통상 엔지니어링 기업은 프로젝트 매니저 또는 프로젝트 엔지니어의 풀(Pool)조직을 정상조직으로서 보유하고 있고, 이중에서 선임된다. 또 프로젝트 매니저의 선임 고려 방법에는 두 가지가 있으며 하나는 프로포잘 매니저와 프로젝트 매니저를 동일 인물로 하는 방법이고, 또 다른 하나는 다른 인물을 선임하는 방법이 있다.

"프로포잘" 시 Proposal Manager를 계약 후의 프로젝트 매니저로 생각하는 전자의 방법은 대단히 상식적이고 효과적인 생각이며, 실제로 이 방법을 취하고 있는 기업은 대단히 많다. 그렇지만 이 방법을 취할 경우 다음과 같은 문제가 발생한다. 즉 프로젝트는 불확정요소를 내재한 계획임에 따른 리스크가 따라온다. 특히 총액도급계약 사업에서 현저하게 나타난다. 이 리스크의 책임은 프로젝트 매니저에게 돌아가지만, 프로포잘 매니저와 프로젝트 매니저가 동일 인물일 경우, 프로포잘 단계에서 마이너스 효과를 만드는 위험성을 갖게 된다. 이와 같은 마이너스 요인을 배제하기 위해서 개별 인물을 지명시키는 경우가 있지만, 이 경우는 반대로 적정이익 확보라고 하는 과제에 놓여 이로 인한 문제점이 발생하므로, 장단점이 있다.

(2) 프로젝트 수행 기본자세의 표명

프로젝트 수행의 기본자세의 표명 방법은, 프로젝트의 규모, 성격 등에 따라 각양각색이다. 프로젝트 매니저는 최고경영자의 의향을 받아 프로젝트의 특징을 파악한 뒤에 프로젝트 수행 기본자세를 명확히 하고, 프로젝트 매니저의 결의를 나타내지 않으면 안된다. 또한, 일반적으로 기업에 주는 영향도가 큰 것, 즉 획기적인 사업인 경우에는 최고경영자에 따라 기본자세의 표명이 행하여진다. 이것은 기업에 따라 해당 프로젝트가 의미하는 것, 최고경영자의 관심정도, 최고경영자의 해당 프로젝트에 지원결의 등을 해당 프로젝트에 관계하는 사람들 또는 이런 것을 직접, 간접으로 지원하는 사람에게 나타내는 것에 의해 이러한 사람들의 의식고취를 기대하는 것이다.

2) 단계2: 프로젝트 수행조직 체제의 정비와 핵심 멤버(Key-Member)의 선임

프로젝트 메니저가 선임되면, 다음은 프로젝트 수행조직의 기초를 단단하게 사업계획 활동을 전개하여 가는데 필요한 핵심 멤버를 선임하는 단계에 들어간다.

(1) 프로젝트 조직의 형태

프로젝트 수행조직의 기본형으로서 ① 기능별 조직(Functional Organization) ② 전담제조직(Task Force Organization) ③ 매트릭스(Matrix)조직의 세 종류가 있다.

이러한 것은 각기 다음과 같은 특징이 있고, 프로젝트의 성질을 고려하여 최적의 조직형태가 선정되어지는 것이 된다.

① 기능별 조직(Functional Organization)

이 운영형태는 프로젝트 지향의 조직을 설정하는 것이 아니고 기업이 보유하는 기능별 조직(설계부문, 구매부문, 건설부문)등 각기 작업을 분담시켜, 사업 중심의 관리기능은 특별히 설치하지 않는 운영형태이다. 이러한 운영 방법은 관리 기능이 움직이지 않게 품질, 자금, 스케줄의 최적화가 도모되지 않아 대단히 위험하다.

단, 불확정요소가 적어, 반복적 프로젝트 등의 경우는 도리어 관리요원을 줄이는 것도 유효하다.

② 전담제 사업

전담제 사업조직에 따른 운영은 상기 기능별 조직에 따른 운영과는 완전히 반대의 운영방법으로, 사업중심의 조직을 기능별 조직으로부터 독립시켜 설치하고, 프로젝트에 필요한 요원 전부를 필요기간 전담만 시키는 조직형태이다. 이 형태는 프로젝트의 운영에 관하여 이상적이지만, 전담인원의 유효이용 및 인력 비용면에서 반드시 최적의 방법이라고 말하기는 어렵다.

③ 매트릭스 사업조직

매트릭스 사업조직이라는 것은 기능별 또는 전담조직과 같이 정형적인 것이 아니고, 양극단의 양자사이에 존재하는 조직형태이고, 강한 매트릭스로부터 약한 매트릭스까지 커다란 범위를 갖고 있다. 따라서 이 매트릭스 조직형태의 변형이 가장 일반적인 것이다.

(2) 프로젝트 조직형태의 선정과 핵심 멤버의 선임

프로젝트 조직은 프로젝트의 성패에 대단히 중요하며, 안이하게 변경되어지는 것이 아니고, 또 될 수 있는 것도 아니다. 어느 조직체제에서 프로젝트가 진행된다면, 그 흐름을 바꾸는 것은 커다란 에너지와 시간을 필요로 한다. 따라서 조직적 변경은 절대적으로 피하지 않으면 안 된다. 이 단계에서 신중하게 프로젝트의 특징을 고려하여 검토되어지지 않으면 안 되는 것이다.

이 조직형태를 선정하고 해당 프로젝트의 관리조직을 설정하여 프로젝트 매니저를 지원하는 엔지니어링 매니저, 구매관리자, 프로젝트 엔지니어, 프로젝트 매니저의 스텝 등의 핵심 멤버를 선임하는 것이 이단계의 활동이다.

3) 단계3: 프로젝트 조건의 확인과 철저

제3단계는 프로젝트의 조건을 재확인하고, 명확히 하여 그 다음의 사업계획 작성 전제 조건을 명확히 하는 단계로서 구체적으로는 계약서, 프로포잘, 입찰서류를 기준으로 사업을 요약 문서화하여, 주지·철저를 기하는 단계인 것이다.

(1) 사업요약(Project Summary)

이 사업요약은 사업계획의 전제조건이 되는 것으로 사업계획의 기본요소가 전부 정량화되지 않으면 안 된다. 그 내용은 기본적으로 다음의 15항목으로 구분된다.

① 프로젝트의 목적
② 계약형태
③ 업무범위
④ 공장위치
⑤ 납입품목과 인도조건
⑥ 자금비용 목표
⑦ 스케줄목표
⑧ 제품 성능목표
⑨ 보증 사항
⑩ 상여 또는 벌과 사항
⑪ 프로젝트 수행상 제약조건
⑫ 지역적 법규
⑬ 고객의 조직/ 승인사항
⑭ 고객의 요구사항/ 보고서/ 감사
⑮ 지불조건

(2) Kick-Off Meeting

상기 사업요약을 기본으로 프로젝트 매니저는 우선 선임된 핵심 멤버와 기능별 조직의 관리자를 소집하여 Kick-Off Meeting을 실시하고, 프로젝트 조건의 주지·철저를 기하는 한편 각각의 대응책을 검토하여 프로젝트 실시수행 기본방침을 확립한다.

4) 단계4: 프로젝트 Planning 및 Control 계획과 WBS 구축

프로젝트의 WBS라는 것은, 프로젝트의 최종성과물을 만들어 내는데 필요한 모든 작업노력을 WBS기법을 사용하여 도표 또는 리스트화 시킨 것이다. 이 프로젝트의 WBS의 구축은 사업계획의 가장 중요한 사항이므로, 이것이 모든 상세계획과 함께 조정의 공통기본이 된다.

(1) WBS(Work Breakdown Structure)기법의 특성과 효과

WBS기법이라는 것은 프로젝트의 전 작업을 빠짐없이, 중복되는 것 없이 파악·식별하기 위한 기법으로, 프로젝트의 최종성과물을 만들어 내기 위해 필요한 작업노력을 위에서 아래로 체계, 종속체계, 콤포넌트, 임무, 하부임무로 나눈 형태로 전개하는 기법인 것이다.

이 WBS기법으로 전개되어진 프로젝트 WBS는 그 구조가 가진 계층구조 특성으로부터 다음과 같은 사업계획과 함께 조정효과를 가져온다.
① 프로젝트의 필요한 전작업의 파악과 식별
② 사업계획/조정 계층별 전개를 가능하게 한다.
③ 작업분류 또는 집약경로를 명확히 하고, 자료의 일원화를 가능하게 한다.
④ 품질, 비용, 스케줄의 공통관리기반을 제공하고, 품질, 비용, 스케줄의 집약화를 가능하게 한다.
⑤ 자원(사람, 물건, 돈, 기술, 정보, 시간)과 대응되어지는 것부터, 완전한 사업계획의 설정을 가능하게 한다.

(2) 프로젝트의 WBS개발 체계의 목적

프로젝트 WBS개발 체계의 목적은, WBS기법을 이용하여 프로젝트 고유의 WBS를 구축하는 동시에, 구축되어진 프로젝트 WBS에 근거하여 다음의 사항을 행하는 것이다.
① 프로젝트 전작업의 파악 식별
② 대고객과의 업무범위의 식별
③ 대 조인트 벤쳐 파트너와의 업무범위의 식별
④ 엔지니어링 업무 오더프레임(Order Frame)의 제공

⑤ 구매 오더 프레임 제공

⑥ 건설업무 오더 프레임의 제공

⑦ 건설지역 조정 블록의 제공

⑧ 견적프레임의 제공

⑨ 비용조정프레임의 제공

⑩ 스케줄/조정프레임의 제공

⑪ 자원계획, 조정프레임의 제공

⑫ Work Packge(집약프레임)의 제공

⑬ 책임 매트릭스(역무분담)의 식별

⑭ 사업자료 정보소통 코-드 체계의 제공

(3) 프로젝트 WBS개발 체계의 서브시스템과 업무단계

프로젝트 WBS개발 체계는 다음에 언급한 10개의 서브시스템으로부터 구성되어져, 〈그림 2-7〉에 나타난 바와 같은 단계로 전개되어진다.

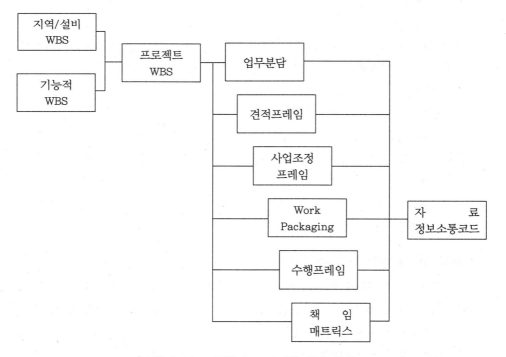

〈그림 2-7〉 프로젝트 WBS개발 체계 흐름도

① 지역/설비분류 구조의 개발(〈그림 2-8〉)

제1의 단계는 해당 프로젝트의 물리적 성과물 또는 작업대상 지역의 분류이나 일반적으로 설비를 구성하는 콤포넌트(장치)구분, 각 장치를 구성하는 Unit구분, 보통 작업지역 구분이라고 분류가 된다.

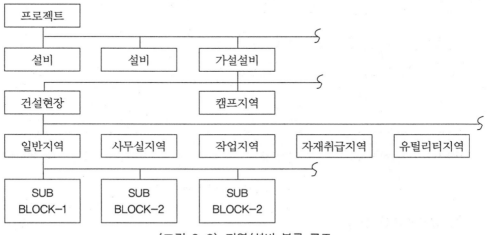

〈그림 2-8〉 지역/설비 분류 구조

② 기능업무 분류구조의 개발(〈그림 2-9〉)

제2의 단계는 해당 프로젝트의 필요한 작업의 분류이다. 일반적으로 건설 사업에서의 작업은 엔지니어링 작업(사업관리, 설계, 조달, 검사, 수송감리, 건설감리, 인도감리 등), 제작작업, 수송작업, 건설작업, 운전작업 그밖에 작업으로부터 구성되어져 있고, 그림 2-5에 나타난 바와 같이 전개가 이루어진다.

③ 프로젝트 WBS의 개발

제3의 단계는 상기 ① 및 ②에서 작성되어졌던 지역/설비의 분류와 기능적인 분류를 메트릭스에 조합하여 그 교점에서 프로젝트의 전작업을 파악하고 식별하는 단계인 것이다. 여기서 처음으로 프로젝트에 필요한 전작업이 파악되어진다.

④ 업무분담의 명확화

제4의 단계는, ③에서 명확화 되어진 작업을 대고객과 함께, 만약 죠인트 벤쳐 파트너가 있다면 대 죠인트 벤쳐 파트너와의 업무분담을 명확화하는 단계이다.

일반적으로 프로포잘로부터 계약에 이르는 사이에 업무분담은 기본적으로 명확하게 하는 것이 통상이지만, 계약단계에서는 말단까지의 작업이 명확하게 되어지지 않는 경우가 많고 상당히 포괄적인 수준(높은 수준)에서 업무분담이 설정되고, 계약 후 빠른 시점에서 세부적인 부분까지 명확화를 행하는 것이 중요하다.

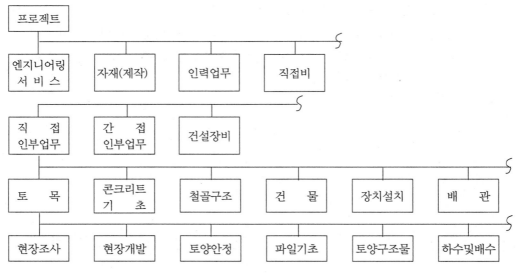

〈그림 2-9〉 기능업무적 분류 구조

⑤ 견적프레임 설정

제5단계는 명확한 견적(예산견적)을 행하는 프레임 설정을 하는 단계이다. (c)에서 확정한 프로젝트 WBS로부터 각 견적종류별 견적레벨을 설정하고, 견적 프레임을 설정하는 단계인 것이다.

이 프레임 설정을 받아들이는 견적체계가 시작된다.

⑥ 사업계획/조정프레임의 설정

제6단계는 비용, 스케줄, 자원, 계획/조정의 프레임을 설정하는 단계로서, 이 단계에 있어서 각각의 관리요약레벨, 사업조정레벨, 과업조정레벨에 대응한 조정 프레임이 설정되어진다. 여기서 설정된 프레임에 기초하여 비용예산/조정, 스케줄계획/조정, 자원계획/조정이 전개되어진다.

⑦ Work Package의 설정

제7단계는 비용/스케줄/자원을 종합관리하는 프레임(집약프레임)으로서의 Work Package를 설정하는 단계이다. 일반적으로 사업계획/조정의 프로젝트 WBS상의 레벨은 상이한 것이 통상이고, 이것을 종합하는 레벨을 설정하는 것이 대단히 중요한 것이다. 이 단계에서는 ⑥의 단계에서 각각의 프레임 설정을 종합하여 Work Package가 설정되어진다.

⑧ 수행프레임의 설정

제8단계는 주로 구매, 건설의 업무구성과 업무지시의 프레임을 설정하는 단계이다.

구매에 관해서는 해외·국내 제작업자의 활용구분, 발주의 분할, 집약의 프레임, 지시 프레임 그 위에 건설조정과 블록설정 등의 기본 프레임을 설정하는 단계이다.

⑨ 책임 매트릭스의 설정

제9단계는 프로젝트 WBS를 하나의 구조로 통합하여, 하나의 구조로 된 프로젝트 WBS 로 프로젝트 조직과 요원을 매트릭스로 대응시켜 역무분담을 명확히 하는 단계이다.

이 책임 매트릭스의 예이지만 여기에 따라 각 담당과 책임범위가 명확히 되고, 작업의 중복, 탈락을 방지하는 유효한 수단이 된다.

⑩ 사업자료 정보소통코-드 체계의 설정

마지막 단계는 ①부터 ⑨까지의 프레임 설정을 기본으로 하여, 해당 프로젝트에 대한 정보전달의 기본이 되는 코-드체계 및 순서분여 절차의 설정단계이다.

이 단계에서는 상기의 각종 순서부여 절차를 시작, 비용처리코드 각종 자원코-드, 그 외 코드의 순서부여 절차가 설정됨으로서 이것이 프로젝트의 제동에 관한 정보소통 열쇠 가 된다.

5) 단계5: 프로젝트 수행

사업계획단계는 사업시작단계로, 이 단계에서 프로젝트 수행 가이드라인 설정은 상 세한 것은 아니며, 엔지니어링, 구매, 수송, 건설, 사업관리 수행의 기본방침 설정에 한정되어진다. 여기에서 나온 기본방침에 근거하여 상세한 수행계획이 세워지게 되며 기본적 요소는 아래와 같다.

(1) 엔지니어링 수행기본 방침

① 설계기법의 방침
② 사양서, 도면류의 작성방침(작성범위, 표시방법 등)
③ 외주설계 활용방침
④ 예비품 계획(Spare Part Plan)
⑤ 잉여자재 계획(Surplus Plan)
⑥ Shop Surplus Plan

(2) 구매수행 기본방침

① 제작업자 선정방침(특별주문/입찰/해외/국내)
② 제작업자 평가 기본방침(기준)
③ 구매지시 방식/계약방식의 방침

④ 기자재별 조달방침
- 품목기기의 조달방침
- 자재의 조달방침
- Package기기의 조달방침
- 건설기기의 조달방침
- 건설소모재의 조달방침

(3) 기자재수송 기본방침

① 제작업자 선정방침
② 제작업자 평가 기본방침
③ 포장, 선적, 현지수송방침

(4) 건설수행 기본방침

① 하청업자 선정방침
② 하청업자 평가 기본방침
③ 공사공법의 방침
④ 가설기본방침
⑤ 건설 Utility 기본방침
⑥ 건설기기 사용 기본방침

(5) 사업계획/조정 기본방침

① 사업계획/조정 기본방침
② 사업계획/조정 수법활용 방침
③ 자료처리 활용방침

(6) 품질보증 기본방침

① 제3자 설정방침
② 검사 기본방침

6) 단계6: 종합적 Scheduling

이 단계에 대한 스케줄링은 사업요약(프로젝트 조건)에 따라 명확하게 되어진 목표 날짜를 준수하기 위해서 기본적인 시간계획 스케줄의 설정이 중심이 된다. 따라서 프로젝트 WBS의 설정에 따른 스케줄 계획/조정 프레임을 기본으로 자원관계를 고려한 논리적인 상세 스케줄링을 행하는 것이 목표되지 않으면 안 된다.

(1) 프로젝트 Master Schedule에 나타난 작업항목(Event 또는 Activity)은 대항목이고, 프로젝트 WBS의 광범위한 Level(예를 들어 Offsite 설비-기본설계)의 시간축의 공정이 표현되어진다.

작성에 있어서의 고려대상은 우선 프로젝트 조건으로서 표시되어지고 있는 인도기일이라고 하는 종점기점으로서, 인도스케줄, 건설스케줄, 수송스케줄, 제작스케줄, 엔지니어링스케줄과 같이 프로젝트 흐름과는 역으로 계획하는 방법을 취한다.

또, 이 프로젝트 마스터 스케줄에는 프로젝트의 전공정중의 어떤 시점에서 달성되어지지 않으면 전공정을 준수하는 것이 곤란하게 되는 이벤트가 추출되어져, 중간 이정표점으로서 설정 명시되어진다.

(2) 프로젝트 마스터 스케줄의 작성방법

프로젝트 마스터 스케줄은 상기와 같이 종합적인 시간스케줄을 나타내는 것이고, 기본 기법으로서는, 바-챠트(Gant Chart) 기법이 사용되어진다. 단 간단한 바-차트만은 아니고 이정표 표시를 넣은 바-차트(Milestone Bar Chart)가 일반적이다.

(3) Front/End 스케줄 작성

종합적 스케줄링으로서는, 프로젝트 마스터스케줄 설정에 따른 목적은 달성 되어지지만, 프로젝트는 이미 시작하여 있고, 상세한 스케줄을 기다리다 시작하게 한다는 것은 안 된다. 따라서 상세한 스케줄을 확정하기까지의 당면의 스케줄 설정이 필요하게 된다. 이 당면 스케줄 작성을 Front/End 스케줄이라고 부르고, 이 시점에서의 중요한 활동의 하나이다.

7) 단계7: 종합적 실행예산 계획

이 단계에서 실행예산 계획은, 사업요약으로서 분명하게 된 수주금액 또는 비용목표 달성의 프레임 설정이 중심이 된다. 이 실행예산의 설정은 대프레임이고, 통상 Eng'g 사업에는 M/H비용, 자재비, 공사비, 직접경비 등으로 구분되어진다. 그 외, 직접비와 간접비(Direct Cost, Indirect Cost)와의 구분이 행해진다.

여기서 설정된 종합실행예산은 상세한 비용조정의 기본이 된다. 일반적으로 이 실행예산의 설정은 계약형태에 따라 다르고, 총액도급 계약서에는 대단히 중요한 인자가 된다. 총액도급 계약의 경우, 프로포잘 또는 가격협의 단계에서 먼저 계획되어져 있지만, 사업주와의 최종적 합의에서 결정된 수주금액은 프로포잘에서 제안했던 가격, 간접비, 이익과 일치하지 않는 것이 통례이다.

프로포잘에서 기술적인 비용의 변화를 고려하여 실행예산의 프레임으로서 재설정되어진다.

2.3 프로젝트 계획 문서류(Project Planning Document)

2.3.1 Project Planning Document 개요

Project Planning 단계에 있어서 Project Planning System의 각 Step에서의 성과물로서 작성되어, Project Plan(Project 총합계획)의 구성요소가 되는 기본방침 또는 기본계획을 기재한 문서류를 말한다. Project Planning Document로서 정리되어 발행됨에 따라, Project Plan은 비로소 상세계획의 입안을 위한 Guide Line으로서 구체성을 갖게 된다.

Project Planning Document에는, 일반적으로 다음과 같은 것이 있다.

① Project조직도(Organization Chart)

② Project Summary

③ Project WBS List

④ Project Frame Chart

　　가. 적산업무 Frame Chart

　　나. 설계업무 Frame Chart

　　다. 조달업무 Frame Chart

　　라. 건설공사업무 Frame Chart

　　마. Cost 관리 Frame Chart

　　바. Schedule 관리 Frame Chart

　　사. Resource 관리 Frame Chart

　　아. Work Package Chart

⑤ 작업·책임 Matrix도면(Task/Responsibility Chart)

⑥ Project 수행방침

⑦ Project 관리방침

⑧ Project 관리순서

　　(Project Coordination Procedures Guide/Project Procedures Guide)

⑨ Project Master Schedule Chart

⑩ Project 종합실행계산서

2.3.2 프로젝트 조직도

Project를 합리적, 효과적으로 운영하기 위해 전체 조직구조와 Key Member 및 기능적 조직과의 관계가 명시된 것을 도표로 정리·명시한 것을 말한다.

Project조직은 Project Management 기능과 실행기능이 유기적으로 결합한 것이 아니면 안되며, 특히 건설 Project에 있어서는 그 범위가 넓고, 당해 Project에 참가하는 다수의 협력기업, Vendor, Sub Contractor 또한 Direct. Indirect Labour 등을 모두 파악한 운영체제의 관리이며, 그 조직화된 상황을 Project 조직도에 있어서는, 조직운영을 위한 지휘명령에 관한 계층구조와 상호관계가 Block flow적으로 표현되지만, 다시 업무수행상의 기본적 Communication Route도 표시되는 일이 많다. 대표적인 Project 조직도의 예를 〈그림 2-10〉에 제시한다.

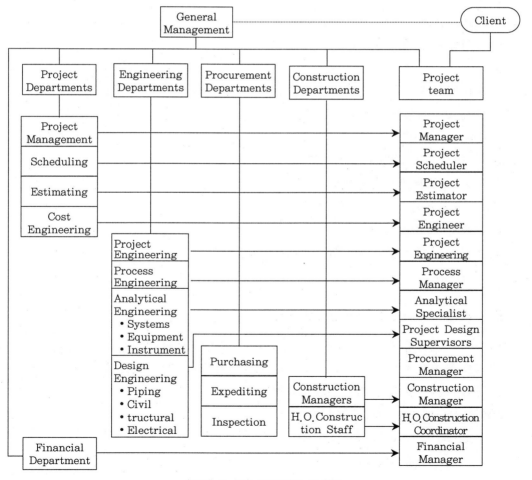

〈그림 2-10〉 프로젝트 조직도

2.3.3 프로젝트 개요(Project Summary)

Project Plan 작성의 전제조건이 되어야 할 Project의 제 조건을 명확화하고, 이것을 Document화 한 것을 말한다. Project Summary는 Project Team이 주체가 되어, 계약서, Proposal tender document를 Base로 작성하는 것으로, 주된 내용으로서는 Project의 목적, 목표, 계약조건이 명기되지 않으면 안 된다.

또 Project 계획의 기본요소를 모두 파악할 수 있어야 할 것이다.

Project Summary의 내용에는 다음과 같은 것이 있다.

① Project의 목적

② 계약형태

③ Scope of Work

④ Plant Location

⑤ 납입품목과 인도하는 조건

⑥ Cost

⑦ Schedule 목표

⑧ Project수행상의 제약조건

⑨ Guaranty 사항

⑩ Project Bonus 및 Penalty사항

⑪ Project수행상의 제약조건

⑫ Local Regulation

⑬ 고객의 조직/승인사항

⑭ Project고객의 요구사항/Reportiong/검사

⑮ 지불조건

2.3.4 Project Frame Chart

Project의 개요시점에서 Project의 기본사상, 방침에 의해서 Project의 효과적 수행과 관리를 목적으로 해서 실시되는 Work framming에 의해서 개발, 작성, 발생되는 목적별 작업구분(구성)을 나타낸 도표를 말한다.

주된 Frame도표는 다음과 같다.

① 기본 Project Frame Chart

② Estimate Frame Chart

③ Engineering Frame Chart

④ Procurement Frame Chart

⑤ Construction Frame Chart

⑥ Cost Control Frame Chart

⑦ Schedule Control Frame Chart

⑧ Resource Control Frame Chart

⑨ Work Control Frame Chart

2.3.5 프로젝트 Work Breakdown Structure

Project의 계획시에 작성되는 Project WBS에 의해서 설정되는 작업관리단위이다. Work Package의 구체적인 작업내용을 정의한 것을 말한다.

일반적으로 이 작업기술서는 Work Statement 또는 Statement Of Work : SOW라고 부르며, 그 작업의 달성도를 측정하는 Performance Measure(계획 가능한 Milestone) 및 계약상의 인도 가능항목(Deliverable Item)과 정합이 도모되어, 그 작업수행에 필요한 Schedule, 계산, Spec. 등의 항목이 있어야 할 것이다.

① 작업명칭

② 작업내용 · 범위(Spec.)

③ Schedule(개시일, 종료일)

④ Cost Budget(기계, 공사, Man Power)

⑤ Deliverable Item

또한, WBS항목 SOW항목과 Budget, Schedule, Spec. 및 Deliverable item의 〈그림 2-11〉과 같다.

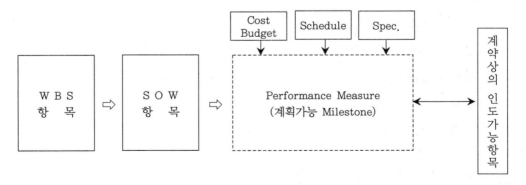

〈그림 2-11〉 WBS항목, SOW항목과 Budget, Schedule, Spec. 및 Deliverable Item의 관계

2.3.6 프로젝트 수행방침

프로젝트 수행 가이드라인의 설정단계에 명확화된 프로젝트 수행의 기본방침이 정리되어, 프로젝트 수행방침으로서 발행된다.

2.3.7 사업조정 방침

프로젝트 수행 가이드라인의 설정 단계로 명확화된 사업조정안 및 품질보증 기본방침이 사업조정 기본방침으로서 정리되어 수립된다.

- Project Coordination Procedures Guide/Project Procedures Guide

고객, Contractor, Joint Venture Partner 및 기타 당해 Project 관계자 간의 Project 수행 관리상의 책임과 권한 및 Project 수행관리에 필요한 순서의 Guideline을 지시한 요구를 말한다. 통상 Project 개시 시에 Project Plan의 일환으로서 작성된다.

일반적으로, Project Planning에 의한 Project 조건의 명확화, Projet WBS의 구조, Project 수행 Guideline의 설정 등으로 명확하게 되며, Project 운영상의 공통 인식사항, 약속사항을 구체적으로 종합한 것으로 다음 항목이 파악된다.

① Project 명칭의 통일, Code 및 Number 부여 체계
② 운영문서의 서식 및 배부기준
③ 문서류의 관리순서
④ 시방서, 도면 등의 지출·승인순서
⑤ 조달 하청관리순서
⑥ 보고 및 결재순서 등

2.3.8 프로젝트 Master Schedule Chart

프로젝트 전반에 걸쳐 주요 Event별 종합적 연관관계를 고려하여 시간 Schedule을 나타낸 것으로 Milestone Chart를 Bar Chart화하여 작성한 것이다.

(1) 작성시 고려사항

① 기본 및 상세설계 일정
② 구매, 조달, 운송 일정
③ 공사별 마감일정
④ 관련 인허가 신청 및 취득 일정

(2) 상세 내용은 chapter. 4 스케줄관리 참조

3. 프로젝트 매니저(PM)의 직무

3.1 PM 기능(Function)

Project Manager는 Project Director(이하 PD)의 지휘를 받아 담당 Project에 관하여 그의 실행조직 전반의 Cost, Schedule의 관리 및 관련된 부문과의 업무조정을 행하고, 당해 Project를 가장 경제적으로 수행하여야 한다.

또한, 고객에 대하여서는 당해 Project에 관해서 회사를 대표하는 창구로서의 행동을 한다.

Project Manager는 다음에 기재한 책임과, 그의 책임수행에 필요한 권한이 있으나, 담당 Project에 관한 인사와 Cost 관리상의 중요사항 자산처분에 있어서는 PD의 지시에 따르며 그 외 특기사항에 대하여는 부서장의 사전승인을 득하여야 한다.

3.2 책임(Responsibility & Duties)

① Project Manager는 Project Cost를 최소로 하게 하고, 고객과의 계약이행에 있어서 기본적 책임을 가진다.

② Project Manager는 계약내용, 고객과의 교섭경위, Project Design Information, Site Survey Report를 검토하여 이것들의 내용을 정확히 파악하고, 업무수행과 그 수순에 의문과 누락이 없도록 만전을 기한다.

③ Project Manager는 Project의 업무범위를 명확히 하고 Project의 실행수순을 결정 후 Job Instruction 작성을 착수하고 필요에 따른 각 부문의 협력사항, 업무 중의 범위에 관하여서는 각부문장과 협의하여 확정한다.

④ Project 실행에 임하여, Project Team의 필요 최소한의 인원과 그의 Grade 및 수행하는 기간을 결정하고, 그의 인선에 대하여는 부서장에게 의견을 상신한다. 나아가 관련 Assigned Engineer의 임명을 의뢰한다.
임명된 Project Member 및 Assigned Eng'r에 대하여서는 각각의 업무범위를 명확히 지시한다.

⑤ Project Manager는 Project Cost의 실행예산(또는 실행예산)을 조속히 작성하고 전결규정에 따라 승인을 받는다.

⑥ Project Manager는 Project Cost 실행예산에 구애됨이 없이 최소의 Cost로 Job이 완결되도록 공정과 Cost를 항시 Control하여 최선의 조치를 강구한다. 특히 Project의 M/H, 기자재비, 공사비, Project 경비 등에 대해서는 스스로 통제함과 동시에 그 외의 비용에 대해서는 관련 부서장에게 의견을 협의하는 등 적극적인 Cost 절감에 노력한다.

⑦ Project Cost의 예산과 실적의 대비는 필요할 때마다의 공사성과(예산과 실적과의 대비는 그 원인을 명확하게 한다.) 및 장래의 전망을 정확히 본부장에게 보고하고 그의 승인을 얻는다.

또 Cost에 관한 본부장의 지시가 있는 경우에는 이에 따른다.

⑧ Project Manager는 Overall Project Schedule을 작성하여 관련부문장과 협의하며, Detail Schedule을 작성 후 Detail Project Schedule을 확정한다.

⑨ Project Manager는 Project의 원활한 수행을 위해 관련부문과의 협의관계 유지에 노력한다.

관련부문에의 업무의뢰는 Kick-off Meeting 및 Launching Meeting에 있어서의 필요한 자료를 제출하여 행한다.

개별의 업무의뢰는 문서 또는 구두로서 직접 Project Member 내지 Assigned Eng'r에게 부여함과 동시에 필요한 범위 내에서 각 부서장에게도 통지한다.

⑩ Project 업무의 일부(예컨데 Man-hour Control, 금융업무, 수송업무 등)에 관하여서는 예산 및 업무의 범위를 명시하여 그 실시를 관계 부서장에게 위임할 수 있다.

업무실시의 위임을 받은 부문장은 Project Manager에 대하여 예산의 범위 내에서 업무를 수행하는 책임을 한다.

단, 이 경우에 있어서도 Project Manager의 Cost 책임은 면책될 수 없다.

⑪ Project Design Information을 확인하고 하기의 Basic Eng'g Document의 작성시기를 결정하여 통지한다.

　가. Flow Diagrams

　나. Balance Diagrams

　다. Plot Plan

　라. Equipment Schedule

추후 문제가 될 수 있는 기술상의 중요점에 관하여서는 이것들의 Documents를 Review하며, 또한 이것들의 Pre-drafting Eng'g Output의 완전한 Screening Meeting을 행한다.

⑫ 설계본부에서 작성한 Eng'g Documents에 대해서 Spot Check를 행하고 최종 승인을 한다.

(주1) Eng'g Document에 대한 Project Manager의 Approve의 범위

　　a) Project가 지시한 업무범위가 충분히 포함되어 있는지.
　　　(Project의 기본방침 및 고객의 Requirement 등)

　　b) Project Cost & Schedule Control 성과의 Eng'g Documents가 충분하게 반영되었는지.

(주2) 관련부서장의 Project Cost Control의 책임.

　　a) 기술적으로 허용된 범위에 있어서 Project 본부의 Project 실행 방침에 따른 Economical Design & Eng'g을 수행한다.

　　b) Man-hour 예산의 범위내에서 소정의 업무를 수행한다.

　　c) Eng'g 능력향상, Eng'g의 고도화를 적극적으로 추진하고 Job의 Cost 절감을 도모한다.

　　d) Project Manager와 관련팀장과의 사이에서 해결처리 할수 없는 Cost에 관련된 대립점이 생길 경우는 모두 각각의 상사에 보고하여 상사간에 해결처리 하도록 한다.

(주3) 관련부서장의 기술상책임

　　a) 각 부문의 Assigned Eng'r가 행한 Eng'g의 성과는 전부 각 부서장의 책임에 귀속된다.
　　　따라서 Assign 및 업무지시의 시점에 있어서 Assigned Eng'r의 능력에 따라서,

　　　• Assigned Eng'r의 책임으로 제출하는 것

　　　• 각 부서장의 승인으로 제출하는 것

　　　• 임원의 승인으로 제출하는 것

　　　으로 구분하며, 임원은 Assigned Eng'r에게 제출등급을 제시해야 한다.

　　b) Project Manager와 관련부서장과의 사이에 해결처리 할수 없는 Eng'g Design에 관련된 대립점이 생길 경우는 모두 각각의 상사에 보고하여 상사간에 해결처리 하도록 한다.

(주4) 관련부서장의 Project Schedule의 책임

　　a) 관련부문장은 Project Manager와 협의한 Project Schedule에 따라 소속 Assigned Eng'r를 관리 감독하는 책임이 있다.

  b) Project Manager와 관련부서장과의 사이에 해결처리 할 수 없는 Schedule 에 관련된 대립점이 생길 경우는 모두 각각의 상사에 보고하여 상사간에 해결처리 하도록 한다.

(주5) 여기에서 말하는 관련부서장은 하기의 자를 말한다.

  a) Project 부서장

  b) 설계본부내 각부서장

  c) 구매 부서장

  d) 관리 부서장

  e) 기타 업무를 의뢰한 당해부문장

⑬ 모든 구입 사양서를 Review 후 Approval하고 Originator의 Price & Technical Bid Tabulation에 대한 Vendor Selection 상의 Advice를 고려하여 구매부서과 협력하여 Vendor Selection을 행한다.

단, 전결 규정에 따라 본부장의 승인을 득한다. (업무 전결 규정 참조) 또한 Client Approve가 필요한 경우는 속히 조치한다.

⑭ Project의 진행 상황을 확실히 파악하기 위하여 Overall Schedule 및 개개의 Schedule을 정기적으로 Review하고, Project의 완성에 지장을 초래하지 않도록 적절한 조치를 취함과 동시에 필요에 따라 관련 각부서장과 협의한다.

⑮ 고객에 대한 Coordination Procedure를 확립하고 Eng'g Documents의 전달, 고객의 승인이 필요한 사항 및 고객의견 수렴을 확실히 행하며 Eng'g 상의 문제점에 대해 조속히 조정을 행하여 해결을 도모한다.

⑯ 고객에 대한 기술설명, 기타 모든 Offer에 임하여 Project Cost 및 공정에 영향이 있는 항목에 있어서는 그 내용에 관하여 미리 관계부문장과 협의하여 방침을 결정, 승인한다.

⑰ 고객에 대하여 정기적으로 Project의 진행 상황을 통지하는 등 연락을 긴밀히 하여 양호한 관계를 유지한다.

(Progress Report의 작성요령은 Project 별 Procedure에 따라한다.)

⑱ Project의 진행상황, 고객의 사정 및 기타 Project 실시상의 중요사항에 관하여서는 부서장에게 보고한다.

⑲ Project에 관계되는 업자, 관공서 등과의 중요문제에 대하여는 스스로 절충을 행한다.

⑳ 변경조사(Internal Change)가 내부요인인지, Client에 기인한 것인가를 명확히 판단하고, 필요에 따라 추가공사의 고객측 승인신청을 확실히 행한다.

㉑ Job Close-out 전에 발생하는 보상공사, 손상공사에 관하여서는 판단이 필요한 Date Information을 PD에게 제출하고 나아가 영업부장에게 협력한다.

㉒ Construction Phase에 있어서 Field Manager와 밀접한 연락으로 그 진행사황을 파악하고, 필요에 따라, 예컨데 Field에서 발생된 계약상, Eng'g 상, Field Planning 상, Progress 상 및 Cost Control 상의 각 문제점의 해결에 임한다.

㉓ 각종 Mechanical Test Running에 관여하고, 발생되는 고장, 결함, Trouble 등을 해결하기 위하여 Field와의 Coordination을 행하고 모든 Guarantee나 Contractual Obligation을 완수하고, 고객에게 Plant 인도를 원활하고 확실히 행한다.

㉔ Project Manager 부재의 경우 각 업무의 진행을 Stop 시키지 않기 위해서 Project Manager는 원칙적으로 대행자를 지정하고 필요한 권한을 위임한다.

    가. Office 부재의 경우

       대행자

    나. Field 부재의 경우

       Project Manager의 판단에 따라 대행자를 Field Manager 또는 Operation Manager로 한다.

㉕ Job Close-out Report를 작성하고, 또한 Project의 성과를 종합적으로 파악하여 대표이사의 승인을 득한다.

㉖ 전체의 Level up을 위해 Project Management Procedure, Policy나 Eng'g Method 및 설계상 각 Project에 공통되는 중요점 등에 대하여 개선하여야 한다고 생각되는 점을 그때마다 구체적으로 결정권자에게 의견을 상신한다.

㉗ 프로젝트 수행사의 Potential을 높이고 그의 발전에 기여하기 위해서 Project Manager 자신의 Technical & Managerial Ability를 높이도록 항상 노력한다.

3.3 PROJECT MANAGER의 일반관리 및 실무

3.3.1 Project Manager란?

Project Manager(PM)는 Project 부서장(또는 담당임원/PD)의 지휘를 받아 담당 Project에 관하여 그의 실행조직 전반의 Cost, Schedule, Quality, Safety의 관리 및 관련된 부문과의 업무조정을 행하고, 당해 Project를 가장 경제적으로 수행하는 자를 말한다.

또한, 고객에 대하여서는 당해 Project에 관해서 회사를 대표하는 창구로서의 행동을 한다.

Project Manager는 책임과, 그의 책임수행에 필요한 권한이 있으나, 담당 Project에 관한 인사와 Cost 관리상의 중요사항 자산처분에 있어서는 Project 부서장의 지시에 따르며 그 외 특기사항에 대하여는 부서장(또는 담당임원/PD : 제반 결재는 위임전결규정 기준)의 사전승인을 득하여야 한다.

3.3.2 사업관리 일반(기본 업무 및 수행 절차)

1) 사업 계획 단계

(1) 사업 실행 방침 및 계획의 작성

① **Project Manager(PM) 선임**

Project 계약이 체결되면 해당 사업관리팀장은 프로젝트의 규모, 경험의 정도, 기술 축적도, 계약 형태 등 프로젝트 특성에 따라 Project Manager를 선정하여 Pd/대표이사의 승인을 득한다.

단, 사업규모 및 특성에 따라 임원이 Pm을 선정할 수도 있다.

◇ Project Manager(PM) 역할 ◇

PM은 Project에 대한 사업계획, 설계, 구매/조달, 공사, 시운전, Turn Over까지 총괄 관장하며, 공기(Schedule), 원가(Cost), 품질(Quality), 안전(Safety)의 사업관리목표를 달성하기 위한 자원(사람, 기술, 자료, 설비 등)을 합리적 · 종합적으로 조정 관리하여 사업주가 만족할 수 있는 성공적인 사업수행이 되도록 하여야 한다.

② **Project 수행조직의 확립**

PM은 사업관리팀장 또는 담당임원과 협의하여 프로젝트 수행규모 또는 계약 형태에 따라 사업수행 조직을 설정한다.

－ PM을 지원하는 사업조직으로,

　프로젝트 컨트롤(PC),

　프로젝트 엔지니어링(PE),

　스케줄 컨트롤러, 코스트컨트롤러 등

　핵심 멤버를 선임하여 업무를 분장하고,

－ 프로젝트 구매(조달) 담당 및 설계 담당자를 분야 팀장과 협의 선정한다.

－ 공사 담당자는 공사팀과 협의하여 선정한다.

③ **Project의 WBS(Work Breakdown Structure) 구축**

PM은 WBS(Work Breakdown Structure) 기법을 이용하여 프로젝트의 최종 성과물을 작성하는데 필요한 모든 활동을 위에서 아래로의 계층 구조적인 체계, 종속체계, 구성요소 등의 형태로 도표화 또는 리스트화 하여 프로젝트의 관리에 사용한다.

단, 본 WBS는 프로젝트의 규모 및 특성에 따라 작성하지 않을 수도 있다.

④ **Job Instruction의 작성**

PM은 사업 계획 단계에서 사업, 설계, 구매(조달), 공사 등 Project의 원활한 수행을 위하여 Project의 기본방침을 설정하여 Job Instruction을 작성하여 관련팀에 배포한다.

⑤ **Project Coordination Procedure의 작성**

PM은 Project 수행상 원활한 업무협조 및 업무 혼선을 방지하기 위하여 계약서만으로 불충분하다고 판단되는 사항에 대해 Project Coordination Procedure를 작성한다. 필요시 사업주의 승인을 받아 업무에 적용한다.

⑥ **Project Master Schedule의 작성**

PM은 Project의 목표 일정을 준수하기 위하여 공정별 목표일을 설정하고, Project Master Schedule을 작성하여 관련 분야 조직원에 배포한다.

⑦ **Project 실행 예산의 작성**

PM은 Proposal시에 작성된 사업 "예상"실행예산을 기초로 하여 누락 항목이 발생하지 않도록 사업실행예산을 작성하여 "위임전결규정"에 따라 승인을 득한다.

(2) 사내 Project Kick-off Meeting의 개최

PM은 관련 각 팀장에게 프로젝트의 개요를 설명하고, 계약 및 기술상의 주요 문제에 관한 해결 방침을 협의하기 위하여 "Project Kick-off Meeting"을 실시한다.
(사전 관련 팀장과 협의 담당자가 선임된 경우 아래 3)항과 통합 시행할 수 있다.)

(3) Project Launching Meeting의 실시

PM은 각 A/E(Assigned Engineer)에게 Job Instruction, Project Master Schedule 및 프로젝트 수행에 필요한 자료를 제공하고, 프로젝트의 특기사항 및 일반사항에 대한 설명을 위해 Project Launching Meeting을 실시한다.

본 Project Launching Meeting은 개별 프로젝트의 규모 및 상황에 따라 실시시기 및 참석범위를 조정하여 내부 Project Kick-off Meeting으로 통합 또는 대체할 수도 있다.

(4) Project Kick-off Meeting의 실시

① PM은 계약 후 가능한 한 빠른 시일 내 Kick-off Meeting을 개최하여, 관련 조직에서 검토한 계약상의 불완전/불명확한 사항 또는 PROJECT 실행에 관한 제반문제에 대해 협의를 통해 조정/확인하고 협의내용은 기록하여 관련팀에 배포한다.
(통상 계약 후 1~2주 이내 실시하여야 한다.)

② Kick-off Meeting시 일반적인 회의 안건은 다음과 같다.
　　가. 업무 범위(Scope of Work and Services)
　　나. Plant의 설계 기준
　　다. 프로젝트 설계 자료
　　라. 설계수행상의 제반사항
　　마. 구매/조달수행상의 제반사항
　　바. 공사수행상의 제반사항
　　사. Coordination Procedure
　　　　(도서승인, 관리, 보고, 서류작성/배포(종류/수량 등), 자금 등 명기)

2) 사업 실행 단계

PM은 Project에 대한 설계, 구매/조달, 공사 단계를 총괄 관장하며, 공기(Schedule), 원가(Cost), 품질(Quality), 안전(Safety)의 사업관리목표가 달성되도록 합리적, 종합적으로 조정 관리한다.

(1) 설계 단계

PROJECT의 설계수행은 관련분야의 "설계수행 절차"에 따라야 하며 다음 사항이 고려되어야 한다.

① 설계 기준(Design Basis)자료의 입수 / 배포

PM은 계약 시 입수된 설계기준(Design Basis)과 설계기본조건(Basic Engineering Design Data(BEDD), URS 등) 등의 설계기준자료를 정리하여 Job Instruction에 반영하고, 설계 각 팀에 배포한다.

② Licenser Eng'g Data(기본(이전)설계도서) 입수

PM은 라이센서 계약에 따라 공정설계 자료집(Process Design Package) 또는 기본설계 자료집(Basic Engineering Design Package)을 입수하고, 필요시 LICENSER Kick-off Meeting, Screen Meeting을 개최하여 확인해야 할 사항을 명확히 한다.

③ 설계 기본 방침의 확립

PM은 설계 방침 수립 시에 다음과 같은 사항을 Job Instruction에 반영하고 각 설계 팀에 배포한다.

가. 설계기준(Design Basis) 및 설계기본조건(Basic Eng'g Design Data)

나. 설계도서의 작성 방침(작성 범위, 표시 방법 등)

다. 설계수행 기법의 방침(모델 사용계획, CAD 등 설계 TOOL 사용계획, 설계 전산 S/W 등)

라. 외주설계 활용방침

PM은 각 설계팀에서 Job Instruction 및 Project Master Schedule에 따라 작성된 Job운영계획서를 점검하고, 모순되는 사항의 발견 시 이의 수정을 요구할 수 있으며, 필요시 수정에 필요한 기준 자료를 제공한다.

④ 설계공정관리

가. PM은 공종 별 각 설계팀에서 설계도서가 작성될 수 있도록 설계정보의 제공, 설계 수행상의 문제점 해결을 위한 프로젝트 회의를 주관하고 필요시 기자재 공급업체 또는 공공기관의 확인을 받는다.

나. 또한, 설계도서에 대한 각 설계팀간 상호 점검이 실시되고 있는지 확인한다.

(필요시 Screen Meeting. 실시 : 상호 간섭/반영사항 Check)

⑤ 설계검증관리

설계도서는 설계부서 내부의 자체 검증을 실시하고, PM에게 제출되어 PM이 대외로 발송되는 설계도서가 검증되었는지를 확인한 후 승인 처리한다.

⑥ 설계도서의 점검과 승인

가. PM은 설계 각 팀에서 발행된 설계도서에 대한 점검을 실시하고 점검 결과에 따라 작성팀에 설계도서의 개정을 요구할 수 있다.

나. PM은 점검 및 승인해야 할 주요 설계도서는 Project 승인 기준에 따라 조정될 수 있다.

⑦ 설계의 변경관리

설계변경의 요청은 사업주, 기자재 공급업체 또는 당사 내부 조직에서 요청될 수 있으며 PM은 설계변경 요청에 대한 승인 시 설계변경에 따른 영향을 점검하며 설계변경사항을 관리한다.

⑧ 설계도서 관리

PM은 승인된 설계도서를 관련조직 및 시공현장에서 요구한 수량을 배포하며 최신판이 사용되도록 해야 하며 프로젝트 문서에 대한 관리 및 책임과 권한을 갖는다.

⑨ 설계도서의 관리(Filing)

PM은 프로젝트 수행중 작성되는 설계도서가 보관/관리되도록 한다.

(2) 구매/조달 단계

PROJECT의 구매/조달수행은 다음 사항이 고려되어야 한다.

① 구매/조달 방침의 설정

PM은 프로젝트 실행 방침을 기본으로 구매팀의 협조를 받아 다음과 같은 구매 방침을 확립하고 관련 각 팀 담당자에게 주지시킨다.

가. 제작업자 선정방침

나. 제작업자 평가 기본방침

다. 구매 지시 방식/계약 방식의 방침

라. 기기별의 구매/조달방침

마. Bulk 자재의 구매/조달방침

바. Package 기기의 구매/조달방침 등

② 구매시방서(요청서)의 완성

PM은 각 설계팀에서 작성한 구매 요청 문서를 검토하고 납기, 납품장소, 지불조건, Penalty, Warranty 조건 등에 대해 관련 팀장에게 검토결과를 통보, 반영·조치되도록 한다.

③ PM은 각 설계팀에서 작성한 구매요청서를 승인하여 해당 구매팀장에게 송부한다.

④ 기자재 공급업체 결정의 협력

가. PM은 구매팀을 통해 견적서류를 수령하여 각 설계팀에 Technical Bid Evaluation (TBE)을 의뢰한다.

나. 각 설계팀에서 제출한 Technical Bid Evaluation을 기초로 하여, 필요시 Vendor Recom'n에 대한 PM의 의견을 첨부하여 구매팀에 통보한다.

다. 구매팀장이 수행하는 사항들이 프로젝트 방침에 부합여부 및 예산 관리상의 적정 여부를 검토, 합의한다.

⑤ Vendor Print 검토 승인

가. Vendor Print Index & Schedule를 검토한다.

나. 각 관련 설계팀(분야)에 검토 및 승인을 요청한다.

다. PM은 최종 검토하고 승인/조치(구매팀 송부)한다.

⑥ Procurement Schedule 관리

PM은 구매팀에서 작성한 Procurement Schedule의 내용을 검토하고, 그 일정에 따른 실적을 파악하고 관리한다.

⑦ 검사(Shop Inspection)

가. 검사 기본 방침의 결정

PM은 계약서상 적용법규 및 사업주의 요구사항을 감안하여 다음 항목을 명확히 하여 기본 방침을 결정한다.

ⓐ 검사 대상 기기 범위의 결정

ⓑ 사업주 입회검사 유무의 확인

ⓒ 제3자 검사(인증 기관(사)의 검사대행) 필요 유무의 확인

ⓓ 선적에 필요한 서류의 확인

ⓔ 검사 적용규격의 확인

ⓕ 해외 검사회사의 활용 검토

나. 검사 시방서 및 스케줄의 검토 승인

PM은 검사팀에서 작성한 검사시방서 및 검사스케줄을 검토하여 승인하고 필요시 사업주에게 제출한다.

다. 검사 Report의 검토(필요시 주요기자재 한 사업주 보고)

PM은 검사팀(담당 : 당사는 검사팀이 없으므로, 설계당당자 지정, 또는 검사외주업체를 적용)으로 부터 검사 Report를 접수하여 검토하고 문제 발생시 이에 대한 해결방안을 각 관련팀에 지시한다.

라. 수송(운반)

PM은 구매팀장에게 기기 및 자재의 FOB(Free on Board) 이후, 현지까지의 수송업무의 실시를 통보한다.

또한, 구매팀에서 작성한 다음과 같은 수송 계획안을 검토하고 승인한다.

ⓐ Overall Shipping Schedule

ⓑ ODC(Over Dimension Commodity) 수송 계획

ⓒ 선박회사 계약

ⓓ 현지 수송 대책

ⓔ 수송 통관 방침

ⓕ 현지 수송 업자 계약,

이상 외자재의 경우로써 국내대행사 수행, 내자재의 경우는 VENDOR 제출 납품/운반계획서만 검토 승인 조치한다.

마. 현장(SITE) 납품/검수 확인

PM은 현장소장(Construction Manager)으로부터 기기, 자재의 수령, 검수에 대한 결과보고를 받는다.

(3) 공사 단계

공사수행에 대하여 PM은 다음사항을 고려하여야 한다.

① PM은 현장소장(공사팀장)에게 Job Instruction, Project Master Schedule 및 설계도서를 배포하고 현장소장(공사팀장)은 이를 검토하여 공사수행계획서를 작성한다.

② PM은 현장소장(공사팀장)과 공사수행 방안을 협의하고, 협의된 내용은 현장소장이 공사수행계획서에 반영하고 "위임전결규정"에 따라 승인을 득하여 PM에게 제출한다.

③ PM은 현장소장으로부터 공사 진행 상황에 대한 현황을 보고받고, 공사 추진상의 문제점에 대해 수시로 확인/실사하고, 현장소장과 협의 조치한다.

④ 환경/품질 기록에 대한 현장 기록을 관리 보관한다.

(4) 시운전 단계

① PM은 시운전에 관한 업무실시에 따른 운전계획을 공사팀장에게 통보한다.

② 시운전팀(별도구성, 대규모/화공플랜트의 경우 적용하되, Licenser의 시운전 지침 및 주요기기의 운전 기준에 준하여 실시)에서 작성한 시운전 수행 기본계획을 검토 승인한다.

③ 시운전 수행 기본 계획서는 다음과 같은 내용이 포함된다.

  가. 계약상 시운전 관계 업무범위의 명확화

  나. 시운전 수행 조직(사업주, 시공사, 라이센서, Vendor 등)

  다. 시운전 스케줄의 작성

  라. 예산의 책정(Training 포함)

  마. 인력파견 계획(시공사, 라이센서, Vendor 포함)

  바. Training 계획

  사. 운전 교본 및 분석 매뉴얼

  아. 보증운전 방법 등

(5) 플랜트의 인도 및 종료 단계(준공)

① 플랜트의 인도(Turn Over)

PM은 현장소장으로 하여금 프로젝트의 설계, 조달, 시공, 시운전 등의 용역 완료와 동시에 다음 작업을 수행토록 한다.

  가. 플랜트의 인도 조건에 대한 계약서 조건 및 당사의 조건을 고려하여 사업주와의 협의방안을 작성, 승인을 득하고 인도 준비를 한다.

나. 상기 협의된 인도 기준에 의거, 사업주에게 플랜트의 인도업무를 실시한다.

다. 인도는 반드시 문서로 승인받고 특히 인도실시 일자와 계약서의 해당조건을 명기한다.

라. 현장소장은 공사 잔여 자재 등 자산 처리를 구매팀장, 공사팀장, PM과 협의하고, PM의 승인을 득한 후 처리한다.

마. 대외비 문서의 처리

바. 현장 정리 철수

② **Job Close Out 실시**

가. PM은 플랜트 인도 후 Job 종료 보고서를 작성/보고한다.

나. 관련 각 팀에 Job Close out Report 작성을 요청한다.

다. 관련 각 팀으로부터 Job Close out Report를 접수, 취합, 정리한다.

라. COB(Close Out Business) 자료를 수집 정리하여 자료관리실로 이관하여 등록한다.

마. PM은 Job Close out을 선언한다.

3) Project Schedule 관리

(1) Project Manager는 프로젝트 실행 방침에 따라 프로젝트의 제반조건을 충분히 고려하여 Project Master Schedule을 작성한다.

이 경우, 공사 스케줄 및 기자재 선적 스케줄상의 조건을 충분히 반영하고, 라이센서 대책, 설계 스케줄, 납기 설정 등 전체일정에 영향을 주는 제반 요인을 종합하여 조정하고, 원가상의 RISK 방지 및 원가절감을 고려하여 각 팀간의 업무를 조정한다.

(2) Project Master Schedule에 의거하여, PM은 관련 팀장의 협조를 받아 상세 프로젝트 스케줄을 작성한 후 프로젝트의 모든 단계에서 스케줄의 계획과 실적을 비교하여 예측하지 못한 지연 사유가 발생하지 않도록 관리하며 월별 보고서를 작성하여 PD에게 보고하고 필요시 사업주에게 제출한다.

(3) PM은 프로젝트의 목표 공기를 준수하기 위하여 전체 공기에 영향을 주는 주공정(Critical Path)을 파악하고 관리한다.

(4) 공정이 지연되는 경우 PM은 신속하게 상황을 파악하여 조치가 필요하다고 판단되는 때에는 관련 팀장과 협의하고 그 대책을 PD에게 보고 신속초치가 되도록 한다.

4) Project Cost 관리

(1) Project Manager는 담당 프로젝트 수행에 대한 실행계획에 따라 실행예산(안)을 작성(누락항목이 발생하지 않도록 주의)하고 "위임전결규정"에 따라 승인을 득한 후 예산을 집행한다.

(2) PM은 승인된 범위 내에서 예산 집행에 대한 모든 책임을 지며, 예산 관리상 커다란 증감이 예상되는 경우는 신속하게 상황을 파악하여 PD에게 보고 협의하고, 실행 조정시 "위임전결규정"에 따라 승인을 득한다.

(3) PM은 프로젝트 원가의 일부를 예산 및 프로젝트 특정 조건을 명시하여 관련 각 팀에 그 관리를 위임할 수 있다.

단, 이 경우에도 프로젝트 매니저는 원가관리 책임을 면할 수는 없다.

(4) PM은 추가공사, 추가 예비품 등 계약을 초과하여 추가 요구된 기자재에 대해서는 정식 공문서(또는 회의록 등)로 지침을 받고, 현장의 경우 작업지시전(날인)을 받아 추가공사비로 청구 수금(계약변경)될 수 있도록 사전 조치 및 유도하고 정산 처리토록 한다.

또한, 공사하도급업체에 대한 추가공사비 정산은 청구 전에, CM이 접수/검토 확정하되 PM과 사전 협의하고, 실행초과의 경우 PM의 합의를 받고 위임전결 규정에 의거 결재를 득한 후 집행되도록 한다.

5) Project Man-Hour 관리

PM은 사업수행인력의 Man-Hour를 절감하기 위해 지속적으로 관리를 해야 하며 다음과 같은 대책을 수립한다.

(1) 사업주, Licenser, 사내 각 조직과의 스케줄에 따라 Coordination 함으로써 인력 소요를 줄이고, 대체원가의 손실을 최소화하는 관리를 한다.

(2) PM은 적기에 설계 정보를 제공하고, 문제 발생시 조기에 의사 결정을 통해 관련 팀의 Man-Hour 손실을 막는다.

(3) PM은 Man-Hour와 원가의 관계를 잘 조합하여 Man-Hour의 절감을 도모한다.

(4) 관련 팀으로부터 Project Master Schedule과 대비하여 매월 Man-Hour를 확인하고, 소요정도에 따른 대책을 수립 조치한다.

(5) 현장 공사인원 파견에 대해서는 각종 공사, 구매, 수송 등 현장에서의 다양한 업무간의 균형과 진척 상황을 고려하여 파견하고, 작업인력의 작업효율 향상에 노력한다.

6) 환경관리/품질보증/품질관리

건설플랜트의 환경/품질관리는 건설하려는 플랜트의 설계 단계에서부터 조달, 공사에 이르는 모든 단계에서 요구되는 성능을 충분히 만족시키도록 관리하는 것을 말한다. 사업수행조직에서 환경관리/품질보증/품질관리 활동에 대한 각 분야의 다음 사항을 고려 품질관리에 최선을 다한다.

(1) 사업부문(사업팀 또는 사업수행담당)

PM은 사장/최고 경영자(CEO)의 명령을 받아 사장을 대신하여 창구가 되며 해당 프로젝트의 총괄적인 책임자로서 업무를 계획, 입안, 추진한다.

① PM은 건설하려는 플랜트가 설계단계에서부터 조달, 공사에 이르는 모든 단계까지 플랜트 요구성능을 충분히 만족시키도록 관련 팀과 유기적으로 통합 조정하는 역할을 담당한다.

② PM은 설계, 조달, 공사 단계의 환경/품질관리에 필요한 적절한 조직, 책임, 권한을 명확히 하고, 각 부문별 환경/품질 활동이 "설계수행", "구매수행", "공사수행" 등 각 부별 절차에 따라 진행되도록 프로젝트 전반에 대한 관리의 책임과 권한을 가진다.

③ 환경유해자재의 사용을 지정할 경우에 PM은 대체자재의 사용을 권고하여야 하며 부득이하게 환경유해자재를 사용할 경우에는 그 사유를 구매 문서에 명기한다.

(2) 설계부문

설계부문은 사양 및 요구된 환경/품질보증 사항의 모든 것을 사양서, 도면, 시방서, 계산서 기타 설계 문서에 반영하여 발행할 책임이 있다.

환경유해자재 등록부에 등재된 환경유해자재에 대해서는 가능한 Requisition 발행(반영)을 억제하고, 만약 이 자재를 사용할 경우에는 PM을 경유하여 가능한 대체자재의 사용을 건의한다.

(3) 구매/조달 부문

설계부문에서 작성한 구매요청문서(MR)에 따라서 기기 및 자재를 발주/조달할 책임이 있으며, 환경유해자재 등록부를 보유 관리함으로써 환경유해 자재의 구매를 최대한 억제한다.

(4) 공사부문

공사부문은 사양 및 요구된(최종분 설계도서 포함) 환경/품질보증 사항의 모든 것이 최종 현장에서 설치/시공될 수 있도록 관리할 책임이 있으며, 현장 반입자재 확인/보관/시공 "마무리"까지 "철저"하게 확인/시공하여, 요구 품질에 충족될 수 있도록 한다.

chapter 03

프로젝트 발굴

1. 사전 영업지원 및 준비사항

1.1 사업주 진행업무

1) 설계도서 접수(현설용 도서)

2) 분할측량(설계사 또는 시공사Scope)

3) 경계측량(설계사 또는 시공사Scope)

4) 현황측량(설계사 또는 시공사Scope)

5) 인프라 조사

- 인프라 상황 확인 List

유틸리티	대상 회사	공급 가능 능력	인입 규모, 능력	인입위치, 방법도면의 유무	부담금	절차납기, 방법	완성 시기, 기타	확인 의뢰 사항
전 기	한전 (00지점)					신청납기 5000kw : 6개월전 5000~10000kw : 1년전 10000kw~ : 2년전		
가 스	대한도시 가스 (00 도시 가스)							
물	상수도공사 (00지점)							
오수 배수	정화처리 후 기우수, 배수연결 처리							
통 신	KT							

* 전기사용 전 통지사항 : 전력사용량, 전력사용용도, 공급방식 및 전압, 수전지점, 전력사용 예정일, 수전설비내용

6) PQ(Prequalification ; 사전입찰자격심사) 서류심사(사업주 선택사항)

　– PQ 자료 작성 내용

　① 매출액

　② 공사수주액

　③ 신용평가등급

　④ 도급순위

　⑤ 시공능력공시액

　⑥ 시공건수

7) 현설지침서(ITB)자료 작성

　– 작성내용

　① 공사개요

- 공사명
- 설계사
- 공사기간
- 공사범위
- 현설 시 교부 설계도서
- 입찰질의서 및 질의처
- 발주처
- 현장위치
- 공사규모
- 입찰일시

　② 공사비 지불조건 및 낙찰자 선정

- 공사계약방법
- 낙찰자 선정 내용 및 기준
- 대금지불조건(보증, 보험…)
- 발주처 지급 장비 및 별도공사

　③ 입찰조건 및 유의사항

　④ 입찰 제출 문서

1.2 설계사 진행업무

1) 설계도서 작성 및 납품

2) 물량산출서 작성 및 납품

3) 구조계산서, 각종계산서 작성 및 납품

4) 공사시방서

5) 건축인허가 구비 서류 취합 및 신청

① 건축허가의 절차(시ㆍ군청)

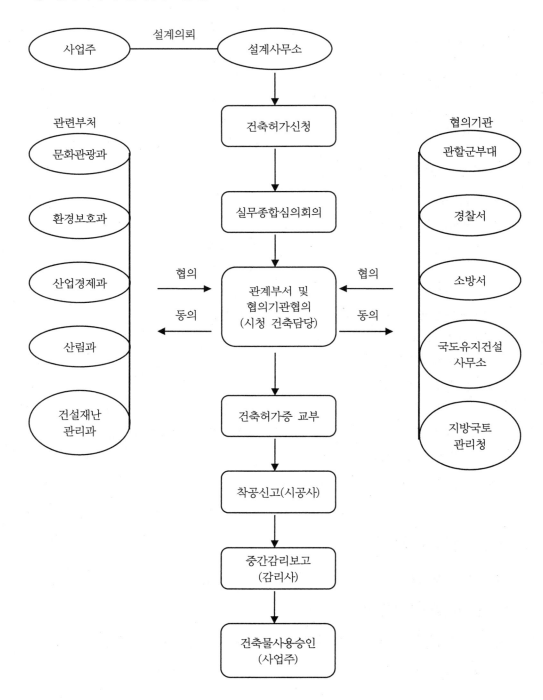

② 건축인허가 신청 이행 목록

NO.	내 용	비 고	SCOPE	
1	건축허가신청서-전체개요, 동별개요, 층별개요, 소유자현황 도면 목록표(사업주 인적 사항에 대한 내용은 담당PM에게 문의)	CD 제출, 설계자, 사업주 인감요	설계	건축법 시행규칙 2006.5.12개정
2	건축허가조서 및 검사조서	검사자 (설계자) 인감요	설계	건축법 시행규칙 2006.5.12개정
3	토지대장, 토지이용계획확인서, 지적도, 토지등기부등본(관련지번이 다수일 경우 각각의 지번에 대한 서류 일체를 첨부)	관할관청에서 발행하는 직인요	사업주	
4	건축물 구조안전 확인서 / 지진에 대한 안전확인서 (2005.7.18개정) ① 3층 이상인 건축물 ② 연면적이 1천 제곱미터 이상인 건축물 (확인서 및 구조기술사의 면허수첩 사본 첨부)	각각의 서류 구조기술사 인감요	설계	
5	설계자 업면허 관련서류(사업자등록증, 업무신고필증, 건축사면허증, 면허수첩-사본)	각 사본에 원본대조필	설계	
6	* 첨부도면 건축기본도면(개요표, 대지종횡단면도, 배치도, 면적표, 평면, 입면, 단면도, 재료마감표) 토목도면(오우수계획도) 및 기타도면(첨부참조)	각 도면에는 건축사 인감요	설계 (건축/ 토목)	
7	소방설치계획표 및 소방관련도면 (관련 기술사 도장이 날인된 도면이 2부 필요함 - 정본, 소방본)	관련 외주업체 에서 작성	설계 (전기/ 설비)	
8	배수설비 설치 및 신고서 (*별도양식)	사업주 인감요	설계 (설비)	
기 타	오수처리시설 신고서(해당시)		설계	
기 타	방화구획면제 신청원 - 해당시 관할관청에 제출	사업주 인감요	설계	
기 타	공장 설립 신고서(입주계약서)사본 - 해당시 관할관청에 제출		사업주	지구단위 승인완료 시

③ 건축허가 신청 시 필요한 도면

도서의 종류	도서의 축척	표시하여야 할 사항
건축계획서	임의	1. 개요(위치·대지면적 등) 2. 지역·지구 및 도시계획사항 3. 건축물의 규모(건축면적·연면적·높이·층수 등) 4. 건축물의 용도별 면적 5. 주차장규모 6. 에너지절약계획서(해당건축물에 한한다) 7. 노인 및 장애인 등을 위한 편의시설 설치계획서 (관계법령에 의하여 설치의무가 있는 경우에 한한다)
배치도	임의	1. 축척 및 방위 2. 대지에 접한 도로의 길이 및 너비 3. 대지의 종·횡단면도 4. 건축선 및 대지경계선으로부터 건축물까지의 거리 5. 주차동선 및 옥외주차계획 6. 공개공지 및 조경계획
평면도	임의	1. 1층 및 기준 층 평면도 2. 기둥·벽·창문 등의 위치 3. 방화구획 및 방화문의 위치 4. 복도 및 계단의 위치 5. 승강기의 위치
입면도	임의	1. 2면 이상의 입면계획 2. 외부마감재료
단면도	임의	1. 종·횡단면도 2. 건축물의 높이, 각층의 높이 및 반자높이
구조도 (구조안전확인 대상건축물)	임의	1. 구조내력상 주요한 부분의 평면 및 단면 2. 주요부분의 상세도면
시방서	임의	1. 시방내용(건설교통부장관이 작성한 표준시방서에 없는 공법인 경우에 한한다) 2. 흙막이공법 및 도면
실내마감도	임의	벽 및 반자의 마감의 종류
소방설비도	임의	소방시설치유지 및 안전관리에 관한 법률」에 따라 소방관서의 장의 동의를 얻어야 하는 건축물의 해당소방 관련 설비
건축설비도	임의	냉·난방설비, 위생설비, 환경설비, 전기설비, 통신설비, 승강설비 등 건축설비
토지굴착 및 옹벽도	임의	1. 지하매설구조물 현황 2. 흙막이 구조(지하 2층 이상의 지하층을 설치하는 경우에 한한다) 3. 단면상세 4. 옹벽구조

1.3 시공사 진행업무

1.3.1 착공신고

① 경계측량(계약 후 즉시 시행, 말목 사진촬영 관리보존)
② 가설 건축물 축조 신고
③ 가설 전기 인입 신청
④ 가설 용수 신청
⑤ 도로 점용 허가 신청
⑥ 도로 굴착 승인 및 복구 허가 신청
⑦ 유해, 위험 방지 계획서 제출
⑧ 안전 관리 조직 구성 신고
⑨ 비산 먼지 발생사업 신고
⑩ 건설폐기물 처리 신고
⑪ 특정공사사전신고
⑫ 공작물축조신고

1.3.2 현장개설

현장사무실 개설, 현장 인력 배치, 현장 별 컨테이너 및 비품 반입

1.3.3 착공신고 시 필요한 서류

구 분	준비서류내용
사업주	1. 착공신고 신청서 　 * 첨부서류 : 건축행위자, 관계전문기술자 날인 2. 건축관계자 상호간 표준계약서(설계, 시공, 감리) 3. 사업승인(허가)조건 이행계획서 4. 건축공사 감리자 및 시공자 선정신고서 5. 시행자관련 서류(주택건설사업자 등록증, 법인등기부등본, 법인 인감 증명서, 사용인감계, 사업자 등록증)
설계자	1. (착공신고) 현장조사서 2. 동 별 건축개요 3. 흙막이 구조도면(지하 2층 이상을 설치할 경우) 4. 설계도서(건축법 시행규칙 제 14조 제1항 관련 발표 4의 2, 주택법 제 23조) 5. 설계자관련서류(건축사 업무신고필증, 건축사면허증, 사업자 등록증, 법인등기부등본, 건축사 면허수첩)

감리자	1. 감리착수계 2. 상주감리원 선임계(감리원 경력증명서, 자격증사본) 3. 감리원 조직기구표(감리원 배치계획서, 배치 산출근거) 4. 감리의견서 5. 설계도서 검토조사서 6. 감리업무 수행계획서 7. 감리자 관련서류(건축사 업무신고필증, 감리업 등록증, 법인등기부등본, 사용인감계, 사업자 등록증)

시공자
(주관)
	1. 건축허가 신청서 및 허가서 사본
	2. 전체 예정공정표
	3. 착공 전 전경사진
	4. 기술자 선임계
	  - 현장대리인, 안전관리자, 품질관리자(재직증명서, 기술자수첩사본, 조직도)
	5. 기술자 배치계획서(재직증명서, 경력증명서)
	6. 안전관리계획서(건기법 46조의 2)
	7. 품질보증계획서(건기법 41조) - 일정 면적 이상
	8. 품질시험계획서(보증계획서 수립 대상 제외)
	9. 보행환경계획서(시, 조례)
	10. 유해위험방지계획서(해당시)
	11. 시행자관련서류(주택건설사업자 등록증, 법인등기부등본, 법인 인감증명서, 사용인감계, 사업자 등록증, 건설업 등록증, 등록수첩사본, 국세 및 지방세 완납증명서)
	12. 각종 신고필증 사본
	  - 하수도원인자 부담금협약서(오수)
	  - 비산먼지발생사업신고필증(환경)
	  - 특정공사 사전신고필증(환경)
	  - 사업장폐기물배출자신고필증(환경)
	  - 폐자재 재활용 및 처리계획서(환경)

1.4 착공 전 주요 인허가절차

1.4.1 수전 인입절차

1) 신청에서 허가까지의 절차

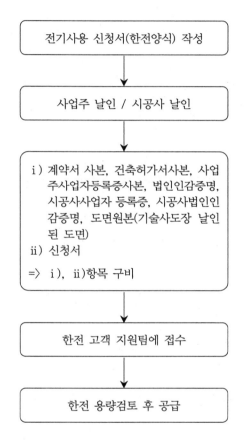

* 한전은 접수 받은 용량을 검토 후 공급용량이 부족할 경우에 한하여 선로증설 공사 신청을 받음. 선로증설공사 접수 후 공사에 착공

단, 선로증설공사로 인한 추가 비용은 사업주가 지불하는 것을 전제로 함.

2) 사업주의 수전인입 절차 및 현황(타 프로젝트 사례이므로 참고용임)

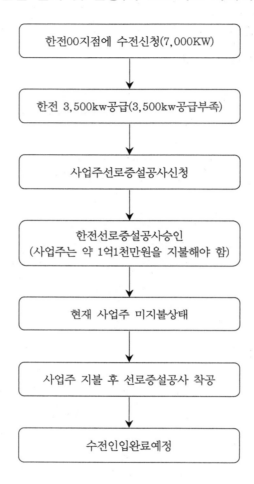

한전00지점에 수전신청(7,000KW)

↓

한전 3,500kw공급(3,500kw공급부족)

↓

사업주선로증설공사신청

↓

한전선로증설공사승인
(사업주는 약 1억1천만원을 지불해야 함)

↓

현재 사업주 미지불상태

↓

사업주 지불 후 선로증설공사 착공

↓

수전인입완료예정

1.4.2 지구단위 결정고시 절차

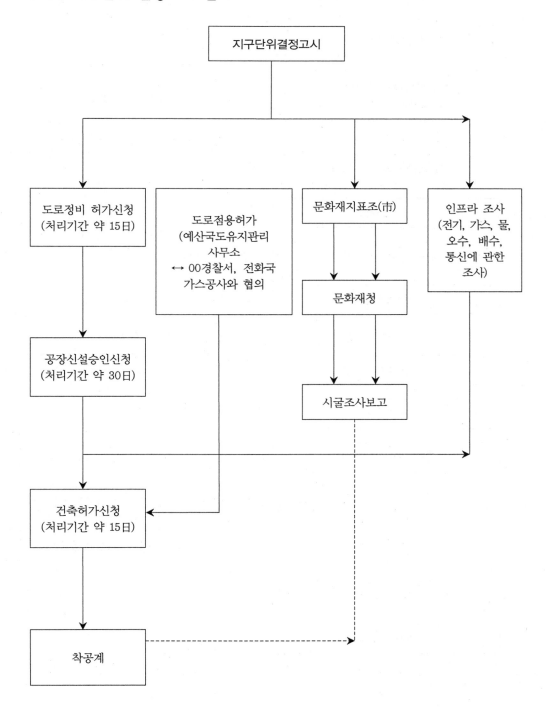

1.4.3 지구단위 계획수립 절차

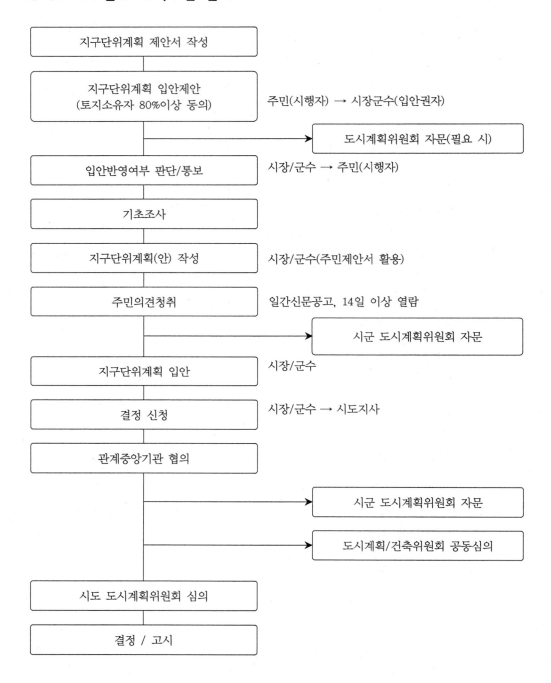

1.4.4 건축인허가 절차

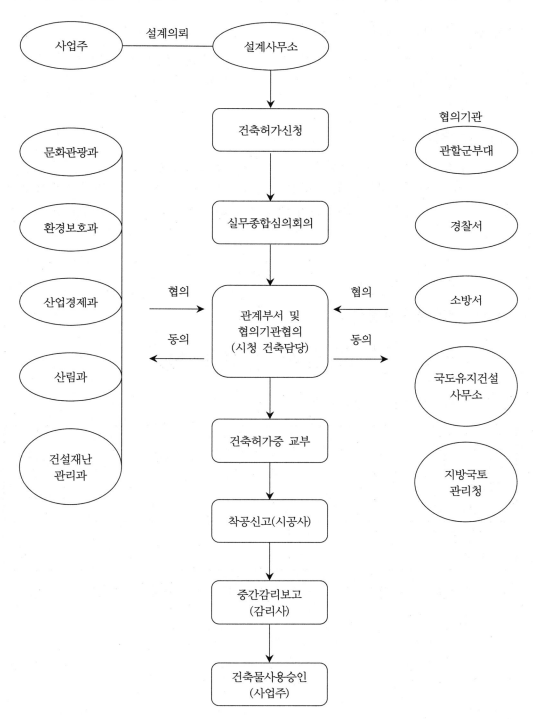

1.5 주요 CHECK POINT

1) 설계 인프라 확인

- 설계사가 사전에 인프라 조사(전기, 물, 오수배수, 가스 등)를 한 후 설계도서에 반영이 되어 있는지의 여부를 확인하여 재설계 및 불필요 공사비 증가를 막기 위한 재검토가 필요함.

2) 전기용량 파악

- 전기사용 신청서를 작성 후 한전에 사전 신청하여야 함.
  (전기 용량에 따라 수전 신청일이 정해져 있으므로, 특히 과용량의 전력이 필요시, 사전에 신청을 하여 공기 일정에 차질이 생기지 않도록 주의가 필요함.)

- 이상 -

1.6 전기사용신청서

전 기 사 용 신 청 서

☐ 고객사항 (계약전력 6kW 이상)

고 객 명		신청일자 및 접수번호	200 . . ,		실명확인
전기사용장소			상호(공동주택)		
주민등록번호	–	전화번호	) –		
E-Mail	@	휴대전화	– –		
소유자명		주 소			
주민번호	–	전화번호	,		

☐ 계약사항   ※ 음영처리되지 않은 부분은 담당자와 협의하여 작성합니다.

신청구분		공급방식	상 선 식	V	용 도		주생산품	
계약종별		전 력	계약전력	kW	결정기준	변압기설비 □, 사용설비 □		
선택요금		Ⅰ □, Ⅱ □, Ⅲ □			설비용량	변압기 kVA, 사용설비 kW		
APT계약방법	단일계약 □, 종합계약 □							
요금청구장소	전기사용장소 □, 신청인거주지 □ ( )				미납요금	무 □, 유 □(원)		
세금발행	사업자등록번호: 상 호: 업태: 종목:							
자동이체	은행 지점, 예금주: , 주민번호: - , 계약자와의 관계 :							
인터넷 납부	@			계좌번호:				
사 용 전 점검기관	한 전 ( )	안전공사 점검분을 제외한 전고객			사 용 전 점검일정		접 수 일 (내선의뢰)	점검필증 확 인 일
	안전공사 ( )	전기사업법 시행령 제42조의 2에 의 한 전기설비와 한전점검분 중 고객희망 전기 설비						
전기공사 업 체 명	(인)					면허번호		
						전화번호		
송전희망일	20 . .	전주번호	변압기설치 전주번호 :			인입전주 번호 :		
공사형태		변압기용량	전용 %, 공용 % (공급가능 □, 불가능 □, 선공급 □)					

귀 공사의 전기공급약관을 준수할 것을 동의하오며 위와 같이 전기사용을 신청합니다.

또한 부득이한 사유로 전기공급 중지시 피해가 발생될 우려가 있을 우에는 전기공급약관에 따라 비상용 자가발전기 등의 적절한 자체보호장치 설치 필요성을 검토하겠습니다.

20 . . .

전기사용자 (인) 소 유 자 (인)

□ 개인정보 수집에 대한 동의

본인은 건축허가서 등 전기사용신청 구비서류[뒷면에 표시]를 직접 제출하는 대신 한국전력공사가 「전자정부」를 통해 직접 열람하는 것에 대하여 동의합니다. <p style="text-align:center">20 년 월 일</p> 전 기 사 용 자 (인)   소 유 주 (인)

※ 위 동의서의 내용에 대하여 전기사용(예정)자 및 소유자가 확인하고 명·날인하였음을 확인합니다.

위 전기사용자 및 소유자의 업무대행자 : 전기공사업체명 성명 (인)

【고객이 알아야 할 사항】

1. "계약전력"은 변압기설비와 사용설비로 산정한 것 중 고객이 신청한 것을 기준으로 결정합니다.

2. "선택요금(Ⅰ, Ⅱ)" 적용대상은 고압이상의 전압으로 공급받는 일반용전력, 교육용전력, 임시전력 및 산업용전력 고객이며, 선택요금(Ⅲ)은 산업용전력(병) 고압B, C 고객에게 적용합니다. 월간 사용시간이 200시간 미만인 경우에는 선택요금(Ⅰ)이, 200시간 이상인 경우에는 선택요금(Ⅱ)가 유리합니다.
   (선택요금(Ⅲ)은 월간 500시간 이상 사용시 유리)

3. "아파트 계약방법"은 호별사용분을 주택용저압전력요금을 적용하고, 공동설비사용분은 일반용전력(갑) 고압전력요금을 적용하는 "종합계약"과 전체사용전력량을 호수(戶數)로 나누어 평균사용량을 산출하고 이에 대한 기본요금 및 전력량요금에 호수로 곱한 것을 전체요금으로 산정하는 "단일계약" 중 고객이 신청한 것을 기준으로 결정하며 담당자와 협의후 선택하시기 바랍니다.

4. 농사용전력 등 전기공급약관 제81조 제1항에서 정하는 고객은 사용하지 않는 월에 한전에 휴지신청을 할 수 있으며, 휴지기간중에는 전기요금을 받지 않습니다.

5. "아파트 공동설비"를 주거부분과 별도로 전기사용계약 체결하는 경우의 계약종별은 주택용전력과 일반용전력 중 고객이 신청한 것을 기준으로 결정합니다.

6. "교육용전력 저압고객과 대표고객의 변압기를 공동이용하는 저압계량 고객"은 고객희망시 고객소유로 최대수요 전력계를 설치할 수 있으며, 이 경우 기본요금은 전기공급약관 제68조 제2항에 따라 산정합니다.

6. 전기공급약관 별표2 기타사업으로서 계약전력이 300kW이상 1,000kW미만인 경우에는 산업용전력(갑)과 (을) 중, 계약전력이 1,000kW 이상인 경우에는 산업용전력(갑), (을), (병) 중 고객이 신청하는 계약종별을 적용합니다.

7. 일반용전력, 교육용전력, 산업용전력, 농사용전력(병), 가로등(을) 및 임시전력(을) 고객이 계약전력을 초과하여 사용함에 따라 월간 사용전력량이 계약전력에 대해 450시간을 초과한 경우 1년중 첫 번째 달에는 위약금 부과를 예고하고, 두 번째 달부터 초과전력량에 대하여 전력량요금의 150%를 추가하여 위약금을 받습니다.

8. 계약전력 6kW 이상 일반용전력, 교육용전력, 산업용전력, 농사용전력 및 임시전력의 경우 역률이 90% 미달하는 경우 매 1%당 기본요금의 1%가 추가하여 부과되므로 적정용량의 콘덴서를 개별기기별로 설치하시기 바랍니다.

9. 전기요금에 많은 영향을 미치는 계약종별은 고객님과 한전간에 계약체결한 전기사용계약 단위의 사용용도에 따라 전기공급약관 제3장(사이버지점에서 열람가능)에 의하여 적용하며, 전기사용용도가 변경되는 경우에는 해당용도에 맞는 계약종별을 고객님과 한전이 다시 협의결정합니다.

【전기사용신청서 작성요령】

1. 제출서류
   ○ 전기사용자
   ① 주민등록등본(개인) 또는 법인등기부등본(법인) ② 사업자등록증명원(사업자인 경우)
   ③ 법인인감증명원(법인인 경우) ※ 소유자가 아닌 사용자 명의로 전기사용신청시 약관
   제79조에 따라 보증조치 필요
   ○ 소유자
   ① 건축허가서 · 건축물관리대장 · 건물등기부등본 · 토지대장 중 1종
   ② 주민등록증 사본(개인인 경우) 또는 법인인감증명원(법인인 경우)
   ※ 한전이 직접열람 가능한 서류 : 건축허가서, 건축물관리대장, 토지대장, 주민등록등본
2. "신청구분"은 신규, 계약합병, 계약분할, 재사용, 증설, 공급방식변경증설, 계약종별변경증
   설, 공급방식변경 중 하나를 기재합니다.
3. "용도"는 주택용, 상업용, 관공용, 농사용, 아파트, 가로등, 광공업용, 기타공공용, 연립주
   택 중 하나를 기재합니다.
4. "공사형태"는 인입선 소요공사, 외선소요공사, 지중인입선 소요공사, 지중외선 소요공사
   중 하나를 기재합니다.
5. "전기공사업체명"에는 반드시 유자격 전기공사 업체명을 기재하고 대표자의 인감을 날인
   하여야 합니다.

1.7 건설 인허가 업무 관련 상세내용

1) 건축설계사무소에 상담 및 설계 의뢰 시 반드시 알아야 할 사항

① 건축설계도서의 농지전용허가, 산림훼손허가, 토지형질변경허가 등 토지개별허가 작성여부(해당되는 사항만 작성)

② 기타 오수처리시설 및 단독정화조설치신고, 도로점용허가협의서, 군사시설보호구역협의서, 소방협의서, 하천(구거)점용협의서 등의 작성여부(해당되는 경우만 작성)

③ 건축허가 시 농지전용, 산림훼손, 형질변경 허가를 수반하는 경우에는 토지개별허가에 따른 각종 공과금과 정화조설치비용(건축비의 5~15%), 상수도원인자부담금, 하수도원인자부담금 등의 비용이 많은 점을 감안하여 반드시 확인하여야 한다.

(1) 건축허가 신청

시·군청 종합민원실, 민원담당부서에 건축허가신청서 및 관련허가서를 접수하면 도시과 건축담당부서로 이송된다.

(2) 실무종합심의

민원사무처리규정에 의거 관련부서와 각종설계도서 및 첨부서류, 관계법령 협의서류 등의 적법여부를 검토한다.

2) 관계부서 협의

건축담당부서에서는 통보된 건축허가와 관계되는 각종의 개별허가서를 관계부서와 협의를 한다.

(1) 환경보호과

① 오수처리시설 및 단독정화조설치 신고 및 준공

② 대기환경보전법

③ 수질환경보전법

④ 소음진동규제법

⑤ 폐기물관리법

⑥ 환경정책법(상수원 특별대책 권역)

⑦ 상수도설치 신고

⑧ 배수설비설치 신고

(2) 산업경제과

농지전용허가

(3) 산림과

① 산림형질변경허가

② 보전임지전용허가

(4) 건설재난관리과

① 도로점용허가

② 하천점용허가

③ 구거점용허가

(5) 도시과

① 건축허가

② 토지형질변경허가

③ 도시계획사업의 실시계획 인가

(6) 협의기관

① 군사시설보호구역(관할 군부대)

② 소방 협의(관할 소방서)

③ 도로점용허가에 따른 공안 협의(관할 경찰서)

④ 학교정화구역 내 협의(관할 교육청)

⑤ 도로점용허가

가. 국도(해당 국도유지건설사무소)

나. 지방도(해당 시·군 건설재난관리과)

다. 군도(해당 읍·면)

⑥ 하천구역 협의(서울지방국토관리청)

⑦ 송전선 협의(한국전력)

(7) 문서시행 및 발송

① 시행문 작성

② 승인대장 기재

③ 민원실 통제

④ 문서통제 및 시행

(8) 건축허가서 교부

각종 개별허가에 따른 대체농지조성비, 전용부담금, 대체조림비, 적지복구비, 채권, 면허세 등을 납부 확인 후 건축허가서 교부

(9) 착공신고

① 대상 : 건축법 제8조, 제9조 또는 제15조 제1항 규정에 의하여 허가나 신고를 한 건축물

　　가. 건축법 제8조(건축허가)

　　나. 건축법 제9조(건축신고)

　　다. 건축법 제15조 제1항(가설건축물허가)

② 시기 : 건축공사를 착수하기 전

③ 신고서류

　　가. 착공신고서

　　나. 건축관계자 상호간의 계약서

　　다. 설계도서(법제8조 규정에 의하여 허가를 받은 건축물)

　　라. 흙막이 구조도면(지하2층 이상의 지하층을 설치하는 경우에 한함)

3) 건축허가와 의제처리 되는 개별허가(일괄처리)

건축허가신청서와 같이 접수되어 관계부서와 협의 후 일괄 의제 처리되는 개별허가는 아래와 같다.

① 건축법 제15조 제2항의 규정에 의한 공사용 가설건축물의 축조신고

② 건축법 제72조의 규정에 의한 공작물의 축조허가 또는 신고

③ 도시계획법 제46조의 규정에 의한 개발행위허가

④ 도시계획법 제59조제5항의 규정에 의한 시행자 지정 및 동법 제61조 제2항의 규정에 의한 실시계획인가

⑤ 산림법 제18조 규정에 의한 보전임지전용허가(도시계획 구역안 인 경우에 한함) 및 동법 제90조의 규정에 의한 산림형질변경허가

⑥ 사도법 제4조의 규정에 의한 사도개설허가

⑦ 농지법 제36조의 제1항의 규정에 의한 농지전용허가 또는 협의

⑧ 도로법 제40조의 규정에 의한 도로의 점용허가

⑨ 도로법 제50조 제5항의 규정에 의한 접도구역 안에서의 건축물, 공작물의 설치 허가

⑩ 하천법 제33조의 규정에 의한 하천점용 등의 허가 하수도법 제24조의 규정에 의한 배수설비의 설치신고

⑪ 오수. 분뇨 및 축산폐수의 처리에 관한 법률 제9조 제2항 및 동법 제10조 제2항의 규정에 의한 오수처리시설 및 단독정화조의 설치신고

⑫ 수도법 제23조의 규정에 의하여 수도사업자가 지방자치단체인 경우 당해 지방자치단체가 정한 조례에 의한 상수도 공급신청

4) 건축허가 대상 및 신고 대상 건축물 분류

(1) 허가대상 건축물

① 건축허가대상(건축법 제8조)

가. 국토이용관리법에 의하여 지정된 도시지역, 관리지역 안 모든 건축물

나. 고속국도, 철도의 경계선으로부터 양측 100m이내 구역

다. 일반국도의 경계선으로부터 양측 50m이내 구역

라. 기타구역 : 연면적 200m² 이상이거나 3층 이상의 건축물(증축의 경우 연면적 또는 층수가 규정을 초과하면 해당)

② 가설건축물 허가대상(건축법 제15조 제1항) 도시계획시설

도시계획시설예정지에 있어서 도시계획사업의 실시에 지장이 없다고 인정하는 경우에 한하여 다음과 같은 용도. 구조 등으로 가설건축물의 건축을 허가할 수 있다.

가. 철근콘크리트조 또는 철골철근콘크리트조가 아닌 것

나. 존치 기간은 3년 이내일 것(도시계획사업이 시행될 때까지 그 기간을 연장할 수 있다)

다. 3층 이하일 것

라. 전기, 수도, 가스 등 새로운 간선공급설비의 설치를 요하지 아니할 것

마. 공동주택, 판매 및 영업시설 등으로서 분양을 목적으로 건축하는 건축물이 아닐 것

바. 도시계획법 제14조의 2의 규정에 적합할 것

③ 허가 시 구비서류

가. 건축허가(가설건축물허가) 신청서

나. 건축할 대지의 범위와 그 대지의 소유 또는 그 사용에 관한 권리를 증명하는 서류

다. 기본설계도서(건축계획서, 배치도, 평면도, 입면도, 단면도)

라. 일괄처리(토지형질변경허가, 농지전용허가 등) 허가 등을 받거나 신고하기 위하여

당해 법령에서 제출하도록 의무화하고 있는 신청서 및 구비서류

(2) 신고대상 건축물 등의 절차

① 건축신고 대상(건축법 제9조, 시행령 제11조)

허가대상건축물이라도 다음과 같은 경우는 신고만으로 건축허가를 받은 것으로 본다.

가. 바닥면적 85m² 이내 증축, 개축, 재축

나. 대수선(규모와 무관)

다. 읍. 면 지역에서 건축하는 연면적의 합계가 330m² 이하인 주택, 연면적 200m² 이하인 창고, 연면적 400m² 이하인 축사 및 작물재배사

라. 국토이용관리법에 의하여 건축하는 건축물
   (분양을 목적으로 하는 공동주택은 제외)

마. 도시계획법에 의한 공업지역, 산업입지 및 개발에 관한 법률에 의한 산업단지, 국토이용관리법에 의한 준도시지역(산업촉진지구에 한함)안에서 건축하는 2층 이하인 건축물로서 연면적의 합계가 500m² 이하인 공장

② 가설건축물 축조신고대상(건축법 제15조 제2항)

가. 재해가 발생한 구역 또는 그 인접구역으로서 군수가 지정하는 구역 안에서 일시 사용을 위하여 건축하는 것

나. 도시 미관이나 교통소통에 지장이 없다고 인정하는 가설흥행장, 가설전람회장 기타 이와 유사한 것

다. 공사에 필요한 규모의 범위 안의 공사용 가설 건축물 및 공작물

라. 전시를 위한 견본주택 기타 이와 유사한 것

마. 도로변 등의 미관정비를 위하여 필요하다고 인정하는 가설 점포로서 안전, 방화 및 위생에 지장이 없는 것

바. 조립식 구조로 된 경비용에 쓰이는 가설 건축물로서 연면적 10m² 이하인 것

사. 조립식 구조로 된 외벽이 없는 자동차 차고로서 높이 8m 이하인 것

아. 컨테이너 또는 폐차량으로 된 임시사무실, 창고, 숙소

자. 도시계획구역 중 주거지역, 상업지역 또는 공업지역에서 설치하는 농어업용 비닐 하우스로서 연면적이 100m² 이상인 것

차. 연면적이 100m² 이상인 간이축사용, 가축운동장, 비가림용 비닐하우스 또는 천막 구조의 건축물

카. 농업용 고정식 온실

타. 공장 안에 설치하는 창고용 천막 기타 이와 유사한 것

파. 유원지 종합휴양사업지역 등에서 한시적인 관광, 문화 행사 등을 목적으로 천막 또는 경량구조로 설치하는 것

③ **공작물 축조신고대상(건축법 제72조, 동법시행령 제118조)**

건축물과 분리하여 축조하는 경우로서 다음의 경우

가. 높이 6미터를 넘는 굴뚝

나. 높이 4미터를 넘는 장식탑, 기념탑 기타 이와 유사한 것

다. 높이 8미터를 넘는 고가수조 기타 이와 유사한 것

라. 높이 2미터를 넘는 옹벽 또는 담장

마. 바닥면적 30m²를 넘는 지하 대피호

바. 높이 6미터를 넘는 골프 연습장 등의 운동시설을 위한 철탑과 주거지역 및 사업지역 안에 설치하는 통신용 철탑 기타 이와 유사한 것

사. 높이 8미터(위험방지를 위한 난간의 높이를 제외한다)이하의 기계식 주차장 및 철골조립식 주차장으로서 외벽이 없는 것

아. 제조시설 : 레미콘믹서, 석유화학제품제조시설, 기타 이와 유사한 것

자. 저장시설 : 건조시설, 석유저장시설, 석탄저장시설, 기타 이와 유사한 것

차. 유희시설 : 관광진흥법상 유원시설업 허가를 받아야 하는 시설로서 건축법령에 의한 시행령 별표1 건축물이 아닌 것

④ **용도변경신고대상(건축법 제4조, 시행령 제14조)**

신고대상은 건축기준이 약한 시설 ㅂ)호군에서 강한 시설 ㄱ)호군으로 변경 시에만 신고하도록 함.

가. 영업 및 판매시설군(위락시설, 판매 및 영업시설, 숙박시설)

나. 문화 및 집회시설군(집회시설, 운동시설, 관광휴게시설)

다. 산업시설군(공장, 위험물저장 및 처리시설, 자동차관련시설, 분뇨 및 쓰레기 처리시설, 창고시설)

라. 교육 및 의료시설군(교육연구 및 복지시설, 의료시설)

마. 주거 및 업무시설군(단독주택, 공동주택, 업무시설, 공공용시설)

바. 기타 시설군(제1종, 제2종 근린생활시설, 동물 및 식물관련시설, 묘지관련시설)

⑤ 용도변경신고 절차 없이 용도 변경할 수 있는 사항

　가. 당해 용도로 변경하기 전의 용도로 다시 변경하는 경우(증축, 개축 또는 대수선을 수반하는 경우를 제외한다)

　나. 용도 변경하고자 하는 부분이 바닥면적의 합계가 $100m^2$ 미만인 경우

　다. 동일한 건축물 안에서 면적의 증가 없이 위치를 변경하는 용도 변경인 경우

⑥ 신청 서류

　가. 증축 등 신고시

　　ⅰ) 증축 등 신고서 1부

　　ⅱ) 건축할 대지의 범위와 소유권을 증명하는 서류1부

　　ⅲ) 배치도. 평면도. 단면도 각1부

　나. 농 · 어업용 주택 등 건축신고시

　　ⅰ) 농 · 어업용 주택 등 건축 대수선 신고서 1부

　　ⅱ) 건축할 대지의 범위와 소유권을 증명하는 서류1부

　　ⅲ) 배치도 및 평면도 각1부

　다. 옹벽 등 공작물 축조 신고시

　　ⅰ) 공작물축조신고서 1부

　　ⅱ) 대지의 범위와 소유권을 증명하는 서류1부

　　ⅲ) 배치도 및 평면도 각1부

　라. 가설건축물축조 신고시

　　ⅰ) 가설건축물축조신고서 1부

　　ⅱ) 대지의 범위와 소유권을 증명하는 서류1부

　　ⅲ) 배치도 및 평면도 각1부

　마. 용도변경 신고시

　　ⅰ) 용도변경 신고서 1부

　　ⅱ) 용도를 변경하고자 하는 층의 변경 전 · 후의 평면도

　　ⅲ) 용도변경에 따라 변경되는 내화 · 방화 · 피난 또는 건축설비에 관한 사항을 표시한 도서

　바. 접수처 및 처리부서

　　ⅰ) 접수 : 읍 · 면사무소 민원실

　　ⅱ) 처리 : 읍 · 면 산업개발담당

　　ⅲ) 용도변경신고 접수는 군청 종합민원과에 접수(처리부서 : 도시과)

(3) 허가, 신고사항의 변경(설계변경)

　　(건축법 제10조, 시행령 제12조)

① 신고대상(증축 등 신고대상)

　건축법 제9조 제1항 제2호, 제4호 또는 제5호의 규정에 의하여 신고로서 허가에 갈음할 수 있는 규모 안에서의 변경

② 건축물 사용승인 신청 시 일괄 신고 범위

　다음의 경우에는 별도의 설계변경을 위한 신고를 하지 아니하고 공사완료 후 사용검사 신청 시 일괄 신고할 수 있다.

　가. 변경되는 부분의 바닥면적의 합계가 50m^2 이하인 경우

　나. 대수선에 해당하는 경우

　다. 변경되는 부분의 높이가 0.5m 이하로서 전체높이의 1/10 이하인 경우

　라. 변경되는 위치가 1m 이하인 경우

③ 신청서류

　가. 설계변경허가 대상시

　　건축허가 신청 시 신청서류와 같음

　　(단, 당초 허가 신청시 제출한 서류와 동일한 서류는 제외)

　나. 건축신고 대상시

　　건축신고 신청 시 신청서류와 같음

　　(단, 당초 허가신청 시에는 신고 시 제출한 서류와 동일한 서류는 제외)

　다. 사용승인 신청 시 신고의 경우

　　사용검사신청서에 증축 등 신고서(변경도면 첨부)를 첨부하여 일건으로 접수

2. 프로젝트 발굴사례(물류분야)

2.1 물류의 이해

2.1.1 물류의 개념

1) 물류의 정의

소비자 니즈를 반영한 정확한 수요예측을 통하여 필요한 원자재의 **조달에서부터** 시작하여 생산과정을 거쳐 완제품이 최종 소비자에게 이르기까지의 **상품의 흐름과 상품의 사후처리를 포함하는 경영혁신 활동**이다.

2) 물류의 의의

(1) 수요충족

고객에 대한 상품공급활동이며, 수요에 대한 충족활동

(2) 수요창조

타사와 차별화함으로써 판매 경쟁수단으로 활용하는 것

(3) 수급조정통합

판매정보와 재고정보 등의 제공으로 품절이나 과잉재고를 갖지 않게 하는 기능

3) 물류의 기본 목표

기업은 물류비를 낮추어 이익을 극대화하고 물류서비스를 높여 판매경쟁에서 보다 많은 고객을 확보하고자 하는 기본목표를 설정하고 있다. 그러나 **물류비와 물류서비스 사이에는 Trade-Off 관계**가 있다.

> **➲ 트레이드 오프(Trade-Off)**
>
> 상호이율배반 또는 일치되지 않는 관계란 뜻으로 한 부문의 비용절감이 다른 부문의비용증가로 나타나는 현상이다. 물류에 한정되어 말하자면 고객만족을 높이기 위해서는 물류비가 많이 들고, 물류비를 낮추려면 고객만족도 낮아지는 현상을 일컬음.

---

4) 물류의 원칙

(1) 3S 1L의 원칙

① Speedy : 신속하게

② Surely : 확실하게

③ Safely : 안전하게

④ Low : 싸게

(2) 7R의 원칙

① Right Commodity : 적절한 상품

② Right Quantity : 적량

③ Right Quality : 적절한 품질

④ Right Time : 적시

⑤ Right Price : 적정 가격

⑥ Right Impression : 좋은 인상

⑦ Right Place : 원하는 장소

2.1.2 물류의 기능 및 역할

1) 물류의 영역

> ➡ 조달 → 생산 → 사내 → 판매 → 회수 → 반품 → 폐기 : 7단계

① **조달물류**

생산공정에 투입되기 직전까지의 물류활동

② **생산물류**

생산공정에 투입될 때부터 제품의 생산에 이르기까지의 물류활동

③ **사내물류**

완제품 출하 시부터 판매보관창고에 이르기까지의 물류활동

④ **판매물류**

완제품의 판매로 출고되어 고객에게 인도 될 때까지의 물류활동

⑤ **회수물류**

부수적으로 발생하는 파렛트, 컨테이너 등과 같은 빈 물류용기를 회수하는 물류활동

⑥ **반품물류**

소비자에게 판매된 제품이나 상품자체의 문제점의 발생으로 상품의 교환이나 반품을 수행하는 물류활동

⑦ 폐기물류

파손 또는 진부화된 제품이나 상품, 또는 포장용기 등의 물류관련 물품이 제 기능을 수행할 수 없는 상황이나 제 기능을 수행한 후 소멸되어야 할 상황일 때 제품 및 포장용기, 자재 등을 폐기하는 물류활동

2) 물류의 기능(운송, 포장, 보관, 하역, 정보, 유통가공, 물류관리)

① 운송기능(수송기능)

수송은 물품을 공간적으로 이동시키는 것으로, 수송에 의해서 생산지와 수요지 간의 공간 거리가 극복되어 상품의 장소적 효용이 발생

② 포장기능

물품의 수배송, 보관, 하역 등에 있어서 제품의 가치 및 상태를 유지하기 위해 적절한 재료 용기 등을 이용해서 포장하여 보호하고자 하는 활동

③ 보관기능

물자를 창고 등의 보관시설에 보관하는 활동

④ 하역기능

수송과 보관의 양단에 걸친 물품의 취급으로 물자를 상하좌우로 이동시키는 활동

⑤ 정보기능

물류활동과 관련된 물류정보를 수집, 가공, 제공하여 운송, 보관, 하역, 포장, 유통가공 등의 기능을 컴퓨터 등의 전자적 수단으로 연결하여 줌으로써 종합적인 물류관리의 효율화를 기할 수 있도록 하는 기능

⑥ 유통가공기능

물자의 유통과정에서 물류효율을 향상시키기 위하여 가공하는 활동

⑦ 물류관리기능

물류활동 전반에 대한 계획, 조정, 통제하는 활동

> ● **물류의 활동에 의한 기능의 분류**
> - 기본활동 : 운송기능, 포장기능, 보관기능, 하역기능, 유통가공기능
> - 지원활동 : 정보기능, 물류관리기능

2.1.3 물류관련 주요 개념

1) Material Handling(물자운반)

벌크, 포장된 것, 고형 혹은 반고형의 개별 제품을 기계를 이용하여 업무영역 내에서 운반하기 위하여 필요한 모든 기본적인 업무를 포함한다.

2) 공급체인관리(SCM : Supply Chain Management)

원재료 구매에서부터 최종고객까지의 전체 물류흐름을 계획하고 통제하는 통합적인 관리시스템을 의미한다. SCM은 공급체인 파트너들 간에 정보를 공유함으로써 수요 불확실성과 재고 보유를 줄이고, 유연하고 신속한 제품흐름을 구축하는 것이 목표이다. SCM의 성공을 위해서는 공급체인상의 파트너들 간의 상호협력과 원활한 커뮤니케이션이 필요하고, JIT, MRP 등의 물류계획 제수단과 EDI와 VAN, 시뮬레이션 같은 정보기술 수단도 필요하다.

3) QR(Quick Response : 신속대응)

물류의 과정에서 고객의 요구에 즉각 대응한다는 뜻으로 생산자에서 소비자에게 이르는 물류 과정에서 발생할 수 있는 **고객의 요구에 신속하게 대응하여 고객만족도를 제고**하는 중요한 개념이다.

4) ECR(Efficient Customer Response : 효율적 소비자 대응)

보다 낮은 비용으로, 보다 빠르게, 보다 나은 소비자 만족을 달성하는데 초점을 둔 공급 경로의 효율을 극대화 한다는 전략이다.

2.2 물류센터 건설의 시공관리

2.2.1 물류센터의 개념

1) 물류센터의 정의 및 특성

(1) 물류센터의 정의

① 물류센터는 **고객의 주문에 대한 서비스를 제공하기 위하여 재고를 보관**하면서, **하역과 보관, 출고, 배송의 기능을 수행**하는 물류거점 및 시설을 뜻함.

② 일반적으로 기업 내에서는 자사의 배송을 위한 거점 및 시설을 **물류센터, 배송센터(Delivery Center)** 혹은 **유통센터(Distribution Center)**라고 통칭함.

③ 물류센터란 다수의 공급자와 수요자의 중간에 위치하는 거점으로 수송 및 배송의 효율을 도모하는 물류 시설이며 상품의 경유 개념을 가지며 배송센터를 위한 상품의 보충기능을 수행함.
　– 수송이라 함은 공장이나 물류센터 또는 물류센터 간, 물류센터와 배송센터 간의 간선운송을 칭하며, 배송이란 물류센터나 배송센터에서 고객에게 배달하는 지선운송을 칭함.

(2) 물류네트워크와 물자의 흐름

① 일반적으로 생산지에서 소비지까지 제품이 흘러가는 물류네트워크는 〈그림 3-1〉과 같다. 물류네트워크 상에는 다양한 물류거점들이 존재한다.

② **물류거점**이란 **공장(자작, 외주, vendor 등), 물류센터, 영업창고** 등 제품을 보관 및 공급 하는 곳을 총칭해서 말하지만, 좁은 의미로는 주로 물류센타와 창고를 말한다.

③ 물류거점들은 그 역할에 따라 소비자 시장 가까이 위치해서 **대 고객서비스를 원활히 할 목적**으로 설치되는 **지역배송센터**가 있는가 하면, 지역배송센타의 후방에 위치해서 지역배송센타에 제품을 보충해 주는 **광역물류센터**도 있다. 경우에 따라서는 지역 배송센타를 설치하기에는 규모가 작고 지역적으로 외딴 위치에 있는 소비자 시장을 위한 **데포(depot)**도 있다.

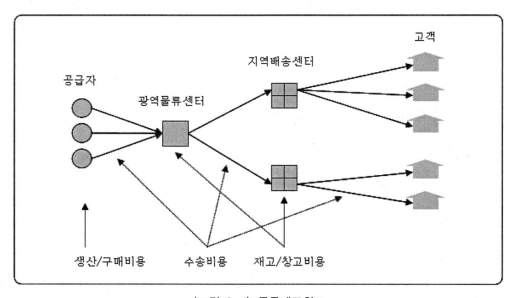

〈그림 3-1〉 물류네트워크

2) 물류센터의 종류

창고업을 경영하고자 하는 자는 교통부령이 정하는 신청서에 사업계획서를 첨부하여 교통부장관에게 등록하여야 하며, 창고의 위치, 구조 또는 설비 등의 등록기준은 다음과 같음.

보통창고	- 지붕이 있고 주위에 벽을 가진 건축물로서 충분한 내구력이 있을 것 - 적당한 환기장치를 갖추고 있을 것 - 내화 또는 방화 성능을 가진 구조로 되어있을 것 - 상시 화기를 사용하는 장소나 폭발성물품 또는 연소성 물품을 취급하는 장소에 가까운 곳에 위치한 경우에는 재해방지를 위한 적절한 구조 또는 설비를 갖출 것 - 창고에 출입하는 자동차가 주차 또는 회차 하기에 충분한 부지가 있을 것
야적창고	- 토지 또는 공작물로서 그 주위를 벽, 울타리 또는 철조망 등으로 방호할 것 - 상시 화기를 사용하는 장소나 폭발성 물품 또는 연소성 물품을 취급하는 장소에 가까운 곳에 위치한 경우에는 재해방지를 위한 적절한 구조 또는 설비를 갖출 것
수면창고	- 창고 주위를 제방 또는 기타 공작물로서 방호할 것 - 조수 등에 의한 보관물의 유실을 방지할 수 있는 설비를 갖출 것
저장창고	- 지반에 정착한 내화성능 또는 방화성능을 가진 저장탱크로서 주위의 벽이 수용량에 상응하는 강도를 가질 것 - 상시 화기를 사용하는 가까운 곳에 위치한 경우에는 재해방지를 위한 적절한 구조 또는 설비를 갖출 것
위험물창고	- 토지 또는 공작물로서 보관하는 위험물의 종류에 따라 소방법, 총포, 도검, 화학류 등 단속법, 고압가스안전법 등의 규정에 의한 위치, 구조 및 시설기준에 적합할 것 - 부지 안에 방화에 필요한 통로와 소화기구 기타 방화용 시설을 설치할 것
냉동·냉장 창고	- 지붕이 있고 주위에 벽을 가진 건축물로서 충분한 내구력이 있을 것 - 적당한 환기장치를 갖추고 있을 것 - 냉동·냉장실의 보관온도가 상시 섭씨 10도 이하로 유지될 것 - 냉동기에는 고압가스에 의한 재해 발생을 방지하기 위한 적절한 조치를 취할 것

2.2.2 물류센터 개발의 프로세스

1) 물류센터의 도입진단 및 설계

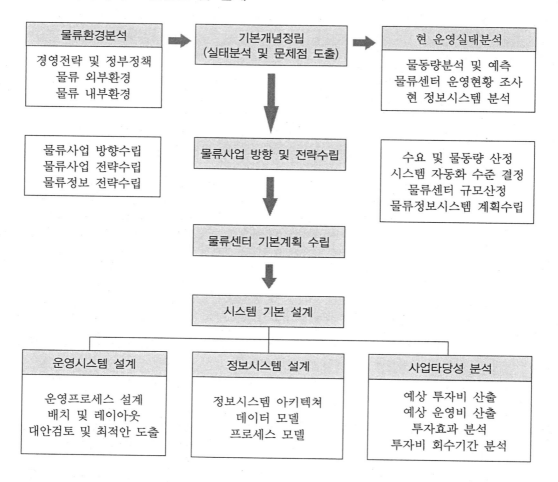

2) 물류 센터의 입지 및 규모 산정의 시뮬레이션

(1) 통합적 접근 방법

통합적 접근을 위한 현행 시스템의 데이터를 근거로 한 수행도 평가지표(Performance Index)의 개발이 필요함. 평가지표는 회사별 사정에 따라 달라질 수 있음.

① **결품률** : 고객의 주문에 대해 응대하지 못한 경우의 확률

② **배송리드 타임** : 주문에서 고객의 손에 이르기까지의 단계별 소요 시간

③ **운송비용** : 고객별, 제품 단위별, 월별, 년별, 운송비용

④ **재고비용** : 제품종류별 재고비용

⑤ **재고수량** : 제품종류별 재고수량

⑥ **보관능력** : 총 보관능력, 단위 면적당 보관능력

⑦ **처리능력** : 단위 시간당 처리량, 월별/일별 처리량

이상과 같은 사항에 대하여 시뮬레이션 데이터를 통한 현행 물류 수행도를 평가하고, 새로이 구축되는 물류 네트워크에 대해서도 수행도를 평가하여 비교 분석 새로운 네트워크가 얼마나 좋은지를 평가할 수 있다. 이때 우리가 검토해야 할 사항은 정량적 사항과 정성적 사항으로 구분하여 생각해볼 수 있다.

앞에서 제시한 결품율, 운송비용, 처리능력, 재고량 등의 수행도 지표들은 정량적으로 표현되는 것이지만 영업 조직과 새로운 네트워크와의 혼합라인, 인력확보, 기반 시설, 법적인 사항 등은 별도로 고려하여야 할 정성적인 지표들임. 따라서 다양한 시나리오를 작성하여 시뮬레이터를 이용한 수행도 지표를 측정하여 가장 우수한 대안을 선택 할 수 있다.

(2) 시뮬레이터

9	결과정리 및 연관관계와의 연계
8	최종 시뮬레이션 및 평가
7	모델평가, 시뮬레이션 및 현지 구
6	물류네트워크 모델링
5	전략이 구체화 및 자료보완
4	자료수집 및 Cleaning
3	물류네트워크 전략의 평가
2	설계목적의 이해
1	프로젝트 조직의 구성

시나리오
- 현황 데이터에 의한 벤치마킹
- 거점 경로의 수
- 공급량·처리량의 제한
- 제품 조달조건의 제한
- 최적화(코스트 Min/이익 Max)

거 점
- 최적의 거점수 및 위치
- 거점의 후보지
- 요구 처리량
- 거점 능력

경 로
- 최적의 경로, 수단의 선택
- 경로별 배송량
- 수배송 능력

조 달
- 거리, 라인, 제품
  (어디에서, 무엇을, 얼마나)

코스트
- 비용/이익
- 거점 경로의 코스트
  (고정비/변동비 별)
- 물류서비스(납기, 결품 등)

3) 최적의 물류거점 확보를 위한 체크 포인트

(1) 지리/공간적 요인

① 위치상 상·하류 거점과의 균형물류 Cost 중에서 일반적으로 가장 많은 비중을 차지하는 것이 운송비이며, 운송비는 물류센터의 위치에 바로 영향을 받게 된다.

물류센터의 입지점을 특점위치에 한정시키지 않고 자유로이 선택해가는 **연속입지모델**로서 **중심법**과, 후보지로서 몇 개소를 지정한 다음(또는 한정되어 있는 경우) 최적지를 골라내는 **이산입지모델**로서 **정수계획법**, Heuristic Simulation 등이 있다. 연속입지모델의 중심법은 전국적으로 어느 지역에 물류거점을 운영할 것인가를 결정할 때 이용 가능한 방법이며, 이산입지모델의 정수계획법 등은 이미 설정된 특정의 배송권역에 대해서 물류센터를 배송권내 어느 장소에 설치할 것인가를 검토할 때 이용 가능한 방법이다. 물류센터와 주 배송권과의 거리 및 소요시간은 물류 Cost절감 및 배송 Service 수준 향상에 직접적으로 영향을 미치므로 사전에 체크할 필요가 있다. 그러나 대부분의 거래선이 밀집되어 있는 중심가로 갈수록 지가가 높아 보관비용이 많이 발생되므로 비교 검토가 필요하다.

② 주요도로(고속도로, 국도, 지방도 등)와의 연계성지역간을 연결하는 **고속도로 및 국도와의 연계가 용이**하여야 한다. 현재 개설되어 있는 도로와의 연결상태 파악은 시중에 운전자들을 위한 도로지도가 많이 나와 있고, 매년 개정하는 전국도로지도는 신설되는 도로의 상황까지도 쉽게 파악할 수 있기 때문에 유용하게 이용할 수 있다.

도시계획구역의 경우 도시계획에는 향후 도로개설(확장 포함)계획까지 포함되어 있으므로 당해지역 도시계획총괄도(중앙지도문화사 발행)를 참조하면 향후 그 지역도로의 전체적인 윤곽까지도 알 수 있으며, 후보부지 주변도로는 당해번지의 도시계획도(도시계획 사실 확인원과 같이 시·군청에서 발급)를 확인하면 상세하게 파악할 수 있다. 사회간접자본 투자계획 등에 의한 신도로망 확충계획은 신문 등을 통해 수시로 발표되므로 스크랩을 하였다가 이용하면 유리하며 부지를 새로 조성해야 하는 경우나 주요도로로부터 후보부지까지의 진입도로가 좁은 경우 도로용 부지를 별도 매입해야 하며, 개설 또는 확장하여야 한다.

복합화물 터미널이나 지역 유통단지에 인접시킴으로써, 차량 수급이나, 공동수송을 모색할 수 있으며, 기본적인 공공시설이나 기술 서비스시설이 완비된 단지 등은 편리하게 이용할 수 있으며 업종 또는 지역에 따라서는 효율적인 화물유통체계를 구축할 수 있도록 **항공, 철도, 해상 등과의 연계수송이 용이한 지역**이어야 한다. 현행법으로는 물류센터의 장래 요소를 대비한 여유 부지를 인정치 않고 있으나 장래 수요에 적응할 수 있는 부지 확보의 가능성이 유리한 지역도 고려해야 한다. 토지는 사회적, 경제적 발전과 행정적인 개편에 따라 그 위치의 변화를 가져오게 되며, 대체적으로 도시와 지역에 따라 꾸준히 발생되므로 지가나 계속적으로 사용할 수 있는 가능성 등 향후 입지에 대해서 예측을 필요로 한다.

기타 주변 환경 주거지역과 차폐되어 있어야 하며, 현재나 향후에 차량출입의 악영향(소음, 혼잡)으로 인한 민원발생 소지가 없어야 한다. 주변도로의 차량 통행이나 차량 정체는 배송차량의 회전율을 떨어뜨림으로써 운반비의 상승요인이 작용하므로 현재 또는 향후의 통행량을 감안하여야 한다. 또한 주변도로 또는 진입로가 사람이 많이 모이는 학교, 시장, 터미널 등을 끼고 있을 경우에는 교통사고 등의 발생을 감안하여 피하는 것이 좋다. 특히 내근자나 방문객을 위한 교통수단이나 편의시설(근린생활시설) 유무, 식당 같은 경우에는 경제성에도 불구하고 별도로 자체 식당을 운영해야 할 경우가 발생한다. 따라서 새로 물류센터를 건축해야 할 곳이라면 주변 전기, 상·하수도 시설을 새로 해야 되며, 추가 공사비 부담도 감안하여야 한다. 주변에 위험시설 즉 고압선, 변전소, 주유소, 축대 등이나 혐오시설 즉 소음, 악취 등은 향후 물류센터 사용 시 장애요소로 작용 할 수 있다.

(2) 인허가 관련 요인

① 국토의계획및이용에관한법률상 용도지역·지구 내에서의 행위 제한토지의 효율적인 이용을 위하여 적성과 기능에 따라 지역을 구획하고, 여기에 용도적 기능을 부여하는 토지의 이용제도를 **용도지역·지구제**라 하는데, 국토이용계획법에는 전국토를 9개 용도지역으로 구분하도록 되어 있으며, 용도지역 안에서의 행위도 제한하고 있다. 따라서 **국토이용계획 확인원(시·군청에서 발급)으로 후보토지에 대한 용도지역·지구를 확인**한 다음, 해당 용도지역·지구에 대하여 물류센터의 설치가 가능한지 여부에 대해서는 국토이용관리법을 참조해야 하며, 해당 시·군청에 건축계획 사전결정 신청 등을 통하여 확인할 수 있다.

② **국토의계획및이용에관한법률상 용도지역 내에서의 행위제한**
토지이용계획 확인원상 지정된 용도지역 안에서의 건축물, 그 밖의 시설의 용도·종류 및 규모 등의 제한에 관한 사항은 하위법인 대통령령으로 정하도록 되어 있다. 따라서 토지이용계획 확인원(시·군청에서 발급)으로 후보토지에 대한 용도지역을 확인한 다음, 해당용도지역에 대하여 물류센터 설치가 가능한지 여부에 대해서는 시행령을 참조하여야 한다. 한편 동법상 용도지역별로 허용되는 건축유형을 시행령으로 일괄 규제해 왔던 것을 용도지역별로 용도지역지정 목적상 필수적인 시설만을 시행령으로 규정하고 나머지 시설 등의 허용여부는 시·군 조례에서 규정할 수 있으며 위임하고 있다.

③ 국토의계획및이용에관한법률상 용도지구내에서의 건축물 제한도시지역내 토지이용의 효율성을 높이기 위하여 설정된 용도지역외에 보다 구체적인 용도적 기능을

부여하는 용도지구제가 있는데, 용도지구는 건축 및 각종시설의 허가와 설치에 대하여 보다 세부적인 사항(용도, 밀도, 높이, 색채, 기타)을 제한하며, 동법 규정에 의하여 지정된 지구내에 있어서의 건축물을 건축에 관하여 필요한 사항은 동법 또는 다른 법률에 특별한 규정이 있는 경우를 제외하고는 대통령령이 정하는 기준의 범위 안에서 당해 지방자치단체의 조례로 정하도록 되어 있다. 따라서 토지이용계획 확인원(시·군청에서 발급)으로 후보토지에 대한 용도지구를 확인한 다음, 해당 용도지구에 대한 규제내용에 대해서는 규제항목을 따라 조례(도시계획조례) 등을 참조하여야 한다.

④ 기타 구역, 지구, 구획 설정국토이용관리법은 국토이용계획에 의한 용도지역 안에서 국토이용계획과 유사한 토지이용에 관한 지역·지구·구획을 설정 또는 설치할 수 있도록 하고 있다(예 : 취락지역 안에서의 택지개발촉진법이나 산업직접활성화 및 공장설립에 관한 법률 등). 따라서 후보부지에 대하여 국토이용관리법에 의한 국토이용계획 외에 별도의 지역·지구·구획 등이 설정되어 있을 때는 해당 관련법령을 참고해서 한다.

⑤ 최대, 최소 건축 연면적 제한일정 부지 내에서 건축할 수 있는 **연면적(건축 총면적)**은 당해 지방자치단체에서 정하는 조례의 **용적율(연면적/부지면적)**을 초과하지 못하도록 되어 있다. 법인의 경우 일정 면적의 건물을 신축할 경우 **연면적에 상응하는 부지만을 취득(초과할 경우 초과면적을 비업무용으로 인정)**토록 하고 있으며, 역으로 일정 부지를 취득했을 경우 부지면적에 상응하는 건물을 신축해야 하고, 건물 면적이 미달할 경우 여유 토지에 대해서는 **토지초과이득세 부과대상**이 되며, 지역과 지목에 따라서는 택지초과소유 부담금도 부과된다(Min.)=**부지면적×용적율÷5**). 따라서 도시계획사실 확인원으로 후보토지에 대한 용도지역을 확인한 다음, 해당용도지역에 대한 용적율을 가지고 건물 신축 가능한 최대, 최소 연면적을 계산해 보아야 하고, 신축하고자 하는 건물 규모와 비교해 보아야 한다. 일반상업지역의 경우 창고 신축은 허용되나, 용적율이 높아 일정면적에 지어야 하는 건물의 최소 연면적이 크기 때문에, 조경면적이나 창고의 특성상 주차장을 감안하면 고층화될 가능성이 높으며, 업종에 따라서는 장애요소가 된다.

⑥ 최대, 최소 건축면적 제한일정 부지 내에서 건축할 수 있는 건물 바닥면적은 당해 지방자치단체에서 정하는 조례의 **건폐율(건물바닥면적/부지면적)**을 초과하지 못하도록 되어 있다. 일정 면적의 건물을 신축할 경우 건물 바닥면적에 상응하는 부지만을 취득 하도록 하고(초과할 경우 초과면적을 비업무용으로 인정)있으며, 역으로 일정 부지를 취득했을 경우 부지면적에 상응하는 건물을 신축해야 하며, 건물

바닥면적이 미달할 경우 여유 토지에 대해서는 토지초과이득세 부과 대상이 된다 (Min.)+부지면적÷배율). 따라서 건물 바닥면적도 연면적과 같이 용도지역을 확인하고, 건폐율과 배율을 가지고 건물 신축 가능한 최대, 최소 바닥면적을 계산해 보아야 하며, 신축하고자 하는 건물규모와 비교해 보아야 한다. 건폐율은 준주거지역 70%(방화지구내는 80~90%), 일반주거지역 60%, 상업지역 70%, 공업지역 60%, 녹지지역 20%이며, 배율은 전용주거지역 5배, 준·일반주거지역 3배, 상업지역 3배, 공업지역 4배, 녹지지역 7배, 도시지역 외 7배이다.

⑦ 지목토지의 지목이라 함은 그 **토지의 사용목적에 따라 종류를 구분, 표시하는** 명칭으로서, 대·전·답·임야·잡종지 등 24개 지목으로 구분하고 있는데, 토지의 사용은 지목에 맞게 사용되어야 하며, 토지의 지목은 **지적도나 토지대장(시·군청에서 발급)을 발급 받아 확인**할 수 있다. 토지의 지목변경이 필요한 경우, 지목변경은 관계 법령에 의하여 인·허가 등을 받은 사업 수행으로, 형질변경이 되거나 건축물의 공사가 완료된 토지에 대해서만 가능하므로 사전에 창고 신축에 대한 해당 관청의 심의를 받아 보아야 한다.

⑧ 은행 취득승인계열기업군에 대한 여신관리 시행세칙은 대상기업체가 부동산을 취득하고자 할 때에는 미리 주거래은행의 승인을 받도록 규정하고 있으며, 부동산 취득승인 신청내용이 계열기업군에 대한 여신관리 시행세칙에서 정한 항목에 해당되지 않는 경우에는 승인을 하지 못하도록 규정하고 있다. 또한 계열기업군에 대한 여신관리 시행세칙은 대출금리기준 상위 30대 계열기업군 소속기업체에 대하여 계열기업군에 대한 여신관리 시행규칙의 규정에 의하여 기업투자 또는 부동산취득을 승인하는 경우에는 그 소요자금을 '자구노력에 의한 자금조달 기준'에 따라 당해 기업체 또는 당해 기업체 소속 계열기업군으로 하여금 자구노력에 의하여 조달하도록 규정하고 있다. 따라서 부지매입전에 여신관리 시행세칙의 승인 항목을 확인하고, 자신의 자구재원보유액 확인 또는 조달 방법을 검토하여야 하며, 건물을 새로 신축해야 할 경우에는 건물 취득에 필요한 자구재원까지 포함, 조달가능한지 검토하여야 한다.

⑨ **토지거래허가 여부** : 국토이용계획법은 토지의 투기적인 거래가 성행하거나 성행할 우려가 있고, 지가가 급격히 상승하거나 상승할 우려가 있는 구역은 건설부장관이 규제지역으로 지정할 수 있도록 하고 있으며 규제구역(허가가 시행되는 구역을 규제구역이라 함.)내에서는 토지거래 계약을 체결하기 전에 시·도지사의 허가를 받아 계약을 체결하여야 하고, 허가 없는 계약체결은 무효이며, 소유권 이전등기가 불가능하다. 허가권자(시·도지사)는 허가신청 된 토지의 거래허가 내용 중 지가,

이용목적, 면적이 기준에 적합하지 않을 경우 불허가 처분할 수 있다.

⑩ **택지소유 상한에 관한 법률** : 도시계획구역내 대지로서 소유상한을 초과하는 면적에 대해서는 택지초과소유부담금을 부과하게 된다. (현재 6대 도시, 대지에 대해서만 적용중이며 타지역은 적용 유보)

⑪ **토지초과이득세** : 불필요한 유휴 토지를 보유함으로써 그 지가가 상승했을 때 얻게 되는 초과자본이익의 상당부문을 조세로 흡수하여 불필요한 유휴토지의 보유를 억제하기 위한 것인데, 유휴토지의 판정기준은 물류센터용 건축물의 부속토지로서 물류센터입지 기준면적(⑤, ⑥항 참조)을 초과하는 면적이다. 건축허가를 받은 건축물을 기준으로 하여 기준면적 이내의 토지는 취득일로부터 1년간 과세대상에서 제외하므로 1년 이내에 건축허가를 받아야 한다.

(3) 부지 효용성 요인

① 면 적

향후 매출증가 등을 감안한 규모의 물류센터를 신축할 수 있는 부지로서 일반적으로 향후 5년간 물동량을 수용할 수 있는 면적을 미리 확보하여야 한다. (5년 이후에는 System개선, 기준 재고보유일수의 단축 등으로 최대한 대응해 나가되, 고객에 대한 물류 서비스 수준을 만족 시킬 수 있도록 신·증설을 검토해야 한다.)

② 지 형

- 가용률(실사용가능면적÷전체부지면적)

구획정리가 이루어진 토지라면 최적의 조건이나 개발이 안된 토지 등은 전체 부지면적중 실제 이용가능한 면적을 검토하여야 하며, 사용 불가능한 면적(계획도로나 완충녹지 등 저촉면적, 계획도로 등에 의해 분할된 면적, 불가사리형 자투리 땅으로 조경이나 주차장 등으로도 이용이 불가능한 면적 등)은 구입비의 상승이나 토지초과이득세를 배제키 위한 건축면적의 증가요인 등으로 작용할 수 있다.

③ 건물 바닥면적 입출하장, 차량동선, 주차장 등을 감안했을 때 실제로 건물을 지을 수 있는 건축면적(가능한 정방형 면적)을 미리 파악해 보아야 하며, 물류센터 운영 시 작업동선이 길어지거나, 보관효율이 떨어지는 것을 방지하기 위하여 **효율적인 건물의 가로 대 세로 비율도** 검토되어야 한다. 상기의 가용율이나 신축이 가능한 건물 바닥면적 등은 도시계획(도시계획이 아닌 곳은 지적도)을 이용하여 확인 가능하다.

④ 기타방향(일조성, 쾌적성)과 지반고(도로, 인접 부지와의 Level차), 지세(부지내의 경사도). 절토 또는 성토가 필요한 경우 용이성은 향후 지가, 공사비 등에 영향을

미치게 되며, 현재 건물이 있는 상태에서 건물을 멸실하고 새로 신축할 경우, 폐기물 처리는 장애요소 또는 비용 부담 증가요인으로 작용할 수 있다. 따라서 항목별로 중요도 내지는 비중치를 두어 선택해야 할 것으로 생각되며, 허가와 관련해서는 부지매입전에 정확한 확인작업이 필요하고, 건물을 새로 신축할 경우에는 자사의 물동량이나 제품의 입출고 특성, 창고 규모나 스페이스 등을 어느 정도 미리 검토해 두어야 할 것으로 생각된다.

2.2.3 물류센터의 건립

1) 물류센터 건립의 단계별 실무

(1) 준비 단계

주요 업무	세부 업무	비 고
1. 인허가 여부 조사	(1) 토지 형질변경 가능 여부 및 인허가 비용 조사 (2) 용도 지역, 건폐율, 용적율 (3) 향후 개발 여부 조사	
2. 경제성, 타당성, 채산성 검토	(1) 입지 분석, 환경분석, SWOT분석 (2) 물류 거점 분석 (3) 투자 효과분석	
3. 설계 기본 자료Data 분석결과 대안 제시	(1) 시설물의 적정 규모 설정 (2) 운영 방식 결정 (3) 건축계획 (4) 투하자금분석	

(2) 설계 단계

주요 업무	세부 업무	비 고
1. 기본설계	(1) 구조 및 운영시스템 결정 (2) 주요 설비 계획 (3) 기본 설비 계획	
2. 상세설계	(1) LAY OUT 계획 (2) 작업, 정보 운영시스템 계획	
3. 토목시설 설계	(1) 토목시설 설계	
4. 건축시설 설계	(1) 건축시설 설계	
5. 설비시공 설계	(1) 설비시공 설계	
6. 장비선정 설계	(1) 장비선정 설계	

(3) 시공 완공 단계

주요 업무	세부 업무	비 고
1. 시공	(1) 토목・건축 시공 (2) 장비선정, 설비시공 (3) 운영시스템(WMS) 구축 시공	
2. 완공	(1) 완공 준공 시운전 보관 (2) 작업배치, 교육훈련 (3) 사후관리, A/S 지속 개선	

(4) 운영 단계

주요 업무	세부 업무	비 고
1. 기본 운영시스템	(1) 직영운영 및 임대운영 (2) 창고 형태 및 규모	
2. 관리조직 및 운영	(1) 조직도　　　　(2) 인원	
3. 기능별 운영시스템	(1) 입・출하 시스템 (2) 재고관리 시스템 (3) 수・배송시스템 (4) 기타유통 가공시스템	
4. 물류정보 시스템	(1) 물류정보 시스템 구성 및 기능	

2) 건축계획 수립 시 검토사항

(1) 물류센터 Layout 수립 Process

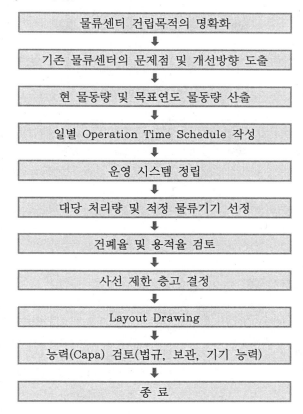

물류센터 건립목적의 명확화

↓

기존 물류센터의 문제점 및 개선방향 도출

↓

현 물동량 및 목표연도 물동량 산출

↓

일별 Operation Time Schedule 작성

↓

운영 시스템 정립

↓

대당 처리량 및 적정 물류기기 선정

↓

건폐율 및 용적율 검토

↓

사선 제한 층고 결정

↓

Layout Drawing

↓

능력(Capa) 검토(법규, 보관, 기기 능력)

↓

종 료

(2) 물류센터 공간 요소(예시: Only Reference)

구 분	면적(평)	비 고	구 분	면적(평)	비 고
입하적치	400		통로공간	600	
Pallet보관	2,400		합계	5,300	
용기단위 Picking	250				
용기 해체 Picking	200				
포장 및 단위화	235				
고객화	350				
집산 및 분류	200				
출하적치	200				
크로스 도킹	200				
사무실	200				
화장실 및 휴게실	65				
소 계	4,700				

(3) 물류센터 동선

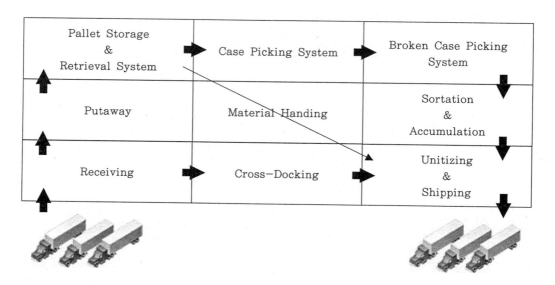

(4) 건축주와 건축설계팀 간의 업무프로세스

순 서	행 위	주 체	내 용
1	건축주의 설계문의 건축사와 건축주의 협의	건축주	- 건축주의 건축의도(용도,규모), 희망 및 요구사항, 주변여건, 소유관계 등 전달, - 토지관련 서류 및 정보(대지조건등)제공
2	건축사의 검토	건축사	- 건축법 관련조항 검토, 건축주의 요구사항 실현가능성 검토 - 설계비 산출검토
3	검토결과 협의	건축사	- 검토결과를 건축주에게 전달
3	검토결과 협의	건축주	- 검토결과에 대한 만족시 설계사무소로 선정
4	계약체결	건축사	- 용역의 범위와 대가(설계비) 지급방법 협의, 계약서 작성 및 날인
4	계약체결	건축주	- 계약서 검토 및 날인, 선급금 지급
5	기본설계	건축사	- 건축사의 설계안 작성, 건축주와 협의, 건축주의 동의 시 건축허가신청 준비
5	기본설계	건축주	- 기본설계안 검토, 승인시 건축허가도서준비 요청
6	건축허가	건축사	- 건축허가신청도면 및 서류 작성, 허가접수 대행, 허가관청 협의
6	건축허가	건축주	건축허가신청 시 필요서류 지원

7	실시설계	건축사	– 실시설계(건축, 기계, 전기, 토목, 통신, 소방) 및 착공 – 신고에 필요한 도서준비
		건축주	– 시공사 선정, 공사계약체결
8	착공 및 시공	건축사	– 공사감리(건축사가 감리자인 경우)
		건축주	– 공사의 감독
		시공사	– 착공신고 및 공사시공

(5) 물류센터 레이아웃 설계 주요 Point Summary

구 분	내 용
부지의 효율적 활용	– 주차공간 – 차량이동 동선의 효율적 확보와 운영 – 건폐율, 용적율의 효율적 활용
건물의 입체공간 효율성	– 건물의 층고　　– 도크의 높이　　– 지하공간 이용
입고, 검수업무의 혼잡도	
배치의 유연성 확보	
건물배치의 효율성	– 건물의 효율적인 폭　　– 건물의 효율적인 길이
물류 프로세스의 신속화 및 효율화	– 입, 출고업무 Process – Picking, Packing업무 Process – 수배송업무 Process
시설 및 기능의 확장성 확보	
입고, 검수	– 입고 시간대 관리 – 입고 차량별 종류 – 차량별 적재수량 – 일평균 입고 업체수 – 일평균 입고물량 – 입고장 면적(검수작업장) – 입하라인(Berth)수, 폭, 도크길이 – 시간당 입고라인 처리능력 – 검수, 검품방법 – 검수장비 – 현 입고 도크 높이 – 차량 1대당 평균 적재 박스수 – 센터통과율 – 요일별 입출고 물동량 – 비규격 화물의 비율

적치, 보관(재고관리)	– 상품별 상품특성에 맞는 보관시설 비교분석
	  (저장형Rack/통과형Rack등 Rack의 타입선정고려
	  사항)
	– 로케이션 관리 방법
	– 센터내 주요 이동장비(Fork Lift, 3방향지게차, 핸드파
	  렛트등)의 제원 및 동선 고려사항
	– 적치를 위한 동선 파악
	– 상품의 보관 및 관리 방법
	  (상품특성별/ 빈도별(ABC)보관배치 및 Space)
	– 상품별 평균 재고일수
	– 상품유형별 반품물량
	– 소분품 전용창고
	– 바닥평탄도

피킹, 분류	– 보관분류설비(DAS)/분류장비(Sorter)선정 시 고려사항
	  : Sorter Type비교)
	– 시간당 분류 능력
	– 자동분류, 수동분류 비율
	– Chute의 수
	– 소터 하부 여유 공간
	– 피킹의 방법 및 유형, 피킹장비
	  (대차, 컨베이어, 피킹카트, 핸드파렛트 등)의 결정
	– 소터의 종류와 처리능력
	– 선출하Order 접수시 자동프로세스

출고, 상차	– 배송차량별 적재함 규격(Truck Dock, Plate Dock타입
	  비교)
	– 현 상차 도크 높이
	– 출고지시에 따른 동선파악
	– 상, 하차 방법
	– 지정일 운송 보관구역 설정여부
	– 출하라인 도크길이
	  (벌크방식 : 1개 Chute간 거리산정, 롤테이너방식 : 필요
	  거리 산정)

유통가공(소분장)	– 현 가공장의 면적 – 포장박스의 로케이션 및 적재방법 – 포장 작업 프로세스 및 설비/공간 – 가공장을 최대한 활용하고 있으며 면적은 물동량에 비해 적절한가
출고	– 배송권역의 분류(구간별 배송 Time Table 파악) – 출하 Chute 결정요인 – 입, 출고라인의 위치 – 출고차량의 종류, 적재능력

반품회수, 반출	– 반품공간 설정 – A/S공간의여부 – 반품 제품별 Operation
물류센터의 평면배치	– 차량의 효율적인 이동공간 확보 – 주차장의 효율적인 확보 – 도크 접안의 용이성 및 진출입 용이성
도크의 높이	– 입고차량의 적재함 높이 – 간선 차량의 적재함 높이
물류센터의 층고	– Rack의 높이 – 피킹의 방법
주차장 위치 및 규모	– 대기와 작업장의 분리의 필요성 – 출입차량의 규모
이동수단의 종류 및 설비의 위치, 수	– 입고화물의 이동방법 – 피킹화물의 이동방법 – Picking완료상품의 출고장 이동방법
도크의 길이	– 입고차량의 충분한 동시작업 – 간선차량의 충분한 접안
물류센터의 폭	– 피킹 동선의 길이 – 보관면적의 효율적인 이동 – 소분품 분류 효율성 및 적치 상품의 보관면적
기둥 Span	– Rack의 폭 – Rack의 배열방법
기능간 배치 방법	– 처리물량의 규모 – 상주 인원의 규모 – 장래의 성장성

2.2.4 관련 법규의 검토

1) 건축허가의 절차(시/군청)

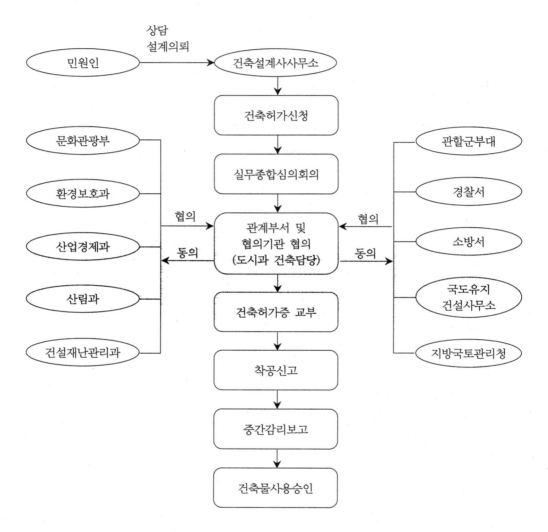

2) 건설 인허가 업무관련 규정

(1) 건축설계사무소에 상담 및 설계 의뢰 시 알아야 할 사항

① 건축설계도서의 농지전용허가, 산림훼손허가, 토지형질변경허가 등 **토지개별허가 작성 여부**(해당되는 사항만 작성)

② 기타 오수처리시설 및 단독정화조설치신고, 도로점용허가협의서, 군사시설보호구역 협의서, 소방협의서, 하천(구거)점용협의서 등의 작성여부(해당되는 경우만 작성)

③ 건축허가 시 농지전용, 산림훼손, 형질변경 허가를 수반하는 경우에는 토지개별 허가에 따른 각종 공과금과 정화조설치비용(건축비의 5~15%), 상수도원인자부담금, 하수도원인자부담금 등의 비용이 많은 점을 감안하여 반드시 확인하여야 한다.

(2) 건축허가 신청

시/군청 종합민원실, 민원담당부서에 건축허가신청서 및 관련허가서를 접수하면 도시과 건축담당부서로 이송된다.

(3) 실무종합심의

민원사무처리규정에 의거 관련부서와 각종설계도서 및 첨부서류, 관계법령 협의서류 등의 적법여부를 검토한다.

(4) 관계부서 협의

건축담당부서에서는 통보된 건축허가와 관계되는 각종의 개별허가서를 관계부서와 협의를 한다.

① **환경보호과**
- 오수처리시설 및 단독정화조설치 신고 및 준공
- 대기환경보전법
- 수질환경보전법
- 소음진동규제법
- 폐기물관리법
- 환경정책법(상수원 특별대책 권역)
- 상수도설치 신고
- 배수설비설치 신고

② **산업경제과**
- 농지전용허가

③ **산림과**
- 산림형질변경허가
- 보전임지전용허가

④ **건설재난관리과**
- 도로점용허가
- 하천점용허가
- 구거점용허가

⑤ 도시과
- 건축허가
- 토지형질변경허가
- 도시계획사업의 실시계획 인가

(5) 협의기관

① 군사시설보호구역(관할 군부대)
② 소방 협의(관할 소방서)
③ 도로점용허가에 따른 공안 협의(관할 경찰서)
④ 학교정화구역내 협의(관할 교육청)
⑤ 도로점용허가
- 국도(해당 국도유지건설사무소)
- 지방도(해당 시·군 건설재난관리과)
- 군도(해당 읍·면)
⑥ 하천구역 협의(지방국토관리청)
⑦ 송전선 협의(한국전력)

(6) 문서시행 및 발송

① 시행문 작성
② 승인대장 기재
③ 민원실 통제
④ 문서통제 및 시행

(7) 건축허가서 교부

각종 개별허가에 따른 대체농지조성비, 전용부담금, 대체조림비, 적지복구비, 채권, 면허세 등을 납부 확인 후 건축허가서 교부

(8) 착공신고

① **대상 :** 건축법 제8조, 제9조 또는 제15조 제1항 규정에 의하여 허가나 신고를 한 '건축물'
- 건축법 제8조(건축허가)
- 건축법 제9조(건축신고)
- 건축법 제15조 제1항(가설건축물허가)

② 시기 : 건축공사를 착수하기 전

③ 신고서류

- 착공신고서
- 건축관계자 상호간의 계약서
- 설계도서(법제8조 규정에 의하여 허가를 받은 건축물)
- 흙막이 구조도면(지하2층 이상의 지하층을 설치하는 경우에 한함)

3) 건축허가와 의제처리되는 개별허가(일괄처리)

건축허가신청서와 같이 접수되어 관계부서와 협의 후 일괄 의제 처리되는 개별허가는 아래와 같다.

① 건축법 제15조 제2항의 규정에 의한 공사용 가설건축물의 축조신고

② 건축법 제72조의 규정에 의한 공작물의 축조허가 또는 신고

③ 도시계획법 제46조의 규정에 의한 개발행위허가

④ 도시계획법 제59조제5항의 규정에 의한 시행자 지정 및 동법 제61조제2항의 규정에 의한 실시계획인가

⑤ 산림법 제18조 규정에 의한 보전임지전용허가(도시계획구역안인 경우에 한함) 및 동법 제90조의 규정에 의한 산림형질변경허가

⑥ 사도법 제4조의 규정에 의한 사도개설허가

⑦ 농지법 제36조의제1항의 규정에의한 농지전용허가 또는 협의

⑧ 도로법 제40조의 규정에 의한 도로의 점용허가

⑨ 도로법 제50조 제5항의 규정에 의한 접도구역 안에서의 건축물, 공작물의 설치허가

⑩ 하천법 제33조의 규정에 의한 하천점용 등의 허가

⑪ 하수도법 제24조의 규정에 의한 배수설비의 설치신고

⑫ 오수·분뇨 및 축산폐수의처리에 관한 법률 제9조 제2항 및 동법 제10조제2항의 규정에 의한 오수처리시설 및 단독정화조의 설치신고

⑬ 수도법 제23조의 규정에 의하여 수도사업자가 지방자치단체인 경우 당해 지방자치단체가 정한 조례에 의한 상수도 공급신청

4) 건축허가 대상 및 신고 대상 건축물 분류

(1) 허가대상 건축물

① 건축허가대상(건축법 제8조)

- 국토이용관리법에 의하여 지정된 도시지역, 관리지역안 모든 건축물

- 고속국도, 철도의 경계선으로부터 양측 100m이내 구역
- 일반국도의 경계선으로부터 양측 50m이내 구역
- 기타구역 : 연면적 200m^2 이상이거나 3층 이상의 건축물(증축의 경우 연면적 또는 층수가 규정을 초과하면 해당)

② 가설건축물 허가대상(건축법 제15조 제1항) 도시계획시설

도시계획시설예정지에 있어서 도시계획사업의 실시에 지장이 없다고 인정하는 경우에 한하여 다음과 같은 용도·구조 등으로 가설건축물의 건축을 허가할 수 있다.

- 철근콘크리트조 또는 철골철근콘크리트조가 아닌 것
- 존치 기간은 3년 이내일 것(도시계획사업이 시행될 때까지 그 기간을 연장할 수 있다)
- 3층 이하일 것
- 전기, 수도, 가스 등 새로운 간선공급설비의 설치를 요하지 아니할 것
- 공동주택, 판매 및 영업시설 등으로서 분양을 목적으로 건축하는 건축물이 아닐 것
- 도시계획법 제14조의 2의 규정에 적합할 것

③ 허가시 구비서류

- 건축허가(가설건축물허가) 신청서
- 건축할 대지의 범위와 그 대지의 소유 또는 그 사용에 관한 권리를 증명하는 서류
- 기본설계도서(건축계획서, 배치도, 평면도, 입면도, 단면도)
- 일괄처리(토지형질변경허가, 농지전용허가 등) 허가 등을 받거나 신고하기 위하여 당해 법령에서 제출하도록 의무화하고 있는 신청서 및 구비서류

(2) 신고대상 건축물 등의 절차

① 건축신고 대상(건축법 제9조, 시행령 제11조)

허가대상건축물이라도 다음과 같은 경우는 신고만으로 건축허가를 받은 것으로 본다.

- 바닥면적 85m^2 이내 증축, 개축, 재축
- 대수선(규모와 무관)
- 읍·면 지역에서 건축하는 연면적의 합계가 330m^2 이하인 주택, 연면적 200m^2 이하인 창고, 연면적 400m^2 이하인 축사 및 작물재배사
- 국토이용관리법에 의하여 건축하는 건축물(분양을 목적으로 하는 공동주택은 제외)
- 도시계획법에 의한 공업지역, 산업입지 및 개발에 관한 법률에 의한 산업단지, 국토이용관리법에 의한 준도시지역(산업촉진지구에 한함)안에서 건축하는 2층 이하인 건축물로서 연면적의 합계가 500m^2 이하인 공장

② 가설건축물 축조신고대상(건축법 제15조 제2항)

- 재해가 발생한 구역 또는 그 인접구역으로서 군수가 지정하는 구역 안에서 일시 사용을 위하여 건축하는 것
- 도시 미관이나 교통소통에 지장이 없다고 인정하는 가설흥행장, 가설전람회장 기타 이와 유사한 것
- 공사에 필요한 규모의 범위 안의 공사용 가설 건축물 및 공작물
- 전시를 위한 견본주택 기타 이와 유사한 것
- 도로변 등의 미관정비를 위하여 필요하다고 인정하는 가설 점포로서 안전, 방화 및 위생에 지장이 없는 것
- 조립식 구조로 된 경비용에 쓰이는 가설 건축물로서 연면적 $10m^2$ 이하인 것
- 조립식 구조로 된 외벽이 없는 자동차 차고로서 높이 8m 이하인 것
- 컨테이너 또는 폐차량으로 된 임시사무실, 창고, 숙소
- 도시계획구역 중주거지역, 상업지역 또는 공업지역에서 설치하는 농어업용 비닐하우스로서 연면적이 $100m^2$ 이상인 것
- 연면적이 $100m^2$ 이상인 간이축사용, 가축운동장, 비가림용 비닐하우스 또는 천막구조의 건축물
- 농업용 고정식 온실
- 공장 안에 설치하는 창고용 천막 기타 이와 유사한 것
- 유원지 종합휴양사업지역 등에서 한시적인 관광, 문화 행사 등을 목적으로 천막 또는 경량구조로 설치하는 것

③ 공작물 축조신고대상(건축법 제72조, 동법시행령 제118조)

- **✲** 건축물과 분리하여 축조하는 경우로서 다음의 경우
- 높이 6미터를 넘는 굴뚝
- 높이 4미터를 넘는 장식탑, 기념탑 기타 이와 유사한 것
- 높이 8미터를 넘는 고가수조 기타 이와 유사한 것
- 높이 2미터를 넘는 옹벽 또는 담장
- 바닥면적 $30m^2$를 넘는 지하 대피호
- 높이 6미터를 넘는 골프 연습장 등의 운동시설을 위한 철탑과 주거지역 및 사업지역 안에 설치하는 통신용 철탑 기타 이와 유사한 것
- 높이 8미터(위험방지를 위한 난간의 높이를 제외한다)이하의 기계식 주차장 및 철골조립식 주차장으로서 외벽이 없는 것
- **제조시설** : 레미콘믹서, 석유화학제품 제조시설, 기타 이와 유사한 것
- **저장시설** : 건조시설, 석유저장시설, 석탄저장시설, 기타 이와 유사한 것

- 유희시설 : 관광진흥법상 유원시설업 허가를 받아야 하는 시설로서 건축법령에 의한 시행령 별표1 건축물이 아닌 것

④ **용도변경 신고대상(건축법 제4조, 시행령 제14조)**

신고대상은 건축기준이 약한 시설 (6)호군에서 강한 시설 (1)호군으로 변경 시에만 신고하도록 함.

- 영업 및 판매시설군(위락시설, 판매 및 영업시설, 숙박시설)
- 문화 및 집회시설군(집회시설, 운동시설, 관광휴게시설)
- 산업시설군(공장, 위험물저장 및 처리시설, 자동차관련시설, 분뇨 및쓰레기 처리시설, 창고시설)
- 교육 및 의료시설군(교육연구 및복지시설, 의료시설)
- 주거 및 업무시설군(단독주택, 공동주택, 업무시설, 공공용시설)
- 기타 시설군(제1종, 제2종 근린생활시설, 동물 및 식물관련시설, 묘지관련시설)

⑤ **용도변경신고 절차 없이 용도 변경할 수 있는 사항**

- 당해 용도로 변경하기 전의 용도로 다시 변경하는 경우(증축, 개축 또는 대수선을 수반하는 경우를 제외한다)
- 용도변경 하고자 하는 부분의 바닥면적의 합계가 100m² 미만인 경우
- 동일한 건축물 안에서 면적의 증가 없이 위치를 변경하는 용도 변경인 경우

⑥ **신청 서류**

가. 증축 등 신고 시
- 증축 등 신고서 1부
- 건축할 대지의 범위와 소유권을 증명하는 서류 1부
- 배치도·평면도·단면도 각 1부

나. 농·어업용 주택 등 건축신고 시
- 농·어업용 주택 등 건축 대수선 신고서 1부
- 건축할 대지의 범위와 소유권을 증명하는 서류 1부
- 배치도 및 평면도 각 1부

다. 옹벽등 공작물 축조 신고 시
- 공작물축조 신고서 1부
- 대지의 범위와 소유권을 증명하는 서류 1부
- 배치도 및 평면도 각 1부

라. 가설건축물축조 신고 시
- 가설건축물축조 신고서 1부

　　　　　－ 대지의 범위와 소유권을 증명하는 서류 1부

　　　　　－ 배치도 및 평면도 각 1부

　마. **용도변경 신고 시**

　　　　－ 용도변경 신고서 1부

　　　　－ 용도를 변경하고자 하는 층의 변경전·후의 평면도

　　　　－ 용도변경에 따라 변경되는 내화·방화·피난 또는 건축설비에 관한 사항을 표
　　　　　시한 도서

　바. **접수처 및 처리부서**

　　　　－ 접수 : 읍·면사무소 민원실

　　　　－ 처리 : 읍·면 산업개발 담당

　　　　－ 용도변경신고 접수는 군청 종합민원과에 접수(처리부서 : 도시과)

(3) 허가·신고사항의 변경(설계변경) (건축법 제10조, 시행령 제12조)

① 신고대상(증축 등신고대상)

　건축법 제9조 제1항 제2호, 제4호 또는 제5호의 규정에 의하여 신고로서 허가에 갈음
할 수 있는 규모 안에서의 변경

② 건축물 사용승인 신청시 일괄 신고 범위

　다음의 경우에는 별도의 설계변경을 위한 신고를 하지 아니하고 공사완료 후 사용검사
신청 시 일괄 신고할 수 있다.

　　　－ 변경되는 부분의 바닥면적의 합계가 50m^2 이하인 경우

　　　－ 대수선에 해당하는 경우

　　　－ 변경되는 부분의 높이가 0.5m 이하로서 전체높이의 1/10 이하인 경우

　　　－ 변경되는 위치가 1m 이하인 경우

③ 신청서류

　가. **설계변경허가 대상 시**

　　　건축허가 신청 시 신청서류와 같음

　　　(단, 당초 허가신청 시 제출한 서류와 동일한 서류는 제외)

　나. **건축신고 대상 시**

　　　건축신고 신청 시 신청서류와 같음

　　　(단, 당초 허가신청 시에는 신고 시 제출한 서류와 동일한 서류는 제외)

　다. **사용승인 신청 시 신고의 경우**

　　　사용검사신청서에 증축 등 신고서(변경도면 첨부)를 첨부하여 일건으로 접수

5) 부동산공법체계

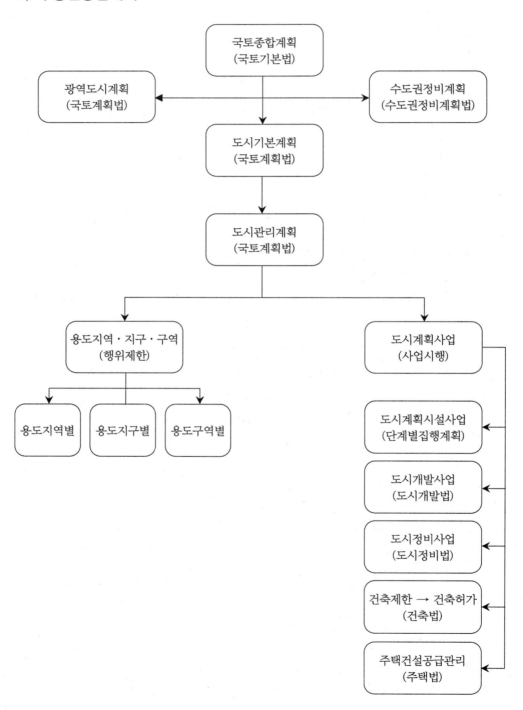

6) 국토의 계획 및 이용에 관한 법률 요약

(1) 관련법 및 계획체계의 통합

국토기본법	국토건설종합계획법 + 국토이용관리법/도시계획법 일부

↓

국토의 계획 및 이용에 관한 법률	국토이용관리법 + 도시계획법

(2) 용도지역/지구의 개편

※ 과거 5개 용도지역 → 4개 용도지역(9개 지역)

과거	현 행		비고
도시지역	도시지역	주거지역	현행제도 유지
		상업지역	
		공업지역	
		녹지지역	
준도시지역	관리지역	보전관리지역	행위제한 강화 및 도시계획기법 적용
준농림지역		보전관리지역	
		계획관리지역	
농림지역	농림지역	농림지역	현행제도 유지
자연환경보전지역	자연환경보전지역	자연환경보전지역	

(3) 건폐율·용적률 비교

① 관련법상 건폐율·용적률 비교

과거 도시계획법 및 국토이용관리법			국토의 계획 및 이용에 관한 법률시행령			
용도지역	건폐율(%)	용적율(%)	용도지역	건폐율(%)	용적율(%)	층 수
(도시지역)			(도시지역)			
주거	70	700	주거	70	500	종별로 세분
상업	90	1,500	상업	90	1,500	–
공업	70	400	공업	70	400	–
녹지	20	200	녹지	20	100	최대 4층 이하
			(관리지역)			
준도시	60	200	계획관리	40	100	4층 이하
준농림	40	80	생산관리	20	80	3층 이하
			보전관리	20	80	2층 이하
농림	60	400	농림	20	80	–
자연환경보전	40	80	자연환경보전	20	80	–

② 조례상 건폐율·용적률 비교

과거 조례			현행 조례			
용도지역	건폐율(%)	용적율(%)	용도지역	건폐율(%)	용적율(%)	층 수
(도시지역)			(도시지역)			
주거	50~70	150~300	주거	40~70	80~500	종별로 세분
상업	80	1,100	상업	60~70	400~1,100	–
공업	70	250	공업	70	250~250	–
녹지	20	200	녹지	20	50~80	최대 4층 이하
			(관리지역)			
준도시	60	200	계획관리	40	80	4층 이하
준농림	40	80	생산관리	20	50	3층 이하
			보전관리	20	50	2층 이하
농림	–	–	농림	20	50	–
자연환경보전	–	–	자연환경보전	20	50	–

(4) 개발행위허가 면적 제한

용도지역		기 존	국토계획법
도시지역	주거, 상업, 자연녹지, 생산녹지	1만제곱미터 미만	1만제곱미터 미만
	공업	3만제곱미터 미만	3만제곱미터 미만
	보전녹지	5천제곱미터 미만	5천제곱미터 미만

관리 지역	계획관리	3만제곱미터 미만	3만제곱미터 미만
	생산관리	3만제곱미터 미만	3만제곱미터 미만
	보전관리	3만제곱미터 미만	3만제곱미터 미만
농림지역 3만제곱미터 미만		3만제곱미터 미만	
자연환경보전지역		5천제곱미터 미만	

* 도시지역은 종전 규모 유지
* 비도시지역은 농지전용허가면적 등을 고려하여 규모 산정

(5) 개발행위허가 면적제한 제외

① 다음사업에는 규모제한을 적용하지 않는다.
- 지구단위계획이 수립되어 기반시설이 설치되었거나 개발행위와 동시에 기반시설이 설치될 지역
- 농어촌정비법에 의한 농어촌정비사업
- 비도시지역에서의 초지조성, 영림행위, 골재·토석채취, 채광사업 등

② 녹지·관리·농림·자연환경보전지역에서 연접하여 개발을 수차에 걸쳐 부분적으로 개발하는 경우, 하나의 개발행위로 보아 면적을 산정. 다만, 다음 요건을 갖춘 경우에는 연접개발로 보지 않는다.
- 고속도로, 일반국도 또는 너비 20m 이상의 도로, 하천, 공원 등 지형지물에 의하여 분리
- 진입도로가 너비 8m 이상이고 주간선도로, 일반국도, 지방도에 직접 연결
- 위 요건은 지방도시계획위원회 심의를 거쳐 완화 가능

(6) 관리지역 등의 토지이용 규제완화

※ 국토의 계획 및 이용에 관한 법률시행령 개정

① 종전 준농림지역과 준도시지역인 관리지역에서 일반창고의 건축과 소규모 공장의 증·개축이 허용되고, 수산자원보호구역내에서는 주류를 판매하지 않는 휴게음식점 등의 건축이 가능하게 된다.

② 건설교통부는 관리지역 및 수산자원보호구역 등에서 건축제한을 완화하는 것을 주요 골자로 하는 국토의 계획 및 이용에 관한 법률시행령 개정안이 국무회의 심의 등을 마침에 따라 2004년 1월 20일부터 시행된다고 밝혔다.

③ 시행령의 개정은 국토의 난개발방지를 위해 전국토를 선계획-후개발 체계로 관리 하고자 2003년 1월 1일부터 시행하고 있는 "국토의 계획 및 이용에 관한 법령"

에 의한 토지이용규제 등이 강화되어 주민일상생활과 건전한 토지이용에 지장을 초래한다는 지적에 따라 다음과 같은 결론을 내렸다.

관리지역 등 용도지역 구역의 일부 행위제한을 완화하고, 개발행위허가 등 신설된 제도를 현실에 부합하게 개선하기 위한 것이라고 하였다.

7) 지구단위계획

(1) 지구단위계획이란?

도시계획 수립대상 지역안의 일부에 대하여 토지이용을 합리화하고 그 기능을 증진시키며 미관을 개선하고 양호한 환경을 확보하며, 당해 지역을 체계적, 계획적으로 관리하기 위하여 수립하는 도시관리계획을 말한다.

(2) 지구단위 결정고시 절차(주민제안 시)

──── | 실시계획(도시계획시설사업) |

(3) 지구단위계획의 구분

도시관리계획	– 용도지역/지구 지정(변경)계획
	– 용도구역 지정(변경)계획
	– 기반시설계획(도시계획시설)
	– 도시개발사업 및 재개발사업계획
	– 지구단위계획

① 제1종 지구단위계획

토지이용을 합리화 구체화하고, 도시 또는 농·산·어촌의 기능의 증진, 미관의 개선 및 양호한 환경을 확보하기 위하여 수립하는 계획

② 제2종 지구단위계획

계획관리지역 또는 개발진흥지구를 체계적, 계획적으로 개발 또는 관리하기 위하여 용도지역의 건축물 그 밖의 시설의 용도·종류 및 규모 등에 대한 제한을 완화하거나 건폐율 또는 용적률을 완화하여 수립하는 계획

(4) 지구단위계획 수립절차(주민제안 시)

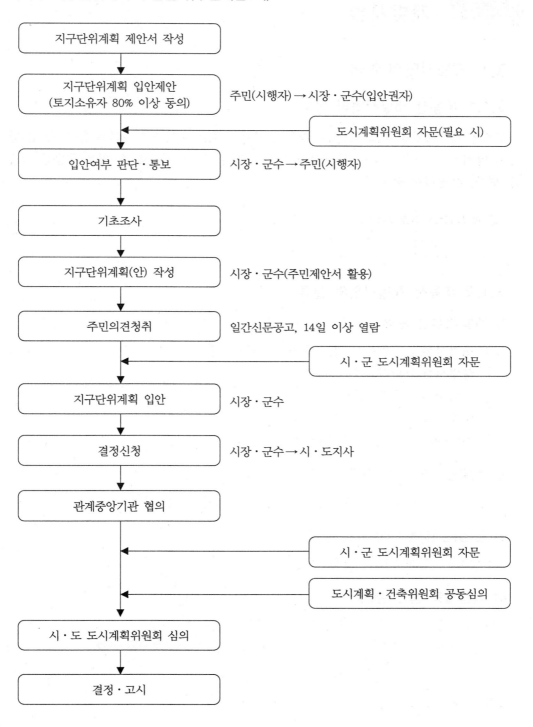

지구단위계획 제안서 작성	
지구단위계획 입안제안 (토지소유자 80% 이상 동의)	주민(시행자) → 시장·군수(입안권자)
	도시계획위원회 자문(필요 시)
입안여부 판단·통보	시장·군수 → 주민(시행자)
기초조사	
지구단위계획(안) 작성	시장·군수(주민제안서 활용)
주민의견청취	일간신문공고, 14일 이상 열람
	시·군 도시계획위원회 자문
지구단위계획 입안	시장·군수
결정신청	시장·군수 → 시·도지사
관계중앙기관 협의	
	시·군 도시계획위원회 자문
	도시계획·건축위원회 공동심의
시·도 도시계획위원회 심의	
결정·고시	

3. 개발사업

3.1 개발사업의 이해

3.1.1 부동산 개발사업의 정의

토지의 개발계획을 수립하고 부지활용을 가능케 하는 시설을 설치하는 등 **건축 전 단계의 행위**로서, 개발을 통해 실제 활용 가능하고 수익성을 창출할 수 있는 **부동산 상품을 생산, 운영하는 행위**이다.

> ○ 개발사업의 주요 4POINT
>
> 경제성, 편리성, 환경성, 가치창출성

3.1.2 부동산 개발사업의 분류

1) 개발시설별 분류

① **주거시설** : 공동주택, 단독주택, 전원주택
② **상업시설** : 판매, 업무, 숙박 등
③ **공업시설** : 공장, 발전소 등
④ **공공시설** : 공공청사, 도로, 항만시설
⑤ **기타(복합시설)** : 만자역사, 주상복합 등

2) 개발방식에 따른 분류

재개발, 재건축, 공영택지개발사업, 지주공동사업, SOC[1]사업

3) 분양(운영)방식에 의한 분류

분양사업, 임대사업, 직영사업

4) 기업활동 중심 분류

① **업무용** : 생산시설(공장), 업무시설(빌딩, 연수원, 기타)
② **사업용** : 주택건설, 빌딩(신축, 재개발), 레저, 교통(물류), 기타

---

1) 사회간접자본

3.1.3 부동산 개발사업의 일반적 구도 및 PF

부동산 개발사업의 참여주체는 사업을 총괄하고 주관하는 **시행사**, 시공을 담당하는 **시공사**, 금융을 지원하는 **금융권** 등 3자 구도로 크게 분류할 수 있다.

1) 일반적 구도

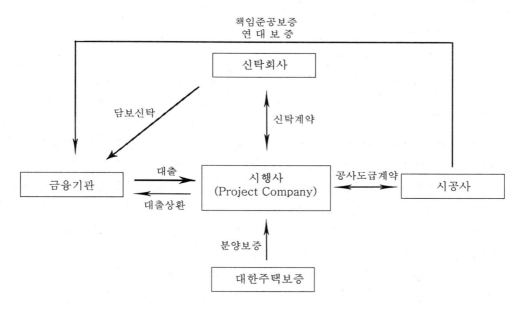

2) 당사자별 역할

(1) 시행사

① 시행사는 개발컨셉의 설정, 사업성 분석, 분양전략의 수립, 사업부지의 매입, 인허가 진행 등 사업의 모든 분야를 원칙적으로 총괄하는 회사임

② 사업부지 매입(지주작업)을 위해 토지매입용역 계약체결, 설계 및 인허가의 보조를 위한 설계용역 계약체결, 사업시행에 관한 포괄적 위임을 위한 PM 계약체결, 건설관리 쪽에 중점을 두고 포괄위임을 하는 CM 계약체결, 법률 및 금융컨설팅 및 대행을 위임하는 법률 및 금융컨설팅 계약체결, 분양대행을 의회하는 분양대행 계약체결 등을 통하여 외부에 Outsourcing을 의뢰하는 경우가 많음

(2) 시공사

처음부터 시행사의 업무를 모두 겸해 추진할 수도 있으나, IMF 이후에는 국내 부동산 개발시장은 시공사의 역할은 여러 시행사들로부터 시공참여를 수주하여 주로 시공을 담

당하고, Financing을 위해 금융회사로부터 대출 받은 자금을 시행사 대신 보증을 하여 시행사에 금융지원의 역할에 집중하는 형태의 개발방식이 이루어지고 있다.

(3) 금융권

대부분의 부동산 개발사업은 그 사업비의 규모가 매우 크기 때문에 타인자본의 이용이 불가피한바, 금융권은 주로 Project Financing의 형태를 통해 금융을 지원하고 있음

(4) 자문기관 등

① 신용평가기관, 법무법인, 감정평가법인
② 신탁회사, 대한주택보증 등

3) PF(Project Financing)

주로 부동산 개발 Project의 사업성만 보고 당 사업에서 예상되는 미래의 수익 (Cash-Flow)을 바탕으로 금융을 지원하는 방식을 말함.

국내에서는 아직까지 시행사 들의 전문성과 자금상환능력이 미흡한 관계로 여전히 자금력이 있는 시공사의 지급보증을 통한 신용보강의 형태로 PF가 이루어지고 있는 불완전한 형태가 대부분인 바, 실무에서는 대부분 이러한 불완전한 형태를 일반적으로 PF라고 칭한다.

금융권이 PF를 진행해오면서 쌓은 경험과 노하우를 바탕으로 시공사의 의존 없는 순수한 의미의 PF에 접근하는 상품들이 틈새시장을 노리는 제2금융권(상호저축은행등) 등을 통해서 토지계약금 대출 등의 형태로 점차 등장하고 있는 추세이다.

4) PF(Project Financing)시장을 둘러싼 국내금융권의 주도

현재까지의 PF는 주로 시행사가 자기 자금으로 사업부지의 매입을 위한 계약금을 지불하고 사업인허가를 완료하면, 시공사의 지급보증 또는 채무인수 등의 지원을 받아 총 토지대금의 120%~130% 정도의 금융지원을 받아 사업부지의 매입을 완료하고 추후 분양대금에서 이를 우선 상환하는 구도로 진행되어 왔다.

그러나 이러한 PF 시장이 금융권의 주요한 수입원의 하나로 자리 잡은 이후, 금융권들간에 경쟁이 치열해지고 있는 바, PF도 예전의 제1금융권의 PF방식에서 벗어나 토지매입계약금을 지원하는 제2금융권(주로 상호저축은행)의 계약금 PF, 자산유동화에 관한 법률을 통해서 PF를 지원하는 증권사의 ABS(Asset-Backed Securities)상품, 간접투자자산 운용법을 통해서 PF를 지원하는 자산운용사의 부동산개발 Fund 등 다양한 상품들이 등장 및 성장하고 있는 추세이다.

3.1.4 부동산 개발사업의 주요단계와 단계별 업무

1) 부동산 개발사업의 일반적 과정

부동산 개발과정은 일반적으로 8단계 나누어 정형화하고 있다.

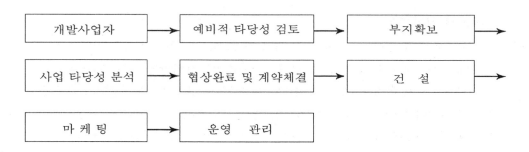

2) 부동산 개발업자의 역할

개발업자의 역할은 상품을 기획하고 프로젝트 금융을 통한 자금을 조달하여 부지를 매입하여 시공사 선정과 공사도급계약을 체결하고 공사기간동안 시공사를 관리할 뿐만 아니라 분양 및 임대 등의 업무를 총괄 지휘하여 자체조직 또는 외부조직을 활용한다. 부동산개발진행과정에서 개발업자의 역할을 살펴보면 크게 사업구상단계에서 사업타당성분석단계 까지는 아이디어를 창조하고 정제하는 역할을, 협상과 체결 단계에서는 협상자 역할을, 건설단계부터 운영관리단계까지는 관리자 역할을 해야 한다. 결국 개발업자는 창조자, 협력자, 관리자, 위험관리자 그리고 투자자 역할을 한다.

3) 단계별 수행업무

(1) 공부서류 검토 및 사업구상단계

공동주택(전원주택 포함), 호텔, 콘도, 오피스텔, 백화점 등 특정사업추진을 예정하고 있는 개발사업자는 그 시설용도에 맞는 적절한 부지를 찾아야하고 이미 토지는 확보하고 있으나, 특정 사업추진예정이 없는 개발업자는 **공부서류를 검토**하고 **현장조사를 실시**한 다음 이 토지를 무엇으로 활용해야 **최대 유효이용이 가능한지**를 자신의 개발능력, 자금동원능력 등을 고려하여 구상해보는 단계다.

(2) 예비적 타당성 분석단계

예비적 타당성 분석은 부지를 확보하기 전에 대상 부지에 대하여 관련계획 및 법규, 입지분석과 기초 시장조사를 통하여 가능업종을 구상해보고 이를 토대로 계획 설계를 하여 개발사업이 완료되었을 때 예상되는 **수입과 비용을 추정하여 개략적인 수지분석을 함으로 부지매입 여부를 판단**하기 위한 것이다. 시장조사와 개략적인 수지분석을 통하여 충분히 타당성이 있다고 판단한다면 부지확보 단계로 넘어가고 그렇지 않으면 여기서 중단하거나 대안을 모색해야한다.

(3) 부지확보단계

부지확보 방법에서는 부지를 ① **직접 매입하는 방법**(개인 혹은 기업으로부터 매입, 토개공 등으로부터 매입, 경매, 공매) ② **지주공동사업방법** 등이 있다. 부지는 개발사업의 자료로서 부지확보의 성공여부는 개발사업의 성공여부에 직결되기 때문에 아주 중요한 단계이며 또한 시간적 여유도 많지 않으므로 부동산 매매계약이나 옵션계약을 통해서 부지를 확보한다면 리스크를 줄일 수 있다. 부지를 확보한 후부터는 실시설계에 의한 인허가 협상과 프로젝트 금융 및 공사도급 계약협상도 함께 진행한다.

(4) 사업타당성 분석단계

개발사업의 타당성 분석을 어느 정도 깊이까지 하느냐는 개발사업의 성격, 규모, 개발업자의 목적, 타당성분석에 투입될 수 있는 자금 등에 따라서 달라질 수 있다. 경우에 따라서는 시장분석이 필요 없이 경제성 분석만으로도 타당성 분석을 한다. 개발사업의 타당성분석 절차는 **관련 법규검토, 입지분석, 시장분석과 개발컨셉 설정 및 개발기본방향구상, 개발계획, 재무적 타당성분석, 결론** 순으로 진행된다. 경우에 따라서는 시장분석 없이 재무적 타당성 분석만으로도 타당성 분석을 한다.

(5) 협상완료 및 계약체결 단계

개발사업구조가 개발업자와 시공사의 2자 구조인 경우와 개발업자의 자금조달이 담보대출에 의존하거나 시공사에 의존하던 때에는 부동산 개발과정에서 협상단계가 그리 중요하지 않았지만 개발사업구조가 개발업자, 시공사, 금융기관, 경우에 따라서는 부동산 신탁회사를 포함하여 3자 내지는 4자구조로 복잡해지고 개발 사업에 참여하는 자들이 다양해지면서, 프로젝트 파이낸싱에 의한 자금조달이 행해지는 경우에는 협상이 부지확보시점부터 진행되어야한다. 그러므로 협상단계에서는 시공사와 공사도급조건, 금융기관과는 자금조달의 규모와 시기, 이자율 등 대출조건을 지방자치단체와는 개발관련 부담금과 현장외부의 기반시설에 대한 협상을 하여야 하며 감리자 등에 대한 협상도 마무리한 후 계약을 체결하여야 한다.

(6) 건설단계

개발과정이 계약체결단계에서 건설단계로 진행됨에 따라 개발업자의 역할은 주요한 협상자의 역할에서 관리자의 역할로 전환된다. 관리해야 할 중요한 요소들은 시간, 품질 그리고 예산이다. 특히 규모가 비교적 큰 개발 사업은 건설관리사업자(CM)를 고용하여 이들로 하여금 전문적으로 관리를 할 수 있도록 한다.

(7) 마케팅단계

마케팅의 성공여부는 전적으로 시장성에 있기 때문에 사업타당성분석단계부터 철저히 시장분석을 실시하여야 위험을 줄일 수 있다. 뿐만 아니라 **마케팅수행은 판매나 임대하기 훨씬 전에 그리고 상품(주거, 상업시설)을 설계하기 전에 시작**해야한다. 고객의 필요와 욕구를 경쟁적으로 만족시키기 위한 이유이다.

(8) 운영 및 관리

이 경우는 개발사업의 최종단계로서 개발사업을 완성하여 분양을 하지 않고 임대나 직영하는 경우로서 사업계획서에 맞추어 운영 및 관리계획서를 작성하고 이에 따라 운영·관리하는 단계다. 부동산관리단계에서 주의해야 할 것은 **건물의 기능적 관리**뿐만 아니라 자산관리를 포함하는 **경제적 관리도 포함**해야 한다.

chapter 04

프로젝트 수주 활동단계

1. 프로포잘

1.1 프로포잘의 내용과 종류

입찰자는 입찰안내서를 여러 면에서 면밀히 조사, 검토한 후에 프로포잘을 작성하게 되는데 이것은 **사업주가 낙찰자를 결정하는 종합적 판단의 근거자료가** 되기 때문이다.

프로포잘은 통상 기본설계, 상세설계, 조달, 건설, 운영이라고 하는 프로젝트 건설의 전과정에 걸쳐 프로젝트 내용, 관리, 계약 등 모든 면에 대하여 입찰자가 사업주에게 제시하는 프로젝트 수행 및 운영 방법과 의사를 기술한 것이라 할 수 있다.

(1) 내용에 따른 분류

① 기술 프로포잘(Technical Proposal)

프로젝트의 계획, 운영, 각종 설계도, 기자재 목록 등 기술에 관계되는 모든 사항을 포함한다.

② 상업 프로포잘(Commercial Proposal)

입찰자의 일반적 소개, 프로젝트 운영정책, 과거 유사 프로젝트 수주경험, 회사 조직 (건설본부, 엔지니어링 본부내의 주요부서) 등이 포함된다.

③ 견적 프로포잘(Cost Proposal)

공사비용, 관리비, 보험료 및 지불조건, 로얄티 등 제반의 건설 및 운영비가 기재된다.

✱ 통상 견적 프로포잘은 상업 프로포잘에 포함된다.

(2) 계약 형태에 따른 분류

① 업무제공 범위에 의한 분류

- 일괄도급형(Turn-Key)프로포잘
- 설계 프로포잘
- 공사 프로포잘

② 대가결정 방법의 차이에 의한 분류

- Lump-Sump형 프로포잘
- Cost Plus Fee형 프로포잘

(3) 기본 프로포잘(Base Proposal) 및 대안 프로포잘(Alternate Proposal)

① 기본 프로포잘(Base Proposal) 시 유의사항

프로포잘의 작성작업에 있어서 원칙적으로 입찰안내서에 의해 사업주가 요구한 사항은 충실히 지켜지지 않으면 안 된다.

그러나 계약상, 기술상, 상업상(Commercial)의 제요구에 대해 완전히 합치되는 견적이 된다고 할 수 없다. 재료의 규격, 공사의 사양, Vendor의 지정, 배상(Penalty), 기타 입찰자로서 요구를 충족시키지 못하는 곤란한 항목이 많이 포함 되는 것이 통례이다. 이러한 경우에는 그 항목을 **"예외(Exception)" 항목으로 분리, 이유를 기술하여 별지에 명확히 제출**하지 않으면 안 된다.

특히 해외의 플랜트 건설은 계약서, 입찰안내서, 프로포잘 등 서류(Document)에 기술된 내용에 의해 운영되기 때문에 여기에 의하지 않고 담당자의 감각 판단으로 처리되는 것은 지양되어야 한다.

② 대안 프로포잘(Alternate Proposal) 시 유의사항

기본 프로포잘(Base Proposal)에 다소 "예외(Exception)" 항목이 있다 하더라도 기본적으로 입찰서에 들어있는 사업주의 요구에 따라 충실히 작성된 것임에 반하여 입찰안내서의 요구 사항에 대해서 그 이상의 우수한 안을 대안으로서 **기본프로포잘(Base Proposal)과는 별도로 추가 작성 제안**하는 것을 대안 프로포잘(Alternate Proposal)이라고 한다.

예를 들면 제조설비, 시스템의 대안 등 큰 것에서부터 재질, 물량 등 작은 대안에 이르기까지 어떠한 사항에 대해서도 제안 검토할 수가 있다.

대안은 사업주 요구를 아무리 해도 받아들일 수 없는 상황에서 어쩔 수 없이 제출하는 경우도 있지만 입찰자 자신의 판단으로 사업주가 설정한 조건보다 더욱 우수한 품질, 공기단축, cost 절감 등이 고려될 경우 적극적으로 제출된다. 단기간의 프로포잘 작성 중에 한정된 인원으로 엄격한 조건을 요구하는 대안 프로포잘(Alternate Proposal) 까지 작성하는 것은 상당히 과중한 일이지만 사업주 측으로 보면 입찰자의 이러한 대안을 크게 환영하고 있다.

특히 성능의 개선, 공기의 단축, 투자비의 절감, 운전비의 절감 등에 관해서 조사하여 제안하는 것은 수주기여에 많은 영향을 미친다. 대안 프로포잘을 통상 V.E(Value Engineering) 안으로도 자주 사용하기도 한다.

1.2 프로포잘 작성상의 유의점

프로포잘 작성에 있어서는 **사업주의 요구 조건을 최대한 반영하고 동시에 입찰자 자신의 이익을 최대한으로 확보하도록 하는 것이 중요하다.**

이와 같이 상반된 목적을 만족시키는 내용의 프로포잘을 작성하는 것은 상당히 어렵지만 프로포잘은 계약 이행에 있어 중요한 근거 서류가 되며 또한 확정제안이므로 최대한 유리한 프로포잘을 작성하는데 신중을 기하지 않으면 안된다. 입찰서 작성시에 유의해야 할 점을 살펴보면 다음과 같다.

① 프로포잘은 입찰자가 입찰전까지 수행한 조사, 설계 및 견적의 집약이므로 그 내용을 간결, 명료하게 기술하여야 한다.

② 발주자의 평가를 유리하게 이끄는 표현을 사용해야 한다.

예를 들면 "이 범위의 용역을 제공한다."는 경우와 "이 범위 이외의 용역은 일체 제공하지 않는다."는 경우와는 받는 인상이 크게 다르다.

또한 입찰시점에서 용역의 구체적인 실시 방법을 제시하는 것이 불리한 평가를 받을 우려가 예상될 때는 프로포잘에는 용역의 개략을 기재하고 "상세한 것에 대해서는 계약협의(Nego) 단계에서 합의하여 결정한다."로 하는 방법이 좋은 경우가 많다.

③ 쌍방에 유리한 대안이 있으면 제시하는 것이 좋다. 입찰자는 사업주가 입찰안내서에서 일방적으로 요구하는 계약상, 기술상의 제조건에 합치된 프로포잘을 작성하기는 곤란하므로 입찰안내서에 포함된 제요구에 따라 충실히 작성하되 입찰조건에 포함되지 않은 사항(예: 입찰자의 면책조항과 이익옹호조항)이 있으면 추가하고 그 이상의 양측에 유리한 대안이 있으면 제안하여야 한다.

④ 프로포잘의 작성에서 계약체결까지는 입찰자가 한정된 수에 불과하나 프로젝트 건설수행 단계에서는 다수의 사람이 참가하게 된다. 이로 인해서 프로젝트 건설 수행 단계에서 일어나는 계약 내용의 변경이나 관계자 상호간의 의견차 등 예상치 못하는 문제가 발생하는 수가 많다. 따라서 이러한 문제의 발생을 최소한으로 줄일 수 있도록 항상 염두에 두고 프로포잘을 작성하여야 한다.

⑤ 프로포잘의 구성에 유의할 필요가 있다. 프로포잘 내용의 평가는 부문별 담당자가 분담하여 행하여지는 것이 일반적이므로 프로포잘의 내용에 따라 상업(Commercial)과 기술부문(Technical part)로 분책하는 것이 좋다. 합본하는 경우에는 쉽게 식별할 수 있도록 프로포잘 작성시에 사업주의 의견을 구하는 것도 필요하다.

⑥ 인쇄 및 제본방법 등에 유의하여야 한다. 표지의 질, 색상, 활자 및 제본의 방법 그리고 목차 등에 신경을 써서 사업주가 쉽게 이용하고 마음에 들게 하는 것도 중요하다.

⑦ 사업주의 입찰평가방법을 고려하여 프로포잘을 작성하여야 한다. 평가 항목별 점수비중에 따라 프로포잘을 작성하여야 하며, 이때는 사업주의 프로포잘 평가 방법에 대한 정보를 사전에 입수하는 것이 중요하다.

1.3 프로포잘 등급

구분＼등급	A	B	C
상세정도	상 세 기 술	중간적 기술	개 략 기 술
정확도	고	중	저
	Lump-Sum	Sliding Rate 식 단가계약	예산용
	Cost Plus Fee		Process 선정용
계약과의 관계	계약에 관계됨		직접적인 관계없음

2. 견 적

2.1 견적

견적이란 프로젝트를 수행하는 데 필요한 물량을 기준으로 기자재비, 인건비등의 모든 비용을 추정하여 산출하는 것을 말한다.

발굴된 안건은 프로젝트 입찰 여부가 결정되면 PQ심사를 통해 사업주로부터 ITB를 입수 후 Proposal 업무를 실시하게 된다. 이때, Technical Proposal을 포함하여 설계, 구매, 공사 및 사업일반 관리부분에 대한 프로젝트 견적가격을 산출하게 된다.

견적이라 함은 이 Proposal 업무 중 주로 가격과 관련된 산출작업을 말한다. 산출된 가격은 여러 단계의 검증을 거쳐서 최종 Proposal이 사업주에게 제출된다.

입찰에 참가하는 건설 회사는 도면, 시방서, 계약조건, 현장조건, 내역서를 면밀히 조사 검토하여 발생할 수 있는 모든 리스크는 금액으로 환산하여 입찰금액에 반영한다. 견적은 내역서 항목에 따라 항목별로 금액을 산출하며, 총공사비는 직접공사비, 가설공사비, 현장관리비, 일반관리비로 구성된다.

직접공사비는 직접 본 공사에 관계되는 비용으로 총공사비에서 가장 큰 몫이 되고 대부분의 금액은 여기에 속하며, 비목별로 구분하면 재료비, 노무비, 외주비, 기계경비로 구성된다. 가설공사비는 본 공사를 시공하는데 필요한 준비시설을 위한 비용으로 시공계획에 따라 차이가 있으며 직접공사비와 같이 재료비, 노무비, 외주비 기계경비로 구성되고 본 공사가 완료되면 철거하는 임시시설이다.

현장관리비는 현장을 운영관리 하는데 필요한 간접적인 비용으로 공사의 종류, 규모, 시공계획에 따라 달라지며 동력비, 용수비, 임대비, 직원급료, 수당, 퇴직금, 사무용품비, 회의비, 여비교통비, 통신비, 광고선전비, 교제비, 보상비, 노무관리비, 복리후생비, 안전관리비 등이며 직원급료, 수당, 퇴직금이 가장 큰 몫이 된다.

일반관리비는 본 공사와는 직접적인 관계는 없으나 시공자가 기업 활동을 계획하는데 필요한 비용으로 공사금액의 일정률로 정하고 있으며, 본사직원의 급료와 수당, 퇴직금, 복리후생비, 사무용품비, 통신 교통비, 여비, 동력비, 용수비, 광열비, 조사연구비, 광고선전비. 교제비, 기부금, 임대비, 감가상각비, 보험료, 계약보증금, 기타 영업 외 비용, 제세공과금, 지불이자 등이다.

경쟁을 통하여 적정금액으로 공사를 수주하는 것은 회사경영에서 가장 중요한 일이기 때문에 각 회사는 가장 우수한 인재들을 입찰, 견적업무에 투입하고 있다.

견적자는 자기 회사에 가장 유리한 시공계획을 수립해야 하며, 먼저 공정계획을 세우고 각 공종의 시작과 완료시점을 나타내는 Mile Stone Schedule로 선행공종과 후속공종, 공종에 따라 기후 조건을 고려해서 내역서상의 각 공종에 허용된 시공기간을 산출한다. 각 공종의 시공기간이 산출되면 시간당 작업량을 구하고 이 작업량을 수행하는데 최적의 공법 기술을 선택하고 이 기술에 필요한 자원을 동원한다. 이때 자원의 소수개 동원은 불가능하므로 시간당 작업량을 조정해서 모든 자원은 자연수로 되게 한다. 견적은 사용양식에 따라 그 능률이 달라지며, 효율적인 양식은 가장 기초적인 작업(Operation)을 재료비, 노무비, 기계경비, 외주비 등 비목별로 구분하여 집계할 수 있는 Operation Detail 양식을 사용한다.

내역서의 각 공종(Work Item)의 금액을 집계하여 **직접공사비**를 얻는다. 직접공사비에 가설공사비, 현장관리비, 일반관리비를 합산하면 공사금액이 되고 여기에 필요한 이익금을 가산하면 입찰금액이 된다.

Operation Summary 금액은 내역서상의 공종별 공사금액이며, 이 금액을 내역서 수량으로 나누면 공종별 단가를 얻게 된다.

이와는 반대로 일위대가식 견적은 품셈을 사용하여 일위대가표를 작성하여 공종별 단가를 먼저 산출하고 여기에 내역서 수량을 곱하여 공종별 직접공사비를 산출하는 방식이다. 일위대가식 견적은 시공실적이 많아 확실한 품셈을 갖고 있을 때 사용하며 대부분의 건설회사는 각 공종에 대해 통념적인 표준단가가 있으며 이 단가로 하도급을 시행하고 있는 하도급금액이 시장에 따라 점차 변하므로 항상 현시장가를 유지하고 있어서 일위대가표 대신 통념적인 표준단가로 직접공사비를 산출 할 수 있다.

건설회사는 전문건설회사의 하도급으로 공사를 시행하기 때문에 공종별 전문 건설회사의 견적을 받아서 원청회사의 시공분과 비용을 가산하여 입찰금액을 결정할 수 도 있다.

우리나라는 건설 표준 품셈이 매년 개정 발간되어 모든 정부공사는 이 품셈을 적용키로 되어 있으며, 대부분의 건설 회사도 품셈을 사용하는 일위대가식 방식으로 견적을 하고 있다. 이와 같은 일위대가식 견적은 시공계획을 수립하지도 않고, 공정계획도 세우지 않고도 공사금액은 산출할 수 있기 때문에 공기의 적정여부, 동원규모의 적정여부를 검토하지 않고 견적함으로 특히 공가가 짧고 난이도가 높은 공사 및 해외 공사견적에 실패한 원인 중에 하나가 되었다.

어떤 방식의 견적을 하더라도 다음과 같은 절차를 꼭 지켜야 한다.

① 공정계획을 수립하고 각 공종에 허락된 공기를 산출한다.

② 공기와 시공수량에 따라 시간당, 일당 작업수량을 산출한다.

③ 시간당, 일당 작업수량을 수행하는데 필요한 공법 기술과 필요한 자원의 동원계획
   을 수립하고, 타당하고 합리적인 규모인지를 판단한다.

   규모가 적합하지 못할 때는 조정하여 공정계획도 수정한다.

④ 일위대가식 견적을 할 때는 동원규모를 산출하여 적정 여부를 판단하다.

⑤ 공종별 직접공사비를 누계하여 총 직접공사비를 구하고 가설공사비, 현장관리비,
   일반관리비, 이익금을 가산하여 입찰금액을 정한다.

(1) 견적 프로세스

견적은 회사가 보유하고 있는 **각종 Data를 기준으로 원가를 산정**하고, 추가로 필요한 간접비 등 Project 비용을 산정하는 것이므로 평소에 **정확한 Data 분석이 필요**하다.

그러나 현실적으로는 시황이 계속 변하기 때문에 경쟁력 있는 가격 산정을 위해 경쟁력 있는 협력업체로부터 참고견적을 받아 검증하는 편이 좋다.

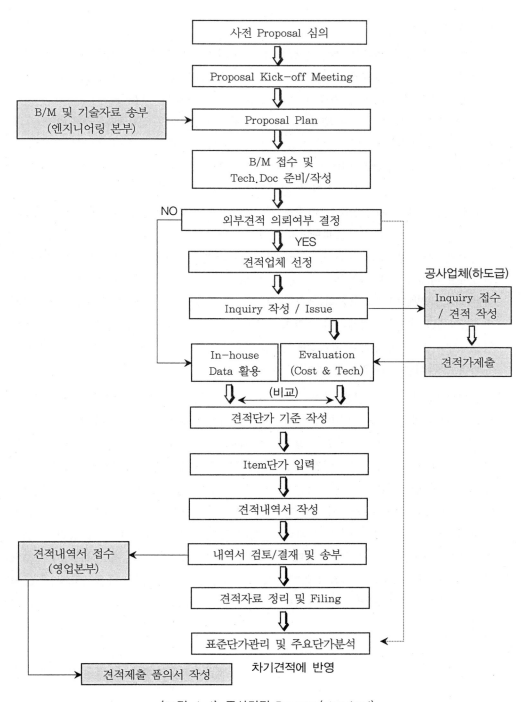

〈그림 4-1〉 공사견적 Process(standard)

(2) 적산과 견적

설계도서(설계도면과 시방서), 현장설명 및 질의응답에 따라 공사 시공 계약조건에 맞는 건물의 공사비를 산출하는 것을 적산(積算) 또는 견적(見積) 이라 한다. 이 두 용어는 동의어로 쓰이기도 하지만 엄밀한 의미로서는 다소 차이가 있다.

즉 **적산**은 공사에 필요한 재료 및 품의 수량 즉 공사량을 산출하는 기술 활동이고, **견적**은 그 공사량에 단가를 곱하여 공사비를 산출하는 기술 활동이다. 그러므로 적산은 견적의 첫 단계로서 넓은 의미의 견적은 적산을 포함하는 것이라 할 수 있다. 따라서 정밀한 적산을 하지 않고서는 정확한 견적은 할 수가 없는 것이다.

적산이란 시설물을 건설하는데 소요되는 비용, 즉 공사비를 산출하는 공사원가계산과정을 말하는 것으로서 공사설계도면과 시방서, 현장설명서 및 시공계획에 의거하여 시공하여야할 재료 및 품의 수량 즉, 공사량과 단위단가를 구하여 재료비, 노무비, 경비를 산출하고 여기에 일반관리비와 이윤등 기타 소요되는 비용을 가산하여 총 공사비를 산출하는 과정을 말한다. 그러나 최근 적산이란 용어는 보다 넓은 의미로 건설공사의 기본계획 및 설계단계에서 사업계획의 수립 및 예산확보는 물론 각종 설계에 대한 경제성 평가, 입찰, 계약 및 시공 등의 수행과정에서 설계변경 및 기성고 산정 등 건설 사업 시행과정에서의 전반적인 Cost관리의 의미로도 해석되고 있다.

한편, 적산과 견적이 같은 의미로 서로 혼용해서 사용되고 있으나 이를 구분하자면 **견적**은 위에서 언급한 좁은 의미의 적산과정 중에서 공사량에 단가를 곱하여 공사비를 제시하는 구체적인 가격산출 행위에 중점을 둔 것이라 할 수 있다. 그러나 실무에서는 발주자의 입장에서 산출하는 공사비인 예정가격의 산출과정은 적산으로, 입찰에 참가하는 시공자의 입장에서 산출하는 공사비인 입찰가격의 산출과정은 견적으로 통용되고 있으며 이때 견적을 위하여 산출된 가격을 견적가격이라고도 한다. 예정가격이란 용어는 공공공사의 발주 시 입찰 전에 낙찰자의 결정기준으로 삼기 위하여 미리 정하여 주는 가액을 말하여(국가계약법령시행령 제2조)발주자가 발주할 공사에 대하여 지불하고자 내정한 최고한도의 가격을 의미하기도 한다. 예정가격에는 관급재료로 공급될 부분의 가격이 포함되어 있지 아니하며 관급재료가 포함된 가격은 예정금액 이라고 한다.

2.2 견적의 기본원칙

견적자는 일반적으로 발주자의 요구조건(설계도면, 시방서 등), 현장조건, 시공방법 및 장비 운용계획 등 프로젝트 정보를 고려하여 견적을 수행하지만 견적업무를 위한 지침이나 원칙이 필요하다. 아래 설명된 일곱 가지 견적의 기본원칙은 Carr에 의해 제시된 GAEP(Generally Accepted Estimating Principles)로 절대적인 원칙은 아니지만 견적자들이 견적을 수행하는 과정에서 기본적으로 고려하여야 할 내용을 담고 있다. 아래 원칙을 따라 견적을 수행함으로써 좀더 현실에 적합한 정확한 견적이 수행될 수 있다.

(1) 실제상황을 반영할 것

견적자는 자신의 경험과 판단, 과거 수행된 유사공사 실적정보를 분석하여 실제상황(Reality)을 정확히 반영한 견적서를 작성하여야 한다. 정확한 견적을 위해서는 견적자는 시설물을 건설하는 과정을 상상하면서 설계에 부합하는 자재, 공법, 장비 및 작업조를 선정하여야 한다. 그리고 견적자는 과거 실적자료나 공사 수행과정의 분석자료 및 견적자의 판단에 근거하여 공사비 산정을 하게 된다. 견적자는 유사성이 없는 기존공사의 자료나 현실성 없는 자료를 견적의 편의성만 고려하여 적용 하여서는 안 된다.

(2) 단계에 맞는 견적유지

견적은 돈과 시간이 소요되는 작업이므로 의사결정이 가능한 상세수준(Level of Detail)을 결정하고 필요한 수준에 맞춰 견적을 수행하여야 한다. 견적 수행 시 세세한 부분까지 고려하면 정확한 견적을 할 수는 있지만, 경우에 따라서는 의사결정을 위해 필요한 수준을 넘는 상세한 견적을 수행할 필요는 없다.

즉, 설계 초기단계에서는 발주자는 시설물의 건설여부를 결정하기 위한 개산견적 수준의 견적이면 충분하다. 그러나 설계완료 후 수행되는 견적은 주요 자재와 장비의 구매, 조립, 설치를 위한 공사비를 포함한 상세한 수준의 견적을 수행하여 경쟁력을 갖추어야 한다.

(3) 완전성

견적은 시설물을 구성하는 모든 요소의 비용을 모두 고려하여야 한다. 설계가 진행되는 과정에서 수행되는 견적은 현재까지 설계결과뿐만 아니라 앞으로 설계될 부분에 대한 견적도 포함하여야 한다. 예를 들면, 장비를 구입하는 비용뿐 아니라 설치비용과 그와 연관된 배관, 제어 및 지지구조물에 소요되는 비용을 모두 포함하는 완전성(Completeness)이 있도록 하여야 한다. 앞서 설명한 상세 수준유지와 상반된 개념인 것 같지만, 실제로는 상호보완적인 내용이다. 즉, 견적자는 의사결정에 필요한 상세수준을 결정하고 그 상세수준에서 필요한 모든 비용을 포함하는 견적을 수행하여야 한다.

(4) 문서화

견적서류는 사업상 의사결정을 위해 사용되는 영구적인 문서이다. 따라서 견적서류는 견적자 뿐 아니라, 이후 견적서류를 활용하는 사람이 이해하기 쉽고 확인 및 수정이 용이한 형식으로 문서화(Documentation)되어야 한다. 견적 당시에 가정한 조건, 공법, 장비, 인력에 대한 명확한 명시가 필요하다. 또한, 견적서류는 분쟁 해결의 수단으로 활용 가능하므로 계약서, 제안서, 구매사양서 등과 같이 영구문서로 분류하여 관리하여야 한다. 반면에 견적서류는 의사결정을 위해서 긴급히 작성되는 서류이므로, 완벽한 형식을 갖추기보다는 견적과정의 오류검토와 수정흔적 등이 포함 되어 있어도 무방하다.

(5) 직접비용과 간접비용의 구분

직접비용(Direct Costs)은 경제적인 방법으로 추정 가능한 작업에 관련된 자재비, 노무비(현장), 장비비, 경비 등의 비용을 의미한다. 따라서 작업이 수행되지 않으면 직접비용은 발생하지 않는다. 그러나 간접비용(Indirect Costs)은 건설작업과 직접 연관되지 않은 관리비용으로 관리비(Overhead)라고도 한다. 간접비용은 크게 해당 공사 수행을 위해 필요한 현장관리비와 시공사가 회사를 운영하기 위하여 소요 되는 일반관리비로 나누어진다. 일반관리는 본사의 인건비 및 구매, 견적 부서 등 전반적인 운영을 위하여 필요한 비용이다.

(6) 변동비용과 고정비용의 구분

원가는 작업물량의 증감에 따라 금액이 변동되는지 여부에 따라 구분되어질 수 있다. 작업물량의 증감에 따라 비용이 변동하면 변동비용(Variable Costs)이고, 변동이 없으면 고정비용(Fixed Costs)이라 한다. 대부분의 작업은 변동금액과 고정금액이 혼재되어 있다. 고정비용은 한정된 기간동안 작업물량에 관계없이 일정하게 소요되는 비용으로 사무실 유지비, 직원급료(간접노무비), 장비손료 등이 해당되고, 변동비용은 인건비(직접노무비), 자재비, 장비가동 관련 비용 등은 변동비용이다. 예를 들어, 현장에 파이프 제작장을 설치할 경우 제작장 설치비용은 고정비용으로서 파이프 물량과 관계없이 일정한 금액이 소요된다. 그러나 제작장에서 작업하는 인력의 노무비는 파이프 작업물량에 비례하여 늘어나게 되므로 변동비용이다.

(7) 예비비의 고려

견적은 현재 취득 가능한 자료들을 바탕으로 미래에 발생할 상황을 추측하여 원가를 예측하는 것이다. 따라서 견적은 정확성이 기본이지만 불가피하게 불확실성을 동반하고 있다. 이러한 미래 상황의 불확실성을 보완하기 위해 견적 수행 시 예비비(Contingency)를 고려하여야 한다. 견적자는 주어진 자료와 상황을 분석하고 자신의 경험을 이용하여 미래 발생 가능한 불확실한 상황을 예측하여 이를 통제하기 위한 적정한 예비비를 결정함으로써 적절한 대비를 하여야 한다.

2.3 견적물량 및 가격검증

(1) 견적물량 검증

일단, 공사비 산출이 이루어지고 Project 전체의 견적금액이 집계되면 이 가격이 과연 경쟁력이 있는 적정 가격인지를 검증하는 절차가 필요하다. 일단 과거의 유사 Project 물량이나 산출기준 등을 비교. 검토한다.

견적물량 검증회의를 통해 물량을 검증하는 이유는 **수주단계에서 경쟁력을 제고하고, 실행단계에서 수주 이익률을 달성하기 위함**이다. 견적 물량 검증 절차는 다음과 같다.

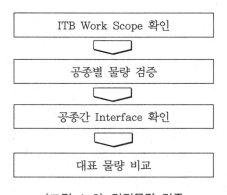

〈그림 4-2〉 견적물량 검증

(2) 견적가격 검증

가격 검증이란, 일단 물량 검증과 별도로 하되, 물량 검증이 확인되었다는 가정 하에서 **적용단가에 대한 정확도, 신뢰도를 재확인하고 이의 적정성 여부를 판단**하는 절차를 말한다.

단가는 통계에 의한 실적단가, 시황반영, Project 난이도, PMC 존재 여부 등을 포함한 Project Risk의 반영 여부를 꼼꼼히 따져 보아야 한다. 일단 이것은 직접 원가의 경쟁력과 신뢰도를 점검하는 절차로 이해하면 된다.

각 분야별 직접원가의 확인 끝나면 이를 총집계한 후 Project에 관련된 또 다른 Factor, 즉 Contingency, 예상 사업주 예산, 시장 현황, 경쟁사 동향, 목표이익 등 여러 가지 변수를 고려하여 경영진에서 판단하여 최종 Proposal 가격을 결정하게 된다.

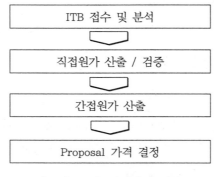

〈그림 4-3〉 견적가격 검증

2.4 견적시 고려사항

(1) 견적 시스템의 필요성

원가를 산정하는 견적 업무에 있어서 단위 항목에 대한 기본 공수는 어느 정도의 틀이 유지된다. 즉, 통계에 의하여 기준공수를 사전에 정해 놓을 수 있다. 따라서 공사 물량이 확정되는 순간 사전에 확정된 단위공수에 의하여 기본적인 산술 집계가 자동적으로 나오게 시스템을 구축하여, 이 수치가 Cost로 확정되기 위한 몇 가지 변수에 대해 정의, 판단하는 것이 중요하다. 공사 견적에 대한 변수들은 다음과 같다.

■ 공사 견적 시 반영 요소
- 각 국가별 작업조 구성(해외 Project)   - 지역에 따른 영향
- 작업 난이도   - 지역별 협력업체 수준
- PMC 참여 유무   - Plant 건설시장 시황
- 건설 기자재 시황   - 건설인력의 숙련도
- 국가별 차이

공사 견적 시 위와 같은 요인들을 분석하고 이러한 Factor를 찾아내어 반영하는 작업을 하여야 하는 것이다. 즉, 기본 공수에 의한 계산을 고정시켜 놓고 여기에 **Factor**를 찾으면 원가 계산이 자동으로 이루어져 몇 차례 물량 수정이 있더라도 쉽게 Cost 작업을 할 수 있게 된다.

이와 같이 견적에는 **초기의 Planning 전략 수립 후 이 공사 Plan에 의거한 Cost 작업이 이루어져야 한다.** 단순계산 및 서류작업은 일종의 기능 작업이므로 가급적 전산 및 표준에 의해 이루어지도록 하고, 관리자는 상기의 Factor를 찾아내고 결정하는데 더 많은 시간을 할애해야 한다.

어떤 Formation, 어떤 방법으로, 어느 수준의 업체를 동원해 가장 싸고 빠르게 수행할 수 있을지, 이 경우 당사의 간접 관리 인력은 얼마나 투입해야 하는지, 가설은 어떻게 준비해야 하는지 등의 사전계획 수립에 더 많은 시간을 할애하여 효과적이며 체계적으로 업무를 수행할 시스템을 갖추어야 한다.

여기에 추가로 그때그때 업체들의 견적을 받아 시황을 참고하거나, 앞에서도 거론 했듯이 요즘처럼 변화무쌍한 시황에서는 처음부터 Partner를 정하여 공동입찰 형식의 부분적 부대입찰 제도를 활용하는 것도 Risk를 줄이는 한 방법이다.

(2) 견적 시 주요 변수의 반영

산술적 계산보다는 상황판단이나 사전계획에 의한 변수를 찾는 데 집중적으로 시간을 투입해야 한다.

또한, 엔지니어링사의 견적은 사전도면 없이 설계 물량을 기준으로 하는 경우는 있으므로 단순 작업물량 이외의 변수에 대한 대비를 소홀히 하기 쉽다.

즉, 물량과 책정단가의 계산만 하는 것이 아니라, 그 공사를 수행하기 위해 필요한 여러 간접요소들을 찾아내 List를 만들고, 이를 적정하게 반영하여 실제 수행 시 공사 수행에 차질이 없도록 하는 등, 세심한 주의가 필요하다.

또한, Unknown Factor에 대한 발생확률도 고려해야 한다. 그러나 각각의 분야에서 경쟁력을 갖추고 실행의 책임을 져야 하는 이중구조를 충분히 이해하고 Unknown Risk에 대한 적절한 대안을 가져야 한다.

즉, 이 Factor에 대하여 예측가능 하도록 끊임없이 자료를 수집. 분석하고 경험 자료를 근거로 견적 시 이를 반영하되 회사의 원가구조에 맞추어 반영하여야 한다. 다시 말해서, Project 전체의 예비비로 Cover할 것인지, 아니면 공사비로 반영할 것인지, 또 얼마를 반영할 것인지에 대한 **Management 차원의 결정이 필요**한 것이다.

3. 입 찰

입찰제도는 고대 로마시대에도 있었던 방식으로 최저가 투찰자에게 공사를 맡기는 제도를 채용했다. 입찰은 경쟁을 통해 사업주에게 가장 유리한 조건으로 도급자를 선택하여 도급계약을 체결하는 방법이다.

도급자를 선정하는 방법은 다양하며, 어떤 방식을 채택하느냐는 사업주의 중요한 책임과 권한이다.

일반적으로 사업주는 입찰 전에 건설업체의 사전심사를 하여 심사에 통과된 업체로 경쟁입찰, 수의계약 등으로 시공자를 선정한다. 사업주로서는 필요한 시설물을 어떻게 하면 가장 값싸고 빨리, 품질을 유지하며 안전하게 완성하는 것이 최대의 관심사이다.

민간공사는 가격뿐 아니라 기술평가 등 여러 가지 요인에 의해 평가되므로 입찰안내서 및 ITB의 준수를 기본으로 한 경쟁력을 갖춘 입찰이 수주의 관건이 된다.

3.1 입찰의 종류

사업주가 시공자를 선정하는 방법은 일반경쟁 입찰, 지명경쟁 입찰, 수의계약 등이 있다.

(1) 일반경쟁 입찰

이 방법은 입찰에 참가할 수 있는 자격을 제한하지 않고 공고로 희망자를 초청하여 공개입찰로 시공자를 선정하는 방법으로 사업주는 최저가격을 제시한 입찰자를 선택하는데 구속되지 않고, 시행자의 예정가격을 하회하고, 최저제한 가격제도로 결정할 수 있다.

최근 추세는 예정가격제도가 없으며 최저 입찰가격으로 선정할 때도 입찰자의 경험, 신용, 경영상태 등으로 적격성을 평가하여 결정한다.

일반경쟁 입찰방식이라 하더라도 무제한 경쟁입찰은 거의 없으며 어떠한 형태로든 자격을 제한하고 있다. 우리나라에서는 도급한도액으로 군을 편성하고 프로젝트의 금액에 따라 군을 지정하는 제도를 일반경쟁 입찰이라 하며, 자격을 제한하는 제한 경쟁입찰 제도이다.

이와 같은 일반경쟁 입찰에서도 자격을 제한하는 것은 응찰자가 도산하거나, 기술력, 실적, 신용도 등 해당공사를 시공하기에는 부적절하다고 판단되는 자가 가격만으로 낙찰될 가능성을 배제할 수 있기 때문이다.

일반적으로 낙찰자가 회사사정, 사회사정의 변경으로 계약체결을 회피하거나, 계약은 체결했지만 계약이행을 하지 않을 때 시행자를 보호하기 위해 입찰보증서, 계약보증서를 제출하게 한다.

입찰보증금은 정액으로 하나 계약보증서는 은행 또는 보증회사에서 발급하고 그 금액은 계약서의 내용에 따르며 대략 계약금액의 10%내지 100%까지 보증하게 된다.

(2) 지명경쟁 입찰

지명경쟁 입찰은 시행자가 경쟁참가자를 지명하고 지명받은 자만이 입찰에 참가하는 제도로 일반경쟁 입찰로 선정한 최저가격은 부실한 공사로 건설업의 성실성과 기술수준을 저하시키는 결과로 되기 때문에 시행자는 선택형 입찰제도를 선호하게 되었다.

지명경쟁 입찰의 장점으로는
① 유사공사의 실적, 경영상태를 검토하여 신뢰할 수 있는 회사만 지명할 수 있다.
② 공사의 규모와 난이도에 따라 같은 업체 간의 과다 경쟁을 피하고 공평한 수주기회를 제공한다.

그러나 지명경쟁 입찰이 갖고 있는 문제점으로는

① 사업주의 자의에 따른 객관성과 투명성이 부족한 지명기준이 문제가 될 수 있다.
② 지명된 회사의 참가 의지가 없거나, 거절시에 오는 불이익을 고려해서 성의 없는 참가가 문제이다.
③ 지명된 회사간의 적절한 경쟁을 피하고 담합할 수 있는 기회를 제공한다.

(3) 수의계약

도급자를 선정하는데 경쟁입찰 방법을 택하지 않고 시행자가 개별로 선정한 특정회사와 시담으로 계약조건을 합의하여 체결하는 계약 방식이다.

개별로 선정하는 회사의 기준은 특수한 공사실적을 보유하거나, 독점적인 특수기술을 보유하거나, 프로젝트와 유사한 공사실적을 보유하거나, 특수장비보유, 기술자보유, 신용과 재정상태 등을 고려해서 선정한다.

수의계약은 편파적인 결정이 있을 수 있기 때문에 공공부문에서는 긴급을 요하는 홍수와 자연재해 등 긴급사태에 대응할 때와 특별한 독점 기술을 보유한 회사와 수의시담으로 계약한다.

또한 동일 구조계의 시설물에서 계속 공사로 기능과 성능보장이 분리될 수 없을때 전차공사를 시공한 회사와 후속공사를 수의계약으로 집행한다.

규모가 크고 복합적인 프로젝트로 완공이 지연될 때 막대한 손해를 보게 되고 발주시점에서 일반경쟁에 부칠 수 없는 개념적인 도면밖에 없을 때 공사의 범위, 기능과 능력, 품질, 공기, 금액을 합의하여 수의계약을 한다.

그러나 민간건설부문에서도 간혹 수의계약이 이용되고 있으며 사업주는 금액뿐 아니라 품질보증, 거래관계, 대금지불조건 등, 그 밖에도 여러 가지 요소를 고려해서 수의로 도급자를 선정한다.

3.2 입찰참가 자격심사와 적격심사

입찰을 실시하기 이전에 입찰자의 자격을 미리 평가하여 입찰에 참여할 자를 결정하는 경우가 있는데, 이를 입찰참가자격 사전심사(Pre-Qualification)라 한다. 업체의 경영상태, 실적, 조직 등을 종합적으로 평가하여 입찰 적격자를 선정하게 되는데, 이는 이행능력이 충분한 업체에 한하여 입찰에 참여하도록 함으로써 과당 경쟁을 방지하고, 부적격 업체의 입찰에 따라 발생할 수 있는 각종 기회비용을 절감한다는데 그 의의가 있다.

입찰참가자격 사전심사는 업체의 전반적 기술력과 신용도, 관리능력을 종합적으로 평가하여 업체의 입찰 허락여부를 판단하게 되는데, 주요 평가요소는 아래와 같다.
- 동종공사 실적(Post Experience), 기술적 능력(Technical Capability)
- 재무상황(Financial Status)
- 주요담당자의 경력(Key-Personnel)
- 회사 및 당해 Project 수행조직(Company Organization & Project Organization)
- 조달능력(Procurement Facility)
- 업무부하(Work Load)

적격심사(Post-Qualification 또는 Bid Evaluation)는 사전심사 없이 업체들이 입찰에 참여하게 한 후 입찰가격과 업체의 신용도 등을 평가하여 적격여부를 심사하는 제도이다. 최저가 입찰자부터 순차적으로 심사를 실시하여 적격자와 계약하게 된다. 가격 이외에 적격심사시 고려되는 평가요소는 아래와 같으며, 입찰자는 필요시 인터뷰나 프리젠테이션을 통해 공사수행 가능성 여부를 발주자에 설명하기도 한다. 입찰참가자격 사전심사가 업체의 전반적인 사업수행능력을 평가하는 것에 비하여, 적격심사는 당해 프로젝트에 한하여 입찰가격을 포함한 업체의 당해 프로젝트 수행 가능성을 평가하는 과정이다.

적격심사시 평가 요소는 아래와 같다.

① 입찰 전반적인 내용 및 입찰안내서에 대한 응답성
  - 입찰의 완전성 및 일괄성
  - 문제점의 파악 및 대책 제시
  - 제시된 조건, 납기 등의 반응

② 입찰업체의 조직, 인원 및 시설
  - 당해 프로젝트 투입 조직
  - 프로젝트 수행 계획(Project Planning)
  - 시설 및 장비
  - 동종 유사공사의 경험, 실적

③ 입찰가격에 대한 객관적 입증

3.3 설계시공 일괄입찰과 대안입찰

설계시공 일괄입찰(Turn-Key Bid)과 대안입찰(Alternative Bid)에 의한 계약자 선정 방식은 사업의 시공자 선정에 쓰이는 입찰에 의한 계약방식 중 특이한 형태이지만 점차 증가하는 추세이다. 건설 프로젝트의 경우, 설계 완료 후 시공자를 결정하는 설계시공 분리 방식(Design Bid-Build)에 의하는 것이 일반적이다. 설계시공일괄입찰은 설계와 시공을 단일한 사업주체가 시행하는 방식으로 **Fast Track**에 의한 사업 시행으로 **공기를 줄이는 데 유리하고, 책임에 대한 소재 파악이 용이하며, 설계자와 시공자 간의 분쟁의 소지가 없으므로 사업의 원활한 수행**에 도움이 된다는 장점이 있다. 반면, 설계자와 시공자 간의 상호견제 기능이 없이 단일한 사업자의 역량에 전적으로 의지하여야 한다는 단점이 있다.

대안입찰은 발주자 측에서 제시한 설계서 중 설계의 기본 내용에 변경 없이 발주자가 제시한 설계에 대체될 수 있는 동등 이상의 기능 및 효과를 가진 **신공법·신기술·공기단축·에너지절감 등이 반영된 대안 설계의 제출이 허용된 입찰**을 말한다.

이는 원안에 비해 비용 및 공기면에서 유리한 공법이나 기술의 설계 반영을 허용함으로써 업체의 기술력 개발을 촉진하고, 발주자는 원안설계에 의한 비용 이하의 공사비로 더 나은 품질을 확보할 수 있다는 장점이있다. 대안입찰의 장점을 살리기 위해서는 대안설계의 우월성에 대한 정확한 평가가 전제되어야 하는데, 현실적으로는 객관적이고 정량적인 평가가 어렵다는 것이 대안 입찰의 단점으로 지적되고 있으나, 최근 발주자가 초기에 CM사를 선정하여 활용하는 경우도 있다.

3.4 입찰공고 및 제출서류

발주자는 여러 매체를 통해 입찰공고한다. 수의계약이나 지명에 의하여 경쟁하는 경우에는 입찰의 공고 없이 해당업체에 시담이나 입찰에 참가하도록 통보한다.

(1) 입찰공고 매체

입찰의 공고(Bid Advertisement)는 신문이나 전문잡지에 게재하거나, 직접 입찰희망자에게 입찰초청장을 보내어 알리게 된다. 근자에는 공공기관 발주에는 전자입찰이 상용화됨에 따라 인터넷에 공고문을 게재하는 것이 일반화되고 있다.

나라장터(www.g2b.go.kr)는 공공사업의 입찰 및 낙찰이 이루어지는 대표적인 사이버 공간으로서 입찰공고로부터 입찰등록, 입찰, 개찰, 계약에 이르는 전 프로세스가 전자적으로 처리되고 있다. 공공 공사의 경우 입찰 공고로부터 계약에 이르는 전체 프로세스는 다음의 〈그림 4-4〉와 같다.

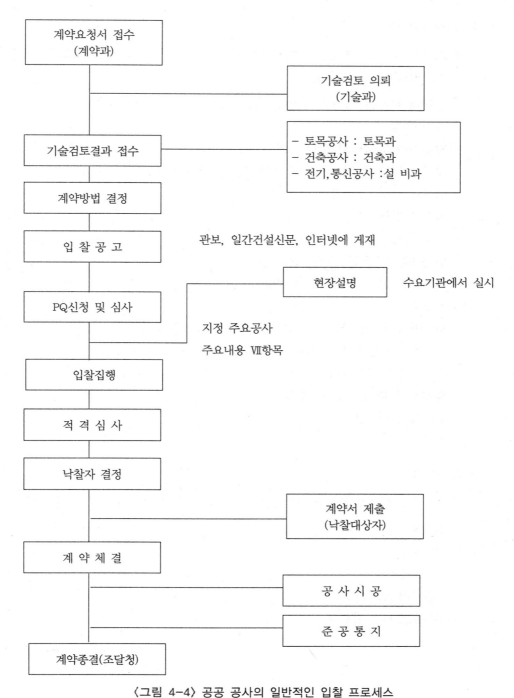

〈그림 4-4〉 공공 공사의 일반적인 입찰 프로세스

(2) 입찰공고 내용

입찰공고에는 입찰에 참가하려는 자가 필요로 하는 모든 정보가 포함되어야 하는데 그 주요 내용은 아래와 같다.

- **입찰에 부치는 사항** : 사업명, 목적, 규모, 사업비, 사업기간
- 발주 주체
- **발주기관의 담당자 정보** : 전화, 이메일 주소
- 입찰마감일, 개찰장소, 일시, 입찰서변경 및 철회에 관한 제한사항
- 입찰의 성격, 대안입찰 허용여부 및 주의사항
- 낙찰자 결정방법
- 입찰 등록
- 입찰보증 및 보증요구액, 보증방법
- 이행보증 및 보증요구액, 보증방법
- 지불조건
- 입찰에 관한 서류의 열람, 교부장소 및 구입비용
- 추가정보를 입수할 수 있는 기관의 주소등
- 공동도급에 관한 사항
- **입찰참가 자격** : 면허, 등록, 인허가 내용
- 입찰시 유의사항
- 계약조건

(3) 입찰서류

관급공사의 입찰에 참여하고자 하는 자가 제출하여야 할 서류는 다음과 같다.

- 입찰서
- 위임장
- 입찰보증서
- 입찰조건준수 확인서
- **공동도급서** : 필요시

3.5 낙찰자 결정

관급공사에서 개찰이라 함은 일반적으로 가격 개찰을 의미한다. 건설사업 관리자는 결정된 계약방식에 따라 입찰 적격자를 결정하고 낙찰자를 결정하게 된다. 입찰공고 등에 정한 낙찰조건에 적합하여 계약을 체결할 자로 결정된 자를 낙찰자라 한다. 경쟁입찰 참가의 자격이 없는 자가 한 입찰 등은 입찰 무효로 처리하는데 입찰의 무효사유는 크게 두 가지로 분류될 수 있다.

(1) 절차상 하자에 의한 것(Non-Responsive)

① 납부일시까지 소정의 입찰보증금을 납부하지 않은 입찰
② 정해진 일시까지 입찰서가 도착하지 않은 경우
③ 입찰관련 서류가 미비한 경우

(2) 내용상 하자에 의한 것(Non-Responsible)

① 법령상 요구되는 면허 등을 필하지 아니한 자의 입찰
② 제한 경쟁입찰의 경우 발주자가 요구한 실적, 기술을 보유하지 않은 자의 입찰

낙찰선언을 받은 낙찰자는 낙찰통지를 받은 후 소정의 기일 이내에 계약을 체결하게 된다. 이 경우 낙찰자가 정당한 이유없이 계약을 체결하지 아니하는 때에는 낙찰취소가 되며 입찰보증금이 몰수 된다. 다만 입찰에 의하여 적정한 낙찰자를 선정하지 못할 경우에는 재입찰에 의하게 된다. 재입찰의 사유는 아래와 같이 요약된다.

- 모든 입찰에 결격사유가 있는 경우
- 모든 입찰이 정해진 예산을 초과하는 경우
- 입찰자 간에 공모, 담합의 의심이 있는 경우
- 공사의 경우 제출한 내역에 현저히 부적절한 단가(Unbalanced Bid)가 있는 경우

민간공사에서의 낙찰자결정은 가격뿐 아니라 기술력 평가 및 여러 가지 요인에 의하여 복합적으로 결정되므로 사업주의 낙찰자 결정의 주요 항목에 대한 접근을 초기에 주안점을 두어 프로포잘 내용에 충분히 반영되어 입찰에 참여함으로써 낙찰이 될 수 있도록 철저한 사전준비가 필요하다.

4. 계약일반

4.1 계약의 성립 및 발효

4.1.1 계약의 정의

계약은 일정한 법률 효과의 발생을 목적으로 하는 의사표시의 합의(Agreement)에 의해 성립하며, 특히 영미법상에서는

① 약인(約因, Consideration, 약속에 대한 대가)이 있을 것

② 원칙적으로 서면에 의할 것

③ 합의의 내용이 구체적일 것

등의 조건이 필요하다.

일반당사자의 청약(Offer)과 상대방의 승낙(Acceptance)에 의해 이루어지는 합의(Agreement)와 그 개념이 다르나 일반적으로는 같은 뜻으로 사용되는 경우가 많다.

4.1.2 계약의 성립

1) 플랜트 계약의 성립과정

(1) 수의 계약(Negotiated Contract)

사업주가 임의로 계약자를 선정하고, 그 계약자와 계약조건의 교섭을 통해서 계약을 체결하는 방식이며, 교섭의 단계에서 쌍방이 기본적 합의에 도달한 주요사항(가격, 납기, 지불조건 등)에 대해서 내약서(Letter of Intent)를 작성하는 경우가 많다. 일반적으로 합의된 계약서에 쌍방이 서명을 함으로써 계약이 성립된다.

(2) 입찰에 의한 계약(Contract by Bid)

플랜트 계약은 입찰을 통해 이루어지는 경우가 많으며 일반적으로 다음과 같은 과정을 거쳐 계약이 성립된다.

① 사전 입찰 자격 심사(Prequalification ; PQ)

② 입찰서류(Bid Document) 교부

③ 입찰전 회의(Pre-Bid Meeting) 및 Clarification

④ 견적서(Propasal)준비 및 응찰(Offer)

⑤ 개찰(Bid Opening) 및 입찰평가(Bid Evaluation)

⑥ 교섭(Negotiation)

⑦ 승낙(Acceptance) 및 발주 결정 통보(Notice of Award)

(3) 입찰방법 분류

① 입찰 금액의 공개 여부에 따른 분류

가. Open Bid

나. Closed Bid

② 입찰평가 절차에 따른 분류

가. One Envelope Bid : Commercial 및 기술 서류를 함께 제출

나. Two Envelope Bid : Commercial 및 기술 서류를 분리하여 동시제출

다. Two Stage Bid : 기술 서류를 먼저, Commercial 서류는 나중에 제출

(4) 입찰보증(Bid Bond)

입찰자가 입찰참가에 대한 성의를 보증하는 것으로, **입찰내용이 기한 내에 사업주로부터 승낙된 경우에는 계약을 체결할 것을 보증**하고, 만일 계약에 응하지 않거나 조건을 변경했을 경우에는 보증금액을 지불할 것을 약속하는 보증기관의 보증 등을 입찰시 요구하는 것이다.

2) 계약설립의 법적이해

일반적으로 입찰을 통해 이루어지는 플랜트 계약에 있어서, 입찰시의 일련의 행위를 계약의 관점에서 보면, 입찰자(Bidder)에 의한 응찰이 계약 **청약(Offer)**의 의사표시이며, 이것에 대해 사업주에 의한 낙찰이 **승낙(Acceptance)**의 의사 표시로서, 이 두 가지 의사표시의 합치에 의해 계약은 성립하게 된다.

L/I는 정식계약 바로 이전의 행위로서 그 종류는 여러 가지 있다.

① 합의 관점측면

가. 쌍방이 기본적인 중요한 합의 사항을 상호확인 하는 것

나. 일방의 당사자만이 중요한 합의 사항을 상대방에게 송부하는 것

② 내용의 상세 관점

가. 기본적인 몇 개의 항목만 기술(금액, 공사기간, 성능 등)

나. 계약서 초안 첨부

③ 계약자 입장에서 발주 내약서 내용 중 다음 2가지 점에 주의를 기울여야 한다.

가. 계약자가 발주 내약서에 의해 프로젝트에 착수한 후라도, 사업주는 이 발주내약서**를 취소할 권리**를 갖고 있으므로, 기 착수한 공사가 중지된 경우에는, 그때까지

소요된 비용의 정산과 손해배상의 방법을 언급해놓을 필요가 있다.

나. 발주내역서는 일종의 가계약 상황이므로 계약자는 가능한 한 조기에 정식 계약을 체결하는 것이 바람직하며, 따라서 **정식계약 예상 체결 일자를 발주 내역서에 기재**하는 것이 바람직하다.

4.1.3 계약의 발효(Effectiveness of Contract)

계약은 **당사간의 법률 행위**의 일종이고 채권계약이므로 법률 행위 및 채권의 성립에 공통되는 내용의 확정성, 내용의 가능성, 내용의 적법성 및 사회적 타당성 등의 일반적인 요건을 갖추어야 계약의 효력이 발생한다.

계약은 계약당사자간의 합의만 있으면 그 목적으로 하는 효력이 발생하지 않더라도 계약은 성립된다고 할 수 있으므로, 계약의 성립과 계약의 발효는 별개의 것으로 볼 수 있으며, 따라서 계약서 작성 시 **계약의 발효 조건을 명백히 규정** 하여야 한다.

4.2 계약 서류의 종류 및 작성

4.2.1 일 반

계약과 계약서는 동일한 것이 아니며 일반적으로 계약서의 작성 없이도 성립하는 계약이 많다. 그러나 플랜트 건설 업무는, 이행 범위가 넓고 복잡한 점, 완료에 긴 시간을 요하는 점, 금액이 거액인 점, 업무이행에 따른 위험이 다양하고 예상하기 어려운 점 등의 특징을 가지고 있어 당사자간의 권리, 의무관계를 계약서에 상세하고 명확하게 정해 두는 것이 사실상 필요하다.

우리나라에서는 옛날부터 거래는 신의성실의 원칙에 따라 행해지는 것으로 계약서가 작성되지 않는 일도 적지는 않았다 최근에도 계약서는 단지 당사자간의 거래관계를 증거로 하기 위한 서류에 불과하다는 사고방식이 강하였다. 사실, 국내 계약서는 계약 당사자간의 거래 정신을 강조한 조항이 많은데다 양자의 책임관계에 관한 중요한 항목에도 "양자 협의 하에 결정한다"라고 되어 있는 경우가 많다.

해외 거래뿐만 아니라, 국내 거래의 라이센스 계약 등의 계약서는 대부분이 영문에 의한 것이고, 계약의 방식 및 계약서의 구성, 형식, 내용에 대해서도 영미법의 영향이 강하다. 계약서는 계약 당사자간이 권리와 의무관계를 다루는 규범으로서 계약에 관한 분쟁이 있는 경우 증거능력 및 결정기준이 된다는 점을 염두에 두고 계약서 작성에 충분히 배려를 다하고 신중을 기하여 교섭에 임하는 일이 중요하다.

4.2.2 플랜트 건설 계약을 위한 서류

1) 계약서

일반적으로 플랜트 건설 계약의 체결은 개개 프로젝트마다 계약조건을 정한 계약서에 의한 방법과, 계약조건서(Condition of Contract)와 같이 계약조건을 표시한 서류와 개별 프로젝트의 고유한 사항에 대해 당사자간이 합의를 기록한 서류가 계약서를 구성하는 방법이 있다.

전자 즉, 계약서에 의한 방법은 계약서의 전문, 제1조에서 최종 조문까지 하나의 계약서로 구성되며, 그 말미에 양당사자의 대표자에 의한 서명을 하는 방법이다.

후자의 경우 계약조건서는 사업주가 제시하는 경우가 많으며 이를 근거로 양당사자가 계약조건을 합의하고, 계약구성서류, 업무범위, 계약금액, 지불조건, 납기 등 해당 프로젝트의 고유사항에 대해 합의한 내용을 기재한 서류에 양당사자의 대표자가 서명한다.

2) 계약서의 부속서류

당사자간의 책임관계에 관한 기본적인 사항은 계약서에 규정이 되지만, 플랜트 건설 계약은 기술적 사항이 많이 관계되어 있으며 업무의 내용도 넓고 복잡하므로, 당사자의 의도를 명확히 하기 위해 계약서 이외에 기술사양서, 도면, 기술자료, 부속자료 등의 형태로 정리되어 계약서의 부속서류로서 일관하며 계약서에 첨부한다.

이러한 부속서류도 계약서의 일부이며 계약서의 본문과 동등한 효력을 가진다. 따라서 계약서의 본문과 부속서류가 합쳐서 당사자간의 계약 내용을 구성하기 때문에 이들 서류를 총칭하여 계약서류(Contact Documents)라고 부른다.

부속서류로서는 일반적으로 계약자가 작성하는 기술사양서, 도면 및 각종 기술자료뿐만 아니라 합의된 각종 회의록, 교환서류등도 포함하는 경우가 많다. 또한 입찰에 의한 계약의 경우, 입찰안내서, 입찰사양서 및 계약조건서등의 입찰서류와 이의 변경 내용까지도 계약서류의 일부로 취급되는 경우도 있다. 이 경우 계약자의 프로포잘과 입찰서류의 우선(優先) 적용 문제를 명확히 해두어야 한다.

계약서에 첨부된 서류와 언급된 서류는 기본적으로 계약서의 일부가 되어 계약서류를 구성한다. 그러나 가능한 한 계약서에 계약 서류의 범위를 규정해 두도록 하는 것이 바람직하며, 또한 계약서류상의 우선순위도 결정해 두는 것이 필요하다.

4.2.3 플랜트 건설 계약에 관련된 부대계약

프로젝트 수행을 위해 하청업자와의 하청공사계약, Vendor와의 구매계약, 각종 보험, 운송, 하역계약, 현장에서의 고용계약 등 각종 계약의 체결이 필요할 뿐만 아니라 플랜트 건설계약의 부대조건으로서 아래 계약 등을 체결하는 경우가 많다.

1) 콘소시움 및 조인트 벤처계약

계약자가 단독으로 계약을 체결하지 않고 여러 회사가 콘소시움이나 조인트벤쳐 형식으로 계약자를 구성했을 때 이러한 계약의 성립이 플랜트 건설 계약의 조건이 되는 경우이다.

2) 기술 라이센스 계약

플랜트 건설 계약은 건설 계약자와 플랜트 라이센스 제공자가 다른 경우가 많으며, 사업주나 건설 계약자와 라이센스 제공자와의 기술라이센스 계약의 성립이 플랜트 건설 계약의 조건이 되는 경우이다.

3) 금융계약

대부분의 플랜트 건설은 그 소요자금을 사업주의 자체 자금보다는 금융기관을 통하여 사업주나 계약자가 조달한다. 따라서 이러한 금융계약은 플랜트 건설 계약의 성립이나 발효의 전제 조건이 되는 경우가 많다.

4) 기타 부대 계약

① 카운터 트레이드(Counter Trade)계약
② 은행 보증계약 : 입찰보증, 이행보증 등

4.2.4 계약의 주요 조건

1) 계약금액

계약금액의 산정은 계약의 형태에 따라 다르므로 이에 따라 산정방법을 명확히 하여야한다.

또한 **사업주의 수정발주(Change Order)사항 및 정산(Reimbursement)사항에 대한 계약금액의 산정 방법에 대해서도 명기**되어야 한다.

특히 해외 Project일 경우 표시 통화가 미화(美貨)가 아닌 사업주의 자국통화로 요구할 경우에는 환리스크가 발생하게 됨으로 이를 방지하기 위하여 선물환 거래를 이용하거나 미화와의 교환율을 사전에 정하는 것도 좋은 방법이다.

2) 지불조건

지불조건으로서는 지불통화, 지불방법, 지불수단, 지불보증 등을 결정하여야 한다.

해외 Project일 경우 지불통화는 교환성이 있는 통화로 정부에서 지정한 통화이면 어떤 통화라도 좋으나, 계약금액 표시통화와 지불통화가 다를 경우 교환율을 결정하는 방법을 규정해 놓을 필요가 있다.

　　지불방법은 현금불(Cash Payment)과 연불(Deferred Payment)로 대별된다. 일반적으로 현금불은 계약시의 선수금(Down Payment) 및 완료시의 유보금(Retension Money)이 병용되며, 자재에 대해서는 선적 시에 공사 및 설계는 기성불(Progress Payment)로 지불된다. 연불은 계약자가 신용을 제공하는 수출자금용(Suppliers Credit)과 사업주가 직접금융기관으로부터 신용을 제공받는 수입자금용(Buyers Credit)이 있다.

　　계약자 입장에서는 수입자금용은 현금불의 형태와 같다.

　　지불수단으로는 전신환(Telegraphic Transfer)송금 방법과 신용장에 의한 방법이 많이 사용되는데, 신용장에 의한 방법은 단순한 지불방법뿐만 아니라, 지급보증의 수단으로서의 역할도 한다. 송금에 의한 지불의 경우는 지불보증으로서 은행보증장(Letter of Bank Guarantee)을 요구하는 것이 좋다.

　　상기 조건이외에도 지불시기를 계약서에 명기하여야 하며, 지불의 지연에 대한 계약자의 권리와 사업주의 책임을 명확히 해 둘 필요가 있다.

3) 납기 또는 공기 보증

① 기기공급계약에 있어서의 납기보증

　　기기공급계약에 있어 납기 보증은 통상 FOB[2]시점으로 한다.

　　이 경우 배선은 수입자의 책임이며, 배선지연으로 인하여 납기를 지키지 못하는 리스크를 방지하기 위하여, 선적 준비한 날로부터 일정기간 내에 배선이 안 될 때는 선적이 완료된 것으로 간주하는 조건을 명기할 필요가 있다.

　　해외플랜트 건설 계약에서 전체 선적을 보증하는 것은 현실적으로 불가능하며, 이의 해결책으로 건설공정상의 주요기기를 선정하여 그 항목만을 보증하는 것이 일반적이다.

　　최종선적시점을 보증하는 경우에는 최종선적의 정의를 송장(Invoice)금액의 95% 정도의 선적이 완료되는 시점을 납기 보증상의 최종선적시점으로 한다.

　　국제 상거래 관례상 인정되는 물품인도방법에 관해서는 무역조건해석통일규칙(International Rules for the Interpretation of Trade Terma ; INCOTERMS)에서 Ex Work, FOT[3], FAS[4], FOB, C&F[5], CIF[6], Freight or Carriage Paid to, Ex Quay

---

2) Free on Board, 본선인도가격 : 물품이 지정 선적항에서 본선의 난간을 통과할 때 매도인의 의무가 완수
3) Free on Truck, 화차인도가격 : 판매자가 화차에 싣기까지의 비용을 부담하는 가격 조건
4) Free alongside Ship, 현측도 : 항구의 배전 옆에서 물품을 건네주는 것
5) Cost and Fright : 통상적으로 무역에 있어서 판매자가 해상의 운임까지 포함해 부담하는 가격 조건
6) Cost Insurance and Fright, 운임보험료 포함가격 : 상품의 수출원가에 도착항까지의 운임과 보험료를 합산한 가격으로 정하는 매매계약 또는 그 가격

등의 14가지 정형조건(定型條件)을 규정하고 있는 각 정형의 정의와 각 정형에서의 책임 소재를 완전히 이해하고 구체적 경우에의 응용함이 중요하다.

② 턴키(Turn Key)계약에 있어서의 공기 보증

턴키계약에 있어서의 공기 보증은, 통상 플랜트 본체의 완성시점인 **기계적 준공일**(Mechanical Completion)을 시점으로 하는 경우와 계속해서 Commissioning, 성능시험이 완료한 시점인 프로젝트의 실질적 **완공일**(Substantial Completion Date)을 시점으로 하는 경우가 있다.

그러나 기계적 준공일이나 실질적 완공일의 정의와, 이에 따른 업무 범위는 플랜트의 성격과 사업주의 요구에 따라 달라질 수 있으므로 이를 계약서에 정확히 명기하여야 한다.

참고로, 미국의 AIA약관에서는 실질적 완공일을 아래와 같이 기술하였다.

When construction is sufficiently completed in accordance with the contract documents, so the owner can occupy or utilize the works or designated portion there of for the use for which it is intended.

영미법을 기초로 한 계약 조건에서 실질적 완공의 법적효과로는 다음과 같은 것이 있다.

- 하자 보증기간의 기산이 개시된다.
- 공사 목적물에 대한 공사 관리 책임(Care and Custody of Works)이 계약자로부터 사업주에게 이전하다.
- 공기 달성 및 자연의 판단 기준이 된다.
- 유보금의 일부가 해제되어 지불된다.

③ 납기 또는 공기의 연장

플랜트 건설계약에서는 일반적으로 계약자의 책임으로 돌릴 수 없는 사유에 의한 납기 지연 또는 공기지연의 경우에는 계약자에게 납기나 공기의 연장 청구권을 주고 있다. 이러한 사유들로서는 사업주의 도면 승인지연, 부지제공지연, 현지 인허가 지연, 변경 발주 등의 사업주 책임사항들과 예상외의 현장조건, 예외적인 악천후 등이 될 수 있다. 천재지변(Act of God)이나 불가항력(Force Majeure)사항은 납기나 공기의 지연뿐만 아니라 계약의무의 이행 책임을 면제 받는 사유가 되며, 계약해지의 사유까지도 될 수 있다. 이러한 사유들로 인한 납기나 공기의 연장은, 계약서상에 사유들을 명기함으로써 이루어지는 것이 아니라 연장에 대한 청구를 계약서에 명시된 바에 따라 이행하였을 때에 이루어지는 것임을 알아야 한다.

4) 성능보증(Performance Guarantee)

계약자가 사업주에 대해서 건설한 플랜트 등의 설비가 일정한 성능을 가질 것을 보증하는 것으로, 플랜트의 생산능력, 제품품질, 원료 및 부원료의 소모량, 유틸리티의 소모량에 관해서 행하는 것이 많다. 그 외에 수율이나 효율, 촉매의 수명 등 플랜트의 종류에 따라 보증항목은 천차만별이다.

보증항목의 달성여부를 실증하기 위해 통상 일정기간의 성능시험(Performance Test) 또는 보증시험(Guarantee Test)를 실시한다.

일반적으로 보증항목의 수치는 **라이센서**가 정하는 경우가 많으며, 성능시험이나 보증시험의 방법도 라이센서에 의해 정해진다.

그러나 이러한 시험의 제조건 즉, 사업주의 공급범위, 시험운전의 시기 및 개시시기, 측정방법 등을 상세하고 명확히 규정해 두는 것이 필요하다.

일반적으로 기기공급 계약자의 경우에도 계약자의 책임은 기기의 공급으로 끝나는 것이 아니라 성능시험이나 보증시험이 완료된 후에야 책임해제가 된다.

5) 하자담보책임(Defect Liability)

계약에 의해서 공급된 기기, 자재 또는 공사 등에 하자가 있는 경우 일정한 조건으로 그것을 보수, 교체, 재시공 등을 행하는 계약자의 책임을 말하며 일반적으로 계약서의 Warranty 또는 Guaranty 조항에 서술된다.

하자 담보기간의 연장은 일률적이지는 않지만, 1년인 경우가 많으며 기계적 준공일을 담보기간의 기산시점으로 하는 계약도 있으나, 실질적 완공일을 기산시점으로 하는 경우가 일반적이다. 하자 담보기간의 연장을 사업주가 요구하는 경우가 많으나, 일반적으로 하자 담보 기간의 종료시점에 플랜트의 정식인수(定式引受, Final Acceptance)가 이루어지는 점을 고려하여, 하자 담보 기간 중에 보수, 교체, 재시공 등이 행해진 품목에 대한 하자담보 기간의 연장은 고려하여야 할 것이다.

통상의 마모 및 손모(Tear and Wear), 통상의 부식(Corrosion) 및 마식(摩食, Erosion) 사양서에 정해준 조건을 넘은 가혹한 조건에서 운전되었기 때문에 발생한 파손 등은, 담보책임의 대상을 벗어나는 것으로 계약서에 명기하는 것이 통례이다.

4.2.4 계약의 일반조건

플랜트 건설 계약에 있어서 일반조건으로서는 다음과 같은 것이 있다.
① 계약자의 업무 내용과 범위(Statement of Work)
② 사업주의 책임(Responsibility of Owner)

③ 업무의 변경(Change in Work)

④ 기술 서류의 승인(Approval of Technical Documents)

⑤ 보험(Insurance)

⑥ 조세공과(Taxes and Duties)

⑦ 손해보상 및 책임(Liquidated Damages and Liability)

⑧ 소유권 및 공사관리 책임(Title and Custody of Work)

⑨ 특허침해(Patent Infringement)

⑩ 비밀보장(Secrecy of Technical Information)

⑪ 계약의 해지 및 중단(Termination and Suspension)

⑫ 불가항력(Force Majeure)

⑬ 법률 및 규칙의 준수(Compliance with Laws and Regulations)

⑭ 준거법(Governing Law)

⑮ 중재(Arbitration)

⑯ 양도와 하청(Assignment and Subcontracting)

⑰ 통지 및 언어(Notice and Language)

⑱ 계약의 발효(Effectiveness of Contract)

5. 계약의 종류

5.1 계약 종류의 선택

프로젝트의 기획단계에서부터 최종 계약자를 선정한 후 사업을 추진하여 마무리 하는 데 까지는 헤아릴 수 없는 많은 변화 요소가 있으며 이에 따라 프로젝트의 시행 방법을 달리 할 수 있다. 이러한 변화 요소들을 고려하여 사업주는 프로젝트의 성공적인 마무리를 위하여 어떤 방법으로 계약자를 선정할 것인가에 대하여 신중히 고려하게 된다.

계약 형태를 결정짓는 요소에는 다음과 같은 사항이 있으며 사업주는 프로젝트의 시행 환경에 따라 최적의 계약형태를 선택하게 된다.

① 프로젝트의 조건이 세부적으로 명확히 규정할 수 있는지 여부
② 사업수행 도중 설계 및 공사 변경 가능성
③ 사업의 개시 및 완공시기의 긴급성
④ 사업주의 재정적 능력
⑤ 계약자의 기술적, 재정적 능력
⑥ 사회적, 경제적 여건
⑦ 공사의 난이도

5.2 계약 종류와 형태

플랜트 건설에 관련된 계약은 형태에 따라서 다음과 같이 크게 분류할 수 있다.

① 사업주의 발주 방식
② 계약자의 수주형태
③ 계약자의 선정방식
④ 업무 범위의 구분 방식
⑤ 대금지불방식

(1) 사업주의 발주 방식에 따른 분류

① 일괄 발주 계약(General Contract)

사업주가 발주한 프로젝트의 전부를 단일 회사가 발주 받는 계약.

종합엔지니어링 회사는 사업주로부터 일괄로 플랜트 건설에 대하여 발주를 받는 경우가

많으며, 기본설계, 상세설계, 기자재조달, 시공관리 및 시운전까지의 모든 업무를 수행하게 되며 보통 "Turn-Key Project"라고 하기도 한다.

일반적으로 플랜트 건설 사업에 널리 채용되는 방식이다.

② **분할 발주 계약**(Split Contract / Separate Contract)

하나의 거대한 프로젝트를 복수의 엔지니어링 회사와 계약하는 방식으로 프로젝트 시공구역별, 시공기간별, 공사종별 및 공정 UNIT별로 분할하여 발주하는 방식이다.

	장 점	단 점
일괄 발주 계약	1) 한 엔지니어링 회사가 프로젝트 전체에 대해 책임을 지므로 책임을 집중화 시킬 수 있다. 2) 프로젝트의 관리를 간소화 할 수 있다. 3) 공장건설과 관련된 기술 자료의 일괄 관리가 가능하여 DOCUMENT의 SET-UP이 용이함. 4) 프로젝트 수행상의 CRITICAL PATH를 자체 점검 관리함으로 공기 준수 및 단축을 위한 방안을 모색하기가 용이함.	1) 한 회사의 조직 동원력, 자금부담 능력에 의지해야 한다. 2) 위험부담이 한 회사에 집중된다. 3) 플랜트가 여러 가지 다른 장치, 유니트로 구성되어 있을 때에는 플랜트 특성에 맞는 전문업체 선정이 용이하지 않다.
분할 발주 계약	1) 사업주의 건설경험 인력이 충분하여 사업관리에 문제가 없을 경우 공정 특성별 전문업체를 선정할 수 있음. 2) 단일회사 발주에 따른 프로젝트 위험부담을 분산화 할 수 있음 3) 단일회사의 조직 동원력, 자금 부담 능력을 분산화 할 수 있다.	1) 책임한계가 불분명하여 사업주의 RISK 증가 2) 프로젝트의 관리가 복잡하여 사업주 인원이 과다하게 소요된다. 3) 프로젝트의 수행상의 CRITICAL PATH 관리가 안 될 경우 공사일정 관리가 어려움. 4) 사업주의 전문인력 필요 및 사업완료 후 잉여인력 발생

(2) 계약당사자의 수주 형태에 따른 분류

① **원청계약**(Prime Contract / Main Contract)

사업주와 원청 계약자인 시공사와의 직접 계약을 말한다.

② **하청계약**(Sub-Contract)

사업주로부터 프로젝트를 수주 받은 원청 계약자인 시공사가 계약업무 범위의 전부 또는 일부분을 제3자에게 위임시키는 경우에 원청 계약자와 하청계약자 사이의 계약을 말한다.

③ 단독 도급 계약(Individual Contract)

한 시공사가 사업주로부터 단독으로 프로젝트를 수주할 경우의 계약을 말한다.

④ 공동 도급 계약(Consortium Contract)

한 프로젝트를 2개사 이상의 시공사가 공동 연대하여 수행하는 계약방식이다. 이 방식은 프로젝트의 규모가 큰 경우에 단독으로 수행하기가 기술 또는 자금력 측면에서 어렵거나, 단독으로 수행 시 위험 부담이 큰 프로젝트 또는 동업 타사의 고유한 기술력을 필요로 하는 프로젝트에 대하여 상호 신뢰할 수 있는 동업자와 공동으로 수주하여 사업을 수행하기 위해 만든 방식이다.

공동도급계약에는 다음과 같은 2가지 방식이 있다.

가. 죠인트 벤쳐(Joint Venture) : 2개사 이상의 시공사가 공동으로 사업주와 계약하며, 프로젝트 전체의 수행에 대하여 연대책임을 진다.

프로젝트 구성원의 인원은 각 회사의 인원을 혼합적으로 구성하여 공동작업을 하게 된다.

프로젝트 수행 시 발생하는 일체의 자금은 공동으로 계산하고, 이익과 손실은 프로젝트 완료 후 양사 합의 사항대로 배분하게 된다.

나. 콘소시엄(Consortium) : 2개사 이상의 시공사가 공동으로 특정 프로젝트를 수주하여 사업주에게 연대책임을 지며 사업을 수행하는 점은 죠인트 벤처와 같으나, 콘소시엄 구성회사는 각각 업무분담 범위내의 사업수행을 각사의 책임으로 실시하며, 이에 대한 이익, 손실 등의 분배는 실시하지 않는다.

공동사업에 참석하는 각 사는 어떠한 기본 방침 하에 프로젝트를 수행할 것인지를 사전에 정하게 되며, 사전에 죠인트 벤쳐 협정서(Joint Venture Agreement) 또는 콘소시엄 협정서(Consortium Agreement)를 체결한 뒤 여기에서 정해진 방침에 따라 프로젝트를 수행한다.

(3) 계약자의 선정 방법에 따른 분류

① 경쟁 입찰 계약(Competitive Bid Contract)

계약자를 선택할 때 공개입찰을 통하여 입찰결과 사업주에게 기술, 금액 등 가장 유리한 조건을 제시한 입찰자와 계약하는 방식이다.

이 계약 방식은 자격이 있는 응찰자는 누구나 입찰에 참가할 수 있기 때문에 자유 경쟁에 의하여 비교적 싼 가격으로 계약할 수 있으며, 일반적으로 공사기간에 있는 프로젝트에 많이 이용되고 있다. 낙찰자를 선정할 시에는 제시금액도 중요하지만, 공정의 우수성,

기술에 대한 신뢰성, 공기, 유사 프로젝트의 경험, 자금력, 인력활용 등을 평가한 후에 가장 적절한 입찰자에게 낙찰이 된다.

플랜트 계약의 경우에는 복수의 대상자 중에서 예비자격심사(Prequalification)를 실시하여 통과한 응찰자에게만 입찰자격을 부여하는 방법이 채택되고 있다. 또한 사업주가 과거의 실적이나 평판 등으로부터 바람직하다고 생각되는 응찰자만 지명하여 입찰을 실시하는 지명입찰(Nominated Bidding)도 있다.

입찰서(Tender Documents)에는 모든 입찰자마다 공통된 양식으로 통일된 조건에 의해 견적할 수 있도록 견적조건을 상세하고 명확히 규정해 놓아야 하며, 또한 계약서 양식을 규정하여 입찰서 평가 시 용이하도록 해야 한다.

입찰자 입장에서는 반드시 입찰 안내서 규정에 일치하게 견적을 제출하는 것이 어렵기 때문에 대안(Alternative Proposal) 혹은 차이(Deviation)를 명시하여 수락하기 어려운 조건을 입찰 후 계속되는 교섭(Negotiation)을 통하여 입찰자의 입장을 주장할 수 있도록 유의할 필요가 있다.

② **수의계약(Negotiated Contract)**

계약자의 선정은 완전히 사업주의 자유의사에 달려있고, 적당한 계약자를 선정하여 계약조건을 협상하여 계약을 체결하는 것을 수의계약이라고 한다.

수의계약은 계약자가 신속히 프로젝트를 시작하겠다는 공동의식을 갖고, 계약자의 능력, 경험, 지식, 기술, 기동력 및 재정상태에 대하여 신뢰를 갖는 것을 조건으로 한다. 수의계약방식은 단기간 내에 계약을 체결하여 공사를 시작할 수 있는 반면, 가격이 높아지는 단점도 있다.

따라서 수의계약의 경우라도 1개 업체만을 상대로 협상하지 않고 여러 업체를 선정하여 각기 협상을 수행하는 방식을 사용할 수 있으며, 이것은 수의계약과 경쟁입찰 계약의 장점을 살린 것으로 실제적으로 지명경쟁 입찰과 큰 차이가 없다. 수의계약의 프로포잘에서는 사업주로부터 상세한 조건이 서류로서 규정되어 있지 않은 경우가 많기 때문에, 가능한 한 견적서에는 견적조건을 상세히 기술해 놓아야 한다.

(4) 업무범위에 따른 분류

① 기기 공급 계약

계약자가 플랜트에 필요한 도면, 설치, 건설, 운전에 필요한 매뉴얼 및 관련 기자재를 매도하는 계약이며, FOB의 경우 본선에 선적 시까지의 비용만을 계약자가 책임지며, 해상운임 이후부터는 사업주가 책임진다.

기기공급에 추가하여 건설 및 운전을 위한 기술지도자(Supervisor)를 파견하게 되면 Supervision 계약이 추가된다.

② 턴키계약(Turn-Key 계약)

계약자가 플랜트의 설계, 기자재 조달, 건설 및 시운전까지의 모든 업무를 단일 책임 하에 일괄로 계약을 체결하는 것이다.

또한 턴키 계약의 업무를 확장한 것으로 프로덕트 인 핸드계약(Product in Hand Contract)이 있다. 이 계약은 시운전 완료 후 사업주의 종업원에 의해 플랜트를 조업할 수 있게 교육훈련 업무가 포함되어 있고, 시운전에 합격 후 소정의 생산물이 제조된 후에 검수 완료 후 인도하는 계약이다.

일반적으로 턴키 계약으로 완전한 기술이전을 기대할 수 있으므로, 개발대상국과의 계약에 많이 이용되고 있는 계약 방식이다.

③ 설계계약

이 계약은 프로젝트의 계획, 기획을 포함한 기본설계, 상세설계 및 구매조달 서비스 업무를 계약자에게 위탁하는 계약 형태를 말한다.

프로젝트의 상기 업무를 일괄계약으로 묶을 수도 있으며, 개별적으로 License 계약, Consulting 계약, Management 계약, Engineering 계약, 구매조달 계약 등으로 독립하여 계약을 체결하기도 한다.

④ 감리계약

사업주는 엔지니어링 회사의 조직, 인원 및 경험 등을 이용하여 기기조달, 협력업체의 자재, 인원, 장비 및 시공업무 등에 대하여 엔지니어링 회사의 감리능력만을 이용한 계약을 말한다. 엔지니어링 회사가 독립된 계약자로서 계약을 체결할 경우 감리 업무를 완성하여 사업주에게 인도할 때까지는 자기책임으로 업무를 수행하게 되고, 대리인으로서 계약 체결 시에는 사업주를 위하여 대리권의 책임 범위 내에서 감리 업무를 실시하게 되며, 이때의 감리업무에 대한 법적 책임은 사업주에게 주어진다.

(5) 대금 결정 방식에 따른 분류

계약 형태 중에서 프로젝트의 대금 결정 방법이 무엇보다 중요하며 이에 따른 계약 형태를 세분하면 다음과 같다.

① 정액도급계약(Lump-Sum Contract)

이 계약은 프로젝트에 포함된 설계, 기자재비, 공사비 및 경비에 대한 모든 비용을 정 액금액으로 정하여 놓고 프로젝트를 완성하는 계약 방법이다.

실제로 사업 수행결과, 계약금액을 초과하여 실제 비용이 발생되어도 계약자가 모든 비용을 부담하여야한다.

계약 시에 사업수행에 따른 제반조건이 명확히 설정되어 있을 때 이 계약방법이 유리하며 계약자는 사전에 정확한 공사비를 알 수 있고 공사의 효율화, 납기의 최단시기 내 이행 등의 이점이 있다.

반면에 계약 체결 시에 설계의 불완전, 업무내용의 불명확, 시방변경 가능성, 추가공사의 예상 등의 요인이 있을 경우에는 이에 대처하기 위하여 별도의 예비비를 책정하여 계약금액에 포함시켜야 한다. 따라서 업무범위 및 조건이 당초 상세히 책정되지 않아서 업무량을 확정해 가면서 사업을 추진하는 프로젝트에는 이 정액 도급계약이 적당치 못하며 이에 대한 처리절차를 계약 시에 확실히 해 놓아야 한다.

정액도급계약에 있어서의 계약자의 관리, 감독권한은 타 계약형태에 비하여 가장 크며, 계약자는 프로젝트 전반에 걸쳐 효율적으로 체계적인 수행체제를 갖출 수 있다. 또한 업무의 신속한 처리 및 효율적인 운영은 계약자에게 큰 이익을 줄 수 있으므로, 적절한 상황에서 체결된 이 계약은 계약당사자에게 상호 유리하므로 보편적으로 가장 널리 사용되고 있다.

정액도급계약에는 다음과 같은 3종류가 있다.

가. 고정정액도급계약(Fixed Lump-Sum Contract)

이 계약은 사업주가 인정하는 업무범위 변경 이외에는 계약에서 규정된 모든 업무를 계약자의 일체 경비 부담으로 수행하여야 하며, 물가상승으로 인한 경비증가 요인도 인정이 되지 않는 일괄도급계약을 말한다.

나. 에스카레이션 인정 정액 도급계약(Lump-Sum Contract with Escalation)

플랜트 건설 계약은 기간이 길며 이 기간동안의 물가상승으로 인한 계약자의 경비부담이 계약범위 이외의 사항으로서 증가하게 된다.

물가 상승으로 인한 경비를 견적가에 포함시키면 견적가가 상승하게 되어 경쟁상 불리하게 된다. 이러한 불합리한 요인을 제거하고, 계약 쌍방 입장에서 보다 합리적인 계약 금액을 산정하기 위해 고안된 것이 이 계약이며, 에스카레이션 적용범위, 기준이 되는 인덱스 및 조항을 발동할 시기 등을 계약서에 언급하게 된다.

다. 단가계약(Unit Price Contract)

단가계약은 공사의 단위마다 소요재료의 수량이나 직종별 공수 등의 가격 산출시 각기 단가를 먼저 정하고, 공사완료 단계에서 집계된 실제공사물량에 계약된 단가를 곱하여 공사대금을 결정하는 계약 방식으로 사전에 공사의 물량이 확정되지 않은 프로젝트에 많이 적용되며 넓은 의미의 정액도급계약이라 한다.

이 계약은 처음부터 공사물량의 증감을 전제로 하고 있기 때문에 사업주의 변경지시 없이도 변경, 추가공사가 가능하다.

단가에는 직접비 이외의 일반관리비, 이익 및 간접비가 포함되며, 직접비 이외의 항목은 고정비 성격을 갖고 있어 공사물량 증감에 따라 예민하게 변하지 않는다. 따라서 실제 공사물량이 예상물량보다 많게 되면 사업주는 필요이상의 고정비를 지불하게 되어 손해를 보게 되며, 반면에 실제 공사 물량이 예상 물량보다 적으면 계약자가 손해를 보게 된다.

일반적으로 플랜트 건설 공사에는 잘 이용하지 않으나, 플랜트 공사 중에도 토목공사, 건축공사 혹은 공사성격이 정형적 일 때에는 단가계약 방식을 이용할 수 있다.

② Cost Plus Type 계약

프로젝트 완성 시까지 계약자가 제공하는 서비스에 한해서는 일정한 경비(Fee)를 지불하고, 기자재비 및 공사비와 같이 계약 이행에 소요된 코스트에 대해서는 실비로 정산하는 계약 방식이다.

따라서 계약에서는 경비와 코스트의 구분을 확실히 해 놓아야 하며, 계약자가 구매하는 기자재의 구입가격, 지불방법, 노임단가, 하청업체 선정방법 및 계약절차 등에 대하여 사업주의 승인을 받아야 한다.

프로젝트 초기에 미확정 요소가 많은 단계에서는 이 계약 형태로 업무를 추진한 후, 프로젝트의 제반조건이 명확해진 시점에서는 정액 도급계약으로 전환할 수도 있으며, 이 계약형태를 중도 변경계약(Convertible Contract)이라고 한다.

코스트프러스 계약은 실비정산관리 관계상 사업주의 계약자 업무에 대한 관리권한이 다른 계약 형태에 비해 커지며 다음과 같은 경우에 이용된다.

ⓐ 업무의 내용을 프로젝트 초기에 상세하고 명확하게 규정하는 것이 불가능할 때

ⓑ 프로젝트 기간이 한정되어 기본설계, 시방서 및 업무범위 등이 확립되지 않은 상태에서 시작하여야 하는 프로젝트

ⓒ 계약기간 중 업무범위, 시방, 공사 등의 계약조건의 변경이 예상되는 프로젝트

ⓓ 사업주가 프로젝트를 총괄 관리하나 계약자의 서비스를 필요에 따라서 적용하는 프로젝트

ⓔ 계약규모가 대규모이거나 프로젝트 완성 시까지 장기간을 요하여 인플레 등의 위험부담이 과대할 때

ⓕ 사업주가 프로젝트에 광범위한 참여를 희망할 때

ⓖ 정액 도급계약으로 실시하기가 곤란한 기타 프로젝트

이상과 같은 경우에 이용되는 코스트플러스 형태의 계약은 경비(Fee)의 산출방법에 따라 많은 변형이 있으며 대표적인 유형은 다음과 같다.

가. Cost Plus Fixed Fee 계약

이 계약은 계약자의 경비(Fee)는 계약시에 고정되고, 프로젝트 코스트의 증감은 경비에 영향을 주지 않는다. 이 방식의 계약은 실비정산계약 형태 중에서 이용 빈도가 가장 많은 계약방법이다.

이 계약을 이용할 경우 계약자의 경비가 고정되기 때문에 업무의 성격과 범위를 명확히 할 필요가 있다. 일반적으로 계약자의 이익과 일반관리비는 경비로 인정되나 그 이외의 설계, 구매, 공사에 투입된 비용(Cost)은 실비정산 항목으로 인정된다는 조건을 계약서상에 명시하는 것이 일반적이다.

나. Cost Plus Percentage Fee 계약

이 계약은 경비를 실제 투입된 비용에 대한 일정비율로 지불하는 계약이다. 일반적으로 경비는 프로젝트 비용 총액의 10~20%가 된다. 이 계약은 작업 범위가 계약시점에서 명확하지 않거나 긴급을 요하는 프로젝트 등과 같이 고정경비를 산출하지 못하는 경우에 채용된다.

다. Cost Plus Sliding Scale Fee 계약

이 계약은 경비는 계약시에 고정되어 있지만 프로젝트 비용의 실비총액에 반비례하여 경비를 조정시킨다. 즉 프로젝트의 실비가 당초 견적금액보다 낮은 경우에는 경비를 일정율로 증액시켜주고, 반대로 높을 경우에는 경비를 감액시킨다.

이 계약은 계약자의 경비를 일단 고정시키지만 프로젝트 실비에 따라서 경비를 조정토록 함으로서 계약자에게 프로젝트 비용을 인하시키도록 유도시킨다.

즉 Cost plus Fixed Fee 계약과 Cost Plus Percentage 계약이 갖고 있는 결점을 보완하기 위한 것으로 양측의 조정형 계약이라 할 수 있다.

그런데 이 계약에서의 경비의 증감은 무제한이 아니고, 경비 증감액의 상한선과 하한선을 정해 놓는 것이 통례가 되고 있다.

라. Bonus & Penalty 조건부 Cost Plus Fee 계약

코스트 플러스 형태의 계약은 계약 공기가 길어지며 전체 비용이 증대하는 단점이 있으므로 이를 보충하기 위해 보너스와 벌책 조항을 코스트 플러스 형태의 계약에 삽입한 것이다.

이 계약에서는 프로젝트의 비용 및 공기에 대한 책임을 계약자에게 부담시켜 만일 실제 비용이 계약자의 견적 비용보다 적거나 실제공기가 예정 공기보다 빠른 경우에 계약자에게 보너스를 지급하고 반대로 실제 비용이나 공기가 예정보다 초과시는 벌책을 계약자에게 부과하는 계약이다.

마. 최고액 보증부 Cost Plus Fee 계약(Cost Plus Contract with Guaranteed Maximum)

이 계약은 프로젝트 비용의 책임을 계약자에게 부담시킨다는 점에서는 Cost Plus Sliding Scale Fee 계약과 유사하다.

Sliding Scale Fee 계약에서는 경비가 프로젝트 비용의 실비에 따라 증감하지만 이 계약에 있어서는 계약자의 경비는 고정된 채 프로젝트 비용이 합의된 금액을 초과할 경우 그 초과분의 비용은 계약자가 부담하며, 합의된 금액 이하로 비용 집행 시에는 차액이 모두 사업주에게 귀속되거나 경우에 따라서는 사업주와 계약자가 분할하여 갖는 경우도 있다. 따라서 이 계약은 정액도급계약보다도 계약자 입장에서는 더욱 불리하다.

이 계약에서는 적정한 최고 한도액을 설정키 위해서 주어진 설계도 및 사양서를 충분히 상세하게 검토하여 신중히 견적해야 하며 적절한 예비비를 가산해야한다.

바. 이익분배제 Cost-Plus Fixed Fee Contract

이 계약은 Cost-Plus Fixed Fee 계약 방식에 이익분배 규정을 가미한 계약방법이다. 계약자의 노력으로 프로젝트에 소요된 실비를 견적가격 이하로 집행하였을 때, 절감된 금액을 상호 분배하여 계약자에게 가산하여 지불하는 방법이다.

이 방식은 프로젝트의 실제 비용을 최소한으로 집행할 경우 계약자를 격려하기 위해 채용되고 있다.

〈표 4-1〉 정액도급계약과 실비정산계약의 장단점 비교

항 목	장 점	단 점
정액 도급 계약	1. 사업주의 예산책정이 쉽다. 2. 프로젝트 수행책임이 시공사에 집중된다. 3. 경쟁사들의 입찰경쟁에 의해 최선의 견적금액이 제출된다. 4. 계약자가 사업수행의 효율을 높이려고 노력한다. 5. 입찰자의 견적 사정이 용이하다.	1. 입찰에 장기간이 소요된다. 2. 중요한 프로젝트 설계를 짧은 시간에 끝내야 한다. 3. 설계 및 공사변경에 따른 계약금액 변동에 대해 사업주와 계약자의 의견이 대립된다. 4. 여러 가지 위험을 고려해서 예비비를 삽입하기 때문에 계약금액이 높아질 우려가 있다. 5. 낮은 입찰 가격으로 계약되면 시공이 부실해 질 우려가 있다.

실비 정산 계약	1. 계약전 협의 시 필요한 최소한의 프로젝트 내용만 있어도 된다. 2. 단기간 내에 입찰을 시행할 수 있다. 3. 사업주 및 계약자간에 이해 대립이 적다. 4. 사업주가 비용 통제를 할 수 있다. 5. 설계변경, 공사변경이 용이하다. 6. 사업주가 계약자의 Man Hour율 등을 평가, 파악할 수 있다. 7. 사업주가 임의로 공사를 중단시켜도 시공사가 큰 타격을 입지 않는다.	1. 계약자가 프로젝트 비용절감에 대해 많이 노력하지 않는다. 2. 사업주의 입장에서 볼 때 최종 프로젝트 비용에 대한 보증이 없다. 3. 사업주가 계약자의 M/H 및 장부 검열 등의 업무를 행해야 한다. 4. 공기가 길어져도 계약자는 그 비용을 사업주에게 청구 가능하므로 공사를 조기 완성하려는 의욕이 없다. 5. 비용의 청구, 지불 수속이 복잡하다. 6. 사업주에 많은 프로젝트 관리 인원이 필요하고, 사업 완료후 잉여 인력이 발생한다.

chapter
05

프로젝트 수행단계

1. 프로젝트 초기 검토사항

2. 각 공정별 업무절차서

1. 프로젝트 초기 검토사항

1.1 PLANT 및 PROCESS 개요

(1) Project의 이해 및 규모(사업계획서는 사업주에서 준비함)
 - Project 명칭
 - Project의 개요
 - Project의 규모
 - Process의 이해
 - Basic License 및 지적소유권

(2) Project 수행기간

(3) 현장 위치 및 주변상황

(4) 사업주의 수행 계획 및 조직 구도

(5) 공정상 Critical Path 에 걸리는 부분

(6) 특기 사항파악
 - 특수재로 별도 Handling 필요사항
 - 고온·고압 및 특수 위험 사항
 - 고난도 기술의 필요사항 등

1.2 계약관련 사항

(1) 계약의 형태 및 전체 규모

(2) 계약조건

(3) 공사 범위 (국내 및 현지)

(4) 계약상 Project Schedule 및 주요 Milestone

(5) 지불 조건 및 방침

(6) 지체상금, Penalty 및 Guaranty 사항

(7) 기타 계약관련 특기사항

1.3 프로젝트 추진 시 주요 점검 항목

(1) 사업주나 정부의 인허가 항목 및 업무절차, 주관 Scope

(2) Coordination Procedure

(3) 조달 계획(프로젝트관련 제반 사항)

   – Tax,   – 운송,   – Labor,   – 주요 건설기자재,   – 장비, 설비 등

(4) 공사상 검토항목

   – 현지 Infra Structure(추가 Site Survey 필요성)
   – 현지문화 및 주민특성
   – 계약상 지정시공업체 유무 또는 현지 업체 활용의무 등
   – 계약적 책임시공의 범위
   – Code 및 적용 Standard

(5) 대관청 인허가 사항

(6) 환경관리와 관련된 환경영향 요소의 확인 검토

(7) Change Order 및 Hand-Over Procedure

1.4 보증 사항

(1) 공사 기간

(2) Union(Workman-Shop)

(3) PAT(Performance Acceptance Test)

(4) 보험

1.5 기타 사항

(1) 양사 협력방안 상세협의 계획(공동 T/F 필요성 등)

(2) 출장 필요성 및 필요시 일정 계획

(3) 공사예상지역 현지에서 기 수행된 내역과 정부와 계약관련 사항 공유

(4) 금융권과의 협의 사항 등

2. 각 공정별 업무절차서

2.1 사업총괄 절차서(Only Reference)

상세 내용	업무 절차	담당	비고
견적실행/최종 NEGO. 자료 및 품의서	계약체결 품의	영업	
계약서	계약 체결	영업	
계약서 자료	PM 선정	본부장	
계약서/품의서	수주 통보	영업	
기초설계,계약관련자료	PJT 조직구성	PM	
계약서류	EM/공종담당자 선정	EM/PM	
계약서,특기사항,기타	계약서,인수인계,공종협의	영업/PM/공종	
계약서류,특기시방	내부 KOM 실시	PM/EM	
계약서류	계약서류 검토	영업/PM	
계약서,특기사항,기타	견적팀 실행 작성	견적팀	
견적실행가/계약서	상세실행 작성	PM	
계약서,특기사항,기타	PJT 실행방침 확정/품의	PM	
상세실행품의서	발주,구매 실행금액 통보	PM	
계약관련서류	COORD. 절차서 작성	PM	
계약관련서류	MASTER SCH.작성	PM/CM	
하도 발주계획서	하도발주 계획서 작성	PM	
계약서,특기사항,기타	PJT CLARIF.MTG	PM/EM	

상세 내용	업무 절차	담당	비고
계약서,특기사항,기타	사업수행 계획서 작성	PM	
계약서,특기사항,기타	사업주 KOM MTG	PM/CM/EM	
계약관련서류	PROJECT 수행	PM/CM	
설계,사양변경에 따른 변경사항	설계 ENG' 관리 사급자재 구매 관리 공사 일정 관리		
설계변경내역서	설계변경 내역 검토	PM/EM	
설계변경내역서	변경내용 발주처 협의 반영	PM/EM/CM	
준공서류	준공 완료	PM/CM	
PJT 관련자료	JOB CLOSE OUT	PM/CM	

2.2 구매 절차서(Only Reference)

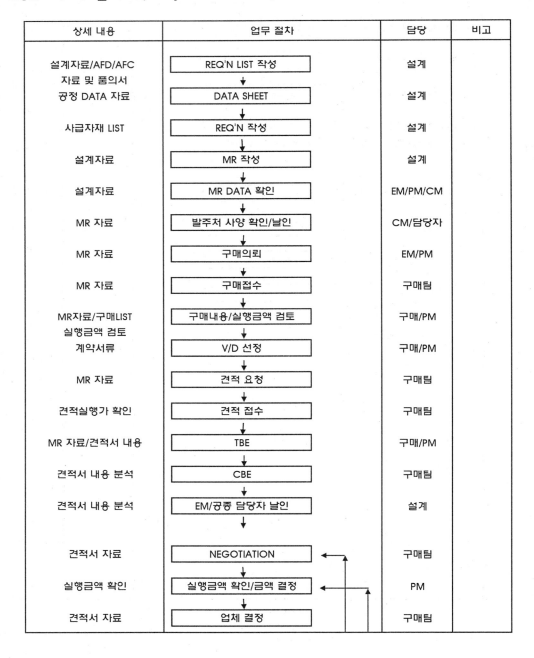

상세 내용	업무 절차	담당	비고
설계자료/AFD/AFC 자료 및 품의서	REQ'N LIST 작성	설계	
공정 DATA 자료	DATA SHEET	설계	
사급자재 LIST	REQ'N 작성	설계	
설계자료	MR 작성	설계	
설계자료	MR DATA 확인	EM/PM/CM	
MR 자료	발주처 사양 확인/날인	CM/담당자	
MR 자료	구매의뢰	EM/PM	
MR 자료	구매접수	구매팀	
MR자료/구매LIST 실행금액 검토	구매내용/실행금액 검토	구매/PM	
계약서류	V/D 선정	구매/PM	
MR 자료	견적 요청	구매팀	
견적실행가 확인	견적 접수	구매팀	
MR 자료/견적서 내용	TBE	구매/PM	
견적서 내용 분석	CBE	구매팀	
견적서 내용 분석	EM/공종 담당자 날인	설계	
견적서 자료	NEGOTIATION	구매팀	
실행금액 확인	실행금액 확인/금액 결정	PM	
견적서 자료	업체 결정	구매팀	

상세 내용	업무 절차	담당	비고
계약서,특기사항,기타	발주서 작성/납품일정 확인	구매팀	
계약서,특기사항,기타	PM 합의 → NO	PM	
계약서,특기사항,기타	구매 계약 품의 작성	구매팀	
견적서 품의 자료	실행예산관리표 반영	구매/PM	
MR 자료	V/D PRINT 접수/확인	구매팀/설계	
계약서,특기사항,기타	V/D 자료배포	구매/PM	
계약관련서류	V/D 자료 검토(현장)	PM/CM	
	PM 검토 → NO		
	V/D 발주/제작	V/D 업체	
검수 신청서	INSPECTION 요청	구매팀	
설계변경내역서	납품일정 재확인	구매팀	
납품 입고서	현장입고/검사	CM	
설치/시운전확인서	설치/시운전 확인서	CM/PM	
하자보증서	유지관리	CM	

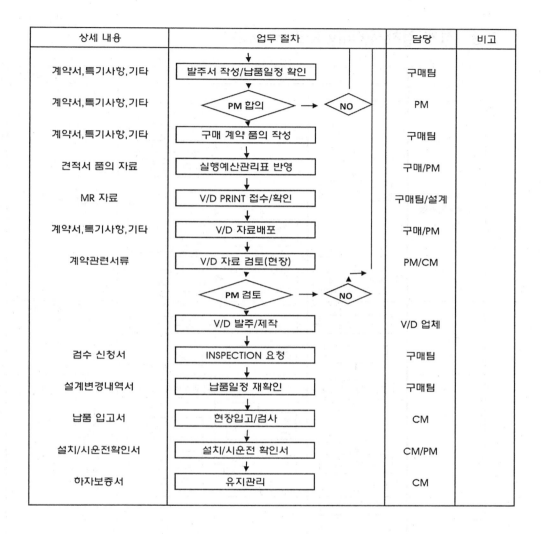

2.3 설계 절차서(Only Reference)

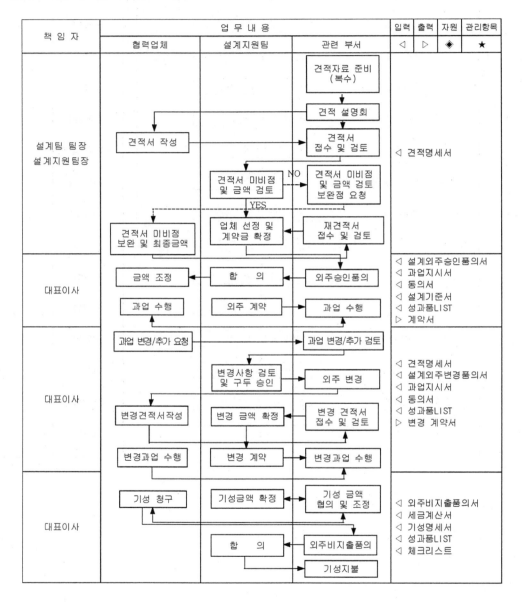

책임자	업무내용			입력	출력	자원	관리항목
	협력업체	설계지원팀	관련 부서	◁	▷	◈	★
설계팀 팀장 설계지원팀장	견적서 작성		견적자료 준비 (복수) 견적 설명회 견적서 접수 및 검토	◁ 견적명세서			
		견적서 미비점 및 금액 검토	견적서 미비점 및 금액 검토 보완점 요청 NO				
	견적서 미비점 보완 및 최종금액	업체 선정 및 계약금 확정 YES	재견적서 접수 및 검토				
대표이사	금액 조정	합 의	외주승인품의	◁ 설계외주승인품의서 ◁ 과업지시서 ◁ 동의서 ◁ 설계기준서 ◁ 성과품LIST ▷ 계약서			
	과업 수행	외주 계약	과업 수행				
대표이사	과업 변경/추가 요청		과업 변경/추가 검토	◁ 견적명세서 ◁ 설계외주변경품의서 ◁ 과업지시서 ◁ 동의서 ◁ 성과품LIST ▷ 변경 계약서			
		변경사항 검토 및 구두 승인	외주 변경				
	변경견적서작성	변경 금액 확정	변경 견적서 접수 및 검토				
	변경과업 수행	변경 계약	변경과업 수행				
대표이사	기성 청구	기성금액 확정	기성 금액 협의 및 조정	◁ 외주비지출품의서 ◁ 세금계산서 ◁ 기성명세서 ◁ 성과품LIST ◁ 체크리스트			
		합 의	외주비지출품의				
			기성지불				

2.4 설계변경/COST 관리 절차서(Only Reference)

상세 내용	업무 절차	담당	비고
설계변경서(회의록,W/O) 정산요청서	설계변경내용	PM/CM	
	정산요청서 BY발주처,하도	PM	
	설계변경(전,후)자료준비	설계	
	물량산출(전,후)	설계	
	COST 검토의뢰	견적팀	
	내용검토	EM/PM	
	견적서/발주처/하도 합의	PM/CM	
	실행예산관리표 반영	PM	
	총괄실행 변경	PM	
	계약서 변경	PM	
	대금지불	PM/CM	
	JCR 반영	PM	
	COB 자료	PM	
	JOB 종료	PM/CM	

2.5 공사관리 절차서(Only Reference)

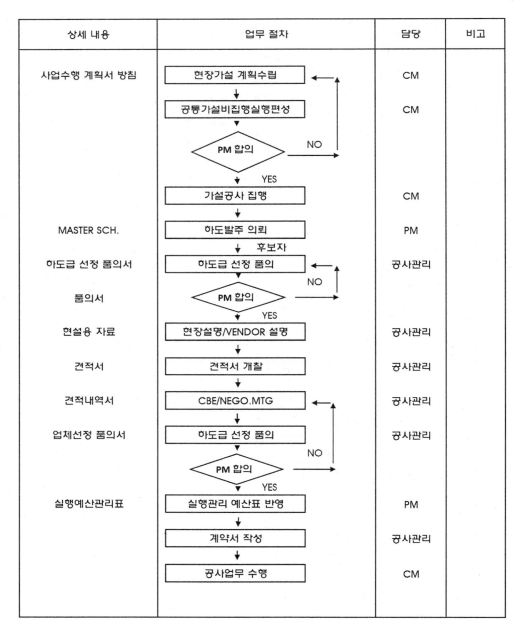

상세 내용	업무 절차	담당	비고
사업수행 계획서 방침	현장가설 계획수립	CM	
	공통가설비집행실행편성	CM	
	PM 합의 (NO / YES)		
	가설공사 집행	CM	
MASTER SCH.	하도발주 의뢰	PM	
하도급 선정 품의서	하도급 선정 품의 (후보자)	공사관리	
품의서	PM 합의 (NO / YES)		
현설용 자료	현장설명/VENDOR 설명	공사관리	
견적서	견적서 개찰	공사관리	
견적내역서	CBE/NEGO.MTG	공사관리	
업체선정 품의서	하도급 선정 품의	공사관리	
	PM 합의 (NO / YES)		
실행예산관리표	실행관리 예산표 반영	PM	
	계약서 작성	공사관리	
	공사업무 수행	CM	

2.6 기성관리 절차서(Only Reference)

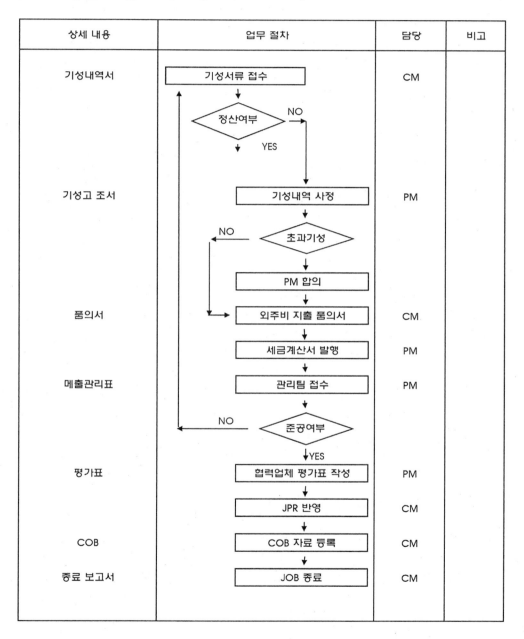

상세 내용	업무 절차	담당	비고
기성내역서	기성서류 접수	CM	
	정산여부		
기성고 조서	기성내역 사정	PM	
	초과기성		
	PM 합의		
품의서	외주비 지출 품의서	CM	
	세금계산서 발행	PM	
메출관리표	관리팀 접수	PM	
	준공여부		
평가표	협력업체 평가표 작성	PM	
	JPR 반영	CM	
COB	COB 자료 등록	CM	
종료 보고서	JOB 종료	CM	

chapter 06

사업관리(CM)의 역할과 책임

1. 사업관리(CM)의 개요

1.1 CM의 필요성

21세기를 앞두고 국내외 건설산업은 하루가 다르게 급변하고 있다. 건축물이 대형화, 고층화, 다양화, 고도화되고 있으며 공법, 재료 등의 측면에서 많은 기술혁신이 이루어지고 있다. 아울러 건설산업의 국제화와 건설시장의 전면개방으로 건설환경이 빠른 속도로 변화되고 있다. 따라서 과거의 경험과 직관에 의존하는 사고방식과 시공개념으로는 좋은 품질의 건축물을 경제적으로 생산하기 어려울 뿐만 아니라 뛰어난 건설경영 능력과 기술력을 갖고 있는 선진국의 건설기업과 경쟁할 수 없는 실정이다. 따라서 이러한 문제들을 해결하고 기술 집약적인 건설산업으로 도약하기 위해서는 합리적이고 체계적인 건설기술을 도입하고 개발할 필요가 있다.

일반적으로 건설 프로젝트의 목표를 달성하기 위하여 적용되는 건설기술에는 고유기술과 관리기술이 있다. 고유기술은 재료, 장비, 공법 등과 같은 자원요소에 대한 개별적인 최적화를 도모함으로써 건설 프로젝트의 효율성(Efficiency)을 증진시키는 기술을 말하고, 관리기술은 계획, 운영, 제어 등과 같은 관리요소에 대한 종합적인 최적화를 추구함으로써 건설 프로젝트의 유효성(Effectiveness)을 향상시키는 기술을 말한다. 그 동안 우리 나라의 건설산업은 국내외에서 다양한 건설 프로젝트의 수행경험을 통하여 고유기술을 꾸준히 축적하여 왔으나 관리기술의 개발과 적용에 대해서는 관심이 매우 부족하였다. Construction(건설)과 Management(경영/관리)의 두 단어로 구성된 CM은 바로 후자에 속하는 기술이라고 할 수 있다. 본 플랜트 엔지니어링 공사 실무에서는 그 개념과 발전배경, 주요내용을 설명하고, 공사수행방식(Project Delivery Method)의 측면에서 CM이 갖는 역할과 책임을 소개하고자 한다.

1.2 CM의 개념

CM은 Construction(건설)과 Management(경영/관리)의 두 단어로 구성된 용어로서 건설사업의 체계적인 관리를 위하여 건설분야에 경영이론과 기법을 접목한 것이다. 본래의 CM은 제2차 세계대전 이후 미국의 경제발전에 따라 건설산업이 급속히 부흥하면서 건설교육의 한 방편으로 출발하게 되었다. 초기의 CM 교육프로그램은 미국의 스탠포드, MIT, 미시간 대학 등을 중심으로 건설공사의 견적, 공정관리, 건설행정, 장비관리

등에 대한 단편적인 강좌들로 구성되었으나, CM 교육에 대한 수요가 증가하면서 CM 관련 교과과정이 체계화되고 연구활동이 활성화되기 시작하였다. 최근에는 CM이 갖는 기능과 역할에 대한 중요성이 건설산업에 널리 파급되면서 북미, 유럽 등 세계 여러 대학에서 다양한 강좌를 개설하여 관리기술에 대한 체계적인 교육과 이론적인 연구를 수행하고 있다. 이와 같이 학문적인 필요성에 의하여 출발한 CM은 1960년대 이후에 건설 프로젝트의 계약방식으로 활용되기 시작하였다. CM 계약은 CM 수행자가 발주자(Owner)를 도와서 프로젝트의 기획, 설계, 시공에 대한 전반적인 관리를 담당하는 공사수행방식을 의미한다. 현재는 CM이 갖는 역할과 책임에 따라 여러 가지 형태의 CM 계약방식으로 변형되어 사용되고 있다.

경영학적인 관점에서의 경영이란 사람(People)을 통하여 어떤 일(Things)을 되도록 한다는 의미를 갖는다. 따라서 CM은 건설자원(Construction Resources)의 효율적인 운용을 통하여 건설사업(Construction Business)을 잘 되도록 하는 절차(Process)라고 정의할 수 있다. 여기에서 건설자원은 사람(Labor)을 비롯하여 자재(Material), 장비(Equipment), 자금(Money), 시간(Time), 공간(Space) 등의 요소를 모두 포함한다.

CM은 건설 프로젝트를 성공적으로 수행하는 데 요구되는 계약관리, 공정관리, 원가관리, 품질/안전관리, 자재/노무/장비관리, 정보관리 등의 제반 관리기술을 포함한다. 이러한 Cm은 관리기능의 위계적 차원(Functional Levels)에 따라 각각의 역할과 책임이 다르다. 일반적으로 건설회사에서의 관리기능은 조직차원(Organization Level), 공사차원(Project Level), 작업차원(Operation Level)의 세 단계로 분류할 수 있다.

1) 조직차원(Organization Level, Corporate Level)

조직차원에서의 주요기능은 건설회사의 목표를 설정하고 그에 따른 중장기적인 경영전략을 수립하는 것이다. 또한, 수립된 경영전략을 성공적으로 이행할 수 있도록 각 부서의 구성과 업무내용을 결정하고, 권한과 책임의 한계를 명확히 하며, 부서간의 의사소통을 원활히 할 수 있는 제도적 장치를 마련하는 것도 주요기능이라고 할 수 있다. 이러한 조직차원에서 담당하는 세부기능에는 공사의 수주, 입찰, 계약, 재정, 인사, 회계 등의 내용이 포함된다.

2) 공사차원(Project Level)

공사차원에서의 주요기능은 조직차원에서 수주한 공사를 효과적으로 수행할 수 있도록 시공계획을 수립하고 공사진행을 관리하고 조정하는 것이다. 이러한 공사차원에서 담당하는 세부기능에는 공사비 상세견적, 공사계획, 자재선정 및 조달, 하도급 선정, 원가관리, 안전관리, 품질관리 등의 내용이 포함된다.

3) 작업차원(Operation Level)

작업차원에서의 주요기능은 공사가 이루어지는 현장의 각 작업에 대한 관리와 운영이라고 할 수 있다. 그 세부내용으로는 공정관리, 노무관리, 자재관리, 장비관리 등이 포함된다.

각 차원에서의 관리기능은 다르지만 주어진 책임과 권한을 준수하고 상호 의사전달을 통하여 공통목표인 건설공사의 성공적 수행을 위한 유기적인 관리체제를 이루게 된다. 아울러 상위차원에서의 관리는 하위차원의 관리를 지도·감독하고 종합하는 기능을 함께 갖는다.

건설산업에서 이러한 다양한 기능을 갖는 CM의 효율성을 높이기 위해서는 각각의 관리요소와 관련된 다양한 건설정보들을 상호 연계함으로써 통합적인 건설경영시스템을 구축하고 전산화를 이루는 것이 바람직하다.

1.3 CM의 주요내용

앞에서 언급한 바와 같이 CM은 건설프로젝트의 수행과정에서 요구되는 관리기술로서의 학문적·기능적 측면의 CM과, 건설 프로젝트의 전달방식(Project Delivery System)과 관련된 계약적 측면의 CM으로 구분할 수 있다. 학문적·기능적 측면의 CM에서 다루는 주요내용들은 다음과 같다.

1) 건설운영(Construction Administration)

① 건설조직(Construction Organization)
② 건설계약(Construction Contracting)
③ 공사수주(Marketing)
④ 의사결정(Decision Making)

2) 비용공학(Cost Engineering)

① 비용견적(Cost Estimating)
② 비용분석 및 통제(Cost Analysis & Control)
③ 비용회계(Cost Accounting)
④ 생애비용분석(Life Cycle Costing)

3) 공정관리(Project Scheduling)

① 공정계획(Planning)

② 일정계획(Scheduling)

③ 진도조정(Control)

4) 인력관리(Personnel Management)

① 성과측정 및 평가(Performance Measurement & Evaluation)

② 생산성향상(Productivity Improvement)

③ 동기부여(Motivation)

④ 지휘통솔(Leadership)

5) 기 타

① 장비관리(Equipment Management)

② 자재관리(Material Management): Procurement/JIT

③ 품질관리(Quality Management/Control)

④ 안전관리(Safety Management/Control)

⑤ 시공최적화(Construct ability/Build ability)

⑥ 유지관리(Facility Management/Maintainability)

⑦ 건설통합시스템(Computer Integrated Construction)

1.4 CM의 적용기법(Applied Methodology)

CM에 포함되는 제반 관리요소의 기능을 효율적으로 수행하기 위해서는 그와 관련된 다양한 기법들을 활용하여 새로운 시스템을 구축하는 것이 바람직하다. CM의 이론적 연구와 실용기술의 개발에 사용되는 대표적인 기법들은 다음과 같다.

① 정보관리체계(Management Information System)

② 경영혁신(Business Process Re-engineering)

③ 공정관리기법(CPM/PERT/LOB)

④ 인공지능/전문가시스템(Artificial Intelligence/Expert System)

⑤ 모의실험/동작연구(Simulation/Motion Study)

⑥ 수학적 관리분석(Operations Research)

⑦ 가치공학(Value Engineering)

⑧ 자동화기법(Automation/Animation/Robotics)

1.5 제도/계약적 측면의 CM

1960년대에 서구에서 이용되기 시작한 CM(Construction Management) 계약방식은 1970년대 초에 이르러 건설공사의 수행체계의 새로운 유형으로 정착되었다. CM 계약방식은 건설 프로젝트가 대형화, 복잡화, 다기능화 되어감에 따라 기존의 전통적 계약방식으로 해결하기 어려운 프로젝트의 관리를 가능하게 함으로써 활용성이 증대되기 시작하였다. CM은 특히, 프로젝트의 생애기간 동안 요구되는 품질, 공정, 비용, 안전등의 목표를 최적화할 수 있을 뿐만 아니라, 물가상승, 새로운 기술의 발달 등 건설여건의 변화에 대응할 수 있는 혁신적인 프로젝트 수행방식으로 인식되고 있다. 이 장에서는 전통적 계약방식, 턴키계약방식 및 CM 계약방식의 간략히 기술하여 그 차이점을 비교할 수 있도록 한다.

1.5.1 전통적 계약방식

1950년대 초까지는 미국에서도 설계와 시공을 분리하여 발주하고 계약하는 전통적 계약방식이 존속하였다. 이 방식은 공사규모가 비교적 소규모이고 계약방법이 단순한 프로젝트에서는 적합하였지만 설계와 시공이 분리발주로 설계단계에서 시공관련 지식이 반영되기 어려운 데다 발주자와 시공자간의 분쟁소지가 존재하고 있다. 이와 같이 기획 및 설계, 시공, 감리 등의 기능이 분리되어 서로 다른 조직에서 순차적으로 분할 발주되는 전통적 계약에 의한 공사수행방식은 〈그림 6-1〉과 같다.

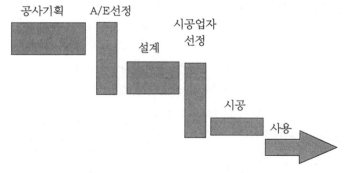

〈그림 6-1〉 전통적 공사수행 방식

1) 전통적 계약방식의 장점

① 역사적으로 널리 통용되어 왔기 때문에 문제 발생에 참고할 수 있는 과거 법적 판례 및 계약 사례들이 많이 존재한다.

② 총액(Lump Sum) 계약방식에서는 계약체결 이전에 예상 공사비의 총액 산출이 가능하다. 그러므로 고정된 예산으로 건설 프로젝트를 수행해야 하는 공공공사 등에 가장 적절한 방식이다.

③ 단가(Unit Price) 계약방식의 경우 공사물량의 변화에 대한 비용을 지불받을 수 있다.

④ 시공단계에서 발주자의 참여도와 리스크가 최소화된다.

⑤ 혁신적 신공법 및 신기술 도입에 의한 공기단축 및 비용절감으로 시공자는 자신의 이익을 최대화 할 수 있다.

⑥ 발주자는 경쟁입찰을 통하여 프로젝트 비용을 절감할 수 있다.

⑦ 시공자는 공사수행시 수반되는 각종 위험 부담을 하청업체에게 이전할 수 있다.

2) 전통적 계약방식의 단점

① 분할 발주로 인해 설계단계에서 가치공학 적용 및 시공성 향상이 불가능하므로 기술혁신의 여지가 줄어든다.

② 설계와 시공에 이르는 전체 프로젝트 기간이 타 계약방식보다 더 소요된다. 즉, 순차적 계약으로 프로젝트가 수행됨에 따라 필연적으로 기간이 길어진다.

③ 발주자, 설계자, 시공자 등 건설참여 주체간의 이해관계 상충으로 인해 적대적인 관계가 존재한다.

④ 공사비의 증가에 불가피한 설계변경 또는 예상치 못한 현장사정으로 인해 대개 고정가격 계약의 개념은 상실되고, 이를 해결하는 과정에서 상당한 중재/소송비용, 공기연장, 상호간의 불만족 등이 야기된다.

⑤ 치열한 수주경쟁으로 비현실적인 입찰가격을 유발하게되어 부실공사의 원인이 된다.

⑥ 일반적으로 예상치 못한 기후변동, 파업 등과 같은 시공자로서는 어쩔 수 없는 외부환경변화에 따른 이익감소의 위험을 시공자가 부담하게 된다.

1.5.2 턴키 계약방식

산업이 고도화되고 경쟁이 심화되면서, 제조업과 서비스업계의 대형 발주자들은 점차 시설물의 조속한 완공을 요구하게 되었다. 따라서 설계와 시공을 일괄 수행하는 턴키방식이 생기고 수의계약이 성행하게 되었다. 특히, 플랜트 시장에서는 설비정산보수가산 형태의 턴키계약이 빛을 발하였다. 대형 턴키 업체들은 보유한 프로세스 지식과 시공기술을 조합하여 활용할 수 있었고, 설계와 시공의 병행(Fast Tracking 혹은 Phased

Construction)을 통해 공기를 단축할 수 있었다. 극심한 경쟁관계에 있던 플랜트 발주자 입장에서는 프로젝트의 공기단축은 사업의 성패에 영향을 주는 중대한 사항이었다. 이와 같은 턴키계약의 공사수행 방식은 〈그림 6-2〉와 같다.

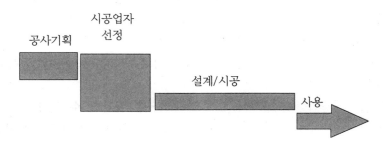

설계/시공적 접근

〈그림 6-2〉 설계/시공 병행 방식

1) 턴키 계약방식의 장점

① 설계와 시공의 일괄계약에서는 턴키 수행자가 보유한 프로세스 지식들을 제공받을 수 있다.

② 발주자에게 요구되는 설계, 시공 등 프로젝트 각 단계의 지휘 조정노력이 최소화된다.

③ Fast Tracking 혹은 Phased Construction을 통해 설계 및 시공기간을 대폭 단축할 수 있다.

④ 설계단계에서 시공경험과 전문지식을 충분히 반영할 수 있다.

⑤ 턴키 수행자는 회사 내에 기술 및 관리능력을 갖춘 전문 프로젝트 관리자들을 육성할 수 있다.

⑥ 턴키 수행자는 원가보상 계약시 최소한의 위험부담을 갖으며, 총액고정 계약시 사업에 대한 기획 및 조정 능력을 발휘할 수 있다.

2) 턴키 계약방식의 단점

① 시공이 어느 정도 단계에 이를 때까지 총투자 비용의 산정이 불가능하다. 따라서 총액고정계약이나 총비용보장방식의 계약 하에서 전체적인 사업의 효율성은 턴키수행자의 이익 보호차원에서 경시될 수 있다.

② 점검과 조정기능이 결여될 수 있다. 발주자는 프로젝트의 비용이나 공기에 지대한 영향을 미치는 설계 및 시공문제의 의사결정 과정에서 소외될 수 있다.

③ 발주자의 참여가 제한됨에 따라 기대에 못미치는 결과물이 도출되는 경우가 있다. 그러나 발주자의 지나친 참여는 공기연장, 높은 관리비용, 턴키수행자의 책임한계를 모호하게 할 염려가 있다.

④ 발주자들은 점차 턴키수행자들에게 사업성패에 따른 위험부담의 확대와 비용에 상응한 서비스를 요구하게 된다.

⑤ 턴키수행자가 새로운 사업영역으로서의 진출을 위해서는 막대한 마케팅 인원을 필요로 한다.

1.5.3 CM 계약방식

CM 계약방식은 1966년 미국의 World Trade Center 프로젝트에 최초로 적용되었으며, 1960년대 후반과 1970년대 초반에는 미국 정부기관에서도 도입되기 시작하였다. CM 계약방식은 건설프로젝트 인도방식(Construction Project Delivery Method)의 하나로서 CM 수행자가 발주자를 대신하여 건설 프로젝트의 생애기간 동안 품질, 원가, 시간 등의 제반 관리요소를 최적화할 수 있도록 관리하여 완성된 최종 생산물을 발주자에게 인도하는 방식이다.

일반적으로 건설산업의 기본적인 참여주체는 발주자, 설계자, 시공자로 구성되는데, CM은 건설프로젝트의 기획, 설계, 시공, 감리 등 모든 과정에서 발주자 측면의 건설관리 활동을 의미하며 이를 대행하는 주체를 CM 수행자라고 한다. 발주자와 CM 수행자간의 계약내용은 건설관리 업무의 전부 또는 일부를 수행하도록 하는 위탁계약으로서 그 중 설계와 시공은 CM 수행자가 직접 담당하지 않는 것이 일반적이다. CM 계약의 유형은 CM 수행자가 프로젝트의 조정, 공정 및 품질관리를 하는 순수형과, CM 수행자가 발주자의 요구에 따라 설계와 시공을 수행하는 전문업자에 관한 관리권한을 갖고 최고가격을 보증(Guaranteed Maximum)하는 형태 등 다양하다.

초창기의 CM 수행자는 시공단계에 발주자의 대리인으로 시공단계의 품질, 공정, 하청업체 관리, 감독업무를 수행하는 역할을 담당하였다. 이 때에는 CM 수행자는 프로젝트의 성패에 따른 책임을 지지 않는 대신 비교적 낮은 보수를 받았다. 이와 같이 CM 수행자가 발주자를 대신하여 프로젝트 관리업무만을 수행하고 그에 대한 대가(fee)를 받는 계약방식을 "순수 CM" 또는 "CM for Fee"라고 한다. 이 경우에 CM 수행자는 시공자와 직접적인 계약관계는 갖지 않는다. 이와는 다르게 CM 수행자가 모든 책임을 지고 시공자들을 직접 고용하여 프로젝트를 수행하여 이윤(profit)을 취하는 방법을 "CM at Risk"라고 하며, 이 경우에 CM은 프로젝트의 계획, 설계, 시공단계를 통합화된 업무로 간주하며, CM 수행자는 도급자(General Contractor)의 역할을 수행하게 된다. 즉, CM

수행자는 단순한 프로젝트 관리업무 이외에 직접 시공에 참여하거나 하청업체들과의 계약을 체결하여 프로젝트를 수행하며 발주자로부터 일정한 대가 이외에 프로젝트와 관련된 여러 업무의 수행비용을 받는다.

　이러한 CM 계약방식은 발주자, 설계자, 시공자 및 CM 수행자 등 프로젝트의 모든 참여주체들을 우호적 관계로 통합하고, 발주자에게 프로젝트 전과정에 참여할 기회를 부여하는 것이다. 즉, 프로젝트의 기획에서 완성까지 참여주체들은 하나의 팀을 형성하여 발주자의 요구에 대해 최상의 서비스를 제공한다는 공통목표 아래 함께 업무를 수행하게 된다. 따라서, 팀 구성주체간의 적대적 관계를 최소화하고 상호교류를 증진시키는 방향으로 계약을 추진하게 된다. 이러한 방식에서는 프로젝트의 비용, 환경영향, 품질 및 일정에 관한 제반 의사결정이 팀 구성원간의 협의에 의해 진행되므로, 발주자의 입장에서 최대가치의 시설물을 가장 경제적인 틀 안에서 실현시킬 수 있다. 이와 같은 CM계약의 공사수행 방식은 〈그림 6-3〉과 같다.

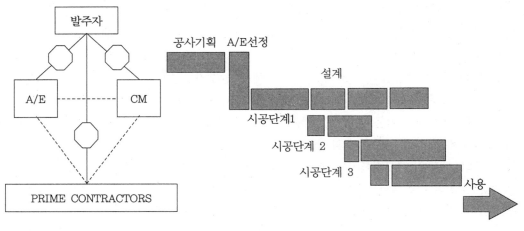

〈그림 6-3〉 CM에 의한 공사수행 방식

1) CM 계약방식의 장점

① 프로젝트의 참여주체간의 지속적인 협의가 가능하고 전반적인 계획 및 관리능력의 향상으로 비용, 품질, 공사기간 등과 같은 프로젝트 목표를 경제적 효율적으로 달성할 수 있다.

② 설계단계에서 시공경험 및 지식의 반영을 통하여 재설계의 위험을 감소시키고 시공의 최적화를 도모할 수 있다.

③ 프로젝트의 비용. 일정, 및 성능 등에 대한 의사결정에 있어서 발주자의 의견을 최대한 반영할 수 있다.

④ 설계시공 병행방식을 사용하여 전체 프로젝트의 기간을 단축할 수 있다.

⑤ 프로젝트의 모든 단계에서 가치공학(Value Engineering)의 적용이 가능하다.

⑥ CM for Fee의 계약에서는 프로젝트의 리스크가 대부분 발주자에게 전가되기 때문에 위험부담이 상대적으로 감소되는 시공자에게 저렴한 입찰가격 제시를 요구할 수 있다.

2) CM 계약방식의 단점

① 발주자는 프로젝트의 전체비용이 설정되기 전에 프로젝트를 착수하게 되므로 이에 따른 리스크에 대한 충분한 보상이 이루어지지 않을 수도 있다.

② 발주자의 지출비용 규모가 한정되어있는 경우에는 전통적인 계약방식 보다 불리하다.

③ 프로젝트의 성공여부가 CM의 관리능력에 크게 좌우되므로 자격미달의 CM회사가 선정될 경우 프로젝트에 부정적인 영향을 가져온다.

④ CM for Fee의 계약에서 CM은 일반적으로 프로젝트의 비용과 품질을 보장하지 않으며, 프로젝트의 수행에 대한 법적인 책임은 대부분 발주자에게 귀속된다.

⑤ CM at Risk의 계약에서 CM 회사의 무리한 이익추구로 인한 사업적 위험(Entrepreneurial Risk)이 따르게 된다.

1.5.4 CM 계약의 제유형

1) 위임형 CM(Agency Construction Management: ACM)

CM 계약은 프로젝트의 전체 과정을 통해서 CM 수행자가 대리인(Agency) 역할을 하는 위임형식(Agency Form)이 가장 두드러지게 나타난다. 이 형식에서 CM 수행자는 설계, 계약, 시공 등과 같은 프로젝트의 직접적인 조달기능에는 고용되지 않는다. ACM은 전문설계자 및 건축주와 함께 공사팀(Project Team)의 일원으로 기능하며, 설계, 시공의 지원용역에 대한 모든 계약은 발주자와 직접 이루어진다. 이와 같은 ACM의 기본 조직 구성은 〈그림 6-4〉와 같다.

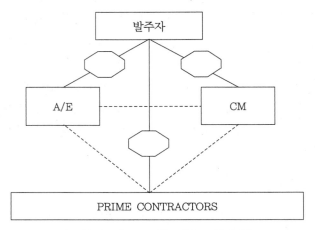

〈그림 6-4〉 ACM의 기본 조직 구성

2) 최대가격 보장형 CM(Guaranteed Maximum Price Construction Management: GMPCM)

GMP 계약은 계약 당시 타당성 있는 프로젝트 비용을 산정해 놓고, 프로젝트 수행능률을 극대화시켜 실제 프로젝트 완료시의 최종 비용이 예상비용을 초과하지 않도록 하는 것이다. 따라서 GMPCM은 CM 수행자와 발주자의 사기를 높이기 위하여 예상비용을 절감하였거나 넘었을 경우 차이난 부분에 대하여 발주자와 CM 수행자가 일정비율로 부담할 것을 조건으로 한다. GMPCM은 설계의 마지막 단계에서 CM 수행자의 발주자에 대한 대리인(Agency) 약정은 총 공사비용의 최대가격을 보장(GMP)하겠다는 내용으로 수정되므로, 넓은 의미에서 시공자형 CM(Constructor CM)으로 간주된다.

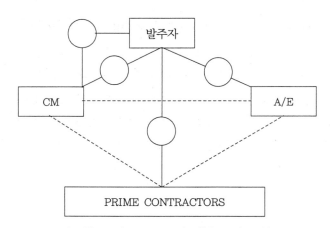

〈그림 6-5〉 GMPCM의 기본 조직 구성

CM 회사는 일단 GMP가 주어지면 CM과 일반도급자의 이중역할(Dual Role)을 담당하게 된다. 이 역할은 GMPCM형식에 여러 가지 선택권(Option)을 낳게 된다. CM은 도급 위험을 감수해야 하는 까닭에, 통상 여러 가지 별개의 선택권을 통해서 위험을 경감시키는 것이 허용된다. CM은 자력에 의해서 시공할 수 있는 공사의 일부 또는 전부에 대하여 발주자와 협상을 하거나 입찰참가자와 경쟁을 할 수도 있으며, 발주자는 공사계약의 일부 또는 전부를 CM이 맡는 것을 허락할 수도 있다. GMPCM은 명확한 도급 규정과 CM의 책임에 대한 상호의 이해가 긴요하다. 이와 같은 GMPCM의 기본 조직 구성은 〈그림 6-5〉와 같다.

3) 확장형 CM(Extended Services Construction Management: XCM)

XCM은 CM이 AE/CM 또는 CM/도급자(Constructor)의 복수역할(Multirole)을 수행하는 것을 허용하는 계약형식이다. 이 계약형식은 CM 수행자에 대한 다양한 역할을 정의하고, 최초에 계약된 용역이 하나 혹은 둘 이상의 추가 용역을 포함하도록 계약범위를 확장하기 때문에 서술적(Descriptive)인 것으로 사용된다. AE와 CM이 결합되는 경우에 있어서 설계계약은 CM용역을 포함하도록 추가된다. CM과 도급자 혹은 시공자가 결합되는 경우의 CM계약은 적절한 시공 및 도급기능을 포함하도록 보완된다. 이와 같은 XCM의 기본 조직 구성은 〈그림 6-6〉과 같다.

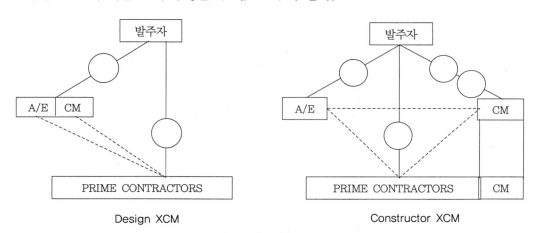

Design XCM　　　　　　　Constructor XCM

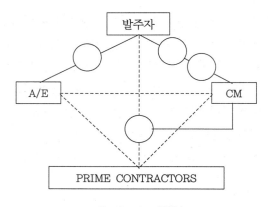

Contractor XCM

〈그림 6-6〉 XCM의 기본 조직 구성

4) 발주자형 CM(Owner Construction Management: OCM)

OCM은 발주자를 기능상 CM의 위치에 두는 계약형식이다. 발주자가 자체의 CM 업무수행 능력이 있는 경우 CM의 책임을 흡수함으로써 프로젝트를 직접 관리하게 된다. 그러나 프로젝트의 여건상 CM 업무가 발주자의 능력을 초과할 경우에는 프로젝트의 원만한 수행을 위하여 적절한 CM관련 직원을 채용하거나 CM 회사로부터 특정의 용역을 차용함으로써 능력을 강화시킬 필요가 있다. 이와 같은 OCM의 기본 조직 구성은 〈그림 6-7〉과 같다.

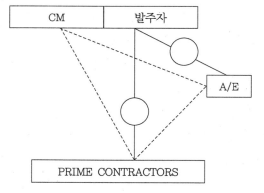

〈그림 6-7〉 OCM의 기본 조직 구성

2. CM의 역할 및 책임

건설공사를 CM 방식으로 수행하려 할 때 가장 먼저 결정해야 할 사항은 무엇보다도 CM의 역할과 업무의 범위라고 할 수 있다. 그런데 이러한 CM방식수행의 중요한 결정요소인 CM의 역할과 업무를 획일적으로 언급하는 것은 매우 위험한 일이다. 왜냐하면 CM의 역할과 업무내용은 발주자와 CM 간의 계약서 상에서 결정되는 것이 일반적이므로 발주자의 요구와 공사의 특성에 따라 얼마든지 달라질 수 있기 때문이다. 많은 문헌들이 CM의 역할에 대해 설명하고 있지만 문헌 마다 약간씩 상이한 내용을 보여주는 것도 이러한 맥락에서 이해할 수 있다. 그러나 CM의 기본적인 업무범위를 알고자 한다면 CM이 수행 가능한 모든 사항들을 언급하는 것보다는 정형화된 내용을 기준으로 살펴보는 것이 보다 효과적일 것으로 사료된다.

따라서 본서는 미국 CM협회(Construction Management Association of America, CMAA)에서 제시한 표준 CM서비스(Standard CM Services and Practice) 중 중요하고 기본적인 사항들을 기준으로 CM의 역할과 업무범위를 살펴보았다.

2.1 건설공사의 단계 및 CM 기능의 분류

CM의 역할과 업무내용을 체계적으로 설명하려면 각 업무가 공사의 어느 단계에서 이루어지는 것이며, 또 CM의 어떤 기능과 관련된 것인가에 준하여 설명하는 것이 효과적이다. 이에 대해 CMAA는 공사의 단계를

- 계획단계(Pre-design Phase)
- 설계단계(Design Phase)
- 구매단계(Procurement Phase)
- 시공단계(Construction Phase)
- 완공 후 단계(Post Construction Phase)

등으로 구분하고 있고, 이와 함께 CM의 가장 기본적인 기능을

- 프로젝트관리(Project Management)
- 원가관리(Cost Management)
- 일정관리(Time Management)

- 품질관리(Quality Management)
- 프로젝트 및 계약 조정업무(Project/Contract Administration)
- 안전관리(Project Safety Programs)

등 6가지 기능으로 분류하고 있다. 3.4.에서 이상의 분류에 준한 각 단계별, 기능별 CM의 업무내용을 설명하기로 한다.

2.2 프로젝트 단계별 역할

CM은 현장건설을 위한 경영적, 관리적인 서비스를 제공하는 것 이외에 발주자의 요구 혹은 필요시에 계획, 설계, 시공관리까지의 컨설팅 서비스를 대행하는 사람을 말한다. 공사단계별로 CM이 검토하여야 할 기본 업무를 살펴보면 다음과 같다.

1) 계획단계에서의 역할
- 완벽한 설계를 위한 설계안의 검토 및 제안서 제출
- 설계안 검토 기준의 작성 지원
- 제출설계안의 객관적인 심의를 위한 지원
- 설계안 채택 및 심의에 대한 지원

2) 설계단계에서의 역할
① 기본설계단계
- 구조 개념 검토 및 설계의 방향성 제시
- 외부마감의 개념 검토 및 조달 경로 조사
- 설비 및 전기 시스템 검토
- 공용부위의 마감 검토 및 설계 기준안의 작성
- 실시설계의 진행계획 수립

② 실시설계단계
- 외부마감, 엘리베이터, 각종 주요 장비 검토 지원
- 공용부위 마감에 대한 검토
- 명확한 업무범위 조정에 대한 검토
- 종합적인 설계 검토 및 설계의 50%, 100% 완료시 마다 보고서 제출

3) 시공단계에서의 역할

- 구매 및 조립 계획의 조사 및 검토
- 외부마감 및 엘리베이터 공정의 검토
- 설비 시스템에 대한 업무회의를 적극적으로 운용
- 현장업무의 조기관리 및 공기에 영향을 주는 기초설계의 집중적이고 지속적인 검토
- 지하층의 완벽한 계획안 검토
- 업무범위의 설정 및 계약 관련 문서 작성
- 계획에 의거한 공정, 비용, 품질을 만족시킬 수 있는 시공방법의 검토 및 승인
- 진행중인 공정상태의 평가 및 조사
- 설계자와 시공자의 업무 조정 협의
- 정해진 공기 내에 가장 경제적인 건물을 완공할 수 있는 공정관리

2.3 프로젝트 기능별 역할

1) 프로그램 관리에서의 역할

① 예비 프로그램 수립

- 현장과 공사환경의 조사로부터 얻은 기준과 결론을 추출
- 제안된 공사계획의 작성
- 전반적인 접근 방법의 설정
- 본사 및 현장관리 업무
- 제안된 작업리스트 작성
- 향후 검토를 위한 추천 도급업자의 리스트
- 예비 설계일정과 자재 및 인원조달 일정
- VE 프로그램 작성
- 예비 공사 일정
- 예비관리 목적과 입찰자 예비심사를 위해 프로젝트의 예비 견적가 제출
- 향후 배치된 배치계획서의 제출과 핵심 직원들의 업무 분할

② 최종 프로그램 수립

- 공사 계약에 따른 설계 일정의 세분
- 각 부분의 상세한 내용을 담고 있는 제안된 계약패키지의 목록
- 공사 전반의 CPM 일정의 완성과 배분

- VE프로그램의 시작
- 프로젝트 관리체계의 확립
- 프로젝트를 위해 주요 의무와 책임을 설정하는 업무절차서의 준비

2) 발주관리에서의 역할

- 공사기간, 완공 우선 순위 등 공정 관련정보를 결정
- 예비 견적, 공사비 기준, 지출금, 관련예산에 대해 자료를 수집
- 발주자의 도면, 시방서, 요구 공사기술을 습득
- 발주자의 요구에 의한 계약 요구사항, 입찰 자격, 보증금 요구사항, 기타 내부절차를 포함하는 진행절차 및 자료를 수집
- 발주자, 설계자, 공사 관리자 각자의 위임 범위와 책임을 명확히 규정

3) 설계관리에서의 역할

- 설계 기준, 개념 설계, 상세 설계를 검토
- 가치공학(VE)프로그램의 수행을 위해서는 관리자, 설계자, 발주자의 협력이 필요하다는 것을 이해시킴
- 설계자의 경험, 공사 현장의 경제적 요인들에 대한 이해력을 측정
- 전체공사 완료조건들을 검토하고 예비공기를 작성
- 설계자가 설계 프로그램을 계획, 실행하고 조종하는데 필요한 새로운 자료를 발주자에게 제공함으로써 설계자가 발주자와의 친밀한 협력관계 유지
- 발주자에 의해 위임된 각자의 권한에 대해 검토

4) 원가관리에서의 역할

- 완벽한 설계가 되기를 기다리지 않는 적극적인 사전 활동, 즉 직접참여
- 설계 진행시 설계 품질 및 비용 관리에 역점
- 시장 여건의 철저한 검토를 통한 설계안의 평가
- 구매과정에 있어서 발주자 측의 재무관리부서와 함께 예산관리를 지속적으로 유지
- 임대비용 관리 프로그램의 운용

5) 현장관리에서의 역할

- 기능공의 생산성과 유용성을 검토
- 현장특성에 유리한 시공방법과 재료를 결정
- 표준내역에 대해 주요가격을 결정

- 날씨에 의한 제약조건을 세우는데 이용할 기후 자료를 수집
- 도급업자의 능력, 도급량, 이익을 심사
- 건축허가 요구사항, 법적 대리인 및 요구사항을 정함

6) 기술교육 및 기타관리에서의 역할

- 스케줄 시스템의 개발 및 기술이전
- 감리 및 시험 계획을 통한 품질의 향상
- 커튼 월 및 마감, 용접, 설비 시스템 등의 기술 교육
- 시공방법에 따른 안전 프로그램의 적용
- CM 업무 도입·정착 훈련
- 외국 현장 연수 등

2.4 프로젝트 단계별·기능별 CM의 기본 업무

1) 계획단계

계획단계는 개념설계 이전에 프로젝트에 대한 계획과 개념을 수립하는 단계로 이 단계에서의 기능별 CM의 업무는 〈표 6-1〉과 같다.

〈표 6-1〉 계획단계에서의 CM의 역할

계획단계(Pre-design Phase)	
프로젝트관리 (Project Management)	1. 프로젝트 조직의 구성 2. 사업관리 계획서(Construction Management Plan)의 작성 3. 프로젝트 수행 절차서(Project Procedure Manual) 4. 계획단계 사전 회의(Pre-design Project Conference) 5. 정보관리체계(Management Information System)
원가관리 (Cost Management)	1. 프로젝트 및 공사비 예산 작성(Project and Construction Budgets) 2. 대안에 대한 비용 분석(Cost Analysis on Alternatives)
일정관리 (Time Management)	1. 마스터 스케줄(Master Schedule) 2. 마일스톤 스케줄(Milestone Schedule)
품질관리 (Quality Management)	1. 품질관리의 목적 및 목표 설정 2. 설계자 업무범위의 검토 3. 품질관리 조직의 구성 4. 품질관리 계획서

프로젝트 및 계약 조정업무 (Project/Contract Administration)	1. 설계자가 발주자 승인을 요하는 문서 제출시 이와 관련된 절 차 규정 & 공사과정 중 주체간의 의사교환 체계 및 절차 수립
안전관리 (Project Safety Programs)	1. 안전관리 주체의 결정 2. 안전관리 조직

2) 설계단계

설계단계에서는 모든 사항에 대해 팀 구성원들간의 지속적인 검토와 협의가 있어야 한다. 특히 CM은 설계과정 중에 정기적으로 시공성 검토를 수행하고 가치분석이나 기타 대안에 대한 분석결과가 설계에 반영되도록 조언을 하여야 한다. 단, 설계와 관련된 모든 의사결정과 실행은 설계자의 책임이며 CM은 〈표 6-2〉와 같은 업무를 통해 프로젝트 팀의 활동을 지원한다.

〈표 6-2〉 설계단계에서의 CM의 역할

설계단계(Design Phase)	
프로젝트관리 (Project Management)	1. 설계도서 검토　　　2. 계약서류의 작성 3. 공공관련 업무　　　4. 금융조달(Project Funding) 5. 회의 주관 6. 원가 및 일정 관리
원가관리 (Cost Management)	1. 견적 및 원가관리 업무 2. 가치분석(Value Analysis Studies)
일정관리 (Time Management)	1. 마스터 스케줄/마일스톤 스케줄 관리 2. 설계일정 검토 3. 공사일정 계획 4. 플로트 관리(Float Management)
품질관리 (Quality Management)	1. 설계 절차의 규정 2. 문서관리 3. 설계도서의 검토 4. QA/QC 계획의 검토 5. 공사견적의 검토 6. 시공성 검토(Constructability Review) 및 가치분석(VE) 7. 품질관리 시방서 8. 사용자 검토

| 프로젝트 및 계약 조정업무 (Project/Contract Administration) | 1. 설계진행의 관리
2. 일정 점검 보고서
3. 프로젝트 원가 보고서 |
| 안전관리 (Project Safety Programs) | 1. 안전담당자(Safety Coordinator)가 설계팀과 협의 통해 도면 검토 후 제시한 의견 반영 및 이에 근거한 안전관리계획서 검토 |

3) 구매단계

구매단계는 구매단계에서의 주요 목표는 각각의 입찰 패키지와 관련해 최적의 능력을 갖춘 입찰자를 선별해 내는 것으로 부문별 CM의 업무는 〈표 6-3〉과 같다.

〈표 6-3〉 구매단계에서의 CM의 역할

구매단계(Procurement Phase)	
프로젝트관리 (Project Management)	1. 입찰 및 계약 절차의 수립 2. 회의 주관 CM은 입찰 전후 입찰자 대상으로 관련 회의 주관
원가관리 (Cost Management)	1. 추가사항에 대한 견적(Estimates for Addenda) 2. 입찰 심사 및 협상
일정관리 (Time Management)	1. 입찰자들에게 그들의 공사의 일정 관리 책임을 주지시킴
품질관리 (Quality Management)	1. 구매계획 수립 2. 발주자의 입찰자들의 사전심사 및 관련절차 수행 지원
프로젝트 및 계약 조정업무 (Project/Contract Administration)	1. 입찰자 리스트 작성(Development of Bidders List) 2. 입찰홍보 및 공고 3. 입찰문서의 배포/질의회신·변경사항의 통지 4. 입찰설명회의　　　　　5. 입찰심사 6. 낙찰 예정자 인터뷰　　　7. 계약 및 착공지시 8. 공정보고서/원가보고서/현금출납보고서 작성
안전관리 (Project Safety Programs)	1. 안전관리계획서의 검토 2. CM의 안전관리계획 3. 착공전 안전회의

4) 시공단계

시공단계에서 CM이 추구하는 목표는 CM의 전문적인 활동을 통해 공사효율을 증대시킴으로써 비용, 품질, 시간에 대한 발주자의 요구를 만족시키는 것이다. 이 단계에서의 기능별 CM의 업무는 〈표 6-4〉와 같다.

〈표 6-4〉시공단계에서의 CM의 역할

시공단계(Construction Phase)		
프로젝트관리 (Project Management)	1. 현장 시설물 확인 3. 회의 주관	2. 공사참여자들의 조정 4. 발주자 지급 자재 및 장비
원가관리 (Cost Management)	1. 기성계획 2. 설계변경 관리 3. 트레이드 오프 분석(Trade-off Studies) 4. 공사비 관련 클레임 대비	
일정관리 (Time Management)	1. 공사진도 점검 3. 만회공정계획	2. 공사기간 연장과 영향분석 4. 클레임 검토
품질관리 (Quality Management)	1. 인스펙션 및 시험 3. 변경사항 5. 공사하자 7. 준공검사 및 펀치리스트	2. 보고서 및 기록보관 4. 문서관리 및 배포 6. 기성금 지급
프로젝트 및 계약 조정업무 (Project/Contract Administration)	1. 문서관리 3. 공사하자 5. 클레임 조치	2. 현장보고서 4. 공사진척보고서 6. 시공도면 검토
안전관리 (Project Safety Programs)	1. 안전점검 3. 안전감사	2. 안전조정회의 4. 월간 안전보고서

5) 완공 후 단계

완공 후 단계에서 CM의 주요 업무는 최종적인 공사물을 발주자에게 인도하는 과정에서 각종 보고서와 문서들을 준비하고 작성하는 일로서 기능별 내용은 〈표 6-5〉와 같다.

〈표 6-5〉완공 후 단계에서의 CM의 역할

완공 후 단계(Post Construction Phase)	
프로젝트관리 (Project Management)	1. 준공금 지급, 유지관리 지침서 작성 2. 시공도면, 하자보수 등과 관련된 문서 준비, 발주자에게 인도
원가관리 (Cost Management)	1. 모든 설계변경사항과 미결사항 포함한 총 공사비 내역을 최 종 보고서로 작성·제출
일정관리 (Time Management)	1. 발주자가 완공된 공사물 가능한 한 빨리 순조롭게 사용할 수 있도록 절차와 주요사항 포함한 사용계획서(Occupancy Plan) 작성

품질관리 (Quality Management)	1. 발주자가 유지관리 지침서(Operation and Maintenance Manuals) 검토·사용하도록 지원 & 최종보고서 작성·제출
프로젝트 및 계약 조정업무 (Project/Contract Administration)	1. 유지관리 지침서 및 운전절차 2. 예비부품 및 품질보증 3. 최종 허가 4. 입주 및 가동 5. 준공금지급 6. 계약종료 7. 시공자 하자보수 관리
안전관리 (Project Safety Programs)	

6) 종 합

이상에 대한 개략적 단계·기능별 CM의 업무를 총괄하면 〈표 6-6〉과 같다.

〈표 6-6〉 공사단계별·기능별 CM의 역할 Matrix

기능 단계	프로젝트 관리	일정관리	원가관리	정보관리
계획단계	• 공사관리계획수립 • 설계선정 및 계약 업무지원	• 프로젝트 Master Schedule 작성 • 설계단계 Milestone Schedule 작성	• 자재·인력관련 시장조사 • 프로젝트예산견적 • 비용분석	• 발주자, CM, 설계 자 시공자 등 참여 주체간 정보관리 체계수립
설계단계	• 공사관리계획의 수정보완 • 공사관련자 회의 주관 • 설계도서의 검토 • 인허가업무지원 • 자금조달업무지원	• Master Schedule 수정보완 • 설계단계 Master Schedule Monitoring • 입찰일정수립	• 비용견적 • Value Analysis	• 일정보고서 작성 배포 및 실행일정 과 비교검토 • 원가보고서 작성 배포 및 실행원가 와의 비교검토 • 설계단계의 설계 변경보고서 작성 배포 및 일정·원 가에 미치는 영향 분석
입찰 및 계약단계	• 입찰 및 입찰자격 심사 관련업무	• Master Schedule 의 수정보완	• 변경사항에 대한 견적 • 입찰가격의 분석	• 일정관리보고서 작성배포 • 자금유출입보고서 작성배포

시공단계	• 공사관련자 회의 주관 • 허가 · 보증 · 보험 확인 • 현장관리팀 운영 • Shop drawing, 시료, 제출물 등의 요청에 대한 검토 • 현장회의주관 • 참여 Consulting 회사와의 업무조정 • 품질검토 • 자재설비의 사용서, 보증서 등의 관리 • 가준공검사 및 준공검사	• Master Schedule의 수정보완 • 시공자 공정계획의 검토 및 평가 • 공정계획상 설계변경 영향분석 • 만회공정계획에 대한 요청	• 공사비 지급계획의 결정 • 설계변경이 원가에 미치는 영향분석 • 기성신청의 검토 및 지급권고	• 일정관리보고서 작성 · 배포 및 실행일정과의 비교검토 • 원가보고서 작성 · 배포 및 실행원가와의 비교검토 • 프로젝트 예산변경에 대한 검토 및 대책제시 • 자금유출입보고서 작성 · 배포 • 기성지급보고서 작성 · 배포 • 설계변경보고서 작성 · 배포
시공후 단계	• 각종 실행문서의 수집 · 관리 • 사용서, 유지관리 지침서, 보증서, 증명 등의 관리 • 사용허가 취득 지원	• 완공시설물 사용계획서의 작성	• 설계변경관련업무	• 최종보고서의 작성 • 사용계획과 관련된 각종 보고서의 작성 · 배포

2.5 CM의 책임

CM의 기본적인 의무와 책임은 공사참여자들에게 전문적이고 중립적인 서비스를 제공하는 것이다. 먼저 CM은 발주자에게 전문가로서 성실하게 조언을 제공하고 발주자의 대행인으로서 책임있는 공사관리를 수행하여야 하며 공사가 진행되는 전기간 동안 현재의 공사진행 상황이 전체 계획에 비추어 어떤 위치에 있는가를 발주자가 이해할 수 있도록 해주어야 한다. 설계자와는 철저히 협조관계를 유지하여야 하고 CM이 가지고 있는 지식을 동원해 설계검토와 가치분석 등을 설계자와 함께 수행함으로써 설계 및 공사의 품질향상, 그리고 원가절감의 기회를 높여야 한다. 시공자에게는 무엇보다도 설계도면과 시방서를 완벽하게 검토하여 시공 상에 문제가 없도록 배려해야 한다. 또한 신속한 의사결정과 필요시 추가적인 정보를 제공해야 하며 시공 도중 문제가 발생했을 때는 공정하게 문제를 해결해 주어야 한다. 예를 들어 설계도서에 오류가 발생했거나 시공자가 계약내용에 포함되지 않은 업무를 수행했을 때, 또는 시공자 측의 클레임이 타당한 경우 정확하고 신속하게 경제적인 보상을 해주어야 한다(Barrie, 1984).

이상의 내용이 CM의 역할과 관련된 개념적인 책임한계라면, 경제적인 보상까지도 감수해야 하는 실질적인 책임이 있을 수 있다. 즉, CM이 계약서 상에 명시된 업무내용을 이행하는 데 실패하였을 경우, 또는 계약서 상의 업무는 제대로 수행했지만 자신의 활동에 대해 전문가로서 부주의하거나 소홀하여 발주자나 공사 자체에 피해를 입혔을 경우가 이에 해당한다. CM의 업무내용은 일반적으로 발주자와의 계약서에서 규정되므로 프로젝트의 특성에 따라 약간씩 차이가 나고 업무와 관련된 의무와 책임한계도 계약내용에 따라 달라지지만, 일반적으로 위와 같은 책임문제가 발생하기 가장 쉬운 부분은 다음과 같다(Muller, 1986).

- **설계검토** : 설계검토업무에 불충실했거나 부주의하여 문제가 발생했다면 CM도 설계자와 함께 대등한 책임을 져야 한다.
- **공사견적** : 특히, CM이 제시한 예상금액보다 총공사비가 월등히 초과하여 발주자가 피해를 입었을 경우
- **공정계획 및 관리** : CM 공사(for Fee)에서 다수의 시공자들의 활동을 공정에 맞추어 조정·관리해야 할 책임은 본래 발주자의 몫이지만 CM이 발주자의 대행인으로 활동하므로 이 업무가 충실치 못했을 경우 책임을 진다.
- **감리(Supervision & Inspection)** : 이 부분은 국내 감리와 비교할 때 주로 공사상황에 대한 점검, 검사, 검측 등의 업무를 포함하는 시공 중심의 업무로 설계자와 역할 및 책임한계를 명확히 해야 할 부분이다. 설계자가 이와 관련된 업무를 점차 회피하는 추세에 있으므로 CM의 책임이 점차 가중되고 있다.
- **안전관리** : 현장 노무자들의 안전사고에 대한 근본책임은 시공자가 져야 하지만 CM이 안전관리계획을 검토할 의무가 있으므로 이 업무가 소홀했을 시에 그에 대한 책임을 져야 한다.

이상의 내용들이 우리에게 시사하는 바는 크게 두 가지로 요약된다.

1) 건설공사에서 CM 방식을 채택할 때는 원가절감, 공기단축, 품질향상 등의 목표가 있기 때문이므로, CM 공사의 주체가 되는 CM 회사는 해당공사의 목표를 효과적으로 수행할 수 있는 능력을 갖추는 것이 무엇보다 중요하다. 따라서 CM 시장에 진입하길 원하는 회사들은 자신들이 갖추어야 할 자질이 무엇인가를 서둘러 연구하고 보완하여야 한다. 또한 CM으로의 사업확대 또는 전환을 계획하고 있지 않은 회사들도 CM에 관련된 이해와 대응력을 길러 새로운 공사수행체계에 준비할 필요가 있다.

2) 공사의 수행체계가 달라지면 그에 따른 공사참여자들의 역할과 의무, 책임 등이 달라진다. 그러므로 국제적인 관례에 부합하면서 국내실정에 맞는 역할, 의무, 책임에 대한 명확한 정의가 확립되어야 한다.

2.6 스케줄 관리 절차서(Schedule Control Procedure)의 작성

프로젝트의 관리는 그 규모, 계약형태, 건설장소(국내, 국외), 사업주의 체제 등 제조건에 따라 그 계획, 수행, 관리의 중점위치, 적용범위, 관리수준, 체제적응 등 시스템 구축 전개가 달라진다.

특히 스케줄 관리체계는 비용관리, 자재관리 등 타 시스템과 관련이 많고 프로젝트 관리의 중요한 사항이므로 프로젝트 초기(계약체결 후 1개월 이내)에 프로젝트의 목적 및 특수조건을 충분히 파악 설정하고 이에 근거하여 스케줄 관리의 계획 및 수행을 위한 기본방침을 설정, 구체적 기준, 운용방법, 순서를 책정하여 문서로 절차서(Schdule Control Procedure)를 만들어 두는 것이 좋다. 또한 이는 사업주와의 통일된 대화수단(Communication Channel)으로서의 역할로 중요하므로 사업주의 승인을 받아 두는 것이 일반적이다.

스케줄 관리절차서에 포함되는 내용은 대체로 다음과 같다.

1) 목적(적용범위)

2) 사용용어(약자포함)의 정의

3) 조직(인원구성, 요원배정)

4) 스케줄 관리계층(Schedule Control Level) 및 스케줄 종류에 대한 정의

5) 관리방침
   ① 관리수준, 관리주기, 관리방법
   ② 실시성과 측정시스템
     – WBS 계층 정의 및 프로젝트 WBC
     – 성과측정 체계
   ③ 감시·조정체계
   ④ 분석 및 예측 체계

6) 코드 체계(Coding and Numbering System)

7) 보고방침

① 보고서 종류, 수준, 시기
② 보고서 양식(기재항목, 내용)
③ 스케줄 관련 회의 종류 및 시기

8) 정보처리 적용방침

① 적용범위
② 사용할 컴퓨터 소프트웨어 및 하드웨어 종류
③ 운용, 관리체계

3. 조직 및 인력관리

3.1 개 요

Project는 그 목표를 달성하기 위해서 다수 조직의 다양한 활동을 필요로 한다.

이에 따라 많은 인적자원이 투입되지만 이 Resource도 단순하게 투입되는 것만으로는 Project의 목적, 목표를 달성할 수 없다.

즉, 사람이라는 자원은 다른 자원과 달리 개인으로서의 힘과, 조직화된 사람으로서의 힘과의 차이가 매우 크며, 여기에 인력 및 조직관리의 중요성과 필연성이 존재한다.

Project의 목적 달성을 위하여 필요한 역할이 명확히 되고, 적재 적소에 배치되어 Project의 의사결정, 지휘·명령, 보고계통이 명확히 되어진다면 개인의 힘이 조직의 능력으로 나타나 큰 효과를 가져 올 것이다.

이와 같이 인력·조직관리는 Project에서 가장 중요한 자원인 인적자원이 최대로 활용되는 체제구축과 그 계속적 유지를 목적으로 한 것이며, Project 관리에 있어서 가장 기본적이고 중요한 역할을 수행하는 것이다.

따라서 본장에서는 위와 같이 Project의 목표를 수행하기 위한 기본적인 조건인 조직과 인력에 대하여 Contractor의 입장에서 그것을 둘러싼 외부의 조직체 및 내부의 Project조직의 기능, 구조, 그 편성 방법과 운영, 조직을 구성하는 인력의 역할에 대하여 기술하였다.

3.2 프로젝트 매니저의 관리 역할

프로젝트 매니저는 프로젝트의 성공적 완수에 대한 책임을 지며, 그 책임 완수를 위한 권한을 갖고, 프로젝트 관리에 대한 평가를 받는다.

프로젝트 매니저는 프로젝트팀의 책임자로서, 프로젝트를 계획, 조직, 인선, 지시, 조정, 통제하고, 프로젝트팀이 유기적으로 활동하도록 통합한다. 프로젝트 매니저는 고객과의 관계에서 회사를 대표하며, 쌍방의 최대 이익을 도모한다.

주요 임무는, 개별 프로젝트를 당사와 고객을 동시에 만족시키는 예산, 공기, 품질 수준 내 완수하는 것이다.

3.3 프로젝트 매니저의 주요임무

프로젝트 매니저의 주요임무는 다음과 같다.

① 프로젝트 관리직들이 프로젝트의 담당 위치에서 임무를 잘 수행하고 있는지 확인, 감독한다.

② 각 부문 팀장과 프로젝트 구성요원들이 주요 문제에 대해서 프로젝트 매니저에게 통보하도록 확인하다.

③ 프로젝트 문제의 차질을 해결한다.

④ 프로젝트팀이 당사의 방침과 본부방침, 지침 및 안내서에 따라 수행하고 있는지 확인한다.

⑤ 각 설계부서의 업무범위와 목적을 정하고, 실행방침을 설정하며, 스케줄, 예산, 인력배치 및 프로젝트 절차서 등을 작성한다.

⑥ 고객의 대표자 및 당사 경영진에 대한 적절한 통신체계를 유지한다.

⑦ 프로젝트팀을 조직하고 관리한다.

⑧ 프로젝트 현황과 진도보고서 시스템을 확정한다.

⑨ 프로젝트 계약서의 조항과 조건에 일치하도록 관리한다.

⑩ 고객, 당사, 정부기관, 기타단체의 요구사항과 일치 여부를 확인하다.

⑪ 프로젝트의 업무범위, 예산, 스케줄, 품질을 관리한다.

⑫ 프로젝트 요원에게 그들 스스로 프로젝트 목표를 달성하도록 동기부여를 한다.

⑬ 프로젝트가 고객과 당사 모두 만족하게 끝나도록 한다.

⑭ 프로젝트를 통해 팀 요원을 교육 훈련시킨다.

3.4 프로젝트 관리기능과 HUMAN SKILL과의 관계

프로젝트 매니저는 프로젝트를 계획, 조직, 인선, 지시, 조정, 통제하고 평가한다.

이런 활동이 관리의 기능이다. 프로젝트 매니저가 관리기능을 효율적으로 달성하기 위해서는, 동기부여, 위임, 의사전달, 보고, 문제분석 및 의사결정 등의 Human Skill이 요구된다.

3.5 타조직과의 관계

1) 조직의 갈등

당사에 근무하는 모든 종업원은 그의 업무를 통해 회사에 기여하기를 바란다. 물론 프로젝트 매니저와 직능 부서장도 예외는 아니다. 그러나 그들의 기본적인 이익 충돌로 인해 조직 갈등이 심화되어, 회사 전체 이익에 손해를 가져오는 경우가 종종 있다.

프로젝트 매니저는 그의 프로젝트 수행의 최적화를 원하는 반면에, 직능 부서장은 그의 책임 하에 수행되는 당사의 모든 업무에 대해 효율을 최대화하려고 한다.

또 다른 차이점은, 프로젝트 매니저는 그의 직접적인 명령에 의해 보다 쉽고도 효율적인 통제를 위해 필요한 요원들을 타스크 포스로 프로젝트팀 내에 두기를 원한다.

이에 반해 직능 부서장은 그들이 그 프로젝트에 임명된다면, 필요시 그들 부하에게 더 이상 다른 과업을 맡길 수 없기 때문에 그의 부하를 파견하기를 망설이게 된다. 이러한 이해의 상충은 조직의 갈등으로 나타난다.

목표를 성공적으로 달성하기 위해서, 프로젝트 매니저와 직능 부서장의 합의에 의해, 통제의 범위와 정도를 결정하여 원활한 프로젝트 수행을 하여야 한다.

2) 통합자

프로젝트 매니저는 다방면의 관리자이다. 그는 특별한 프로젝트의 계획, 조직, 인선, 지시, 조정, 통제, 평가 등의 전통적인 기능을 수행한다.

부가적으로 프로젝트 매니저는 그 프로젝트팀의 목표 달성을 위한 핵심인물로서 통합자이다. 그는 프로젝트팀에서 통일된 노력을 성취시킴으로서 프로젝트 목표달성에 모든 노력을 집중하여야 한다.

그 자신의 성과는 회사안의 그의 상사, 동료, 부하 및 각 조직의 다양한 계층으로부터 지원을 유도하는 능력에 좌우된다.

이러한 조직 내 다른 사람의 활용 능력은 상부 관리층과의 근접성, 프로젝트의 신뢰도, 회사 내 가시성 및 우선순위를 가져온다.

3) 다른 관리자의 관리

프로젝트 매니저는 다른 부문의 관리자에 대한 관리책임을 완수해야 한다.

그는 프로젝트와 관련한 주요 고려사항을 인식하고 관리해야 한다. 그는 보통 타 부문의 전문가와 함께 일하기 때문에, 권한의 사용은 통상적인 상관과 부하의 관계에서 예상되는 것과는 구별된다.

그는 공식적인 권한이 곧 엄격하게 그의 영향력을 나타내는 것은 아니다.

그의 영향력은 경험을 통한 권한에 대한 기반의 확립과 충돌의 조정, 상호이익의 증진, 프로젝트팀의 성실성을 유지하는 능력에서 비롯된다. 따라서 그의 권한은 그가 유능하고 훌륭한 인격을 갖추고, 인간관계를 잘 유지해 나간다면 존경을 받게 될 것이다.

3.6 지도력

1) 프로젝트 매니저의 중요성

지도력은 성공적인 과업 수행을 위한 기본적인 자질이다.

프로젝트 매니저는 프로젝트와 직능 부서 양쪽에 관련된 요원들에게 동기부여를 해야 되기 때문에 지도력은 필수적이다. 그는 프로젝트팀원이 직능 부서에 구속되지 않아도 프로젝트에 적극적인 지원을 유도하기 위해서는 지도력을 발휘해야만 한다.

진정 바람직한 지도력의 형태는 프로젝트와 직능 부서에 공히 강인하고 긍정적인 적극성을 유발하는 것이다.

이러한 모든 것은 일반적인 부문 조직에서 보다 프로젝트 조직에서 더욱 어렵다.

프로젝트의 변화 추세는 프로젝트 매니저가 관련자들을, 특히 지시가 짧더라도 임무를 명확히 알아서 동기부여를 하여 잘 수행할 수 있도록 요구한다.

2) 동기부여의 지도력

프로젝트 매니저는 모든 사람들이 수용할 수 있는 지도력의 형태를 구비하여야 한다.

통상적으로 설계, 공사, 구매 등 전체적으로 지휘하는데 여려움이 있으나, 적어도 그들의 일이 어떻게 진행되어 가야 하는가에 대한 상식적인 견해를 가지고 있어야 한다.

프로젝트 조직 내에서 지도력을 발휘하는 것은 프로젝트가 보다 자유로운 구조를 가지고 자주 교체되기 때문에 보통 조직의 형태에서 보다 더욱 어렵다.

부서장 및 본부장은 진취적인 지도력을 갖추고 있는데, 그들의 입장에서 보면 정상적인 팀과 확정된 절차서 및 확립된 인간관계를 갖추고 있다.

더구나 임무를 수행하는 조직력을 일반적으로 잘 이해하기 때문에, 그에게 있어서 임무를 잘 수행하도록 관리자에게 동기부여를 하도록 하여야 한다.

3.7 정직성

프로젝트 매니저는 전체 조직에 걸쳐서 좋은 평판을 얻을 수 있도록 정직해야만 된다. 그는 많은 사람들이 상호 신뢰를 갖고 협력해야만 성공할 수 있는 많은 복잡한 상황에 처해진다.

그가 정말 정직하다면 의견이 대립되는 결정도 보다 쉽게 받아들여 질 것이다.

그의 결정은 프로젝트의 최선의 이익과 균형을 우선으로 하는 것으로 받아들여 질 것이다. 정직한 매니저는 많은 직원들이 그를 신뢰하기 때문에 동참하도록 잘 설득할 수 있게 될 것이다. 또는 고객과의 관계에서는 정직성과 성실성이 가장 필수적이다.

프로젝트와 그들의 수행자들은 정직하고 성실한 거래를 통해 지속적이고 건설적인 고객 관계를 확신시킴으로서 계속해서 유지해 나갈 수 있다.

3.8 프로젝트의 기술적 경험

프로젝트 매니저는 그의 프로젝트에서 무엇이 진행되고 있는지, 분명히 이해할 수 있어야 한다. 그는 고객 및 본부장의 상위 관계와, 직능 부서장과의 횡적 관계 및 프로젝트 관리직에 대한 정적 관계를 잘 유지해 나가야한다.

프로젝트 매니저가 어느 정도의 기술적인 소양을 구비해야 하는가는 결정하기 어려운 질문이다.

1) 신기술 개발 프로젝트와 같이 기술적인 어려움이 많은 프로젝트에 있어서는, 프로젝트 매니저는 중요한 기술적인 사항뿐만 아니라, 부차적인 문제까지도 폭 넓고 상세하게 완전히 이해할 수 있어야 된다.

   그에게 고도의 창조력이 요구되는 것은 아니나, 창조의 성과를 평가하고, 기술적인 분야를 담당하는 부하와 즉각 의사소통을 할 수 있어야만 한다.

   이것은 위험요소를 평가하며, 기술적인 문제와 원가 및 스케줄 가운데서 필요한 조치를 취할 수 있는 유일한 방편이다. 따라서 일반적으로 설계 경험을 지닌 프로젝트 매니저가 기술 중심의 프로젝트에 임명된다.

2) 그러나 다른 프로젝트에 있어서는 프로젝트 매니저가 기술적인 경험은 부차적이고 우선적으로 일반적인 관리 능력을 보유해야 되는 경우도 있다.

   프로젝트의 초기 단계에 있어서는 기술이 좌우한다. 프로젝트 예산, 수익성 및 수행기간에 대한 개략적인 계산을 할 수 있으며 모든 것이 기술과 연관되어 있다.

또한 프로젝트가 설계, 조달, 공사 단계로 진행되어감에 따라 실행이 보다 강조되어진다.

3.9 경영관리 능력

프로젝트 매니저는 계획, 인선, 지시, 통제 등의 기본적인 관리 기술을 습득해야 한다. 그는 근원적인 경영학 용어로 논할 필요까지는 없겠지만, 그것들을 어떻게 효율적으로 사용할 수 있는지는 알아야만 한다.

프로젝트 관리도 다른 것과 마찬가지로 관리하는 일이므로 고도의 시간적인 틀로 연계되어 있다.

회계의 문제에 있어서도, 프로젝트 매니저는 전문가가 될 필요는 없으나, 그의 기술적인 핵심요원과 마찬가지고 프로젝트 콘트롤 매니저와 효율적으로 의사소통을 할 수 있어야만 한다. 원가 및 스케줄 관리는 교육 훈련을 통해 습득할 수 있는 기법이다.

특히 기술 담당자들에게 있어서는 원가 및 스케줄관리 기법을 이해시키는 것이 중요한 것이 아니라, 원가와 스케줄도 기술과 마찬가지로 중요하다는 인식을 하게 하는데 있다.

3.10 통찰력

1) 변경에 대한 조회

프로젝트는 전체 프로젝트 수행 방침에 일치해야 하나 융통성을 가져야 한다.

완료되어 가는 프로젝트가 아니라면 계속적인 변경사항이 발생된다.

프로젝트 매니저는 각종의 변경사항들이 성과 없이 자원만 소비하는 비생산적인 활동을 초래하지 않고, 오로지 프로젝트 목표를 향한 실질적인 성과를 얻을 수 있도록 지시해야만 한다.

훌륭한 프로젝트 매니저는 주의 깊게 변경요인을 파악하고 문제를 야기시키는 프로젝트의 환경을 인식함으로서, 그 프로젝트에 대한 많은 성과를 획득하게 된다.

2) 자료의 평가

대형 프로젝트의 프로젝트 매니저는 공식적이거나 비공식적으로 많은 관리시스템으로부터 자료를 평가하게 된다.

수많은 자료로부터 현황을 파악하려면 신속한 판단력이 요구되며 불가피하게 입력된 자료가 불확실할 때도 있다.

이것은 개인적인 편견이나, 관찰자의 한정된 관점, 오류의 우려에 기인한다. 모든 자료를 신속하게 사실에 맞게 입력하는 능력은 프로젝트 매니저나 그의 핵심요원에게 있어서도 큰 자산이다.

3.11 다양성과 융통성

1) 다양성

프로젝트 조직은 통상적인 조직에서의 노력보다 훨씬 복잡하다.

그것은 프로젝트 수행에 있어서 새로운 사람, 새로운 목표, 새로운 기술, 새로운 문제, 새로운 요구사항 등의 새로운 국면을 접하게 된다.

프로젝트 매니저는 미지의 측정할 수 없고, 불시에 생각하기 어려운 상황, 무감각한 사건 등을 인지할 수 있는 통찰력을 가져야 한다.

그는 이러한 다양한 문제에 즉각 대응 할 수 있어야 한다. 그는 프로젝트의 각 부문과 프로젝트의 각 멤버들에게 미칠 영향을 인식하고, 적절한 차원에서 모든 문제를 해결할 수 있어야 한다.

2) 융통성

계획은 프로젝트의 성공을 위한 기본적인 요소이다. 하지만 프로젝트는 상황에 따라 바뀐다. 따라서 프로젝트 매니저는 언제라도 기존의 계획보다 나은 수정 준비가 되어 있어야 한다. 융통성은 프로젝트 목표를 약화시키거나 이완시키는 상술이나 편법을 뜻하는게 아니다. 반면에 언제나 프로젝트의 최선의 이익 추구를 염두에 두고 현 상황을 고려하여 계획을 변경시킬 융통성을 가져야 한다.

3.12 힘과 끈기

1) 집중력

프로젝트 매니저의 위치가 되면 신체 및 정신적인 끈기가 요구된다. 프로젝트 매니저는 수많은 사람들과의 관계를 유지해 나가야 한다. 그는 많은 사람들과 상통할 수 있어야 하고, 많은 문제들에 대한 해결안은 아니더라도 즉각적인 주의가 요구된다.

통상적으로 프로젝트는 스케줄에 여유가 없기 때문에, 주요 일정에 차질을 빚는 경우에는 즉각적인 주의를 기울여야 한다.

2) 추진력

훌륭한 프로젝트 매니저는 그의 시간의 대부분을 차지하게 될 천차만별의 요구사항을 처리해 나갈 능력을 갖추어야 한다. 그는 스케줄이 더욱 임박해 질 것이기 때문에 사소한 문제는 배제할 수 있어야 하며, 이러한 것을 수행하려면, 그는 매우 바쁜 일정과 오랜 시간에 적응할 수 있도록 신체적인 활력과 정신적인 끈기를 갖추어야 한다.

4. 일정(Schedule) 관리

4.1 일정(Schedule) 관리 개요

4.1.1 통합 프로젝트 관리에서의 스케줄 관리

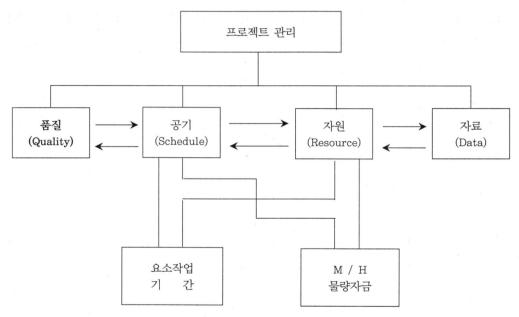

〈그림 6-8〉 통합 프로젝트 관리 관련요소

1) 구성요소

사업 관리는 다음 요소로 구성되어 있다.

① 품질(Quality)

② 공기(Schedule)

③ 자원(Resource)

④ 자료(Data)

이들 요소들은 서로 연관성이 있으며, 이들 중 한 가지의 변경은 다른 것에 영향을 미칠 수 있다. 즉, 저렴한 가격과 높은 품질은 서로 상충되기도 하며 공기가 짧다는 것과 최소 가격이란 것이 일치되지 않는 것 등이다.

프로젝트 초기 단계에 계약수행 목적과 업무수행의 우선순위가 정해져야만 한다. 프로젝트 관리는 사업주의 목적과 계약자의 목표 사이에서 균형을 이루는 것이며 자기만족적인 프로젝트를 수행해서는 되지 않는다.

품질보증은 회사조직, 사용되는 방법, 절차, 표준에 의해서 확립된다. 사업수행의 모든 과정을 통해서 적절히 검토하고, 점검하고, 검사함으로서 기술적 우월성이 유지된다. 어느 특정 프로젝트에서 얻어진 기술과 경험은 다음 프로젝트에 적용되어야 한다.

품질은 별도의 관리, 통제에 의해서 유지되며, 다른 관리항목과 구별되어야 한다. 스케줄과 자원관리는 통합 프로젝트 관리의 주요 목표이다. 사업수행에 있어서 우선 순위의 첫 번째는 공기내 완료이다.

돈, M/H 및 자재등의 자원은 공기에 맞춰 예산내에서 집행되어야 한다.

자료 관리는 이러한 사업관리 요소의 원활한 수행에 있어 대단히 중요한 것이며, 이는 곧 프로젝트의 효율적인 수행을 의미한다.

2) 개 념

통합 프로젝트 관리란 업무범위의 정의, 스케줄, 예산, 자원 및 각종 자료를 서로 연관시키는 것이다. 이들 중 어느 한 요소의 변화가 다른 관련 요소에 미치는 영향은 즉시 구분 가능해야 한다.

통합 프로젝트 관리에 의해 다음 사항이 가능하다.

① 프로젝트 초기 단계에서부터 시운전에 이르기까지의 모든 사업수행 단계에 걸쳐 사업수행 기능의 상호 연결에 의해 이해하기 쉽고 종합적인 계획 및 관리수단 제공

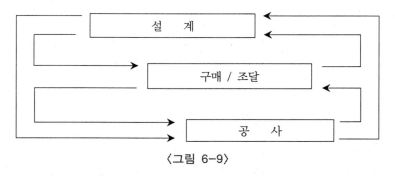

〈그림 6-9〉

② 스케줄 날짜와 기간을 자원과 결합시켜 진척계획과 성과측정이 가능한 시간대별 자원배분 예산책정이 가능하게 됨

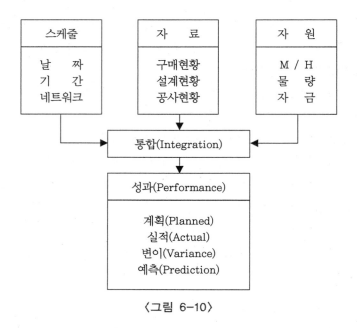

〈그림 6-10〉

③ 통합 프로젝트 관리의 첫단계는 WBS(Work Breakdown Structure)를 사용하여 프로젝트를 구성요소와 계정코드로 나누어 프로젝트 업무범위를 정의하는 것이다.

두번째 단계는 프로젝트 업무정의에 따라 예산과 공기 및 각종자료를 준비하는 것이다.

M/H, 돈 및 물량으로 작성된 예산은 공기동안 배분되어 기간에 대한 곡선 및 누계에 대한 곡선으로 표시된다.

3) 이 점

통합 프로젝트 관리에서 얻어지는 주요한 이점은 다음과 같다.

① 한개의 시스템에 정보가 집결되어 있어 여러 출처로부터 자료를 받음으로서 발생되는 애매함과 모순의 배제
② 상세한 수준까지 계획을 작성함으로서 공유영역에 의해 설계, 기자재 조달 및 공사의 연결가능
③ 요소작업을 예산 및 비용과 결합시킴에 의해 계획공정 곡선 및 실적 공정 곡선을 즉각 작성 가능
④ 소요되는 자금과 인력의 사용시기 및 계획이 사전에 결정되고 조정가능

⑤ 시정조치에 대한 의사결정을 돕기 위해, 계류 중인 향후 예상 문제점이 공기와 가격에 미치는 영향을 사전에 예측해 볼 수도 있음

⑥ 요소작업의 기성과 비용의 별도 측정에 의해 성과 측정 및 생산성 분석 가능

⑦ 시스템에 내포되어 있는 기자재 물량에 의해 가자재 현황보고 뿐 아니라 분석과 추세예측 가능

⑧ 서류목록, 기기목록, 도면목록, 구매사양서 및 발주서(P/O)등의 프로젝트 자료가 자료관리 시스템에 저장

⑨ 표준 보고서 및 프로젝트의 특정 안건에 대해 사업주가 원하는 보고서 작성 가능

⑩ 각 단계별로 투입된 공기, 비용 및 물량에 대한 체계적인 기록 가능

4.1.2 스케줄 관리 체계의 의의 및 기능

1) 의 의

스케줄 관리 체계는 전술한 바와같이 사업관리에서 중요한 기능의 하나이며 원가관리, 품질관리와도 밀접한 관계가 있다.

즉 건설사업에서 설계, 기자재조달, 공사를 원활하게 수행해 가기 위하여 프로젝트 개시 시점에서 능률적이고 효과적인 입안, 일정계획을 실시하여 작업순서 및 작업시간을 명확히 하고 그 스케줄에 의거하여 각종 기술의 전문가, 엔지니어, 건설 노무자를 적절히 동원하며 건설에 필요한 문서(정보) 기자재 등을 제작 수송하여 지체없이 건설 현장에 반입하고 계약에 정해진 납기내에 효율적이고도 최소의 비용으로 프로젝트를 수행하는 상세한 관리체계와 통합적인 관리체계가 중요하다.

이것은 프로젝트 매니저는 물론 발주자에게도 최대의 관심사가 된다.

2) 기 능

일반적으로 스케줄 관리의 기본적 지표인 작업시간(기간)은 다음식과 같이 총작업량(소요 자원량)과 일일 작업수행량(투입 자원량)으로 결정된다.

$$작업기간(일) = \frac{총 \ 작업량}{일일 \ 작업 \ 수행량}$$

또, 일상 작업 수행량은 투입 자원량 × 효율로 나타내면

$$작업기간(일) = \frac{소요 \ 자원량}{일일 \ 투입 \ 자원 \times 효율}$$

로 전환할 수 있다.

따라서 이 식에서도 알 수 있듯이 스케줄 관리의 기능은

① 시간관리적 측면

② 자원관리적 측면

③ 작업효율(생산성) 관리적 측면

의 세가지 관리측면에서 관찰할 수 있다.

3) 기본요소와 흐름

① 스케줄 관리의 기본 요소

스케줄 관리는 다음 제요소에 의하여 구성된다.

ⓐ 절차의 작성(Procedure)

ⓑ 일정계획 작성(Scheduling)

ⓒ 관리자료 수집(Monitoring Data Collection)

ⓓ 성과 평가(Performance Evaluation)

ⓔ 예측 및 시정계획(Forecast Corrective Plan)

ⓕ 시정 조치(Corrective Action)

이중 ⓐ, ⓑ을 "스케줄 작업(Scheduling)", ⓒ~ⓕ를 "통제작업(Control)"이라 한다.

② 스케줄 관리의 기본흐름

스케줄 관리의 기본흐름은 통합 프로젝트 계획 방침에 의한 구체적 절차의 관리방침, 워크 프레임(Work Frame)방침, 코딩(Coding & Numbering)방침 등의 책정에서 시작하여 해당 프로젝트의 워크 프레임 작업, 마스터 스케줄(Master Schedule)의 작성을 거쳐 네트워크 전개를 위한 작업 활동의 정의, 관련성(Relationship)의 설정, 그리고 각 작업 활동의 작업기간, 소요 자원량 등의 설정이라는 업무흐름을 이룬다.

또, 네트워크가 전개되면 스케줄 조정, 네트워크 분석에 의한 자원배정을 실시하여 최적 세부 네트워크 스케줄 작업이 이루어진다.

여기까지가 스케줄 작업이고 이 다음은 통제작업(Control)이 된다.

통제는 프로젝트의 관리항목(Control Activity)에 대한 자료 수집활동에서 시작하여 스케줄 단계에서 설정된 계획치와 관측 실적치와의 비교 평가를 실시하고 스케줄의 성과를 점검한다. 이에 대한 결과에 따라 원인 분석을 하며 완성시의 스케줄 예측을 하고 시정계획을 입안한다. 시정 계획에 따라 원가 및 품질면을 고려하여 최적 조치가 이루어진다.

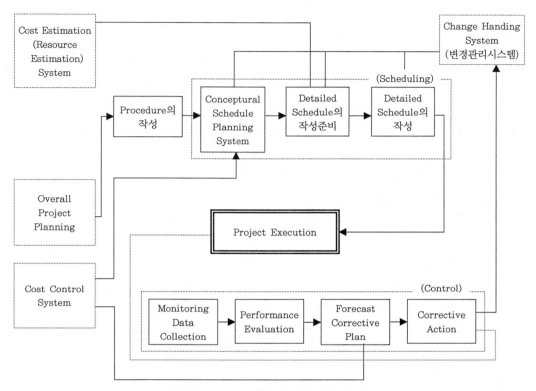

〈그림 6-11〉 스케줄 관리의 기본 흐름

4.2 프로젝트 스케줄의 종류

프로젝트의 관리 수준에 따라 스케줄을 관리하는 시점과 목적이 다르기 때문에 각각의 수준에 따른 계획이 행해지고 그에 대응하는 스케줄이 필요하게 된다.

각 수준과 계획 자료의 관계는 다음과 같다.

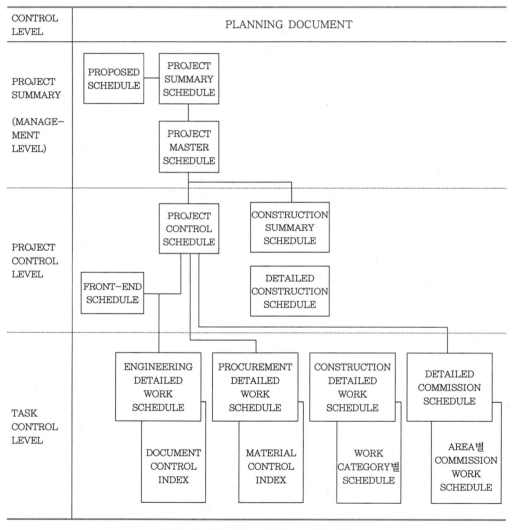

〈그림 6-12〉 관리수준과 스케줄 관리

또한 스케줄 관리에서 적용되는 자료 전체를 스케줄 자료라 하고 이는 크게 전술한 계획 자료(Planning Document)와 프로젝트 수행과정에 있어서 스케줄의 진척 상황을 관리자에 적기에 보고하는 보고서를 총칭한 관리 보고서(Control Report)로 나눌 수 있다.

〈표 6-7〉 스케줄 자료 일람

	자료의 종류	
Planning Document	− Proposed Schedule − Project Master Schedule − Project Control Schedule − Detailed Work Schedule − Material Control Index	− Project Summary Schedule − Front End Schedule − Detailed Construction Schedule − Document Control Index
Control Report	− Monthly Progress Report − Schedule Review Report	− Status Review Report − Manhour/Manpower Report

1) Front − End Schedule

프로젝트 수행 계획단계(국내 중소규모는 계약 후 약 1주일 전후)에서 작성된 것으로 프로젝트 개시에서 스케줄 관리의 기본이 되는 Project Control Schedule이 작성되는 시점 까지의 사이에 당면한 주요 작업항목을 정리하고 계획한 것이다.

프로젝트 초기단계이므로 프로젝트 수행조직이 완벽하지 않기 때문에 빈번히 추가, 변경, 개정되지만 주요 관리항목(Key Activity)를 설정하는 중요한 스케줄이다.

2) Project Master Schedule

프로젝트 수행, 관리의 기본스케줄이며 설계에서부터 조달, 건설공사, 시운전에 이르기까지 프로젝트 전단계에 있어서 계약 대상업무의 총합 스케줄로서 네트워크 또는 바 차트 형식으로 표현된 것을 말한다.

이것을 기준으로 프로젝트의 전체 계획이나 단계별(설계, 조달 및 건설공사) 콘트롤 스케줄이 전개된다.

당면한 실시 작업항목이 프론트-앤드 스케줄(Front − End Schedule)에 따라 활동이 진행되고 있는 사이에 즉, 계약 후 2주 전후의 시점에서 프로젝트 마스터 스케줄이 작성된다. 이후 계약상의 커다란 변경이나 계약자가 관리할 수 없는 스케줄의 차질이 발생치 않는 한 기본적으로 프로젝트 종료까지 수정되지 않는다.

이 스케줄에는 최종 납기는 물론, 스케줄 관리상 중요한 주요활동(Activity)과 이정표(Milestone)가 명확히 기재되어 있어야 한다.

3) Project Control Schedule

프로젝트 수행 관리의 통제수준(Control Level)에서 스케줄 관리를 실시하기 위해서 작성하는 것이며, 프로젝트 마스터 스케줄을 기준으로 프로젝트 워크 브레이크 다운 스트럭처(Project Work Breakdown Structure; WBS)를 더욱 상세한 활동(Activity)으로 분류하여 일반적으로 네트워크 형식으로 표현한다.

이것에 의해 주공정(Critical Path) 및 각 활동(Activity)의 작업 개시일/완료일이 명확히 설정되게 된다. 이는 프로젝트 개시후 1개월경까지 작성된다.

건설공사만을 대상으로 한 것과 단계별(설계, 조달, 건설공사)로 상세하게 전개, 설정한 것이 있다. 이 스케줄은 프로젝트 실행 수준에서의 관리 근간이 되는 동시에 자료관리, 인력관리 등에의 구체적인 일정을 나타내는 기준이 되는 것으로 매우 중요하다.

4) 상세작업 스케줄(Detailed Work Schedule)

Project Control Schedule을 기본으로 하여, 실무수준에서의 각 작업 항목의 완료 일정을 나타낸 스케줄이다.

설계 → 조달 → 건설공사 → 시운전의 각 단계별로 스케줄 엔지니어 또는 각 전문분야의 담당 엔지니어에 의해 작성되고 바 차트나 점검표 형식으로 표현된 것이 많다.

3개월 스케줄(3Months Schedule) 또는 90일 전망 스케줄(Look-Ahead Schedule) 등도 여기에 속한다.

5) 관리 일람표(Control Index)

Project Control Schedule 및 상세 작업 스케줄을 기본으로 도면 등의 작성 상황, 기기, 기타 자재(Bulk Material)의 제작, 조달 상황 등의 현황의 추적, 파악 및 그 예측을 행하는 일람표이다.

이것은 상세작업 스케줄의 작성과 거의 같은 시기의, 상세 계획 단계 후반에 작성된다.

일반적으로 도서 관리일람표(Document Control Index), 주요기기 관리일람표(Equipment Control Index), 자재 관리일람표(Material Control Index) 등이 작성된다.

또한 이들은 현황 보고서(Status Report) 등으로 표현되기도 한다.

4.3 스케줄 프로그램(프리마벨라 : Primavera)소개

4.3.1 프리마벨라(Primavera)란?

PM, 프로젝트 참여자가 효과적으로 프로젝트를 관리하도록 돕는 Software이다.

복잡하고 리스크가 큰 건설, 플랜트, IT분야의 프로젝트 관리에 중요성이 강조되고 있고, 최근 다양한 참여자간에 협업과 커뮤니케이션 문제로 클레임이 증가하여 이에 대응하기 위해 투자자나 발주처 에서 프로젝트 ITB에 Schedule, Cost, Risk, Resource 관리를 하도록 명시하는 경우가 증가하고 있다.

사업주가 원하는 성과물을 얻기 위해 프로젝트 진행내역을 최초 계획에 맞게 진행되고 있는지 모니터링 할 수 있으며, 기존 유사 성과물들을 통해 what-if 시나리오 Planning을 세워 특이사항이나 예측 못한 상황이 발생하였을 때 대처가 필요하다는 판단이 가능하도록 기준을 세워준다. 또한 프로젝트 메니저는 리소스의 생산성과 수용능력에 근거한 액티비티 관리가 가능하여 보다 정확하고 합리적인 스케줄 관리를 할 수 있으며, 이에 따라 적정 예산 관리와 변화관리, 리스크 관리도 함께 수행할 수 있도록 도와준다.

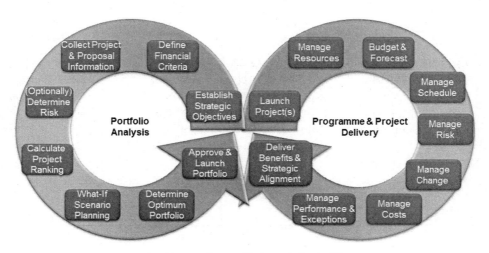

〈그림 6-13〉 포트폴리오 관리 싸이클

4.3.2 프로젝트 관리의 기본기능 및 적용 효과

1) 적용 효과

(1) 계획 관리, 분석관리, 사전관리, 과정중심 관리가 가능

(2) CPM 기법을 이용한 Network 공정계획 작성을 통해 과학적인 관리 및 분석이 가능함

(3) Activity, Cost, Resource 등이 실제로 반영된 계획을 세우고, 실제 실적을 입력하여 진도관리 함으로써 실제상황에 맞는 분석이 가능함

(4) 공기지연 및 클레임 등의 상황 발생시 발주처에 제시할 근거 자료로 제시할 수 있음

(5) 공기지연시 만회대책(Re-Scheduling)을 세우기 용이함.

(6) Baseline을 이용, 초기계획과 변경계획 비교 가능

(7) 프로젝트 완료 후 Data 보관하여 신규 공사의 공정계획 수립시 지원 및 프로젝트 자료의 표준화 작업 가능

2) 기본 기능

Planning	Resource Management	Cost Controls	Reporting
• Multi Project 표현 및 WBS 요약 기능 • Milestone 사용 (Project의 중요 기점, Check Point 표현 가능) • 다양한 시간 단위 지원 • 각 Activity 별 제약조건 적용 가능	• 각 Activity 별 무제한의 자원 처리 • 초기 계획량 대비 실투입 물량 비교 분석 • 자원별 Curve 적용	• Activity별 COST 자동 계산 • 시기에 따라 단가 변경 적용 가능 • 예상 및 실투입 비용 비교 분석	• 130여 종의 보고서 샘플 제공 • 마법사를 통하여 손쉽게 보고서 생성 및 수정 가능 • Excel 형태로 보고서 작성

4.3.3 프리마벨라의 특징

프로젝트 당 프로젝트 참여자들의 원활한 커뮤니케이션을 위해 Web-Based에 지식공유를 할 수 있는 Multi-User 환경으로 이루어진 시스템이다.

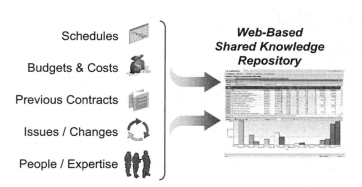

4.3.4 프로젝트 수행 단계별 Primavera 솔루션 도입효과 및 운영 요약

1) 도입 효과

수립단계	수행단계	완료단계
• 각 Activity별 자원 투입량 분석 후 최적의 일정 계획을 수립 • 원하는 기간별로 자원 및 비용의 투입량을 그래픽 및 보고서로 작성 • PDM/CPM 기법의 복잡한 계산을 자동으로 수행 (중복작업 없음)	• Notebook, Feedback 기능으로 서로간의 중요 사항에 대한 정보 공유 용이 • 손쉬운 잔여 일정의 Re-Scheduling • Baseline을 이용, 초기 계획과 변경 계획 비교 • Threshold, Risk 관리	• 프로젝트 관련 수행 실적의 자동 보관 • 보관 데이터를 통합하여 프로젝트 자료의 표준화 작업 가능 • Database를 사용하여 결과물 공유 용이 • 기존 프로젝트 데이터 검색 용이

2) 운영요약

단계	단계별 업무	Primavera Input / Output
기본계획 (Planning)	현장자료 분석(도면, 시방서, 내역서) / WBS 분류 / Activity 도출 / LND 작성 / Calendar생성/ 내역분개 / 작업조 편성	Input : WBS, Activity, Relationship, Resource, CBS, OBS, Activity 코드, Calendar 등
공정계획 (Scheduling)	일정계산 / S-Curve 분석 / 자원 투입계획 조정, Resource Leveling, Master Schedule 확정	Output : Master Schedule, BarChart, LND, 각종 공정분석 보고서(Earned Value Report, 전체 및 공종별 Cost 분석, 기간별 자원 투입 계획, Resource 투입계획 대비 실적, Risk, Thresholds, Activity-BOQ/BOQ-Activity Register 등 100여종)
진도관리 (Controlling)	현장자료 취합 / Monitoring / 주간, 월간보고 / 공기지연시 만회대책 수립	

4.3.5 Primavera P6 EPPM 주요기능

1) Portfolio 관련 주요기능

웹상에서 다수에 User가 접속하여 사용할 수 있는 EPPM은 PPM의 기능을 포함하고 있으며 그 외에 포트폴리오, 시나리오, 원하는 정보를 12섹션까지 로딩해올 수 있는 DashBoard 등의 기능을 추가적으로 가지고 있다. 포트폴리오 관련기능 중 User Define Field(이하 UDF)는 기존에 축적된 프로젝트 정보 Data Base로부터 원하는 필드에 정보값을 호출하여 관리자가 원하는 형태로 데이터마이닝 할 수 있으며 그 분석값을 프로젝트 관리에 활용할 수 있다.

(1) What-if Scenario Modeling

- What-if 기능을 사용하여 좋지 않은 조건 하에 프로젝트의 완성 가능성을 평가할 수 있으며, 최악의 시나리오를 피하거나 만일의 사태에 대비할 수 있다.
- 다수의 프로젝트의 Cost와 Duration을 계산할 수 있으며 프로젝트 Activities에 대한 추정의 다양한 설정에 대한 결과를 비교할 수 있다.

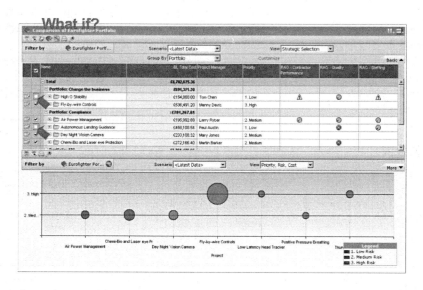

(2) Capacity Planning

- 회사가 모든 프로젝트를 성공적으로 수행할 수 있는 충분한 자원을 가지고 있는가에 대한 답변을 줄 수 있는 기능이다. 자원의 불균형한 배분을 확인하여 프로젝트의 진행, 동결, 종결에 대한 의사결정을 내리게 한다.

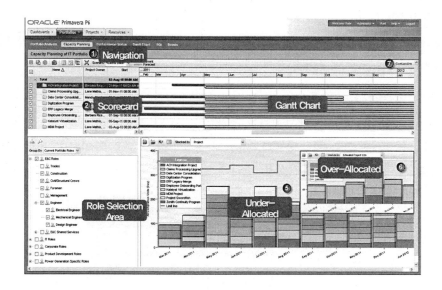

(3) Project Dashboard

- 각 프로젝트 별 성과를 실시간 View로 확인한다. 각 액티비티 별 지연상황에 따른 진행의 안정성 여부를 체크하고, 이에 따른 리소스 투입 현황을 updating, tracking하여 프로젝트 변경이나 리스크에 대응한다.

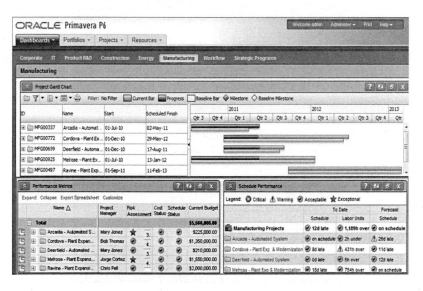

2) Program & Project Management 주요기능

프로젝트 완수를 위해 이루어지는 주요활동으로 Resource Management와 Project Management활동이 이루어진다.

(1) Resource Management

회사가 모든 프로젝트를 성공적으로 수행할 수 있는 충분한 자원을 가지고 있는가에 대한 답변을 줄 수 있는 기능입니다. 자원의 불균형한 배분을 확인하여 프로젝트의 진행, 동결, 종결에 대한 의사결정을 내리게 한다.

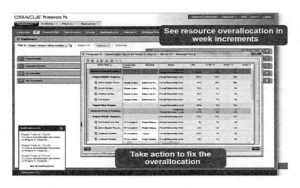

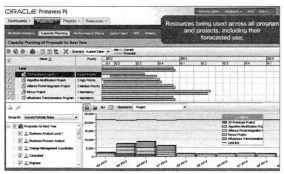

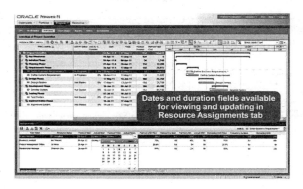

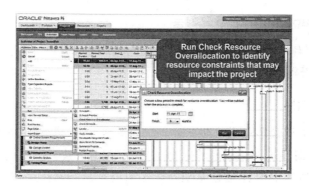

(2) Communication 기능

각 Activity의 일정 관리 시 지연을 줄이기 위해 Feedback기능을 통해 의사소통을 한다.

(3) Calendar View 기능

각 진행계획을 시기별로 달력형식으로 전환하여 보기 쉽게 확인할 수 있다.

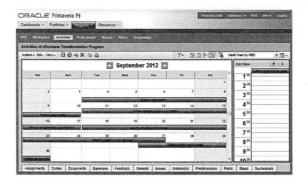

3) Risk Management의 주요기능

EPPM에서의 Risks관리는 Risk Analysis프로그램에서 분석된 데이터를 활용하여 프로젝트 관리자의 의사결정을 도와준다.

■ Risks 관련기능

각 액티비티를 대상으로 발생가능한 리스크를 생성 및 정의하고, 리스크별 스코어점수관리를 통해 실적에 따라 issue가 생성 되도록 설정할 수 있다. 또한 해당 내용을 Risk Analysis에서 분석된 내용을 연계하여 합리적인 스케쥴 조정과 비용운용을 예측할 수 있다.

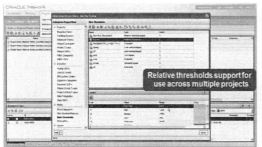

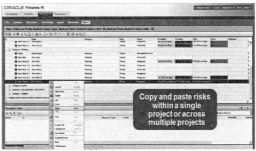

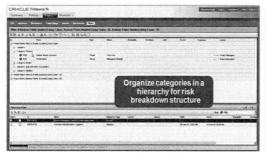

5. 코스트 관리

본 장에서는 코스트 견적한 것을 가지고 실행단계에서 코스트를 집행하여 목적한 바를 이루어 나가는 단계에서의 코스트 관리에 대해서 설명하기로 한다.

5.1 코스트 관리의 기본적 문제

코스트 관리에 대한 설명을 하기 전에 코스트 관리의 기본적 문제에 대해서 언급하고자 한다. 코스트 관리라고하면 먼저 머리에 떠오르는 것은 두꺼운 코스트의 예산실적 비교표와 보고회의 이다. 다음에는 예산 초과에 대해서 계속 언급하는 이유에 대해서 설명한다. 어느 곳이든 코스트 관리에 대한 문제는 있으나 본질에 대한 문제는 아니다. 단편적이지만 이러한 기본적 문제에 대해서 기술하고자 한다.

1) 프로젝트 매니지먼트의 기본적 책임

신규 플랜트 또는 증설 플랜트의 계획 및 건설에 있어서 프로젝트 매니지먼트가 달성하지 않으면 안 되는 세 가지 사항이 있다. 그것은 다음과 같다.

(1) **품질관리** : 플랜트는 사업주의 품질기준에 맞도록 설계, 건설되어야 한다. 플랜트는 소정의 제품을 규정된 기간까지 안정하게 운전될 수 있도록 건설되어야만 한다.

(2) **스케줄 관리** : 플랜트는 사업주가 고객에게 소정의 시기에 제품의 출하가 가능하도록 해야만 한다.

(3) **코스트 관리** : 플랜트는 사업주가 기대하는 이윤을 얻고 또 예정한 소요 자금 내에서 건설될 수 있도록 예산 내에서 건설 완료하도록 해야만 한다.

2) 코스트 관리의 목적

코스트 관리에는 다음과 같은 세 가지 목적이 있다.
① 시정 조치 또는 코스트 최소화를 위한 조치를 시기적절하게 행하기 위해서 잠재적인 코스트 트러블의 항목에 매니지먼트의 초점을 맞춘다. 즉, 잠재적인 예산초과가 발생하기 전에 찾아낸다.

② 각 프로젝트 담당자의 책임 에어리어의 예산을 보고하고, 예산과 비교해서 지출이 어떻게 되고 있는가 보고한다.

③ 코스트 의식을 갖도록 하는 분위기를 만들어, 프로젝트팀에서 근무하는 사람이 코스트 의식을 갖도록 한다.

코스트 관리는 누가해야 하는가 하면, 기본적으로 "코스트는 그것을 집행하는 사람만이 관리가 가능하다"는 것이다. 일반적으로 이것은 계약자이다. 지금까지 보아온 것처럼 프로젝트에는 세 가지 주요한 관리 항목이 있는데 그 중 하나가 코스트이고, 다른 두 가지는 품질과 스케줄이다. 그러나 사업주는 프로젝트 수행 단계에서는 직접적으로 기본설계 사양과 변경을 주로 책임지고 있으므로, 사업주는 이 품질과 스케줄에 대단한 관심을 갖게 된다. 그렇게 때문에 사업주는 코스트 관리가 잘 되고 있는지 어떤지가 확실하게 계약자의 업무 속에 포함되도록 한다.

3) 효과적인 코스트 관리를 위한 요소

코스트 관리가 효과적으로 이루어지려면, 다음 요소가 프로젝트 매니지먼트 내에 제시되어야만 한다.

① 코스트 관리를 강조하는 매니지먼트의 태도
② 코스트 의식이 높은 설계/공사팀
③ 코스트 관리 조직을 포함할 것
④ 코스트를 24시간 추적
⑤ 양호한 코스트 툴(tool)
⑥ 코스트 관리에 대한 간편한 Precedure

5.2 코스트 관리의 목표와 조직 구성

1) 코스트 관리의 목표

우선 코스트 관리의 내용을 설명하기 전에 코스트 관리의 목표에 대해서 생각해 보기로 한다. 플랜트의 건설의 기본적인 목표는 아마도 다음과 같은 것이다.

① 코스트
② 스케줄
③ 플랜트의 성능

상기 사항을 바꿔 말하면 "플랜트는 그 성능이 설계조건에 맞는 것으로 규정된 예산, 스케줄 내에서 규정된 제품량을 제조하도록 건설되어야만 한다"는 것이다.

성공한 프로젝트를 보면 상기의 세 가지 원칙에 맞아 떨어진다. 이런 관점에서 볼 때 코스트 엔지니어링은 매니지먼트의 기본적인 도구이고, 흔히 생각하는 서비스 기능이 아니라는 것이 명확해진다.

코스트 관리의 목표가 이해되었다고 생각되지만, 불행히도 이 코스트 관리는 대부분의 경우 기업 내에서 귀찮은 간섭으로 간주되어, 스케줄이나 코스트에는 전혀 신경 쓰지 않고 진행되는 플랜트도 있다. 이것은 잘못된 것이며, 경우에 따라서는 이에 대해 매니지먼트는 코스트 관리의 원리, 시스템, 프로시저에 대해 이해하도록 하여야 하는 바, 이는 코스트 엔지니어가 담당하여야 할 것이다.

코스트 엔지니어는 코스트 관리를 이해하여 그것을 전도하는 전도사라고 생각하는 것은 잘못된 생각이다. 코스트 관리라는 것은 프로젝트를 수행하는 모든 사람이 코스트 의식을 갖도록 기업 내에서 광범위하게 수행하는 활동이다.

그런데, 우리들은 기업 내에 광범위하게 코스트 관리 도구로 할 경우 톱 매니지먼트의 지지가 필요함은 물론이고, 그 외에도 극복하지 않으면 안 되는 문제점은 조직 구성과 인간의 기본적인 태도이다.

2) 프로젝트 매니지먼트팀의 조직

대부분의 계약자(Contractor)는 프로젝트를 수행하기 위하여 타스크 포스팀(Tack Force)제도를 채택하고 있다. 엔지니어링회사가 프로젝트를 수주하였을 때는 그 전체의 책임은 프로젝트 매니저(PM: Project Manager)에게 주어진다. 프로젝트 매니지먼트팀은 수주한 프로젝트의 크기에 따라서 적게는 1~2명에서 많을 때에는 40~50명이 그룹을 형성하여, 모줄, 코스트 관리 등의 업무를 수행한다.

설계 엔지니어 및 기타 기술요원은 그에 맞게 타스트 포스팀에 배속된다. 이러한 사람들은 각 부문의 팀장 관리 하에 놓여있으나, 그들이 업무를 수행할 때는 PM의 지시를 받는다.

3) 프로젝트 각 단계에서의 코스트 관리

다음에는 프로젝트의 각 단계별 코스트 관리에 대해서 고찰해 보기로 한다.

(1) 포로포잘 단계에서의 코스트 관리

이 포로포잘 단계에서의 코스트 관리에 대한 필요성을 많은 사람들이 인식하지 못하고 있다. 그러나 기복적으로 중요한 것이 이 단계에서의 관리이다. 이 단계에서 사업주는 플랜트 건설의 경제성을 검토한다. 이 단계에서 기본적인 변수가 설정되어 최종목적이 확립되어도 이 단계에서 작성된 기본적인 가정에서 어떤 중요한 것을 누락시키면 이익에 큰 영향을 미친다. 이 단계에서의 업무는 엔지니어링 회사 및 건설회사의 수주여부가 결정되는 중요한 단계이다.

(2) 설계 단계에서의 코스트 관리

불행하게도 프로젝트 초기에 결정된 계획과 최종설계에 사용하는 것과의 사이다 일치하지 않는 경우가 자주 있다. 때로는 이 둘 사이에 외관상으로는 잘 일치하는 경우도 있다. 코스트 엔지니어는 당초 프로포잘과 실제 설계 사이에서 가교 역할을 하는 유능한 코디네이터가 되어야 한다. 많은 프로젝트의 운명이 결정되는 것은 이 단계이다. 성공과 실패가 구별되는 단계이다.

이 단계에서 코스트 엔지니어의 유용성에 대해서 살펴보자. 코스트 엔지니어는 개념적 견적에 관여하고 있고, 또 실제 설계 후의 코스트와 최초의 견적과 비교하는 것이 가능하다. 또 필요하면 실제 시정 조치의 수단을 부여하는 것도 가능하다.

설계 단계에서는 많은 사람이 코스트 측면을 경시하여 불필요한 설계변경으로 코스트를 낭비한다. 설계변경은 특히 프로포잘 단계에서 검토가 행해지는 경우에는 무시해도 되지만, 스케줄이 지연된다. 그러나, 이것은 설계 변경을 무시해도 된다는 의미는 아니다. 반대로, 만약 코스트를 절감하여 스케줄이 단축되는가, 또는 기복적인 플랜트의 성능을 개선할 수 있는 경우에는 설계변경을 고려하도록 한다.

(3) 조달 단계에서의 코스트 관리

조달은 전체 플랜트 기자재 코스트의 대부분을 차지한다. 이 단계에서는 다음 사항에 충분한 주의를 기울임으로서 상당히 많은 금액을 절약할 수 있다.

① **승인을 획득한 벤더** : 이러한 벤더 리스트는 조달해야 할 기기의 품질보증을 커버해야만 한다. 나중에 설계와 발주 단계에서 문제점 발생의 원인을 적게 하기 위해서 승인된 벤더에게 입찰하도록 한다.

② **최저 3개사의 입찰자가 필요** : 견적의 수가 많다고 견적의 신뢰성에 공헌하는 것은 아니다, 그렇다고 해서 재입찰은 견적을 명료하게 하는 것도 아니고 안전하게 하는 것도 아니므로 재입찰해야 할 정도록 1개의 회사로부터만 견적을 받아도 안 된다.

③ **인도 장소의 확정과 수송 중의 책임** : 운반 중 손상가능한 기기는 어떠한 것이 있는지, 또 누가 보장해야 하는지, 또 상하차 중의 손상인 경우에는 어떠한 것이 있는가 등의 업무 분장을 명확히 하고, 보험에 가입해야 한다.

④ 수리나 서비스가 필요한 경우에 대비하여 벤더의 공장이 인접해 있는 것이 좋다.

⑤ 입찰에 필요한 품질검사, 사업주 검사원의 입회, 그리고 사업주의 입회자가 서명해야만 검사보고서가 유효한지, 아니면 계약자의 검사자 서명만으로 유효한지 결정해 놓는다.

⑥ **동의서** : 프로젝트를 성공적으로 수행하기 위해서 벤더를 선정할 때 계약서에 서명하기 전에 모든 것을 결정해 놓는 것이 좋다. 문제가 없을 때는 "신사협정"으로 문제가 없게 된다, 그러나 문제가 발생할 경우를 대비하여 회의록을 작성하여 서명한 다음 한 장씩 복사본을 나누어 갖는 것이 좋다. 서류로 남겨 놓지 않은 경우에는 나중에 문제 발생시 적절하게 대응하지 못하는 경우가 발생할 수 있다.

⑦ **구입 주문을 활용** : 좋은 가격으로 구매하기 위해서 가능한 한 많은 양을 주문할 수 없는가? 또 장애의 구매를 약속하면 할인이 가능하지 않은지 검토한다.

⑧ **표준설계** : 가능한 한 코스트를 절감하기 위해서 최종 벤더의 사양서 및 조건을 참조한다. 사급품의 구매사양서로 구입하지 않으면 안 되는가. 표준품을 구입하는 것으로 협상해서 절약할 수는 없는가? 패키지 유니트의 설계를 적적히 활용한다.

⑨ **코스트 엔지니어의 검토** : 모든 입찰 품의서, 견적서, 구매사양서 등은 프로젝트의 범위, 코스트, 스케줄 등에 대해서 코스트 엔지니어의 검토가 필요하다.

⑩ **엑스트로 코스트(할증 코스트)** : 할증 코스트를 구성하고 있는 것은 무엇인가. 그리고 어떻게 처리되고 있는가를 명확하게 한다. 할증 금액을 액면 그대로 받아들여서는 안 된다. 필히 결적을 해서, 벤더의 백업 데이터와 비교 검토하지 않으면 안된다. 할증 금액에는 경쟁이 없다는 것을 잘 기억해야 한다. 그렇지 않으면 벤터의 요구대로 되고 만다.

⑪ **견적서의 평가** : 마지막으로 최종 결정을 하기 전에 견적서의 완전한 평가를 행항다. 현실성, 코스트, 스케줄, 제약, 자격증명서, 신뢰성, 실적, 지불, 서비스, 설치 단계에서의 컨설팅, 조업준비 및 기타 특수조건 등에 대해서 조사한다.

코스트 엔지니어는 조달 단계에서 중요한 공헌을 한다. 코스트 엔지니어는 코스트 관리가 최종 목표가 아니라면 상기 사항을 충분히 고려해야 한다.

(4) 도급 또는 하청을 결정하는 단계에서의 코스트 관리

어떤 도급업자는 자기의 직접 노동력을 임대하지만, 대부분의 고객은 건설 프로젝트를 수행하기 위해서 전반적으로 도급업자에게 업무를 의뢰하는 형태를 취하고 있다. 조달 단계에서의 코스트 관리에서 서술한 바와 같이 최저 3개사로부터 견적을 받도록 한다.

구매시의 주의점은 계약시에도 유효하다. 사양서, 도면 견적품의서 등은 보통 이러한 건설 견적 입찰의 기본이 된다.

현지 건설 공사는 잠재적으로 코스트가 예산을 초과(Over Run)하기 쉬우므로 코스트 관리가 지극히 중요하다고 할 수 있다.

입찰 의뢰용으로 작성되는 입찰 서류는 가능한 한 완전하도록 한다. 사정에 의여 완벽하게 작성하지 못했을 때에는 계약과 특별한 코스트의 기준을 어떻게 처리할 것인지 사전에 확립해야만 한다. 입철 서류가 완벽하다면 확실한 입찰을 받을 수 있다. 그러나 변경이 전혀 없다는 것은 아니다. 전적으로 가능하지 않을 경우, 금액 및 스케줄에 미치는 영향을 동의를 받기 전에 변경을 진행시켜서는 안 된다. 코스트 엔지니어는 기본계약으로 수행된 업무가 추가 비용을 요청받지 않도록 계약 내용을 명확하게 하여야 한다.

자기 기업이 부정확한 사양서 또는 많은 변경을 초래하는 걸로 잘 알려져 추가 비용을 요구한다. 업무 범위가 명확하지 않고 사양서와 도면을 설계가 완료되기 전에는 완벽하게 제공하기 어려우면 "코스트 플러스 피(Cost Plus Fee)"계약을 체결하도록 한다. 도급업자는 그 수수료, 엔지니어링 코스트, 경비의 구성, 기타 상업상의 조건에 따라서 선정되도록 한다. 이런 종류의 계약에 있어서의 모든 기록은 나중에 정산되도록 한다. 그렇지만, 정산 시에 코스트는 기정사실화되고 만다.

사업주가 매우 효율적인 코스트 관리 조직을 가지지 않으면 안 되는 경우가 "코스트 플러스 피"의 계약이다. 코스트 엔지니어는 물론, 모든 직원이 코스트 관리를 위해 직접적으로 책임을 가져야 한다. 불행하게도, 어떤 고객은 코스트 플러스 피 계약에 느슨하게 되는 경향이 있어 조건을 계속해서 변경시키고 있다. 코스트 의식은 아무리 강조해도 지나치지 않는다.

(5) 현지 건설단계에서의 코스트 관리

상술한 단계에서 거론했던 것이 이 단계에도 적용된다. 그리고 프로젝트가 성공인가 실패인가가 판명되는 것도 이 건설 단계이다. 설계와 조달 단계에서 잘못된 것은 그 당시에는 중대하지 않지만, 나중에 건설 단계에서 그 잘못된 부분이 드러난다.

건설 단계에서 플랜트는 그 물리적 형태를 이루지 않으면 안 되고, 또 예산 내에서 공기에 맞도록 건설되지 않으면 안 된다. 또 최후에는 적절한 조업이 가능하지 않으면 안 된다. 이 단계에서는 다름 사람에게 책임을 떠맡길 수가 없다.

이러한 관점에서 종합적인 코스트 관리의 중요성이 이제까지 보다도 명확해진다.

현지에서의 필드 코스트 엔지니어는 매일 플랜트가 제대로 건설되는지 어떤지 관찰하고 있어야 한다. 초기에 스케줄이 지연되는 것은 완료일을 맞출 수 있도록 즉각 시정하지 않으면 안 된다. 주의하지 않으면 지연된 스케줄을 맞추기 위해 코스트가 증가된다. 만약 프로젝트를 초기부터 적절관리하면서 진행시켰다면 프로젝트는 이 단계에서는 아무런 문제가 없다.

일괄 계약(Lumpsum Contract)에서는 도급업자가 코스트와 스케줄에 대해서 책임지고 있다. 따라서 코스트가 초과되거나 남거나 간에 도급업자의 부담이다. 따라서 도급업자는 잘하지 위해서 노력한다. 그래서 도급업자는 조직을 최대한 가동시켜 이 일을 완수하려고 노력한다. 일괄도급계약의 프로젝트에서 코스트 엔지니어는 추가 업무에 대해서는 책임이 있으며, 지불에 대해서는 전체 업무의 완료 비율을 감시하지 않으면 안 된다. 코스트 엔지니어와 고객의 모든 직원은 이를 위하여 고객이 돈을 지불한 만큼 일이 완료되도록 확실하게 해야 한다. 그들은 필요 인력, 노동생산성, 감독, 진척의 실적, 실적 코스트 등을 적극적으로 감시해야만 한다. 전체 설비 코스트를 정기적으로 예측해야만 한다. 랜덤 체크 등의 기술을 활용해서 코스트 엔지니어는 예산을 초과할 것으로 예상되는 항목을 사전에 찾아내야 한다. 프로젝트 매니저에게 적시에 보고해야 하고, 필요한 시정 조치를 취하도록 해야 한다.

(6) 스타트업 단계에서의 코스트 관리

어떻게 시공했느냐에 따라 스타트업(Start-Up)을 잘 할 수도 있고, 잘못 할 수도 있다. 보통 프리스타트업(Pre-Start-Up)은 건설 단계의 일부이다. 이것은 모든 기기가 운전 가능한 상태이고, 플랜트는 제품의 생산을 개시할 준비가 되어 있는 것을 확실하게 하기 위해서 상세한 검토를 하는 것을 포함한다. 이 단계에서 코스트 엔지니어는 도급업자의 활동을 주의해서 감시해야한다. 불필요한 잔업과 맨아워의 비능률적인 사용은 아주 일반적이고도 공통적인 감시 사항이다.

어떤 사업주는 장치 또는 기기가 일단 스타트하여 만족스러운 운전이 가능하면 그것은 사업주에 의해서 받아 들여졌다는 개념을 사용한다. 이 시점에서 기기 또는 플랜트의 일부는 사업주에게 속하는 것으로 된다. 이것에 의해서 도급업자는 어떠한 책임으로부터 도피할 수 있게 된다.

코스트 엔지니어는 도급업자에 의해서 추가 업무로 클레임 걸린 업무에 대해서 주의해야만 한다. 예를 들면 기계적인 공사의 완료와 최종 인수에 대해서 어떻게 계약되어 있는가? 여기서 우리들은 다시 사양서와 계약서에 정해진 것을 잘 살펴 볼 필요가 있다. 보통 플랜트의 최종 인수에 대한 요건은 명확하게 되어 있다. 플랜트는 장시간 동안 조업하여,

설계 압력, 순도, 품질, 양 등으로 규정된 제품을 제조한다. 일단 이것을 달성하면 정당한 사유가 없는 한 계약은 완료된다.

3) 코스트 관리 시스템과 각종 보고서

(1) 코스트 관리 시스템

코스트 관리 시스템은 승인된 예산에 대해서 프로젝트의 상황을 항상 감시, 보고, 예측하기 위하여 코스트 엔지니어링의 각종 기능을 하나의 시스템에 통합시킨 것으로 예를 들면 아래 그림에 표시한 바와 같다. 본 시스템은 Holmes & Narvers Inc.의 시스템인데, 이러한 코스트 관리 시스템은 각 기업에서 그 규모에 맞게 작성해야 한다.

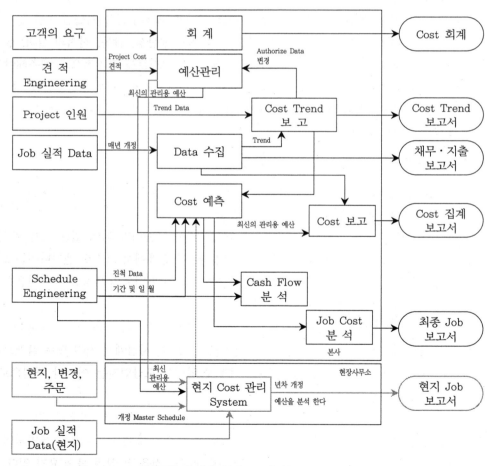

〈그림 6-14〉 Holmes & Narvers Inc

이하 이 시스템을 예로 들어서 각종 기능 및 보고, 예측의 시스템에 대해서 설명하기도 한다.

본사 직원은 프로젝트의 엔지니어링, 자재, 관리 기능을 위한 코스트 관리와 능력을 예측하고 또한 유지하고 있다. 현장 사무소에서는 프로젝트의 건설, 현지 계약, 건설 매니지먼트 기능을 위한 코스트 관리 및 능력을 예측하고 또 이것을 유지해야만 한다.

코스트 관리 시스템은 프로젝트의 모든 기간에 걸쳐서 코스트 엔지니어링 부문의 담당자에 의해 실시되고, 유지되며 개정되어야 한다. 코스트 관리 시스템은 프로젝트 매니저에 대하여 다음과 같은 책임을 가지고 있다.

① 프로젝트 어카운트 코드(Account Code :A/C)를 개발하고 유지한다.
② 프로젝트 코스트 관리의 기초를 개발하고 유지한다.
③ 관리 기준에서 크게 벗어난 것을 검색하는 조기 경고시스템을 만든다.
④ 프로젝트를 수행해 나가는 동안 발생하는 채무, 지출, 기타 코스트 실적치를 수집하는 효과적인 데이터 수집 시스템을 작성한다.
⑤ 일탈을 시정 가능한 조치를 강구하여 권장한다.
⑥ 프로젝트를 완료시키기까지의 코스트를 예측하는 유효한 시스템을 구축한다.
⑦ 프로젝트의 필요성에 맞춰서 정기적인 코스트 상황을 보고한다,
⑧ 캐쉬 플로를 파악, 자금의 입금과 지불을 조정한다.

(2) 코스트 구성과 어카운트 코드

어카운트 코드의 구성은 각종 레벨의 코스트를 요약하기 위해 설계된 것으로 각 프로젝트를 위하여 확립된 자금, 회계, 보고의 수단에 직접적으로 관계가 있다. 예산. 회계 코스트, 예측 등의 중간 데이터는 승인된 코스트 센터의 레벨인데 코스트 엔지니어링에 의해 실시된다. 이 코스트 센터 레벨에서는, 채무와 지출의 금액은 확립된 예산과 스케줄에 대해서 비교한다.

프로젝트 수행 단계에서 코스트가 한눈에 파악 가능토록 하는 것은 각 업무의 상세 레벨에서 코스트가 보고되도록 해야만 한다. 이러한 상세 레벨에서의 프로젝트 데이터와 예측을 정확하게 수집하기 위해서 코스트 코드를 확립하여 유지하는 것도 코스트 엔지니어의 책임이다.

(3) 각종 관리, 보고, 데이터 수집

① 예산관리

각 프로젝트에 있어서 예산관리는 자금 조달 방법, 코스트 배분 구성 및 고객의 요구를 직접적으로 감안하여 계획되고 유지되어 가는 것이다. 이러한 예산은 코스트 관리 시스템의 기본이 되는 것으로 고객의 요청과 승인이 없는 한 변경될 수가 없는 것이다.

② 코스트 추세보고(Cost Trend Reporting)

코스트 추세보고 시스템은 프로젝트에서 발생되는 코스트의 일탈을 검지(檢知), 보고하기 위하여 본사, 현장 사무소 공히 사용하는 것이 가능하도록 작성하여야 한다. 코스트 추세 보고는 조기 경보 시스템을 위한 검출 수단이며, 그 목적을 위하여 프로젝트의 모든 담당자가 사용할 수가 있다. 코스트 추세 데이터는 프로젝트를 진행시켜 가는 단계에서 예측하기 위하여 결과적으로 발생하는 것이다.

③ 데이터 수집

데이터 수집 시스템은 프로젝트의 설계, 조달 및 공사 단계에서 발생하는 실제의 프로젝트 코스트를 수집하는 것에 초점을 맞추어 본사와 현상 사무소에서 사용하는 것이다. 이 데이터는 프로젝트의 회계, 엔지니어링 재료의 조달, 매니지먼트의 정보시스템, 현지의 도급, 건설 매니지먼트로부터 보고서 형태로 받아서 코스트 추세상황 보고서, 코스트 예측 상황 보고서의 작성을 위하여 사용한다. 모든 데이터는 프로젝트에 필요한 코스트 요약 워크쉬트(Cost Summary Worksheet)로 요약하여 배부한다.

④ 코스트 예측

코스트 예측 시스템은 예산 데이터, 코스트 추세 데이터, 스케쥴 데이터를 받아서 반영 할 수 있도록 설계되어야 한다. 이 시스템은 프로젝트 수행 과정에서 발생되는 모든 실적과 추세의 정보를 분석하기 위하여 사용되기도 하고, 수주한 프로젝트의 예산 작성에 참조되기도 하며, 각종 관리 레벨에서 프로젝트를 완성시키기 위하여 코스트를 예측하는데 사용된다. 예측은 상술한 코스트 요약 워크쉬트에 기재되어, 상황보고를 하기 위하여 우(Cash Flow)보고 시스템으로 넘어간다.

⑤ 코스트 보고

코스트 보고 시스템은 본사와 함께 현장 사무소에 필요한 모든 주요 코스트 보고서를 편집하는데 사용된다. 예산관리, 추세보고, 데이터 수집 및 예측 등의 시스템으로부터 받는 모든 데이터는 코스트 요약 워크쉬트에 기록되어, 프로젝트에 필요한 보고서를 만든다. 현장의 코스트 데이터는 프로젝트의 코스트 요약 보고서를 만들가 위해서 사무소 코스트와 합해서 정기적으로 본사에 보낸다.

⑥ 캐쉬플로우 분석(Cash Flow Analysis)

캐쉬 플로우 분석 시스템은 프로젝트의 시작부터 완료 시점까지 예산 채무, 지출, 예측 및 기타의 자금을 배분하기 위하여, 본사 및 현장 사무소에서 이용하는 시스템이다. 코스트 요약 워크시트는 이러한 데이터를 적절한 스케줄 상의 일정과 기간을 관련시켜 업무를 원활하게 수행토록 하는데 이용된다.

⑦ 프로젝트 코스트 분석

코스트 엔지니어링의 관점에서는 프로젝트란 모든 건설 활동이 끝나서 모든 청구서에 대한 지불이 완료되어 모든 캐쉬 프로우가 끝났을 때 완료되었다고 간주되는 것이다. 이 시점의 데이터가 고객 및 건설도급업자 모두에게 프로젝트의 최종 실제 코스트가 파악될 수 있다.

코스트 엔지니어링은 이러한 데이터를 정확하게 기록하여 견적, 엔지니어링, 표준건설코드와 관련시켜 이 코스트를 분석한다. 이것은 장래의 견적과 프로포잘 업무를 위하여 역사적인 기준이 되는 것이다.

⑧ 현지 코스트관리 시스템

현장의 기증적인 데이터의 흐름은 본사에서의 그것과 아주 유사하다. 그러나 현장사무소에서의 코스트 관리 시스템은 보통 다음 기능만을 포함하고 있다.

- 코스트 추세 보고
- 데이터 수집
- 코스트 예측
- 현지 코스트 보고

6. 사업관리 주요문서 작성/관리

6.1 사업관리 주요문서 작성/관리

6.1.1 사업수행계획서 작성(내부/외부용) : 주요 반영 사항

적용 사례 – 사업수행계획서 목차(작성 기본 항목) – 내부용

목 차

1. 사 업 개 요
   1.1 사 업 명
   1.2 사업형태
   1.3 계약형태
   1.4 사업기간
   1.5 주요시설내역
2. Project 주요일정
3. Project 조직
4. Scope of Work
5. 특 기 사 항
6. 주요문제점 및 대책
7. 수행지침 및 각 분야별 수행계획(요약)

첨부 :

  1. 각 분야별 수행계획
  2. Project Schedule
  3. Con.(Dispatch) Schedule
  4. Equipment List
  5. 기자재 구매 절차 및 자금 지급 절차
  6. 인허가 Schedule & Summary

NOTE : 사업유형/규모 등에 따라 일부 조정 요함.

적용 사례 - 사업수행계획서 목차(작성 기본 항목) - 외부용

(▶사업주 제출용)

목 차

1. GENERAL

2. 사 업 개 요

3. PROJECT 조직과 임무

4. COORDINATION PROCEDURE
   4.1 업무 연락 방법
   4.2 공정 관리
   4.3 DOCUMENTATION 및 승인절차
   4.4 PROCUREMENT SERVICE

5. DETAIL DESIGN ENGINEERING
   5.1 설 계
       5.1.1 MEASUREMENT SYSTEM
       5.1.2 NUMBERING SYSTEM
   5.2 도서의 작성
       5.2.1 도서의 규격
       5.2.2 DOCUMENT NUMBERING
   5.3 품질관리
   5.4 적용 SOFTWARE

6. PROCUREMENT SERVICE

7. CONSTRUCTION SUPERVISION

8. ATTACHMENT

   1) Project Schedule
   2) 사업수행조직도 / 비상연락망
   3) 인허가 Schedule & Summary
   4) SITE DISPATCH SCHEDULE
   5) 업무 SCOPE 구분
   6) 문서 수/발 등 각종 적용 양식
   7) RESUME, etc.

NOTE : 사업유형/규모 등에 따라 일부 조정 요함.

6.2 JOB INSTRUCTION 작성 : 주요 반영 사항

적용 사례(1/2) - JOB INSTRUCTION 목차(작성 기본 항목)

목 차

PART Ⅰ 일 반

1. 서 언(목 적)
2. Project 개 요
3. 사업주 및 용역사의 Representation
4. 공정 설명
5. Communication에 관한 사항
6. 계약주체간 업무 계획
7. Project Engineering Schedule
8. Project Organization
9. Project Diary
10. Project Milestone
11. Project 수행 방침
12. 특기 사항

PART Ⅱ

1. Design Basis
2. 서류·도면 및 그 승인에 관한 사항
3. 설계시 반영할 사항
4. I.D Check System
5. Progress Measurement System
6. Project Meeting 및 요청사항

  첨부 : 1) Site Location & Plant-View
         2) 사업수행조직도 / 연락처
         3) Project Engineering Schedule
         4) 공사 & 인허가 Schedule(Milestone)

NOTE : 사업유형/규모 등에 따라 조정 요함.

(소규모/단종 등 PJT의 경우 생략 - 기본 자료/지침만 제공 수행됨)

적용 사례(2/2) - JOB INSTRUCTION 목차(작성 기본 항목)

목 차

1. 일반 사항

2. 사업 개요

3. 공정 설명

4. PROJECT 조직과 임무

5. COORDINATION PROCEDURE
    5.1 업무 연락 방법
    5.2 공정 관리
    5.3 DOCUMENTATION 및 승인절차
    5.4 PROCUREMENT SERVICE

6. DETAIL DESIGN ENGINEERING
    6.1 설 계
        6.1.1 MEASUREMENT SYSTEM
        6.1.2 NUMBERING SYSTEM
    6.2 도서의 작성
        6.2.1 도서의 규격
        6.2.2 DOCUMENT NUMBERING
    6.3 품질 관리
    6.4 적용 SOFTWARE

7. CONSTRUCTION SUPERVISION

8. PROGRESS MEASUREMENT SYSTEM(PMS)

9. PROJECT DIARY

10. ATTACHMENT

    첨부 : 1) Site Location & Plant-View
          2) 사업수행조직도 / 연락처
          3) Project Engineering Schedule
          4) 공사 & 인허가 Schedule(Milestone)

NOTE : 사업유형/규모 등에 따라 조정 요함.

(소규모/단종 등 PJT의 경우 생략 - 기본 자료/지침만 제공 수행됨.)

6.3 PROJECT SCHEDULE 작성 : 주요 확인 반영/고려 사항

작성/관리 프로그램은 Artemis, Nex-Pert, Primavera, Microsoft-Project 등이 있으나, 현 당사 수행 PJT.의 경우 작성/호환성 등의 용이성 고려 M/S Project 또는 Excel로 작성하는 것이 보편적임.

(단, 대규모 공사 및 해외 PJT.의 경우 Primavera 적용 필요)

6.3.1 주요 확인 반영 사항

1) 프로젝트 수행중의 발주자의 정책적 환경, 중점 시책
   (사업추진계획, 원료 구입/투입 시기, 판매계획 등)
2) 유틸리티 운용 계획에 따른 시운전 절차
3) 내·외부 설계환경에 따른 설계성과물 제출 가능 일정
4) 현장 운영방침에 따른 공사 절차 : 가설 도로 계획 등
5) 주요기기 발주 및 인도 시기
6) 프로젝트 예산을 고려한 최적 기간 산정
7) 동 기간에 수행될 타 프로젝트의 상황을 고려한 인력동원 계획
8) 시공 계획 및 작업 순서의 분석
9) 실제 관리 가능한 Activity 분류(필요시 WBS 적용 및 기준)

6.3.2 Schedule 관리에 영향을 주는 요소 고려

사 업 1) 인허가 담당자 변경 또는 법규 개정
　　　 2) Long Delivery Item 발주 시점
　　　 3) 사업주 Change Order 관리
　　　 4) 제작순서 수시 변경에 따른 작업 혼선
　　　 5) 사업주 직구매 Item에 대한 Coordination
　　　 6) 유기적인 Project Organizing(조직력보다는 개성이 강함)
　　　 7) Vendor Print 승인 절차 Set-Up 및 사업주의 승인 기간
　　　 8) 사업주의 지나친 Project Schedule 관리 간섭
　　　 9) 본사와 현장간의 Coordination

설 계 1) Plot Plan 변경 등 설계 변경
　　　 2) B.M의 정확도 및 Take Off 시점 등

구 매 1) 업체 부도 및 파업

2) 업체의 Load 및 원자재 수급 상황 악화

3) 특수한 재질을 요구하는 Item

4) 기계제작관련 면허 소유 유무

5) 업체 견적 포기시 Vendor 사업주 추가 승인

6) 검사일정 확인. Vendor Print Comment 사항이외 추가적 요구사항 발생

7) 일부기자재에 대한 인허가 업무

공 사 1) 자재 Shortage(부족) 및 망손 등

2) 공사 Schedule의 조기 확정

3) 현장 Revision 발생

4) 설치(하도급) 업체의 공사 포기/비협조

5) 문제발생 기기의 납품업체 A/S

6) 업체 현설 시점

7) 가설 계획

-적용사례-

SCHEDULE 목차

1) PROJECT MASTER SCHEDULE

2) PROJECT OVERALL SCHEDULE

3) PRIMAVERA 적용 SCHEDULE 작성 사례

- WBS 정리(LEVEL 분류)

- WBS & WEIGHT VALUE

- WBS 적용된 SCHEDULE

4) 감리 DISPATCH SCHEDULE

5) 인허가 SCHEDULE

6) 인허가 업무 구분 및 수행(요약)

6.4 COORDINATION PROCEDURE 작성

6.4.1 주요 확인 반영 사항

Project 수행상 원활한 업무협조 및 업무 혼선을 방지하기 위하여 역무관계, 용어(언어), 문서번호부여체계/형식 등을 명확히 규정함.

① 계약서만으로 불충분하다고 판단되는 사항 반영 역무 명확히 함

② 사업주의 특기사항, 사업주 사내관리규정에 반영 요청사항

③ 상기 사항이 없는 경우, 통신(교신)문서는 각사 기준,

④ 설계도서 작성은 당사 표준으로 제시 승인을 받도록 유도하고,

⑤ 기타 업무 간략화 추진.

6.5 KICK-OFF MEETING AGENDA 작성(대 사업주)

6.5.1 주요 확인 반영 사항

① 업무 범위(Scope Of Work And Services)

② Plant의 설계 기준

③ 프로젝트 설계 자료(확인 접수)

④ 설계수행상의 제반사항(조직 등)

⑤ 구매/조달수행상의 제반사항

⑥ 공사수행상의 제반사항

⑦ Coordination Procedure

⑧ 상호 협조 요청사항 및 첨부(각종 SCH. 등) 자료

6.6 구매요청서/공사발주의뢰서 작성(구매/공사 발주 관리)

6.6.1 구매요청서 작성/확인 반영 사항

① 공급범위(Scope Of Work And Services)

② 수 량

③ Spare Parts 상세 명기

④ 설치/시운전 관련 지원사항 상세 적용 등

⑤ 사업주 추천 Vendor 명기

⑥ 기타 공지 사항 : 후첨 참조

6.6.2 공사 하도 발주의뢰서 작성/확인 반영, 관리 사항

① 공급범위(Scope Of Work And Services)

② 공량 Check가 불가능한 경우 원발주처(사업주)의 ITB, 현장설명서 및 특기사항을
제공, 하도급 업체의 시공범위에 포함토록 한다.
(영업/견적시 누락분 만회 : 추가공사비 발생 최소화)

③ 설계도서 등 계약관련 도서 상세 제공

④ 사업주 추천 시공사 명기

⑤ 기타 특기 사항 제공

⑥ 기타 참조사항 :

　– 공사현설시 사업부PM/설계관련자 참석요망(필요시 견적팀 포함)

　– 개찰시 사업팀PM 입회하에 개찰(PM출장시 사전개찰협의)

　– 설계변경 청구조서에 PM 사인한 후 업무처리 실시

　– 대표 결재된 최종실행품의내역 공사팀장에게 제공(PM 판단)

　– 사업주 추천업체추천서 포함하여 발주의뢰서 발송

　– 현설시 사업PM이 업체를 추천할 경우 추천사유 기재요망

　– 영업당시 추천업체가 있을 경우 사장님 품의 필요함(공사 요구 사항)

　– 견적실행, 사업실행, 개찰금액이 외부 유출 유의

- 적용사례 -

구매 및 공정관리 절차 공지

구 매 팀

● 구매파트와 사업팀간의 업무수행 과정에서 발생되는 문제점을 단계별로 정리하여 시행코져 하오니 추후 업무수행에 반드시 반영될 수 있도록 협조바랍니다.

■ 구매 이전단계

-. 대갑계약서 ======견적요청시 하자기간, 보증률, 대금지불조건 등을 명시해야함
-. 사업수행 계획서(Mast Schedule, 조직도 포함)
-. 사, 도급 자재구분 WITH 공사, 구매
-. Equipment List 송부 ========== Vendor List작성(사업주 승인용)
-. 사업주로부터 승인된 Vendor List Issue
-. 사업주 Recommend Vendor는 반드시 연락처와 사업주 Letter 첨부요망.

■ M/R ISSUE 단계

-. M/R 작성시 실행예산, 요청납기, 납품조건, PM SIGN 등을 반드시 확인 후 제출 바랍니다.
  (Requisition은 5부 송부)
-. M/R 작성은 설계팀(공종별)이며 Requisition이 없는경우(철근, 레미콘등)는 사업 팀에서 작성.
-. M/R에 첨부되는 Requisition은 PM Sign 후 반드시 설계로 원본을 송부하고 사업 에서는 필요부수(사업주, 구매, 사업보관용)만큼 복사하여 사용할 것.
-. M/R 작성시 설계 / 사업 / 구매가 동일한 내용을 보관해야함.
  ▶ 철근, 철골, 파일, 레미콘 등은 사전에 물량을 통보바랍니다(물량의 조기확보 차원)

■ **구매 이후단계**

-. Vendor Print 승인에 대한 규정

    * Approved → 승인

    * With Comment → 조건부승인(Comment 반영하여 제작착수 Final V/P에 반영 제출)

    * Resubmit → 재제출(원자재 발주불가, 제작착수불가, Vendor Print 재제출)

    ◇ **승인일경우 구매파트로 2부(Vendor Issue & Inspection용), 재제출은 1부만 송부.**

-. Vendor Print는 가능한 5-7일 이내 승인될 수 있도록 설계요청 및 관리.

-. 사업주와 입회검사 품목을 사전협의하고 구매팀으로 통보요망

-. 설계변경(Revision)사항은 즉시 통보요망(Cost 반영)

-. 기타, 각종회의록(KOM, MOM) 및 Special Requirement

■ **납품단계**

-. 현장 요청납기를 주기적으로 Follow Up하여 구매팀으로 통보 바랍니다.

■ General

-. 발주후 발주업체, 발주금액 등은 반드시 대외비로 관리 하여주시기 바랍니다.

-. 구매 ERP SYSTEM의 많은 활용을 바랍니다.

  (Status Report For Procurement, 협력업체 등록현황 등)

■ Special Requirement

-. 장비의 Color에 대해서는 사업주와 Kom시 반드시 Confirm 바랍니다.

    * 특히 Cooling Tower는 Material이 Frp로서 제작 후 Color 변경이 불가함.

    (가능한 Requisition 작성 시 명시하는 것이 가장 좋은 방법임)

-. 사업 ERP에 현장소장/연락처를 반드시 입력바랍니다(현장소장 / TEL NO / FAX NO)

6.7 MONTHLY PROGRESS REPORT 작성

기성청구 등 실적관리의 용이성 등을 고려한 작성을 원칙으로 하되, 소규모, 단종 역무의 경우 등에 한하여 생략할 수 있다.

전체 프로젝트의 설계(Engineering), 구매(Procurement), 공사(Construction), 시운전(Pre-commissioning)의 진행사항, 문제점 및 대안이 표현되어야 함.

단, COST 관련사항은 적용을 피하고, 적용 시 "대외비" 처리 주의 요함.

6.7.1 MONTHLY PROGRESS REPORT 작성/확인 반영 사항

<u>적용 사례</u>

목 차

1. 사 업 추 진 개 요
   1.1 GENERAL
   1.2 DIARY OF MAIN EVENTS
2. 추 진 현 황
   2.1 당월 주요 실적
     2.1.1 GENERAL
     2.1.2 설계 주요업무 내용
     2.1.3 구매 주요업무 내용
     2.1.4 공사 주요업무 내용
   2.2 차월 주요 추진 계획
     2.2.1 GENERAL
     2.1.2 공사 주요업무 내용
3. OUTSTANDING ITEMS

첨부 :
   1. PROJECT SCHEDULE
   2. 현장 공정 사진
   3. 상세 공정 진도표
   4. PROCUREMENT ACTIVITY STATUS
   5. 기성 현황
   6. 공문 수/발신 LIST

NOTE : 사업형태에 따라 일부 조정 요함.

6.8 사업 실행 품의서 작성 및 손익보고 / 원가분석 관리

6.8.1 실행 품의서 작성

총계약금액에 따라 내부 수행 실행예산의 편성은 Proposal시에 작성된 "예상"실행예산을 기초로 하여 누락 항목이 발생하지 않도록 사업실행예산을 작성하여 "위임전결규정"에 따라 승인을 득한다.

– 적용 예 및 적용 양식 –

1) 실행내역(대체원가/경비실행)
2) DISPATCH SCHEDULE(필요시)
3) 설계외주비 집계(근거 요약, 필요시)

6.8.2 손익보고 / 원가분석 관리

매 익월 PM 손익보고용 및 원가관리 시 용이한 양식을 첨부하며, 해당 PM은 수시로 당 Project의 수지현황을 Check 하고, 주기적 원가분석으로 최종실행 예상 및 손익을 파악/돌발 상황 등에 신속 대처할 수 있도록 한다.

(Cost & Risk Control)

6.9 견적/입찰 제출 품의서 및 공사비내역서 작성

견적업무 수행 시 참조용 등, 발주자의 입찰견적/요구 조건에 의거, Item 누락 없이 직/간접비 등 각종 요율이 적절하게 적용(설계비/공사비) 될 수 있도록 하여, 최적의 견적가 작성 및 설계성과품 공사비내역서 작성 업무에 활용하기 위함이다.

– 적용 예 및 적용 양식 –

1) 견적/입찰 품의서
2) 공사비원가계산서 / 내역 총괄집계표
3) 2008년 엔지니어링사업대가의 기준
4) 2007년 하반기~ 건축공사 원가계산 제비율 적용기준
5) 2008년 엔지니어링 노임 기준

6.10 JOB PERFORMANCE REPORT(JPR) 작성

준공도서(TDB : Tech. Data Book) 제출(사업주) 후 Job Close Out Book(COB)
작성하고, 아래 사항을 반영 분석하여 JPR을 작성 대표이사까지 결재를 득한 후 JOB
관련 정리 전체도서(TDB+COB+JPR)를 자료실로 이관 등록 하여, 추 후 관련 근거 및
사업수행 참조자료로 활용한다.

적용사례 – JPR 작성 기본 항목(목차)

1. PROJECT 개요 및 주요진행 현황
1.1 PROJECT 형태
1.2 PROJECT HISTORY
1.3 ORGANIZATION
1.4 PROJECT 특수사항

2. PROJECT 손익
2.1 PROJECT 손익 계산서
2.2 손실 내역 및 COST 상승 원인 분석

3. PROJECT SCHEDULE
3.1 PROJECT SCHEDULE(첨부)
3.2 SCHEDULE 지연 원인 분석

4. SAFETY CONTROL
5. 사업수행 문제점(TROUBLE & ERROR) 및 개선 사항
6. COB
7. TDB

6.11 기타 사업수행 양식 : 적용 사례 및 양식

6.11.1 TER(Trouble & Error Report)

작성 취지는 발생원인을 분석하고 이에 따른 조기 대책수립으로, 사업주의 불만을 최
소화하고, 추가비용을 줄이기 위함이며, 또한, 당 사례를 통하여 동일/유사업무의 재발
방지의 계기로 삼고자 함.

6.11.2 회의록(MOM) 양식 : 내·외부 공용(부분 조정)

6.11.3 문서 발신 양식 : 대 외 발신 문서에 적용

① Fax 양식

② Letter 양식

③ Transmittal 양식

6.11.4 사내 교신 문서

① 문서 배포전 양식

6.11.5 기타 양식

① Action List : 주요업무 내용/처리 Check용

② 준공계 : 사업주 제출용

③ 준공계 : 하도급업체용(당사 제출용)

④ 추가공사비 청구 내역(요약) : 정산 청구시 참조

⑤ 설계변경청구·조서 : 하도급업체용(당사 제출용)

⑥ 기성금(선급/준공금 공통)청구·조서 : 하도급업체용(당사 제출용)

⑦ 공기(사)연기원 : 하도급업체용(당사 제출용)

chapter
07

공사 수행

1. 공사 수행계획의 준비

1.1 개 요

건설공사 관리에 있어서 공사계획 업무는 공사의 준비단계는 물론, 각 공사의 실시 단계에서도 재검토되어 건설공사를 가장 경제적이고 안전하게 달성하기 위한 중요한 업무이다.

공사계획의 결과에 따라 Project 전체의 성과가 좌우된다는 것을 충분히 인식하여 세밀하고 적절한 공사계획의 수립 및 충분한 검토를 실시한다.

공사계획은 지속적으로 비교, 검토하는 Base- line이므로 매우 중요하게 다루어야 한다.

1.2 PROJECT와 관련된 제반사항 확인

Project 진행 과정이나 관련 특기사항들을 확인한다.

1) Plant 및 프로세스 개요

① Project명칭
② Project의 이해 및 규모
③ Project 수행기간
④ 현장위치 및 주변상황
⑤ 사업주의 조직 구도
⑥ 개략적인 Process 이해
⑦ 시공 과정에서 주의해야 할 특기사항 파악
  - 고압배관 Line
  - 특수재질로서 별도 취급해야 할 부분
  - 위험이 큰 시공부분 여부
  - 고난도 기술을 요하는 부분
  - 공정상 Critical Path에 걸리는 부분 등

2) 계약관련 사항(계약서 포함)

① 계약형태 및 금액

② 계약조건

③ 공사범위(물량 포함)

④ 계약상 Project Schedule, 주요 Milestone 일정

⑤ 지불조건 및 방침

⑥ 지체상금, Penalty 및 책임(Guaranty)사항

⑦ 기타 특기사항

3) 업무 추진 시 중요사항

① 사업주나 정부의 인허가 항목 및 업무절차

② 감리단과의 업무협의 절차(Coordination Procedure)

③ 조달

　　－ 검수

　　－ 수송

④ 공사

　　－ 시공특기사항

　　－ 현지 Infra-structure

　　－ 현지 문화 및 주민 특성

　　－ 계약상 지정 시공업체 유무 또는 현지 업체 활용의무 등

　　－ 계약적 책임범위의 정의

　　－ Code 및 적용 Standard

⑤ 대관청 인허가 사항

⑥ 환경관리와 관련된 환경영향 요소의 확인, 검토

⑦ Change Order 및 Hand-over Procedure

4) 보 증

① 공사기간

② Workman-ship

③ Performance

④ 보험

5) 기타사항

① 실행예산/경비
② 도면관계
③ ITB요구사항, 계약상의 Deviation, Condition 변경 등 계약상에 명기되지 않은
각종 문제처리 등의 Screen List작성 및 대책 강구
④ Proposal 자료 Study

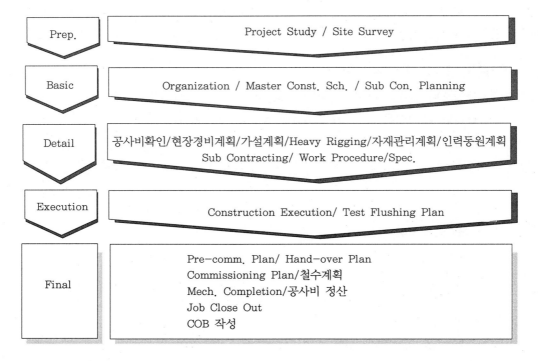

Prep.	Project Study / Site Survey
Basic	Organization / Master Const. Sch. / Sub Con. Planning
Detail	공사비확인/현장경비계획/가설계획/Heavy Rigging/자재관리계획/인력동원계획 Sub Contracting/ Work Procedure/Spec.
Execution	Construction Execution/ Test Flushing Plan
Final	Pre-comm. Plan/ Hand-over Plan Commissioning Plan/철수계획 Mech. Completion/공사비 정산 Job Close Out COB 작성

1.3 현장조사 작업

공사 수행계획 전 공사현장의 지역조건 및 주변 Infra를 사전에 조사하여 충분히 파악하는 것은 공사계획을 수립하는데 필수적일 뿐만 아니라, 공사를 성공리에 마칠 수 있는 기본이 된다.

현장조건은 각 프로젝트에 따라 상이하므로 공사 수행계획 수립 이전에 반드시 현장을 답사하여 그 현장 조건에 가장 적합하고 경제적인 공사 수행계획을 수립하는 것이 중요하다. 또한, 현장 사전조사는 사전에 조사항목을 정하여 조사자와 조사 횟수를 늘리면 오차를 줄이고 보다 정확하고 상세한 조사를 할 수 있다.

현장조사 시 확인해야 할 기본 항목을 살펴보면 다음과 같다.

① **조사 계획 및 조사물**
  - 조사자 선정, 조사책임 할당
  - 일정계획 및 조사방법 결정
  - 지도, Project 위치 도면
  - 카메라, 기록장, 줄자 등

② **공사부지 및 주변환경**
  - 공사부지 확인, 부지 형태 및 표차 확인
  - 도면과 비교
  - 토취장, 사토장 위치

③ **토질분석**

④ **기후조사**
  - 강우량, 강우일수, 호우시기, 기타 기상 관련 자료 조사
  - 기온, 풍량 및 풍향 등
  - Utility
  - 공사용 전기
  - 공사용수

⑤ **가설 및 시설물**
  - 사무실, 숙소, 식당, 가용 부지 위치 및 가용면적
  - 주차장 부지, 차량
  - 통신수단, 식수, 하수시설
  - 병원, 학교, 부식 조달처 및 방법

⑥ **수송시설**
  - 반입도로
  - 도로제약조건
  - 항만

⑦ **레미콘 시설 및 처리 용량**

⑧ **인력동원**
  - 임금수준, 동원가능 인력, 기능수준, 노무자 숙소, 인력동원 Source
  - 외국 노동자 취업제한 여부

⑨ 장애물
  - 송전선, 통신선, 이동로에 장애가 되는 지하 매설물
⑩ 환경
  - 출·퇴근 방법, 루트
  - 교통량
  - 공해규제
⑪ 기타 관련기관 인허가 사항

1.4 공사 수행방침 설정

시공업무를 수행함에 있어서 회사의 대리인으로서 현장을 이끌어 가며 모든 업무를 진두지휘하는 현장소장의 역할은 매우 중요하다. 따라서 현장소장의 운영방침은 Project의 성패를 결정지을 수 있는 중요한 근간이라 할 수 있다. 이 현장소장의 방침에 따라 모든 Planning의 방향이 결정되며 이 Planning에 의한 공사수행이 Project 마무리까지 일사분란하게 이루어지게 되는 것이다.

예를 들면, 무엇보다 안전을 최우선으로 삼는다든가, 사업주의 성향으로 보아 공기를 최우선으로 한다든가, 아니면 원가 절감이 최우선이라든가 하는 등의 최우선 방침에 따라 안전관리비를 증가시키거나, 안전 관련성과가 좋은 하도급 업체를 우선 선정하거나, 무조건 싼 가격의 업체를 선정한다거나 하는 식으로 계획이 달라지는 것이다.

따라서, 초기에 현장 대리인의 방침을 확인하는 것이 중요하며, 대개는 다음을 바탕으로 이해 관계자들이 공통으로 인식하며, 프로젝트의 목표를 명확히 할 수 있는 방침을 설정하게 된다.

1) 프로젝트의 목표설정 주요항목

① 회사의 경영방침
② 세계적인 추세
③ 사업주의 성향
④ Project목표
⑤ 현지의 문화나 주변상황
⑥ 시장상황
⑦ 개인의 경험

2. 공사 수행계획의 수립

2.1 CONSTRUCTION OVERALL EXECUTION PLAN

1) 사례(A)

Total Customer's Satisfaction

Integration and Optimization

• Assurance of Quality • On- schedule	• Safety First • Within Budget

Quality- oriented Performance	Schedule oriented	Safety Execution of Work	Cost- conscious Approach

　이 현장은 품질, 안전, 공기, 원가 등의 요소들을 Balanced Level로 유지하며, 이들의 조화로운 통합을 통해 고객만족을 이루는 데 최종목표를 두었다는 것을 읽을 수 있다.

2) 사례(B)

MISSION	초일류현장 구현
전략	• Project의 성공적 수행 • 철저한 기록문화를 통한 기술축적 및 전파 • 무재해 실현 및 고품질 현장 구현

실천계획	1.손익관리	2.공정관리	3.품질안전경영
	– 공법 개선을 통한 이익률 확보 – 사전점검을 통한재 시공방지 – 철저한 정산관리	– 계획공정의 사전사 후관리 – 공종별 공사 기록 생활화로 자료축적 및 전파 – 상호 긴밀한 업무 협조체제 구축 (효율적 공정관리)	– 주요작업 사전 위 험 잠재요소 발굴 – 지속적 교육을 통 한 의식개혁 – 기본 지키기 실현

이 현장은 손익, 공기, 품질/안전경영의 토대 위에 기술축적, 무재해 달성을 통해 초일류 현장 구현을 목표로 하고 있다.

이렇듯 각 현장마다 최고책임자의 의지를 담아 이를 달성하기 위한 전 이해관계자의 공동노력을 추구하는 것이다.

2.2 현장 중점관리사항

Project업무 내용 전반을 파악한 후에는 성공적인 공사수행을 위해 가장 영향이 크고 중요하게 관리되어야 하는 항목들을 발췌하여 지속적으로 관리하여야 한다. 즉, 가장 어려운 공사, 가장 기술이 필요한 공사, 프로세스상 가장 Critical한 공사나 기기, 가장 중요한 장애요인 등을 선별하여 중점관리 항목으로 선정한다.

이는 초기 파악 단계에서도 나타나지만, 공사 진행과정 또는 공사계획의 완료시점까지 그 결과에 의해 추가되기도 한다.

1) 중점관리 Point

주로 Project수행에 영향이 큰 Risk 항목으로서 관리가 가능한 것

① 민 원

민원과 관련된 사안은 개인의 이기심과도 직결되므로 실로 가늠하기 힘들 정도로 많은 경우의 수가 있다. 따라서 세심하게 조사하여 만반의 대비를 하여야 한다.

특히, 일단 민원이 발생되면 관계개선이 매우 어려울 뿐 아니라 공사진행에 막대한 영향을 끼치게 되므로 민원사항이 발생되지 않도록 충분한 사전 노력이 필요하다.

현장에서 민원이 발생할 수 있는 요소는 다음과 같다.

- 주요민원발생요소
  - 공사로 인한 지역 주민들과의 이해관계가 얽혀 있을 때
  - 여러 마을을 통과해서 지나가는 도로공사나 Pipe Line공사
  - 공사 소음, 진동 등으로 인하여 지역 주민들의 생활에 불편이 예상될 때
  - 하수가 주민 지역으로 흘러갈 우려가 있을 때
  - 공사로 인한 토사의 붕괴 등이 우려될 때
  - 공사 진입로가 주거지역을 통과할 필요가 있을 때
  - 공사 차량 이동으로 인한 도로 오염 등이 우려될 때

② 깊은 지하 구조물

공사계획 시 대형 Pit, Water Pond등 크고 깊은 구조물들은 별도의 상세 분석을 통해 대비책을 마련해야 한다.

특히, 지하 구조물은 주위의 공사에 막대한 영향을 주므로 주위 구조물 시공에 앞서서 가급적 우선적으로 시공할 수 있도록 계획 초기부터 관련 부서와 협의를 하고, 이를 위한 도면, 자재, 공사인력 투입 등 필요한 준비를 하여야 한다.

가급적 지하 매설물은 빠른 시일 내에 마무리 할 수 있도록 하여야 지상공사를 순조롭게 진행할 수 있다. 통상 지하 공사는 깊은 부분부터 하는 것이 좋다.

③ 기술적 난이도가 큰 항목

- 기술적 난이도가 요구되는 기기
- Project의 설치기기 중 Special Skill이 필요한 기기
- 대형 Compressor, 대형 Boiler, Aluminum Type Plate Heat Exchanger 등 Special Care가 필요한 기기 등

구 분	핵심 항목
토목작업	• 기초공사 및 매입시공 항목 • Anchor Bolt 위치 및 Projection • Blaster Wall의 Concrete타설 방법 및 물량 확보 　(대형 구조물임에도 불구하고 1개소의 Construction Join만 인정됨) 　– 세밀한 계획 　– 교대 작업조 확보 및 운영체제 　– Batch Plant 및 충분한 Mixer Truck 확보 　– 매입시공 분 사전확보 　– Concrete 타설 방법 및 양생계획
기계작업	• Reactor Tube의 공급 및 야적조건 충족 • 시공절차 및 방법 숙지 • 중량기기 선정 및 확보 • 특수 숙련공 확보 및 별도 훈련 • Vendor 요구사항에 부합되는 특수 공구 확보

④ Critical Path에 걸린 주요 기기

제작기간이 특히 긴 장납기 기기 등 Critical Path에 적용하는 기자재 등은 초기부터 지속적으로 관리하여야 하며, 지연으로 인하여 불필요한 추가투입이나 만회작업 또는 공기지연으로 연결되지 않도록 한다.

⑤ 공사를 안전하고 수월하게 하기 위한 관리 항목

공사를 안전하고 수월하게 진행하기 위한 주요 관리항목은 다음과 같다.

- Platform, Ladder, Handrail

- Grating

- Dress-out공법

- Pre-assembly가능 작업

- Module화 가능화 작업

- Permanent Road 및 Drainage

- Compressor Room 및 Over Head Crane 선 시공

위에 언급한 사항들은 조금만 관심을 가지고 초기부터 준비, 관리하면 시공 편의성이 좋아질 뿐 아니라, 안전성도 확보되고 공사비 절감의 효과까지 있으므로 꼭 챙겨야 한다.

⑥ 기술인력 동원

해외프로젝트일 경우 저개발국가나 지역적으로 기술인력 확보가 어려운 국가 등은 제3국 인력 수입, VISA확보 등 별도의 대책을 수립하여야 한다.

특히, 하도급 업체 선정 시에도 이 부분에 대한 대안을 반드시 확인하도록 한다.

⑦ 기타 난공사

기타 지역적이나 환경적으로 난공사가 예상되는 공사에 대해서는 별도의 특별대책이 꼭 필요하다.

만일, 경험이 부족하거나 하여 대책 마련에 어려움이 있으면, 외부 전문가의 도움을 받아 반드시 대책을 세워 Project수행에 차질이 없도록 하여야 한다.

2.3 품질/안전관리 방침

1) 품질관리 방침

품질관리는 Project가 수행해야 하는 요구사항을 만족시키기 위해 필요한 프로세스를 포함하는 것이다.

따라서 품질관리는 품질정책, 목표, 책임을 결정하고, 품질 시스템 내에서 품질기획, 품질보증, 품질통제, 품질개선 등을 통해 상기 내용을 구현하는 총괄적인 경영기능이다. 품질은 궁극적으로 고객만족(Customer Satisfaction)이 최종 목표이며, 이는 시방에 대한 부합성(Conformance to Specification)과 사용 적합성(Fitness for Use)의 조합으로 달성된다. 또한 검사 이전에 예방으로 이루어져야 하며, 경영층의 책임에 의해 전체 직원의 참여와 성공을 위한 자원으로 제공되어야 함을 이해하여야 한다.

한 회사의 품질관리 방침은 최고책임자가 공식적으로 표명한 품질에 대한 전반적인 경영의지의 표현이며, 모든 현장 구성원은 관련자가 품질에 대해 충분히 알고 있음을 보증할 책임이 있다.

회사의 품질정책 및 Owner의 요구에 부합되도록 하는 내용의 품질방침을 결정하여 대내·외에 공표하고, 이해 관계자로 하여금 이를 이해하고 같이 실천하여 궁극적 목표인 [고객만족]을 달성하도록 하여야 한다.

2) 안전관리 방침

안전관리란, 사업장의 모든 공정 및 공정에 산재되어 있는 위험한 요소를 조기에 발견, 예측하여 사고가 발생하지 않도록 강구하는 제반 안전 활동이다. 안전관리의 근본 이념은 인명존중에 있으며, 경영자는 안전조치 및 쾌적한 작업환경을 제공하여여 하며, 근로자는 안전유지와 재해 예방에 필요한 제반규정을 준수하여야 한다. 즉, 안전관리란 사고의 위험이 없는 상태로 유지시키는 업무를 뜻한다.

① 안전관리의 이해

우리는 통상 안전관리를 안전관리자가 하는 업무로 여겨왔다. 따라서, 거의 대부분의 현장 관리자는 안전에 대한 책임감 없이 형식적으로 흉내만 내고, 공사관리자는 공사만 챙기며 하루라도 빨리 시공하는 것만이 궁극적인 책임인 것으로 인식하고 있는 것이 사실이다.

따라서 현장에서 설사 위험 요소를 보거나 위험에 직면해도 의식적으로 회피하며, 시정책임을 안전 관리자에게 떠넘기는 것이 현실이다.

그러나 객관적으로 냉철하게 돌아보면, 현장의 작업책임은 시공관리자에게 있고, 그 작업을 하는 작업자들은 보호할 의무 역시 시공관리자에게 있다. 작업자들이 없는 시공현장을 상상할 경우 무슨 일을 어떻게 할 수 있겠는가. 그렇다면, 이들 작업자를 보호하며 안전한 작업환경을 만들고 유지하는 것은 누구의 의무이겠는가. 또한, 우리의 형제자매가 불안전한 환경이나 상태로 작업하고 있으면 가만히 보고만 있겠는가. 안전관리자는 회사와 현장소장의 안전방침을 실행할 수 있도록 현장소장을 보좌하여 제반규정이나 업무절차를 확립하고 교육, 전파시키며, 우리 일선 시공관리자들의 경험이나 기술적 지식의 부족한 부분을 지원하여 원활한 안전관리가 이루어지도록 지원하는 역할을 담당해야 한다.

결국, 한 마디로 안전관리는 구성원 모두의 책임이자 몫인 것이다.

② 안전방침

최고책임자가 공식적으로 표명한 안전에 대한 전반적인 경영의지의 표명이며, 모든 현장 구성원은 안전에 대한 일차적 책임이 있음을 인지하고, 특히 일선관리자는 이에 대한 투철한 책임의식으로 무장하야여 한다.

무재해 현장 구현을 달성할 수 있는 내용과 의지를 나타내는 강력한 안전 방침을 정하여 대내·외에 공표, 모든 이해 관계자들이 이를 이해하고 실천할 수 있도록 해야 한다.

2.4 현장조직 및 파견계획

1) 현장조직 편성

현장조직은 그 특성상 독립적으로 운영되는 Projectized Organization일 수밖에 없다. 따라서 현장소장을 중심으로 일시분란하게 움직일 수 있도록 편성해야 한다.

현장의 규모나 Sub-contracting의 Formation에 따라 기본 형태를 참고로 편성하게 되는데, 현장소장 또는 공사계획 책임자에 따라 차이는 있겠지만, 기본적으로는 각 담당자들이 맡은 바 업무를 자율적으로 책임지고 수행할 수 있는 Self-management 방식으로 운영하여 현장 인원들의 자율과 창의가 업무에 반영되도록 하는 것이 좋다.

① 조직 편성 시 기본조건

조직 편성 시 다음의 기본조건을 반영하여야한다.

– 조직 편성 시 반영항목
- 관리나 운영에 편리하도록 할 것
- 가능한 단순화하여 능률적으로 할 것
- 유사 업무를 가능한 통합할 것
- 조직 각 부문 직무를 명확히 구분하여 책임소재 및 권한을 명시할 것
- 현장소장에게 업무지시, 보고계통이 집약되어 대외 업무가 일원화되도록 할 것
- Staff를 될 수 있는 한 적게 할 것
- 외부에서 이해할 수 있는 조직 형태로 편성할 것
- 조직의 연락망 등 기타 업무 Flow를 작성할 것
- 현장 시공이 효율적으로 수행될 수 있도록 시공 중심으로 편성할 것
- 전체적인 현장 투자가 최소화되는 방향으로 편성할 것

상기의 사항들을 고려하여 편성하되, 그 규모는 Project 규모나 Sub-contracting의 형태에 따라 변화가 있을 수 있다. 또한, 기능별로 관리할 것인지 지역별로 관리할 것인지에 따라 달라질 수 있지만, 현장조직은 현장소장의 운영 방침이 반영되어 있는 것인만큼 각 조직 간의 업무범위 및 책임도 명쾌하게 정의되어 일사 분란한 업무처리가 되도록 하여야 한다.

특히, 시공팀과 Field Engineering, 시운전팀의 업무가 혼선 없이 수행될 수 있도록, 계획 초기부터 관련자들이 필요한 협의를 거쳐 공사 수행과정에서 혼선이 빚어지지 않도록 하는 것이 중요하다.

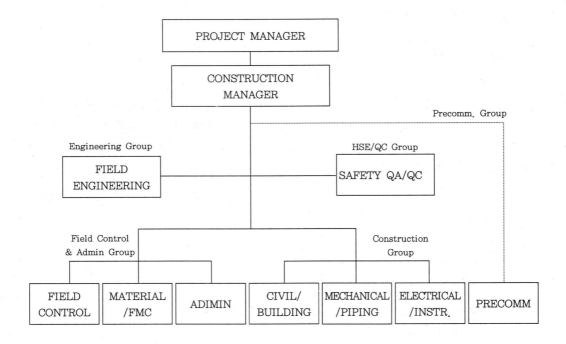

2) 파견계획(Dispatch Plan: Schedule)

① 파견계획

인력은 앞에서도 설명했듯이 단순히 조직편성표상에 나타난 모든 인력이 동시에 전부 필요한 것이 아니다. 주지하는 바와 같이 공사 진행에 따라 필요인력의 가감이 요구되며 이를 고려하여 각 인력의 현장파견 일정 계획을 세워야 한다.

즉, 각 파트별 업무책임에서도 나타나듯이 초기에는 관리, 공무, 토목, 가설공사를 수행할 인력만 파견되어 초기공사 수행 및 현장 Set-up 후 점차 후속업무를 위한 추가인력이 투입 되며 공사가 마무리된다. 철수할 때는 역으로 먼저 복귀하는 인력과 최종 마무리까지 남아 있어야 할 인력을 구분하여 계획을 세워야 한다.

이때, 특히 시운전과 Commissioning 단계로 넘어 가면서 시공을 담당했던 인력 중에서 또는 필요시 충원하여 Maintenance조직을 새로 구성하고, 이 Commissioning업무를 지원하도록 고려한다.

② 파견계획 작성

파견계획 작성 시에는 다음의 사항을 고려해야 한다.

– 파견계획 작성 시 고려사항

• Construction Schedule에 따른 파견기간을 결정한다.

- 초기 Project Study기간을 고려하여 해당 공종 착수 시점보다 1~2개월 전에 Project에 투입하여 최소한 1개월 전에 파견일정을 계획한다.
- 마감공사 및 해당 공종의 Hand-over기간을 고려하여 철수계획을 수행한다.
- 하도급업체의 최종정산까지 마무리하는 일정을 감안하여 계획한다.
- Commissioning 및 Start-up Operation 시 필요한 인력은 그 기간을 추가 산정하여 반영한다.
- 마지막 마무리 시에는 가급적 현지 인력을 활용할 수 있도록 한다.
- Dispatch Schedule에 의하여 현장 경비, 원가가 반영되도록 한다.
  → 또한, 숙소, 차량, 사무실 등 가설 계획도 반영함을 잊지 않도록 한다.

2.5 협력업체 선정(Sub-contracting Plan)

현장의 시공업체를 선정함에 있어 가장 중요한 것은 공사 수행계획의 협력 구도에 대한 Planning을 어떻게 구상하느냐 하는 것으로, 이에 따라 많은 부분이 좌우된다.

Sub-contracting Planning 시 고려해야 할 주요 요소는 다음과 같다.

- Sub-contracting Planning시 고려사항
  - 시공업체 능력
  - 지역특성
  - 당해연도 Work Load
  - Project Work Volume

1) 협력업체 선정 계획(Sub-contracting Planning)

특히 해외현장 공사에 있어 어떤 지역 공사의 공사수행을 위한 가장 경쟁력 있는 협력업체를 선정하기 위해서는 공사를 어떻게 분리하여 협력업체를 선정할 것인지를 정하는 것이 가장 중요하다.

해당 국가의 현장별, 시기별로, 때로는 국제적으로 해당 분야의 공사발주 물량, 발주시기 등도 고려하여 수시로 변하는 여건을 감안하여야 한다. 즉, 그때그때 해당 업체들의 Work Load와 현장 사정 등을 고려하여 그 현장의 그 시기에 맞는 계획을 짜야 한다.

2) 협력업체 선정 기준

공사계획 시 프로젝트 특성 및 환경에 따라 「전체 공사를 어떻게 분리하여 협력업체를 선정할 것인가」에 대한 준비를 해야 한다.

실무 수행시 고려해야 하는 공사 Formation은 다음과 같다.

① **협력업체 선정시 공사 Formation 고려사항**

- 토목공사를 한 업체로 선정할 것인가.
- 건축시공 업체를 두 업체로 나눌 것인가.
- 가설공사 시공업체나 지하배관 매설공사 업체 선정에 있어, 본 공사 참여 업체를 대상으로 할 것인가, 아니면 별도의 전문업체를 선정할 것인가.
- 철골·기계배관공사를 2, 3지역으로 분리하여 묶어서 발주할 것인가.
- 기계·배관공사만 묶어서 발주하고 철골은 분리하여 발주할 것인가.
- 철골은 제작회사에게 현장 설치까지 맡길 것인가.
- 배관공사 업체에 보온·도장공사도 포함시킬 것인가, 아니면 독립적인 전문업체를 선정할 것인가.
- 열처리, 비파괴 검사에 별도의 전문업체를 선정할 것인가, 아니면 기계·배관공사 업체에 묶어서 발주할 것인가.

또한 업체 선정시에는 업체의 전체적인 현황 및 전망을 참고하여야 한다.

업체 선정 시 주요 Key Point는 다음과 같다.

② **협력업체 선정시 주요 Key Point 고려사항**

- 경영현황 및 재무상태
- 과거 유사 Project수행 실적
- 동 기간의 Work Load
- 회사 대표의 Mind
- 회사 신용도
- 수행능력
- Key Personnel 경력

③ **종합건설, 단종업체 협력시 예상효과**

향후 당사가 해외에서 1억 달러 이상의 대형 Project를 수행 시 현지의 특성, 문화, Practice 등을 고려하여 종합시공사를 동원할 것인지, 아니면 단종업체를 여럿 동원할 것인지를 선택하게 된다. 다만, 단종업체의 구성으로 수행 처리할 수 있는 규모에 제약을 받으므로 어느 규모이상은 일단 종합 시공사나 최소한 복수공종을 수행할 수 있는 업체로 구성하여 당사의 관리범위를 줄이고, 시공사 자체 관리력을 살릴 수 있는 방향으로 구상하게 된다. 이 경우 유사 관련공종 즉 기계·배관·철골공사를 묶거나, 혹은 철골공사를 건축공사와 묶으면 효과적인 시공을 기대할 수 있다.

또한, 어떤 경우라도 만일의 상황에 대처할 수 있는 대안을 Planning 초기부터 마련하여야 한다. 다른 업무도 비슷한 경우가 많겠지만, 특히 공사라는 것은 본사에서 적극적으로 지원할 수 있는 사장의 경영전략도 중요하다. 그러나 현장을 이끄는 현장소장에 따라서 그 성패가 갈리는 경우가 대부분이므로 아무리 실적이 좋은 업체라 하더라도 항상 순조로운 진행이 보장되는 것은 아니다.

또한, 어느 업체라도 손실이 예상되면 결코 공사가 순조로울 수가 없다는 것을 항상 염두에 두고 업체선정 전에는 필요한 모든 사항을 세심하게 검토하여 반영해야 한다.

그리고 일단 업체가 선정된 이후에는 한 배를 타고 운명을 같이 해야 하는 공동체임을 명심, 최대한 지원하여 업체가 적정한 이윤을 확보하고 성공적으로 공사를 수행하도록 관리하여야 한다. 또한, 공사수행 시 만일의 문제발생에 대비한 대안도 마련하여 철저히 관리하여야 한다.

가장 많이 선택하는 대안으로, 복수의 업체를 동원하여 수행 자체의 경쟁을 유도시키면서 만일의 경우에 즉시 대처할 수 있는 방안을 마련해두는 것은 대단히 중요하다.

상황에 따라 한 개의 종합대형업체로 갈 수밖에 없는 상황이 발생하더라도 대안으로 삼을 수 있는 업체를 조사·분석해 놓아 평소에 유기적인 관계를 유지하며 대처하는 것도 방법일 수 있다.

구 분	장점(기대효과)	단점(예상문제점)	비고(대안)
종합 건설 업체	– Main Con. 현장인력 최소화 가능 (인당 매출 증가) – 미경험 지역에 대한 공사리스크 최소화 – 대형공사 수행가능 – 높은 수준의 관리가 가능	– General Contractor 관리능력 필요 – 업체의 클레임 대비 필요 – General Contractor 의 업무수행이 원활하지 못할 때 대안이 없음	– 공사 Key Person (소장, 공무)의 관리능력 향상 – 숙련된 General Contractor 육성 – 영역별 복수업체 활용 고려
전문 건설 업체	– 공종별 전문성 – 세밀한 관리 – 여러 대안을 구상	– 업체의 관리능력 부족 – 자산의 관리범위 증가 (관리인력 증가)	– 자산관리인력 추가투입 – 세밀한 업무체계 구축

그 밖에, 지역이나 Project 상황에 따라 아예 Proposal 시부터 현지의 대형 시공업체와 Consortium을 하거나 Joint Venture 등 Partnering을 하는 경우도 있다.

상기의 여러 변수를 고려하더라도 현지 대형업체와의 Consortium, J/V. Partnering을 제외하고는 대형종합시공사라 하더라도 특수한 공종은 전문업체로 재하도급을 줄 수밖에 없다. 따라서, 이를 분리발주할 것인지 아니면 관리를 줄이기 위해 종합사로 포함시킬 것인지를 잘 판단하여 반영해야 한다.

주로 재하도급으로 처리하는 특수공정은 다음과 같다.

- 가설 시설물 및 공사
- Site Preparation
- Piling
- PEB
- Heavy Lifting
- 비파괴 검사
- 열처리

④ **Heavy Lifting**

화공 및 발전 Plant 현장은 초대형 기기들의 설치공사를 하여야 하는 것이 통상인데, 이는 일반 시공사들이 쉽게 동원할 수 있는 장비가 아니므로 이러한 특수 장비들을 취급할 수 있는 특수 초대형 장비 전문가들을 활용해야 한다.

따라서 이는 상당히 고가의 대금을 지불해야 하는 것이다. 그러므로 이들 특수 장치물들의 설치공사는 별도로 취급하여 별도의 전문회사를 동원하는 계획을 세워야 한다.

⑤ **Insulation**

통상, 보온작업은 부작업으로 여겨 가볍게 다루는 경향이 있는데, 예상 외로 주 공사를 잘 진행해 놓고 마지막 보온공사에서 마무리를 못해 시간을 놓치는 안타까운 상황들이 종종 벌어지곤 한다.

이는 공사 특성상 보온공사는 단순작업이기는 하지만 시간이 많이 걸리는 반면, 작업을 할 수 있는 여건은 Project 후반에 몰려서 형성되기 때문에 시간적 제약을 받기 때문이다.

따라서 중형 이상의 Project에서는 복수업체를 투입하여 단시일 내에 처리할 수 있도록 경쟁체제를 구축하는 것이 좋다.

2.6 실행예산 작성 및 검토

1) 공사 실행예산

실행예산이란, 공사 목적물을 계약된 공기 내에 완성하기 위해 공사 손익을 사전에 예지하고 목표이익을 명확히 하여, 합리적인 현장운영 및 공사수행을 추진하도록 사전에 작성되는 예산이다. 그러므로 건설업의 특성인 불확실성을 최소화하고, 실행 가능한 최소의 비용으로 안전하게 시공되도록 작성되어야 한다.

실행예산은 공사관리의 기준이므로 공사 착수 전 소정의 기일 내에 현장 여건을 반영하여 실행 가능하도록 편성하여야 한다.

2) 실행예산의 기능

① 계획 기능(Planning Function)

회사의 경영방침에 따라 작성된 경영계획상의 목표이익 실현을 위한 제반 실행계획에 구체적인 작업방침이나 예산절감을 위한 원가절감 방안 및 기술적인 사항과 행정적인 사항 등을 포함한다. 나아가, 효과적으로 목표달성을 할 수 있도록 상세하고도 구체적인 내용이 계수적으로 표현되게 하여야 한다.

② 조직기능(Organizing Function)

현장의 공사 시공 활동을 효과적으로 수행할 수 있는 조직구성과 필요인력을 확보하도록 한다. 조직의 규모나 파견일정에 따라 직접적으로 원가가 투입되므로 업무 완수에 필요한 조직을 구성하는 것도 중요하지만, 불필요한 원가가 투입되지 않도록 하는 적절한 조정도 필요하다.

③ 지휘기능(Direction Function)

예정된 건설 공작물을 완성하는데 필요한 제반사항을 근거로 실행예산이 편성되어 있으므로 이에 근거하여 제반 활동이 유도되고 지휘된다는 것을 구성원 모두가 이해하여야 한다. 모든 일에는 비용이 수반된다. 돈이 투입되지 않고 저절로 이루어지는 것은 하나도 없다고 봐야 할 것이다. 따라서 이 실행예산의 범위 내에서 모든 활동이 이루어지는 게 당연한 일이다.

④ 조정기능(Coordination Function)

회사의 경영목표 달성을 위한 과정 중, 경영 각 부분의 집행 과정에서 발생 될 수 있는 각종 문제에 대하여 회사의 제반방침 및 규정에 따라, 각 부문 상호간의 업무 활동을 유기적으로 통합하여 상호협조 하에 경영 활동을 수행하도록 하는 것이다.

⑤ 통제기능(Control Function)

- 목표이익 실현 가능성 측정
- 경제성의 측정
- 예산과 실적의 비교분석
- 표준과 실적의 비교분석
- 예산 또는 표준과 실적과의 차이 발생 원인을 규명하여 개선을 위한 필요 대책 강구

－ 차이 발생 원인이 통제 불가능할 경우에는 소정의 절차를 밟아 계획을 변경하도록
조치

3) 실행예산의 편성

실행예산은 회사의 제 규정에 따라 편성하며 당사에서는 사업관리팀에서 작성하여
관리하고 있다.

4) 공사원가계산

① 순 공사원가

② 직접 공사비

공사 시공을 위해 공사에 직접 투입되는 비용으로, 재료비, 노무비, 외주비, 경비, 손
료 등을 말한다.

③ 간접 공사비

공사 시공을 위하여 간접 투입되는 비용으로, 공사를 수행하기 위한 현장운영 제경비,
산재보험료, 안전관리비, 건설보험료, 하도급자 공과잡비, 부가세 등을 말한다.

④ 재료비

공사원가를 구성하는 다음 내용의 직접 재료비 및 간접 재료비를 말한다.
－ 직접 재료비 : 공사 목적물의 실체를 형성하는 물품의 가치
－ 간접 재료비 : 공사 목적물의 실체를 형성하지는 않으나 공사에 보조적으로 소비되
는 물품의 가치
－ 재료의 구입 과정에서 당해 재료에 직접 관련되어 발생하는 운임, 보험료, 보관비
등 의 부대비용은 재료비로서 계산
－ 계약 목적물의 시공 중에 발생하는 작업 부산물은 그 매각액 또는 이용가치를 추산
하여 재료비로부터 공제

⑤ 노무비

공사원가를 구성하는 다음 내용의 직접 노무비, 간접 노무비를 말한다.
－ 직접 노무비 : 공사 현장에서 계약 목적물을 완성하기 위해 직접 작업에 종사하는
종업원 및 노무자의 노동력의 대가로서, 기본급, 제수당, 상여금, 퇴직급여 충당금
의 합계
－ 간접 노무비 : 직접 현장작업에 종사하지는 않으나 작업현장에서 사무직원, 각종
지원업무, 종업원과 현장 감독자 등 간접적인 업무에 종사하는 자의 기본급과 제수
당, 상여금, 퇴직급여 충당금의 합계

구 분		간접 노무비(%)	비 고
공사 종류별	건축공사	14.5	품셈에 의하여 산출되는 공사 원가 기준
	토목공사	15	
	특수공사(포장, 준설 등)	15.5	
	기타(전문, 전기, 통신공사)	15	
공사 규모별	5억 미만	14	
	5~30억 미만	15	
	30억 이상	16	
공사 기간별	6개월 미만	13	
	1~12개월 미만	15	
	12개월	17	

⑥ 경 비

　기타 회사에서 규정하는 바에 따른 경비를 산출한다.

⑦ 일반 관리비

　일반 관리비는 기업의 유지를 위한 관리활동 부문에서 발생하는 제비용을 말하고 회사의 제반규정에 따라 적용한다.

⑧ 안전관리비

　건설사업장에서 산업재해 및 건강재해의 예방을 위하여 산업안전보건법에 규정된 사항의 이행에 필요한 비용을 말한다.

⑨ 산재보험료

　제 규정에 따라 보험료를 산정하여 반영한다.

⑩ 공과잡비

　공사 진행에 소요되는 제반 세금, 지급이자, 일반 관리비, 이윤 등을 포함한 비용을 말한다.

⑪ 이 윤

　이윤은 영업이익을 말하며 회사의 기준에 따른다.

⑫ 총원가 = 순 공사원가 + 일반 관리비 + 이윤

⑬ 도급 계약액 = 총원가 + 부가가치세

총공사 원가	순공사비 원가	재료비	직접 재료비 : 주요 자재비, 부품비 간접 재료비 : 소모 재료비, 소모 공구비, 가설 재료비
		노무비	직접 노무비 : 기본급, 제수당, 상여금, 퇴직급여 충당금 간접 노무비 : 직접 노무비 X 간접 노무비율
		경비	도서 인쇄비, 지급 수수료, 환경보전비, 안전관리비, 특허권 사용료, 지급임차료, 보험료, 외주 가공비, 보관비, 수도광열비, 연구개발비, 복리후생비, 소모품비, 여비, 교통비, 통신비, 과세공과, 기술료, 전력비, 품질관리비, 폐기물처리비, 기계경비, 운반비, 가설비
	일반관리비		공사원가 × 일반 관리비율
이 윤			(노무비 + 경비 + 일반관리비) × 이윤율

2.7 공사계획(Planning) 수립

1) 현장조사

앞에서도 언급한 바 있지만 초기의 수행계획을 어떻게 수립하느냐에 따라 Project가 순항 할지, 아니면 무수한 난관에 봉착하며 어려움을 겪을지가 결정된다. 결정을 잘 세우기 위해서는 그만큼 해야 할 업무내용이나 범위를 잘 알아야 할 뿐만 아니라, 여러 가지로 파악해야 할 사항들이 많다.

기본적인 Project 관련 study가 끝나면 세부계획을 세우기 전에 여러 가지 정보를 수집 하게 되는데, 그 첫 번째 가장 중요한 작업이 바로 현장조사이다.

이 부분은 견적작업 시에도 반드시 실사를 하여 Project 수행에 영향을 줄 수 있는 변수를 확인해야 한다. 그러나, 이 단계에서는 현실적으로 아주 세밀하게 재조사를 실시하여 필요한 정보를 확인해야 한다.

현장조사에 대한 항목은 사실 한계가 없다.

Project 수행에 영향을 미칠 수 있는 사항들은 무엇이든 가급적 상세히 조사하여 수행계획에 반영하도록 한다.

기 수행자료, 즉 Lessons and Learned 자료 등도 수집하고, 가능하다면 유사 Project를 견학하여 직접 눈으로 보고, Project의 그림도 그려보고, 경험자의 경험담을 들어 보는 등, 적극적으로 정보를 수집하여 세심히 Planning에 반영함으로써 수행 도중 돌발 상황이 발생되지 않도록 하여야 한다.

2) 계획수립

수집된 정보를 바탕으로 계획을 수립할 때는 가급적 구체적이고 세밀하게 작성하되, 이해관계자 특히 공사에 참여할 구성원들이 동참하여 계획 초기부터 공동작업을 하는 것이 좋다. 또한, 시공협력사는 가급적 일찍 선정하는 것이 좋으며 공사계획을 구체화 하는 작업에 동참시키는 것이 좋다.

이는 Project 수행에 있어서 공통의 이해를 돕고 같은 방향으로 추진하는데 필요한 Communication Tool로서 상당한 역할을 하게 된다.

공장 시설물들에는 그 특성상 대형기기들이 있게 되는데, 이는 그 무게나 크기로 인하여 취급하는 데, 상당한 제약을 받게 된다. 따라서 제작공장에서부터 현장 설치위치 까지 운송루트나 방법 등도 미리 계획단계 때부터 면밀히 조사하여 계획을 수립하고, 필요할 경우 일부 설치를 유보하는 등 제반 조치사항을 사전에 점검해야 한다.

이 경우 이들 Heavy Lift들을 설치하기 위한 초대형장비들의 반입, 적재, 운전에 필요한 제반준비 역시 계획에 반영하여야 한다.

또한, 장치물 중에 크기나 무게는 초대형이 아니더라도 고공에 설치되는 것들도 있다. 이들의 설치를 위한 필요사항 역시 초기부터 Planning에 반영해야 나중에 순조로운 시공을 할 수 있다.

Heavy Lift는 워낙 대형장비들이 동원되므로 이 장비들의 반입, 야적, 조립, 이동, 작업반경 등을 고려한 부지나 일부 작업의 Holding, 기존 시설물과의 장애요소 등에 대해 세밀한 조사를 통해 계획을 세우지 않을 경우 낭패를 보게 되므로 주의하여야 한다.

특히, 기존 시설물과 근접하여 시공할 경우 더욱 유의한다.

3) 계획의 수정

계획은 Project Life Cycle에서도 나타나듯이 초기계획이 그대로 진행되는 경우보다는 Project가 진행 되면서 시시각각으로 관련된 환경이나 조건이 바뀜에 따라 지속적으로 분석·검토하여 수정하게 된다.

여기서 통상 범할 수 있는 과오가 너무 잦은 변경을 구실 삼아 아예 수정을 하지 않고 그때그때 적당히 대처하거나, 아니면 수정한 이후 이해 관계자, 즉 사업주, 관련 조직구성원, 시공협력사 등과 수정된 계획을 공유하지 않아 업무에 혼선을 빚거나, 상호 불신을 초래하는 경우이다. 팀플레이의 가장 기본은 정보공유임을 명심해야 한다. 이 부분은 우리가 조금만 생각하면 알 수 있는 부분이다.

예를 들어, 건축의 일부 골조공사에서 어떤 이유 때문에 순서를 바꾸게 되었다고 가정해 보자. 담당자는 담당 팀장과 상의하여 가장 합리적인 결정이라고 판단하여 시공순서를 바꾸기로 하고, 해당 협력사를 불러 업무지시를 하기에 이르렀다면, 이때 다음과 같은 사항을 고려해야 할 것이다.

- 계획 수정시 고려사항
  - 그 날 해야 할 일인가
  - 그 다음 날 할 일인가
  - 며칠 후에 해야 할 일인가
  - 일방적 지시인가 업무협의인가
  - 사전 협의인가 결정 후 통보인가
  - 관련된 다른 부서에 통보 또는 업무협의가 있었는가
  - 이 변경으로 인해 타 공정계획에 차질이 없는가
  - 이 변경으로 인해 또 다른 문제의 발생 소지는 없는가
  - 사업주에게 변경사항이 통보되었는가

이런 상황에서 각각의 경우에 따라 그 영향이 다르다는 것을 쉽게 판단할 수 있으므로 모든 경우의 수를 고려하여 수정하도록 한다.

또한, 모두가 정보를 공유하고 Team Work으로 움직일 때만이 그 성과를 최대한 기대할 수 있음을 명심해야 한다.

「Plan」-「Do」-「Check」의 원칙이 여기서도 나타나는데, 이 모든 정보는 반드시 공유되고 사전에 분석하여 계획을 수정할 때 또 다시 같은 Process를 밝게 하는 것이 중요하다.

3. 공사 관리 실무

3.1 착공관련 실무

3.1.1 현장개설 업무

1) 현장사무소 개설

2) 현장 총괄책임자(현장대표) 선임 및 조직(관리감독자) 배치

① 당사는 공사규모 및 공사금액에 따른매뉴얼화 되어 있는 인력배치를 원칙으로 함.
② 공사의 특수성, 공기, 공법에 따른 추가인력의 필요시 부서장과 현장 총괄책임자의 협의 하에 충원 할 수 있다.

3.1.2 착공신고

1) 건축허가

설계사에서 건축물의 설계에 대한 허가를 관련 관청에 득하는 절차로서 설계 Scope이 사업주에게 있는 프로젝트는 사업주의 해당 업무이며 당사가 설계한 프로젝트는 당사 설계팀이 수행한다.

2) 착공신고 이전의 신고 항목

(1) 유해위험 방지계획서 제출

① 업무절차

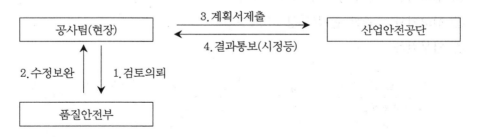

② 신고대상 공사

- 높이 31m 이상의 건축물 또는 공작물의 건설/개조/해체 공사
- 최대 지간 50m 이상의 교량공사

– 터널공사

– 제방높이 50m 이상의 댐공사

– 게이지 압력 1.3Kg/cm^2 이상의 잠함공사

– 깊이 10.5m 이상의 굴착공사

(2) 비산먼지 발생사업 신고

① **신고기관** : 관할 관청(구청/시청/군청)

② **신고대상 공사**

　가. **건물건축공사** : 연면적 1,000cm^2 이상

　나. **토목건설공사** : 구조물 용적 1,000m^3 이상

　다. **공사면적** : 1,000m 이상 또는 총연장 200m이상

　라. **조경공사** : 조경 연면적 5,000cm^2 이상

　마. **건물해체** : 연면적 3,000cm^2 이상

　바. **굴정공사** : 연장 200m 이상 또는 굴착토사량 200m^3 이상

③ **제출처 및 시기** : 관할청 환경위생과, 착공 3일 전까지

④ **구비서류**

　　– 시설관리기준 및 조치사항, 사업개요, 현장위치도,

　　– 방지시설계획 배치도, 세륜시설 계획도 등

⑤ 설계변경시 비산먼지 발생사업 변경 신고를 하여야 함.

⑥ **관련법규** : 대기환경보존법 제62조, 환경청고시 87호

(3) 건설 폐기물 처리신고

① **신고기한** : 건설공사의 실착공일 전(착공계 첨부사항)

② **신고기관** : 관할 관청(구청/시청/군청)

③ **업무절차**

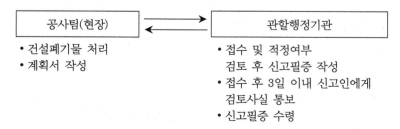

④ **설계변경시 변경계획서 재제출**

(4) 특정공사 사전신고

① **신고기관** : 관할 관청 환경과(도청/시청)

② **신고기한** : 공사착공 최소 3일 전

③ **신고대상 공사**

    가. 연면적이 1천 제곱미터 이상인 건축물의 건축공사 및 연면적이 3천 제곱미터 이상인 건축물의 해체공사

    나. 구조물의 용적합계가 1천 세제곱미터 이상 또는 면적합계가 1천 제곱미터 이상인 토목건설공사

    다. 면적합계가 1천 제곱미터 이상인 토공사·정지공사

    라. 총 연장이 200미터 이상 또는 굴착 토사량의 합계가 200세제곱미터 이상인 굴정 공사

    마. 영 제2조제2항의 규정에 의한 지역에서 시행되는 공사

        ⓐ 종합병원, 공공도서관, 학교, 공동주택의 부지경계선에서 50m 이내 구역의 공사

        ⓑ 주거지역, 취락지구에서의 공사

④ **관련법규** : 소음진동규제법 제25조, 제26조, 제58조, 제59조, 제61조

3) 착공신고

공사를 착공하기 위하여 관련 관청에 신고하는 행위

① **신고기한** : 당사에서는 도급계약 후 7일 이내를 원칙으로 하고 있음.

② **착공신고 전 신고서류의 검토 및 신고**

    – 비산먼지 발생사업 신고

    – 건설 폐기물 처리신고

    – 특정공사 사전신고

③ **구비서류**

    – 건축허가서

    – 건축개요

    – 실시설계도서

    – 감리용역 계약서

    – 사업자 등록증 및 각종 면허 사본

    – 법인 등기부등본/인감증명/사용인감계/예치보증서

    – 현장기술자 지정신고서(현장대리인/안전관리자/시공기술자)

- 비산먼지 발생사업 신고서
- 건설폐기물 처리 신고서
- 특정공사 사전신고서
- 예정공정표/품질관리계획서/안전관리계획서

* 첨부서류는 각 관할 관청 및 발주처에 따라 상이할 수 있으므로 신청 전에 건축담당
  과 협의하여 제출하도록 한다.

4) 착공 전 신고 및 신청사항

① **경계측량** : 공사 현장의 지적도에 의한 정확한 대지경계 측량을 위하여 실시하는
   행위로 계약 후 즉시 시행을 원칙으로 한다.

② **신청기관** : 대한지적공사 관할 출장소

③ 대한지적공사의 경계측량 신청서로 신청하고 수수료를 납부한다.

④ 측량은 관할출장소에서 측량기사가 실시하고 측점에 대하여 현장 준공 시까지 완
   벽히 보존하도록 한다.

3.1.3 공사진행 중 신고 및 신청사항

1) 착공후 신고 및 신청사항

(1) 가설 건축물 축조신고

① **신청기관** : 관할 구청 및 군청

② **신고대상** : 현장에서 공사에 필요한 모든 가설 건축물(사무실, 창고, 식당, 숙소,
   가설정화조)에 대하여 축조전 신고필증을 득하여야 한다.

③ **첨부서류**

가. 가설건물 배치도, 평면도, 입면도

나. 건축허가서 사본(필요시)

④ 건축허가서에 가설 건축물의 규모가 명기되어 있을 때 별도의 신고를 하지 않아
   도 된다.

⑤ 가설 건축물의 규모가 100평 이상일 시에는 년 1회(7월1일자 기준) 해당 동(읍)사
   무소에 지방세를 납부하여야 한다.

(2) 가설전력/본전력 인입 신청

① **신청기관** : 한국전력공사 관할 지점

② **업무절차**

　　가. 한전지점에 수용신청

　　나. 공사비 및 시설분담금 납부

　　다. 계기봉인 후 급전

③ **첨부서류**

　　가. 관할구청 신고필증

　　나. 전기안전공사 사용검사 필증

④ 임시동력과 본동력 수용 신청시 첨부 서류가 상이할 전력 신청전 한전담당자와 협의하도록 한다.

⑤ 전기안전담당자의 선임이 필요한 경우에는 한국전기안전공사에 위탁 선임하는 방법과 전기안전관리 대행 업체에 위탁하여 선임하는 방법중에 검토하여 선정하도록 한다.

(3) 가설급수/본급수 인입 신청

① **신청기관** : 상수도사업소 관할 지점

② **업무절차**

　　- 상수도사업소 관할 지점에 수용신청

　　- 공사비 및 시설분담금 납부

　　- 계기봉인 후 급수

③ **첨부서류**

　　- 가설수도 위치 평면도

　　- 가설 건축물 축조 신고필증

④ 계량기에서 실제 사용하는 장소까지의 배관공사는 수용가(현장)에선 시공 함으로 사전 공사비용 반영

⑤ **특기사항** : 매년 12월말부터 2월말까지 굴착허가 승인이 나지 않으므로 공사시기 사전검토가 필요함.

(4) 도로점용 허가 신청

① **신청기관** : 구청/시청/군청의 토목과

② **업무절차**

　　- 도로점용 허가 신청서(관양식) 접수

　　- 점용료 납부

③ 첨부서류

- 지적도/설계서(위치도, 평면도)
- 점용면적이 표기된 배치도(1/600~1/1200)
- 인허가 필증

④ 도로 점용료의 납부에 대한 부담은 도급계약조건에 따라 시행하나 통상적으로 자체사업을 제외하고는 사업주의 부담 사항임.

(5) 도로굴착 승인 및 복구허가 신청

① **신청기관** : 구청/시청/군청의 토목과

② **업무절차**

- 도로굴착 승인 및 복구허가 신청서(관양식) 제출
- 허가서 접수

③ **첨부서류**

- 위치도(1/3000) 3부
- 굴착복구 설계도 2부
- 복구업체 면허증 사본
- 굴착복구사업 계획서
- 도로굴착 내역서(별도양식)

④ **특기사항**

- 공사중 도로를 굴착할 경우 공사기간, 계획 등을 관할관청 토목과 담당자와 사전 협의토록 한다.
- 지하 매설물의 사전에 파악하여 유의하여 시공하도록 한다.
- 민원 발생의 소지가 있으므로 계측기 설치 검토

(6) 공작물 축조 신고

① **신청기관** : 관할 관청(구청/시청/군청)

② **관련법규** : 건축법 제72조, 건축법 시행령 제118조

③ **신고대상**

- 국토의 계획 및 이용에 관한 법률에 의하여 지정된 도시지역, 2종 지구단위 계획 지역
- 고속도로, 철도의 경계선으로부터 양측 100m 이내구역

④ 공작물의 종류
- 높이 6m를 넘는 굴뚝, 기념탑 등 이와 유사한 것
- 높이 4m를 넘는 광고탑등 이와 유사한 것
- 높이 8m를 넘는 저수조, 기타 이와 유사한 것
- 높이 2m를 넘는 옹벽 또는 담장
- 바닥면 30평방미터를 넘는 지하대피호
- 높이 6m를 넘는 골프연습장등의 넘는 골프연습장 등의 운동시설을 위한 철탑, 주거
  지역 또는 상업지역 안에 설치하는 통신용 철탑 또는 이와 유사한 것
- 높이 8m를 넘는 주차장(위험방지를 위한 난간의 높이는 제외하며 바닥이 조립식인
  주차장도 포함)으로 외벽이 없는 것
- 건축조례가 정하는 제조시설, 저장시설, 유희시설, 기타 이와 유사한 것

3.2 안전/환경관리 실무

3.2.1 안전관리업무

1) 계획수립 및 대관 신고 항목

① 안전관리 계획서 작성
- 작성시기 : 착공전
- 제출처 : 발주처 및 관할 행정기관

② 유해위험방지 계획서 작성
- 작성시기 : 착공전
- 제출처 : 산업안전관리공단 지역본부

③ 사업개시 신고
- 신고기한 : 착공일로부터 14일 이내
- 제 출 처 :근로복지공단

④ 관리책임자 선임 신고
- 신고기한 :선임일로부터 14일 이내
- 제 출 처 : 지방노동사무소

⑤ 기술지도 계약
- 계약시기 : 착공일로부터 14일 이내
- 계약대상 : 산업안전관리공단 지역본부

⑥ 무재해운동 개시 신고
- 신고기한 : 개시일로부터 14일 이내
- 제 출 처 : 산업안전관리공단 지역본부

2) 공사 진행중 안전관리업무

① 위험성 평가 및 목표관리
- 작성시기 : 현장 개설시 또는 위험성평가 개정시
- 등록부 작성 및 해당공종 특별관리

② 비상사태 대비 및 대응훈련
- 년 1회 실시
- 품질안전부에 결과보고

③ 신규근로자 안전교육
- 교육시기 : 신규자 채용시
- 교육내용 기록
- 개인 안전장구 지급 및 대장 기록

④ 협력사 안전관리
- 공사전 협력사 안전관리계획서 검토
- 매일 안전조회 실시
- 매월 정기 안전교육실시
- 분기별 관리감독자 안전교육 실시
- 특별 안전교육 실시 : 유해위험장소 해당공종 및 특별안전교육 대상 근로자

⑤ 안전점검 및 평가
- 월 1회 정기점검
- 소방점검 매년 11월
- 특별점검 : 불량현장 확인 점검/연휴대비 특별점검/취약시기(동절기, 해빙기, 장마철)

⑥ 산업안전 보건위원회 운영
- 도급공사금액 120억 이상(토목공사 150억 이상)
- 정기회의 : 3개월마다
- 임시회의 : 필요시

⑦ 무재해 운동 실시

  - 계획수립 후 사전교육 및 홍보

  - 개시선포 및 신고

  - 무재해 운동 전개

  - 무재해목표달성 및 인증(1배/2배/3배)

⑧ 산업재해 발생 신고

  ⓐ 본사보고

    - 중대재해 : 즉시 1차 유선보고 / 7일내 2차 보고

    - 그 외 재해 : 1일내 1차 유선보고 / 7일내 2차 보고

  ⓑ 노동부보고 : 중대재해 경우 사고 후 24시간 이내

  ⓒ 근로복지공단 : 4일 이상의 재해 발생시

  ⓓ 요양기관 : 중대재해, 4일 이상의 재해 발생시

◑ 중대재해란?

- 사망 1명이상
- 3개월 이상 요양을 요하는 부상자 2명이상
- 부상자 또는 질병자가 동시에 10명이상 발생시

3.2.2 환경관리업무

1) 계획수립 및 대관 신고항목

① 환경관리계획서 작성

② 대기분야 신고사항

  - 비산먼지 발생사업 신고 : 착공 3일전

  - 배출/방지시설 가동개시 신고 :최초 가동전

③ 수질분야 신고사항

  ⓐ 하수처리시설 설치신고 : 설치전, 간이정화조와 본건물용 별도

  ⓑ 지하수개발 이용신고/허가

    - 소규모 신고조건, 대규모 허가조건 : 설치전

    - 심정개발에 따른 폐공신고 필요

④ 폐기물분야 신고사항

  - 사업장 폐기물 발생 신고 : 착공 이전

– 폐기물 처리시설 설치신고 : 설치 7일 이내

⑤ 소음진동분야 신고사항

– 특정공사 사전신고 : 착공 3일전

– 배출시설 허가/신고 : 설치 전

2) 공사 진행중 환경관리업무

① 환경 영향 평가

– 작성시기 : 현장 개설시

– 등록부 작성 및 해당공종 특별관리

② 비상사태 대비 및 대응훈련

– 년1회 실시

– 안전관리와 병행

③ 폐기물 관리

– 건설 폐기물관리

– 지정 폐기물관리(분리수거)

– 소각로 운영관리(필요시)

④ 대기분야 관리

– 비산먼지 발생에 대한 방지시설 유지/관리

– 변경사항 발생시 변경신고

– 야적자재관리(야적높이 1.25배 방진망설치 등)

– 세륜시설 설치 운영(살수압 $3kg/cm^2$ 이상)

⑤ 수질분야 관리

– 폐수배출시설 : 배출시설의 신고필증 교부여부 및 가동개시 신고여부

– 지하수 개발 : 이용기간/용도/시설등의 변경시 변경신고 및 폐공시 폐공신고

– 오수처리시설 : 준공검사의 적합통지를 받은 후 방류수 수질점검실시 시설의 규모/처리방법 등의 변경사항 발생시 변경신고

⑥ 소음진동 관리

– 주기적인 소음진동 측정 관리

– 폭약사용 시 규제기준의 적합여부 확인 및 보관및 안전관리상태 점검 및 관리

– 특정공사의 사전신고여부 확인 : 항타기/항발기/병타기/착암기/브레이커(휴대용 외)/굴착기/로우더/발전기/압쇄기 등의 사용 공사 시 검토 및 확인

3.3 품질관리 실무

3.3.1 각종 계획의 수립

1) 공사수행계획서 작성

(1) 작성기준

① 현장대표 부임후 15일 이내에 작성함을 원칙으로 한다.
② 공사의 전반적인 MASTER PLAN을 구상하는 내용
③ 공종별 시공계획을 세부적으로 수립
④ 공사시 수행되는 공법에 대한 충분한 검토
⑤ 기계/전기공사의 EQUIPMENT에 대한 충분한 검토
⑥ 회사경영방침, 사업본부 업무계획 참조

(2) 작성내용

① 위치도/배치도/층별 평면도 등
② 공사개요
③ 공사수행방안
④ 조직도
⑤ 공사 예정공정표
⑥ 공사관리계획
⑦ 품질관리계획
⑧ 공정관리계획
⑨ 안전관리계획
⑩ 환경관리계획

3.4 RM 관리실무

미국 프로젝트 관리 협회(Project Management Institute; PMI)가 제정한 "프로젝트관리 지식체계(Project Management Body Of Knowledge; PMBOK)"가 가장 널리 알려져 있다. PMBOK(피엠복)은 최신의 연구결과를 바탕으로 4년마다 개정을 지속하고 있다.

프로젝트관리지식체계(PMBOK)는 프로젝트를 아래의 관점에서 분류해 관리하려 한다.

통합관리(Project Integration Management)

범위관리(Project Scope Management)

일정관리(Project Time Management)

원가관리(Project Cost Management)

품질관리(Project Quality Management)

인적자원관리(Project Human Resource Management)

의사소통관리(Project Communications Management)

위험관리(Project Risk Management)

조달관리(Project Procurement Management)

이중에서 가장 중요한 RM(Project Risk Management) 관리실무에 대하여 살펴본다.

3.4.1 RM 관리실무

건설과정(부동산상품화하는 과정)에서 많은 전문기술의 적용과 복합공정이 있으며 이 과정에는 많은 비용과 시간이 소요된다. 건설사업을 진행해나가는 데는 업무관계설정과 많은 의사결정과정을 거치며 이에는 불확실한 변수들 이 많아 이 변수에 대해 미리 예측 대비하고 해결해 나가야 한다. 이 관리과정이 리스크(위험)관리이고, 건설과정에서 리스크가 생기면 시간연장, 건축기능의 성취부족, 품질저하, 비용증가, 인명에 위해가 생기며, 이 영향은 사용기능미비, 쾌적성저하, 건축기능의 성취부족, 품질저하, 비용증가, 인명에 위해가 생기며, 이 영향은 사용기능미비, 쾌적성저하, 관계악화로 분쟁과 소송이 생기며 이러한 손실, 피해 결려는 결과적으로 자본사회에서 비용(돈)손해를 초래하게 된다.

1) 일반적으로 Risk(위험)는 불리한 결과나 금전상 손실의 가능성이라고 생각할 수 있으며, Owner는 손실보다는 이득을 예상하고 건설사업을 시행한다. 그러므로 Risk는 모든 기획, 설계 및 건설사업에 불가피한 요소이다. 유능한 건설사업관리자(CMr)는 사업주로 하여금 중요한 결정을 내리기전에 Risk를 제거하거나 은폐하는데 있지 않고 Risk를 적극적으로 관리하는데 있다. 건설사업의 Risk나 관리의 주요 전략중의 하나는 통상 Risk배분이라 불리는 과정이며, Risk는 계약조항, 업계의 일반적 관행, 법원의 판례 등을 통하여 배분된다. 분명 이들 배분방법 중 가장 통제 가능한 방법은 계약조항을 통한 Risk의 배분 또는 분담이며, 보험을 통한 Risk의 전가를 할 수도 있다.

2) Risk Management란 사업목표의 성공적인 달성을 위해, 사업수행 전 과정에 존재하는 Risk 요소들을 사전 분류, 분석, 대응하는 기술 및 과학이며, Risk Management 는 발생된 일에 대응하기보다. 불리한 미래상황에 사전대비 하는 것이다.

〈표 7-1〉 건설사업의 Risk 분류 방법

위험분야의 분류	사업단계의 분류	계약주제별 분류
- 경제, 계약, 정치, 시공 관리 분야별 위험분류 - 사업분야별 위험도 측정 시 활용	- 기획, 설계, 시공, 시운전, 사후관리 단계별 위험분류 - 건설 단계별 위험도 측정시 활용	- 발주자, 설계자, 자재공급자, 계약자별 위험분류 - 계약협상 시 활용

〈표 7-2〉 전체 건설 Risk

경제 Risk	정치 Risk	계약 Risk	시공 Risk	관리 Risk
- 환율변동 - 인플레이션 - 자금경색 - 공사비 증가	- 정책변경 - 정치불안 - 정권교체	- 계약자도산 - 클레임제기 - J/V간 분쟁 - 노동분쟁	- 숙련공부족 - 기술력부족 - 적정 장미 미비 - 부실시공 - 공기지연 - 안전재해	- 관리능력부족 - 책임가부족 - 조직변경 - 실수태만 - 공사부조리

〈표 7-3〉 건설 사업단계별 Risk 분류

기획단계 Risk	설계단계 Risk	시공단계 Risk	시운전단계 Risk
- 사전조사 및 타당성 분석상의 결함 - 자금조달 능력 부족 - 기대수익 예측 오류 - 차입금리 인상 - 건물규모 결정 오류 - 신기술 예측 오류 - 세육 예측 오류	- 설계범위 미확정 - 설계누락/생략 - 신기술 도입 - 설계자와 의사소통 미비 - 설계시간 부족 - 자재/공법 선정상 오류 - 시방서 누락 - 공사비 예측 오류	- 부족합한 시방 - 설계/현장조건 상이 - 공사비/공기 부족 - 안전사고, 공법 부적절 - 불합리한 하도급 관계 - 자재, 인력, 장비 가용성 - 노사분규, 파업 - 설계변경, 공사감독 부실	- 안전성(사고, 붕괴 등) - 부적절한 유지관리 방식 - 에너지비 상승 - 운영목적의 적합성 - 하자발생 - 용도변경, 개수, 개조 - 증개축 철거 - 운영과정의 신기술 출현

〈표 7-4〉 건설 사업 계약주체별 Risk 분류

발주지 Risk	설계자 Risk	시공자 Risk
– 발주자요구에 의한 설계 변경 – 사업권에 관련된 사항 – 관련법규, 조례변경 – 정책변경으로 설계변경 – 기존시설물 이전 및 철거	– 설계품질불량 – 설계지연 – 설계비용지연 – 관련볍규에 맞지 않는 설계 – 유지관리자의 요구에 따른 설계변경	– 견적 및 공기산정 실수 – 예측 불가능한 지질 및 현장조건 – 안전관련 규정 미 준수 – 자재공급자, 하도급자의 부적격 및 도산 – 현장자재 도난 및 손상 – 제3자의 클레임

〈표 7-5〉 위험관리

Identification	Quantificaion	Respense Dev.	Resp.control
위험분류, 포착	분석평가	대처 계획 개발	위험 컨트롤

상기 표내용에서 보듯이 건설사업과정에는 많은 리스크 변수들이 존재하고 직면하게 된다.

– RISK(위험)란 사업목표에 불리하게 작용하거나 손실을 초래하는 불확실한 사건 및 상황을 말하고, 위기요인이 현실화 된 것인 위기(CRISIS)를 면하기 위해 리스크인자요소들을 사전에 식별 포착분류하여 분석평가를 통해 미리 체계적으로 대처해 나아가고자 하는데 있다. 이들은 내적인 혹은 외적인 요인과 추정 가능한 알려진 요소나 알려졌으나 언제 일어날지 모르거나, 전혀 알 수 없는 요소들을 사전에 파악 평가해서 위험도를 정하고, 계약, 보험, 사전관리 등을 통한 문서화로 리스크에 대응, 회피, 분담, 인정으로 위험관리를 시행하여 성공적인 사업목표달성을 해야 할 것이다.

리스크 식별(Risk Identification)	• 리스크 발생의 근원을 인식/유형과 특성파악 • 리스크의 성격 이해
⇩	
리스크 분석(Risk Analysis)	• 인식된 리스크 인자에 대한 중요성을 계량적으로 파악
⇩	
리스크 대응(Risk Response)	• 식별/분석된 리스크의 관리방안을 마련하는 과정

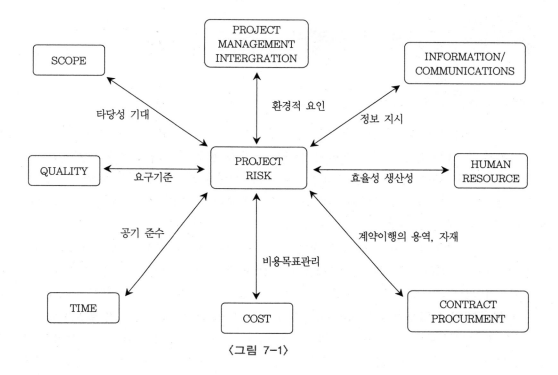

〈그림 7-1〉

4. 공종별 시공관리

4.1 공무업무

공무 업무는 현장소장을 가장 근접 거리에서 보좌하는 핵심관리 업무이다.

따라서 그 업무의 범위 또한 제한이 없다고 보아야 할 것이다. 즉, 현장소장이 회사의 대리인으로서 업무를 함에 있어 필요한 모든 관련 사항을 보좌하는 것을 업무 범위로 이해하면 된다. 즉, 아래 설명하는 여러 사항들을 분석하고 현장 소장에게 보고하여 그때그때 적절한 조치를 취할 수 있게 보좌하는 책무가 주어진다.

이 가운데 주로 Document작업이 많은데, 특히 업무 System을 잘 구축하도록 해야한다. Project서류관리, 업무체계, 계약업무 처리, Schedule관리 및 분석, 각종 보고서 작성, 기성관리, 실행관리 등 현장의 모든 행정 업무를 책임지고 처리해야만 한다.

이런 광범위한 업무처리를 위해서는 특히 일사분란한 업무처리 체계가 필요하다. 업무 중 계약 업무나 Schedule관리 업무는 전문성을 요하는 업무이기 때문에 전문가를 투입하는 것이 좋다. 또한 계약적인 문제는 Cost에 직결되는 문제이므로 더욱 전문성을 필요로 한다.

사업주의 각종 요구사항이나 문서를 계약적 해석을 토대로 적절히 대응하는 것은 에지니어들이 가장 취약한 부분이기 때문에 특별히 전문가를 확보하여 대처하도록 하여야 한다.

하도급 계약업무 역시 계약 조건부터 전문가의 검토를 거쳐 문제의 소지가 없도록 하고, 그후 각종 Claim 등에 효과적으로 대처하기 위하여 전문가를 확보하는 것이 중요하다. 또한, 현장의 모든 계획 업무가 결국은 Schedule로 나타나는데, Schedule의 계획과 실행을 잘 분석하여 진행상황을 제대로 보고하여 현장소장이나 관리자들이 적절한 조치를 취함으로써 사전에 어떤 문제에 대비할 수 있도록 효과적인 보좌를 하는 기술 인력을 확보하여 활용할 필요가 있다.

4.1.1 문서관리(Document Control)

현장의 공식 창구이기 때문에 대내/외 모든 문서의 수/발신이 Document Control Center를 거치도록 하여 단 하나의 서류도 놓치는 일이 없도록 관리하여야 한다. 이 문서들의 실시간 배포는 물론, 특히 회신을 요하는 문서나 계약 관련 문서는 담당자를 두어 정상적인 처리를 하도록 System을 구축하도록 한다. 모든 문서의 원본은 이 Document Control Center에서 책임지고 관리하여야 한다. 모든 공식문서 등은 반드시 Document Control Center를 거쳐 접수, 발송이 되도록 하고 Logging하도록 관리한다.

서류는 수시로 최신 Version 목록을 배포, 확인 할 수 있도록 한다. 또한 배포는 제대로 해도 현장 작업자에게까지 실시간으로 전달되지 않아 Old Version, 즉 지난 도서로 일을 진행하여 재작업을 초래하는 오류를 범하기 쉬우므로 특히 도면은 말단 현장작업 도면까지 수시로 확인하여 작업자가 최신 도면에 따라 시공하고 있는지 확인하여야 한다.

4.1.2 원가관리(Cost Control)

현장에서 발생되는 모든 비용을 관리하며 실행예산을 근간으로 하여 집행비용을 집계, 분석하여 예측관리까지 전반적으로 관리하여야 한다. Fast Track으로 진행하는 요즘의 EPC Project에서는 초기의 예상 물량에 차이가 나는 경우가 많다.

어느 정도 공사가 진행되고 설계가 완성되면 반드시 최종 물량을 구하여 그때까지의 집행실적을 근거로 잔여 필요예산을 분석하여 Project Manager와 상의하여야 한다. 이에 따라 필요 조치사항을 준비하는 것은 당연한 수순이라 하겠다.

이때 Work Order 등 비용과 관련된 모든 자료를 포함하여야 함은 물론이다. 공무에서는 이 Work Order도 철저히 관리하여 꼭 필요한 Work Order는 발행하되 반드시 공무를 통하여 발생하도록 System을 구축하고 근거를 만들어 놓아 정산이나 예산관리에 누락되는 일이 없도록 철저히 관리하여야 한다.

기성처리는 회사마다 기성처리의 Process가 다르고, 관련된 서류 행정의 절차가 다르므로 초기에 관련자들에게 명확하게 설명하여 상호간 정보를 공유토록 하여야 한다. 이를 제대로 몰라 자칫 기성처리 일정을 놓치거나 하여 기성 지불이 불가할 경우 업체가 받는 손실이 클 뿐 아니라, 심할 경우 현장작업에까지 지장을 주는 경우가 발생하게 되므로 초기의 Set-up이 중요하다. 초기 Set-up시에 기성계산 방법을 공유할 필요가 있다.

기성계산은 작업 Activity를 세분하여 준비, 설치, Inspection, Test 등에 각각 적정한 비중을 두어 계산하도록 한다. 왜냐하면, 단순히 시공물량을 Progress로 인정하여 기성을 지불하면 실제로 뒷부분의 Inspection이나 Test는 인력과 시간의 투입에 비해 소위 경제성이 없다는 이유로 전체를 뒤로 미루고, 우선 경제성이 높은 것에만 집중함으로써 결국 마무리를 못하게 되기 때문에, 처음부터 이 부분을 명확히 해 놓아야 한다. 이 부분을 잘 마무리함으로써 경제성을 지향하는 마감공사를 쉽게 처리할 수 있다. 이는 협력업체를 위해서도 필요한 일임을 이해시켜야 한다. 협력업체의 본사가 Progress는 안 오르고 투입만 늘어난다면 현장측만 탓하고 돈을 잘 안 보내는 경우가 종종 발생하는데, 이렇게 되면 현장소장도 어찌할 방법이 없다. 그러므로 이 메커니즘을 이해시키면 이것이 합리적이라는 것을 동의할 것이다.

Cost Control에서는 현장의 원가, 즉 노무비뿐 아니라 장비비, 소모품비, 공구비 등 투입 원가를 지속적으로 분석해야만 협력업체의 기성 적정성 여부도 파악이 가능하다. 단순히 기성 지불로 끝나는 것이 아니라, 지불된 기성이 제대로 필요 부분에 사용되는지, 필요한 부분은 체불을 하고 엉뚱한 곳에 사용되는지, 노임은 제때 지불이 되는지, 자재비나 장비비 처리는 문제가 없는지 등 집행비용에 관한 정보에 귀를 기울여야 한다. 현장에서는 기성은 제대로 지불했는데 엉뚱한 데 쓰고 체불을 하여 전혀 생각지도 않은 곳에서 문제가 발생되는 일이 종종 있다.

가끔은 자사의 자금 흐름이 원활치 않아 현장 기성을 미루는 경우도 있는데, 이 부분도 계속 Monitoring하여 불상사가 발생되지 않도록 하는 것이 중요하다. 현장 기성은 대부분이 노임이기 때문에 노임을 체불할 경우에는 상상 이상으로 여파가 크다는 것을 명심하여 반드시 챙기도록 한다. 같은 맥락으로 협력업체의 자금 상태도 잘 파악하여야 한다.

4.1.3 본사와의 협력(Coordination)

각 팀별로 관련 업무 협의는 당연히 수시로 진행되겠지만 공무 담당자는 이의 전체적인 흐름이나 현황을 종합하여 필요시 적극 지원하여야 한다. 또한, 본사와 지속적인 Communication의 창구가 되어 관련 정보를 수시로 현장팀에게 제공하여 원활한 업무를 수행할 수 있도록 하여야 한다.

자재납품 관련 정보, 도면출도 관련 정보가 가장 중요하다 할 수 있으므로 계획과 현장 진척상황을 참고하여 지속적으로 독려할 필요가 있다. 공사 현장에 도면이나 자재가 제때 제공되지 않으면 아무 것도 할 수 없는 게 당연한 일이기 때문이다.

4.1.4 일정관리(Schedule Control)

공정관리에 대해서는 별도의 장에서 언급하였기 때문에 여기서는 세부사항을 생략한다. 모든 Project의 진행은 사전에 협의된 Schedule에 근거하여 진행될 것이기 때문에 이것이 Communication Tool이다. 대 본사, 사업주, 협력업체를 불문하고 심지어는 현장조직 내부까지도 Schedule에 모든 것이 나타나 있다고 보아야 할 것이다.

따라서 Schedule Controller는 매일의 작업 일보를 근거로 진척사항을 파악하고, 작업량을 집계하여 현장 진행사항을 Check하여야 한다. 진행사항을 계획과 대비하여 현재 상황의 정보를 정확하게 이해관계자에게 제공하여야 하며, 필요시 적기에 필요한 조치를 할 수 있도록 하여야 할 것이다. 물론 이를 위해서는 Schedule Controller가 많이 필요할 수도 있으나 적은 인력으로 효과적인 관리를 하기 위해서는 System적으로 Link되게 만들거나, 현실적으로 이것이 어려우면 각 공종팀에서 협의된 양식에 의해 WBS분류에 맞게 자료를 제공하도록 하여야 한다.

Schedule에 분기된 WBS를 기준으로 작업량을 분기하고 이에 맞게 Reporting하는 체계로 구축하면 얼마든지 실시간 집계가 가능하다. 단, 이 경우에도 주간별로 또 월간별로 마지막 집계일에는 보정을 할 수 있도록 하여야 한다. 왜냐하면 현실적으로 매일의 작업 일보에 의한 정확한 물량 산출이 어렵기 때문에 일보를 단순 산술집계에 의존하면 총량은 실제 작업량보다 많아지게 되어 있다. 따라서 주간이나 월간 작업량을 검증하여 오차를 줄여야 한다.

4.1.5 계약관리/클레임(Claim)관리

계약관리는 종종 전문지식을 필요로 하는 일이 많으므로 전문인력을 배치 할 필요가 있다. 계약 조항에 전문적 해석을 요하는 경우도 있고, 특히 하도급 계약을 할 때에도 각종 위험요소로부터 보호 받기 위하여 전문적인 세심한 검토가 필요하다.

우선 사업주와의 본 계약 내용을 숙지하고 계약적으로 필요한 사항을 발췌하여 적기에 조치를 취하도록 한다. 또한, 계약적으로 우리가 정당하게 주장할 수 있는 사항들도 챙겨서 보상을 받을 수 있도록 하여 손익의 개선 노력도 연구할 필요가 있다. 또한, 이 부분이 우리의 가장 취약점 임을 인지하고 전문인력을 확보하여 대처하여야 한다.

대 하도급 역시 같은 맥락에서 이해하면 된다. 즉, 역 Claim을 당할 수 있는 소지를 최대한 없애고 계약 조항을 명확히 하도록 하여야 한다. Claim 처리는 대처 Skill 및 유권해석에 따라 매우 달라질 수 있고, 문구 하나에서 명암이 엇갈리는 경우가 있으므로 전문인력을 활용하는 것이 바람직하다. 덧붙여, 모든 사안에 대하여 철저히 자료를 챙기는 것은 기본이다.

4.1.6 보고서(Report)

위에서 언급한 제반사항을 포함하여 각종 보고서를 작성하게 된다. 이 보고서는 정기적인 보고서와 같이 사전에 정의된 양식에 의한 것도 있고, 수시로 요청에 의해 작성하게 되기도 한다. 따라서, 공무에서는 항상 현장에서 일어나는 모든 사항을 파악하고 있어야 하며, 각종 Data를 실시간으로 관리하여야 한다.

4.1.7 기록관리

한 현장이 끝나면 잘한 일, 잘못한 일, 여러 가지 사례 등이 남으며 각종 자료가 남게 된다. 그런, 이는 한꺼번에 만들어지는 것이 아니기 때문에 초기부터 제대로 정리를 하며 기록으로 남겨야 한다. 공사 진행상황이나 각종 행사 기록, Data 관리 등 체계적인 기록 관리를 하도록 한다. 가장 바람직한 것은 COB를 초기에 Index로 만들어 진행 과정에서 만들어 놓는 것이 좋다.

4.1.8 협력업체 관리

협력업체의 동향을 주시할 필요가 있다. 잦은 접촉이나 관찰을 통하여 조직원들의 분위기가 어떤지, 현장 작업자들의 동요가 있는지, 노임이 체불되는지, 현장 운영자금이 충분한지, 근무 강도는 적정한지 등을 파악한다. 또한, 이러한 동향들을 수시로 파악하면 협력업체가 정상적으로 운영되고 있는지, 아니면 어떤 위기에 처해 있는지의 상황을 파악할 수 있다. 대개는 불안한 요인이 자금에서 기인하는데 늦지 않게 발견해야 적절한 대처를 마련할 수 있는 것이다.

4.1.9 공무 업무 Process Map

플랜트 공사에서의 공무 Process Map단계별 세부사항은 아래와 같다.

① 계약서, ITB 등 Proposal관련 서류를 인수받고 검토한다.

② 공사 수행계획서를 작성하고 Presentation을 준비한다.

③ 공사 예산/물량을 접수하여 검토하고, 집행예산을 편성하며, 실행예산 관리 방안을 수립한다.

④ Project Master Schedule을 기준으로 공사 Master Schedule을 작성하고, 각 공종별 Detail Schedule을 작성하도록 자료를 정리, 배포한다.

⑤ 공사 Specification, Progress Measurement, Inspection 및 Test Procedure 등 Project 수행을 위해 사업주 승인이 필요한 Manual/Procedure를 준비한다.

⑥ Site Survey를 시행하며 세부공사 수행계획을 수립한다.

⑦ 하도급 발주 업무를 추진한다.

⑧ 각종 보고서 양식 및 보고시기를 확정한다.

⑨ 현장 개설 후 도면 및 자재 납품 일정을 지속 관리하여 시공계획에 차질이 없도록 관리한다.

⑩ Document Control Center를 운영하여 항상 최신 정보를 공유하도록 관리하고, 업무에 혼선을 피할 수 있도록 지원한다.

⑪ Schedule을 분석하고 관리하여 수시로 현장소장에게 보고하고, 필요한 Alarm 기능을 하여 사전관리가 가능하게 할 책임이 있다.

⑫ 계약관리 및 기성 업무를 주관한다.

⑬ 실행관리를 책임지며 진행상황을 참고하여 예측관리를 하도록 한다.

⑭ 수금, 지출 등 Cash Flow도 관리하여 수급조정을 하여야 한다.

⑮ Change Order, Claim 등 예산이나 계약에 민감한 부분은 공무에서 관장하도록 한다.

⑯ 정산 주관 부서이므로 필요한 서류는 평소에 항상 챙겨 놓아야 한다.

이와 연계하여 원가관리를 하여야 한다.

⑰ 현장이 돌아가는 상황을 항상 Monitoring하고, 적재적소에 지원을 하여 원활한 운영이 가능하게 한다.

4.2 토목공사 관리

토목공사는 도로, 교량, 철도, 댐, 항만, 터널 등의 토목 구축물을 건설, 보수하는 공사를 총칭한다. 토목공사는 주로 지하 또는 지반 구조물, 흙과 관련된 작업 등이 주를 이루고 있는데, 건축공사와의 구분은 해석하기에 따라 혹은 회사의 업무분장에 따라 약간의 차이가 있을 수 있으므로 이를 고려하여 이해하면 된다.

플랜트에서는 주로 부지 정지, 치환, Piling, 지하 터파기, 간혹 지하 구조물, 기계기초, 철골기초, 도로, 배수로, 집수조 등을 생각하면 된다.

4.2.1 기준측량

지질조사를 기초로 하여 Piling, 치환 등 지반 보강을 위한 작업이며, 부지 정지작업 등을 시작으로 토목공사가 진행된다. 이때 가장 중요한 것이 기준측량이다. 말 그대로 모든 Plant공작물의 기준이 되는 점을 찾는 것이기 때문에 반드시 Permanent로 고정된 측량 기준점에서 2중 3중으로 확인하고 Plant Bench Marking을 결정한다. 따라서 이

기준점 즉 Bench Mark는 절대 움직이지 않게 고정물로 보호되어야 하고 수시로 재확인 하여야 한다.

특히 지반의 침하 등으로 인한 변화가 일어나지 않는 구축물을 기준으로 하여야 한다. 초기 공사 진행시에는 이러한 구조물을 찾기 힘들기 때문에 1~2개의 기준 Bench Mark를 만들어 사용하다가 Permanent 구조물, 특히 Piling을 한 구조물 기초가 생성되면 구역별로 추가 기준점을 만들어 활용하는 방법이 있다.

현장의 Bench Mark는 구조물이 들어서면서 막히거나 하는 장애가 발생하기 쉬우므로 Area마다 몇 개를 만들어 관리하고, 측량 시에는 반드시 이 점을 기점으로 측량해야 한다. 간혹 이 점에서 측량된 다른 점을 기준으로 측량할 경우, 측량 오차의 누적이 나중에 큰 오차로 나타날 우려가 있기 때문에 반드시 처음 점에서부터 측량하고, 그 성과표를 잘 기록해야만 혹시 나타날 수 있는 실수를 쉽게 보정할 수 있다.

4.2.2 현장관리

Plant는 그 공사의 특성이나 물량 등으로 보아 기계나 배관공사에 많은 노력과 투자가 뒤따르기 마련이다. 이들이 기초가 되는 것이 토목공사인데 이를 가볍게 보아 대충 넘어가서는 안 된다. 오히려, 이 토목 기초공사가 얼마나 빨리 계획대로 완성되는가에 따라 Plant성공여부가 좌우될 만큼 중요한 것이다.

따라서, 세부계획을 충실히 세워 차질이 없도록 관리해야 한다. 이를 위하여 필요한 제반사항 특히 도면뿐 아니라 철근, 콘크리트, Batch Plant등 공사용 자재 수급에 대한 수급계획도 면밀히 따져서 차질이 없도록 제반준비를 하여야 한다. 토목작업은 이 밖에도 특히 작업인력이 많이 필요하기 때문에 인력수급 및 협력업체의 능력 등에 특히 신경써서 계획단계에서부터 점검할 필요가 있다.

토목공사는 또한 기후나 지질에 따라 효율이 많은 영향을 받으므로 그 지역의 토질 특성에 따라 시공방법을 달리한다. 예를 들어, 사막지역이나 Soft한 지질의 터파기 경사는 각도가 완만하여야 할 것이고, Hard한 지역의 터파기는 거의 수직에 가깝도록 한다. 이에 따라 공사 물량의 차이가 날 수 있다.

또한, 토목공사는 그 특성상 우기철에는 가급적 피하되, 불가피할 경우 Dewatering Plan이 필요하며, 특히 지하수위가 낮은 지역일 경우는 System Dewatering을 준비하는 등 각각의 경우에 맞는 빈틈없는 계획을 세우고 대비하여야 한다. 특히, 우기철 토목공사는 원가뿐 아니라, 시기를 놓칠 수도 있으므로 철저한 사전대비가 필요하다.

4.2.3 토목공사 시 유의사항

토목공사는 지하 매설물 특히 지하 배관과 병행하여 작업을 하게 되는데, 이 간섭을 피할 수 있도록 작업순서 등을 고려하여 Composition Plan을 작성하여 일사분란하게 작업을 추진할 필요가 있다. 이러한 Coordination이 부족하여 한 번 혼선을 빚으면 생각 외의 손실을 입을 수 있으므로 철저한 대비가 필요하다.

기본적인 사항이지만, 지하 구조물은 가장 크고 낮은 구조물부터 시공하면서 차차 지상으로 올라오는 것이 기본이다. 또한, 지하 구조물이 많거나 몰려 있으면 Soil Balance를 계산하여 일정 부분은 전체 터파기를 하여 시공하면 파일 길이도 일부 줄일 수 있고, 토량의 이동 등에 따른 손실도 줄일 수 있으므로 사전에 설계자와 충분히 협의할 필요가 있다.

지하 구조물 중 대형 Pit 등은 가급적 타 공사와의 간섭을 고려하여 초기에 계획 시공하여야 한다. 이 경우 흙막이, 물빼기 등의 계획은 확실하고 세밀하게 계획을 세워 공정 진행에 차질이 없게 하여야 할 뿐 아니라, 안전에도 철저히 대비를 하여야 한다.

토목공사에서는 인력이나 장비의 활용에 보다 신경을 써야 하는데, 아직은 수작업에 의존하는 경향이 많으므로 인력동원 능력에 대한 조사가 잘 이루어져야 한다. 그럼에도 불구하고 부지 정지작업, 터파기, 되메우기 등의 작업, Concrete작업 등은 장비 이동이 많기 때문에 이들 장비의 이동경로를 잘 분석하여 지체 없이 원활하게 이동될 수 있도록 동선을 철저히 잘 계획하여야 한다. 특히 지하 배관공사와 병행 할 경우에는 더욱 그렇다. 통상 이 계획이 부실하거나 서로 협조 안 되어 간섭으로 인한 업무 손실을 초래하는 경우가 종종 발생하므로 주의하여야 한다.

기초공사 수행에 있어 사전에 반드시 챙겨야 할 것이 Anchor Bolt와 Template이다. Foundation이 Anchor Box Type인지, Anchor Bolt 직매 Type인지를 사전에 확인하여 확보해 둬야 Concrete타설 계획의 진행에 차질이 없으며, 대형 기기와 같이 많은 수의 Anchor Bolt를 정교하게 직매해야 할 경우는 관련된 Template도 반드시 사전에 확보하도록 한다.

또한 Concrete나 철근의 수급에도 신경을 써야 한다. 주위의 Batch Plant 운용현황, 공급가격, 일시공급 가능용량, 공급체계, 대금지급 현황 등을 수시로 파악해 놓아 비상 시 갑작스러운 공급 중단으로 인해 공사에 차질을 빚는 일이 없도록 대비하여야 한다. 철근 또한 상호 대금지급 문제로 인한 수급 차질의 경우가 많은데, 필요 물량을 사전 Check하여 미리 미리 확보함으로써 차질을 빚지 않도록 관리할 필요가 있다.

4.2.4 토목공사 Process Map

플랜트 토목공사에서의 Process Map 단계별 세부사항은 아래와 같다.

1) 공통항목(타 공사 Process Map에도 적용)

① ITB 및 계약서 주요사항을 검토하고 핵심사항을 요약정리 하여 기초 자료로 한다.

② Project Master Schedule 및 시공 Master Schedule을 근간으로 하여 업무 범위, 공사물량 및 Key Milestone을 파악하고 세부계획을 수립한다. 도면 및 자재 납기일은 매우 중요한 기초 정보이므로 관련 부서 간 협의를 통하여 재확인한다.

③ 현장운영계획에 따른 인선계획 및 인력 확보는 매우 중요하다.

인력 투입은 한꺼번에 되는 것이 아니라, 업무를 진행하면서도 업무 Load에 따라 추가 인력이 보완되므로 정보공유가 매우 중요하다.

따라서 모든 자료는 Master File을 만들어 나중에 합류하는 인력들도 History를 파악한 후 업무에 투입하도록 하는 것이 필요하다.

④ Specification, Procedure준비 및 승인 절차에 따라 시행한다.

⑤ 시공 협력사와의 계약조건을 확인하고 Kick-off-Meeting(KOM)을 준비한다. Check List를 작성하여 필요한 확인사항을 정리한다.

⑥ KOM을 실시한다. 협력업체가 Planning을 하기 위해 필요한 자료는 가급적 많이 제공하되 계약적으로 Binding될 수 있는 정보는 확실한 것을 제공하고 불확실한 예측정보는 반드시 「For Reference」로 확인하여 준다.

- 계약내용 숙지 여부확인
- 상세 수행 계획 협의
- 본사의 지원 조직을 확인하고 현장소장 등 핵심인력 검증
- 당사의 품질/안전 방침에 대한 이해 여부와 실행 계획 검증
- Concrete, 철근 등 주요 Resource확보 계획을 확인하고, 특히 인력동원계획을 확인

⑦ 주요 Activity에 대해서는 별도의 Method-statement 및 Job Hazard Analysis 를 작성하여 사전에 철저한 준비를 하도록 한다.

⑧ 마감 시점이 임박하면 사업주와 협의하여 Punch를 가급적 빨리 받아 정리하도록 한다.

⑨ 모든 Inspection Record는 Plant Hand-over시 근거서류가 되므로 반드시 Document Control Center에 원본을 보관하도록 하고, 복사본으로 업무를 진행 하는 것이 좋다.

⑩ 잔여작업의 양을 검토하여 마감조를 재구성하고 조직을 축소한다.

  – 이때, 특히 서류작업 등 인수인계를 철저히 하여야 한다.

  – 복수의 협력사가 있을 때는 이의 통합운영도 같이 검토하도록 한다.

⑪ 정산작업을 준비한다.

⑫ 공사완료 보고서를 준비한다.

2) 토목공사

① 부지 정지에서 출발한다.

부지 정지 시 설계 조건을 검토하여 Soil Balance를 계산하여 일정 Level을 낮추어 시공하는 것도 검토한다.

② 기준측량을 한다.

Plant 기준 Bench Mark를 확인하고, 임시 Bench Mark를 설치하되 움직이지 않도록 고정식으로 설치하여야 한다. 이 기준점이 움직이면 오시공이 되어 큰 낭패를 당하므로 수시로 확인하도록 한다.

③ Dump Area 및 토치장을 준비한다.

잉여토량이 많을 때는 인가된 지역에만 Dumping을 할 수 있으므로 사전 확인하여야 하며, Soil Balance의 계산 결과 추후 되메우기용으로 다시 필요한 만큼 임시 적치를 필요로 한다면, 이를 쌓아 놓을 장소를 미리 확보해 놓아야 한다.

④ 철근 야적장, 철근 가공장, Form 제작장 및 Form 보관장을 확보한다.

철근 가공장은 가급적 공사가 끝날 때까지 옮기지 않도록 하는 것이 좋다.

⑤ Piling을 시작으로 지하 터파기 공사 및 지하 구조물 공사를 한다.

  – 지하 구조물 공사는 깊은 곳에서 낮은 곳으로, 큰 것에서 작은 것으로 순서를 세우도록 하되 타공사와의 간섭, 특히 지하배관 공사와의 시공 우선순위에 주의 하여 상호 간섭을 피하오록 한다.

  – 지하 공사를 할 때는 물처리 대책을 확실히 세워야 작업 효율을 올릴 수 있다.

⑥ 지하의 대형 구조물이나 배관공사가 완료되면 가장 빠른 시일에 되메우기를 하도록 하고 가급적 Permanent Road를 Base Course까지 시공하는 것이 좋다. 물론 사전계획이 필요하며, Road Crossing을 확인하여 미리 시공하여야 훼손을 줄일 수 있다.

⑦ 도로 조성 시에는 도로가의 배수로 시공을 병행할 수 있으면 좋다.

우기철 등에 도로의 유실을 막을 수 있다.

⑧ 기초공사는 기기나 지상 구축물을 위한 구조물이므로 각각의 시공계획과 연계하여 우선순위를 정해야 한다.

⑨ 구조물 공사 전에 Insert Plate, Anchor Bolt등 필요 자재를 사전에 확보하게 하여야 한다.

⑩ **구조물이 완성되면 최종 Inspection을 거쳐 후속 공종에 인계하여 작업에 차질이 없도록 한다.**

 - 완성된 기초는 고정물이므로 측면에 좌표나 Elevation표기를 해 놓으면 매우 유용하게 활용된다.
 - 현장 관리에 큰 도움이 된다.

⑪ 가급적 구역별로 공사를 마무리하고 되메우기를 빨리 하는 것이 좋다.

4.3 건축공사 관리

Plant공사에서의 건축 공정은 각 사마다 공정 분류방법에 차이는 있지만, 대개 지상 구조물과 그 기초공사로 구분된다.

주요 구조별로 살펴보면 다음과 같다.

 - Pre-cast Concrete Column

 - Substation

 - Control Building

 - Equipment Structure

 - Cooling Tower

 - Administration Building

 - Car Parking Shelter

 - Operator Shelter

4.3.1 프리캐스트 콘크리트 기둥(Pre-cast Concrete Column)

Pre-cast Concrete Column은 종래에는 주로 철골을 이용해 시공하던 구조물로서 원가를 절감하기 위해 많이 활용하는 추세이며, 시공 시간은 절대 시간의 절감은 없으나 상대적으로 철골 제작보다 빨리 제작에 착수 할 수 있어 Project Schedule에 도움이 된다.

Concrete로 철골조를 대신하는 것이므로 그만큼 정밀시공을 필요로 한다. 또한 원가 절감에 도움을 준다고는 하지만, 실제로 철골과 PC공법만 단순 비교했을 때는 비슷한 가격이 형성된다고 본다. 주로 Plant에 적용되는 하부 철구조물에 일정 높이까지 Fireproofing을 하게 되면, 이 부분에서 시공기간이나 원가를 절감하는 효과가 있는 것이다. 따라서 Project마다 자재 수급의 원활 여부에 따른 판단이 필요하다. 다시 말해서 시멘트 파동이 있거나 수급이 어려운 지역, 또는 토목 시공기술이 현저히 떨어지는 지역의 공사인 경우에는 오히려 PC공법보다는 철골공사가 유리할 수 있으므로 잘 판단하여 결정하여야 한다.

4.3.2 건축물(Building)

Substation은 전기 시설물들 중 핵심 기기를 보호하는 건축물로서 주 전기 설비가 완공되고 공장 전기수전이 완료되어야 대형 전기 기기를 Test할 수 있고, Pre-commissioning을 수행 할 수 있다. 따라서, 가장 먼저 완성시켜야하는 Event 중의 하나이므로 통상 시간에 쫓기기 십상이다.

Control Building 역시 여유가 있는 것은 아니다. 왜냐하면, 건축물 내에 있는 Control Room에는 공장 운전의 핵심인 DCS System이 설치되어야 하는데, 이 DCS System 기기는 공조 설비가 안정적으로 운전되는 조건이라야 설치할 수 있다. 따라서, 이 DCS System이 가동되어야 시운전을 할 수 있으므로 역으로 계산하면 건축물이 완성되어야 하는 시기가 상당히 앞당겨져야 한다.

전체적으로 설계가 끝나고 건축물을 완성하려면 시간이 부족하기 마련이다. 도저히 시간을 맞추지 못할 때에는 아예 Control Room 위주로 집중하여 완성하고 이 부분만 사용하거나, 공조 설비를 완성할 수도 없는 경우에는 임시 Air-conditioner를 설치, 가동하는 편법을 쓰기도 한다. 건축물의 완성 시기를 Project Schedule과 연계하여 처음부터 집중관리하지 않으면 낭패를 보는 경우가 있으므로 우선순위를 잘 파악할 필요가 있다.

4.3.3 냉각탑(Cooling Tower)

구조물 공사 중 Cooling Tower는 구조상 여러 단계로 나누어 Concrete 시공을 하여야 하는 관계로 시간이 많이 걸리는 구조물 중 하나이다. 또한, Utility공사 중 가장 먼저 완공되어야 하는 System 중의 하나인 Cooling Water System의 Main 심장부인 관계로 공기에 미치는 영향도 크므로 관리를 소홀히 해서는 안 되는 주요 공정이다. 즉,

Cooling Tower구조물이 완성된 이후의 공정 또한 시간이 많이 걸리기 때문이다.

건축물에서 가장 골치 아픈 하자는 항상 방수 문제이다. 지붕의 누수나 벽면의 누수는 일단 하자가 생기면 좀처럼 보수하기가 쉽지 않다. 따라서 초기 시공단계에서 정밀 시공하여 하자가 발생하지 않도록 하여야 한다.

4.3.4 건축공사 Process Map

플랜트 건축공사에서의 Process Map 단계별 세부사항은 다음과 같다.

1) 건축공사

① 건축공사는 부분적으로 토목공사와 유사한 면이 많다. 경우에 따라서는 지하구조물이 포함될 수도 있고, 건축물 기초공사도 포함될 수 있다.

② 대형 구조물이 포함될 경우 이를 우선적으로 시공하며 대개는 Pipe Rack 기초를 시작으로 진행된다. Pipe Rack은 지상 구조물 중 가장 먼저 완성시켜야 할 구조물이고, 이 구조물은 완성되어야 배관공사의 설치 작업이 본격화된다.

Pipe Rack의 기초공사를 하는 동안, 만약 이 Column이 Pre-cast Concrete Column으로 설계되었다면 병행해서 Column을 별도의 공간에서 제작하되,Handling을 쉽게 하기 위해 가급적 설치 위치 가까이에서 제작하는 것이 유리하다.

③ 건축공사는 Process 구조물, Concrete 구조물 및 건축물들로 구성되는데, 대부분의구조물이 장기간의 시간을 필요로 하기 때문에 순서대로 하나 하나 시공할 여유가 없다. 따라서, Non-process Building을 제외하고는 별도의 작업팀을 동원하여 거의 동시에 진행하여야 한다.

④ 건축공사에는 Concrete 구조를 시공하기 위한 거푸집을 상당히 많이 필요로 한다. 처음부터 끝날 때까지 계속 사용·보관·제작하는 작업이 반복된다.

임시 야적장을 충분히 확보하되 가급적 중간에 옮겨야 하는 번거로움이 없는 위치를 확보하는 것이 좋다. 그러나 현실은 그리 넉넉하지 않은 것이 사실이다.

⑤ 철근 적치장, 철근 가공장도 확보하여 효율적인 공사를 하도록 한다. 건축물 공사는 그 특성상 한 곳에서 장기간 공사를 하기 때문에 효율을 고려하여 가공 작업은 가급적 건축물 근처에서 이루어지도록 하는 것이 유리하다.

⑦ 구조물들의 마감 시방은 미리 확인하여야 한다.

⑧ 지붕공사는 방수공사를 포함해야 하므로 방수시스템을 잘 확인한다.

  - 지역마다 특화된 방수시스템이 있는지를 확인한다.

  - 그리고, 방수공사를 할 때는 그 후속 공정의 공사를 확인하도록 한다.

- 종종 방수공사 이후에 다른 공사를 하다가 방수층을 손상시키는 일이 있으므로 주의하여야 한다.
- 만일 불가피할 때는 반드시 사전협의를 하도록 제도화한다.
- 방수층은 한 번 누수가 발생하면 보수가 거의 불가능하여 전체를 재시공하는 경우가 많다.

⑨ 주요 자재에 대한 사업주의 Material Approval은 미리 진행토록 한다.

⑩ Process Building은 시간이 넉넉지 못한 경우가 많은 것이 문제지만 Administration 같은 Non-process Building인 경우는 사업주의 취향이 천차만별에 시각차도 커서 마감 작업이 가장 까다로우므로 이 부분에 주의한다.

4.4 철골공사 관리

4.4.1 제작 및 부재관리

철골공사는 말 그대로 철 구조물을 세우는 공사이다. 철골공사 관리는 부재관리가 가장 중요하다고 볼 수 있다. 즉, 설치공정 과정에서 필요 부재가 필요시기에 확보되어 있으면 큰 어려움 없이 진행할 수 있는 것이 철골공사이다.

Project에 따라 현지에서 제작할 경우도 있고 아니면 타지에서 제작하여 현장에 반입하는 경우도 있다. 현장제작의 경우는 관련 부재의 확보에만 성공하면 현장의 계획에 따라 제작

관리를 병행하므로 큰 문제가 없을 수는 있다. 그러나, 여기서 철골부재 확보를 도급으로 처리했을 경우 하도급업체에게만 의존하다가 정작 필요할 때 중간 부재가 없어 설치공사 진행에 차질을 빚는 경우가 종종 있으므로 자재 확보 상황을 일일이 확인해야만 한다.

대개 납기에 쫓기면 물량 위주로 큰 부재 중심으로 납품하고 기성을 챙기려는 경향이 있으므로 주의하여야 한다. 큰 부재만 있고 중간 부재가 빠지면 설치 작업에 이중작업을 초래하거나, 심지어 아예 설치를 하지도 못하고 경우가 빈번하게 발생한다.

따라서, 외부 제작의 경우 현장반입 계획에 따른 부재가 Batch별로 100% 확보될 수 있도록, 즉 제작과정이나 진척상황을 일일이 사전에 확인하고 제작공장과 지속적인 업무협조를 하지 않으면 안 된다. 공장에서 보내오는 Packing List와 현장반입 현물에 차이가 있을 수 있으므로 항상 반입 즉시 확인하고, 누락된 부재는 바로 확보할 수 있도록 하여야 한다.

더불어 현장에서의 부재관리 또한 중요하다. 일시에 많은 부재가 반입되다 보면 우선 받아 놓는 데 급급하여 막상 공사 진행 중에는 부재를 못 찾아 우왕좌왕하다 시간을 낭비하기 일쑤이다. 반드시 부재를 Batch별로, 혹은 필요 Area별로 공사순서에 맞게 정돈하고, 야적 Map을 그려서 관리하여 필요 부재를 즉시 찾을 수 있도록 해야만 업무 효율을 높일 수 있다.

앞에서도 거론했지만, Plant 공사에서 선행 공종 중 철골 골조공사까지를 얼마나 빠른 기간 내에 완료할 수 있느냐가 성패를 좌우한다는 점을 명심해야 한다.

4.4.2 플랫폼/사다리/핸드레일/그레이팅(Platform/Ladder/Handrail/ Stairway/Grating)

철골공사에 부속되어 소위 잡철물로 분류되는 Platform/Ladder/Handrail/Stairway가 있다. Main-structure가 설치될 때 계단과 Handrail을 즉시 설치하면 별도의 안전 가시설을 하지 않고도 Permanent 안전시설이 되므로 안전과 비용절감의 효과가 크므로 반드시 챙기도록 한다.

Platform 및 Ladder는 주로 대형 기기에 설치되는데, 이 또한 관련 기기가 도착하기 전에 확보 하여 기기 설치 직전에 Dress-out을 하여 설치하면 후속 공정을 안전하게 작업할 수 있을 뿐 아니라, Ground에서 조립을 하면 설치 비용도 대폭 절감되므로 사전관리가 될 수 있도록 한다. 여기에 추가하여 Grating이 있는데, 주지하다시피 안전한 작업환경을 위하여 Grating은 필수이다.

이러한 잡철물이라 일컫는 작은 부재들을 제대로 적기에 설치하여 활용하면 이중작업을 줄이면서 안전한 작업환경을 확보하는 데 지대한 영향을 주므로 간과하지 말고 철저히 챙기도록 한다.

4.4.3 철골 수정 관리

모든 일이 설계대로 제작되어 현장조립에 계획대로 진행되어 설계 Revision이 발생되지 않으면 좋겠지만, 허다하게 부분적으로 오제작이 나오거나 도면이 수정되기가 일쑤인데, 미처 재 제작할 시간적 여유가 없을 때는 부득이 현장에서 긴급하게 처리할 수밖에 없다.

따라서, 이를 위해 일정 분량의 부재 및 현장제작팀을 사전에 준비해 놓는 지혜도 필요하다. 현장에는 항상 철골 긴급제작 작업이 발생한다는 것을 염두에 두고 준비를 철저히 하여 대비한다. WPS[7]/PQR[8]은 본 철골제작 시 승인된 것을 사용하도록 한다.

---

7) Welding Procedure Specification

8) Procedure Qualification Record

4.4.4 철골공사 Process Map

플랜트 철골공사에서의 Process Map 단계별 세부사항은 다음과 같다.

1) 공통항목

▶ 공통항목 참조

2) 철골공사

① 구역별 공사 우선순위 계획을 세우고 설계팀 및 구매팀과의 협의를 통해 우선순위를 확인함으로써 초기부터 계획을 공유하여 효율적인 관리가 되도록 한다.
특히, 잡철물 즉 Handrail, Plarform, Ladder, Grating 등도 Main 철골이나 기기와 같이 반입되어 동시에 시공될 수 있게 한다.

② 토목이나 건축팀으로부터 인수한 기초는 좌표를 미리 재검측하고, 특히 Anchor Bolt의 좌표와 Projection을 확인하여야 한다.

③ 철골 자재가 반입되기 전 Padding 작업을 미리하여 자재반입 즉시 설치 가능한 상태로 준비한다.

④ 시공 일정계획에 따라 Crane, Trailer 등 장비동원 준비를 재확인한다.
특히, 최초 반입장비는 서류 확인이나 현장반입 Inspection 등에 시간이 소요됨으로 이를 위한 시간도 감안한다.

⑤ 수직·수평도를 측정할 수 있는 검측장비는 물론 설치시 사전준비에 만전을 기한다.

⑥ 자재 야적은 시공순서에 맞도록 Batch별로 구분하여 보관할 수 있도록 한다.

⑦ Handrail, Ladder, Stairway, Grating도 분류된 Batch별로 구분하여 쉽게 찾을 수 있도록 한다.

⑧ Bolt류도 사전에 확보하여 이중작업이 안되도록 준비하여야 한다.

⑨ 철골공사는 후속공사, 즉 배관공사나 기계공사를 위한 지지대이므로 설치 완성도를 높여 즉시 후속 공종에 인계할 수 있는 수준까지 시공하는 것을 목표로 한다. Handrail, Ladder, Stairway, Grating도 같이 시공하면 철골작업의 효율뿐 아니라, 그 후 일어나는 모든 공종의 안전 및 작업효율도 높일 수 있으므로 필히 챙기도록 한다.

⑩ Fireproofing을 필요로 하는 부재는 사업주와 사전협의를 하고, 가능하면 Ground에서 선 시공하여 설치할 수 있는지를 검토한다.

⑪ 철골공사는 부속 자재가 많고 Missing 가능성이 많다. 또한, 설계 특성상 Loading Information의 변경에 따른 뒤늦은 Revision을 피할 수 없다.

따라서 현장에서 즉시 수정할 수 있는 수정 작업조와 일부 자재를 확보하여 필요 시 현장에서 직접 수정 작업을 할 수 있는 체제를 갖출 필요가 있다.

⑫ 체결이 완료된 Bolt는 표기를 하여 혼선을 막는다.

⑬ 검수가 끝난 구역별로 후속 공정에 인계한다.

⑭ 공사 도중 또는 시운전 동안 철골의 처짐이 없는지 주의하여 관찰한다.

4.5 배관공사 관리

배관공사는 공장의 하나의 동맥 역할을 하는 것으로, Plant 공사에서 가장 복잡하고 긴 시간에 걸쳐 진행되는 핵심 공정이다. 뿐만 아니라, 그 취급 자재의 종류도 다양하고 복잡하기 때문에 자재관리나 용접관리를 Computer Program에 의해 활용하여 관리하게 된다. 따라서, 이들 Program을 얼마나 잘 이해하고 활용하는가에 따라 업무효율도 현저히 달라진다.

4.5.1 지하 배관공사

배관공사에 있어서 초기에 토목공사와 병행하여 이루어지는 지하 배관공사는 공종간의 간섭이나 지하 터파기공사에서 여러 가지 난관에 부딪히므로 특별한 준비와 관리가 필요하다. 대부분의 경우 이 지하 배관공사에서부터 실행을 초과하고 공기 예상기간을 초과하여 Project에 어려움을 주는 경우가 종종 발생한다.

지하 배관공사를 준비할 때는 관련 자재 확보는 물론 지하수처리 방안, 특히 우기철이면 더욱 배수계획을 철저히 세워 차질이 없도록 한다. 또한, 토목공사 계획과의 작업의 우선순위나, 상호 동선 등을 면밀히 검토하여 일사분란하게 진행할 수 있도록 준비하여야 한다.

나아가 지하배관을 위한 터파기공사와 토목의 터파기공사의 복합적 계획수립으로 가장 효율을 높일 수 있는 방안을 찾아야 한다. 그 중에서 배수계획은 예상치 못한 상황에 대비하여 항상 예비대책도 준비해야 한다.

지하 배관공사시 용접 기밀 Test 또한 간과할 수 없는 중요 사안이다. 현장관리를 위해서는 되메우기를 빨리 해야 하는데, 기밀 Test를 하여 검증이 되지 않으면 되메우기를 할 수 없다. 하지만, 되메우기를 하지 않으면 동선이 잘려 차량 이동에 지장을 초래하는 등의 문제가 발생하고, 그렇다고 해서 기밀 Test가 끝날 때까지 기다릴 수도 없는 처지에 놓이게 된다.

따라서, 부분 Test를 하여 부분적인 되메우기를 하고 최종적으로 남는 부분, 즉 Test를 하지 않은 용접 부분을 다시 Test하는 방법을 가장 많이 사용한다. 그러나, 지하배관은 Cooling Water 등 주로 Utility성이므로 비파과검사로 대체한 뒤 맨 나중에 Service Test로 대체하는 방법 등으로 여러 가지 방안을 강구하여야 한다.

4.5.2 관리 툴(Tool)

배관 관리자는 자재관리 Program을 잘 활용하여 자재수급 상황이나 재고 등을 항시 파악하고 있어야 하며, 품질팀과 협조하여 이 Computer Program을 이용한 용접관리를 할 수 있어야 한다.

이를 활용하면 용접은 물론 용접사, 용접이력 관리, 품질관리, 각종 Test 및 Inspection 관리 등 배관공사 전반에 걸친 History 관리를 할 수 있을 뿐 아니라, 최종적으로 기밀 시험을 위한 History Sheet 역시 이 Tool을 이용해 근거 서류를 확보할 수 있기 때문에 매우 중요하다. 따라서, System을 제대로 숙지하여 잘 활용할 수 있도록 하여야 한다.

4.5.3 자재 및 도면관리

배관공사에 있어서 자재와 도면의 확보는 생명이다. 어느 공종 치고 그렇지 않은 공종이 없지만, 특히 배관공사는 그만큼 복잡하고 관리 Point가 많기 때문에 처음부터 긴밀한 협조와 지속적인 정보공유를 통해 계획에 차질 없이 자재나 도면이 공급될 수 있도록 밀접하게 관리할 필요가 있다.

배관공사는 본격적인 현장설치 공사를 하기 전에 작업의 효율을 높이기 위해 Shop에서 Spool 형태로 선행 제작을 하게 되는데, 이를 거듭할수록 원가나 공기의 절감효과가 커지므로 이를 확대시키려는 노력이 필요하다.

그러나, Shop 제작을 너무 높이면 상대적으로 현장설치가 어려워 재작업을 하는 경우가 있으므로 무조건 많이 할 수도 없는 것이다. 통상은 50 : 50 또는 60 : 40의 비율로 하는 것이 보통이다. 최근에는 설계시 3D Model을 활용한 간섭 Check 등으로 도면의 정확도가 점점 높아져 과감히 Shop 제작 비율을 늘림으로써 업무효율을 극대화 시킬 필요가 있다.

아울러, 통상 나타나는 문제가 이 시기의 자재 확보 문제이다. 즉, 소구경 자재와 Fitting류를 말하는데, 대부분의 구매 행위시 전체 물량 기준의 50%, 60% 또는 70%를 1차 공급 물량으로 공급시킨다고 하는데, 여기에 함정이 있다.

대개는 대구경, 직관 기준으로 %를 계산하기 때문에 막상 현장에서 Spool제작을 시작하면 관련된 Fitting이나 소구경 자재가 없어 계획대로 Spool을 완성하지 못하고 Field Point로 바뀌거나, 아니면 야적을 시켰다가 현장투입시 다시 Shop으로 이동하여 Spool을 완성하게 된다.

이로 인해 이중 Handling에 따른 원가, 시간의 손실을 가져오는 경우가 비일 비재하다. 따라서, 이를 피하기 위해서는 초기 투입 물량에 반드시 소구경과 Fitting 자재의 구색을 맞추어 확보하도록 하는 설계나 구매 담당자의 초기 업무협조가 매우 중요하다.

4.5.4 핵심관리 Point

배관공사 관리의 핵심 Point는 다음과 같다.
- 계획에 따른 도면/자재 공급 확보
- 구색이 맞는 자재 공급 및 관리
- 토목공사와의 통합 Plan과 함께 성공적인 지하 배관공사 완료
- Computer Program을 활용한 자재 및 용접 History 관리
- 자재 품질관리
- 용접관리
- System 전환 마무리
- 관 내부 Cleaning
- Bolt Tightening 관리
- Document 관리
- 시공업체의 능력에 맞는 배분

4.5.5 중점관리 사항

배관공사 관리에 있어서 관리의 Point는 무수히 많지만, 통상 간과하기 쉬운 주요 사항 들을 중심으로 설명하도록 한다.

1) Carbon Contamination

① 배관자재 중에는 여러 가지 특수재질들이 있는데, 그 가운데 특히 Stainless Steel 재질은 이물질과 접촉했을 때 오염되기 쉬우며 부식의 요인도 된다.

② 특히, Carbon 재질이 용접 부위에 오염되었을 경우 당장에는 문제가 없고 심지어는 수압 Test도 문제없이 통과되지만, 일단 운전에 들어간 후에는 서서히 Crack이 진행되어 위험해질 수 있기 때문에 철저한 관리를 요한다.

③ 이들은 주로 이물질과 접촉되거나 Paint 분진 등에 의해 오염되므로 그렇지 않도록 Paint Shop과 가급적 이격거리를 두어야 한다.

2) Socket Welding 관리

배관 Line 중 비교적 Severe하지 않은 부분에 Socket Welding을 주로 하는데, 이를 제대로 하지 않으면 Operation 중 수축, 팽창 또는 진동에 의해 Crack이 발생한다. 하지만 Hydro Test 등에서 발견되지 않기 때문에 나중에 하자원인이 되므로 관리를 잘하여야 한다.

3) Branch Connection 관리

Branch Connection 역시 Cutting 부위의 면처리를 제대로 하고 내면을 잘 맞추어 용접하는 등 관리를 소홀히 함이 없어야 하므로, 반드시 Fit-up 검사를 해주어야 한다. 이는 내부 유체의 흐름이 원활하지 못하게 하여 Process에 악영향을 끼쳐 하자의 요인이 될 수 있다.

4) Support 관리

Support는 가급적 초기에 Permanect Support를 준비하여 Temporary없이 시공하는 것이 좋다. 역시 시간과 원가의 절감효과가 크다.

5) 방화관리

배관공사가 시작되면 크고 작은 화재를 수시로 경험하게 된다. 이는 주로 용접작업 시 비산불꽃에 의한 화재나 용접선의 피복 손상에 의한 화재가 대부분이다.

6) 완성도 높은 Shop 제작

이는 앞에서도 언급했듯이 초기 도면과 이에 구색이 맞는 소구경이나 Fitting을 포함하는 자재 확보가 생명이다. 이를 통하여 이중 취급으로 인한 원가나 시간적 손실을 막을 수 있다.

7) Spool관리

현장에서 시공하다 보면, 언젠가 Spool 제작을 하여 그 기록도 남겨 둔 사실이 분명한데, 막상 찾으려고 하면 없어서 시간을 허비하거나, 아예 찾지 못하고 다시 제작하는 경우를 종종 볼 수 있다. 따라서 Spool 제작 후의 관리 또한 중요하다. Spool 야적 Map을 그려서 언제라도 필요한 Spool을 찾을 수 있도록 한다.

8) 대구경 Pipe와 Fitting

통상 대구경 Pipe와 Fitting은 그 특성상 내·외 구경이 서로 맞지 않으므로 미리 치수를 확인하고 한 쪽을 Grinding하여 접합 부위를 잘 맞추어야 한다.

9) 용접 및 용접사 관리

(1) 용접관리

① 용접관리는 모두가 중요하게 다루면서 관리하기 때문에 큰 어려움이 없어 보이지만, 앞에서 언급한 바와 같이 오히려 비교적 쉬운 용접에서 예기치 않은 문제가 발생할 수 있다.

② Socket Welding, Branch Welding 등의 용접도 각별한 관리를 필요로 한다. 용접은 처음부터 Process를 확실히 챙기며 품질관리를 하지 않으면 나중에 Project 마감 시점에 더 큰 문제가 야기될 수도 있으므로 주의하여야 한다.

다시 말해서, 사업주 측에서 모든 것을 다 검사할 수 없으므로 어느 한 곳에서 상기 용접과 같이, NDE 등 특별히 검사를 할 수 없는 용접 또는 용접봉 오용으로 인한 강도 부족 등 불량이 발견될 경우 전수검사와 함께 Repair를 요구하는 경우가 많으므로 주의하여야 한다.

③ 이 경우 더 큰 문제는 시간이 부족하다는 점이다. 대개 사업주들은 한창 Peak시에는 그냥 넘어가다가 Project가 마무리될 시점이 되면 점점 자기들의 책임으로 넘어오는 시기이므로, 어떤 문제를 제기하여 챙기려는 경향이 있기 때문에 사전에 품질관리를 철저히 하는 수밖에 없다.

이때는 시간에 몰리다 보면 비용이 2~3배 들어갈 뿐 아니라, 전체 공기를 놓칠 수도 있다는 것을 명심하여야 한다.

④ 수시로 현장을 확인하고 불시에 검사를 하여 Approval된 Process를 지키는지 확인해야 한다.

⑤ 현장에는 눈 가리고 아웅 하는 식의 협력업체 관리자나 작업자들이 예상 외로 많다는 것을 잊지 말아야 한다.

(2) 용접사 관리

① 배관공사에서 용접사의 비중은 절대적이기 때문에 특별한 관리를 필요로 한다.

② 그러나 어느 현장이든 한창 Peak시에는 항상 용접사 부족으로 어려움을 겪기 마련이다.

③ 따라서 배관 관리자는 이 흐름을 잘 분석하여 평상시 미리 미리 용접사를 확보 해 놓는 지혜를 가져야 한다. 용접사를 확보하였다 하더라도 이들의 이동 또한 만만치 않다. 즉, 당 현장에서 채용된 용접사라 하더라도 당 현장에서 계속 일한다는 보장이 없기 때문에 실제 동원가능 인력을 파악해 두는 것이 중요하다.

④ 또한, 만일을 대비하여 용접사 Test Piece나 Test Booth는 충분히 확보할 필요가 있다. 아울러 특수 용접을 위한 특수 용접사도 미리 확보해 놓거나, 긴급 시 동원할 수 있는 체제망을 구축하는 것이 필요하다.

10) Heavy Wall 용접 및 열처리

(1) Heavy Wall 용접

Heavy Wall Pipe나 Alloy 등 특수 재질은 각별한 관리를 요한다. 이들 자재는 고가일 뿐 아니라, 구매하는 데 걸리는 시간이 길기 때문에 처음부터 확실한 관리를 하여야 한다. 이들은 대개 Cutting Plan을 작성하고 이 Plan에 의해 한치의 오차도 없이 사용하고 관리를 해야 이를 방지할 수 있다. 특히, 육안상 비슷하게 생겼으므로 작업자들이 일반 Line에 오용하지 않도록 불출관리부터 확실히 하도록 한다.

(2) Heavy Wall 열처리

① 이들은 열처리를 요하기 때문에 이에 대한 대비도 필요하다. 우선 이들은 Heater를 사용하기 때문에 충분한 전기 용량과 별도의 Branch Panel을 준비하여 열처리 동안 다른 작업에 영향이 없도록 가설 계획시부터 고려하여야 한다.

② Heavy Wall의 경우 용접 Process를 별도로 작성하여 관리 방법을 정해야 한다.

③ Heavy Wall Pipe의 용접은 보통 「가공」 → 「예열」 → 「용접」 → 「후열처리」를 필요로 한다.

　　→ 이를 용접하는데 시간이 오래 걸릴 뿐 아니라, 후열처리 후 식은 다음에 NDE Test를 하게 되는데 거의 5~7일까지도 소용된다.

　　→ 만일 NDT에서 Repair가 나오면 겉표면의 약한 결함이 아니라면 다시 그만큼의 시간이 소모되어 다음 작업계획에까지 차질을 빚게 되므로 비용이나 시간적 손실이 이만저만이 아니다.

④ 따라서 이를 피하기 위해 중간에 50% 정도 용접하고 나서 자체 NDE Test를 해봐서 이상이 없으면 나머지 용접을 마무리하는 방법을 사용하기도 한다.

⑤ 또한, 이 Heavy Wall Pipe는 면 가공이 중요하며 시간이 걸리기 때문에 가급적 Machine 가공을 하는 편이 좋다.

⑥ 후열처리 시 모아서 열처리로에 한꺼번에 열처리하는 방법도 있다.

11) 후속 공사 Interface

① 배관공사를 원활히 하기 위해서는 선행 공정, 즉 철골이나 기기가 먼저 제자리를 잡아야 가능하다.

② 이들 선행 공사가 완성되지 않으면 배관작업 자체의 진행이 불가능하다.

③ 따라서 배관공사를 책임지는 담당자가 당연히 후속 공정을 배려해야만 전체 공사가 계획에 따라 진행될 수 있다. 배관 Line에는 제어공사의 검측을 위한 Line용 Tapping Point를 많이 볼 수 있는데, 이는 통상 작업능률이 떨어지거나 물량이 부족하다는 이유 때문에 Progress에 큰 도움이 되지 못할지 모른다.

④ 그래서 대부분 이를 나중으로 미루고 배관 설치공사에만 치중하기 쉽다.

　→ 그러나 이 Tapping Nozzle, 소위 First Block Valve를 배관에 달아주지 않으면 제어팀에서 Sensing Line을 설치하지 못하여 공사 지연의 요인이 된다.

⑤ 제어공사가 늦으면 전체 공사가 늦어지므로 아무에게도 이득이 되지 못한다.

⑥ 현장소장이나 배관 담당자는 이를 주목하여 후속 공정을 위한 작업을 먼저 챙겨야 할 것이다.

⑦ 이는 어느 현장에서나 일어나는 현상이므로 가볍게 보지 않고 직접 챙기려는 노력이 필요하다.

12) NDT(Non-Destructive Testing : 비파괴 검사) 관리

① 배관 관리자가 간과하기 쉬운 또 하나의 관리 부분이다.

② 통상 이 부분을 품질팀의 일로 보고 간과하기 쉬우나, 결국, NDT를 필요 부분만큼 소화하지 못하면 그 영향은 배관공사의 몫으로 돌아온다.

③ 항상 공사가 늦어져 발을 동동 구르며 야간작업 등 만회공사를 하다가 발목을 잡히는 것이 바로 이 NDT 처리이다.

　→ 따라서 우선 Shop 물량에 어떤 어려움이 있더라도, 이 NDT 및 Repair를 미루지 말고 Shop에서 처리하도록 한다.

④ 그리고 Field에서도 야간작업을 하는 경우 NDT 처리를 하는 데 필요한 시간을 확보해 주고 이들이 쉽게 Point를 찾을 수 있도록 배관 담당자들이 지원해 주어야 한다.

　→ 배관 담당자들이 도와주지 않으면 이들은 관련 Point를 찾는 데 시간을 다 허비할 뿐 아니라, 이로 인해 계획된 물량을 그때그때 소화하지 못한다.

⑤ Shop 제작분은 반드시 설치 전에 Clear하고 현장 용접 부위도 Back Log가 생기지 않도록 밀착 관리하는 것이 핵심이다. NDE 관리를 잘하기 위해서는 일일 작업 시간표를 작성하여 효과적으로 관리한다.

▽ 일일 시간표

16:00 : 작업지시서 발부

17:00 : 현장확인 및 리본 표시

→ 이때, Scaffolding의 필요 여부를 확인하여 필요시 즉시 설치하거나 익일 작업 물량으로 전환

22:00~ : 작업종료 시점을 맞추어 시간 조정

09:00 : NDE Report 접수

11:00 : Repair 작업 지시

→ Repair는 가급적 당일 처리 원칙으로 하는 것이 좋다. 대개는 업체들이 이미 작업 배치가 끝난 상태로 작업효율을 들어 Repair 물량을 미루고 몰아서 처리 하려는 경향이 있는데, 이것이 바로 Back Log를 늘여서 나중에 처리 못하고 결국 Hydro test가 닥쳐서야 허급지급 작업에 임하다보면 결국 어떤 문제를 야기시키는 주원인이 된다.

13) Computer 활용·관리

① Computer를 활용한 관리를 앞에서 언급하였다.

② 주지하다시피 워낙 많은 관리 Point가 있으므로 이를 잘 활용하지 않으면 막상 최종검사인 Hydro Test를 하기 위해 열심히 준비하다 한두 가지가 부족해 낭패 를 보는 수가 비일비재하다.

③ 따라서 이 Computer Program을 잘 관리, 활용하여 관련 도면, 자재, 용접 Point, NDT 이력관리, Punch Clear 등 Hydro Test Package에 관련된 모든 History를 평소에 관리하고, 필요한 사항은 미리 미리 조치하여 계획에 차질이 없도록 만반의 준비를 하여야 한다.

14) Fitting 관리

① Hydro Test시에 Leak가 발생하여 이를 잡기 위해 시간을 많이 허비하는 경우를 종종 볼 수 있을 것이다.

② 대개 이것을 당연히 나타날 수 있는 현상이라 여기기 쉬운데 결국 세밀히 분석해 보면 관리부실에 의한 손실임을 알 수 있을 것이다.

③ Valve Leak도 많은 경우 내부에 모래 등 이물질이 끼어 손상되는 경우나, 특히 Flange면의 Scratch 에 의해 Leak되는 경우가 많이 있음을 주지할 필요가 있다.

→ 가장 많은 경우가 Flange면의 Scratch에 의한 Leak가 가장 많으므로 이에 대 한 집중 관리가 필요하다.

④ 또한 소구경 Fitting은 분실로 인한 손실을 방지하여야 한다.

15) Bolt Tightening

① Bolt를 조일 때 무조건 세게만 조인다고 좋은 것이 아니다. 사방의 조임정도가 균형을 이루고 적정한 조임의 힘으로 Bolt를 체결해야 Gasket등이 제 역할을 하며 기밀을 유지할 수 있다.

② 그러나 대부분의 경우 Hammer 등으로 우선 새지 않도록 강하게 조이는 경우가 많은데, 이는 어떤 부품 중 어느 하나가 설계 기준강도를 초과하면 파손되거나, 제기능을 충분히 발휘할 수 없게 되어, 품질저하를 가져오는 결과를 초래한다.

③ 따라서 처음부터 Torque Wrench나 유압 Tightening Wrench등을 사용하여 제대로 균형을 맞추어 Bolt Tightening을 함으로 써 여러번 고생하지 않고 고품질이 확보될 수 있는 시공으로 관리하는 것이 중요하다.

16) Gasket 관리

① Gasket은 Line의 Specification에 맞는 재질을 사용해야지 그렇지 않을 경우 압력이나 온도를 견디지 못하고 중간에 터져서 자칫 대형사고로 이어질 수 있다.

② 그러므로 Specification별 Color Coding을 활용하여 착오가 없도록 하며, 또 반드시 확인하여야 한다.

③ 가장 많이 소모될 수 있는 것이 Gasket이므로 잘 관리하여 불필요한 이중손실이 없도록 한다.

17) Pipe Cleaning

① 시운전 공사에서 가장 많은 시간을 소비하는 것이 Flushing이며, 각종 Trouble의 근본 원인이 되는 부분이다.

② 이는 결국 배관 내부에 이물질이 들어가서 이 이물질이 완전히 제거되지 않음으로써 발생되는 손실인 것이다.
　→ 따라서 배관공사 관리자는 나중에 시운전 Flushing과는 상관없이 시공과정에서 이를 관리할 책임이 있는 것이다.

③ 가장 확실하고 좋은 방법은 Line 설치시 똑바로 세워서 내부 이물질을 제거한 후 설치하고, 배관 속에 자재 등을 보관하지 못하도록 관리하는 것이다.
　→ 관 속의 이물질이 Flushing 과정에서 제거되지 않고 있다가 시운전을 하게 되면 서서히 이동하여 회전기기에 빨려 들어가 회전날개를 손상시키는 최악의 경우가 발생되기도 한다.

④ 배관 관리자는 이를 명심하여 철저히 사전관리를 하여야 한다.

18) Document 관리

위에서 언급한 부분을 포함한 Document는 항상 배관공사 마무리 시점에 나타나는 골칫거리이므로 평소 Filing을 잘 관리하여 지장이 없도록 하여야 한다.

4.5.6 배관공사 Process Map

플랜트 배관공사에서의 Process Map 단계별 세부사항은 다음과 같다.

1) 공통항목 : 공통항목참조

2) 배관공사

① 도면 출도계획 및 자재 납품일정 그리고 최초 반입 배관자재의 구성을 재확인한다.

② 배관공사에서 가장 많은 시행착오가 자재구성 미흡이다.

　→ 총량의 몇 %정도만 가지고 Spool제작에 착수했다가 막상 소구경이나 Fitting, Valve류의 자재가 없어서 생기는 이중 Handling으로 인한 손실이 가장 크므로, 이를 반드시 확인하도록 한다.

③ Flushing Scheme을 구성하고 여기에 맞게 Hydro Test Package를 구성하도록 한다.

　→ 이 Scheme을 미리 잡아두면 마감공사 시 편하다.

④ NDT 작업도 미리 승인을 받아 준비하여야 한다.

　→ NDE Work Process도 미리 협의하여 가장 효과적인 지원을 하도록 한다.

⑤ 지하배관공사는 초기부터 착공하여 빠른 시일 내에 완성해야 하지만, 지하의 상태를 정확히 모르기 때문에 항상 난공사가 되므로 세밀하게 계획을 세워야 한다.

　→ 특히 빨리 되메우기를 하기 위해 Test를 어떻게 할지를 사전에 확인하는 것이 필요하다.

⑥ 계약 Specification확인 및 사업주와의 사전 상의를 거쳐야 할 것은 다음과 같다.

　→ 부분 수압시험 후 되메우기

　→ 100% RT(Radiographic Testing)로 대체하기

　→ Service Test로 대체하기

⑦ 지하배관공사는 지하수나 우기철 배수처리에 영향을 많이 받는다.

　→ 이를 잘 다스리면 반은 성공이라 보아도 좋다.

⑧ GRP(Glass Reinforced Plastics; 유리섬유 강화 플라스틱)배관의 경우 Anchoring (Trust Block)에 신경을 써야한다.

→ Anchoring이 약하면 Test 도중 Line이 압력에 의해 밀려 누수의 원인이 되기
도 한다.

→ GRP 배관공사는 작업조(품질 뿐 아니라, 작업효율도 숙련도에 따라 차이가 크
다.)도 사전에 철저히 교육시켜 부실공사를 막는다.

⑨ Spool 제작 Shop장을 준비한다. Shop장은 물류이동을 고려하여 효율적으로 운
영할 수 있도록 배치한다.

→ Spool 야적장은 찾을 때 쉽도록 구분하여 보관하도록 한다.

→ 야적하여 보관할 때 사용할 받침목도 준비한다.

⑩ Paint작업을 어디서 할지를 검토하고 결정한다.

→ 즉, 현장에서 할지, 외부에 의뢰할지를 결정한다.

⑪ 도면관리, 자재관리, 용접관리, Progress관리, NDE관리 등 배관관리를 System
적으로 효율성 있게 관리하도록 구축을 확인한다.

→ 협력사를 동참시켜서 이중관리를 피하도록 한다.

⑫ System이 정상적으로 운영되는지를 수시로 확인한다.

⑬ Pipe Rack이 설치되는 시점에서 현장 설치가 본격적으로 시작되는데, 가급적
Pipe 설치시 Support도 같이 설치될 수 있도록 사전제작을 하는 것이 좋다.

→ 모든 Support가 전부 확정되지는 않더라도 유형별로 일정 부분을 사전 제작을
하여 가급적 임시 Support를 배제한다.

→ 작업 효율 면이나 원가절감 면에서 훨씬 유리하다. 초 대구경이나 2″ 이하의
소구경은 설치 장소 근처에서 직접 제작하여 올리는 것이 효과적이다. 이를 위
해 현장 빈공간에 간이 제작장도 고려할 수 있다.

⑭ NDE는 Shop장에서 Clear하는 것을 원칙으로 한다.

⑮ 제작된 Spool은 반드시 개구부를 막아 이물질이 들어가는 것을 막는다.

→ 시운전 효율에 지대한 영향을 미친다.

⑯ Flange면을 보호한다.

→ Leak의 주요인이다.

⑰ 배관자재 뿐아니라 Fitting, Gasket 등도 Color Mark를 분명히 하여 자재혼용을
방지하여야 한다.

⑱ Contamination의 방지에 신경 쓰고, 지면에는 절대 직접 닿지 않도록 관리를 철
저히 한다.

⑲ Spool 제작은 가급적 시공순서에 맞추어 제작해 야적을 최소화하는 것이 좋다.

⑳ 본격적인 현장 시공이 들어가면 NDE Back Log 및 용접 불량 미처리가 쌓이게 된다.

→ 이는 추후 Test 지연으로 직결되므로 철저한 관리가 필요하다.

㉑ 설치시 배관 내부를 깨끗이 청소한 뒤 올리도록 한다.

→ 시운전 기간을 획기적으로 줄일 수 있다.

㉒ Alloy나 후관의 용접은 불량으로 인한 재작업시 손실이 크므로 Root Path 후 추가로 RT로 확인하고 작업하는 것이 좋다.

→ 추가 RT 비용이 오히려 저렴하다.

㉓ Utility Station이나 Steam Trap Manifold 등은 사전 제작이나 Shop 제작을 고려한다.

㉔ 공정이 70% 정도 진행되면 마감 준비를 한다.

→ 즉, System 이나 Area별로 마감지을 수 있도록 하고 필요시 별도 마감조를 운영하는 것도 검토한다.

㉕ Safety Valve는 설치 전 Poppong Test를 해야 하는데, 직접 Test Bench를 운영할 수 도 있으나 대개는 전문팀을 섭외하여 수행하도록 하는 것이 좋다.

→ Test 장비 및 Certification 문제가 수반되기 때문이다.

㉖ 설계팀이나 품질팀을 이용하여 자체 Punch를 작성한다.

→ 사업주 Punch 이전에 자체적으로 철저히 하는 편이 오히려 더 유리하다(사업주의 Punch는 Clear하는데 Process가 복잡하고 시간이 많이 소요되기 때문).

㉗ 사업주의 Punch가 시작되기 전 마감작업에 대한 Process를 협의하고, 이에 대한 준비를 해야 한다.

→ 시공 파트의 Punch가 끝나면 다시 시운전 Punch, 또 다시 Commissioning Punch, 마지막으로 공장 Operator Punch등 여러 단계를 주장하는 사업주도 있어 번거롭고 많은 시간이 소요되므로 불리하다.

→ 따라서 사전에 정리하여 가급적 한꺼번에 합동 Punch를 받도록 노력할 필요가 있다.

㉘ Punch Clear조를 운영한다. 마감공정에 들어가면 작은 부품들이 많이 소요되기 마련이다.

→ 이때에는 자재 부품창고를 현장으로 전진배치시켜 운영하는 것이 효과적이다. (Fitting류 Bolt, Nut, Gasket, 소형 Valve 등을 Container등에 옮겨서 현장에서 즉시 불출할 수 있도록 지원한다.)

㉙ 서류 작업이 생각보다 많으므로 Test Package는 미리 준비한다.

→ Package Team의 운영을 검토한다.

㉚ Test에 들어가면 의외로 서류 행정에 혼선이 많아 시간을 허비하는 경우가 종종 있다.

   → 즉 사업주와 계약자간에 행정상의 서류 확인 문제 등으로 서로 책임전가를 하며 시간을 허비하는 경우가 있다.

   → Process를 재삼재사 확인하도록 한다.

㉛ 시운전 준비를 위해 Flushing조를 구성하고 시운전팀과 호흡을 맞추도록 한다.

   → 가 배관자재 및 시운전 Spare Part를 미리 준비하도록 한다.

㉜ Test, Flushing 등의 작업시 Bolt 분실, Gasket 손·망실, Valve 손·망실 현상이 많이 나타난다. 팀간 업무혼선 및 책임전가가 없도록 분장을 분명히 하여 손실을 막아야 한다.

   → 상당히 중요하게 관리해야 할 부분이다.

   → 이 시기에는 배관공사 담당자들을 각별히 배려해 주어야 하며, 필요시 새로운 인력과 부분적 교체도 고려하도록 한다. 너무 지치면 만사가 귀찮기 마련이다.

㉝ 배관 업무는 Hand-over 시까지도 계속 되므로 잔여팀을 구성하여 Maintenance Team에 합류시킨다. 작업자나 관리자를 포함하여 개인적으로 문제가 없으면 현장에 오래 근무해 History를 잘 알며 현장도 잘 아는 사람을 남겨 두는 것이 좋다.

4.6 기계공사 관리

기계설치공사의 중요 관리사항은 Area Interface를 최소화하고 불필요한 Handling을 최소화하는 Just-In-Time 관리, 품질의 준수, 안전한 Rigging Plan, 그리고 토목, 배관, 시운전 등과의 Time 및 Quality Interface 부분의 관리로 요약할 수 있겠다.

또, 한가지 추가한다면 Package기기 관리이다. 대개 Package성 기기는 Supplier의 기준이나 시방에 의해 공급되는 경우가 많은데, 사전에 관련 자료를 Study할 필요가 있다. Supplier의 요구조건, 시공상 특기사항, 조립순서 등을 사전에 숙지함으로써 정상적으로 시공하여 시행착오를 줄일 수 있다.

가장 범하기 쉬운 실수는 자기 능력만 믿고 관련 자료의 검토도 없이 나름대로의 소신으로 시공하려는 자세이다. 아무리 자기가 경험이 많고 자신이 있어도 반드시 사전에 Vendor Information을 검토해야만 한다.

기술은 계속 진보하는 자신의 경험은 과거 그대로임을 인정해야만 하는 것이다. 이와 같은 관리의 포인트는 철저한 사전 Construct ability Review에 의해 착안, 또는 제안된 Risk 해소 방안 혹은 개선안을 관련 공종 및 프로젝트와의 긴밀한 협의를 통해 필요한 목적을 달성하는 것이다.

4.6.1 Just-In-Time 관리

Just-In-Time 관리란, 우선 현장 Layout에서 Area별 공사착공 우선순위를 결정하고, 충분하고 안전한 Access Way를 확보하는 방법이다. 여기서, Area별 설치 Sequence를 정함으로써 기기의 Delivery를 Grouping하여 효과적으로 설치공사를 할 수 있도록 조정하고, 사전 준비작업을 충분히 하여 기기를 반입 즉시 설치하여 효율을 높이는 관리기법이다.

물론, Heavy 및 Tall Equipment를 중심으로 Lay Down Area와 Dress-Out 및 Initial Lifting Location에 따른 Heavy Crane 위치, 이동 Route 등을 충분히 감안하여 Free Area, Hold Area를 구분, 대기 Loss 없이 Heavy Crane의 위치에서 안전 Lifting 반지름 내의 다른 기기를 설치할 수 있는 조화로운 기법으로, Schedule상 가장 절묘한 관리라고 할 수 있다.

Delivery Sequence와 우선순위를 정해 사업이나 구매 등 관련 부서와의 충분한 협의를 거쳐 최종 Schedule을 확정한다. 이를 다시 공사계획에 반영하여 진행하되, 지속적으로 정보를 공유하고 중점 관리하여 계획에 차질이 없도록 하여야 한다.

이렇게 분석 및 협의된 Delivery Schedule은 기계설치공사의 기초 Data로서 전체 기계설치공사의 상세 Schedule에 영향을 주는 선행공정이 된다. 따라서, 별도의 하역장비나 장소의 필요성을 없애, 원가절감 및 타공종과의 Area Interface를 최소화함으로써 공기에도 긍정적 영향을 줄 수 있도록, 현장 도착 즉시 설치 위치로 이동하여 설치할 수 있도록 하여야 한다.

즉, Foundation의 사전 Check, 배관도와 기초도면, Vendor Print를 Cross Check하여 Interface Error가 없음을 사전 검증한 후 Chipping, Padding을 사전 시공 검사하고, 관련 Material(Anchor Bolt 및 Shim Liner Plate등)를 사전에 준비해 놓아야 한다. 이렇게 함으로써 관련 기계의 반입과 동시에 설치 절차를 진행할 수 있다. 설치시에는 사전에 승인된 Rigging Plan에 따라야 한다.

4.6.2 안전한 Rigging Plan

Rigging Plan은 Lifting Load가 선정한 장비의 정격 Capacity의 85%를 넘지 않도록 Design하고 (85% 초과하는 경우에는 전문가와의 별도 협의를 통해 안전성을 재검토해야 한다.) 필요시에는 사업주의 승인을 얻어야 한다.

Rigging 업체의 경우에는 주어진 도면과 자료에 의존하는 경향이 있어, 체계적으로 3D Base의 Construct ability Review를 하지 않는 경우 향후 안전문제나 Change Order의 원인을 제공할 수 있으므로 주의해야 한다.

기기공사에 있어서 Rigging Plan이나 관리는 가장 기본적이면서도 추호의 실수도 용납되지 않는 중요한 업무 중의 하나이므로 별도의 Rigging Procedure나 Manual을 숙지하여 세밀한 사항까지 점검하여야 한다. Rigging이 잘못되면 대형사고로 이어지거나, 기기의 손상으로 인한 재제작 시간적 문제 때문에 Project 실패로 이어지기 쉬운 아주 중요한 Activity이므로, 철저한 준비와 함께 안전제일 주의로 임하여야 한다.

4.6.3 품질준수 관리

1) 입고검사

입고검사는 운송 중의 Missing, Loss, Damage 등 예상치 못한 원상 훼손부분이나 Shop Inspection시 발견하지 못한 하자를 설치 인수 전 확인·조치하기 위해 기계공사 담당자가 Vendor Print 등 관련 설계도서에 근거하여 외관/수량검사 위주로 수행한다.

(1) 주요하자

① 외관 Damage

② 내부 혹은 외부의 방청불량으로 인한 Rust/해수오염

③ Nitrogen Sealing 파손

(2) Nitrogen Sealing 파손에 따른 하자

① Nozzle Orientation, Size, Flange 등의 오작

② Manhole Davit의 오작

③ Bolt, Shim Plate, Sliding Plate 등의 오작

④ Orientation, Centering Marking 불량

⑤ Nozzle Flange의 Face Damage

⑥ 내부의 청소불량

⑦ Rotating/Package Item 내부의 방청제 오염

⑧ Rotating/Package Item 내부의 빗물 침입으로 인한 Rust

⑨ Rotating/Package Item 내부의 이물 침입으로 인한 회전불가

⑩ Accessories의 파손, 손·망실

2) 패키지 기기(Package Equipment) 및 로테이팅 기기(Rotating Equipment)

단위 기기들의 설치에 집중하다 보면 통상 Package기기들에 대해 소홀하기 쉬우나, 오히려 Package Equipment들에서 많은 문제가 발생하는 경향이 있다.

따라서 사전에 이들 Package에 대한 설치 Instruction등 Vendor 서류들을 확인하고 충분히 숙지하며, Vendor Instruction에 충실히 따라 설치하고, 사후관리를 하여야 시운전 단계에서의 Trouble을 줄일 수 있다.

Rotating 기기 역시 설치 후 정기적인 Baring, Oil 주입, 이물질 투입방지 등 철저한 관리를 필요로 한다.

항상 기기들은 설치 및 사후관리를 철저히 함으로써 기기 Trouble을 방지할 수 있으므로 별도의 팀을 구성하여 철저히 관리하도록 한다.

3) 기기의 운전

기기의 운전은 특히 관련 팀간의 업무협조를 필요로 한다. 예를 들면, 공운전 금지, 역회전 금지, Chemical 금지, Oil 성분 금지, CI Content 제한, Water 인입금지 등이다.

설치검사는 사업주가 사전에 승인한 Inspection 및 Test Procedure에 따라서 진행하여야 하며, 사업주가 Witness한 관련 Report를 근거자료로 확보하고 Filing System에 따라 분류 보관하여야 한다.

설치 검사시 나타날 수 있는 오류는 대부분 Acceptance Allowance를 벗어나거나 Protection 불량 등 작업불량에 기인하지만, 그렇지 않은 사유도 있을 수 있다(특히 설치기간 중 배관, 전기, 제어, 보온, 도장 등 관련 공종의 작업이 병행되어 기계설치공사의 주변은 복합공종 공사가 진행되는 경우가 많으므로 공종간 간섭에 의한 품질문제 등이 자주 발생하기 때문에 철저히 Protection해야 한다).

Rust, 이물질의 혼입, 낙하물에 의한 파손, 작업자의 부주의, 무리한 체결에 의한 과도한 Moment Force 작용, 부적절한 Support, 의사소통의 불일치에 의한 문제 등 다음과 같은 다양한 문제발생 원인에 대한 사전대응이 필요하다.

▶ 주요 문제발생 원인

① Foundation과 도면의 불일치

② Template 등 공장제작 불일치

③ 배관도면과의 좌표, Elevation 등의 불일치

④ Foundation 작업의 불량

⑤ 좌표관리 오류

⑥ Fix Point가 반대로 제작되거나, Sliding Plate의 위치가 잘못 선정된 경우

⑦ 배관, 도장, 보온 작업 등과 관련한 Interface에 의한 파손

⑧ Support 불량에 따른 Nozzle Neck Crack

⑨ Welding Earth에 의한 Bearing 등 구동부 파손

4) 완성검사

설치 완성검사까지는 Leveling, Centering, Anchoring, Grouting, Alignments 등 다양한 절차를 수행하며, 최종 완성검사는 Equipment 자체의 품질을 포함하여 관련 Interface 공종 부분까지 포함할 수 있다.

Pre-Commissioning을 포함한 Mechanical Completion을 검증하는 단계이므로 Start-Up 직전의 시스템 안전을 염두에 둔 철저한 검사가 필요하다.

5) 일정, 품질 및 안전(Time, Quality & Safety)Interface

Interface는 다양한 형태로 관련 공종간에 나타나며 초기에 선제대응함으로써 그 영향을 최소화할 수 있다.

Interface에는 Time, Quality, Safety Interface가 있다.

(1) 일정(Time) Interface

① 시계열적으로 동시에 나타날 수 있는 복합공사 부분으로서 예상되는 복합공종의 공사는 가능한 Contingency Plan을 구성하여 피할 수 있는 방안을 고려하여야 한다.

② 기계공사의 입장에서 평가해 보면, 선행공종이 기계입고 전에 완성되도록 Delivery Sequence를 공지하고, 주기적으로 사전 Communication을 유지함으로써 목적을 달성할 수 있다.

③ 같은 방법으로 배관공사, 전기공사, 시운전 등의 후속공사에 대해서도 기계설치 공사의 Status를 Clear하게 후속공사 일정을 명확하게 하고, 그럼으로써 「기계-배관」, 「배관-시운전-기계」, 「전기-기계-시운전」 등의 공종간 Time Interface 를 효율적으로 관리할 수 있다.

④ 완성되지 못한 작업에 의해 시스템의 완성검사가 보류되고, 전체 시운전 일정에 차질을 빚게 되는 경우가 허다하다.

(2) 품질(Quality)Interface

① 품질과 관련된 Interface는 우선 도면 Cross Check에서부터 시작하여야 한다.

② 설계품질 부분에 대한 시공 전 Double Check는 공사 담당자(공사 담당자가 생활화해야 할 부분이자, 전문가로서 배풀어야 할 덕목이다.)의 중요한 책무이다.

③ 「토목-배관」, 「토목-기계」, 「기계-배관」 상호간 불일치 여부를 설치 전 검증하는 일은 기계공사에 있어서는 특히 중요한 핵심기량이라 할 수 있다.

④ 기계공사 품질의 가장 중요한 부분은 바로 설치 후의 배관 및 후속공사에 의한 영향 부분으로, 배관, 전기, 보온, 도장 Fireproofing 등 후속공사의 다음과 같은 품질 미준수 사항에 따른 품질불량을 야기할 수 있다.

(3) 후속 공사에서 야기되는 하자

① Support 불량 상태에서 무리한 배관 연결로 인한 Nozzle Neck의 Crack 혹은 Alignment 불량으로 인한 Vibration발생

② Nozzle Blind의 임의 제거로 N2 Sealing 압력이 제거되어 Rust의 원인을 제공 (설치 후 Equipment 내부 점검을 다시 하는 경우)

③ Nozzle Blind를 제거하고 배관을 설치함으로써 이물질이 기계 내부로 혼입(시운전 중 Internal의 파손을 야기하거나, 운전 전 분해 점검을 필요로 하는 경우)

④ Welding Earth Lug를 기계 Bed에 물려서 Bearing의 Spark에 의한 소손을 가져오는 경우

　→ 시운전 중에도 온도 상승 등의 문제점을 발견하지 못하는 경우도 있지만 Oil상태를 관찰하여 발견했을 경우(분해점검 후 Bearing 교체)

⑤ Temporary Strainer가 설치된 부분은 반드시 막힘 현상을 감지할 수 있는 Differential Pressure Gauge를 설치

　→ 과압손상을 예방하고, 주기적으로 분해점검하여 이물의 축적량을 기록(전체 시스템의 Clean 정도를 평가)

　▶ 시운전(TAB: Test, Adjusting & Balancing)
　　– 시운전은 완성물의 시험운전이다.
　　– 시운전을 수행하는 데 있어 안전한지를 검사하는 소위 Pre-Startup Safety Review를 위해 주로 Check해야 할 항목은 Pre-Startup Safety Check List를 활용하여 다음의 각 항목에 대한 상세검사 내역을 확인하여야 한다.
　　　→ 배관 Nozzle의 Alignment 및 Tightness(Torque)
　　　→ Motor Solo Running Test
　　　→ 관련 Suction, Discharge 배관의 세척 및 Strainer Condition
　　　→ Oil Flushing의 Inspection 결과 및 Oil System Condition
　　　→ System Interlock Test 및 Package Interlock
　　　→ Valve Operation
　　　→ Equipment 내부의 이물 혼입 여부
　　　→ Safety와 관련한 주변 작업의 완료
　　　→ ITP에 따른 Record의 구비와 M/C Documentation
　　　→ Start-Up Sequence와 Log Sheet
　　　→ Start-Up Procedure 및 Emergency Shutdown Procedure
　　　→ Operator 조직 및 Communication

(4) 안전(Safety)Interface

작업 공간의 Interface에 의한 안전사고 가능성도 중요하지만, 시운전 중 작업 허가체제를 잘못 운영하거나, Communication의 부재로 의해 초래되는 문제는 대형 안전사고가 될 가능성이 크다.

> ▶ 주요 안전사고 유발 항목
>> - Vessel Internal Work와 Pipe Flushing의 간섭
>> - Vessel Internal Work와 N2 Service 시점/Valve Lock
>> - Pump Startup과 제어의 Interlock Test
>> - Pump Startup과 Panel Lockout/Tagout Procedure
>> - Tall Tower Lifting 중의 Safety 반지름 내 Evacuation
>> - Flushing과 Final Alignment

6) 기 타

(1) Tray Internal

① 긴 공정은 아니지만, 나름대로의 기능을 요하는 공정이다.
② 관리를 소홀히 할 경우 자칫 시간을 허비하거나 잘못 시공하여 따로 전문가를 부르는 등 시행착오를 겪는 경우도 허다하다
③ 따라서, 해외에서는 이 부분의 전문설치팀을 섭외하여 활용하는 것이, 시간을 절약하고 타 공종과의 간섭도 줄이는 효과가 있으므로 적극적으로 고려하는 것이 바람직하다.

(2) 대형 회전기기

① 대형 Compressor나 Turbine 등 정밀시공이 필요한 핵심기기는 별도의 전문팀을 구성하여 집중관리를 하고, 시운전 때까지 같은 인력이 지속관리 할 수 있도록 한다.
② 설치부터 운전까지 기기쪽으로 이물질이 절대로 인입되지 않도록 각별히 관리하도록 한다.

(3) Package기기

① 기계공사에서 항상 문제를 야기하는 부분이다(이는 대개 너무 쉽게 생각하고 다른 일에 집중하다가 막상 Package 기기가 들어올 경우, 사전에 Study 하지 않은 상태로 경험에 의해 설치하다 낭패를 보는 경우가 대부분이다).

② 반드시 사전에 공급자와 책임한계나 설치 Manual 등을 Study하여 사전준비를 철저히 하도록 한다.

③ 또한, Vendor Supervisor의 필요여부나 필요시기 등도 사전 협의하여 차질이 없도록 한다.

(4) 특수 Package

Furnace 등 특수한 Package들은 전문가의 도움을 받아 별도 관리를 하는 것이 좋다.

4.6.4 기계공사 Process Map

플랜트 기계공사에서의 Process Map 단계별 세부사항은 다음과 같다.

1) 공통항목

– 공통항목 참조

2) 기계공사

(1) 설치 Plan 검토

Equipment Delivery, Heavy Rigging Study, Tall Tower, Dress—Up, Access 및 Transportation Route, Unloading Location for Heavy Equipment, Internal/Tray 설치 시점 등을 고려한 Plan을 재검토한다.

특히, 이들은 타공종과의 Interface가 심하기 때문에 전체적인 공사 Sequence, Holding Area 및 시기를 결정짓는 요인이 되므로 세밀한 검토를 필요로 한다.

(2) 기초/철골검사

① 기기 설치를 위한 기초공사가 완성되어 인수를 받은 기초는 반드시 재검측을 하여 기계설치 도면과 맞는지 확인한다.

→ 검사가 완료된 기초는 표면 Chipping과 Padding을 하여 설치 대기 상태로 준비한다.

② 기기 설치를 위한 기초공사나 철구조물이 완성되어 인수를 받으면, 토목성과표를 받아 관련 제반사항(Dimension, Coordination, Elevation, Anchor Bolt, 혹은 Anchor Hole등)을 반드시 확인하여 수정사항이 있는지를 검토하고, 사전에 필요한 조치를 취하여 기기 설치에 차질이 없도록 준비 하여야 한다.

→ 검사가 완료된 기초는 표면 Chipping 및 Padding 작업을 하여 설치 대기상태로 준비한다.

(3) 설치 전 확인 및 준비사항

콘크리트 양생일수, 공기구, 측정공구, Special Lifting Device, Liner, Grouting Material을 설치 전 확인 및 준비한다.

(4) 설치 및 검사단계

① 기기 시방에 따라 필요시 Rigging Plan을 세운 후 설치하며, 특히 Package성 기기는 Vendor Manual을 반드시 Study하고 Procedure에 따르도록 한다.
② Check List에 의거하여 기기 종류별로 설치 및 검사를 진행한다.

(5) 유지 및 완료단계

① Check List에 의거하여 기기별로 Preservation Log Sheet를 유지한다.
② 회전 기기는 단계별 정밀 조정작업과 Maintenance 작업을 필요로 하며, 시공 단계별 확인이 필요하므로 각 기기에 관리 Table을 부착, 작업 단계를 표기(주기별 Oil 주입여부, Bering 여부, Alignment여부 등)를 해서 관리하면 매우 편리하다.

(6) 기기 Nozzle이나 Manhole 등의 관리

① 기기 Nozzle이나 Manhole 등 개구부는 철저히 밀봉하여 이물질이 인입되는 것을 방지 하여야 한다.
② 특히, 회전기기의 Nozzl은 배관 연결시 Stress를 받지 않도록 배관시공팀과 협조하여 반드시 상호 확인 후 연결하도록 관리한다.
③ 배관 Line 이 Nozzle에 지지되지 않고 Self-Support되도록 시공하여야 한다.
④ Manhole 내부에 공도구, 자재 등을 보관한 후 잊어버리고 방치하는 경우가 많으므로 철저한 관리 및 확인이 필요하다.

4.7 전기공사 관리

4.7.1 접지공사

전기공사 관리에 있어서 가장 처음 시작하는 것이 접지공사이다. 이는 토목 공사와 더불어 초기부터 투입되지만, 접지공사가 끝나면 한동안 공백이 생기게 된다. 따라서 어떻게 대기시간이 발생되지 않도록 관리하느냐가 관건이다.

초기에 설치해 놓은 접지선이 그후 공사가 진행되는 과정에서 이런저런 이유로 터파기를 다시 하는 과정에서 고의로든 실수로든 접지선이 끊어지는 사고가 발생한다. 철저히 관리하여 이런 일이 발생되지 않도록 하는 것도 중요하지만, 더욱 중요한 것은 일단 어떤 이유로든 선이 끊어졌을 경우 감추지 말고 보고하여 즉시 복구할 수 있도록 관리하는 것이다. 공사를 다 해 놓고 마지막 접지 Test에서 단선이 나타나면 막상 단선 부분을 찾기도 어렵고 해서 자칫하면 복구를 위한 대공사가 발생될 수도 있으므로 주의하여야 한다.

4.7.2 가설전기

전기공사 담당자는 본 공사뿐 아니라 가설전기에 대한 관리에도 많은 신경을 써야 되는데, 아이러니컬하게도 이 가설전기에 더 많은 골머리를 앓는 경우가 많다.

불특정다수에 의해 사용되는 이 가설전기로 인해 사고뿐 아니라, 불시의 정전으로 인한 작업적 손실도 실로 엄청나다 하겠다. 따라서, 처음부터 가설전기의 관리체계를 확실히 하고, 시공 전 과정에서 간섭으로 인한 재시공이나 정전이 발생되지 않도록 계획한다. 또한, 인가된 전기기술자에 의해서만 다룰수 있도록 하되 만일의 정전시에도 부분적인 회로에만 영향을 미치도록 하여 손실을 최소화할 수 있도록 시스템을 잘 구축해야 한다.

전기사고는 대형사고로 이어질 수 있으므로 가설전기는 반드시 규정대로 접지단락 차단기를 사용하도록 하는 철저한 관리가 필요하다. 공사 규모에 따라 차이는 있을 수 있으나 일정 규모에서는 전담자를 두는 것도 고려하여야 한다.

4.7.3 공사일반

지상의 일반 Race Way 시공에는 특별한 것이 없으나, 제어공사와 마찬가지로 설계도면상 정확한 Dimension이 없는 현장시공이 많으므로 주로 타공종과의 간섭을 가능한 피하도록 하고 Trip Hazard에 주의하여 시공한다.

전기공사의 가장 핵심은 Substation 공사이므로 건축 공정의 진행상황을 지속적으로 주시하여 일정에 차질이 없도록 독려하여야 한다. 최근에는 Electrical Equipment가 대부분 전자소자로 되어 있어 HVAC System이 가동되고 있는 상태에서의 설치를 요구하고 있으므로 가급적 전기Equipment가 현장 도착 전에 Substation 내의 HVAC System이 완료될 수 있도록 하는 공정관리가 필요하다.

Panel이나 Switch Gear 등 전기 기기들의 시공 관련 주의사항들은 각각의 시공 Manual에 준하여 정밀시공을 하여야 함은 물론이다.

그리고, 가능하면 현장공사 Peak시 활용할 수 있도록 Area Lighting을 우선 완성하면 추가적인 야간작업 등을 위한 가설전등의 추가 설치를 줄일 수 있으므로 이를 염두에 두고 관리한다.

4.7.4 전기 안전관리

전기공사에서는 시운전이나 각종 전기 기기 Test시 더욱 주의하여야 한다. MCC나 Switch 등은 반드시 지정된 전기기술자에 의해 조작하도록 하고 평소에는 Locking하며, 만일에 대비하는 Lock-Out/Tag-out 시스템을 조기에 가동하여 안전사고가 일어나지 않도록 한다.

일단 수전을 하게 되면 일차적으로 Substation 의 출입을 통제해야 하므로 수전을 하기 전 최대한 잔여작업을 완료하여 작업자의 출입통제를 효과적으로 관리하여야 안전하게 관리할 수 있다. 그리고, 현장 기기 Test시에도 Communication 착오에 의한 사고는 자칫 인명사고나 기기 등에 심각한 손상을 초래하여 중대사고로 발전될 가능성이 크므로 관리를 철저히 하여야 한다.

1) 통제조직

① 자격증이 있으며, Project전기계통을 확실히 이해하는 자를 선정하여 Substation에 상주하도록 한다.
② 출입통제 권한을 부여하며 모든 출입자의 입·출입 시간을 통제, 기록, 관리하게 한다.
③ Substation의 Switch는 반드시 직접 조작하는 책임을 가지며, Test를 위한 Feeder 이외에는 평상시 반드시 Off 상태로 Locking하여 오작동을 방지하며, 모든 조작상황을 Logging하여야 한다.
④ 또한, 24시간 교대근무 체제를 갖추어야 한다.

2) Field Test조

① 관련 업무에 따라 조직하되, 가급적 고정인력으로 운영해야 혼선에 의한 실수를 방지하고 일사 분란한 업무수행이 가능하다.
② 필요시 시운전팀의 운전요원도 포함시킨다.
③ 반드시 Leader를 지정하고 Leader가 직접 Substation의 Switchman과의 Com-munication에 의해 Switch 조작을 하도록 한다.

4.7.5 전기공사 Process Map 및 Check List

플랜트 전기공사에서의 Process Map 단계별 세부사항은 다음과 같다.

1) 공통항목

공통항목 참조

2) 전기공사

① 가설전기는 공사 도중 Peak시 용량이 모자라는 일이 없도록 충분히 한다. 또한, 공사 도중 터파기 등으로 인하여 간섭이 생기거나 단선이 되지 않도록 구간을 피하여 시공하고 지속적으로 관리하도록 한다.

→ 전기사고가 발생하면 현장작업이 중단되므로 절대적인 관리가 필요하다.

② 가설전기를 제외하면 전기공사는 접지공사로부터 시작된다.

→ 이 접지선은 시공 도중 지하공사를 하는 과정에서 여러 가지 사유로 단선이 되곤 한다.

→ 결국 마지막에 다시 검측하고 단선 부위를 찾는 수고를 하기 마련이므로 이를 줄이기 위한 관리가 필요하다.

→ 단선이 되면 즉시 보고하여 보수할 수 있도록 한다.

③ 어느 정도 구조물이 올라가고 지지대가 확보되면 배선공사를 위한 Race Way 설치를 한다.

→ 도면에 Dimension이 없고 배관이나 계장 Line과 간섭을 피해야 하므로 상호 업무협조가 필요하며, 타공종의 진행현황을 공유하여야 재작업을 피할 수 있다.

→ Tray Support 등은 계장공사와 공유할 수 있도록 하는 것이 좋다.

④ 수전 Milestone을 맞추기 위해서는 기기 반입 일정과 Substation 완성 일정을 지속적으로 관리하고 필요 시 업무협의를 긴밀히 하여야 한다.

→ 아울러 수·변전반 설치위치의 정밀시공 상태를 점검하도록 한다.

⑤ Building에 필요한 Fire Alarm System 완료 일정을 놓치지 않도록 관리한다.

→ 소방 시스템은 공장에 Hydro-carbone 인입을 허가할 때 Test를 끝내고 사용 허가를 받아야 하므로 관련 업무를 미리 챙기도록 한다.

⑥ Lighting System은 가급적 우선시공하여 야간작업에 활용할 수 있도록 한다.

→ 야간작업을 위한 가설조명시설 작업을 절감할 수가 있다.

⑦ Cable 포설을 시작하면 Damage가 나지 않도록 보호관리에 신경을 쓴다.

→ Pulling 후에는 반드시 Drum에 남은 잔여 길이를 기록해 놓도록 한다.

→ 실측의 결과가 설계도면과 차이 나면 자재 부족 여부를 확인하여 조기에 추가 조치를 취할 수 있도록 한다.

⑧ 주요 기기의 설치 후 시험 항목이나 조건들을 미리 확인하도록 한다.

→ Switch Gear나 Transformer 등의 Site Test는 특수장비를 필요로 하기 때문에 사전에 확인하고 준비하여 일정에 차질이 없도록 한다.

⑨ 수전 후에는 전기사고로 인한 인명을 수반하는 대형사고의 위험이 커진다.

→ 특히, 기기 운전시험 등 복합적인 행위가 동반될 때 상호 Communication Miss로 인해 사고가 나지 않도록 Procedure를 정립한다.

→ 책임자 및 자격이 있는 Operator를 배치하여 철저하게 관리한다.

→ 본 수전이 되면 일단 Substation에는 출입통제를 실시하고 인가된 자만 출입할 수 있도록 하여 만일의 실수를 예방토록 한다.

→ 불가피한 작업은 Work Permit System 및 Lock-out/Tag-out System을 가동한다.

⑩ 전기공사는 타공종에 비해 비교적 일찍 마무리가 되므로 수전 후 안전관리에 만전을 기하도록 한다.

4.8 제어공사 관리

제어공사에 대해 언급하기 전에, 제어공사가 다른 공종의 공사와는 다른 특이한 점을 이해하여야 사업주와의 관계를 원활하게 유지하면서 우리의 목표를 달성할 수 있다고 본다.

제어공사 도면에는 거의 Dimension이 없다. 거의 대부분의 사업주 공사 담당자들은 이러한 애매한 특성을 이용하여, 자기의 개인적 경험이나 의견에 기준하여 요구하거나 다른 문제 제기를 하는 경우가 많다.

따라서, 시공 담당자는 이러한 상황을 이해하고 사업주 공사 담당자의 이견에 대처해야 한다. 전체적으로 영향을 주지 않는 범위 내에서는 사업주 의견을 수용하여 주는 것이 좋지만, 일정 기준의 원칙을 세우고 이를 사업주 담당자와 사전협의하여 진행하되 반드시 문서로 확인을 받아 놓는 것도 중요하다. 이는 Claim 해소의 근거가 될 뿐 아니라, 일일이 확인을 받으며 진행하면 상대방도 다시 한 번 결정에 신중해질 수 밖에 없기 때문이다.

4.8.1 현장관리

현장관리의 출발은 계획이다. 가능한 빠른 시일 내에 최소한의 필요 정보를 협력사에 제공하고, 세부 수행계획은 수립할 수 있도록 지원하여야 한다. 시공협력사와의 수행계획은 함께 검토·협의하고 이를 사업주와 공유하도록 한다.

계약적으로는 사업주와의 주 계약자가 주체지만, 실제로 공사를 수행할 조직의 구체적 계획을 무시할 사람은 아무도 없으며, 오히려 더 중요하다는 것을 알게 될 것이다. 설명회 등을 통해 계획을 공유하고 서로간 의견을 조율하게 되면 일체감을 가지고 한 팀으로서 일을 추진하는데 큰 도움이 된다. 다만, 이러한 수순을 밟고 나서 수정사항이 발생될 때는 반드시 다시 사유를 설명하고 정보를 공유하려는 노력이 필요하다.

대개는 사업주로부터 기인하는 작업 장애요인이지만, 정작 사업주의 불만은 정보부재에서 기인하는 경우가 태반이다.

본격적인 공사 시작 전 반드시 Inspection and Procedure를 작성하여 사업주 승인을 받아야 한다. 이를 근간으로 작업 진행이나 완료 상태가 검증되고 최종적으로 Hand-Over시 근거 서류가 되는 Base이기 때문이다.

4.8.2 Support 제작 및 설치

1) Support 제작

현장이 개설되고 가설시설이 완성되면 각종 계획에 따라 계기나 패널의 Support를 사전에 제작하게 된다. 이 Panel Support는 Frame을 제작할 때 여유 홀이 설치를 쉽게 해주므로 고정용 볼트 홀을 Slot Hole로 만드는 기지가 필요하다.

계기 설치를 위한 Stanchion은 각 Type별로 일정 물량을 사전에 제작해 놓으면 도움이 된다. 그러나, Stanchion 위치는 필히 사업주와 현장확인 후 정하되 Sign을 받아놓아야 한다.

2) Support 설치

계기 위치의 설정은 여러사람의 취향을 고려하며, 향후 수정작업을 최소화 하기 위한 배려가 반드시 필요하다. 이 계기 위치는 읽기 편한 위치여야 하므로 가능하면 Operation Group을 끌어들여 의견을 받을 수 있으면 좋다.

Stanchion의 위치에 따라 후속 공사가 진행되므로 변경사항이 발생하면 큰 수정작업이 수반되므로 사업주의 입장에 서서 신중히 선정하여야 한다. 계기의 위치도 사업주 각각의 요구사항을 적극적으로 수용하여 설계에서 이러한 요구의 반영도 검토해볼 수 있다. 실제로 Maintenance를 고려하면 지상에 설치하는 것이 옳다고 생각되므로 공정상에 큰 문제가 없다면 설계 담당자와 공사 전에 협의하여 사전에 조치하여야 한다.

4.8.3 케이블 커넥션(Cable Connection) 및 Hook-up

1) 케이블 커넥션(Cable Connection)

Cable Connection Work는 많은 시간을 필요로 하는데다 연결 상태가 좋지 않으면 공장 Shut-down 등 큰 피해를 야기할 수 있으므로 철저한 검사가 필요하다.

Wire Marker의 Lettering 기준도 사업주와 사전에 협의하여 이중 일이 되지 않도록 한다. 통상적으로 하는 작업이고 크게 어려운 일이 아니라고 여길 수도 있으나 수많은 Point 중 하나가 잘못되어도 이 Point를 찾고 조치를 취하는데 상당한 시간이 소요된다.

작업원의 숙련도에 따른 효율도 크게 차이가 나므로 기능공의 숙련도를 측정하기 위해 반드시 실습시험을 거쳐 선발하고 또Monitoring하는 것이 좋다.

2) 케이블(Cable) Hook-up

Hook-up 작업을 수월하게 하기 위해 배관자재의 Color Coding Table을 작성하여 시공자가 이를 숙지하도록 교육시킨다. 특히, Gasket, Bolt 및 Nut의 Color Coding을 준비하여 처음부터 품질관리를 하여야 한다.

Hook-up 작업은 배관팀에서 First Block Valve를 설치해 주어야만 가능하므로 상호 Coordination을 잘 하여 우선적으로 Tapping을 해주도록 협조를 구해야 한다. 대개의 경우 이 시기가 배관공사 마무리를 포함하여 가장 바쁜 시기이므로 자기 일만 우선시하는 사람은 온갖 핑계를 대며 차일피일 미뤄 계장공사에 큰 지장을 초래하는 경우가 허다하다. 그러므로, 평소 친밀한 관계를 유지하여 협조를 받아야 제어공사를 계획대로 추진할 수 있을 것이다.

4.8.4 현장관리 Check List

제어공사는 특히 세밀한 부분까지 관리해야 하므로 Check List를 활용하여 관리할 필요가 있다. 계장공사 Check List에는 다음 사항을 기입한다.

▶ 계장공사 Check List 관리항목

- Tag No : Field Instrument의 개별 Tag No.를 기입
- Inst. : Field Instrument의 Type를 기입
- P & ID No. : Field Instrument의 개별 P & ID No.를 기입
- Service : Individual Tag No.에 대한 서술
- Instrument 입고 : Site 입고 일자를 기입
- Bench Calibration : Calibration을 이상없이 실시한 최종 일자를 기입
- Instrument Installation : 설치완료 일자를 기입
- Conduit : 최종 Instrument 설치용 Flexible 처리 전까지 완료 일자 기입
- Cable : Cable Pulling 후 Flexible 처리 상태까지의 완료 일자를 기입
- 절연저항 측정 : 측정결과 이상 없음이 확인된 날짜를 기입

- 단말 정리 : 각 Tag별 관련 Punch Work가 완료된 이상 없음 확인 일자 기입
- 도압 배관 : Instrument 설치 직전상태까지의 완료일자를 기입
- 도압 배관 Leak Test : Test 결과 이상 없음이 확인된 일자를 기입
- Air 배관 : 최종 Instrument 연결용 Miniature Valve 전까지 완료 일자 기입
- Air 배관 Leak Test :Tubing의 Leak Test를 포함하여 결과가 이상이 없음이 확인된 일자를 기입
- Air Tubing : Signal 및 Supply 단말처리 완료상태 일자를 기입
- Steam 배관 : Trace 배관 및Tubing 완료 일자를 기입
- Steam 배관 Leak Test : Test결과 이상없음이 확인된 일자를 기입
- Loop Folder No. : 각 계기에 해당되는 Loop Folder No.를 기입
- Loop Test : Test 결과 이상 없음이 확인된 일자를 기입
- System No. :각 Loop에 대한 System No.를 기입
- 해당사항이 없는 란은 "–"으로 공란 처리

4.8.5 루프 테스트(Loop Test)

설치공사가 완료된 Loop는 Loop Test로 검증을 하는데, 그 준비는 다음과 같다.

1) 루프 테스트 절차(Loop Test Procedure)

① 업무범위, 업무시간, 집결장소, Test 방법 등을 명시하여 사업주의 승인을 얻는다.
② 일반적으로 Loop Folder는 거의 모든 공사에 대한 자료를 요구하며 이를 준비하는 데 시간이 많이 소요되므로 사전에 미리미리 준비한다.
  → 충분한 시간을 가지고 사전에 사업주의 승인을 받되 가급적 관련 서류를 줄일 수 있도록 하는 것이 좋다.
  → 특히, Package 관련 자료가 충분치 못한 경우가 많으므로 설계, 사업을 통해 차질 없이 확보하여야 한다.
③ Loop Test는 제어공사에서 최종검증을 하는 단계이기 때문에 가장 중요하고 그 과정에 많은 시간이 필요하므로 효율적으로 움직이지 않으면 안된다.
  → 따라서, 일부 중복성 작업이 될지라도 다음과 같이 조를 운영하는 것이 바람직하다.

2) Loop Test 운영조

① 사전준비조
② Test조
③ Punch Clear조
④ Trouble Shooting조
⑤ Loop Test가 끝난 후 즉시 입회검사 Sign을 받는다.

4.8.6 기능 테스트(Function Test)

제어공사에서는 Loop Test까지를 Construction 영역으로 보고, 이들이 완료되어 제대로 설치공사가 완료되었다는 검증이 되면 모든 기능을 Simulation하는 Function Test의 과정을 거친다. 이것은 통상 Pre-commissioning 업무에 포함되므로 이때는 DCS System이 정상운전 상태로 가동되어야 하며, DCS System과 연동하여 기능을 검증하게 된다.

1) Test 방법 및 순서

① Function Test는 Interlocking DCS Complex Loop. Compensation, Close Loop 등 Open Loop Test시 수행하지 못한 부분을 포함하여 수행하며, 제어장치의 모든 기능 및 그 연동관계를 최종 검증하는 단계이다.
② Test 방법을 입력신호를 기준으로 Check 가능한 출력신호를 한 번만 하는 것으로 협의하여 Test 횟수를 줄이도록 협의한다.
   → 그렇지 않을 경우에는 상당히 시간이 많이 지체됨을 고려하여야 한다.
③ Test가 원할 하게 진행될 수 있도록 Narrative Description을 작성하여 Test 순서를 정확히 파악하고 진행하여야 한다.
④ Narrative Description은 설계 담당자가 주관하여 작성하는 것이 효율적이며, 공사 담당자는 Test 방법 및 순서에 대해 검토한다.

4.8.7 제어공사 Process Map

플랜트 제어공사에서의 Process Map 단계별 세부사항은 다음과 같다.

1) 공통항목

공통항목 참조

2) 제어공사

① 전기공사와 마찬가지로 Race Way 설치에서 현장설치 작업이 시작된다.

② Bench Calibration 작업을 위한 Shop 및 Calibration 장비를 준비한다.

→ Calibration 장비는 검증기관의 Certification을 확인하여야 하며, 유효기간
을 확인하고 지속적으로 관리하여야 한다.

③ Bench Test, Cable Test, DCS/ESD 설치, Loop Test, Function Test 등에 대해
Method Statement를 사전에 협의·작성하여 사업주와 공유하도록 한다.

④ 특성상 이들 Process에 따라 작업효율의 차이가 크다.

⑤ 자재 사용상의 Error를 줄이기 위해 Material Color Coding System을 제어 자재
에도 적용하고, 현장 작업자용 Table을 준비하여 사용한다.

→ 특히, 배관과 Interface되는 부위에 상호 Specification의 일치 여부를 반드시
확인하여야 한다.

⑥ Loop Folder 작성 기준을 조기에 확정하고 준비를 위한 관련 자료를 협력사에
조기 제공하여 Test가 잘 진행될 수 있도록 한다.

⑦ Instrument Location 계기의 위치는 설치 변경이 어렵기 때문에 사업주와 함께
확정하여 설치한다.

⑧ Cable 포설을 시작하면 Damage가 발생하지 않도록 보호관리에 신경을 쓴다.

→ 제어 Cable은 중간이음을 하지 못하므로 Junction Box를 사용하거나 새로 교
체해야 하는 등으로 인해 일이 복잡해진다.

→ Cable Pulling은 Drum Schedule을 확인 후 사전에 실측하여 결정하는 것이
좋다.

→ Pulling 후에는 반드시 Drum에 남은 잔여 길이를 기록해 놓도록 한다.

→ 실측의 결과가 설계도면과 차이가 나면 자재 부족 여부를 확인하여 조기에추
가 조치를 취할 수 있도록 한다.

⑨ Impulse Tubing은 기능이 좋은 인력을 투입하고 Support 등에 신경을 쓴다.

→ 특히, 시공 후 Damage에 조심하도록 한다.

⑩ 제어공사 중 가장 골치 아픈 점은 분실사고 이다.

→ 재질도 Stainless Steel이라 구매할 때는 고가이므로 관리를 잘 하도록 한다.

→ 가급적 늦게 설치해야 하지만 언제까지 미룰 수만도 없는 일이다.

⑪ Ventri-Tube의 In/Out은 보온작업 전에 반드시 재확인하도록 한다.

→ 시운전시 보온을 뜯고 재확인하는 경우가 종종 있다.

⑫ 계기는 가급적 현장이 어느 정도 정리되면 설치하는 것이 좋으며, 설치 후에는 손상방지를 위한 특별조치가 필요하다.

→ 낙하물 등으로부터의 보호는 물론 외부의 충격으로부터도 보호해야 한다.

⑬ Loop Folder를 구성하는 자료가 방대하므로 사전에 준비를 해야 순조롭게 진행될 수 있다.

⑭ Function Test는 Interlock Test를 포함하며, Test 순서를 Logic별로 준비하면 진행시 혼선 없이 빨리 진행될 수 있다.

→ 설계의 도움을 받아서 작성한다.

⑮ Loop Test와 Function Test는 제어공사의 마지막이자 꽃이다.

→ 훈련된 팀을 잘 구성하여 효과적인 작업으로 시간을 절약하도록 하는 철저한 사전준비가 필요하다.

4.9 보온공사 관리

보온공사의 특징은 동원해야 하는 인력이나 작업물량에 비해 기간이 짧을 뿐 아니라, 어렵게 시공해 놓은 부분이 쉽게 손상되어 재작업이 특히 많다는 점이다.

시간이 부족한 이유는 보온을 필요로 하는 기기나 배관 Line에 필요한 최종검사가 끝나야 착수가 가능하므로 착수 시점은 공사 종료 시점과 그리 멀지 않기 때문이다. 그러나, 기기 보온의 경우에는 대게 Shop에서 필요 검사를 완료하고 현장으로 반입하기 때문에 일찍 시작할 수 있어서 큰 문제가 없다.

Internal Tray 등 내부 작업이 필요한 기기들은 작업자 보호나 작업효율을 높이도록 사전에 보온을 하는 것이 좋다.

문제는 배관 보온인데, 거미줄같은 배관을 따라가며 해야 하는 배관보온은, 소요 Manpower도 엄청날 뿐 아니라, 일일이 안전작업 발판을 설치하며 작업을 해야 하는 관계로 항상 시간에 쫓기기 마련이다. 이를 극복하기 위해 부분적으로 아직 Test가 끝나지 않은 Line도 용접 부위를 제외하고 보온에 착수하는 경우가 많은데, 이렇게 하면 배관 Test 과정에서 많은 손상이 생길 뿐 아니라, Test가 끝난 후 다시 마감하기 위해 작업자를 투입하는 이중작업을 할 수밖에 없는 어려움이 있다.

보온재는 특히 수분에 약하기 때문에 이에 대한 Protection을 제대로 해야 한다.

또한, 보온재는 그 부피가 크고 잔재가 많아 잘 관리하지 않으면 쉽게 어질러져 현장이 쓰레기장으로 변하기 쉬우므로 작업이 끝날 때는 반드시 잔재를 정리한 후 이동하도록 하는 철저한 관리가 필요하다. 보온재는 처리할 때 일반 쓰레기와 구분하여 별도 처리시설로 처리해야 하는 환경 유해물질이므로 규정에 맞게 처리해야 한다.

앞에서 언급했듯이 보온공사는 맨 마지막 작업이면서 마음대로 할 수 없는 제약조건이 많다. 그리고, 때로는 보온이 완료되지 않아 시운전 진행이 중단되는 경우도 있으므로 마무리 시점에는 별도의 T/F Team을 결성하여 주야로 대기, 시운전팀의 요구가 있으면 즉시 처리할 수 있도록 만전을 기해야 Project 일정관리에 차질이 없게 된다.

4.9.1 보온공사 Process Map Check List

플랜트 보온공사에서의 Process Map 단계별 세부사항은 다음과 같다.

1) 공통항목

공통항목 참조

2) 보온공사

① 보온공사 착수 시점을 결정하고 사전준비를 시행한다.
→ 기기의 Dress-out을 하는 것으로 방향이 설정되면 본 공사 보온작업보다 훨씬 이전에 준비해야 하므로 시점에 맞추어 준비하도록 한다.
② 보온 자재는 특히 수분이나 습기에 약하다.
→ 따라서, 보온자재 관리계획을 신중히 검토한다.
→ 관련 공종의 자재 보관 관리계획을 기준으로 하여 보온 자재 관리계획을 검토한다.
→ 보온재는 환경폐기물이므로 잔여자재 처리를 적법하게 하는지를 관리하여야 한다.
③ 관련 서류는 사전준비를 위해 가급적 빨리 제공하도록 한다.
④ Cold Insulation Line Urethane Block 등은 미리 확보하여 배관설치시에 같이 설치하여 작업효율을 높인다.
⑤ 보온재는 젖으면 그 성능을 보장할 수 없다.
→ 우기철 보온작업시 특히 젖지 않도록 관리하여야 한다.
⑥ 보온작업은 항상 마지막에 공기에 몰리고 작업이 어지러우므로 작업장 주위가 항상 깨끗하게 정리되도록 관리하여야 한다.
→ 배관팀과 상의하여 가급적 Line별로라도 빨리 인계 받아 작업을 할 수 있도록 협조를 구한다.

⑦ 중장비를 쓰지 않는 대신 Scaffolding을 많이 사용하기 때문에 작업 간섭이 많으므로 작업계획을 잘 세워 간섭을 최소화하도록 한다.

⑧ 보온은 배관의 마지막 확인 후 작업 Release를 해주는 관계로 만회성 작업이 많다.

→ 사전준비와 안전에 만전을 기하도록 한다.

⑨ 아무리 시공을 잘 해 놓았다 하더라도 현장작업이 완전히 종료된 시기가 아닌 시운전 중에도 수시로 뜯어서 Line이나 Valve 등을 확인하므로 보수팀을 별도로 확보하는 것이 좋다.

4.10 도장공사 관리

도장공사는 잘 알다시피 최초의 바탕처리와 초벌도장이 매우 중요하다. 철골도장은 대개 제작공장에서 도장해 납품하기 때문에 현장에서는 배관 자재가 반입되면 Spool 제작을 위해 불출하기 전에 시행하게 된다. Spool을 제작하고 나면 용접 부위 보호 차원에서 뿐만 아니라, 작업효율도 극히 저조하기 때문에 부재에 초벌도장 후 제작하는 것이 보통이다.

극히 드문 예이기는 하지만, 일부 Project에서는 사업주의 사전 승인을 얻어 용접 부위에도 수압시험 전 도장을 허용하는 경우, 일단 Spool을 제작한 후 마감도장 처리까지 하여 현장설치를 하는 경우도 있다.

여하튼 도장작업은 바탕처리와 초벌도장이 생명이기 때문에 품질관리를 철저히 할 필요가 있다. 가장 좋은 방법은 Paint 공급회사로 하여금 품질관리자를 파견하여 관리하게끔 하여 품질책임을 지게 하는 것이다.

이 품질관리자가 Paint 품질을 포함하여 Paint System, 환경조건, 작업검사를 하여 전체적인 품질관리를 하게 되면 도장공사에서는 큰 어려움이 없을 것이다. 물론 이후 현장 마감도장 등의 경우 대개의 도장업체들은 영세하기 때문에 특히 안전에 신경을 써야 한다.

바탕처리 작업장을 포함하여 도장작업장은 바람에 분진이 날리지 않도록 시설하고, 작업 중에도 각별히 주의를 기울인다. 위치를 정할 때 지역 특성을 고려하여 바람의 방향을 정하는 이유도 여기에 있다. Paint 오염으로 인한 사고는 화학 공장에서는 생각 외로 심각할 수 있으므로 반드시 주의해야 한다.

4.10.1 도장공사 Process Map

플랜트 도장공사에서의 Process Map 단계별 세부사항은 다음과 같다.

1) 공통항목

공통항목 참조

2) 도장공사

① Shop장 위치를 결정한다.

→ 외부시설을 활용할지, 아니면 현장 내부에 설치할지를 결정한다.

→ 사업주의 승인을 필요로 한다.

② Paint 납품업체와 품질관리자를 묶어 공동 품질보증을 확보할 수 있으면 좋다.

→ 도장작업의 품질은 바탕처리는 물론 습도에 민감하다.

③ Paint System을 확인하다.

④ 철골도장은 철골제작소에서 마감도장까지 처리하는 것이 좋다.

→ 현장에서는 Touch-up 처리만 하는 것이 효율적이다.

⑤ 배관도장은 초벌처리 후 재벌도장 및 마감도장은 현장설치 후 용접 부위의 기밀 시험이 끝나면 시행하는 것이 보통이다.

→ 그러나, 이 또한 시간이 넉넉지 못하기 때문에 용접 부위를 제외하고 재벌처리 는 미리 하는 방법을 쓰기도 한다.

→ 마감도장은 얼룩 때문에 용접 부위까지 한꺼번에 해야 한다.

⑥ Paint는 인화성 물질인 반면 이를 다루는 작업환경은 열악하므로 화재 등 안전관 리에 특별한 주의를 요한다.

⑦ Plant Color Coding은 사업주와 사전에 협의하여야 한다.

→ 사업주만의 전략적 색깔이 있다.

⑧ Line Mark Equipment Numbering도 준비한다.

4.11 공사의 종류

1) 토공사

(1) 개요

건물의 기초나 지하실을 만들기 위해서 이들이 차지하는 부분의 흙을 구조물과 치환하 는 공사

(2) 주요공사

정지/흙파기/흙막이/기초파기/배토/매립/되메우기/지하수 및 우오수 관로공사 등

(3) 사전조사 실시

① **지반조사** : 지형 및 지질조사(설계조건과 상이여부 검토)
② **부지 주변의 공사** : 공사시 유의해야 할 지중매립시설에 대한조사
③ 각종공급시설/도로 및 교통상황/기상, 조류 및 하천수위/법적규제

(4) 공종 및 공법

① **널말뚝**

가. **종널말뚝** : 수밀성이 적어 지하수가 많은 지역에는 부적합.
나. **횡널말뚝** : 공극 발생시에에는 토사붕괴의 위험이 있음.
다. **강재 널말뚝** : 용수가 많고, 고압이 많으며 기초가 깊을 때 시공
라. **지하연속법 공법** : 연속 콘크리트벽 흙막이 공법오거파일/이코스공법/프리팩트 콘크리트공법/슬러리월 공법

② **버팀대식 흙막이 공법**

③ **흙막이 공법**

가. **지중매설물 확인** : 벽체 설치라인에 1.2~1.8m 줄파기 시행
나. **엄지말뚝공사** : H-Pile에 토류판 연결
다. **강널말뚝공법/지중연속식공법/주열식 말뚝공법**
라. **앵커공법**

(5) 공법별 검사사항

① **오픈컷 공법** : 부지의 여유, 사면의 안정, 기초의 저면설정
② **수평버팀식 공법** : 흙막이 구조물 전체의 균형/기초공사, 골조공사의 관련사항 검토
③ **아일랜드공법** : 주변 경사부분의 기초파기방법/ 골조의 이어치기방법/경사보 구체관통/경사보받침, 띠장의 조인트방법
④ **역타공법(톱다운공법)** : 부지의 고저차/흙막이 구조물 전체의 균형/지주의 시공법 및 지지력/지주의 거푸집지보공/콘크리트의 이어치기/공극의 충진/바닥 개구부의 위치에 따른보강
⑤ **어스앵커 공법** : 앵커시공의 가능성/앵커의 지층확인/앵커의 시공과 터파기 공사의 공정

(6) 공법별 검사사항

① 토공사의 성향상 안전사고가 발생하기 쉽고, 발생한 경우에는 규모가 크므로 특별히 관리하도록 한다.

② 주변 지반을 약화시키기 쉬운 작업이므로 토사붕괴의 원인을 근본적으로 방지할 수 있는 대책을 세우고 관리한다.

2) 철근콘크리트공사

(1) 거푸집 공사

콘크리트 구조체의 형틀을 조립하는 공사

(2) 거푸집공사의 구성요소

① **동바리**

가. 가로재를 받쳐 고일 때 수직으로 세우는 아주 짧은 기둥

나. 지면에 가까이 있는 마루 밑의 멍에, 장선받이를 받치는 짧은 기둥

② **파이프 써포트**

가. **용도** : 거푸집 동바리용 지주로 사용

나. **명칭** : 강관지주, 스틸써포트, 샷보드, 강재동바리, 철TJ포트 등으로 불려지기도 하지만 파이프 써포트로 함이 바람직함.

다. **구성** : 외관, 내관, 받이판, 바닥판, 암나사, 숫나사 지지핀으로 구성되며, 규격은 아래 그림과 같다.

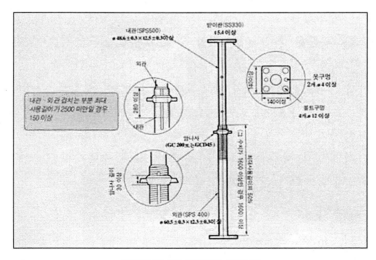

〈그림 7-2〉 파이프 써포트

〈표 7-6〉 제품규격 및 허용하중

구 분	규 격					
	V-1	V-2	V-3	V-4	V-5	V-6
최고높이(cm)	320.0	350.0	390.0	420.0	500.0	600.0
최저높이(cm)	180.0	200.0	240.0	270.0	300.0	300.0
고정핀의조절간격(cm)	12.0	12.0	12.0	12.0	12.0	12.0
핸들의 조절범위(cm)	12.0	12.0	12.0	12.0	12.0	12.0
허용하중(kg)	1,670	1,500	1,450	1,400	1,300	1,200
제품중량(kg)	13.2	14.1	15.3	15.8	17.1	19.1

③ SYSTEM SUPPORT

가. 종류

ⓐ 지주형태 SYSTEM SUPPORT : 설치높이가 높고 SLAB 두께가 큰 구조물에 사용

ⓑ 보 형태 SYSTEM SUPPORT : 경량으로 설치할 수 있는 구조물에 사용되며 별도의 써포트를 사용하지 않음.

나. 장단점

ⓐ 상하부 스크류잭과 거푸집의 연결이 긴밀함.

ⓑ 부재의 단순화로 시공이 용이

ⓒ 수직, 수평재의 확실한 연결로 좌굴방지가 용이

ⓓ 동바리 설치간격이 규격화되어 과다 설치를 막을 수 있다.

ⓔ 대형 구조물의 설치로 적합하며 수평재의 간격을 쉽게 조절할 수 있어 수직재의 허용 내력을 증가 시킬 수 있다.

ⓕ 비계용 부품을 동바리에 설치할 수 있어 안전성을 높일 수 있다.

ⓖ 설치/해체시 별도의 도구가 필요 없으나 비용이 높다.

④ B/T 비계 : 고소작업시 비계 작업발판을 설치하여 시공하는 가설재(구성)

가. 주틀 : 허용하중(5Ton/3.5Ton/1.2Ton)

나. 유공발판 : 허용하중 350kg

다. 난간대 : 상부난간(90cm 이상), 중간대(45cm) 설치

라. 아우트리거/스토퍼/안전사다리 설치

(3) 철근 가공조립

① 현장가공 조립

② 공장가공 조립

3) 철골콘크리트공사

(1) 철골제작 및 현장조립

① 시공계획서 작성

② 공사전 제작 승인도서 작성

③ 현장 반입

④ 현장 시공(재단, BOLTING, 용접 및 비파괴검사, 도장)

(2) 검사방법

① 용접개소 300개당 1개 로드 검사실시

② 각층 검사로드 실시 원칙

③ 각 검사로드마다 30개의 표본 추출

④ 30개의 추출된 표본마다 불량개소 1개소 이하 합격, 4개소 이상 발생시 불합격 처리

(3) 도장 : 녹제거 실시 후 방청제로 도장

- 도장금지 부분 : 콘크리트로 채워지는 부분/고장력 볼트 마찰면/ 현장용접부분

(4) 철골내화피복

철골조를 화재 열로부터 보호하고자 하는 목적으로 시공되며 일정시간 강재의 온도상 승을 막아 구조물의 내력저하를 허용치 이내에서 견딜 수 있도록 내화피복이 행해짐

4) 도장공사

(1) 공사의 종류

① **수성페인트** : 에멀젼, 수용성 아크릴, 수용성 에폭시

② **유성페인트** : 오일, 에나멜

(2) 시공방법

① 붓작업, ROLLING

② SPRAY : 30cm 이내에서만 비산

(3) 주의사항

① SPRAY 작업시 비산으로 인한 피해에 대하여 고려한다.

② 밀폐된 공간에서는 필히 환기시설을 설치하고 시공한다.

(4) A/S 발생사항

① **흐름현상** : 도료를 너무 묽게 희석하거나 붓이 맞지 않을 때

② **백화현상**

　가. 하절기 기온이 높고 습기 많을 때 시공시 발생

　나. 대책 : 건조가 느린 신나를 사용하여 환기를 시킨다.

③ **에폭시수지** : 햇빛이 직접 닿는 부분은 변색이 되므로 내부만 시공 하도록 한다.

④ RC골조의 핀홀 등 깊게 파인 부위는 퍼티작업을 제대로 실시하지 않을 경우 도장
　후에 흠집 발생

5) 방수공사

(1) 공사의 종류

① **막(MEMBRANE) 공법**

　– 아스팔트 방수공법 : 피막방수공법

② **금속시트방수**

　– 스텐레스 피막공법

③ **실링방수**

　– 건물의 마감재 또는 우수에 의한 누수방지 목적으로 시공

　– 각종 재료의 접합부

　– 마감 보완의 목적으로 시공

④ **도막방수**

　– 보행용 : 도막방수 후 보행이 가능하도록 시공/방수 위 도장 마감

　– 비보행용 : 도막방수 위에 중량물 적재나 이동이 가능하도록 누름 con'c 타설을
　　시행

⑤ **침투방수** : 콘크리트 표면에 침투성 흡수방지제를 시공하여 구체의 가능한 한 억
　제함으로써 구조체의 누수를 방지할 뿐만 아니라 건축물의 내구성을 향상시킨다.

(2) 공사부위별 분류

① 외벽방수

② 내벽방수

③ 옥상방수

④ 공동구 방수

6) 조적공사

조적공사란 시멘트+물+벽돌(시멘트벽돌, 붉은벽돌, 내화벽돌, 블록 등)로서 내력 및 비내력벽체를 조성하는 공사로서 건축공사 및 실내건축 공사에 많이 쓰이는 공사이다.

(1) 시멘트벽돌

시멘트와 모래를 배합하여 일정 크기로 만들며, 가장 널리 쓰이는 건축재로서 시공방법이나 마감상태에 따라 구조용 벽체, 또는 치장용으로도 활용됨.

(size – 표준형 190mm×90mm×57mm, 기존형 210mm×100mm×60mm)

※ 여기서 말하는 치장용이란 시멘트 벽돌, 붉은벽돌, 내화벽돌, 블럭 기타 등등을 이용하여 마감상태로 보여 주는 것을 말합니다.

(2) 건설공사 표준 품셈 벽돌 쌓기 기준량

표준형 기준 (M2 기준) 줄눈 가로, 세로 10MM 기준임

① 0.5 B 쌓기 – 75매

② 1.0 B 쌓기 – 149매

③ 1.5 B 쌓기 – 224매

④ 2.0 B 쌓기 – 298매

⑤ 2.5 B 쌓기 – 373매

⑥ 3.0 B 쌓기 – 447매

7) 기계설비공사

(1) 기계설비공사의 개요

일반적으로 설비라 하면 기계설비, 전기설비, 통신설비 등을 말하며, 이 중에서 기계설비는 기술적인 난이도가 높아 부가가치도 많을 뿐만 아니라, 전체 공사비중 기계설비가 차지하는 금액의 비중이 있기 때문에 최근 들어서 기계설비의 중요성이 대두되고 있다.

(2) 기계설비공사의 분류

① **공기조화 및 냉난방설비** : 실내공기의 온도, 습도, 오염도를 조절하여 인체에 가장 적합한 환경을 유지하는 설비

② **난방설비** : 실내 온도를 조절하는 설비

③ **위생설비** : 탕비실, 조리실, 화장실 등의 설비

④ **급배수설비** : 온수, 냉수를 공급하고, 오수·잡수를 배수하는 설비

⑤ **자동제어설비** : 기계설비를 자동으로 제어하여 최적의 상태로 유지하는 설비

⑥ **주방설비** : 주방기기 등

⑦ **가스설비** : 가스를 공급하는 설비 등

⑧ **플랜트설비** : 발전소, 공장, 석유화학단지 등의 설비 등

⑨ **공해방지설비** : 대기오염물질 제거, 유해물질 등을 제거하는 설비

⑩ **냉동냉장설비** : 냉동냉장창고, 농·수·축산물의 판매설비 등

(3) 기계설비공사의 중요성

위에서 열거한 설비중에 어느 한 곳이라도 하자가 발생하면 사업주는 대단히 불편을 느끼게 된다. 이와 함께 기계설비는 공사비의 구성, 설비수명의 라이프 사이클, 에너지 소비량 등으로 볼 때, 타 설비에 비해 중요성이 더욱 강조되고 있다. 좋은 기계설비야말로 사용자 혹은 작업인에게 쾌적하고 건강한 환경을 제공하고 거주성을 높이는 동시에 작업능률의 향상을 도모한다.

(4) 기계설비의 유형별 분석

① 공사금액의 대형화

총 공사금액으로 대비한 기계설비부분 공사금액 구성비는 대략적으로 아파트는 15%, 일반건축물은 20%, 고급건축물은 25%~30%, 인텔리젼트빌딩은 30%~40%, 플랜트설비는 CASE 별 변동성이 크다.

② 시공 공종의 전문화

기계설비는 장비설치, 배관, 용접, 덕트제작설치, 보온, 기계기구부착, 자동제어, 운송설비, 가스배관 등의 시공이 전문화되어 있다. 이와함께 시공자재 또한 다양할 뿐만 아니라 신자재, 신공법이 나날이 개발되고 있으므로 이러한 추세를 따라가기 위해 시공분야는 특화되고 있다.

③ 설계의 전문화

기계설비는 학문체계와 기술체계가 일반 건축분야와는 완전히 달라, 일반 건축사가 직접 설계할 능력이 없으므로 과기처 등록 전문설계용역사에 하여 설계되고 있다.

④ Life Cycle Cost

기계설비는 타 건축공종과는 달리 에너지를 사용하여 항상 살아움직이는 기능을 가지고 있으므로 라이프사이클이 건축구조물(라이프사이클 50년)에 비해 짧은 10~15년 정도이다. 그러므로 설비 갱신비용, 운전비용, 인건비 등을 감안한 Life Cycle Cost는 건축부분과 동일할 정도로 기계설비가 차지하는 비중은 높다.

(5) 기계설비 공사의 Equipment

① 보일러 설치공사

② 냉온수기/냉동기 설치공사

③ 공조기(AHU : Air Handling Unit)설치공사

④ 휀코일 Unit 설치공사

⑤ 냉각탑(Cooling Tower) 설치공사

⑥ System Aircon(EHP, GHP) 설치공사

⑦ Unit Cooler 설치공사

⑧ Pump류 설치공사

⑨ Fan류 설치공사

⑩ Tank류 설치공사

8) 전기공사

(1) 공사의 종류

① 발전설비공사

발전소(원자력발전소, 화력발전소, 풍력발전소, 수력발전소, 조력발전소, 태양열발전소, 내연발전소등의 발전소를 말한다)의 전기설비공사

② 송전설비공사

가. **가공 송전설비공사** : 가공 송전설비공사에 부대되는 철탑기초공사 및 철탑조립공사(지지물설치 및 철탑도장을 포함한다), 가선공사(금구류설치를 포함한다), 횡단개소의 보조설비공사, 보호선 · 보호망공사

나. **지중 송전설비공사** : 지중송전설비공사에 부대되는 전력구설비공사

다. 공동구내의 전기설비공사, 전력지중관로 설비공사, 전력케이블 설치공사(전선방재설비공사를 포함한다)

라. **물밑(해저)송전설비공사** : 물밑(해저)전력케이블 설치공사

마. **터널 내 전선로공사** : 철도 · 궤도 · 자동차도 · 인도 등의 터널내 전선로공사

③ 변전설비공사

가. **변전설비기초공사** : 변전기기, 철구, 가대 및 덕트 등의 설치를 위한 공사

나. **모선설비공사** : 모선가선(금구류 및 애자장치를 포함한다), 지지 및 분기개소의 설비공사

다. **변전기기설치공사** : 변압기, 개폐장치(차단기, 단로기 등을 말한다), 피뢰기 등 변전기기설치공사

라. **보호제어설비 설치공사** : 보호·제어반 및 제어케이블의 설치공사

④ **배전설비공사**

　가. **가공배전설비공사** : 전주 등 지지물공사, 변압기 등 전기기기 설치공사, 가선공사(수목전지 공사를 포함한다)

　나. **지중배전설비공사** : 지중배전설비공사에 부대되는 전력구설비공사, 공동구내의 전기설비공사, 전력지중관로설비공사, 변압기 등 전기기기설치공사, 전기기기설치공사, 전력케이블설치공사(전선방재설비공사를 포함한다)

　다. **물밑배전설비공사** : 물밑전력케이블설치공사

　라. **터널내 전선로공사** : 철도·궤도·자동차도·인도 등의 터널내 전선로공사

⑤ **산업시설물의 전기설비공사**

　가. 산업시설물 및 환경산업시설물(소각로, 집진기, 열병합발전소, 지역난방공사, 하수종말처리장, 폐기물처리시설 기타 산업설비를 말한다) 등의 전기설비공사

　나. 공장자동화 등의 운전, 감시, 신호전달을 위한 전기설비의 자동제어설비(SCADA, TM/TC 등의 전력설비를 포함한다)의 공사

⑥ **건축물의 전기설비공사**

　가. **전원설비공사** : 수·변전설비공사(큐비클설치공사를 포함), 예비전원설비공사(비상용발전기, 축전지설비, 충전장치, 무정전 전원장치의 설비공사 및 보호설비공사

　나. **전원공급설비공사** : 배전반, 분전반, 전력간선, 분기선 및 배관(덕트 및 트레이를 포함) 등의 설비공사

　다. **전력부하설비공사** : 조명설비(조명제어설비를 포함한다), 콘센트 등 기계·기구 및 동력설비의 공사

　라. **반송설비공사** : 엘리베이터, 에스컬레이터, 전동덤웨이터, 권상용모터, 레일, 카, 컨베이어, 슈터, 곤도라, 삭도 등 사람이나 물건을 운반하는 반송용전기 설비공사

　마. **방재 및 방범설비공사** : 서지·낙뢰설비, 잡음·전자파(EMI, EMC, EMS 등을 말한다)의 방지설비공사, 항공장애등설비공사, 접지설비공사, 소방시설설치유지 및 안전관리에 관한 법률시행령 제4장의 소방시설 등의 설치·유지에 관한전기공사 및 도난방지를 위한전기설비의 전기공사

　바. **인공지능빌딩시스템설비공사** : 인공지능빌딩시스템(IBS)설비 중 전기설비를 제어하기 위한 자동제어설비공사

　　사. **약전설비공사** : 전기기계설비, 시보설비, 주차관제전기설비

　　아. 기타 건축물에서 요구되는 전기설비공사

⑦ **구조물의 전기설비공사**

　　가. **전식방지공사** : 탱크 및 배관 등의 부식을 방지하기 위한 전기공사

　　나. **동결방지공사** : 제설·제빙용, 바닥난방용, 동파방지용, 일정온도유지용 등의 전기발열체의 설비공사

　　다. **신호 및 표지설비공사** : 네온싸인, 큐빅보드, 광고표시등(전광판을 포함한다), 신호등의 설치공사 및 제어설비의 공사

　　라. 광장, 운동장 등에 설치하는 조명탑의 전기설비공사와 기타 구조물에서 요구되는 전기설비공사

⑧ **도로전기설비공사**

　　가. **가로등설치공사** : 가로등/조경등/보안등/신호등/터널 등의 설치공사

　　나. 기타 도로에서 필요한 전기설비공사

⑨ **공항전기설비공사**

　　가. 항공법 제2조제6호의 규정에서 정하는 공항시설에 대한 전기설비공사

　　나. 기타 공항에서 필요한 전기설비공사

⑩ **항만전기설비공사**

　　가. 조명타워공사 및 등대 등의 전기설비공사

　　나 기타 항만에서 필요한 전기설비공사

⑪ **전기철도설비공사**

　　가. 전기철도 및 지하철도의 전기시설공사, 수전선로설치공사, 변전소설치공사,

　　나. 송배전선로의 설치공사, 전차선설비공사, 역사전기설비공사

⑫ **철도신호설비공사**

　　가. 지하철도 및 지상철도의 전기신호설비, 역무자동화(AFC)설비, 전기신호기설치

　　나. 자동열차 정지장치, 열차집중 제어장치, 열차행선 안내표 시기 및 각종제어기 설치공사

⑬ **전기설비의 설치를 위한 공사**

　　가. 전기기계·기구(발전기, 변압기, 큐비클, 배전반, 조명탑 등을 말한다)의 설치공사

　　나. 건축 또는 토목공사용 가설 전기공사

　　다. 기타 전기를 동력으로 하는 전기공사

(2) 전기공사 공종별 해설

① 임시(가설)전력공사

현장 개설전 공사기간 중 전기사용 부하량을 검토 선정후 관할 한전에 신청하여 현장 공사기간 중 가설용 임시전력 사용하는 목적임.

② 옥내 배관, 배선공사

건축물 골조(바닥층, 벽체) 마감전 매입 또는 노출로 전선관 배관후 배선(입선) 작업을 진행하는 공종임.

③ 전력인입공사

한전 배전선로전주(수용가 인입분기점 또는 재산분기점)에서 전기를 사용하고자 하는 건축물 전기실 개폐기(차단기:VCB)간 지중(Cable F-CVCNCO) 또는 가공(Ocacsr)으로 전력을 공급하는 Cable Pulling 작업을 진행하는 구간에 공종임.

④ 배선기구공사

건축공사 내부 마감전(천정, 벽체) 전선입선, 건축공사 마감 후 (천정, 벽체) 등기구, 스위치, 분전반 Cover, 기타 기구류 취부 및 설치 시공 진행하는 공종임.

⑤ 조명설비공사

시공 건축물 내부(천정) 및 토목공사 마감 후등기구(기타 조명류)를 취부 설치 시공 진행하는 공종임.

⑥ 전력간선설비공사

시공 건축물 내부 전기실 또는 옥외전기실 수배전설비 저압반 및 MCC 반에서 2차 측 부하설비 전원공급 판넬(동력, 전등, 전열외 기타)간 Cable Pulling 시공 진행하는 공종임.

⑦ 수변전설비공사

한전 배전선로(22.9KVA) 전주(수용가 인입분기점 또는 재산분기점)에서 전기를 사용하고자하는 시공 건출물 내부 전기실 또는 옥외전기실 수배전반(고압반, 저압반) 설치 시 공사 진행하는 공종임.

⑧ 비상발전기 및 예비전원공사

한국전력공사에서 공급하는 본수전용 배전인입 선로사고 및 정전 발생 시 건축물(산업시설물) 전력사용 부하를 자동전환(전력공급)으로 전력을 공급하는 데 목적으로 시공하는 설비 공종임.

⑨ **피뢰침(유도, 광역)공사**

건축물 또는 산업시설물현장 대지(지상) 접지봉 매설작업(시방서 기술기준) 및 지붕층 (옥상층) 피뢰침(봉) 설비를 시공하는 설비 공종

※ 접지공사의 목적은 인명의 보호, 전기시설 또는 건조물에의 장애, 재해를 방지하기 위한 것이다. 또한 정전유도형 ESE 피뢰장치는 뇌운 접근시 낙뢰를 단시간 내에 흡인하는 데 그 목적이 있다.

⑩ **소방전기공사**

소방법, 소방용기계/기구 등의 검정기술기준 및 그 밖의 준용 기준에 적합하게 자동화 재탐지설비, 비상방송 설비, 유도등 설비, 비상 조명등 설비를 시공 진행하는 공종임.

⑪ **통신설비공사**

한국통신(KT) 인입분기점 ~ 건축물 실내통신실(MDF실) ~ 건축물 실내(사무실, 기타 통신을 이용하여 제어하는 시공 설비류등)에 시공하는 설비공종

⑫ **방송설비공사**

건축물내, 외부 화재발생시 화재신호를 자동 또는 수동으로 음성이나 비상경보의 방송을 확성기를 통해 알리는 비상방송설비 시스템 설비를 옥외에 시공 진행하는 공 종임.

⑬ **CCTV설비공사**

건축물 또는 산업시설물의 CCTV설비는 범죄예방 및 효율적인 건축시설물 관리를 위하여 건축물 옥내외에 CCTV설비를 시공하는 공종.

9) 소방설비공사

(1) 소방설비공사의 개요

소방설비라 함은 건축물의 화재시에 작동하는 소화설비, 경보설비, 피난설비, 소방 용수설비, 소화활동설비를 총칭한 것으로 모든 소방대상물은 소방법에 의하여 소방 설비의 설치 및 유지관리를 엄격하게 규제받고 있다. 최근에는 아파트가 초고층화하고 각 동의 경비실이 통합경비실로 운영됨에 따라 R형 수신반 채택, 제연설비, 스프링 클러설비 추가 등 새로운 설비가 설치되고 있고, 소방공사 감리제도를 시행하고 있으 므로 설계기준, 방재시스템의 구성 및 기능 등을 정확하게 알고 공사에 임하여야 한다.

(2) 소방설비공사의 개요

공동주택 단지 내 건축물의 소방설비(전기부문) 설치기준은 아래와 같으며, 건축물의 구조 및 연면적에 따라 적용 여부가 변경될 수 있다.

〈표 7-7〉 소방설비 설치기준

소방설비의 종류		아파트			관리동	판매시설	지하 주차장
		중/저층 (10층 이하)	고층 (11층 이상)	초고층 (16층 이상)			
경보설비	자동화재 탐지설비	○	○	○	600m² 이상	연면적 1,000m² 이상	600m² 이상
	비상방송 설비	−	○	○	연면적 3,500m² 이상	연면적 3,500m² 이상	지하3층 이상
피난설비	유도등	○	○	○	○	○	○
소화설비	스프링 클러설비	−	−	○	보일러실	3층 이하 6,000m² 이상 4층 이상 5,000m² 이상	연면적 1,000m² 이상
소화활동설비	비상콘센트 설비	−	○	○	−	지하3층 이상	지하3층 이상
	제연설비	−	−	○	−	지하층 바닥면적 1,000m² 이상	
	무선통신 보조설비	−	−	−	−	바닥면적 3,000m² 이상 지하3층 이상	바닥면적 3,000m² 이상 지하3층 이상

(3) 소방설비공사의 시공흐름

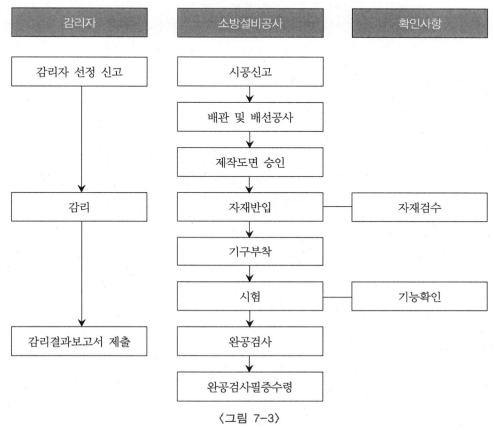

〈그림 7-3〉

(4) 타공사와의 유관관계

① 기계설비공사

　가. 옥내소화전 제작시에 풀박스 위치관계 협의

　　풀박스의 배관용 홀에 대한 제작도를 작성하여 소화전함의 공장제작시 일괄 가공
　　하도록 기계에 협조 요청한다.

　나. SVP 및 프리액션밸브 위치

　　스프링클러 설비가 설치되는 16층 이상 아파트 및 지하주차장의 프리액션밸브 및
　　T/S, P/S는 기계에서 시공하며, 설치위치가 전기도면과 상이할 수 있으므로 배
　　관, 배선공사 전에 위치를 협의한다.

　다. 드라이밸브

　　주차장 스프링클러 설비인 드라이밸브 및 T/S, 컴프레서 등의위치를 확인하며 컴프레서 전원배관이 누락되지 않도록 한다.(주차장 패널에서 단독 배관배선 및 전용 차단기 설치) 지하층 소화전함 위치 지하층의 소화전함 비상경보세트용 배관은 지하층 옹벽에 매입되나, 기계에서 소화전의 위치를 변경하는 경우가 있으므로, 배관 매입 전에 기계와 협의하여 소화전 위치를 확정한다.

(5) 소방설비의 기능

① 방재 시스템

가. 수신반

ⓐ 감지기 및 발신기로부터 수신된 화재신호를 표시하고, 경종 및 비상방송을 발송하여 화재장소를 알려주는 경보설비와 소화설비 및 제연설비를 총괄 감시 제어하는 장치 로 P형과 R형으로 구분한다.

〈표 7-8〉 수신반 비교

구 분	P 형	R 형
시스템 구성	소화설비 ← P형 수신반 → 제연설비; 화재감지기 및 발신기 → P형 수신반; 경종 ← P형 수신반 → 비상방송	소화설비 ← R형 중계기 → 제연설비; 화재감지기 및 발신기 → R형 중계기; R형 중계기 ↕ P형 수신반; 경종 ← P형 수신반 → 비상방송
화재표시 방법	램프점등(표시창)	– 디지털 숫자표시 – 프린터 기록
신호전송 방식	1 : 1 접점방식	다중전송방식
배선수	각각의 소방설비에서 수신반까지 실배선 연결되므로 배선수 많음	각각의 소방설비에서 중계기까지는 실배선, 중계기와 중계기간은 직렬접속 가능
수신기 고장시	전체 시스템 정지	중계기 독립제어 기능 있음
자기진단 기능	없음	있음
주요부품	Relay, Diode	IC, LSI
주공적용	판매시설	아파트, 관리동, 지하주주차장

ⓑ R형 중계기

감지기 및 발신기로부터 수신된 화재신호를 다중 전송방식에 의한 고유신호로 R형 수신반에 전송하는 장치이며, 수신반이 정지된 경우에도 제어기능이 있어 담당 구역을 방호할 수 있고, 교류전원공급이 차단되었을 경우에도 내장된 축전지에 의하여 방재기능의 수행이 가능하다. 중계기시스템은 각 기기에 내장된 중계기에서 수신반으로 직접 연결하는 분산형과 1개층을 묶어서 중계기를 설치하고, 수신반으로 연결하는 집합형으로 구분할 수 있으나 주공 설계기준은 집합형을 적용하고 있고, 각 동별로 비상전원함을 설치하여 배선거리에 따른 전압강하를 보완하고 있다.

나. 비상전원함(전원공급장치)

비상전원함에는 충분한 용량의 축전지(DC 24V NI-CD)와 화재시 유도등 및 소화펌프 기동표시램프가 자동으로 점등될 수 있는 장치와 단자대를 내장한다.

② 비상경보장치

표시등, 경종, 발신기로 구성하며, 발신기위치를 표시하고 화재시 감지기에 의하거나 발신기를 눌러서 화재신호를 중계기 및 수신반으로 전송하여 경종을 발하는 기능과 전화 기능이 있으며, 소화펌프 기동 표시램프를 포함한다.

③ 비상방송설비

비상방송설비는 평소에는 입주자에게 안내 방송을 위한목적으로 사용하다가 화재 발생시에는 수신반과 연결된 배선에 의하여 우선적으로 경보방송을 하여 피난 및 소화 활동을 돕기 위한 설비이다.

가. 복도식 및 15층 이하 계단식 아파트

2층 이상의 층에서 발화할 때는 발화층 및 직상층에, 1층에서 발화할 때 발화층, 지상층 및 지하층에, 지하층에서 발화할 때는 발화층, 직상층 및 기타 지하층에 우선적으로 경보 방송을 한다.

나. 16층 이상 계단식 아파트

어떤 층에서라도 발화할 때는 전층에 우선적으로 경보방송을 한다.

④ 스프링쿨러 설비

스프링쿨러 소화설비는 알람(Alarm)밸브 이후부터 스프핑클러 헤드까지 물이차 있는 습식과 프리액션밸브 이후에는 물이 없는 건식(준비작동식)으로 구분하며, 주공설계는 건식을 채용하고 있다.

소방법에 의하여 16층 이상 아파트 및 지하주차장에 설치하며 화재 시 16층에 설치되어 있는 SVP(Supervisory Panel)에 연결된 사이렌경보가 울리고, 프리액션밸브가 개방되고 발화부분의 폐쇄형 헤드가 열에 의하여 녹아서 열렸을 때 소화수가 분출하는 소화방식이다.

이때 프리액션밸브가 개방되어 스프링클러 펌프가 가동하면 16층 이상 전층 배관에 물이 차게 되며 수동밸브의 개폐를 확인하는 T/S(Tamper S/W)와 프리액션 밸브의 개방을 확인하는 P/S(Pressure S/W)가 부속설비로 설치되어있다.

스프링클러 설비 중 지하주차장은 준비작동식(프리액션밸브)에서 건식 드라이밸브로 변경이 되어 감지기 및 SVP 패널이 삭제되었다.

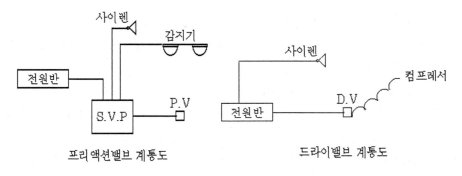

프리액션밸브 계통도   드라이밸브 계통도

〈그림 7-4〉 밸브 계통도 비교

⑤ 제연 설비

제연설비는 16층 이상 아파트의 2층 이상에 설치하며, 화재 발생시 승강기홀(전실)에 설치되어 있는 전층의 배연댐퍼가 열리고, 승강장 방화문이 자동으로 닫히고, 옥탑층의 제연설비 조작반에 연결된 급기팬(Siroco Fan)이 동작, 전실에 외부 공기를 압입, 승강기 홀의 연기 유입을 억제하여 피난 및 소방활동을 원활하게 하기 위한 설비이다.

⑥ 무선통신 보조설비

가. 개요

지하 상가, 주차장 등과 같이 지상과 차폐되어 전파 도달이 불가능한 장소에 설치하여 화재 진압 시 소방관이 사용하는 휴대용 무전기와 지상의 소방지휘 차량 등과의 무선통화를 하기 위한 설비로서, 지하층 천장에 누설 동축 케이블을 노출 포설하고, 지상에 무선기기 접속단자를 설치하며 최근에는 라디오 재방송 및 이동통신수신 기능을 겸하고 있다.

나. 설치대상

ⓐ 소방대상물 : 기준 면적

ⓑ 지하층 연면적 1,000m² 이상

ⓒ 지하층의 바닥면적의 합계가 3,000m² 이상

ⓓ 지하층의 층수가 3층 이상이고 지하층 바닥면적 합계가 1,000m² 이상인 것은 지하층 전체

⑦ **방화셔터설비**

건축법 제28조의 2항(방화구획의 구조)를 만족하기 위한 설비로 평소에는 자동셔터로 사용하다가 화재 발생시 연감지기 또는 수동조작에 의하여 자동으로 셔터가 내려와 방화구획이 형성되도록 하기 위한 설비이다.

chapter 08

공사관리 메뉴얼
(FOR REFERENCE)

1. 일반사항

1.1 현장대표 실무가이드

▶ 현장대표의 역할 및 임무

사장의 현장대리인 자격으로 모든 책임을 지고 쉽고, 빠르고, 싸고, 안전하면서도 적정이윤을 확보한다.

공 종	ACTIVITY	CHECK POINT	비 고
현장대표의 임무	역 할	① 대외관계 : 주민, 관공서, 시공자, 기술컨설탄트, 협력업체 관계를 원만하게 유지한다. ② 부하,협력업체를 지휘감독하고 작업을 효율적으로 진행한다. ③ 현장의 이익을 확보한다. ④ 사업주가 만족하는 공사를 한다.	
	유의사항	① 회사의 방침. 경영내용을 숙지한다(경제적 지식, 재무, 대차대조표등) ② 현장상황을 속속들이 파악 ③ 현장주변 주민과 잘 어울린다 ④ 감독관청과 친숙해진다 ⑤ 발주자, 컨설탄트에 대하여 신뢰를 높인다 ⑥ 부하, 기능공, 노무자, 오퍼레이터에게 쉽게, 바르게, 빠르게,안전하게, 저렴하게 ⑦ 이익확보 : 시공계획수립, 예산최저, 계약을 명확히 실수없이, 사례를 활용한다	
현장운영 및 관리	현장대표의 책임/권한	① 협력업체추천 ② 당사/협력업체간 공사범위 의견제시 ③ 조직 및 인원파견 계획은 PM 및 공사팀장과 협의 결정	
	공사준비	① 도면숙지 및 기술검토 ② 공사수행계획서 작성 ③ WORK INSTRUCTION 및 기타자료 준비 ④ 협력업체등록 및 평가	
	현장개설	① 현장개설 : 가설사무실, 현장임직 채용, 현장경비관리 　* 가설사무실 설치 – 사무실/펜스/부착물/비품구입/현장안내표지판 무재해표지판/방송시설 ② 현장 임직채용 : 면접,채용,교육 ③ 착공전도금(임시전도금) 신청 ④ 각종행사: 기공식/상량식/수전식/안전기원제/준공식 ⑤ SCHEDULE 작성	

공 종	ACTIVITY	CHECK POINT	비 고
현장운영 및 관리	현장개설	⑥ MEETING - KICK OFF MEETING : 현장개설 후 1~2주 이내 사업주, PM, 현장대표, 협력업체 임원 및 현장소장 - 공정회의 : 일일, 주간, 월간, 공무, 공종별 담당자 - 안전회의/교육 ⑦ REPORT : 일일, 주간, 월간, 협력업체 평가표, TEST/INSPECTION, 공사사진, JOB CLOSE OUT REPORT	
공사관리	공사수행 계획 수립	① 현장조직 및 DISPATCH SCHEDULE ② 공사 SCHEDULE ③ 하도발주방안 ④ 월간 매출계획 및 현장경비 사용계획 ⑤ 건설 중장비 계획 ⑥ 가설계획 ⑦ 자재 및 공기구 및 비품조달 계획 ⑧ STOCK YARD/주차장/STORAGE 계획 ⑨ MAN POWER LOADING SCHEDULE ⑩ 인허가 업무 수행계획 ⑪ 중점관리방안 ⑫ 예상문제점 및 대책 ⑬ 현장경비계획(주야간)	별도양식을 이용하여 계획서작성

	시공관리	① 현장품질관리
		 - 사전준비 : 품질조직, 자료검토, 공종별 CHECK LIST검토, 업무FLOW
		   절차 등 협의 (시험장비의 검사 및 시험)
		 - 부적합품 관리절차서에 의거 시정조치, 공사마무리 단계에서 펀치
		   리스트에 미해결 부적합사항을 정리 추적관리
		 - 교육실시 : 공종별로 설계도서, 체크리스트, 품질관리절차 등을 교육
		② 품질보증/품질관리(QA/QC)
		 - 현장조직, 공사수행 계획서, 품질활동 관리와 공사현황을 공사팀장
		   또는 PM에게 보고한다.
		 - 검사 : 절차서에 따름
		 - 품질기록 : 품질관리 매뉴얼(ISO-9001)에 따라 관리
		  • 시공상태의 증빙을 필요로하는 기록서(매입, 매몰, 은폐)
		  • 품질점검, 시험 및 검사보고서
		  • 기타 품질활동을 표준화 하기 위한 절차서 및 시공상태에 대한 기록
		③ 공정관리 : Critical Point 관리에 의한 공정율 관리
		④ 자재관리 : 자료관리/입고관리/저장관리/출고관리/재고관리/사후관리
		   사전준비, 반입검사, 입고/보관/출고, 현장잡자재 구매	

공 종	ACTIVITY	CHECK POINT	비 고

공사관리		⑤ 현장원가관리
		  - 사전준비 : 계약서, 예산, 매출계획, 신공법, 타공사 현장 부적합사례
		    사전 검토/반영
		  - 추가공사 사항 적기에 협력업체 ISSUE
		  - 공사비 정산 : 정산내역작성, 협력업체와 금액조정후 현장대표의 결재
		    후 본사에 송부
		⑥ 하도계약
		⑦ 문서관리 : 문서관리담당자 선임
		⑧ 대관 인허가	

	안전관리	⑨ 현장안전관리
		  - 사전준비 : 예산확보, 조직편성, 안전시설물계획 및 설치
		  - 정산 : 실제 사용한 비용에 대하여 매월 기성에 반영 지불
		  - 대관청신고 : 유해위험방지계획서, 비산먼지방지계획서, 특정공사사전
		    신고서 등을 필요시점에 관련관청에 신고
		  - 안전교육 실시, 안전회의 개최, 현장 안전 PATROL	

	준공업무	① 철수계획 : 1~2개월전에 PM 및 공사팀장과 협의후 현장철수 계획서 작성
		② 사업주에 TURN OVER : 준공시점에서 사업주에게 시설관리단 선정요청
		  후 시설관리교육과 시설물 인수인계를 실시한다.
		③ 공사비정산(PROJECT 실행정산서 작성)
		④ 잔여자재처리
		⑤ 현장비품처리
		⑥ JPR/COB : 공사전체에 대한 자료를 작성하여 공사경험을 통한 기술이
		  축적되도록 한다.
		⑦ 현장철수 : 대관청, 현재인력, 은행, 사업주, 협력업체에 통보 및 정리
			JPR 표준양
			식 사용

현장운영
및 관리
	VIP
	Briefing
		① 현장대표는 상시 VIP 방문에 대비하여 브리핑을 할 수 있도록 사전에
		  준비하고, 현장대표 부재시 차석이 그 행위를 대신하도록 한다.
		② Briefing 자료는 "공사현황판"으로 되도록 잘 보이는 곳에 또는 현장소
		  장실 벽면에 비치하거나 거치대(이젤)를 사용하여 상시 브리핑이 가능한
		  상태를 유지/관리한다.
		③ Briefing 목록
		  ㉠ 조감도(측면도/정면도/배면도 대체 가능)
		  ㉡ 층별 평면도, 단면도
		  ㉢ 전체 예정공정표 - 현재 공정율 표기
		  ㉣ 인원 및 자재투입 계획표
		  ㉤ 조직도
		  ㉥ 월간 공사현황 - 천연색 공사사진포함
		  ㉦ 일일 작업내용 및 출력현황	

1.2 현장관리 POINT

공 종	ACTIVITY	CHECK POINT	비 고
현장관리	수방대책	① 장비 설치 후 우수대비 보양대책 - 천막, 로프, 비닐 ② 건물 우수로 주위로 배수가 원활히 되도록 지장물을 제거한다. ③ 지중보 주위 흙판 곳 사전 메우기 실시 ④ 배수로 확보 및 배수로내 청소로 물 흐름 지장물 제거 ⑤ 엔진양수기 준비, 구배 낮은 곳으로 도랑파기 ⑥ 외자재 야적물의 덮개 점검하고 바람이 날릴 것에 대비하여 못질하고 　배수대책을 세울 것(배수로 확보)	별도양식을 이용하여 계획서작성
	관리자	① 공과 사는 분명하게 ② 순하게 그러나 추진력 있고 주위의 인정을 받을 수 있는 관리자가 　될 수 있도록 한다. ③ 주위에 자연적으로 소문이 나도록 되어 있다. ④ 안전관리 의식이 확실이 있어야 한다 : 선안전 후시공 　- 의식의 전환이 필요함. ⑤ 자재, 설계를 챙겨야 함.(시공만 하는것이 아님) 　- 긴급을 요하는 자재에 대해서는 본사검토/제작기간 등의 Delivery를 　　시기를 적절히 판단하여 감안하여 청구하도록 한다. 　- 설계도서/시방 및 계산서/AFC/SHOP DWG etc ⑥ 자재관리, 안전관리, QC, 전공 인원을 확보토록 하고, 사전에 MISSING 　자재 파악하여 공사에 차질이 없도록 하기 위함이고, 파손이나 　MISSING은 해당업체가 확인토록 한다. ⑦ 근무 시작전 TBM을 실시하여 협력업체 소장들에게 공지사항과 서로의 　크로스 체크, 일정, 공종순서, 안전 등을 협의하도록 한다. ⑧ 공정보고 - 공정보고는 업체목표 + 여유기간(우천/대기/준비/공종순서/ 　자재공급기간등)을 포함토록 한다. ⑨ 협력업체 작업지시 불이행시 반드시 현장 확인토록 하여 지원 시기를 　놓치지 않도록 한다 ⑩ 직원 각자가 브리핑 맨이 되도록 사전에 훈련시키고 질을 높이도록 　노력한다.	
	경 비	① 수칙 　- 근무 중 텔레비전 시청이나 취사, 취침을 하지 않도록 한다. 　- 정문에 체인을 치고 차량통행을 통제한다. 　- 출근시간 후 출입자가 있을 시 방문증을 발급하도록 한다. 　- 작업 착수 전에는 작업차량출입을 통제한다.	

공 종	ACTIVITY	CHECK POINT	비 고
현장관리	준공청소	- 준공청소 : 각 건물 청소와 배수로/맨홀/도로/빗물받이/우수/오수/ 　폐수라인 청소	
	발 주	① 현장대표 발주권한 　- 공사관리팀장과 협의하여 1천만원 미만의 공사에 대하여는 현장에서 　　3개 업체 이상 견적/NEGO하여 계약할 수 있다.(본사승인 후 집행) 　　단, 기자재류는 제외 ② 도급내역편성 --> 건설사업본부 견적팀 ③ 실행내역편성 --> 관리본부 공사관리팀 　단, PM JOB에 대하여는 PM팀과 공사관리팀이 상호협의하여 편성 ④ 현설 : 현장시행(공사관리팀 주관) 　특기사항 - 현장작성(현설시 특기시방서) 　　　　　 - 현장정리, 정돈, 청소 　　　　　 - 공종별 구분 ⑤ 공종별 외주업체선정 - 착공 1개월 전 업체선정 ⑥ 하도기성 발생 - 가계약시 B.M기준 계약 　　　　　　　　하도급 기성 지급 FLOW 　　본사마감 | 당월 25일頃 공사팀 접수검토/공사관리팀/재무팀 　　기 준 일 | 세금계산서 작성일로부터 60일 기업구매자금 　　지 급 일 | 익월 20일 개설계좌로 일괄지급 　　　　　　 단, 천만원 미만 현금 지급 ⑦ 설계변경처리 - 계약변경(본사승인 후 집행) 　WORK ORDER 발생(TROUBLE & ERROR REPORT 첨부) ⑧ VENDOR 관리 　- VENDOR PRINT CHECK 　- 기자재의 현장시공은 사전설계자료 및 TBE 등을 검토하여 시공시에 　　반영함 ⑨ 하도정산 　- 현장작성분 ㉠ 도급대비 하도급 비교내역서 　　　　　　　 ㉡ 신규단가표 　- 업체작성분 ㉠ 설변요약서 　　　　　　　 ㉡ 작업지시서 　　　　　　　 ㉢ 설변 전.후 내역서 　　　　　　　 ㉣ 물량산출근거 　　　　　　　 ㉤ 물가지/견적서 　　　　　　　 ㉥ 설변 전.후 도면	선품의

공 종	ACTIVITY	CHECK POINT	비 고
현장관리	공통가설	① 자갈포설 - 야적장, 진입로, 현장 작업자 통행로, 주차장(라인표시 등) ② 급수시설 　- 가설 물탱크 밑에 HEADER 설치하여 분기사용 가능토록 　- 식당 앞에 세면시설 　- 후문에 세면시설 ③ 장비진입로, 크레인 설치장소 잡석다짐 등 사전 예산 반영토록 　- 진입 및 작업장소가 ROAD이거나 건물바닥일 경우 선시공으로 　　예산 절감토록 ④ 가설식당 　- 현장 여건에 따라 시행(본사 협의사항) 　- 전기, 수도료 업주 부담(계량기 포함) 　- 컨테이너, 식기류, 식탁, 의자, 냉난방기 업주 부담 ⑦ 화장실 - 대변기 수량은 최대 출역 인원을 기준하여야 하며, 　　동시 사용율을 감안하여 변기 2개당 1개 배수라인을 시공한다. ⑧ 가설사무실 　- 전기공사는 전부 노출로 하고 준공검사는 안전팀의 검사를 받는다. 　- (전체 LAY-OUT 작성하여 예산작성토록)	
	자재야적장 (철골/철근)	① 토공정리 후 다지기 ② 콘크리트 포장 후 면정리 ③ 필요시 포장설치 or 휀스설치 ④ 받침목 or 렉설치 ⑤ 배수로 정비	
	환 경	① 소각로 운영 - 인건비반영, 청소, 정리정돈, 기타 잡일 목적으로 인부 계 ② 인허가 용역비, 변경허가 용역비 예산 반영 　설치완료 검사 후 보완지시 명령에 따른 시설보완비 예산 반영토록 ③ 고철매각 업무 FLOW - 사전 본사 품의서 작성 　ⓐ 처리항목 : 잡이익 　ⓑ 처리방법 　　㉠ 매각이 결정된 폐자재에 대하여 2개 업체 이상의 견적을 받는다. 　　㉡ 매각업체 선정후 본사에 사전 품의를 득한다. 　　**첨부서류: 견적서(2개 업체 이상)/계량증명서/매각대상 사진** 　　㉢ 본사 재무파트에 의뢰하여 세금계산서를 교부받아 선정업체에 　　　매각대금은 즉시 재무파트에서 지정하는 계좌에 입금한다. 　　㉣ 폐품매각 결과보고서 작성 　　**첨부서류 : 입금영수증/계량증명서/반출사진**	

공 종	ACTIVITY	CHECK POINT	비 고
		④ 폐기물 처리비를 필히 예산에 반영하고, 업체에 공사발주시 시방 및 견적에 포함시키도록 한다.	
		⑤ 토건은 비산먼지방지에 관련하여 계약기간 동안 비산먼지가 발생되는 작업현장에 살수토록 하고 현장진입로도 살수한다.	
	안 전	① 식당관리 철저 - 식중독 예방 및 영양관리, 소독 ② 비계공 보호 - 비계가 높을 시 낙하물 방지망을 설치토록 ③ 데크플레이트 설치 시 점용접한 후 다음 플레이트를 설치함으로써, 플레이트가 밀려서 사람이 추락하는 일이 없도록 한다. ④ 임시작업 - 안전발판 및 사다리를 설치토록 한다. ⑤ 공동구에 물이 차는지 확인하여 작업 중 피해를 입지 않도록 ⑥ H-BEAM이 회전하여 사람이 다치지 않도록 와이어를 2곳에 건다. ⑦ 기본보호구 착용 철저 ⑧ 휴게소 설치 - 지붕이 있어야 하며 테이블, 재떨이, 쓰레기통 준비 ⑨ 도장 　㉠ 페인트통을 건물 내에 적재하지 않는다. 　㉡ 외부에 보호망 및 커버를 설치하고 뚜껑을 반드시 닫은 후 화기엄금 등의 안전표지판 설치한다. 　㉢ 소화기/방화사 비치 　㉣ 마감면이나 장비, 시설물에 묻지 않도록 보양을 하고 작업한다. 　　- 안전담당자를 배치하여 화기예방을 하도록 한다. 　　- 쓰고 남은 페인트통은 업체가 내부를 완전히 비운 후 별도로 수거하여 폐기물 처리토록 한다.(일반폐기물과 혼적금지) ⑩ 소화기 - 가설사무실/창고/협력사사무실/작업장소에 비치 ⑪ 정리정돈 - 일일 1회 정리정돈하며 항상 깨끗한 작업환경을 유지한다. 　(청소도구, 마대 등은 시공자 부담이며, 발생폐기물을 수집하여 지정된 소각장소까지 운반토록 한다) ⑫ 경비실에 방문자를 위한 안전모 및 걸이대, 주민등록증 걸이대 등을 비치토록 한다. ⑬ 외부페인트 밧줄타기 시 반드시 안전팀 확인 후 시행토록 하며, 안전팀 일일점검을 받도록 한다. ⑭ VIP 방문 후 안전사고 대비 예방조치 및 순회를 강화토록 한다. ⑮ 가스 - 가스폭발사고를 사전에 예방하기 위해서 가스라인을 점검하고 통풍이 되도록 한다	

1.3 원가절감방안

■ 건설사업본부 공사팀

작성일 : 2007. 6.22.

No	원가절감항목	원가절감세부실천방안	기대효과
		"공사전 설계도서 검토를 통한 원가절감!"	
1	VE 극대화	(1) 동일한 공사에 대하여 동일공법 적용 ——> 원가절감, 품질향상으로 인한 하자요인 제거 ex) 물탱크 재질 SPEC을 STS에서 SMC로 시공할 경우 ₩160,000/㎡[STS 물탱크 시공단가] ₩100,000/㎡[SMC 물탱크 시공단가]: 작성일과 동일 연월 단가 물탱크 200㎡ 시공시 절감예상액 : (₩160,000-₩100,000)x200㎡x2개 현장[년간 적용가능현장]	원가절감 공기단축 품질향상
		(2) 철근 절감방안 : 구조 과설계 개선으로 철근물량 절감 - 구조도면과 구조계산서등의 검토로 기초 MAT에 철근 과다설계 여부 확인 필요 1ton[단위 현장당 절감 가능 철근량] x₩1,000,000[자재비+인건비]x5개 현장[년간 적용가능현장]	원가절감 공기단축
		(3) 미장공사 : 바닥 모르타르 시공으로 평활도 유지해야 하는 SLAB를 콘크리트 기계미장으로 대체 --> 하드너,비닐타일 마감공사의 경우 : ₩5,000[㎡당 절감액]x1,000㎡x5개 현장[년간 적용가능현장]	원가절감 공기단축
		(4) 기계공사 : 외산 장비 발주시 배관 연결재를 KS규격으로 적용하여 국산 연결재 사용 ₩500,000[단위 현장당 절감 가능액]x5개 현장[년간 적용가능현장]	원가절감 A/S비용절감
2	공사비 절감	**"철저한 공정관리,품질관리를 통한 원가절감!"**	
		(1) 레미콘 절감방안 1) 버림 CON'C 타설두께 최소화 : 현행 50mm기준 --> 30mm 타설 검토 후 시공[사업주 선승인 필요] (0.05-0.03)m[절감타설두께]x3,000㎡[1개현장 평균타설물량] x₩50,000[원/㎡]x10개 현장[년간 적용가능현장]	원가절감 공기단축
		2) 버림 CON'C / 오·우수관로 타설시 반드시 단부에 각재설치하여 손실 방지 10㎡x₩50,000 = ₩500,000[현장절감 가능액] x15개 현장[년간 평균 JOB수]	원가절감

No	원가절감항목	원가절감세부실천방안	기대효과
2	공사비 절감	(2) 철근 절감방안 ① 철근가공량의 80%만 입고 후 추가 구매관리 ② 사전 가공계획서 수립 - 철근 발주길이별 Comfirm (ex: 8m/10m/12m) --> MR 신청 --> 철근 Loss 최소화 - 3ton[단위 현장당 절감 가능 철근량] x₩500,000x10개 현장[년간 적용가능현장]	원가절감
		(3) 판넬공사:1층 하단부 외장 PNL 시공전 현장보양조치로 불특정 다수의 오염 및 훼손방지 - 현장보양비 ₩10,000[㎡당 20T 스티로폼 보양기준] - 외장 PNL 평균보수비용 ₩100,000원[㎡당 해체 후 재시공비] ₩90,000[㎡당 절감비용]x20㎡[평균보수물량] x2개 현장[년간 평균 발생현장]	원가절감 A/S비용절감
		(4) 포장공사:1차 포장공사 조기시행으로 현장정리비용 절감 ₩120,000원[일정리 추가비용]x16주[주1회,4개월] x10개 현장[년간 적용가능현장]	원가절감
3	A/S 비용 최소화	**"공사후 A/S비용 최소화를 통한 원가절감!"**	
		(1) 공사 종료전 철저한 PUNCH WORK 관리로 현장관리인원 체류기간단축 준공 후 정산업무 및 PUNCH WORK 관리로 1개월 상주 --> 15일 단축 목표 2인x₩200,000[man/day]x15일[단축기간] x10개 현장[년간 적용가능현장]	원가절감 A/S비용절감
		(2) 사용불가한 단근의 보강근 재활용 [파급효과:균열등의 하자요인 감소] ₩2,000,000[건당 크랙보수 예상비용]x5건[년간 평균 발생건수]	원가절감
		(3) 년간 하자사례의 현장 전파교육을 통한 동일하자 발생률 감소유도 1개 건수[동일하자 발생방지효과]x₩1,500,000[건당 부대비용 포함 평균처리비]x10개 현장[년간 적용가능현장]	원가절감 A/S비용절감
4	현장경비절감	**"현장 관리를 통한 원가절감!"**	
		(1) 교제비 사용 최소화 - 사업주와 교제시 2차회식 자제 ₩300,000[월 절감예상액]x12개월x10개 현장[년간 적용가능현장]	원가절감

No	원가절감항목	원가절감세부실천방안	기대효과
4	현장경비절감	**(2) 일회성 종이컵 사용 자제 - 개인용 컵 사용원칙** - 일일 인당 컵사용량 평균 5회 5[개]x10[인]x20[원]x30[일]x12[개월] x10개 현장[년간 적용가능현장]	원가절감
		(3) 작업자 대.소변 분리처리 - 화장실/소변기 별도설치 ₩30,000[개소당 수거비용]x3개소 기준x절감율 50% x12개월x10개 현장[년간 적용가능현장]	원가절감
		(4) 현황판의 철판만 교체하여 재사용[30% 절감] --- A형간판 1개소 설치비용 10만원 ₩100,000x30%[개당 절감액]x5개x10개 현장[년간 적용가능현장]	원가절감
		(5) 현장종료 후 보안카드 재사용 - 카드한장 발급비 ₩15,000x6EA[현장당 평균 발급수] x10개 현장[년간 적용가능현장]	원가절감
		(6) 각 현장의 무인경비업체 : 3개업체이상 경쟁토록하여 **연간단가계약 체결** - 현행 각 현장별로 월 ₩100,000~120,000 지급되고 있는 실정 원가절감 예상액: ₩20,000x12개월x15개 현장[년간 평균 JOB수]	원가절감
		(7) 현장 퇴근시 각 협력업체 및 현장사무실 소등점검 - 월 절감액 ₩10,000[업체별 절감예상액]x5개사x12개월 x10개 현장[년간 적용가능현장]	원가절감
		(8) 현장사무실 고효율 형광등 사용[30% 절전효과] - ₩168[컨테이너 1개동당 일일 절전비용]x5개소x30일x12개월 x10개 현장[년간 적용가능현장] - 컨테이너 1동당 일일절감비용[고효율 형광등 개당 20W/H절감] = 20W/Hx14시간x3개x200원/KW = 168원	원가절감
		(9) 휘장막 사용개선 - 2장당 1개소만 회사로고 사용 - 휘장막(로고인쇄): ₩25,000 - 휘장막(로고無): ₩10,000 100장 사용시 50[개소]x₩15,000[차액] x10개 현장[년간 적용가능현장]	원가절감
		(10) 상수도 사용 가능현장의 경우 음수용 생수 대신 정수기 **사용 대체** - 정수기 RENTAL 비용: ₩20,000[원/월]x12개월 = ₩240,000 - 생수 구입비용: ₩4,000[원/개]x10[개/월]x12개월 = ₩480,000 ₩240,000[년간 절감비용/JOB]x15[평균 JOB수]x적용률 50%	원가절감

No	원가절감항목	원가절감세부실천방안	기대효과
		(11) 직원용 안전장구(안전모,안전벨트등) 년간 개인지급으로 　　현장 전용하여 사용 　- ₩50,000[개인 안전장구]x60[현장관리인력] 　　x3회[년평균 지급회수]	원가절감
		(12) 폐기물 처리비 절감:현장내 발생폐기물 분리 처리 　- 혼합폐기물: 40,000원/㎥ 　- 건축폐기물: 15,000원/㎥, 　- 재활용품: 무상 　--- 원가절감 비율: JOB별 약 20% 　- 30백만원[JOB별 평균 폐기물처리비]x20% 　　x8개 현장[적용가능 평균 JOB수]	원가절감
		(13) 물류비 절감 　- 외근현황판 적극 활용으로 택배비 절감 　　월1회x₩20,000[평균 택배비]x15[평균 JOB수]x12개월	원가절감

2. 착공 관련 업무

2.1 현장개설

2.1.1 현장 사무소 개설

① 현장 비품구매 관련 선품의 – 현장비품관리대장 Mail 공유 및 활용

② 가설 사무실 설치

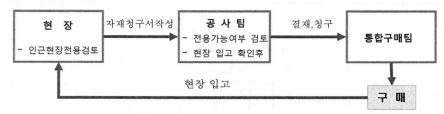

③ 비품구매 기준 및 절차(가전용품, 사무용품, 잡자재, 안전용품 등)

　– "현장 비품 및 가설재 관리지점" 참조

2.1.2 현장별 인력 배치기준

구분	공사규모	기 준	비 고
담당별	50억 미만	현장대표(담당공종겸직) 건축담당자 1인 담당자 1인　　　　　　　　　　총 2~3 인	*추가인력 필요시 본사와 협의하여 충원 및 지원
	50~100억	현장대표 공무담당자 1인 건축담당자 1인 기계담당자 1인 전기담당자 1인　　　　　　　　　총 5 인	
	100~200억	현장대표 품질관리자 1인(건축겸직) 건축담당자 1인 기계담당자 1인 전기담당자 1인 안전담당자 1인　　　　　　　　　총 6 인	
	200억 초과	현장대표 공무담당자 1인 품질관리자 1인(건축겸직) 건축담당자 1인	

	200억초과	기계담당자 1인 전기담당자 1인 품질담당자 1인 안전담당자 1인　　　　　　　　　**총 7 인**	

2.1.3 현장별 컨테이너 및 비품 반입기준

구 분	공사규모	CHECK POINT	비 고
컨테이너/ 비품 반입기준	직원사무동 표준화모델	* 직원용 사무동 표준화 모델(3x9m) 	
	50억미만 (3인기준)	■컨테이너 직원사무동(현장대표실 포함) 1개동, 기타 1개동(자재창고 or 안전교육장 etc)　**총2개동(3Mx9M기준)** ■비　품 　① 양수책상(1set) - 현장대표 or 공사과장용 　② 편수책상(발령인수) - 현장직원용(상황에 따라 양수대체 가능) 　③ 의자 - 전체직원수 　④ 회의용탁자 - 3x6 - 2set 　⑤ 접의자 - 전체직원수 x 2 　⑥ 냉난방기 - 1대(전기식) 　⑦ 공사현황판 - 3.0W x 1.2H - 현장구매(현장여건에 따른 제작) 　⑧ 냉장고 - 1대 　⑨ 복사기 및 프린터 - 되도록 복합기 임대 　⑩ 3단화일 - 2조 　⑪ 기 타 　　　㉠ 안전장구류(안전화,안전모,안전벨트) - 직원수 　　　㉡ 전산비품(디지탈카메라-1대/인터넷공유기-1대/팩스-1대) 　　　㉢ 전화기 - 직원수 　　　㉣ 무전기 - 본사협의사항 　　　㉤ 화이트보드(일일작업현황표,월중행사표etc) - 현장구매	

구 분	공사규모	CHECK POINT	비 고
컨테이너/ 비품 반입기준	50~100억 (5인기준)	■컨테이너 현장대표실(회의실 포함) 1개동, 직원사무동 1개동, 기타 1개동(자재창고 or 안전교육장 etc)　**총3개동(3Mx9M기준)** ■비　품 　① 양수책상(1set) - 현장대표 & 공사과장용 　② 편수책상(발령인수) - 현장직원용(상황에따라 양수대체 가능) 　③ 의자 - 전체직원수 　④ 회의용탁자 - 3x6 - 3set 　⑤ 접의자 - 전체직원수 x 2 　⑥ 냉난방기 - 2대(전기식) 　⑦ 공사현황판 - 3.0W x 1.2H - 현장구매(현장여건에 따른 제작) 　⑧ 냉장고 - 1대 　⑨ 복사기 및 프린터 - 되도록 복합기 임대 　⑩ 3단화일 - 3조 　⑪ 기 타 - 　　㉠ 안전장구류(안전화,안전모,안전벨트) - 직원수 　　㉡ 전산비품(디지탈카메라-1대/인터넷공유기-1대/팩스-1대) 　　㉢ 전화기 - 직원수 　　㉣ 무전기 - 본사협의사항 　　㉤ 화이트보드(일일작업현황표,월중행사표etc) - 현장구매	*추가반입 필 요 시 본 사 와 사전협의
	100~200억 (6인기준)	■컨테이너 현장대표실(회의실 포함) 1개동, 직원사무동 1개동, 자재창고동 1개동, 기타 1개동(시험실 or 안전교육장 etc)　**총4개동(3Mx9M기준)** ■비　품 　① 양수책상(1set) - 현장대표 & 공사과장용 　② 편수책상(발령인수) - 현장직원용(상황에따라 양수대체 가능) 　③ 의자 - 전체직원수 　④ 회의용탁자 - 3x6 - 4set 　⑤ 접의자 - 전체직원수 x 2 　⑥ 냉난방기 - 2대(전기식) 　⑦ 공사현황판 - 3.0W x 1.2H - 현장구매(현장여건에 따른 제작) 　⑧ 냉장고 - 1대 　⑨ 복사기 및 프린터 - 되도록 복합기 임대	사전협의

구 분	공사규모	CHECK POINT	비 고
컨테이너/ 비품 반입기준		⑩ 3단화일 - 4조 ⑪ 기 타 - 　　㉠ 안전장구류(안전화,안전모,안전벨트) - 직원수 　　㉡ 전산비품(디지탈카메라-1대/인터넷공유기-1대/팩스-1대) 　　㉢ 전화기 - 직원수 　　㉣ 무전기 - 본사협의사항 　　㉤ 화이트보드(일일작업현황표,월중행사표etc) - 현장구매	
	200억초과 (7인기준)	■컨테이너 현장대표실(회의실 포함) 1개동, 직원사무동 1개동, 안전교육장 1개동, 자재창고동 1개동, 시 험 실 1개동　　　　　　　총5개동(3Mx9M기준) ■비　품 ① 양수책상(1set) - 현장대표 or 공사과장용 ② 편수책상(발령인수) - 현장직원용(상황에 따라 양수대체 가능) ③ 의자 - 전체직원수 ④ 회의용탁자 - 3x6 - 2set/3set/4set/5set(현장규모별) ⑤ 접의자 - 전체직원수 x 2 ⑥ 냉난방기 - 3대(전기식) ⑦ 공사현황판 - 3.0W x 1.2H - 현장구매(현장여건에 따른 제작) ⑧ 냉장고 - 1대 ⑨ 복사기 및 프린터 - 되도록 복합기 임대 ⑩ 3단화일 - 2조/3조/4조/5조(현장규모별) ⑪ 기 타 - 　　㉠ 안전장구류(안전화,안전모,안전벨트) - 직원수 　　㉡ 전산비품(디지탈카메라-1대/인터넷공유기-1대/팩스-1대) 　　㉢ 전화기 - 직원수 　　㉣ 무전기 - 본사협의사항 　　㉤ 화이트보드(일일작업현황표,월중행사표etc) - 현장구매	
공 통		① 인원별 책상/의자 반입 ② 회의용탁자,접의자 현장전용원칙 ③ 냉장고,통합사무기기(프린터+ 복사기+ 팩스) 임대 ④ SCHEDULE 보드 --> 현장구매 ⑤ 냉난방기 --> 전기식 일체형 사용 ⑥ 동절기 직화난방기기 사용 지양	비품 관리대장 작성/관리 (전출입 송장포함)

2.2 착공신고

2.2.1 착공신고

1) 업무절차

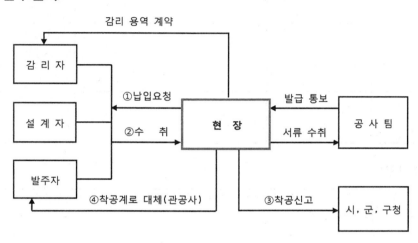

2) 업무내용

(1) 구비서류

서 류 명	관 련 자	첨 부 서 류	비 고
* 각종 신고서	* 발주자 (건축주)	* 건축허가 신청 및 허가서 * 동별 건축 개요 * 설계도면, 시방서, 구조 계산서 * 착공신고 감리 계약서	* 설계 사무소 * 설계 사무소 * 설계 사무소 * 감리 사무소
* 감리자 및 시공자 지정 신고서	* 발주자 * 감리자 * 시공사	* 사업자 등록증 사본 * 주택건설 사업자 등록증 사본 * 건설업 면허증 사본 * 법인 등기부 등본 * 법인 인감 증명서 * 법인 사용 인감계 * 지방세, 국세 완납 증명서 * 감리 용역 계약서 * 예치 보증서	* 경영지원팀(공통) * 경영지원팀 * 경영지원팀(공통) * 재 무 팀(공통) * 재 무 팀(공통) * 재 무 팀(공통) * 재 무 팀 * 감 리 단 * 재 무 팀
* 현장 기술자 지정 신고서 (현장대리인, 안전관리자)	* 본사/현장	* 재직 증명서 * 자격증 사본 * 경력 증명서	* 경영지원팀 * 경영지원팀 * 기술인협회

서 류 명	관 련 자	첨 부 서 류	비 고
시공자의 기술 관리 배정	본사	자격증 사본 경력 증명서	경영지원팀 기술인협회
비산먼지 발생 사업신고처리공문	본사/현장		착고신고 7일전 접수 및 필증 확보
굴토공사 개요 및 확인서	발주자 현장 감리자(필요시) 지질보고서(필요시) 설계도서(필요시)		건축허가시 포함된 때는 불필요
예정 공정표 공사 계획서 품질관리 계획서	현장		표준 공사기간 설정기준 참조

(2) 검토사항

내 용	① 첨부서류는 시청,구청,발주처에 따라 다를 수 있으므로 신청전에 관할관청에 문의 ② 민간 공사의 경우 　　해당지역 시,구청에 제출 　　공사 착공전 7일 이내 제출(건축법 시향규칙 8조) ③ 발주자가 관일 경우 　　착공계로 대체 　　공사 계약 후 7일 이내 제출 ④ 예정공정표는 발주자측에서 매일 CHECK 될 수 있으므로 일관성 있는 작성 필요 　　(공정관리 및 ESCALATION의 기본 자료가 됨) ⑤ 착공전 사진촬영시 촬영위치를 선정하여 공사중과 완공후 사진이 일관되도록 관리 ⑥ 착공신고는 건축법상 행위 주체인 발주자(건축주)가 작성 신고토록 명기되어 있으나 　　통상 시공자가 제반 서류를 작성 첨부하여 대행하는 것이 통례이다 ⑦ 착공신고시 비산먼지 발생 사업 신고 처리 공문을 미 취득했을 경우는 원칙적으로 　　착공 신고가 불가능하나 현장 사정에 따라 관청과 협의 사후처리 할 수도 있다

(3) 표준 공사기준 설정기준(주공 APT 경우)

구 분		표 준 공 사 기 간	비 고
일반구조	6층이하 중층 아파트	172일+ 19*층수+ 30(지하)+ 15(파일기초)/15(경사지붕)+ 동절기	
	7층이하 고층 아파트	172일+ 16*층수+ 30(지하)+ 15(파일기초)+ 동절기	
PC 구조	6층이하 중층 아파트	162일+ 19*층수+ 30(지하)+ 15(파일기초)+ 15(경사지붕)+동절기	
	7층이하 고층 아파트	162일+ 16*층수+ 30(지하)+ 15(파일기초)+ 동절기	
	턴키 베이스	일반구조 공사 기간에 55일 추가	
주 기		1. 비오는 기간이 표준 강수일 보다 초과되는 경우 초과 일수를 추가하여 설정 가능 2. 표준 강우 일수 : 과거 30년간 연평균 강우 일수 3. 기초 및 지반 여건에 따라 공사기간 협의조정	

(4) 표준 공사기준 설정기준

기 초 및 지 반 여 건	기 간	비 고
* 지하층이 1개있는 아파트의 경우	30일	
* 지하층이 2개있는 아파트의 경우	60일	
* 또는 층고가 4.5미터 이상의 지하층 (전기실,보일러실등)이 1개층인 경우		
* 지하 주차장인 경우	60일	
* 건축공사의 기초가 파일 기초인 경우	15일	
* 건축공사의 기초가 3미터 이하의 내림 기초인 경우	3미터 마다 각각 15일	
* 암반이 있는 경우	15일	
* 전석이 있는 경우		현장여건에 따른 실소요일

(5) 주요 공사별 표준 공사기준 설정기준(당사기준)

	기 초 및 지 반 여 건	기 간	비 고
토공사	* 절토 : 사토장 거리가 제일 중요 ex) 사토장 거리 15km기준 ① 15ton DUMP 8회 왕복 ② Back How(10) 일일 상차대수 : 100대 -> 100/8 = 약 12대 DUMP 필요 -> 일일 사토처리량 : 12대 X 8회 왕복 X 8 ㎥ =약 800 ㎥	* 절토량이 40,000㎥일때 약 50일소요 -돌관공사시 약 25일소요	돌관공사시 최대 180대 가능
철골	* 일일 시공량 : 25~30 ton (2절주 기준 , 장비 1대 기준)		
파일	* 일일 시공량 : 25~30 본 (φ400/15m/SIP/오거 항타 기준)		
내화도장	* 일일 시공량 : 500 ~ 550 ㎥ (내화 1시간/ 2Team 기준)		
판넬	* 일일 시공량 : 800 ~ 850 ㎥		
조적공사	* 일일 시공량 : 700 ~ 800 매(기공1인당) ex) 시공량이 300,000매 일때 300,000/800 = 375인	기공 12인출력 30일 소요	조공별도

2.2.2 경계측량(계약후 즉시시행, 말목 사진촬영 관리보존)

1) 업무절차

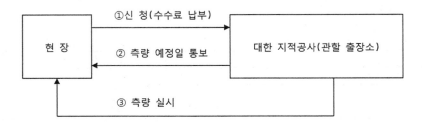

2) 특기사항

업 무 명	내 용	비 고
1) 신 청	가) 신청시 수수료 납부 나) 지적도를 첨부하여 신청 함	사용양식: 경계측량신청서
2) 검토사항	가) 수수료는 지번 및 면적에 따라 상이함 　　: 지적 공사 출장소에 사전 문의 요 나) 지적도는 관할 시(군,구)청에서 발급 다) 경계측량 신청시 양식은 대한 지적공사에 비치 되어 있음 라) 측량은 측점보존(보점설치)을 완벽히 하여야 함(기준점 보안 조치)	

2.2.3 가설 건축물 축조 신고

1) 업무절차

2) 대상

공사에 필요한 규모의 범위 안에서 공사용 사설 건축물(사무실, 창고, 식당, 수소 등)

3) 특기사항

(1) 구비서류

서 류 명	관 련 자	첨 부 서 류	비 고
가설 건축물 축조 신고서	현 장	• 가설건물, 배치도, 평면도, 입면도 • 건축 허가서 사본(필요시)	
시공자 각서	현 장		• 존치기간 명기 • 동사무소의 표준 양식 이용

(2) 건축허가서에 가설 건축물 규모 평수가 명기되어 있을 시는 별도의 신고가 필 요없으나 명기된 규모이상 축조시는 별도 신고를 해야한다.

(3) 가설 건축물의 규모가 100평 이상시는 년 1회(7월 1일자 기준) 해당 동사무소 에 지방세를 납부하여야 한다.

2.2.4 가설 전기 인입 신청

1) 업무절차

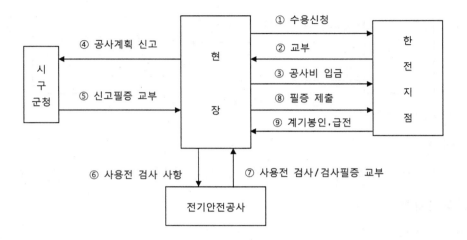

2) 특기사항

(1) 업무사항

번호	업무명		사용양식	첨부서류	비고

①	수용신청		전기수용 신청서
			(한전양식)
				• 외선 설계도
				• 건축 허가서 사본
				• 본 공사 계약서 사본
				• 수변전 설비 결선도
				• 재해방지 책임자 각서(한전)
				• 임시 수용 각서(한전)
				• 현장 대리인계(한전)
				• 사업자 등록증 사본
				• 전기공사 기사수첩 사본
				• 공사업 면허증 사본
				• 지입자재 검수 명세서(추후)
					• 수전 회망일
					  명시
					• 사전에 한전
					  담당자와
					  협의

②	교부	임시 동력	예치보증금고지서		
			외선 공사비 납부 고지서		
		전기	전력 수급계약서		1000KVA 미만 한전에서 작성
			전력공급 예정서		1000KVA 이상 한전에서 작성

번호	업무명	사용양식	첨부서류	비고
③	공사계획 신고 (전기사업법 제31,32조)	대외공문	• 공사 계획서 • 공사 공정표 • 공사 시방서 • 전기 설비 명세서 • 도면 - 지중선로 구조도 - 전기설비의 배치상황 - 단선 및 삼상 결선도 - 변압기 용량 선정 검토서 - 철탑 지지물의 구조도 및 강도 계산서 - 보안 담당 신고필증 사본	• 공사착공 15일전 • 신고대상 용량 300KVA 이상 수용설비 :도(시)청 용량 300KVA 미만 수용설비 :구(군)청 • 공사계획 변경시 신고
④	사용전 검사신청 (전기사업법 제34조)	전기 사용전 검사신청서	• 시공 하도 업체의 구비서류 • 사업자 등록증 사본 • 공사계획 신고 필증 • 수전설비 결선도 • 공급예정서,수급계약서 사본	• 사용전검사 연기시 별도신청서작성 • 검사예정7일전신청 • 수수료 납부 • 검사시기 : 공사계획에 의한 전체공사 완료시나 수전설비 일부가 완성되어 부분사용을 하고자 할때

(2) 검토사항

① 해당지역 배선선로가 시설후 3년 이내인 경우 배전선로 시설비 분담금 납부
   전기요금 체납 방지를 위한 사용전 검사 이전에 예치금 납부

② 임시 동력과 본 동력수용 신청시 첨부 서류가 다를 수 있으므로 담당자와의 협의 필요

③ 수용신청 업무는 시공업체의 일임하여 대행하는 것이 좋음

④ 공사비 입금 : 전력 수용시 한전의 별도 외선 공사가 필요할 때 외선 설계에 따라 공사비를 책정, 고지한 대로 납입함

⑤ 보안 담당자 선임신고
   3000KVA 미만 : 시·구청(수전 30일전)
   3000KVA 이상 : 도청 산업과(공사계획 신고서와 동시 제출)

⑥ 발전기 치전 관할 시·도를 경우, 환경청의 소음 진동에 대한 관전을 받기 위해 설치/신고
   신고대상 : 용량 1200KW 이상
   관련법규 : 소음 진동 규제범 제2조(배출 시설의 허가)

⑦ 전기 안전 관리자(보안 담담자) 선임방법 : 한가지로 택일함
   - 전기기사 1급 : 해당경력 3년 이상

- 전기기사 2급 : 해당경력 5년 이상

한국전기 안전공사에 위탁선임

전기안전관리 대행 업체에 위탁

2.2.5 가설 용수 신청

1) 업무절차

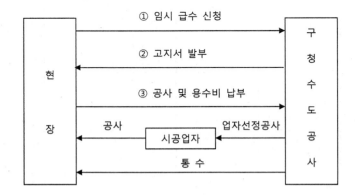

2) 업무내용

(1) 구비서류

서 류 명	관 련 자	첨 부 서 류	비 고
임시 급수 공사 신청서	현 장	가설수도 위치 평면도	
		가설 건축물 축조 신고 필증	

(2) 용수비 납부

① 구청 담당자와 직접 협의

② 용수비=설계비+가입비(분담금)+계량기 금액+수도 사용료(일시불)

③ 용수비 산출시 인근 지역으로부터 공급으로 현장에 유리하게 한다.

④ 수도 사용료는 신청된 급수 기간이 끝남과 동시에 그 기간에 사용된 수량으로 정산함

⑤ 계량기에서 실제 사용하는 곳까지의 공사는 현장이 수행함

(3) 검토사항

매년 12월부터 다음 해 2월 말까지는 굴착 허가 승인이 되지 않으므로 사전에 가설
용수신청이 완료되어야 함.

2.2.6 도로 점용 허가 신청

1) 업무절차

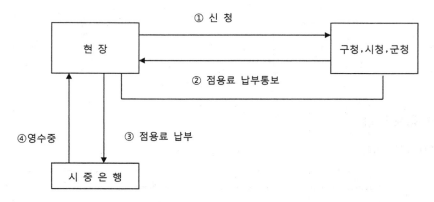

2) 특기사항

(1) 업무내용

업 무 명	사 용 양 식	내 용

신 청	도로 점용 허가 신청서
	(관양식)
		• 첨부서류 :
		  - 지적도
		  - 설계서
		  - 인허가 사본
		• 관련법규 :
		  도로법 제40조
		  시행령 제24조

(2) 검토사항

① 지적도는 1/600~1/1200 도면에 점용하고자 하는 부분을 가로*세로에 의한 면적 표시

② 처리 관청 부서 : 토목과

(3) 점용료 납부

① 도로 점용료는 납부에 대한 부담은 도급 계약 조건에 따라 실시

② 자체 사업 공사를 제외하면 통상 발주처의 부담사항임

2.2.7 도로 굴착 승인 및 복구 허가 신청

1) 업무절차

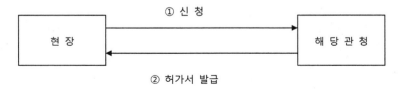

2) 검토사항

(1) 업무내용

업무명	사용양식	내용
신 청	도로 굴착 승인 및 복구 허가 신청서(관양식)	• 첨부서류 : - 위치도면(1/3000지도) 3부 - 굴착 복구 설계도면 2부 - 복구업체 면허증 사본 - 굴착 복구사업 계획서 - 도로굴착 내역(별도양식) • 대외 공문으로 작성 함

(2) 검토사항

① 처리 관청 부서 : 토목과

② 공사 중 도로를 굴착할 경우 공사기간, 설계도면을 관청 토목과에 사전 협의

③ 골목길과 같은 소규모 공사는 제외

④ 지하 매설물이 복합적으로 존재할 경우 유의해야 함

⑤ 도로 교통법에 의한 통제 요청 필요시의 조치

⑥ 민원발생을 대비하여 계측기 설치를 검토

2.2.8 유해, 위험 방지 계획서 제출

1) 업무절차

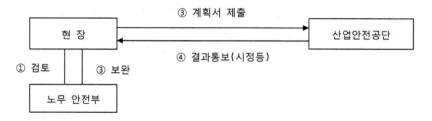

2) 특기사항

(1) 업무내용

업 무 명	사 용 양 식	처 리 기 한	내 용
수수료 납부	농협 지로	계획서 제출전	• 수수료 기준 : 공사규모,금액에 따른 산업 안전공단 기준에 따름 • 계획서 제출시 수납 증빙 서류 첨부 해야 함
작성,제출 (산업안전 보건법 제 48조)	작업 및 공사 개요서 법규서식 제17호 및 제18호	착공 30일 전까지	• 서식 제17호는 10가지 종류가 있음 • 첨부서류 : 산업안전 보건법 시행규칙 제 121조 • 4부 작성(1부 보관, 3부 제출) • 작성자의 법적 요건 준수

(2) 검토사항

① 계획서 작성자 : 2명(건설안전기사 1급 혹은 기술사, 산업안전기사 1급)

② 작성자 증빙 서류를 제출하여야 함

③ 양식 : 산업안전공단에 얻거나 기 배부된 양식 사용

④ 계획서 제출 대상 공사 : 산업 안전 보건법 시행규칙 제120조 3항에 명시

⑤ 계획서 미 제출시 : 500만원 이하의 벌금

⑥ 착공 : 측량, 가설가무소 건설 등 준비 기간은 공사 착공으로 보지 않는다.

(3) 유해, 위험 건설 공사의 종류

① 건축물, 공작물(높이 31M)의 건설, 개조, 해체

② 교량공사(최대지간 50M 이상)

③ 터널공사

④ 댐공사(제방높이 50M 이상)

⑤ 잠함공사(게이지 압력 1.3KG/CM 이상)

⑥ 굴착공사(깊이 10.5M 이상)

2.2.9 안전 관리 조직 구성 신고

1) 업무절차

2) 업무내용

(1) 구비서류

서 류 명	관 련 부 서	첨 부 서 류	제 출 처
안전관리자,책임자 선임 신고서	노무 안전부	• 자격증사본	노동부 사무소
착공신고 및 무재해 운동 개시 신고서	노무 안전부	• 관리 책임자등 선임 신고서 • 직무 교육 수강 신고서 • 유해위험 방지 계획서2부 (해당현장)	산업안전 공단
안전관리자,책임자 선임 신고서	노무 안전부	• 사업개시 신고서	근로복지 공단

(2) 검토사항

① 노동부, 산업안전공단 및 근로복지공단 제출 전 노무안전부와 협의 후 제출 (안전관리비 사용계획서, 유해위험 방지계획서 준비)

② 현장개설시 산재병원 지정

③ 신고된 책임자 관리자의 변동사항은 7일 이내에 신고

④ 안전보건관리 기구조직 및 비상연락망 구성

(3) 산재병원 지정시 검토사항

① 노동부 산재병원으로 지정된 의료기관

② 현장과 가까운 장소에 있으며 응급시설이 잘 갖추어진 의료기관

③ 정형외과, 안과 등의 치료가 가능할 것

④ 입원 중 시설이 미비하거나 재해자가 간병 받기가 어렵거나 통원치료가 어려울 경우 재해자 집 근처로 이동시켜주어야 한다.

⑤ 산재 발생시 초기 상해상태를 파악하여 중상이상일 경우 가능한 종합병원을 이용하는 것이 치료면에서도 좋다.

2.2.10 비산먼지 발생사업 신고

1) 업무절차

(1) 방지시설 설치 가능 시

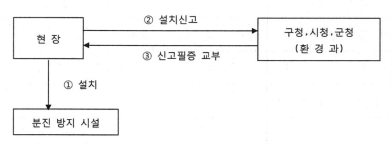

(2) 방지시설 설치 불가능 시

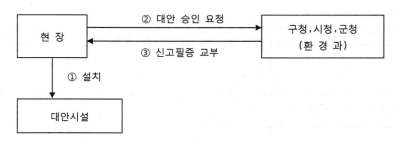

2) 특기사항

(1) 업무내용

업 무 명	사 용 양 식	내 용
설치신고	비산먼지 발생 신고서	• 첨부서류 : 　－ 비산먼지 발생 공사 내역 　－ 분진방지 시설 설치 현황 　－ 세륜 세차장 도면 　－ 분진 방지시설 위치도
대안승인요청	비산먼지 발생시설 관리기준 대안 승인 요청서	• 첨부서류 : 　－ 시설관리 기준 대안서

(2) 검토사항

① 신고대상 : 건축공사 중 연면적 $3,000M^2$ 이상이거나 5층 이상의 건축공사

② 변경시는 비산먼지 방생사업 변경 신고를 해야 함

③ 관련법규 : 환경보존법 제26조, 환경청 고시 87호

비산먼지발생사업(변경)신고서			처리기간
			4일

신고인	① 상호(사업장명칭)			
	② 성명(대 표 자)		③주민등록번호	
	④ 주　　　　소	(전화번호 :)		

⑤ 사 업 장 소 재 지	
⑥ 설치기간(공사기간)	

⑦ 발　생　사　업

발 생 사 업	대 상 사 업	규 모

⑧ 비산먼지발생억제시설 및 조치사항

배 출 공 정	주요억제시설 설치 및 조치내용
별　　첨	별　　　첨

대기환경보전법 제28조제1항 및 동법시행규칙 제62조제1항의 규정에 의하여
비산먼지발생사업(변경)을 신고합니다.

　　　　　　　　20　년　　　월　　　일

　　　　　　　　　　　　신고인　　　　　　(서명 또는 인)

　시처,구청,군청장　귀 하

※ 구비서류 : 없음	수 수 료
	없 음

2.2.11 건설폐기물 처리 신고

1) 건설폐기물 배출자 신고 시기 및 제출서류

(1) 신고시기

당해 건설공사의 착공일까지(건폐법 시행규칙 별지 제7호 서식)

"건설공사의 착공일"은 건설폐기물의 발생과 관계없이 실제로 건설공사를 시작하는 날을 말함

(2) 제출서류

① 건설폐기물 처리계획서

② 수탁처리 능력확인서 사본(폐관법 시행규칙 제9조의3 제1항에 해당하는 건설폐기물 배출자에 한하여 첨부서류를 포함한다.

③ 건설폐기물 처리계획신고필증(변경하는 경우에 한한다)

(3) 건설폐기물 배출자신고 업무처리절차

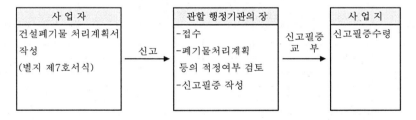

ps) 관할 행정기관의 장은 건설폐기물 처리계획서를 제출받은 때에는 3일 이내에 건폐법 시행규칙 별지 제8호 서식의 건설폐기물처리 계획신고필증을 신고인에게 교부

[별지 제7호서식] (앞 쪽)

건설폐기물처리	□ 계 획 서 ■ 변경계획서		처리기간
			3일

<table>
<tr><td rowspan="4">신
고
인</td><td>①상 호(명 칭)</td><td></td><td>②발주자와의 관계</td><td colspan="2"></td></tr>
<tr><td>③성 명(대표자)</td><td></td><td>④생년월일</td><td colspan="2"></td></tr>
<tr><td>⑤배출현장(주소)</td><td colspan="3"></td><td>(전화 :)</td></tr>
<tr><td>⑥업 종</td><td></td><td>⑦사업자등록번호</td><td colspan="2"></td></tr>
</table>

⑧공 사 명		⑨공 사 기 간	

⑩ 발주자	상 호(명 칭)		대 표 자	
	주 소			(전화 :)

⑪건설폐기물 성상별.종류별 분리배출계획	
⑫건설폐기물의 발생주기	
⑬건설폐기물의 보관방법	

건설폐기물의 종류별 배출 및 처리계획

(14)건설폐기물의 종류	(15)배출량 (톤)	(16)운 반		(17)처 리			
		운반자	운반량	처리구분	업소명	처리방법	처리량

(18)당해 현장내 재활용계획

시설명	처리능력	처리대상 건설폐기물 의 종류	처리 예상량 (톤)	순환골재 생산량	사용량	사용용도

(19)변경사항	변 경 전		변 경 후	

(20)변경사유	운반자 서부환경 추가

「건설폐기물의 재활용촉진에 관한 법률」 제17조제1항 및 동법 시행규칙 　□ 제9조제1항
■ 제9조제3항

의 규정에 의하여 건설폐기물 처리계획을 　□신 고
■변경신고 　합니다.

20 년 　　월 　　일

신고인 　　　　　　(서명 또는 인)

중구청장 귀하

구비서류(변경신고를 하는 경우에 한합니다) 1. 건설폐기물처리계획신고필증 2. 변경내용을 증명하는 서류 1부	수수료
	없 음

2.2.12 특정공사 사전신고

1) 관계법령

(1) 소음 진동 규제법 제25조, 제26조, 제58조, 제59조, 제61조
(2) 동법 시행규칙 제29조의2, 제33조

2) 특정공사 사전신고

(1) 처리기관 : 시·도 환경과
(2) 처리기간 : 즉시

3) 구비서류

(1) 특정공사 사전 신고서
(2) 특정공사 개요(공사 목적 및 공사 일정표)
(3) 공사장 위치도(공사장 주변 주택 등 피해 대상 표시)
(4) 방음, 방진 시설 설치 내역 도면
(5) 소음, 진동 저감 대책

4) 신고기한

(1) 공사개시 10일전까지
(2) 단, 긴급을 요하는 공사로서 시·도지사가 인정한 공사는 공사개시 3일전까지

5) 신고대상 지역

(1) 서울, 부산 : 전지역
(2) 기타도서 : 해당 시·도지사가 지정 고시한 지역

6) 신고대상 공사

(1) 건물 건축 공사 : 연면적 $1,000m^2$ 이상
(2) 건물 해체 공사 : 연면적 $3,000m^2$ 이상
(3) 토목 건설 공사 : 구조물 용적 합계 $1,000m^2$ 이상, 공사면적 $1,000m^2$ 이상
(4) 굴절공사 : 총연장 200m 이상 또는 굴차가 토사량 $200m^2$ 이상
(5) 종합병원, 공공도서관, 학교, 공동주택의 부지경계선에서 50m 이내의 구역의 공사
(6) 주거지역, 취락지구에서의 공사

7) 신고대상 기계, 장비의 종류

항타기, 항발기 또는 항타 항발기(압입식 항타 항발기 제외), 병타기, 착암기, 공기 압축기(공기토출량 $2.83m^3$/분, 이동식), 건축물 파괴용 강구, 브레이커(휴대용 제외), 굴착기, 발전기, 로더, 압쇄기

[별지 제7호서식] (앞 쪽)

건설폐기물처리	☐ 계 획 서 ■ 변경계획서	처리기간
		3일

신 고 인	①상　호(명　칭)		②발주자와의 관계	
	③성　명(대표자)		④생년월일	
	⑤배출현장(주소)			(전화 :　　　　)
	⑥업　　　종		⑦사업자등록번호	

⑧공 사 명		⑨공 사 기 간	

⑩ 발주자	상　호(명　칭)		대 표 자	
	주　　　　소			(전화 :　　　　)

⑪건설폐기물 성상별.종류별 분리배출계획	
⑫건설폐기물의 발생주기	
⑬건설폐기물의 보관방법	

건설폐기물의 종류별 배출 및 처리계획

(14)건설폐기물의 종류	(15)배출량 (톤)	(16)운　반		(17)처　　리			
		운반자	운반량	처리구분	업소명	처리방법	처리량

(18)당해 현장내 재활용계획

시설명	처리능력	처리대상 건설폐기물 의 종류	처리 예상량 (톤)	순환골재 생산량	사용량	사용용도

(19)변경사항	변 경 전	변 경 후

(20)변경사유	운반자 서부환경 추가

「건설폐기물의 재활용촉진에 관한 법률」 제17조제1항 및 동법 시행규칙　☐ 제9조제1항
■ 제9조제3항

의 규정에 의하여 건설폐기물 처리계획을　☐신　고　합니다.
■변경신고

20　년　　　월　　　일
신고인　　　　　　(서명 또는 인)

중구청장 귀하

구비서류(변경신고를 하는 경우에 한합니다) 　1. 건설폐기물처리계획신고필증 　2. 변경내용을 증명하는 서류 1부	수 수 료
	없 음

2.2.13 공작물 축조신고

1) 관계법규

(1) 건축법 제72조

(2) 건축법기행령 제118조

(3) 건축법시행규칙 제41조

2) 구비서류

배치도 1부, 구조도 1부

3) 공작물 축조신고 대상 지역

(1) 국토의계획및이용에관한법률에 의하여 지정된 도시지역, 2종지구단위계획지구 지역

(2) 고속도로, 철도의 경계선으로부터 양측 100m 이내 구역

※ 공작물은 건축물과 분리하여 축조하여야 함.

4) 공작물의 종류

(1) 높이 6m를 넘는 굴뚝

(2) 높이 6m를 넘는 장식탑, 기념탑 이와 유사한 것

(3) 높이 4m를 넘는 광고탑, 광고판, 기타 이와 유사한 것

(4) 높이 8m를 넘는 고가수조 기타 이와 유사한 것

(5) 높이 2m를 넘는 옹벽 또는 담장

(6) 바닥면적 30m^{2}를 넘는 지하대피호

(7) 높이 6m를 넘는 골프연습장 등의 운동시설을 위한 철탑과 주거지역 및 상업지 역안에 설치하는 통신용 철탑 기타 이와 유사한 것

(8) 높이 8m(위험방지를 위한 난간의 높이를 제외한다) 주차장(바닥면이 조립식이 아닌 것을 포함한다)으로서 외벽이 없는 것

(9) 건축조례가 정하는 제조시설, 저장시설, 유희시설 기타 이와 유사한 것

【별지 제12호서식】
(1996. 1. 18 개정)   (앞 면)

공작물축조신고서 및 신고필증

※ 뒷면의 안내문을 참고하시기 바려며, □안은 V표 합니다.

건축주	①성 명		②주민등록번호	
	③주 소			(전화 :)
설계자	④성 명		⑤사 무 소 명	
	⑥주 소			(전화 :)
⑦ 대 지 위 치				
⑧ 지 역			⑨지 구	

⑩ 공 작 물 축 조	□ ㉮ 높이 ( )m의 굴뚝 □ ㉯ 높이 ( )m의 고가수조등 □ ㉰ 높이 ( )m의 장식탑등 □ ㉱ 높이 ( )m의 옹벽·담장등 □ ㉲ 높이 ( )m의 광고탑등 □ ㉳ 바닥면적 ( )㎡의 지하대피호 □ ㉴ 기타 ( )

건축법 제9조 및 건축법시행령 제118조의 규정에 따라 위와 같이 신고합니다.

년   월   일

신청인   (서명 또는 인)

구비서류	1.대지의 범위와 그 대지의 소유 또는 사용에 관한 권리를 증명하는 서류 1부. 2.배치도 1부 3.구조도 1부 4.배치도 1부

---------------------------- 간   인 ----------------------------

신고 제   호

 이 신고서 및 구비서류에 기재한 내용은 건축법의 규정에 적합하여 건축법 제9조 및 건축법시행령 제118조의 규정에 의하여 공작물의 축조신고필증을 교부합니다.

년   월   일

(시장·군수·구청장)   (인)

30304-06211민   210mm x 297mm
95. 12. 29개정   인쇄용지(2급) 60g/㎡

※ 공작물축조신고안내 (뒷 면)

제출하는곳		처리 부서	
수 수 료		처리 기간	
근거법규	○다음의 공작물은 축조신고를 하여야 합니다.(건축법시행령 제118조 제1항) ·높이 6m를 넘는 굴뚝 ·높이 6m를 넘는 장식탑·기념탑 기타 이와 유사한 것. ·높이 4m를 넘는 광고탑·광고판 기타 이와 유사한 것. ·높이 8m를 넘는 고가수조 기타 이와 유사한 것. ·높이 2m를 넘는 옹벽 또는 담장 ·바닥면적 30㎡를 넘는 지하대피호 ·높이 6m를 넘는 골프연습장 등의 운동시설을 위한 철탑 기타 이와 유사한 것. ·높이 8m 이하의 기계식 주차장 및 철골조립식 주차장으로서 외벽이 없는 것. ·제조시설·저장시설·유희시설·설비시설 기타 이와 유사한 것으로서 건축조례로 정하는 것. ·건축물의 구조에 심대한 영향을 줄 수 있는 중량물로서 건축조례로 정하는 것.		
유의사항	○신고를 하지 아니하고 공작물을 축조하는 경우에는 200만원 이하의 벌금에 처하게 됩니다.(건축법 제80조 제1호) ○공작물축조시에는 건축법령에서 정하는 기준에 적합하게 축조하여야 하며 이를 위반하는 경우에는 사안별로 고발조치 및 30만원 이하의 과태료 부과는 물론 이행강제금이 부과됩니다.(건축법 제78조 내지 제80조, 제82조 및 제83조)		

2.2.14 지하수개발 신고

1) 관계법규

(1) 지하수법 시행령 제7조

(2) 지하수법 시행령 제11조

(3) 지하수법 시행령 제13조

(4) 지하수법 시행령 제14조

2) 허가대상

— 생활용수/일반용수로써

(1) 일일양수량 100TON 이상

(2) 토출관의 지름이 40mm 이상일 경우

3) 신고대상

— 생활용수/일반용수로써

(1) 일일양수량 100TON 이하

(2) 토출관의 지름이 40mm 이하일 경우

4) 허가 또는 신고하지 않아도 되는 경우

— 가정용/군사시설용으로써

(1) 일일양수량 30TON 이하

(2) 토출관의 지름이 32mm 이하일 경우

* 주기 : 공사용수로 사용하는 경우는 신고대상으로 시공함을 원칙으로 하여

(1) 일일강수량 100TON 미만

(2) 토출관의 지름 32mm 이하

(3) 심정펌프 3HP로 시공한다

지하수개발 · 이용허가(행위허가) 신청서		처리기간
		30 일

신 청 인	상호 또는 명칭			
	대표자 또는 성 명 (개인)		법인등록번호 (주민등록번호)	
	소재지 또는 주 소 (개인)			

개발·이용내용	위 치			
	좌표(경도, 위도)		용 도	
시설 설치 내용	굴 착 심 도		굴 착 구 경(mm)	
	채수계획량(㎥/일)		소 요 수 량 (㎥/일)	
양 수 설 비내역	동력장치 (마력)		토출관직경 (mm)	
	설 치 심 도(m)		양 수 능 력 (㎥/일)	
영향 조사 기관				
개발 이용 기관				
착 공 예 정 일		준공예정일	굴착공사비	
공사예정 업체명		대 표 자 (주 소)	등 록 번 호 (전 화 번 호)	

지하수법 제7조(제13조 제1항 제1호) 및 동법시행령 제8조의 규정에 의하여 지하수개발.이용허
가를 신청합니다.

년   월   일

시장
군수   귀하   신고인   (서명 또는 인)
구청장

구비서류 1. 지하수개발·이용위치를 표시한 지적도 또는 임야도 2. 지하수개발·이용시설의 설치도 3. 지하수영향조사서 4. 토지를 사용·수익할 수 있는 권리를 증명하는 서류 5. 원상복구계획서 6. 굴착공사비산출내역서구비서류	수 수 료
	30,000원

2.3 전도금 신청

1) 착공전도금(임시전도금) 신청

(1) 업무절차

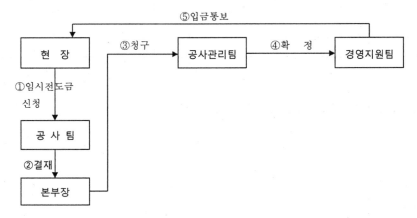

(2) 특기사항

① 착공전도금은 현장 개설후 실행예산 편성전의 선집행 내역임(임시전도금)

② 품의서 작성 : 현장에서 작성함을 원칙으로 하나 현장지원을 위해 관리본부 담당
자에게 유선 or PABAL로 신청하면 관리본부 담당자가 대리 작성할 수 있다.

③ 자금수령 : 계좌개설 후 수령

(3) 착공전도금(임시전도금) 내역

① 착공식 경비

② 경계 측량비

③ 가설건물 설치비(부지조성 및 자갈포설비용/사무실/창고 etc) -> 가설비

④ 가설휀스 및 출입문

⑤ 현장진입로공사비 및 세륜시설

⑥ 직원 볼리비(숙박/식대/교통비 etc)

⑦ 사무용품비(비품/용품/소무품/잡자재 etc)

⑧ 통신비

⑨ 인허가 수속비

⑩ 운반비

⑪ 장비비

⑫ 예비비

(4) 관련양식

현장 임시 전도금 신청서

현장	현장대표	팀장	부본부장	본부장

공사관리	담당	팀장	본부장	사장

신청일자 : 20   년   월   일

1. JOB NO		5. 현장소장	
2. 공 사 명		6. 담 당 자	
3. 현장주소		7. 전화번호	
4. 공사기간	20 . . . ~ 20 . . .	8. FAX번호	

* 청구금액	
* 신청사유	현장개설로 인한 임시 전도금 신청

* 통장계좌번호 [   ] * 은행명 [   ] * 지점명 [   ]

업무 FLOW

현장 ⟶ 공사팀 ⟶ 공사관리팀 ⟶ 경영지원실

첨부 : 전도금 청구 품의서

공사팀	담당	현장대표	팀장

전도금 청구 품의서

공사관리팀	담당	과장	팀장

P.M :　　　　　　　(인)

1. JOB　NO. :

2. 당월 청구액 : ₩

(단위 : 원)

제　목	A/C	예 산 총 액			전월정리	20　년　월	
		실행예산	추가예산	계	누 계 액	예 산	청　구
복리후생비	TA						200,000
통 신 비	TB						200,000
소 모 품비	TC						200,000
여비교통비	TD						-
교 제 비	TE						200,000
회 의 비	TF						200,000
조 세 공과	TG						-
복 사 비	TH						100,000
지급수수료	TI						100,000
차량유지비	TJ						
보 험 료	TK						
임 차 료	TL						3,000,000
안전관리비	TM						1,000,000
운 반 비	TN						500,000
수도광열비	TP						500,000
도서인쇄비	TR						-
행 사 비	XC						
잡 비							2,000,000
일 용 급 여							1,800,000
잡비(가설비)							
급　여							
공기구비품외							
예금이자액							
합 계 금 액							10,000,000

전월잔액	당월 전도액
-	

\# 전도금 통장 구좌

1. 은 행 :

2. 구 좌 :

관리본부	담당	과장	팀장	본부장

2) 월 전도금 청구

(1) 전도금 청구

① 개설자금 : 현장개설시(실행예산 편성전 -> 통장 개설 후 임시전도금 청구)

② 정기자금 : 월 1회 전도금 정리 후 매월 10일 전도금 청구금액 입금

③ 추가자금 : 예산이 부족한 경우 품의 후 재청구(JOB 종료 후 1~2개월 추가청구 가능)

(2) 업무절차

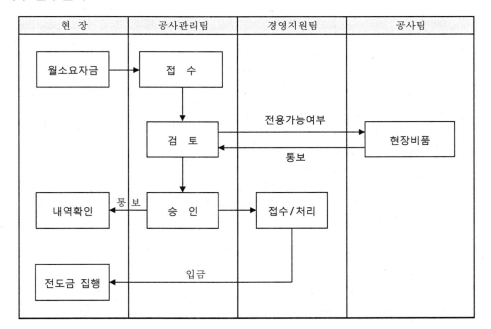

(3) 검토사항

① 장비 운반비 확인

② 현장구매품의 구매팀 사전 협의

③ 가불금 발생현장 월초 공제

④ 사전품의 없는 직접비의 포함여부 확인

⑤ 간접비의 규정 준수여부 확인

⑥ 돌발비용 발생시 공사팀/공사관리팀 사전 협의

3) 비용처리 기준

(1) 항목별 경비처리 기준

항목	세목	적요	비고
복리 후생비 (TA)	식대	잔업후 식대	식사인원 및 간단한 내용 첨부
		휴일근무 식대	
		간식대	
		야식대	
	기타	생수구입비	
		분뇨수거료	
통신비 (TB)	전화료	일반전화료	사업자등록번호 및 공급가액,세액 정확히 확인
		핸드폰사용료	현장대표 월4만원까지
		웹하드이용료	
	우편료	우체국 등기 및 우편	
소모품비 (TC)	사무 및 제도용품비	볼펜(플러스펜)외 구입	사무에 필요한 필기구
	전산용지비	전산용지 구입비	
	전산/소모비품비	디스켓,토너,아답터등	전산관련된 소모품
	현장작업용품	도면걸이, 상황판 청소도구, 잡자재등	작업용 물품들은 전부다
* 잡자재(긴급 및 소액일 경우에만 처리) = 소모품-현장작업용품으로 처리			
여비교통 비 (TD)	시내교통비	현장에서 업무수행을 위하여 지출된 비용 증빙처리: 일자, 구간, 목적, 차편 금액등을 기재한 교통비용을 경비 지출품의서로 처리함. 출퇴근시 사용한 교통비는 인정치 않음. 모범택시 이용경비는 영수증 있을 때 가능	
	기타	유류대	업무운행일지 제출
		주차료	
		통행료	
교제비 (TE)	거래선 접대비 (법인카드만 허용)	거래선 접대비	50만원 초과시 선결재 (접대내용 작성)
	거래선 선물대	거래선 선물대	
	거래선 경조금 여비보조	거래선 축의금 거래선 조의금	
회의비 (TF)	업무협의시식차대	업무회의 시차대	차대영수증 처리
		업무회의 후 식대	
조세공과 (TG)	관공서에 납부하는 공공적 경비(인허가시 인지/증지) 실비적용		
복사비 (TH)	외주복사비	복사비	
수수료 (TI)	송금추심수수료	송금시 수수료	은행에서 송금 후 발생한 수수료

(2) 항목별 경비처리 기준

항목	세목	적요	비고
임차료 (TL)	사무실 임차료	00월 사무실 임대료	현장 사무실 및 사무실용 콘테이너
	기기임차료	00 임차료	복사기, FAX, 사무실 집기류 등 임차료
	장비임차료	00임차료	지게차, 포크레인등 중기임차료
안전관리 비 (TN)	안전요원경비	000인건비	안전관리자, 안전요원에게 지출된 인건비 **(에스원 및 세콤등 경비용역비)**
	안전장구비		안전모, 안전화, 안전벨트. 보안경, 검사복 응급처치 및 치료용 구급기, 구급약품 소독비 등
	안전보건진단비		안전진단비, 보건진단비, 작업환경측정비 기술자문비, 재해예방 안전기술지도비등
	안전교육비		안전관련관리자, 근로자, 책임자교육비 안전교육자료, 안전회의시 음료등 등
	안전시설비		야간점멸등, 안전게시판, 리바콘, 안전모걸이 방향표시등, 교통안내표지판 안전관련 현수막
	기타		안전보건 행사비, 안전보건 포상비, 안전보건관련 단체비, **전기안전대행수수료**
운반비 (TN)	비품운반비 장비운반비	비품운반비 자재운반비	공기구비품운반, 기자재운반, 가설건물(컨테이너등)
	서류운반	서류운반비	고속버스, 퀵서비스등을 이용한 서류운반수수료
수도광열 비 (TO)	수도료	00월분 수도료	사무실 수도료
	유류대	00난방 유류대	사무실 난방용 유류대
	전기료	00임시전력요금	사무실 전기료(임시전력사용료)
도서인쇄 비 (TP)	정기간행물 구독료	00구독료	신문(1부), 잡지. 기타 정기간행물 구독료
	도서구입비	00구입비	업무관련 전문서적 구입비
잡비(TR)	세탁사진대	세탁비 사진현상료	공동작업복 커텐등의 세탁비 공사관련 사진현상료
	기타	폐기물처리비	**폐기물처리비 발생시 송장 첨부**
* 드물게 발생하며 금약적으로 중요성이 없는 경우 또는 특별히 설정된 타 비용 계정에 포함하여 처리하기가 곤란한 비용을 처리하는 계정으로 벌금, 과태료는 일체 인정 불가함			
잡급 (XC)	노임	노임	**본사 품의후 집행(품의서, 노임대장, 신분증 첨부)**
* 보안전문업체 및 안전관리대행수수료는 안전관리비로 처리요망			

(3) 항목별 적용기준

CODE	항 목	적 용 기 준		비 고
TA	복리후생비	잔업식대	: ₩5,000/식.인	
		휴일근무식대	: ₩5,000/식.인	
		작업독려비(야식대등)	: ₩5,000/식.인	
		직영식대+ 간식대	: ₩7,000/식.인	
		생수구입대	: ₩5,000/통(상주4통/월)-하절기 기준	
		차대 및 기타 음료수	사무실 및 발주처	
		분뇨/오물수거	: ₩50,000/개소 월 1회기준	
TB	통신비	전화료(1회선)	: ₩120,000/월(현장+ 발주처)	
		FAX,인터넷(1회선)	: ₩80,000/월(현장+ 발주처)	
		소장휴대폰사용료	: ₩40,000 /월	
		우편및퀵배송비	: ₩20,000/월	
TC	소모품비	사무용품비	전산소모품비포함	
		사무실유지비	기본공구포함	
TD	여비교통비	유류대(관공서 및 업무수행시)	:₩1,600*10리터*10일	
		현지검사출장비		
		시내,외교통비	: ₩100,000/월	
		본사출장비	: ₩200,000/월	
TE	교제비	업무추진비	거래선, 발주처 접대비, 선물비	
		준공처리비		
TF	회의비	대발주처 회의비	: ₩50,000/회*월5회	
TG	조세공과	인지증지대	착공계제출시 계약관련 수입 인지대등	
TH	복사비	복사비		
TI	지급수수료	송금추심료		
TJ	차량유지비	개인차량사용(업무용사용지원)		
		주차통행료(본사 협의시등)	: ₩100,000/월	
TK	보험료	보증보험 및 제3자책임자보험		
TL	임차료	사무용기기(복사기,FAX.프린터 임대		
		사무실집기류	현장직원당 산정	
		장비임차료(지게차,양수기등)	지게차 ₩250,000/월	
		양수기손료	₩100,000/월	

(4) 항목별 적용기준

CODE	항 목	적 용 기 준		비 고
TM	안전관리비	안전관리비 기술지도비 안전시설비	직영안전비품+ 안전교육비 안전비	
TN	운반비	비품운반비 자재운반비(철근등 추가비)		
TO	수도광열비	유류대(동절기난방류등) 에어컨(중고) 난방기구	20 ltr/day * 25 day/mon * 1200원/ltr 구입및 설치비 현장사무실+ 발주처	
TP	도서인쇄비	도서자료구입비 신문구독료 착.준공도서작성비	중앙지 1 + 지방지 1	
TQ	행사비	기공식/준공식		
TR	잡비	폐기물처리비 사무실 현황판 공사용 잡자재비	현장사무실, 소장실 등	
TS	잡급	현장 직영반장 현장경비(야간) 귀성여비	직영반장(구정,추석)	
TU	잡비 (가설비)	가설전기시설비 가설용수시설비 가설사무소 가설창고 가설화장실 인허가비 휘장막손료 임시전력사용료 수도료	현장사무소+ 감독관사무소(내부시설) 도로굴착허가,영구도로점용허가 100매*3000 발주처제공 발주처제공	

4) 세목별 입력사항

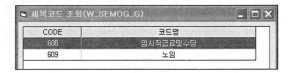

CODE	코드명
608	임시직급료및수당
609	노임

일용급여(TS)
노임 또는 임시직 용역비
(노임처리시 노임대장
신분증 제출)=품의 받
았을 경우 품의서 제출

CODE	코드명
611	년월차수당
612	건강보험료
613	복리후생적설비사용료
614	⼝복및비상약구입대
615	식대
616	국민연금
617	생산성격려금
618	하계휴가비
619	귀향여비
621	특별상여금
622	자기계발비
623	기념및명절선물대
624	동호회활동비
625	간부차량지원금
626	고용보험료
627	개인연금
628	경조금
629	의료비등지원금
999	기타

복리후생비(TA)
야근시 식대 및 간식대

999 기타는 분료수거
또는 생수대

CODE	코드명
666	사무실임차료
667	장비임차료
668	기기임차료
669	차량임차료
999	기타

임차료(TL)
사무실 임대료
장비 임대료(콘테이너
지게차등)
기기임차료(사무실집기류
복사기,팩스등)

CODE	코드명
691	거래선접대비
692	거래선선물대
693	거래선경조금여비보조
761	해외거래선접대비
762	해외거래선선물대

교제비(TE)
거래선접대비(사업주접대)
접대내역작성요
거래선선물대(사업주선물,화환등)
거래선경조금여비보조
(지불증 처리안됨)

CODE	코드명
721	사무및제도용품비
722	전산용지비
723	전산및소모비품비
724	현장작업용품
999	기타

소모품비(TC)
사무 및 용지 현장작업용품
현장잡자재비=소모품
현장작업용품으로 기입
(에어컨, 난로등 현장에서 사용하는
 물품 현장작업용품으로 처리)

CODE	코드명
746	각종인쇄비
747	정기간행물구독료
748	도서구입비
749	사보및비
999	기타

도서인쇄비(TP)
업무상 필요한 도서 및
정기간행물구독료

CODE	코드명
765	외주복사
999	기타

복사비(TH)
복사기가 없을시 발생

CODE	코드명
777	일직비
778	세탁사진대
779	벌금및과태료
997	차대
998	시상금
999	기타

잡비(TR)
폐기물 처리비(잡비-기타
로 처리)
*잡비-차대 처리 안됨

CODE	코드명
793	안전요원경비
794	안전시설비
795	안전장구비
796	안전교육비
797	안전보건진단비
999	기타

안전관리비(TM)
안전요원경비(에스원=세콤)
안전시설비(안전용 설치비)
안전장구비(안전용품)
안전교육비
 : 안전교육 및 안전교육시 발생한 음료대
안전보건진단비(안전진단시 발생한 영수증)
기타(안전관리로 쓰여졌으나 윗사항에
     해당안되는 영수증)

CODE	코드명
631	해외출장비
632	국내출장비
634	부임여비
999	기타

여비교통비(TD)
해외,국내출장, 부임여비 해당안됨
기타는 교통비 발생시 유류대,주차료
통행료 처리

CODE	코드명
641	전화료
642	우편료
643	TELEX료
999	기타

통신비(TB)

전화료- 현장전화요금

우편료-현장에서 발생하는 우편료

(주의:퀵서비스는 우편료가 아닙니다)

TELEX료 - 한번도 사용한적 없음

기타-윗사항에 해당하지 않지만 통신비로
　　적절한 것

CODE	코드명
651	수도료
652	유류대
653	전기료
999	기타

수도광열비(TO)

수도료- 현장수도요금

유류대- 현장 난방비

전기료- 현장 전기요금

기타- 거의 사용안함

CODE	코드명
656	인지대
657	자동차세
658	사업소세
659	협회비
660	등록면허
999	기타

조세공과(TG)

인지대-수입인지대

등록면허- 면허세

기타-수입증지대 및 세금부과

CODE	코드명
708	장비운반
709	서류운반
999	기타

운반비(TN)

장비운반- 화물차로 장비운반시

서류운반- 퀵서비스 또는 택배

기타-윗사항 이외에 사용된 운반비

CODE	코드명
711	전산기사용수수료
712	송금추심수수료
713	자문공증발급수수료
714	검사감사수수료
715	기술관계수수료
999	기타

지급수수료(TI)

전산기사용 수수료- 전산기기 사용 수수료

송금추심수수료- 은행송금시 발생 수수료

CODE	코드명
726	업무협의식식차대
727	직급별회의비
728	JOBCLOSEOUT협의비

회의비(TF)

업무협의식식차대- 업무협의나 각종회의시
　　발생한 식대 및 차대

(커피나 음료 구입시 잡비-차대 말고
　　회의비로 처리요)

CODE	코드명
751	MEETING경비
752	사내체육대회야유회
753	체전경비
754	사무종무창립
999	기타

행사비(TQ)

현장행사시 발생하는 영수증

2.4 공사수행계획서 작성

1) 업무절차

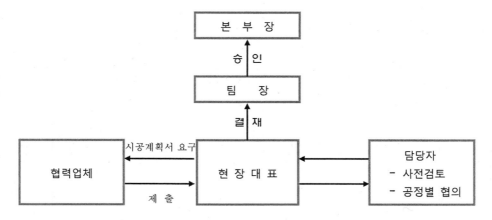

2) 작성기준

① 현장대표는 부임 후 15일 이내에 공사수행계획서를 작성하여 본부장 승인을 받고, 필요시 Briefing을 하도록 한다.

② 공사수행의 전반적인 Master Plan을 구상한다.

③ 공종별 시공 계획을 세부적으로 수립, 결정하도록 한다.

④ 공사시 수행되는 공법에 대하여 충분히 검토하도록 한다.(신공별 도입 검토)

⑤ 기계, 전기공사 Equipment류 기술검토(사양 및 System)

⑥ 회사 경영방침, 사업본부 업무계획 참조

3. 공사 관련 업무

3.1 안전관리업무

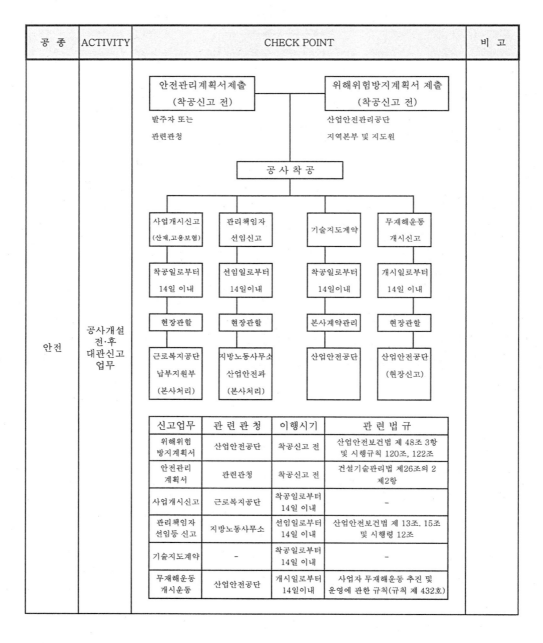

공 종	ACTIVITY	CHECK POINT	비 고

안전관리계획서제출
(착공신고 전)

발주자 또는
관련관청

위해위험방지계획서 제출
(착공신고 전)

산업안전관리공단
지역본부 및 지도원

공 사 착 공

사업개시신고 (산재,고용보험)	관리책임자 선임신고	기술지도계약	무재해운동 개시신고
착공일로부터 14일 이내	선임일로부터 14일이내	착공일로부터 14일이내	개시일로부터 14일 이내
현장관할	현장관할	본사계약관리	현장관할
근로복지공단 납부지원부 (본사처리)	지방노동사무소 산업안전과 (본사처리)	산업안전공단	산업안전공단 (현장신고)

공종: 안전 | ACTIVITY: 공사개설 전·후 대관신고 업무

신고업무	관련관청	이행시기	관련법규
위해위험 방지계획서	산업안전공단	착공신고 전	산업안전보건법 제 48조 3항 및 시행규칙 120조, 122조
안전관리 계획서	관련관청	착공신고 전	건설기술관리법 제26조의 2 제2항
사업개시신고	근로복지공단	착공일로부터 14일 이내	–
관리책임자 선임등 신고	지방노동사무소	선임일로부터 14일 이내	산업안전보건법 제 13조, 15조 및 시행령 12조
기술지도계약	–	착공일로부터 14일 이내	–
무재해운동 개시운동	산업안전공단	개시일로부터 14일이내	사업자 무재해운동 추진 및 운영에 관한 규칙(규칙 제 432호)

공 종	ACTIVITY	CHECK POINT	비 고
안 전	위해위험 방지계획서 및 안전관리 계획서 제출(당사)	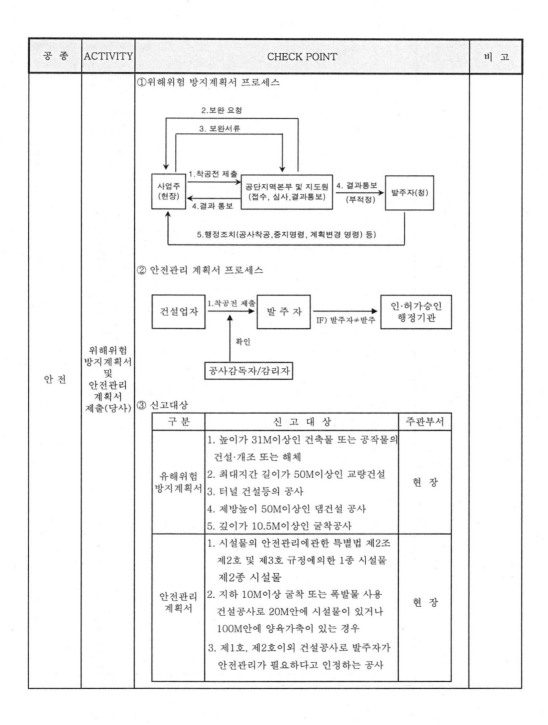	

①위해위험 방지계획서 프로세스

② 안전관리 계획서 프로세스

③ 신고대상

구 분	신 고 대 상	주관부서
유해위험 방지계획서	1. 높이가 31M이상인 건축물 또는 공작물의 건설·개조 또는 해체 2. 최대지간 길이가 50M이상인 교량건설 3. 터널 건설등의 공사 4. 제방높이 50M이상인 댐건설 공사 5. 깊이가 10.5M이상인 굴착공사	현 장
안전관리 계획서	1. 시설물의 안전관리에관한 특별법 제2조 제2호 및 제3호 규정에의한 1종 시설물 제2종 시설물 2. 지하 10M이상 굴착 또는 폭발물 사용 건설공사로 20M안에 시설물이 있거나 100M안에 양육가축이 있는 경우 3. 제1호, 제2호이외 건설공사로 발주자가 안전관리가 필요하다고 인정하는 공사	현 장

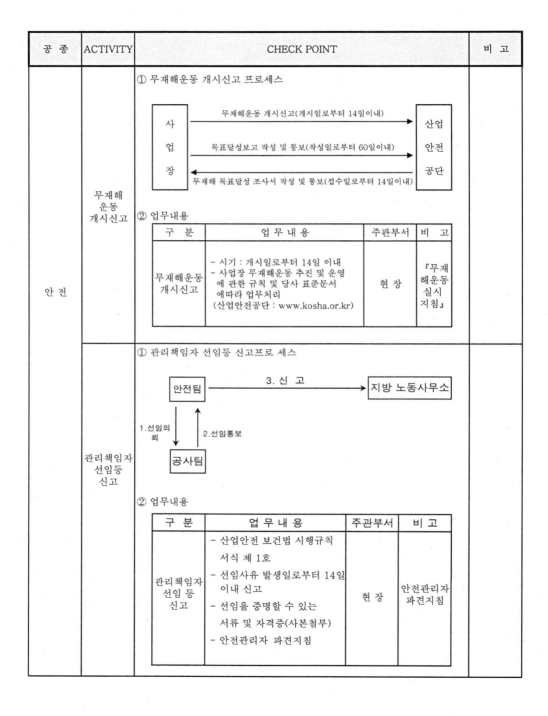

공 종	ACTIVITY	CHECK POINT	비 고
안 전	무재해 운동 개시신고	① 무재해운동 개시신고 프로세스 사업장 — 무재해운동 개시신고(개시일로부터 14일이내) → 산업안전공단 사업장 — 목표달성보고 작성 및 통보(작성일로부터 60일이내) → 산업안전공단 사업장 ← 무재해 목표달성 조사서 작성 및 통보(접수일로부터 14일이내) — 산업안전공단 ② 업무내용 구 분: 무재해운동 개시신고 / 업무내용: - 시기 : 개시일로부터 14일 이내 - 사업장 무재해운동 추진 및 운영에 관한 규칙 및 당사 표준문서에 따라 업무처리 (산업안전공단 : www.kosha.or.kr) / 주관부서: 현 장 / 비 고: 『무재해운동 실시 지침』	
	관리책임자 선임등 신고	① 관리책임자 선임등 신고프로 세스 안전팀 — 3. 신 고 → 지방 노동사무소 1.선임의뢰 ↓ ↑ 2.선임통보 공사팀 ② 업무내용 구 분: 관리책임자 선임 등 신고 / 업무내용: - 산업안전 보건법 시행규칙 서식 제 1호 - 선임사유 발생일로부터 14일 이내 신고 - 선임을 증명할 수 있는 서류 및 자격증(사본첨부) - 안전관리자 파견지침 / 주관부서: 현 장 / 비 고: 안전관리자 파견지침	

■ 공사 진행 중 업무

업 무	시 기	업무프로세스	관련문서
위험성 평가 및 목표관리	현장 개설 시 위험성평가 개정시	위험성 평가 → 등록부 작성 → 협력사 배포 ↑모니터링 목표수립	위험성평가 절차서, 목표관리 절차서
비상사태 대비 및 대응훈련	년 1회	비상계획수립 → 1단계 훈련 → 2단계 훈련 결과보고	비상사태 대비 및 대응훈련 절차서, 현장비상계획 작성지침
신규 채용자 관리	신규 채용 시	신규채용 → 신규채용자 → 교육 평가 및 안전보호구 ← 안전보호구	안전교육계획 수립 및 실시 지침 안전보호구 지급 및 관리 지침
교육훈련	·신규채용교육 : 1H ·정기교육 : 매월1회(2H) ·관리감독자 : 분기4H ·수시교육 : 15분 이내 ·특별교육 : 유해위험장소 또는 공종(2H)	연간 교육 → 계획에따라 → 교육 평가 및 산업안전공단 연간교육계획 → 관리감독자 교육계획수립 → 교육참석 및 교육 수료증	안전교육계획 수립 및 실시 지침
협력회사 안전관리	공사 시작 전 / 협력회사 안전관리 계획서 검토	안전보건관리 → 안전보건총괄 → 안전교육 실시 보완 검토결과	협력회사 안전관리 지침
협력회사 안전관리	공사 중 / 안전교육 안전점검 안전보건회의 재해보고	당사 안전교육, 안전점검, 안전보건회의 및 재해처리 절차에 따라 동일하게 수행	협력회사 안전관리 지침
안전점검 및 평가	·정기점검 : 월 1회 ·수시점검 : 수시(지도) ·수시교육 : 15분 이내 ·특별점검-불량현장 확인점검 -연휴대비 특별점검 -취약시기 특별점검 (동절기.해빙기.장마철)	월간점검계획 → 각 현장 배포 → 점검 실시 우수현장선정 ← 조치결과보고 ← 조치(현장) 공사팀 Feed-Back	안전점검 및 평가 지침
산업안전 보건 위원회 운영	·공사금액 120억 이상 (토목공사 150억 이상) ·정기회의 : 3개월 마다 ·임시회의 : 필요 시	안전보건 → 회의 일시 → 회의 소집 전 근로자 ← 기록유지 ← 회의 실시	안전협의 및 의사소통 절차서

업 무	시 기	업 무 프 로 세 스	관련문서
무재해 운동	무재해 운동 개시 후	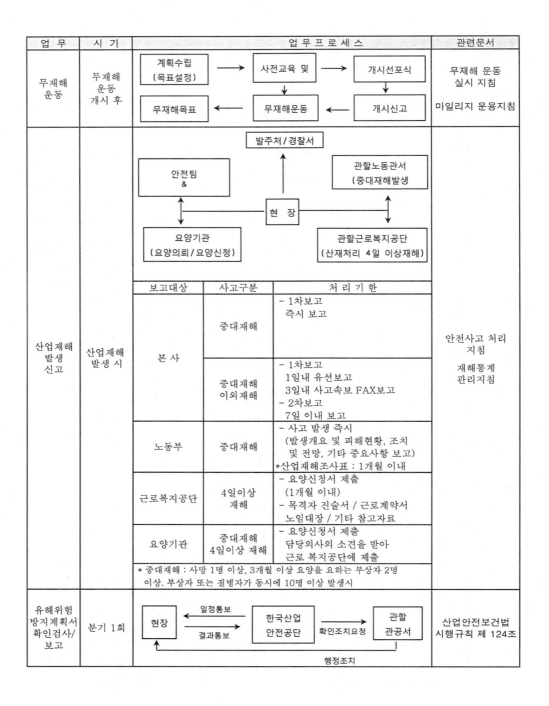	무재해 운동 실시 지침 마일리지 운용지침
산업재해 발생 신고	산업재해 발생 시		안전사고 처리 지침 재해통계 관리지침
유해위험 방지계획서 확인검사/ 보고	분기 1회		산업안전보건법 시행규칙 제 124조

(업무프로세스 상세)

무재해 운동:
계획수립 (목표설정) → 사전교육 및 → 개시선포식
무재해목표 ← 무재해운동 ← 개시신고

산업재해 발생 시:
발주처 / 경찰서
안전팀 &
관할노동관서 (중대재해발생
현 장
요양기관 (요양의뢰/요양신청)
관할근로복지공단 (산재처리 4일 이상재해)

보고대상	사고구분	처리기한
본 사	중대재해	- 1차보고 즉시 보고
	중대재해 이외재해	- 1차보고 1일내 유선보고 3일내 사고속보 FAX보고 - 2차보고 7일 이내 보고
노동부	중대재해	- 사고 발생 즉시 (발생개요 및 피해현황, 조치 및 전망, 기타 중요사항 보고) *산업재해조사표 : 1개월 이내
근로복지공단	4일이상 재해	- 요양신청서 제출 (1개월 이내) - 목격자 진술서 / 근로계약서 노임대장 / 기타 참고자료
요양기관	중대재해 4일이상 재해	- 요양신청서 제출 담당의사의 소견을 받아 근로 복지공단에 제출

* 중대재해 : 사망 1명 이상, 3개월 이상 요양을 요하는 부상자 2명 이상. 부상자 또는 질병자가 동시에 10명 이상 발생시

유해위험 방지계획서:
현장 ←(일정통보)— 한국산업 안전공단 —(확인조치요청)→ 관할 관공서
현장 ←(결과통보)— 한국산업 안전공단
행정조치

공 종	ACTIVITY	CHECK POINT	비 고

안 전	준공시업무 (산업안전 보건 관리비)	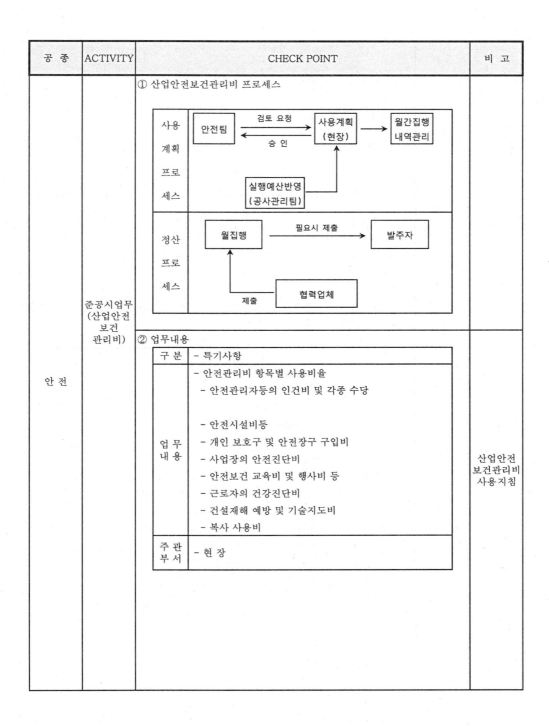
		① 산업안전보건관리비 프로세스
		
		② 업무내용
		
		구 분 — 특기사항
		
		업 무 내 용
		- 안전관리비 항목별 사용비율
		  - 안전관리자등의 인건비 및 각종 수당
		
		  - 안전시설비등
		- 개인 보호구 및 안전장구 구입비
		- 사업장의 안전진단비
		- 안전보건 교육비 및 행사비 등
		- 근로자의 건강진단비
		- 건설재해 예방 및 기술지도비
		- 복사 사용비
		
		주 관 부 서 — 현 장
			산업안전 보건관리비 사용지침

공 종	ACTIVITY	CHECK POINT	비 고
안 전	지적사례 (공통)	① 항타작업 안전조치 및 보호구 미착용 ② 자가발전기 안전조치 ③ 그라인더카바 무단제거 사용 ④ 용접기 전격방지기 사용불량 ⑤ 도로상 전선방치 ⑥ 에리베이터 입구 철골고소부에 소자재나 벽돌등을 방치하지 말도록	

	사전준비 사항	① 사전안전계획서
		② 안전교육장
		③ 공동 위험상황 감시단 팻말
		 - 감시단 : 소장1, 협력사 소장대표3명이상, 근로자대표1명이상
		 - 감시단 임명장수여
		 - 감시단 주요역할 : 주간사전안전계획서 이행실태등 현장안전점검
		  공사중단권 발동, 매월말일기준 공사팀으로 실적보고, 안전보건
		  협의체와 공동으로 월2회이상 점검	

	해외안전 관리규정	① 평가점검 : 매반기단위 실시 - 안전관리계획
		 - 현장시설현황
		 - 재해예방활동
		 - 안전관리비항목평가
		 - 기타항목평가(난이도등)
		② 안전지도 : 년1회
		③ 특별점검 : 사안별결정
		④ 주요활동
		 - 주요위험작업에 대하여 사전 작업허가제도, 고소작업 안전망설치,
		  현지 안전관리자 채용.
		 - 사용중인 가스전도방지장치, FIELD SATIFY OFFICE 설치운영으로
		  안전회의 교육 주지사항전달 작업자들의 휴식장소 활용.
		  - 작업장소에서 금연과 별도의 금연 장소설치 계도
		  - 건축허가후 작업개시
		  - 환기시설, 가설전기 분전반 시건 및 누전 차단기 설치
		  - 작업구역 표지판
		  - 철거물 정리
		  - 안전표지판 설치
		  - 수방방지대책	

공 종	ACTIVITY	CHECK POINT	비 고
안 전	해외안전 관리규정	- 작업장 배수로 확보 및 침수방지 - 외부유입수방지 - 터파기 현장의 배수대책 - 가설전기 관리 - 흙탕물 유출방지 - 위생관리 - 통행로 확보 - 흡연장소 지정 및 관리 - 자동확산 소화기 - 위험물질 반출입 대장관리 - 자동 수동 경보시스템 - 방화 위험장소지정 및 사전점검 - 숙소 및 작업장에 피난구지정 및 표시 - 굴착공사 재해방지 - 법면 및 토류벽보호	
	점 검	① 정기점검 분기1회 ② 지도점검 분기1회 ③ 소방점검 11월 ④ 태풍수해 예방점검 6월 ⑤ 연휴대비 특별점검 신정, 설날, 추석전 ⑥ 기타 특별점검	
	초기 개설현장 지도 지원업무	① 개설후 1개월이내 안전관리비, 협력사 직원 안전관리지도, 공사안전 　관리 지도 ② 단신파견 : 상동 및 안전시설물 부착물 홍보물에 대한 조치를 한다.	
	마일리지 제도	① 달성시 반기별 시상 ② 단위사업장 무재해 마일리지 ③ 협력사 무재해 마일리지 ④ 현장대표/안전관리자 무재해 마일리지 　　　---"마일리지 운용지침"	
	상벌기준	① 무재해 : 물적 손실비용이 화재폭발은 2000만원미만, 　기타재해는 5000만원미만 ② 중대재해 : 감봉 ~ 감급(보직해임) 　　　---"안전관리 상벌지침"	
	현장 복지시설 설치	① 화장실, 샤워실, 식당, 휴게시설 ② 현장복지시설 관리지침 ③ 현장위생관리지침	

공 종	ACTIVITY	CHECK POINT	비 고
안 전	교 육	-. 신규채용자 100%(장비기사 특별교육)	
	안전관리 세부계획 특기사항	① 사용자 책임배상보험 가입의무화 ② 각종기기 사용 허가제도 - 스티커 부착관리 ③ 중장비면허 및 보험확인 - 스티커 부착관리 ④ 가설건물 일일점검 - 절연저항측정, 분전반 및 가설전기 ⑤ 체조관리 - 중장비 기사포함 ⑥ 작업일보 및 안전일지 매일 17:30 제출 ⑦ 제안제도 - 1건/월.인	
	재해방지 설치지침	① 추락 재해방지 ② 감전 재해방지 ③ 건설기계장비 재해방지 ④ 낙하물 재해방지 ⑤ 토사붕괴 재해방지 ⑥ 구조물 붕괴 재해방지 ⑦ 철골공사 재해방지 ⑧ 운반작업 재해방지 ⑨ 콘크리트 작업 재해방지 ⑩ 굴착공사 재해방지	

3.2 환경관리업무

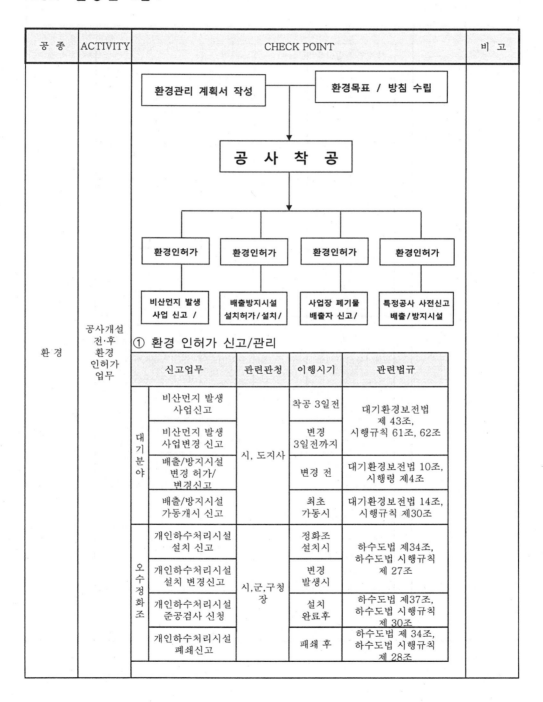

공 종	ACTIVITY	CHECK POINT	비 고

① 환경 인허가 신고/관리

	신고업무	관련관청	이행시기	관련법규
대기분야	비산먼지 발생 사업신고	시, 도지사	착공 3일전	대기환경보전법 제 43조, 시행규칙 61조, 62조
	비산먼지 발생 사업변경 신고		변경 3일전까지	
	배출/방지시설 변경 허가/변경신고		변경 전	대기환경보전법 10조, 시행령 제4조
	배출/방지시설 가동개시 신고		최초 가동시	대기환경보전법 14조, 시행규칙 제30조
오수정화조	개인하수처리시설 설치 신고	시,군,구청장	정화조 설치시	하수도법 제34조, 하수도법 시행규칙 제 27조
	개인하수처리시설 설치 변경신고		변경 발생시	
	개인하수처리시설 준공검사 신청		설치 완료후	하수도법 제37조, 하수도법 시행규칙 제 30조
	개인하수처리시설 폐쇄신고		폐쇄 후	하수도법 제 34조, 하수도법 시행규칙 제 28조

공 종	ACTIVITY	CHECK POINT				비 고
환 경	공사개설 전·후 환경 인허가 업무	지하수 개발·이용	지하수 개발이용 허가 신고	시장, 군수	개발, 이용시	지하수법 시행령 제8조, 시행규칙 제6조	
			지하수 개발이용 변경허가/ 연장허가신고		변경7일이내 (연장:1개월)	지하수법 제7조, 시행령 제11조 시행규칙 제7조	
			지하수 개발 이용신고/ 이용변경 신고		개발, 이용 시	지하수법 시행령 제13조, 시행규칙 제8조	
			지하수 개발 이용준공신고		설치 후 1개월 이내	지하수법 시행령 제14조, 시행규칙 제9조	
		폐기물 분야	사업장 폐기물 배출자 신고	시,군, 구청장	착공 이전	폐기물 관리법 제24조, 시행규칙 제10조	
			사업장 폐기물 배출자 변경신고		발생일로 부터 1개월 이내		
			사업장 폐기물 간이인계서 작성	–	폐기물 처리시	폐기물 관리법 제18조	
			사업장폐기물 관리대장 작성 및 보존	–	매 월말 누계작성	폐기물관리법 시행규칙 제42조	
			사업장 폐기물 실적보고	시,군, 구청장	배출종료일로 부터 15일이내	폐기물관리법 제38조 시행규칙 제42조의2	
			폐기물처리시설 설치신고	시,도지사 지방환경 관서	설치 7일이내	폐기물 관리법 제30조, 시행규칙 제22조	
			폐기물처리시설 설치 변경신고		사유발생 1개월 이내		
			폐기물처리시설 사용종료신고		사유발생 1개월 이내	폐기물 관리법 제47조, 시행규칙 제50조	
		소음 진동	특정공사 사전 신고	시,군, 구청장	착공 3일전	소음진동 규제법 제22조, 시행규칙 제8조,제9조	
			배출 시설 설치 허가 신고		설치 전	소음진동 규제법 제2조, 시행규칙 제9조	
			배출 시설 설치 허가 변경신고		변경 전		

공 종	ACTIVITY	CHECK POINT	비 고
환 경	공사개설 전·후 환경 인허가 업부	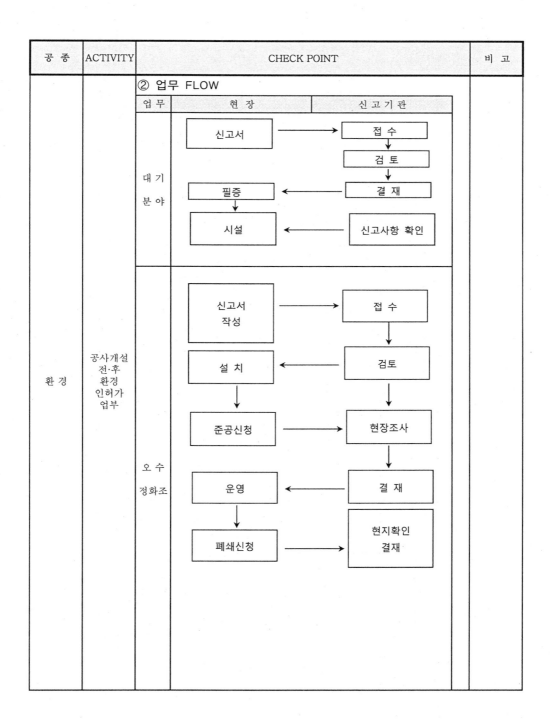	

② 업무 FLOW

업무	현 장	신 고 기 관
대기 분야	신고서 → 접 수 검 토 필증 ← 결 재 시설 ← 신고사항 확인	
오 수 정화조	신고서 작성 → 접 수 설 치 ← 검토 준공신청 → 현장조사 운영 ← 결 재 폐쇄신청 → 현지확인 결재	

공 종	ACTIVITY	CHECK POINT			비 고

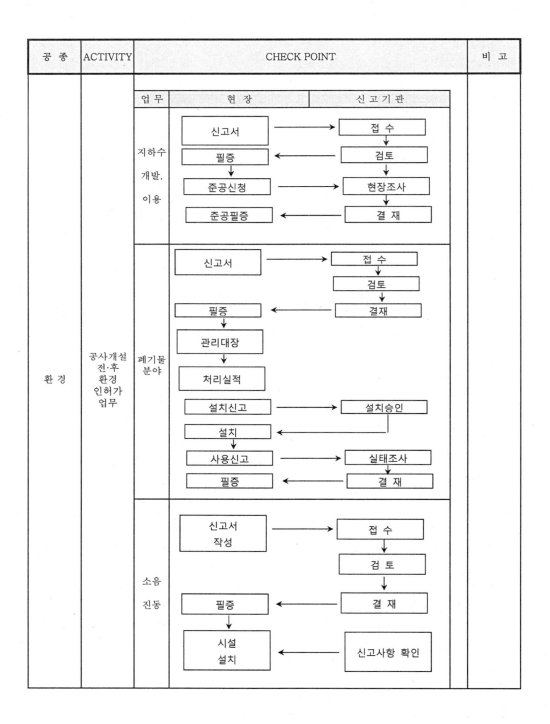

공 종	ACTIVITY	CHECK POINT				비 고
환 경	공 사 진행중 업 무	업 무	시 기	업 무 프 로 세 스		관련문서

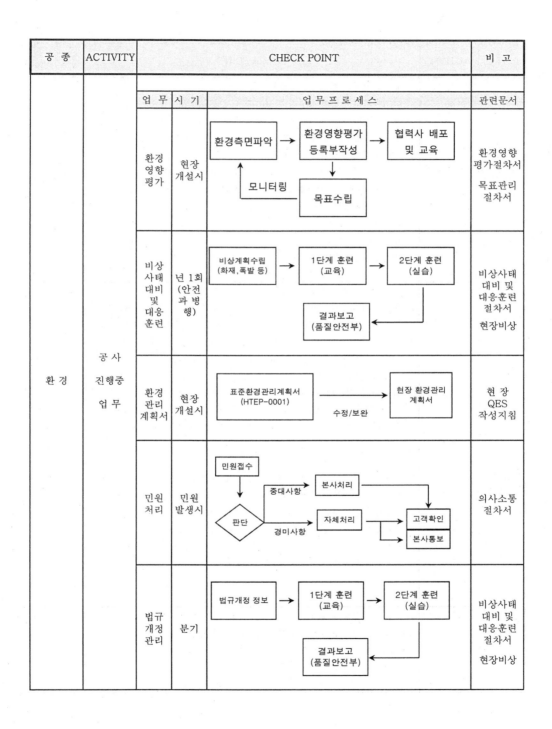

		환경 영향 평가	현장 개설시	환경측면파악 → 환경영향평가 등록부작성 → 협력사 배포 및 교육 ↓ 목표수립 ← 모니터링		환경영향 평가절차서 목표관리 절차서
		비상 사태 대비 및 대응 훈련	년 1회 (안전 과 병 행)	비상계획수립 (화재,폭발 등) → 1단계 훈련 (교육) → 2단계 훈련 (실습) → 결과보고 (품질안전부)		비상사태 대비 및 대응훈련 절차서 현장비상
		환경 관리 계획서	현장 개설시	표준환경관리계획서 (HTEP-0001) → 수정/보완 → 현장 환경관리 계획서		현 장 QES 작성지침
		민원 처리	민원 발생시	민원접수 → 판단 중대사항→ 본사처리 → 고객확인, 경미사항→ 자체처리 → 본사통보		의사소통 절차서
		법규 개정 관리	분기	법규개정 정보 → 1단계 훈련 (교육) → 2단계 훈련 (실습) → 결과보고 (품질안전부)		비상사태 대비 및 대응훈련 절차서 현장비상

공 종	ACTIVITY	CHECK POINT	비 고

계약 및 설계도서 점검사항	도급내역서 시방서 (계약사항)	① 폐기물 처리는 계약사항과 일치하는지 확인
		 - 폐기물처리 방법이 매립지 반입이라면 지정된 매립지로 반입
		 - 폐기물처리 방법이 재활용으로 명시시 재활용업체에 위탁처리
		② 계약사항과 다르게 폐기물을 처리할 경우 발주처와 협의하여 후속
		  조치 (설계변경 등)를 실시(계획)
		③ 도급 내역에 폐기물 처리비(운반비, 처리비와 매립장 반입료 등)가
		  실제 사용과 다른 경우 후속조치(설계변경 등) 고려(계획)
		④ 계약사항에 요구되는 내용을 파악하고 이에 따른 시행 및 변경시
		  대책
		 - 소음진동방지대책
		 - 비산면지방지대책	

폐기물 관리	건설폐기물	① 사업장 폐기물 배출자 신고를 착공일 이전에 완료 여부
		② 사업장 폐기물 배출자 신고 필증을 교부받아 관리하고 있는지 여부
		③ 수집, 운반 업체는 건설업 폐기물 수집, 운반업으로 허가 득했는가?
		④ 수집, 운반업체와 중간처리 업체는 단가를 명시하고 계약했는가?
		⑤ 변경사항시 변경신고를 득하고 필증을 교부받아 관리하고 있는가?
		 - 회사상호 또는 소재지
		 - 폐기물 총 배출량의 50/100 이상 증가 또는 감소경우
		⑥ 변경사항발생시 폐기물을 수집운반하기 이전에 변경신고를 완료
		⑦ 폐기물 처리시마다 폐기물 간이계산서를 작성하고 변경사항을 기록
		  관리
		⑧ 목록대장의 작성관리 하고 있는가?
		⑨ 사업장 폐기물 관리대장을 폐기물 발생 일자 별로 작성
		  (현장에서 폐기물이 발생할 때마다 폐기물량을 추정하여 관리대장에
		   기록하여 관리대장의 기록량과 현장 보관량이 일치하도록 관리)
		⑩ 전년도 폐기물 배출 및 처리실적 보고를 배출종료일로부터 15일
		  이내에 완료 해야 함(2개년도 이상에 걸쳐 배출시 2월 말일까지)
		⑪ 폐기물의 종류별/ 성상별로 구분하여 보관	

	지정폐기물	① 사업장 폐기물 배출자 신고에 지정 폐기물이 포함되어 있는지. 확인 ② 지정 폐기물 배출전에 다음 사항을 제출하여 확인받고, 확인 받은 사항을 변경하고자 할때는 환경부 장관의 확인을 받아야 한다 - 지정폐기물 처리 계획서 - 폐기물 분석 결과서/ 수탁 확인서(업체변경시도 제출함)	

공 종	ACTIVITY	CHECK POINT	비 고
폐기물 관리	지정폐기물	③ 지정폐기물 보관소의 바닥은 아스팔트, 시멘트 등으로 포장되고 지붕과 벽면을 갖춘 보관창고에 보관해야 함 ④ 지정폐기물 보관장소에는 지정폐기물 보관표지판을 설치 ⑤ 지정폐기물 보관기간은 45일이내이며 건설 폐기물과 분리 ⑥ 지정폐기물은 종류와 성상별로 구분하여 보관 ⑦ 수집, 운반업체는 건설폐기물 수집, 운반업으로 허가를 득한 업체로 ⑧ 중간폐기물처리업체는 건설폐기물중간처리업으로 허가를 득한 업체 ⑨ 폐기물 처리시마다 폐기물인계서를 작성하고 기록 관리 ⑩ 지정폐기물배출시에 수집, 운반차량으로 등록된 차량인지를 확인 ⑪ 사업장 폐기물 관리대장을 작성관리하며, 전년도 지정폐기물 처리 상황등에 관한 정산서를 3월말까지 환경부장관에게 제출해야 함	
	건설폐재 재활용	□ 아래의 중점 관리대상 건설사업자에 포함되는지 확인 - 토 사 : 1000㎥, 1600ton이상 / 콘크리트 : 500㎥, 1000ton이상 / 아스콘 : 200㎥, 400ton이상 / 건설폐재 : 1000㎥, 1600ton 이상배출 /건축폐목재 : 50㎥, 30ton이상 □ 위 항목에 해당할 경우 건설폐재 재활용 계획을 세우고 있는가? ① 건설폐재의 발생 예상량 및 재활용 목표율 ② 건설폐재의 재활용방법 및 용도(직접재활용 / 위탁재활용 / 재사용 / 재생제품) ③ 재활용 후 남은 건설폐재의 처리에 관한 사항 ④ 재활용 촉진을 위한 기술배려 및 설비개선, 확보에 관한 사항 ⑤ 기타 건설폐재의 재활용 촉진을 위하여 필요한 사항 ① 건설폐재의 재활용 용도에 따라 재활용 하는가? ② 건설폐재의 재활용율 준수사항, 이행실적 대장 작성관리 이행여부? - 토사 : 70%(순토사 제외 쓰레기등과 혼합됨) - 건축 폐목재 : 30% - 아스팔트 콘크리트 : 70% - 콘크리트 및 벽돌 : 70%	
	쓰레기 소각로	□ 폐기물 처리시설 설치신고 / 설치변경신고 (변경사항) - 상호의 변경(사유발생 30일 이내) / 처리시설보재지변경(변경전) / 처리대상폐기물의변경(변경전) / 주요설비변경(변경전) / 신고 또는 변경 신고를 한 처리용량의 합계 또는 누계 30/100 이상의 증가 □ 사용개시일 10일전까지 사용 개시신고 / 변경신고 (변경사항) - 배출시설 또는 방지시설을 동종, 동일 규모의 시설로 대처 / 배출시설을 폐쇄하는 경우 / 사업장 명칭을 변경하는 경우 /	시행규칙 제18조

공 종	ACTIVITY	CHECK POINT	비 고
폐기물 관리	쓰레기 소각로	배출시설설치허가증에 기재된 허가 사항 및 일일 조업 시간을 변경하는 경우 ① 대기오염물질 배출시설 설치신고 설치 및 가동 개시 신고 ② 대기오염물질 배출시설 및 방지시설의 운영일지를 기록관리 유무 ③ 매 반기 1회이상 대기오염물질을 자가 측정하여 기준 이내로 관리 ④ 소각로는 사용개시일로부터 매3년마다 정기검사 받고 있는지 ⑤ 연소실 출구온도 800℃ 미만으로 관리 ⑥ 연소실 가스 체류시간 적정유무 관리(처리 능력에 따른 기준) ⑦ 소각재는 폐기물을 분석하여 그 결과에 따라 재처리 하는지 　(분석결과 지정폐기물 또는 일반폐기물로 구분하여 처리)	시행규칙 제18조
	음식물 쓰레기	① 사업장 폐기물 배출자 신고시 음식물 쓰레기가 포함되었는지 확인 ② 감량의무사업장 음식물 쓰레기 관리대장을 작성하고 있는지 확인 ③ 관할청에 분기별로 음식물 쓰레기 발생 및 처리실적 보고 여부 ④ 위탁하여 처리하는 업체가 음식물 쓰레기 중간처리업으로 허가를 득한 업체인지 확인	
대기분야 관리	비산먼지 일반	① 비산먼지 발생사업 신고 여부 ② 변동사항 발생시 변경신고 시행여부 ③ 비산먼지발생시설에 대한 방지시설 설치여부(방진막, 방진벽) ④ 방치된 토사로 인한 흙먼지가 발생되지 않도록 조치 여부 ⑤ 풍속이 8㎧ 이상 일경우 작업중단(분진 심하게 발생시)	
	야 적	① 야적물질을 방진덮개로 덮고 있는지 여부 ② 비산먼지발생시설에 대한 방지시설 설치여부(방진막, 방진벽) 　- 야적물질 최고 저장높이의 1/3이상의 방진벽 설치 　- 최고 저장높이의 1.25배 이상의 방진망(막)을 설치 　- 공사장 경계는 1.8m 이상의 방진벽 설치 ③ 함수율이 7~8% 유지를 위한 살수여부	
	싣기 / 내리기 / 수송	① 작업장 및 통행로에 살수 (엄격기준적용대상현장 : 살수압 5kg/㎠ 이상) ② 세륜, 세차 및 측면 살수 시설의 설치, 운영여부(살수압 3kg/㎠ 이상) ③ 토사 운반차량의 덮개 설치여부 ④ 차량 적재함 상단 5㎝ 이하까지 적재여부 ⑤ 비포장 시설 도로인 경우 반경 500m이내에 10가구 이상이 있을 경우 해당부락으로부터 반경 1㎞이내를 포장했는지 여부	

공 종	ACTIVITY	CHECK POINT	비 고
대기분야 관리	채광/채취	① 살수 시설의 설치로 비산먼지 방치여부	
		② 발파 시 젖은 거죽 등을 덮거나 적정 방지 시설을 설치후 발파	
		③ 분채상물질등 비산물질은 밀폐요기에 보관하거나 방진덮개 설치	
	야외탈청 및 절단	① 탈청구조물 길이가 15m이내인 경우 옥내작업 실시여부	
		② 야외 작업시 칸막이의 설치여부	
		③ 야외작업시 이동식 집진 시설 설치 여부	
	기타공정 (건축물축조 공사장 및 건물해체 공사장)	① 건물내부 공사시 먼지가 공사장밖으로 흩날리지 않도록 시설설치	
		- 5층 이상의 건물일 경우 방진막, 방진벽 또는 방진망 설치 여부	
		- 4층 이하의 건물일 경우 1일 1회 이상 살수 여부	
		② 건물 해체 작업시 먼지가 공사장 밖으로 흩날리지 않도록 방진막(벽) 또는 방진망의 설치 여부	
	악취	① 악취발생 물질의 현장(무허가 시설)에서 소각 여부	
		② 악취 발생시 탈취 등의 방지활동 여부	
	대기오염 물질 배출시설 (batcher plant)	① 대기 오염물질 배출시설 설치 신고 여부	
		② 대기 오염물질 배출시설 변경사항 발생시 변경신고 이행여부	
		- 배출시설 또는 방지시설을 동종, 동일 규모의 시설로 재체	
		- 배출시설을 폐쇄하는 경우	
		- 사업장의 명칭을 변경하는 경우	
		- 배출시설 또는 방지 시설을 임대하는 경우	
		③ 대기오염물질 배출방지 시설의 설치/운영 여부	
		④ 대기오염물질 배출시설 및 방지 시설의 가동 개시 신고 여부	
		⑤ 대기오염물질 배출시설 및 방지 시설의 운영일지를 매일 기록관리	
		⑥ 매 반기 1회이상 대기오염물질을 자가 측정하여 배출허용기준 이내로 관리하고 있는지 여부	
소음,진동 관리	일반 진동,소음	① 주기적인 소음 진동 측정관리	
		② 현장 방진 방음시설 설치상태	
		③ 사용장비 및 방음시설 설치상태	
	폭약사용	① 폭약사용시 규제기준의 적합 여부(방음 시설의 설치, 폭약 사용량, 사용시간, 사용횟수제한, 발파공법 등의 개선)	
		② 폭약의 보관 및 관리상태의 안전여부	
	특정공사의 관련	① 특정공사의 사전신고 여부	
		- 항타기, 항발기 또는 항타항발기 사용공사 / 병타기 사용공사 / 공기압축기 2.83㎡/min 이상공사 / 강구사용 건축물 사용 착암기 사용공사 / 브레이커(휴대용 제외) 사용공사 / 굴착기 사용공사 / 로우더 / 발전기 / 압쇄기 사용공사	

공 종	ACTIVITY	CHECK POINT	비 고
수질오염 관리	폐수배출 시설 (batcher plant)	① 배출시설의 설치 신고여부 ② 배출시설의 신고필증 교부여부 ③ 배출시설의 가동개시 신고여부 ④ 배출시설 및 방지시설의 대한 설치 확인여부 ⑤ 배출시설 및 방지시설의 적합판정 여부 ⑥ 시험가동 실시 이행여부 - 생물학적 : 50일 이내(동절기 70일 이내) - 물리, 화학적 : 30일 이내 ⑦ 오염도 검사 및 가동상태 점검 이행 여부 ⑧ 배출 및 방지 시설의 운용 기록 보전(1년)여부	
	세륜 / 세차시설	① 현장내 세륜, 세차탁수의 적정 처리후 방류 여부 ② 침전조 설치 및 운용 여부 ③ 폐슬러지의 위탁 처리 여부	
환경 영향평가	환경 영향평가 협의내용	① 환경영향평가 대상 사업장 인지 확인 및 대상 사업장일 경우 협의 내용 이행대장을 현장에 비치하고 기록사항을 기재 및 관리 ② 협의 내용이 이행되는가?	

오수처리 관리	단독정화조 / 오수 처리시설	① 단독 정화조, 오수처리 시설의 설치 신고 여부 / 준공검사 완료
		② 준공검사결과 적합 통지를 받은 일부터 90일(동절기(110일)) 또는
		  사용 시일로부터 50일 이내에 방류수 수질검사를 실시했는가?
		③ 1일 처리능력이 100㎥이상인 오수처리시설 또는 500인 이상인 단독
		  정화조의 방류수에 대하여 염소 등으로 소독하고 있는지 점검
		④ 단독 정화조 오수처리 시설을 연 1회 이상 내부청소 실시 여부
		⑤ 다음 변경사항 발생시 변경신고 실시 여부
		 - 시설의 규모 / 시설의 구조 / 처리방법 / 본체의 변경	

지하수 관리	지하수개발	① 지하수개발 이용허가 신청을 실시 여부(지하수법 제7조)
		② 지하수개발 이용 허가서를 교부 받아 관리여부
		③ 허가 받은 사항 중 변경사항 발생 및 변경신고 여부
		
			지하수개발 이용기간 연장 | 7일전 |
			    | 지하수개발 이용의 용도를 변경하는 경우 | 7일전 |
			    | 지하수개발 이용 시설을 변경하는 경우(양수능력증대) | 7일전 |
			
			④ 지하수개발 이용을 득한 후 착공 및 준공신고(7일 이내) 실시여부	

공 종	ACTIVITY	CHECK POINT	비 고
지하수 관리	지하수개발	⑤ 지하수개발 이용시설의 상부보호공안에 적산 유량계 및 수출장칠를 　설치하여 이용량(매월) 및 수질(공사용수는 제외)을 관리 ⑥ 지하수개발 이용시설에 지하수위 측정관을 설치하여 매월 지하 　수위를 측정하여 기록관리(보존기한 3년)를 하는지 여부 ⑦ 원상복구 관리 　- 지하수개발 이용기간 만료시 / 지하수 채취 되지 않는 경우 　- 소요 수량의 확보가 되지 않거나 수질 불량으로 이용 할수 없는 　경우 　- 지하수개발 이용을 종료한 경우	
	수질검사	① 허가를 받거나 신고를 하고 지하수를 개발 이용하는 다음의 경우 　지하수관련 검사전문기관의 수질검사를 받아야 한다 　- 음료수, 생활용수 : 매년 1회 / 공업용수 : 2년에 1회 / 　농업용수 : 3년에 1회 ② 단 청소용, 공사용, 조경용 등 보건상 지장이 없는 경우는 제외 □ 지하수수질보전등에 관한규칙 제7의 2조(수질검사 면제대상), 　영 제29조 2항 2호 규정에 의한 수질검사 면제대상은 양수능력 1일 　100ton 이하(토출관악쪽지름 40mm 이하 사용) 규모의 농업용으로 　한다	

3.3 품질관리업무

공 종	ACTIVITY	CHECK POINT	비 고
일반사항	협력업체 공통 지적사항	① 등록된 양식을 사용하지 않음 ② 승인된 INSPECTION AND TEST PLAN 이 협력사에 없음(ITP) ③ SUS자재등이 혼합보관되어 있음. 　 SUS의 ZINC 오염 CHECK를 하지않음 ④ 검교정을 실시하고 있지않음. ID CARD가 없음 ⑤ DOCUMENT 및 도면관리가 이루어지지 않음 ⑥ TIG용접이 아닌 ARC용접을 하고 있음 ⑦ 스케치도면 확인 서명이 없이 작업함 ⑧ 자재창고가 없어서 현장방치 ⑨ 용접사 관리가 되지않고 있음(QUALIFIED WELDER), I/D CARD 부착 ⑩ PORTABLE DRY OVEN 사용 ⑪ FILE에 INDEX가 되어있지 않음 ⑫ 도면관리 대장 운영하지 않음 　 OLD VERSION은 반드시 폐기처분OR VOID도장찍도록 ⑬ DN/NCR에 대한 관리가 잘 이루어지고 있지않음 ⑭ 콘크리트타설시 골재분리가 발생함 ⑮ GASKET등에 COLOR MARKING을 하지않음	
	협력업체 지도교육	① 정규교육 : 상.하반기 각1회 공종별 실시후 기록	
	협력업체 평가	① 년간 4회 : 3, 6, 9, 12월 점검후 　 품질점검결과 및 교육참여도를 토대로 품질평가	
	품질감사 및 평가	① 분기별 평가 실시/우수현장 시상	
	현장계측 및 시험장비 운영	① 장비관리 : 전담자가 전산관리하여 정기적으로 현장에 통보. ② 검·교정 : 실시후 관리대장 및 이력카드에 관리기록 ③ 절차서　 : 외부공인 기관에 의뢰 ④ 시험실 운영 - 선정시험 : 토질조사, 유기물함량, 기타 사전조사 　　　　　 위한시험, 건설공사 사용될재료의 선정을 위한 시험 　　　 - 관리시험 : 시공이 적합하게 이루어 지고 있는지의 　　　　 대한 시험으로 당사의 책임하에 이루어질 것. 　　　 - 설치기준 : 도급액 200억 이상규모의 국내 토,건공사 　　　 - 경비처리 : 시험실 개설현장 부담. ⑤ 구입, 검교정 비용 : ITP 계획에 의거 프로젝트 예산에 반영. 　　　　 현장 장비관리대장에 협력업체장비 포함관리함.	

공 종	ACTIVITY	CHECK POINT	비 고
일반사항	현장대리인/ 상주감리자	① 착공시 선임 신고 : 대리인 1인 이상(건설기술자), 상주감리자 　(건축사를 공사감리자로 지정,건축사보가 공사현장에 상주) ② 상주감리 : 연면적 5000㎡이상	
	PM/CM 품질평가 기준	① 년2회 실시 환경경영 시스템의 평가를 병행실시 ② PM/현장소장 승인한 QA/환경 PROGRAM이 요건에 맞는지 ③ 품질/환경업무 담당자 지정 및 그 업무만을 담당하도록 권한과 　책임이 주어졌는지 ④ 품질 시스템 이행이 제대로 되었는지 여부 - ISO기준에 맞게 ⑤ 감사지적보고서의처리 - 건수, 회신기일, 시정조치완료 기일내 처리 ⑥ REWORK COST 관리 - 제때입력, 목표치 달성(0.13%)	
가설공사	개요	① 건축물 본 공사에 대하여 그 본공사를 실시하기 위해 필요한 가설 　적 시공설비를 설치하여 활용하는 공사로서, 공사수행의 수단으로 　일시적으로 행해지는 공사	
	종 류	① 공통가설공사 : 가설울타리, 가설건물, 가설도로, 공사용 동력·용수 　설비, 안전설비등 　- 가설울타리 - 색이나 도안을 주변환경과 조화 　　　　- 높이는 1.8m이상으로 하고 적당한 위치에 폭 5~6m 　　　　　내외의 출입구를 설치 　　　　- 주출입구는 현장사무소에서 감시나 접수가 용이 　　　　　하도록 선정 　- 가설건물 - 가설사무소, 노무자 숙사 및 부속시설, 시멘트 및 미장 　　　　재료 창고, 변전소 및 위험물저장소 ② 직접가설공사 : 규준틀, 비계, 양중운반설비등 　- 규준틀 - 수평규준틀, 세로규준틀 　　　　- 건물의 위치를 정하기 위하여 건축물의 외벽선을 따라 　　　　　말뚝을 박고 줄을 띄움 　　　　- 건물과 도로 및 인접지 경계선에서의 거리등을 검토하고, 　　　　　수평규준틀 말뚝의 위치를 정하기 위한 예비작업 　- 비 계 - 종류 : 외줄비계, 겹비계, 쌍줄비계, 틀비계등 　　　　- 재료 : 강재(파이프, 틀) 경금속등	
	유의사항	① 가설 후 본공사에 지장을 주지 않도록 설치위치가 적당할 것 ② 설치시기가 적정할 것 ③ 규모가 적정할 것 ④ 비계의 관리와 위험 방지를 위해 비계의 점검을 정기적으로 할 것.	

공 종	ACTIVITY	CHECK POINT	비 고
토공사	개요	① 건물의 기초나 지하실을 만들기 위해서 이들이 차지하는 부분의 흙을 구조물과 치환 ② 정지, 흙파기, 흙막이, 기초파기, 배토, 매립, 되메우기, 지하수 및 우수처리등	
	사전조사	① 지반조사 - 지형 및 지질조사(설계조건과 상이한지 검토) - 지하수 조사(설계시에 지하수위를 적합하게 고려했는지의 여부) - 토질조사(시추조사 간격이 50M 이상을 초과하지 않도록 한다) ② 부지주변의 조사 - 지중매설에 대한 철저한 사전조사 ③ 기타조사 - 각종공급시설 - 도로 및 교통상황 - 기상,조류 및 하천수위 - 법적 규제	
	종 류	① 널말뚝 - 종널말뚝 : 수밀성이 적어 지하수가 많이 나오는 곳에는 부적당 - 횡널말뚝 : 공극(물)이 발생할 때는 토사붕괴에 의한 토압이 작용하여 위험 - 강재 널말뚝(steel sheet pile) : 용수가 많고 토압이 크고 기초가 깊을때 사용 - 지하연속벽 공법(연속 콘크리트벽 흙막이) : 오거파일, 이코스공법, 프리팩트 콘크리트 말뚝, 슬러리월(slurry wall) ② 버팀대식 흙막이 - 수평버팀대식 공법 - 빗팀대식 공법 ③ 흙막이 벽체 - 벽체 설치지점에 인력으로 폭1.2M 깊이 1.2~1.8M 정도의 줄파기를 실시하여 지중 매설물을 확인 - 엄지말뚝공법 – 토류판 설치시 여굴 및 뒷채움 부실 주의 - H–PILE의 이음시 이음상세 결정후 실시 - 강널 말뚝공법 - 지중연속법 : 지하수위의 선정 - 주열식 말뚝공법	

공 종	ACTIVITY	CHECK POINT	비 고

토공사	종 류	④ 앵커공법
		 - 정착장은 3M이상 10M이하를 표준, 경사각은 천공시 잔류 슬라임의
		   처리및 주입재 의 블리딩 현상을 방지하기 위하여 수평면으로부터
		   -10 ~ +10의 경사각을 피한다
		 - 영구앵커 인장재의 방식대책이 고려되었는지 확인한다
		 - 재인장에 대비하여 약 1M 정도의 여유를 두고 절단한다.	

	흙막이
	공법별
	검사사항
		① 오픈 컷 공법 : 부지의 여유, 사면의 안정, 사면의 양생, 기초파기의
		   저면설정
		② 수평버팀식 공법 : 흙막이 구조물 전체의 균형, 기초파기와 흙막이의
		   관련, 골조공사와 흙막이의 관련
		③ 아일랜드공법 : 주변경사 부분의 기초파기방법, 골조의 이어치기
		   방법, 경사보 구체 관통 경사보받침 및 띠장의 조인트방법
		④ 역타공법(톱다운공법) : 부지·고저차, 흙막이 구조물 전체의 균형,
		   지주의 시공법 및 지지력, 지주·바닥의 거푸집 지보공, 콘크리트의
		   이어치기 공극의 충전 바닥 개구부의 위치, 보강, 1층바닥의 강동
		   (중기·재료하중 고려)
		⑤ 어스앵커공법 - 앵커에 지층의 확인, 앵커시공의 가능성, 앵커의
		   시공과 터파기공사의 공정	

	유의사항	① 토공사가 공사 중 사고가 발생하기 쉽고 발생한 경우 현장만의
		   피해에 머무르지 않는다
		② 주변 지반을 약화시키기 쉬운 작업으로, 어떤 원인에서도 토사의
		   붕괴를 부분적으로 일으키는 경우를 방지해야 한다.	

거푸집공사	거푸집 최소 존치기간 기준	<table><tr><td>시멘트의 종류 평균 기온</td><td>조강포틀랜트 시멘트</td><td>보통포틀랜드 시멘트 고로슬래그 시멘트 특급 포틀랜드포졸란 시멘트 A종 플라이애시 시멘트 A종</td><td>고로슬래그 시멘트1급 포틀랜드포졸란 시멘트 A종 플라이애시 시멘트B종</td></tr><tr><td>20℃</td><td>2</td><td>4</td><td>5</td></tr><tr><td>20℃ 미만 10℃ 이상</td><td>3</td><td>6</td><td>8</td></tr></table>	
	동바리	① 존치 : 3일(타설층 포함) ② 설치 : 28일	
	써포트	① 4.2M : 650kg 3M : 1300kg 2.4M : 2000kg (3.5M시 높이2M마다 수평 연결재를 2방향으로 설치하여 수평변위를 방지하는 조치요)	

공 종	ACTIVITY	CHECK POINT	비 고
거푸집공사	SYSTEM SUPPORT	① 국내에서 생산되고 사용이 허용된 파이프 써포트 높이는 4M 이하 　이며 산업안전기준에 관한 규칙에서는 동바리 2본까지의 연결과 　보조지주의 사용을 허용 ② 종 류 　- 지주형태 SYSTEM SUPPORT 　　- 거푸집 동바리, 가설 작업대 및 승강 계단 등 사용가능 　　- 설치 높이가 높고 슬래브 두께가 큰 구조물에서 많이 사용 　- 보 형태 SYSTEM SUPPORT 　　- 설치후의 작업공간 부족과 시공기간, 소요인력, 안전성을 개선 　　- 경량으로 경우에 따라 써포트를 설치하지 않거나 수량을 줄인 　　　가설 시스템으로 콘크리트조, 철골조 및 철골 철근콘크리트조의 　　　거푸집 공사에 광범위하게 사용될 수 있다 ③ SYSTEM SUPPORT의 장·단점 　- 상하부 스크류잭과 거푸집의 연결이 확실하다 　- 부재의 단순화로 시공이 용이하다 　- 수직, 수평재의 확실한 체결로 좌굴을 방지할수 있다 　- 동바리(수직재) 간격을 설치 계획에 따라 정확히 하여 자재의 과다 　　투입을 방지 할 수 있다 　- 대형 구조물의 동바리로 사용시 수평재 간격을 쉽게 조절하여 　　수직재의 허용 내력을 증가 시킬 수 있다 　- 비계용 부품을 동바리에 연결 사용하므로써 작업의 안전성을 　　높일 수 있다 　- 설치·해체시 별도의 도구가 필요 없다 　- 설치비용이 기존 PIPE SUPPORT 보다 비싸다 ④ 경제성 : PIPE SUPPORT 보다 시공기간의 단축, 소요인력의 감소, 　시공의 정확성, 안전성, 재사용의 이점 및 재해위험의 획기적인 　감소 등을 감안할 때 구조물 높이가 높을 경우 SYSTEM SUPPORT 　를 사용하는 것이 더 경제적이다	

공 종	ACTIVITY	CHECK POINT			비 고
거푸집공사	B/T비계	① (주틀)　　허용하중 : 5TON, 3.5TON, 1.2TON(중앙) ② (유공발판)　　 : 350KG ③ 설치기준 － 난간대　상부난간90㎝이상, 중간대45㎝설치 － 높이 : 밑변 최소길이의 4배이하(4배초과시는 전도방지장치 설치) － 아우트리거 : 비계의 전도방지 장치 설치 　　　－ 스토퍼　　 : 바퀴 고정장치 부착 　　　－ 달줄사용　 : 로프사용 　　　－ 1단이상 높이(1.7M)작업시 안전벨트를 건다			
	거푸집하중	① 연직하중 : 작업하중250KG/㎡ + 가설하중350KG/㎡ + 　구체콘크리트자중 ② 수평방향하중 : 연직하중의 5%			
	이형제	① 유성이형제　 : 휘발유, 솔벤트등을 용해로하여 송진을 녹여서 사용 ② 수용성이형제 : 송진과 파라핀을 화학적인 방법으로 물에 용해시키 　고 여기에다 윤활성과 휘발성을 제고 시킬 수 있도록 조제한 제품.			
	동바리	① 수평연결재(강관파이프) - 2M이내 마다 ② 강관받침기둥 ③ LOAD TOWER방식 ④ 스테이지방식(틀형 비계조립, 체결형강관비계조립, 강관 파이프조립)			
	허용치수	－ 위치　 : ＋－20MM　 단면두께 : -5 ~ +20			

평탄하기 처짐 table:

평탄하기	재물치장 콘크리트 마무리	3M에 대하여 - 7MM이하	
	마감두께 6MM 미만	10MM이하	
	마감두께 6MM 이상	1M에 대하여 - 10MM이하	
처 짐	노출표면	3MM	측정방법 : 1.5M길이의 자를 사용
	미장마감	6MM	
	마감없는 노출	12MM	
	묻히는 부분	24MM	

공 종	ACTIVITY	CHECK POINT			비 고
철근가공 조립	철근순간격	① 공칭직경＊1.5 ② 굵은골재 최대치수＊1.25 ③ 25MM중　3가지 중에서 최대치수선정			
	피복두께	흙에 접하지 않는 부분	SLAB, 비내력벽	마감 20MM 미마감 30MM	
			기둥. 보, 내력벽	30MM	

공 종	ACTIVITY	CHECK POINT				비 고
철근가공 조립	피복두께	흙에 접하지 않는 부분	옹 벽	16이하	40MM	
				19이상	50MM	
		직접 흙에 접하는 부분	기둥, 보, 바닥슬라브, 내력벽		40MM	
			기초		60MM	
			옹 벽		70MM	
		굴 뚝			50MM	
	철근이음 및 정착길이 (SD40기준)	① 겹침이음(L1) : 40D ② 정착길이(L2) : 40D ③ 하단철근(L3) : 작은보 - 25D 　　　바닥, 기둥, 스라브 - 10D또는 150MM이상 　　　스라브에 상부근이 없는 경우 1000의 보강근				
	보강	① 스라브 전기박스(아웃렛박스)부의 보강 : 상하부로 하며 사인방 　방향으로 더블 배근한다.				
철 골	철골내화 피복	① 철골을 화재열로부터 보호하고 일정시간 강재의 온도상승을 막아 　내력저하를 허용치 이내로 할 목적으로 철골의 내화피복이 행해짐. 　- 뿜기공법 　- 성형판 붙임공법 　- 복합내화피복공법 : 커트월이나 천정판으로서의 기능 　- 기타공법 - 타입공법 : 거푸집설치하여 콘크리트등을 타입 　　　- 도장공법 : 메탈라스등을 용접하여 내화단열성이 풍부 　　　한 골재 사용한 모르타르나 플라스터를 도장하는 방법				
	공사계획	① 설계도서의 확인 ② 시공조건의 파악 ③ 대지상황의 확인 ④ 기본공정 계획 ⑤ 정착공사 계획 ⑥ 세우기, 접합계획 ⑦ 가설설비 계획 ⑧ 작업원 계획 ⑨ 시공계획서 작성				
	철골제작 및 조립	① 제작 및 설치준비 ② 금매김 ③ 절단				

공 종	ACTIVITY	CHECK POINT	비 고
철 골	철골제작 및 조립	④ 벤딩 ⑤ 볼트구멍 : 강재의두께가 12MM이상인 경우 드릴링방법. 구멍지름의 허용오차 2MM ⑥ 고장력볼트체결 : ⑦ 고장력볼트의 검사 ⑧ 용접 ⑨ 비파괴검사 : 육안검사(VISUAL) 　　　　　방사선검사(RADIOGRAPHIC TESTING) 　　　　　초음파탐상시험(ULTRASONIC TESTING) 　　　　　자분탐상시험(MAGNETIC PARTICLE TESTING) 　　　　　액체침투탐상시험(LIQUID PENETRANT TESTING)	
	검 사	① 용접개소 300개 이하로서 1개 검사로드를 구성한다. ② 층마다 검사로드를 구성하는것이 좋다. ③ 30개의 추출된 표본중에 불합격개소가 1개소 이하일때는 그 검사 로드는 합격이고. 4개소 이상일때는 불합격이다. ④ 각 검사로드마다 합리적인 방법으로 30개의 표본을 추출한다.	
	도 장	① 녹 제거후 방청제로 도장 - 도장금지 부분 : 콘크리트로 채워지는 부분, 고력 볼트 마찰면, 현장 용접부분	
	철골 현장설치	① 일반사항 : 공작도에 다음사항 명시 　　　- 외부 비계 및 인양 후크 　　　- 기둥 승강용 TRAP 　　　- 보호망용 HOOK 　　　- 보호난간 부속철물 　　　- 기둥 및 보 중앙에서의 안전대 설치용 철물 　　　- 안전네트 설치용 철물 　　　- 양중기 설치용 보강재 　　　- 방호선반설치용 철물 　　　- 비계 연결용 부재 ② 운반 - 현장여건에 맞추어 반입(SCHEDULE 협의, JUST IN TIME 실시) ③ 준비 - 사용전력 및 가설전기, 기둥의 승강용 트랩(16DIA 300간격, 폭300), 구명줄 ,안전 네트,비계,방호철망,통로(1인 0.9M, 2인 1.8M 높이 75CM이상) 　　　- 안전관리체제 　　　- 현지조사 - 소음, 낙하물등 인근주민 통행인 가옥등에 해가 되는지 조사	

공 종	ACTIVITY	CHECK POINT	비 고
철 골	철골 현장설치	- 수송로와 재료적치장 조사 - 건립기계 - 크레인, 이동식크레인. 데릭 기계준비 ④ 가설설비 - 비계 및 작업발판 - 철골적치장소와 통로 - 안전시설 - 추락방지 - 비계, 달비계, 수평통로 - 높이2M이상 　　　　　　　　　안전네트, 방호망 - 난간설치가 어려운곳 　　　　　　　　　난간, 울타리 - 개구부, 작업장의 끝 　　　　　　　　　안전대, 구명줄 - 난간설비를 할수 없는곳 　　　- 비래낙하 - 방호철망, 방호울타리 - 조립, 볼트체결 　　　　　　　　2M이상 수평돌출 수평면과 20도이상 각도 　　　　　　　　유지 　　　- 비산먼지 - 석면포, 방호시트 - 동력 - T/C 및 용접용 전원 케이블이 최상층 높이까지 준비 　　　용접기기 집합소 - 구멍뚫기 　　고력볼트 또는 리벳 - 20㎜ 미만 …1.0㎜ 　　　　　　　　　　- 20㎜ 이상 …1.5㎜ 　　보통볼트…공통 0.5㎜ 이하 　　앵커볼트…공통 5.0㎜ 이하 　　핀　　130㎜ 이하 …0.5㎜ 이하 　　　　130㎜ 이하 …1.0㎜ 이하	
	이음형식	① 기둥과 보　- GUSSET TYPE, BRACKET TYPE 가 없는 TYPE ② 기둥의 이음 - SPLICE PLATE TYPE-FLANGE,WEB에 덧판을 볼트로 　연결용접 TYPE - 가설의 목적으로 설치 PIN으로 연결조립 ③ 기둥 - 하부 BASE PLATE & ANCHOR BOLT & WING PLATE ④ 맞춤 및 이음새의 접합-BOLT접합 - 처마높이 9M,SPAN13M이상 　에서는 법적으로 사용할수 없다. 　- RIVET 접합 　- 고장력볼트 - 접합면에 불순물의 부착을 피하고. 적당히 녹이슬게 　　하는것이 좋다. 볼트, 너트에는 녹발생이나 이물질이 없도록 하는 　　것이 좋다	
	ANCHOR BOLT 매입공법	① 고정매입공법 - 기초철근룽 조립할 때 앵커볼트의 위치를 정확히 하여 철근에 용 접 등으로 콘크리트 타설 시 움직임이 없도록 고정시킨 다음 콘크 리트를 타설하는 것	

공 종	ACTIVITY	CHECK POINT	비 고
철 골	ANCHOR BOLT 매입공법	- 비교적 규모가 큰 공사에 적용하는데 콘크리트를 타설하여 경화된 다음 수정하기가 어려우므로 정확한 위치에 설치하고 콘크리트 타설 직후에 검측을 해서 이상이 없는가를 확인해 보아야 한다 ② 가동매입공법 - 고정매입공법이 콘크리트가 경화된 후에 위치를 수정하기 어렵다는 점 때문에 적용하는 공법으로 앵커볼트의 설치는 고정매입공법과 같은 방법으로 하면서 상단부분을 수정할 수 있게 깔대기 등을 대어 콘크리트 타설 시 윗부분을 비워두는 공법 - 콘크리트가 경화된 다음 위치를 측정해서 수정을 요할 경우 상단부 남은 부위의 앵커볼트를 조정한 다음 무수축 고강도 전용 모르터를 사용하여 빈 곳을 충진하는데 조정시 지나치게 구부리지 않도록 해야하며 앵커볼트 지름이 25㎜ 이상은 적용하지 않는것이 좋다 ③ 나중매입공법 - 기초콘크리트 타설 전 앵커볼트가 매입될 부분을 형틀을 대서 미리 비워두고 콘크리트가 양생된 다음에 매입하거나 경화된 콘크리트를 CORE로 천공하여 매입한 다음 빈 곳을 무수축 고강도 전용 모르터를 사용하여 메우는 공법 - 시공이 간단하고 정확한 위치에 앵커볼트를 설치할 수 있는 공법이지만 중요하거나 대단위 공사에는 적용치 않고 경미한 공사 등에 적용하는 것이 좋다	

코 킹	실리콘 실란트	① 문제점 - 경화 진행되면서 실리콘 오일이 빠진다.
		  - 페인트와는 극이다.
		  - 경화 불량이 없어야 한다.
		  - 가격 고가	

공 종	ACTIVITY	CHECK POINT	비 고
코 킹	실리콘 실란트	- 부착력 저조 ② 사용처 - 금속 알루미늄 조인트 - 욕조, 위생기구, 씽크대	
	우레탄 실란트	① 문제점 : 경우에 따라 프라이머 필요 ② 사용처 - 콘크리트, 철재, 석재등의 조인트 - ALC 조인트 - 콘크리트 바닥조인트 및 방수실링	
	폴리설 파이드 계	① 문제점 : 다공성 소지에 프라이머 필요. 경화속도가 온도에 민감 ② 사용처 - 석재조인트 - P/C, GRC, GPC 조인트 - 복층 유리용 ③ 콘크리트와 같이 다공성일 경우 프라이머를 칠하고 실란트를 한다. 특히 방수부분은 많이 쏘아서 하자가 없도록 한다. 스판크리트 조인트 전에 반드시 프라이머 처리토록 한다.	
	수성아크릴 에멀존계	① 문제점 : 겨울철 동결, 외부에 부적합 ② 사용처 : 건물 창문, 문, 벽 및 발코니 부위의 조인트 및 균열보수	
페인트	함수율체크	① 콘크리트면에 비닐을 덮고 청테이프로 밀봉후 다음날 아침 얼마나 물방울이 있는가 를 체크해서 판단. 85% 이하가 되어야함.	
	종 류	① 수성 - 에멀젼, 수용성 아크릴, 수용성 에폭시 ② 유성 - 오일. 에나멜 - 알킷드 : 알칼리에 약하기 때문에 콘크리트 에 칠하면 2달을 못버틴다. - 아크릴 - 우레탄 : KS규격이 없다. - 에폭시 : KS규격이 없다.	
	급	① KSM 5310 1급 - 3번해야 은폐가 된다. ② KSM 5320 2급 - 은폐율이 낮다 - 현장에서 선호 한다.	
	스프레이	① 30CM 이내에서만 비산해야 한다. ② 민원을 고려해서 현장에서는 롤라를 써야 한다.	
	환 기	① 밀폐된 공간에서는 반드시 환기요, 개인별 산소통 준비토록.	
	메이커	① 큰 프로젝트 에서는 메이커에서 나와서 INSPECTION하고 도장 작업자와 함께 합심해서 해야한다.	
	하 자	① 흐름현상 - 도료를 너무 묽게희석. 붓이 맞지 않을때 ② 백 화 - 여름철 기온이 높고 습도가 많을때 시행시 - 건조가 느린 신나를 사용. 환기 시킨다. ③ 에폭시수지 - 부산승용차바닥 - 변질이 되었다 - 햇빛이 닿는	

공 종	ACTIVITY	CHECK POINT	비 고
페인트	하 자	부분은 변색이 되므로 내부만 써야 한다 ④ 핀 홀 – PC제품에서 파인 부분의 퍼티가 안되기 때문에 생긴다.	
	사용처	① 외 부 : 수용성 아크릴 ② 본 타 일 : 수용성 아크릴	
	광 택	① 무 광 : 0 – 10% ② 반 광 : 10 – 80% 반광 선택시 범위를 잘 선택해야 한다. ③ 유 광 : 80 – 100%	

방 수	종 류	① 막(MEMBRANE)방수 :
		– 아스팔트 방수공법 : 피막방수공법
		 가. 비보행용
		  – 도장마감의 경우
		  – 모래,자갈깔기의 경우
		 나. 보행용
		  – 신축 줄눈의 위치, 폭은 도면대로인가
		  – 콘크리트 바닥 물구배
		  – 드레인 주위나 누름층의 얇은 부분에 LATH를 넣었는가
		  – 신축 줄눈재는 충분히 충진되어 있는가
		 다. 치켜올림부
		  – MORTAR누름의 경우
		   – 고정판 간격 20CM간격 전후로 확실하게 설치되어 있는가
		   – LATH붙임 겹침은 5CM 이상인가
		② 금속시트방수 – 스텐레스
		③ 실링방수 – 건물 주위의 비마무림, 각종 재료의 접합부, 보수등
		④ 도막방수(URETHANE)
		 – 비보행용
		 – 도장마감의 경우
		 – 보행용
		 – 폴리에틸렌 등의 절연재는 빈틈없이 붙여져 있는가
		 – 신축 줄눈의 위치,폭은 도면대로인가
		 – 벽돌누름의 경우:
		  내부채움은 확실한가(방수층 말단부), 콘크리트 바닥 물구배
		  드레인 주위나 누름층의 얇은 부분에 LATH를 넣었는가	

공 종	ACTIVITY	CHECK POINT	비 고
방 수	종 류	⑤ 침투방수 : 침투성 흡수방지제의 처리로 콘크리트의 투수성을 가능한 억제함으로 구조체의 보호뿐만 아니라 건축물의 내구성을 향상 - 누수시험 : 물채움 3일이상, 우천시 누수유무	
	외벽방수	① 일반사항 - 균열이나 콜드조인트, 허니코움등의 결함부분이 생기지 않도록 설계하고, 작업성이 좋고 품질이 좋은 콘크리트를 배합. - 타설 기간이 길어지면 콜드조인트의 결함부가 발생하기 쉬우므로 가능한 짧게 - 외벽 도막방수제 : 프라이머 + 주재(방수재, 모양재) + 상도재 습도85%이상, 기온5도 이하의 경우 건조 경화가 지연되므로 시공을 피한다. - 벽도막 방수재는 파라펫 꼭대기까지 도포한다. - 파라펫 상부에는 알루미늄 두겁대를 설치한다. ② 이중벽에의한 지하 외벽방수공법 : 충분한 방수를 필요로 하는곳 - 내방수 : 내측 모르터방수 + 공간 + 배수구, 청소구(배수파이프 위치 200*400)고려 + 내부 보강콘크리트 블록쌓기(250줄기초 : SLAB 콘크리트와 동시타설) + 마감 ※바닥 2중 스라브로 처리토록, 지중보 부분 결로 방지조치토록 ※외벽콘크리트 끊어치기 부분 : 지수판 100~150 반드시 설치 + 외벽 이음 부분 코킹처리 ※배수구 : 75MM이상, 기둥사이마다 2개소 설치, 배수펌프 고려 - 외방수 - 지하실을 사무실, 점포, 서고, 금고, 전기실등 습기가 있어서는 안되는 방으로서 이용 될 경우 누름벽돌쌓기 + 방수층 + 지하외벽 + 공극(배수구 모르터방수) + 이중벽 보강콘크리트 블록 쌓기 ③ 후시공 외방수공법 - 외방수 + 누름 블록쌓기 + 되메우기 ④ 선시공 외방수공법 - 보호모르터 10~15MM + 방수층 아스팔트 + 라스붙임 모르터 바름 두께30MM + 모르터 부착용 바탕판 두께 15MM + 수직목40*60*450+ 횡목 + 토류판 제거	
	내방수	① 경미한 방수 - 지하내벽 + 내방수 몰탈	
	옥상방수	② EXPANSION JOINT - 지붕하중이 크게 변하는곳, 간격은 50M 이하 ③ 지붕구배 - 구배는 1/50 이상으로 하고, 지붕구배 결정시에는 적재하중과 자중에 의한 처짐 및 시공정도를 고려 - 지붕면적과 강우량에 적당한 크기의 DRAIIN을 설치하고, 배	

공 종	ACTIVITY	CHECK POINT	비 고
방 수	옥상방수	수구의 구배도 충분히 취하여 물이 고이지 않도록 한다 - DRAIN 및 수직홈통의 청소를 용이하게 할 수 있도록 한다 ④ 방수층 치켜올림부 처리 - 마감면으로부터 150MM이상 또는 평탄부의 방수층 표면으로부터 300MM이상 ⑤ 물흐름 방향에 주의하여 방향을 결정 시공한다.(거슬리지 않도록) ⑥ 아스팔트방수 - 겹침길이는 장변 90MM. 단면방향 150MM이상 - 충분한 바탕 덧붙임 - 드레인, 모서리부분, 관통파이프주의 - 들뜸, 치켜올림부 치수는 부족하지 않게 - 공법 -ㄱ) 접착형 적층공법 - 시트, 도막, 복합형 - 상온 아스팔트 페이스트를 사용하여 루핑류를 적층하는 공법 　　　 ㄴ) 점착형 적층공법 - 루핑자체에 점착 기능을 갖게하는것 　　　 ㄷ) 도막형 공법 　- 솔이나 주걱 뿜칠로 고무화 아스팔트를 발라 도막을 형성하는 공법 ⑦ 시트방수 - 타설이음부, 덱크플에이트, 목모시멘트판 등의 이음부에 바탕붙임 (마스킹테이프) 및 덧붙임요 - 접착제의 도포량은 충분한가 - 충분한 덧붙임 - 드레인, 모서리, 관통파이프주위 - 들뜸, 치켜올림부 치수는 부족하지 않게 - 공법 　　 ㄱ) 합성고분자 루핑방수 - 가황고무계, 비가황고무계, 염화비닐 수지계 고무화 아스팔트계 　　 ㄴ) 밀착붙임공법 　　 ㄷ) 보호누름공법 - 한겹, 두겹 붙인다 　　 ㄹ)단열공법 - 시트를 단열재 내부에 설치(보호누름 공법에서) 단열재는 단열재용 접착제를 사용 롤러로 눌러 접착시킨다. ⑧ 도막방수 - 타설이음부, 덱크플레이트 등의 이음부에 완충용테이프요 - 보강용철류부착 - 드레인, 모서리, 관통파이프주위 - 프라이머 도포량은 적절한가/도막두께를 확인하기 위해 절취 시험을 했는가 - 시공후 PE필름등으로 보양한다 - 방수재 혼합, 교반, 시공시 환기나 화기에 주의 - 보수 - 균열부분 - U형으로 파낸후 실링재충진하고 보강재를 접착 - 접합부 - 폭50MM이상의 접착테이프로 붙이고 단부는 실링재로	

공 종	ACTIVITY	CHECK POINT	비 고

방 수	옥상방수	밀봉처리
		- 방수재바름 – 이어바름 겹침폭이나 보강재의 겹침폭 100MM이상
		  으로 고무주걱이나 흙손으로 바른다
		- 보강바름 – 드레인이나 배관주위는 실링을 하고 100MM이상의
		  보강재를 넣어 보강바름을 한다.
		- 보전 – 담배불조심, 낙하 적치로 인한 파손
		⑨ 관통파이프
		- 수평 – V자 커팅후 모르터바름 – 100MM이상 파이프 선단까지
		  방수층을 감는다
		- 수직 고열파이프 – 스리브 상단내에 실리콘계 실링재 채운후 보온
		  (스리브 내부에는 보온재 삽입)
		- 누름콘크리트내에 있는 전기용파이프 – 접합이음부가 없도록
		- 집중배관에는 방수턱시공
		⑩ 옥상파라펫트 실링
		- 아스팔트방수후 – 아스팔트계 실링재를 방수층 상단에 바른다.
		- 시트방수 – 우레탄계나 부틸계를 방수층 상단에 바른다.
		⑪ 욕실 – 방수턱시공	

	옥상방수
	(노출방수)
		① 바탕처리
		- 소지는 충분히 양생되어야 한다(20℃기준, 30일 이상 양생)
		- 소지표면의 LAITANCE, 먼지, 유분등 기타 오염물은 완전히 제거
		  (BLASTING, CHIPPING, DIAMOND WHEEL GRINDING 또는 10% HC
		  산세척 등)
		- 적합한 PH값 기준은 PH7~9이다(함수율 6% 이하)
		- 틈새나 홈은 에폭시 퍼티로 메꾸어 주고 CRACK이 심한부분이나
		  신축줄눈은 V-CUTTING후 SEALING하고 표면조정후 도장
		- 벽면과 바닥이 접한부위 등의 가장 자리는 V-CUTTING한다
		
		② 제품별 도장방법
		- 하도
		  - 바탕처리가 끝난 후 프라이머를 붓, 로울러 또는 스프레이로
		    50u 1회 도장
		  - 도장시 소지표면에 충분히 흡수되도록 도료량의 최대 50%까지
		    해당 신나로 희석하여 도장
		  - 부분적으로 후도막이 되지 않도록 균일하게 도장
		  - 1회 도장시 도장면의 흡수가 심한부분(초기 바탕소지 색으로 환	

공 종	ACTIVITY	CHECK POINT	비 고
방 수	옥상방수 (노출방수)	원되는 곳)은 하도를 추가 도장하여야 한다 - 하도도장후 2일 이상 경과되거나 우천시는 중도와의 층간 부착력 보강을 위해 SAND PAPERING 후 하도를 얇게(약 0.1kg/㎡) 추가 도장 - 중도 - 하도도장후 20℃에서 최소 5시간 이상 경과한 다음 하도 도막 위의 모든 오염물을 제거하고 도장면적 및 도막두께 0.5㎜에 대한 소요량을 정확히 계산하여 주제와 경화제를 무게비 1:2로 혼합한다 - KSF3211-1류의 주제와 경화제를 충분히 혼합후 도료를 바닥면에 부은 다음 RAKE 또는 헤라를 사용하여 도막두께 0.5㎜로 SCRAPING 도장 - SCRAPING 도장후 20℃에서 최소 24시간 경과후 도장면적 및 도막두께 2.5㎜에 대한 소요량을 정확히 계산하여 주제와 경화제를 충분히 혼합후 도료를 바닥면에 부은 다음 RAKE또는 헤라를 사용하여 총도막두께 3㎜가 되도록 RAKE 의 끝을 긁거나 펴면서 도료가 전면에 골고루 잘 퍼지도록 도포 - 중도도포 직후 희석제를 살포하여 표면기포를 제거 할 수도 있다. - 상도 - 지붕방수용 도막재를 도포한 후 20℃에서 최소 24시간 경과한 다음 주제와 경화제를 무게비 22.5:12.5로 충분히 혼합후 붓, 로울러 또는 스프레이를 이용하여 45u 1회 도장하여 마감 - 이때, 필요시 희석제를 도료량의 최대 5%까지 희석하여 도장 ③ 도장시 주의사항 - 도장 및 경화시 주위온도는 5℃이상이 적합하며, 수분의 응축을 피하기 위하여 표면온도는 이슬점보다 2.7℃ 이상이어야 한다 - 중도와 상도는 도장하기전 주제와 경화제를 지시된 비율에 따라 고속 교반기(RPM 1,000 ~1,500)로 약 4~5분간 균일하게 혼합하여 사용. - 중도는 경화불량, 물성저하 및 기포가 발생될 수 있으므로 희석하지 않는다	

공 종	ACTIVITY	CHECK POINT	비 고

방 수	옥상방수
	(노출방수)
		- 콘크리트 내부의 기공으로 중도 도포시 기포가 발생될 수 있으
		  므로 반드시 SCRAPING 도장 및 본도장의 2회로 나누어 시공
		- 상도 SPATTERING 도장시 무늬의 크기는 사전 시험 도장을 통해
		  도장상태 및 도막 상태를 점검후 전면 도장(AIR SPRAY 도장)
		- 옥외 작업시 하절기 폭염(28℃이상의 기온)에서는 중도 작업을 피
		  하여야 하며(표면 속건으로 인하여 부풀음 현상발생) 불가피한 경
		  우는 오후 5:00 이후에 시공
		- 우레탄 중도는 시공 이음매의 LEVELING을 고려하여 신속히(20℃
		  에서 10분이내) 시공
		- 각 도료는 가사시간을 준수하여 시공
		  - 중도 : 30분, 상도 : 2시간 (20℃기준)
		
		P.S) 실제 소요량(도막두께 3㎜ 기준)
		  하도 0.127(㎏/㎡), 중도 3.895(㎏/㎡), 상도 0.197(㎏/㎡)	

	공동구
	방수
		① 바닥부분
		- 버림콘크리트 + 방수층(MEMBRANE 바닥면 방수후) + 50 ~ 60MM
		  보호모르터 + 철근작업 + 콘크리트타설(배수로 쪽으로 구배지게
		  재물마감
		② 바닥과 외벽과의 접합
		- 바닥 방수층이 외벽단으로부터 60CM넓게 부착하여 바닥과
		  외벽콘크리트 타설완료후
		- 저부 방수층을 들어 올려서 벽면방수층을 접합한다
		- 저부 방수층의 보호모르타르를 제거하고 중첩하여 벽면방수층
		  과 접합한다.
		  외방수+ 보호모르터(라스붙임)50MM
		③ 천정,내벽
		- 두께20MM 방수모르터 시공	

	유의사항	① 벽체누수
		- 원인 - 건물의 외장마감재가 판넬 및 커튼월로 많이 설계되는
		  추세여서 판넬이음부, 후레싱, 커튼월 및 창호주위등의 JOINT부분
		  이 많아서 누수될 가능성이 높음
		- 유의사항	

공 종	ACTIVITY	CHECK POINT	비 고
방 수	유의사항	- 모든 JOINT 부분으로 누수가 된다는 생각을 갖고 시공 - JOINT 코킹처리는 시공 후 완전성을 검정할 수 없고 전적으로 　작업자의 숙련도에 의존할 수 밖에 없음. - POLY METAL PANEL은 OPEN JOINT SYSTEM으로서 JOINT에 　코킹 처리가 필요없는 PANEL 이지만 실제적으로는 코킹을 　하지 않으면 누수가됨(정밀시공이 어렵고 제품에 하자있음) - 창틀은 일반BAR를 사용할경우 후레싱처리 하여야하고 　METAL BAR를 사용하더라도 내외부에 코킹처리 하여야 함. 　(METAL BAR는코킹처리 하지 않는 TYPE임) - 벽체판넬 하부 BASE CHANNEL의 연결은 연속용접으로 하고 　설치후 연결부에 코킹처리 하며 CON'C면과의 접촉부는 　코킹함(우레탄코킹) - 판넬상부 후레싱 연결부는 신축에 대응할 수 있도록 하고 코킹 　시공을 철저히 함. - 후레싱 지지용 골조를 설치할 때 후레싱 중앙부가 처져서 물이 　고이지 않도록 한다. - 후레싱과 파라펫 콘크리트와의 접촉부는 코킹처리 함. ② 옥상누수 - 온도변화에 따른 골조의 신축현상으로 골조에 CRACK이 발생하고 　SHEET방수층이 파단되므로 신축에 충분히 대응할 수 있는 공법 　및 방수재를 채택하여야 함 - 방수완료후 담수하여 누수여부를 확인하여야 함. - 바탕은 요철이 없고 매끈하여야 하고 모서리에 면접기 MORTAR를 　시공한후 SHEET방수를 하여야 하며 파단되기 쉬운 모서리나 가장 　자리 부분은 SHEET를 보강할 것 - 옥상구배를 확실하게 잡아 물고이는 부분이 없게 하여야 함 - SHEET방수후 누름콘크리트 타설시 와이어메쉬에 의해 SHEET훼손 　이 되지 않도록 대책을 강구하여야 함 - 외단열시 단열재는 압출발포폴리스텔을 사용할 것. ③ 지하층 누수 - 지하층 방수층이 깨어져 누수가 될 경우를 예상하여 누수로 인하 　여 건물의 미관이나기능에 문제가 생기지 않도록 다른 방안을 　강구하여 공사시 반영하여야 함. - SLEEVE 매설시 지수판 부착할 것. - 지하층벽체 끊어 칠 경우 지수판 넣을 것. - 지하층 바닥 콘크리트 타설시 벽체 부위에 지수판 넣을 것.	

공 종	ACTIVITY	CHECK POINT	비 고

방 수	유의사항	- 구조체는 하중의 변화와 온도의 변화에 의해 항상 거동
		- 콘크리트타설시 다짐 철저히 하고 COLD JOINT가 없는
		  밀실한 콘크리트가 되도록 노력하여야 함.
		- FORM TIE BOLT를 사용할때는 지수판이 부착된 것을 사용
		- BACK CON 구멍은 외부에서 방수몰탈로 떼우고 외부에 수용성
		  아스팔트를 2회 도포	

	결 로	① 원인 : 습도가 높은 공기가 표면온도가 노점온도 이하인 재료와
		  접촉 했을때 표면에 결로가 발생함.
		② 예방법 : 단열 - 재료의 표면온도를 노점온도 이상으로 유지.
		  - 창틀 및 CURTAIN WALL에서의 결로방지 : 단열 BAR를 사용하고
		  충분한 두께의 복층유리를 사용(보통 18MM,24MM)
		  - 벽체결로
		  ㄱ) 샌드위치 판넬을 사용했을 경우 : 창틀주위, 판넬 JOINT부분,
		  판넬하부 코킹누락등으로 외부의 바람이 유입되어 내부측
		  마감벽체를 냉각시켜 표면에 결로가 발생함.
		  ㄴ)조적벽 및 스판크리트벽에 단열층이 없을경우 표면에 결로 발생
		
		③ 후레싱 및 파라펫결로
		  - 후레싱하부에 단열재 미충진 되었을 경우 발생하고 파라펫 외부측
		  에 단열층이 누락될 경우에 발생함
		
		④ 바닥결로
		  - DRY AREA에 GRILL이 설치되어 있고 지하 기계실내에 발열량이
		  적을 경우 DRY AREA에 면한실의 1층 바닥에 결로가 발생됨	

조 적	크랙발생
	원인과
	방지대책
		① 원인
		  - 기초의 부등침하
		  - 기초의 동결심도
		  - LINTEL, WALL GIRDER의 부실시공
		  - 줄눈의 조잡시공
		
		② 대책
		  - CONTROL JOINT시공의 확실
		  - 벽두께와 높이가 변하는곳
		  - 기둥과 벽돌벽의 접합부위
		  - 내력벽과 비내력벽의 접합부위	

공 종	ACTIVITY	CHECK POINT	비 고
조 적	크랙발생 원인과 방지대책	- 건물벽체의 교차부 - 창, 출입구, 개구부의 양측 - 보강철근의 보강시공 　ㄱ) 종보강근 - 집중하중이 작용하는곳 　ㄴ) 횡보강근 - 집중하중의 분산을 요구하는곳 　ㄷ) 건물의 모서리, 개구부의 양측 　ㄹ) 콘트롤 조인트가 있는곳 - WALL GIRDER 설치 　ㄱ) 벽체의 상부에 일체식 개념으로 설치 　ㄴ) 철근콘크리트로서 폭은 벽두께와 같이 춤은 벽두께의 1.5배 - 줄눈의 정밀시공	
	누수방지 대책	① 벽체에 방수도장시공 ② 모르타르의 도장으로 투수를 저지함 ③ 벽돌과 타부재의 건조수축으로 생기는 틈으로부터 누수 - 외부 - 조적상부 미장마감후(쫄대를 넣어놓았다가 마감후 떼어냄) 　코킹 - 내부 - 조적미장마감후 20~30MM의 코킹을 내부 하단 콘크리트 　바닥에 시공함으로서 물이 내부로 오지 못하고 외벽으로 배출됨 - 줄눈시공 철저 - 물끊기, 물돌림, 비흘림의 시공	
	개구부	① 폭이 1.8M를 넘는 상부에는 철근 콘크리트조 웃인방을 설치한다 　(30CM정도 각 양측으로 물리도록 한다) ② 바로 윗 층에 개구부의 수직거리는 60CM이상으로 하여야 한다.	

공 종	ACTIVITY	CHECK POINT	비 고
기계설비 공사	일반사항	① 집수정의 위치, 깊이, 폭이 정확하고 충분한 크기가 되어야 한다 ② 파이프 SLEEVE는 배관외경, 보온두께, 배관구배를 감안하여 적정 ③ 대변기용 SLEEVE는 대변기 종류(일식, 양식) 및 배치간격 등을 확인 　하고 정확히 설치하는지를 확인 ④ 행거는 배관재, 유체, 피복재 등 지지중량을 견딜 수 있는 것이어야 　하고 정확히 설치하는지를 확인 ⑤ 가설수도 배관에 대한 정확한 사양을 결정, 준공시까지 변경하는 　경우가 없도록 한다 ⑥ SLEEVE는 설치시 CONCRETE타설로 파손되거나 매설되지 않게 한다 ⑦ 외부로 관통하는 파이프의 주변 방수에 만전을 기한다. ⑧ SLEEVE 설치를 위한 형틀에 기준선 표지 및 마감을 위한 기준선을 　표시 ⑨ 파이프 PIT바닥, 벽체 관통부위의 마감처리에 유의 ⑩ 준공검사를 위한 청소시 적절한 청소용 기구 및 약품을 사용 ⑪ 시운전 작업계획을 공정에 맞추어 수립 ⑫ 각종 기계장비의 생산업체, 보증기간, SPARE PARTS의 기록유지를 　철저히 한다.	
	장비설치 공사	① 보일러 － 보일러 설치공간은 충분해야 하며 벽에서 50㎝이상, 천정에서 1.2m 　이상, 천정에서 1.2m이상, 연료탱크에서 2m이상 이격되었는지 확인 － 보일러용 반자동 또는 전자동 조작반 설치 위치는 조작에 적합한 　위치이어야 함 － 유량계는 경유, 벙커C유 라인에 별도로 설치 － 보일러 가동시 경유와 벙커C유의 교체밸브 중 각 1개는 BALL 　VALVE를 사용해야 한다 － 연도의 이음부 누설 여부를 점검 － 연도에 매연 농도계를 설치토록 된 경우 설치 구멍이 누락되지 　않도록 한다 － 보일러의 반입경로, 반입구의 치수와 하역방법을 검토 － 바닥이나 지반은 보일러의 중량에 견디는 구조이어야 한다 － 배수통등 배수계획의 검토는 충분하여야 한다 － 환기계획의 검토는 되었는가 확인 － 보일러의 스케일 방지를 위해 수질을 조사하고 처리장치를 검토 － 연료 선정에 대해서는 설비비, 경상비 및 대기오염도를 검토 － 관련법규를 철저히 검토	

공 종	ACTIVITY	CHECK POINT	비 고

기계설비
공사
	장비
	설치공사
		– 에너지 이용 합리화법(특정연료 사용기기 및 압력용기)
		  – 소방법
		  – 건축법, 환경관리법 등
		② 냉동기
		  – 냉동기 코일 인발스페이스(0.8 × 냉동기 길이) 및 서어비스 스페
		    이스(주위벽에서 최소 40㎝이상)의 이격거리가 충분한지 확인
		  – 냉동기 부근 기계원 근무실은 페어글라스 등 방음효과가 있는
		    구조인가를 확인
		  – 냉각탑의 기초타설이 완벽한가, 주변에 통풍에 장애가 되는 시설
		    물은 없는가를 확인하고 에어처리, 완전배수 여부를 점검
		  – 냉각탑의 보충수 공급원활 가능성(고가수조와 냉각탑과의 낙차)을
		    조사
		  – 공기가 모이는 배관에 공기변이 있어야 한다
		  – 반입경로와 반입방법의 검토를 충분히 하여야 한다.
		    – 개구부의 치수는 냉동기가 반입될 수 있는 치수인지 검토
		    – 반입경로의 구부러진 부분에는 냉동기가 방향전환 될 수 있는
		      SPACE를 취하고 있는가 확인
		  – 전기용량은 기동전류에 대해서도 충분한가? 수전용량 부족의
		    경우는 흡수식 채택 검토
		  – 냉각수의 수질검토는 충분히 하여야 한다
		③ 공조기(A.H.U)
		  – 공조기 기초타설, 모타 설치위치, 결로유무를 확인
		  – 공조기의 단열재 비산우려가 있는지를 확인
		  – 공조기 점검문 및 캔버스 접속부분에 공기 누설이 되어서는 안됨
		  – 공조기 풍량을 모타에 의하여 원격조정하는 경우는 댐프축이 짧지
		    않는가를 확인
		  – 공기조화기 본체의 설치넓이는 충분하여야 한다
		    실면적은 부족하지 않으나 높이에 여유있는 경우는 수직형을 선정
		    높이에 여유가 없고 실면적에 여유있는 경우는 수평형을 선정
		  – 필터의 보수 SPACE는 충분하여야 한다
		  – 공기조화기 실내에서 닥트가 교차될 때의 제일 아래 닥트 높이는
		    사람이 통과할 수 있는 치수이어야 한다
		  – 바닥은 방수 및 배수설비가 되어야 함
		  – 표준시방 이외의 필터를 조립하는 경우 연락케이싱의 치수, 형상과
		    구조를 검토	

공 종	ACTIVITY	CHECK POINT	비 고
기계설비 공사	장비 설치공사	- 외기 침입경로는 가깝게 있는가 확인 - AHU의 CONDENSATE 배수배관은 정압이상의 높이로 트랩을 설치 　하여 전진 배수 시켜야 함 - AIR FILTER는 주위환경에 맞게 선정. 설치 - 지방의 외기온도 조건에 따라서 동파방지용 O.A Damper설치 　여부를 확인 - AHU 용량 및 ZONING CHECK 되었는지 확인 ④ PACKAGE A/C - 설치장소에 중량강도는 충분한가 검토 - 수평도는 좋은가 확인 - 서비스 SPACE는 충분한가 검토 　압축기, 응축기, 필터 등을 교환할 때의 SPACE를 확보 - 전기공사, 배관공사 및 DUCT공사 등이 용이한 장소에 설치되었 　는지 확인(실외기와의 연결배관 등에 방수문제 고려) - 배수는 좋은가(배수구, 모래, 트랩) 검토 - 실내 유니트와 실외기의 거리 및 높이는 적절한가 확인 - DIRECT SUPPLY TYPE과 DUCT 접속 TYPE중 적정하게 선정되어 　야 하며, 공기분포/정압/소음/도달거리등을 고려한다. - 기류분포는 고려되어 있는지 확인 - 취출구, 흡입구의 위치 및 도달거리등을 확인 - 방음/방진대책은 충분한가, DIRECT SUPPLY TYPE경우 소음이 　실내의 사용 목적에 지장을 주지 않는가 검토 - 기계실의 환기를 고려하였는가 검토 - 주의에 가연물은 없는가 확인 ⑤ FCU RADIATOR - FCU 주위에는 배관의 접속 및 점검작업이 용이하게 되는 SPACE를 　필요로 한다 - FCU 설계위치를 정할 때 접속배관 등의 경로도 맞춰서 검토한다. - 천정에 매다는 형은 난방시에 있어서 발밑이 따뜻하지 않으므로 　주의(천정에 매다는 은폐형으로 수평취출의 경우도 똑같다) - 천장에 매다는 은폐형은 보수 및 점검의 SPACE를 충분히 확보 - 바닥에 놓는 형을 외부면에 설치해서 루버부터 외기를 팬코일 　유니트에 직접 취입하는 경우는 루버의 우수처리를 충분히 함 - 방열기의 설치요령 　- 방열기를 옥내측에 놓으면 냉기를 거주공간에 주입하고 온기를	

공 종	ACTIVITY	CHECK POINT	비 고

기계설비
공사
	장비
	설치공사
		천장면으로 상승시키는 작용을 한다
		- 방열기를 바닥밑에 묻는 경우는 평면적으로 계획하면 온풍이
		  그대로 환기구를 돌아가는 예가 많다. 방지책으로 송기구를
		  150mm이상 올리면 막을수 있다
		- 방열기를 벽에 부착하는 경우 개개의 방열기 부착 치수를
		  지키지 않으면 소정의 열량이 나오지 않는다
		- 선반등의 하부에 설치하는 경우는 단열을 생각하지 않고 설치하
		  면 선반 내부를 고온도로 하기 때문에 단열과 기류의 흐름을
		  막지 않도록 고려
		- 천정고가 높은 현관등에 대류형 방열기를 설치할 때에는 난방
		  효과가 없다.
		⑥ 펌프
		- 펌프 방진가대는 수평으로 설치
		- 고온수 또는 비중이 높은 액은 펌프 흡입 높이를 줄일 수 있는
		  방법을 강구
		- 펌프배관 중 압력재, 드레인밸브, 소화펌프용 연성계 등 누락
		  부속품 여부를 확인
		- 펌프 흡입관은 가능한한 짧고 곡부를 적게하여 배관저항을 최대한
		  줄여야 함
		- 펌프 배관중 횡주관은 선상향 구배로 하여 공기가 차지 않도록 함
		- 펌프실의 바닥배수, 조명, 환기상태를 점검
		- 닥트연결 PACKAGE 냉반기는 정압이 부족되지 않는지 꼭 확인
		- 펌프의 설치에 따는 배관내의 압력 등을 검토하여
		  Air Vent Vacuum Breaker 등의 설치를 CHECK
		- 펌프의 직병렬 운전펌프의 특성 등을 감안하여 펌프의 능력등을
		  CHECK
		- 펌프의 용도, 취급액, 운전시간, 구조, 예비펌프의 유무등을 검토
		- 펌프의 흡입 압상고 등을 감안하여 운전불능 여부를 검토
		- 펌프의 설치 SPACE는 하자보수가 용이하도록 검토
		⑦ 냉각탑
		- 설치장소의 통풍조건은 좋은지 점검
		- 고온배기가 가까운 데 없는가, 팬트하우스 또는 주변건물의 영향
		  을 고려하여 검토
		- 방음벽 틈막이 벽에서의 거리는 충분
		- 먼지, 바닷바람, 매연, 이산화항, 정화조 배기에 대한 검토는 충분
		  히 검토되어야 한다.	

공 종	ACTIVITY	CHECK POINT	비 고
기계설비 공사	장비 설치공사	- 건축구조적 강도는 완전하여야 함 - 설치장소의 강도에 대한 검토는 충분히 반영되어야 하며, 특히 　강풍에 대한 설치 방법 및 기초부분 검토는 충분하여야 함 - 시공 및 유지관리 SPACE는 충분하여야 함 - 방음 및 방진대책의 검토는 충분하여야 함 　- 냉각탑의 소리가 문제가 되는 창문이 가깝게 없는지 주변건물도 　　포함 하여 검토 　- 방음벽을 설치할 필요가 있는가 확인 - 냉각탑의 방음대책 　- 모터의 극수변환에 따라서 통관면 풍속을 떨어뜨림 　- 소음 마후라 또는 소음챔버를 마련 　- 진동부분에 방진고무 또는 방진패드를 삽입하여 새로운 소음원 　　은 만들지 않는다 　- 저소음형의 팬을 사용 　- 냉각탑 주위에 방음벽을 설치 - 물방울의 비산대책의 검토는 충분히 반영(대책 – HOOD설치) - 배수, 유수대책의 검토는 충분히 해야 함 - 반입경로의 배려는 충분히 검토 - 급수압은 적절하며 급배수관은 가깝게 - 외기, 냉수, 냉방방식을 검토. 확인 ⑧ 송풍기 - 송풍기의 설치 SPACE는 DUCT설치 및 MAINTENANCE의 면적을 　위해 충분히 잡는다 - CHAMBER ROOM에 설치할 때는 흡입구 벽에서의 거리를 검토 - 방음 방진 대책의 검토는 충분하여야 함 　- 될 수 있는 한 효율이 높고 소음 및 진동이 적은 기기를 사용 　- 정숙함을 필요로 하는 자리에서 떨어져 설치(기계실 혹은 FAN 　　ROOM에 설치) 　- 송풍기에서 닥트계의 소음은 소음닥트 또는 CHAMBER로 감쇠 　- 닥트와의 접속부에서는 캔버스 이음을 해서 송풍기의 진동 전달 　　을 방지 　- 기초에는 방진장치를 한다 　- 송풍기를 천정에 매다는 경우 행거에 방진장치 설치를 검토한다. - 승강기 기계실에 BACK-FAN 또는 냉방장치가 설치 되었는가 검토 - 화장실에 배기 FAN은 설치 - 2,3종 환기법에서 흡입구와 취출구는 필히 고려	

공 종	ACTIVITY	CHECK POINT	비 고

	장비
	설치공사
		- 취급기체, 온도, 비교회전도에 의한 송풍기 기종의 선정은 충분히
		  검토(화학성분, 수증기 등)
		- 연합운전 즉, 직렬 병렬운전에 따른 송풍기 능력 및 각실의 소음,
		  환기량, 정압, 효율등을 검토
		- 송풍기의 풍량 및 정압 FAN의 기종에 따른 써어징 현상 발생
		  여부를 검토
		- 주방, 화장실, 정화조 등의 배기 냄새제거를 위하여 급기구와 배기
		  구의 위치 등은 충분히 검토
		⑨ 고가수조, 저탕조
		- 고가수조 설치시 급수관은 상판보다 조금 위쪽에 설치하고 수조
		  밑면에 드레인 배관을 설치(완전배수가 되는 구조로 한다.)
		- 개방식 팽창탱크는 최고부 배관보다 1M이상 높게 설치
		- 저탕조에 안전변, 환탕관 등 체크밸브는 누락 부속기기가 없도록
		  조치
		- 저탕조 드레인 발브는 설치되었으면, 완전 배수가 가능한지 점검	

	배관공사	① 파이프 핏트는 유지보수와 출입에 지장을 주지 않도록 설치
		② 수평핏트내 배관은 윗면 또는 한쪽으로 배관하되 상부에 보가 장애
		  가 되는 경우 보통관 슬리브를 매설
		③ 수평핏트는 자연배수가 가능하고 배관 보온재가 젖지 않도록 환기
		  가 잘 되어야 한다
		④ 신축관은 신축관 이음의 화살표 방향과 유체의 흐름방향이 일치
		  되도록 설치하고 고정점은 적합하게 설치
		⑤ 파이프 앵커는 C형 V형 홈을 파서 볼트로 고정시키며 앵커와 앵커
		  사이는 슬라이딩이 가능하도록 함
		⑥ 배관의 유지보수를 위하여 주관에서 각 주관 분기점, 각층 분기점,
		  집단 기구에의 분기점에 지수 발브를 설치
		⑦ 물이 고이는 부분에는 드레인 밸브를 설치하여 완전배수가 가능하
		  도록 함
		⑧ 관말에 길이 150mm이상 입하관을 설치하고 캡을 씌워 이질이 고
		  이면 배출할 수 있도록 한다.(Dirty Pocket)
		⑨ 고가수조, 저탕조
		⑩ 주요배관의 SUPPORT 위치를 고려하여 시공에 차질이 없도록 함
		- 관경이 축소하는 곳에는 응축수 고임방지를 위하여 편심 REDUCER
		  를 사용
		- 온도조절변의 감열통 끝은 수평 또는 하향으로 설치하며 감열통의
		  4/5 이상이 감열 유체에 감겨져 있어야 함	

공 종	ACTIVITY	CHECK POINT	비 고

기계설비
공사
	배관공사	- 자동제어 밸브(2-WAY VALVE 등)는 가능한한 코일 가깝게 설치
		  하고 밸브앞에 스트레이너를 설치
		- 온냉수배관의 점검사항
		  - 에어처리는 배관의 말단, 입상배관으로 공기가 모이도록 하여
		   팽창탱크, 자동수동 공기변에 의하여 공기를 제어하도록 시공
		  - 온수 순환 배관을 유체저항이 적은 게이트 밸브 및 스윙체크
		   밸브의 설치여부
		  - 고온수 배관일 경우 열 신축에 따른 신축이음을 고려한다.
		  - 냉수배관중 보온시공 상태는 양호하며 결로 예상부분에 대한
		   보안책 강구	

	DUCT
	설치공사
		① 덕트공사
		- 함석 접합부 코너 및 투광시험결과 등이 있는 곳에는 접착력이
		  우수한 코킹재로 밀폐
		- FLEXIBLE 닥트와 DIFFUSER연결은 공기누설이 없도록 함
		- 닥트의 곡율반경은 닥트폭의 1.5~2배 정도로 함
		- 송풍기 토출측 접속닥트 곡부는 송풍기 회전방향과 같게 한다.
		- 닥트의 확대, 축소는 완만하게 하되 구배는 1/7이하로 한다
		- 저속닥트는 단면적이 20% 고속닥트는 10%이상 축소되지 않게
		- 송풍기와 닥트 연결부는 유효폭 100~150mm이 되도록 함
		- 캔버스에는 공기누설과 부패방지를 위하여 유성페인트를 칠한다
		- 흡음챔버에서 글라스울 및 암면이 비산되지 않게 하며 내표면적은
		  최대한 크게 한다
		② 취출구, 흡입구
		- 취출구 흡입구의 위치
		  - 취출구, 흡입구의 위치 및 형상은 실내공기 분포에 큰 영향을
		   주므로 의장에만 고집하지 말고 균형있게 효과적으로 배치
		  - 실내에 공기가 순환될 것
		   취출구의 평면적으로 널리 분산시켜서 흡입구를 기류가 흐르지
		   않는 곳에 배치하여 실내에 DEAD SPACE를 만들지 않도록 함
		  - 취출기류가 흡입구와 단락되지 않도록 할 것
		   취출구의 기류도달 거리내에 흡입구를 배치하면 취출공기가
		   SHORT CIRCUIT 하여 실내의 열부하를 제거하기 어렵다
		  - 취출기류에 의해 인체에 드라프트를 주지 말 것
		   취출기류가 직접 거주공간에 흐르면 온도가 고르지 못할 뿐만
		   아니라 그 부분에 불쾌한 기류를 느끼므로 도달거리 및 유인
		   비를 고려하여 선택하여 배치	

공 종	ACTIVITY	CHECK POINT	비 고
		- 취출구 및 흡입구는 DUCT에 접속되므로 부착위치에 장애물이 없 어야 함. DUCT가 들어가는 SPACE가 있는가 등을 고려하여 배치 - VAV UNIT형식은 COST, 기류분포, 발생소음등을 고려하여 선정 - 방풍실 입구에 LINE DIFFUSER의 설치여부와 굴뚝효과를 고려하여 시공한다. - 천정부위 점검구는 적정하게 건축시공에 반영토록 한다. - 대공간(강당 등)의 급배기 시설의 층고와 위치를 충분히 검토	
	T.A.B 시운전 및 TEST	① T.A.B - 밸런싱 기기의 설치는 전형적인 밸런싱을 위하여 측정지점을 설정 할 수 있도록 명시 - 주 DUCT상에만 밸런싱 DAMPER를 설치하고 분기 DUCT 및 터미널 전의 DUCT에 DAMPER가 없어 풍량조절이 불가능하지 않는지 검토 - 스플릿 DAMPER를 풍량조절용으로 사용하여 정압과 소음발생의 원인이 되지 않는지 점검 - 실링 환기 SYSTEM의 경우 효율적인 CEILING 환기유도 확인 - VAV 방식의 온도감지기 부착위치는 방열장치나 다른 설비의 영향을 받는 부적합한 위치에 설치되어 있지 않은지 검토 - 정압센서의 부착위치는 정확한 정압을 감지할 수 있는 위치에 설치 되었는가 확인 - 밸런싱 밸브의 설치 및 교정 온도계, 전동기 명판등의 설치여부 고려 - 현장에 따라 발생될수 있는 문제점들을 현장에 따라 적절히 대처 할 수 있는 방안을 고려 ② 시운전 및 TEST - 시운전시 발생 가능한 제반사고에 대해 충분히 대비한 후에 시행 - OIL, GAS, 전기, 용수 등 시운전에 필요한 재료를 사전에 확보 - 시운전에 관련된 타 공종의 협조사항을 사전에 통보하여 시운전시 모든 관련조치가 취해지도록 함 - 시운전 이후 기계장비의 관리, 점검, 보수에 유의하고 특히 배관 내의 응축수는 필히 DRAIN하여 동파의 피해를 예방한다.	
	위생기구 설치공사 (변기, 세면기)	① 변기 및 후레쉬 발브가 문에 걸리지 않도록 설치 ② 대변기는 앞면에 최대한 여유를 두고 설치 ③ 화변기는 설치 후 임시보호 카바를 씌운다 ④ 정숙을 요하는 곳의 세정수 공급방식은 후레쉬 발브대신 로우탱크식 으로 한다	

공 종	ACTIVITY	CHECK POINT	비 고
기계설비 공사	위생기구 설치공사 (변기, 세면기)	⑤ 최상층 대변기가 후레쉬 발브용인 경우에는 세정수의 최소수압 　(0.7㎏/㎠이상)을 얻을수 있도록 확인 ⑥ 하이탱크식 탱크높이는 1.9m 정도로 함 ⑦ 바닥 방수층은 변기주위 마감면 직하부까지 올라간다. ⑧ 배수배관 SLEEVE시공은 제작회사의 CATALOGUE에 준하며 건축 　마감에 맞도록 협의	
	타 공종과 협조사항	① 건축마감 도면과 철저히 CROSS CHECK ② 건축의 변경도면에 대한 사항을 신속히 숙지 ③ 건축작업 진행시 선·후행 공종에 관해 충분히 협의하고 충분한 　작업 시간을 확보 ④ DUCT 기구 SP HEAD, 기타 시설물의 배열상태, 점유공간, 기능 등을 　주지시키고 협의	
전기설비 공사	전기안전	① 전기안전 　- 임시가설 전선 : 현장에서 설치하는 임시용 또는 이동용 기기의 　　전선은 일반 비닐 전선이 아닌 CABLE을 사용 　- 임시동력 수배전시설 : 일반인이 쉽게 접근할 수 없는 구조로 하고 　　위험 표지판을 설치 　- 가공고압선 근접작업 　　- 가공인입고압선 아래 또는 근접하여 크레인/항타기/중장비 작업을 　　　하는 것은 아주 위험함으로 피하여야 한다 　　- 부득이한 경우 한전지점에 연락하여 사전 방호조치를 한 후 　　　플러그는 방수형을 사용 　- 이동용 전기기기 : 반드시 누전차단기에 연결, 사용하고 콘센트 및 　　플러그는 방수형을 사용한다 　- 전기 용접기 　　- 전기 감전 방지를 위해 전격방지기를 사용 　　- CABLE이 손상되거나 벗겨진 것은 사용을 금한다 　- 우천시 작업 : 비가 올 때, 습기가 많은 곳에서, 혹은 바닥에 물이 　　고인 곳에서 작업을 할 때 인근의 전선이나 전기 기구를 만지지 　　않도록 주의	
	수변전 설비공사	① 변전실에 설치되는 발전기, 큐비클 등 중량물 수변전기기의 반입이 　용이하도록 반입구를 확보하여야 한다 ② 변전실 출입문은 갑종방화문으로 설치한다. ③ 변전실은 우기에 침수되지 않는 구조로 하고 배수펌프를 설치	

공 종	ACTIVITY	CHECK POINT	비 고
전기설비 공사	수변전 설비공사	④ 발전기실의 천정높이는 연료탱크, 연도의 설치를 고려하여 충분한 　 높이 인지 검토 ⑤ 발전기실 구조, 위치는 운전시 진동, 소음으로 부근에 영향을 주지 　 않는지 검토 ⑥ 발전기실 연도의 벽체관통부는 내화처리 ⑦ 변전실 PIT내에 물이 침투되지 않도록 제수턱을 설치 ⑧ 지중CABLE이 변전실로 인입되는 관로인입구에 SEALING COMPOUND 　 처리를 하여 물이 스며들지 않도록 한다	
	전기배관	① 슬라브에 배관할 경우 파이프가 다수 교차하거나 한쪽으로 몰려 　 건물의 강도를 저하시켜서는 안된다 ② 배관 작업 후 물이나 기타 이물질이 들어가지 않도록 관끝에 CAP등 　 으로 막는다 ③ 콘크리트 타설시 VIBRATOR의 진동으로 BOX 배관류가 빠지지 　 않도록 견고히 접속, 지지 ④ BOX와 전선관의 접속은 기계적. 전기적으로 완전히 접속되도록 　 LOCK NUT로 고정하고 붓싱을 사용 ⑤ PVC배관일 경우 카플링, 콘넥터 등 연결개소에 PVC 접착제를 사용 ⑥ 가요전선관을 배관할 때 물기가 많은 곳은 방수형을 사용 ⑦ 실내배관 공사인 경우 파이프 한 구간의 길이가 30M를 넘지 않게 　 하고 초과 할 경우 적당한 곳에 플박스를 설치 ⑧ CD관(하이렉스)은 배관하기 용이한 대신 쉽게 찌그러지므로 주의	
	배 선	① 전선 접속시 장력이 걸리지 않도록 한다 ② 전선의 접속은 풀박스, OUTLET BOX 내에서만 하며 전선콘넥터, 　 접속 단자를 사용 ③ 전선과 기기의 단말접속은 코넥터, 압착단자를 사용 ④ 케이블 트레이, 금속닥트내에 수직으로 케이블이 배열될 경우 수직 　 하중을 감소시키기 위해 밴드(Cable Tie)등으로 지지하여 묶고 서로 　 꼬이지 않도록 나란히 포설 ⑤ 케이블 트레이내 케이블 포설은 강전과 약전용으로 구분	
	피뢰침 및 접지	① 피뢰침은 보호대상물이 보호각내에 포함되도록 설치 ② 피뢰도선은 단면적 38㎟ 이상의 연동선을 사용하고 약 1M마다 동, 　 황동볼트로 고정 ③ 피뢰침용 접지극은 타접지선, 접지극과 2M이상 떨어지게 시공	

공 종	ACTIVITY	CHECK POINT	비 고
전기설비 공사	피뢰침 및 접지	① 접지공사는 제 1종, 제 2종, 제 3종, 특별 3종 접지공사가 있으며 　겸용 하지 않고 단독으로 시공 ② 강전용과 약전용 접지는 별도 시공하고 같이 사용할 수 없다	
	전등설비	① 습기, 물기가 많은곳, 옥외에 설치하는 조명기구 안정기는 방수형 　구조로 한다 ② 등기구와 이중천정의 지지 및 조화를 고려한다. ③ 필요한 경우 등기구의 보강을 별도로 시공하여 하중을 분산 ④ 전원 전압과 안정기 전압이 일치 ⑤ 전등 S.W 취부시 벽면에 밀착, 고정 ⑥ S.W는 결선시에 원칙적으로 (+)측 전선에 연결 ⑦ 벽지, 벽도료, 바닥카펫트 천정의 색깔이 어두울 경우 빛의 흡수율 　이 커서 실내조도가 떨어진다는 것을 감안하여 시공시 유의	
	전화설비	① 전화기계실은 교환기 설비공사 공기를 고려하여 건축물완성 수개월 　전에 완공하도록 한다 ② 전화 단자함의 접지는 전기공사의 접지선과 분리하여 시공 ③ 전화 인입은 맨홀에서 건물내 MDF까지 한국통신공사에서 CABLE을 　포설 해주므로 인입관로 공사를 시행 ④ 전화 인입관로 공사시 CABLE증설을 고려하여 예비관로를 포설 ⑤ 전화 인입구는 적절한 방수처리 ⑥ 전자교환기가 설치되는 기계실은 온도, 습도가 적절	
	T.V 공청시설	① 안테나는 전계강도가 양호한 위치에 설치 ② 안테나가 피뢰침의 보호각 이내에 포함 ③ 증폭기(부스타)의 전원배선이 누락되지 않도록 한다 ④ 콘센트 가까이에 TV OUTLET을 설치	
	ELEVATOR	① ELEVATOR는 속도가 빠를수록, 운행층수가 높을수록 가격이 비싸 　므로 선정시에 주의 ② 기계실 분전반까지의 동력, 전등, 조명, 비상조명의 배관배선이 누락 　되지 않았는지 점검 ③ 기계실은 전동기 발열로 실내온도가 높아지고, 여름철에는 더욱 　심하므로 환기창, 강제 환기 장치를 설치하여 기기작동에 이상이 　없도록 고려 ④ 승강로의 각종 치수를 오차가 없도록 시공하고 설치회사와 협의	

공 종	ACTIVITY	CHECK POINT	비 고
전기설비 공사	주차관제 설비	① 무인 요금정산 장치는 1층 정도에 사람이 붐비지 않는 넓은 장소에 설치 ② 장비의 PAD는 20㎝ 이상으로 하고 차량충돌 방지 장치를 하는것이 좋다 ③ 차량 유도표지판을 잘 보이는 곳에 설치 ④ 지하 주차장은 공기보다 무거운 탄산가스에 의해 배기가 어려우 므로 강제 환기 설비를 하는 것이 좋다 ⑤ 주차타워시설은 공사계약전에 공사시공 범위를 구분시켜 공사관려 범위를 분면히 해야 한다(예 : 전원인입, 소화설비, 환기, 조명시설 외장, 외벽, 배수시설 등) ⑥ 루우프 COIL식 차량검출기는 시공시에 COIL 바닥에서 30㎜ 정도 깊이로 철근과 40㎜ 이상 떨어져야 한다 ⑦ 적외선 방식의 검출기는 사람이 지나가도 동작하지 않아야 하고, 직사광선이 비치는 곳을 피하고, 자동차 헤드라이트 불빛에 의해 오동작 하지 않는 곳에 설치	
	자동화재 탐지설비	① 화재 수신반은 항시 사람이 있는 장소, 수위실 등에 설치 ② 통로 유도등은 바닥으로부터 1M이내의 높이에 설치 ③ 피난구 유도등은 바닥으로부터 1.5M 이상의 높이에 설치 ④ 화재 수신반과 방송설비는 연동하여 비상방송을 할 수 있도록 한다 ⑤ 비상콘센트는 건물층수 11층 이상의 건축물에 설치되며 설치높이는 바닥에서 중심까지 1.0M ~ 1.5M 이내로 한다 ⑥ 건축 구조변경, 구획변경으로 화재 감지설비가 변경된 경우 관할소 방서에 변경 신고 ⑦ 화재 감지기는 흡출구로부터 1.5M 이상 떨어져 있어야 한다	

공 종	ACTIVITY	CHECK POINT		비 고
품질관리자 선임기준	특급품질 관리대상	① 공사규모 : 품질관리계획을 수립하는 건설공사로서 총공사비가 　1000억원 이상인 건설공사 또는 연면적 5만제곱미터 이상인 다중 　이용건축물의 건설공사 ② 자격요건 : 시험실규모(100㎡이상) 　- 특급품질관리원 1인 이상 　- 중급품질관리원 이상의 품질관리자 1인이상 ③ 관련법령(특급품질관리원)		발주청 또 는 건설공 사의 허가· 인가·승인 등을 한 행 정기관의 장이 특히 필요하다고 인정하는 경우에는 공사종류, 규모 및 현 지실정과 법 제25조 의 규정에 의한 국,공 립시험기관 또는 품질 검사전문기 관의 시험, 검사대행의 정도 등을 감안하여 시험실 규 모 또는 품 질관리 인 력을 조정 할 수 있다.
		박사+ 3년이상(품질관리업무) 석사+ 9년이상(품질관리업무) 학사+ 12년이상(품질관리업무) 전문대학+ 15년이상(품질관리업무) 고등학교+ 18년이상(품질관리업무) 국공립시험기관 or 품질검사전문 기관+ 10년(품질관리업무)	품질시험기술사 토목,건축기사+ 10년이상 토목,건축산업기사+ 13년이상 건설재료시험기사+ 8년 건설재료시험산업기사+ 11년 기사+ 10년(품질관리업무) 산업기사+ 13년(품질관리업무)	
	고급품질 관리대상	① 공사규모 : 품질관리계획을 수립하는 건설공사로서 특급품질관리대 　상공사가 아닌 건설공사 ② 자격요건 : 시험실규모(50㎡이상) 　- 고급품질관리원 이상의 품질관리자 1인 이상 　- 중급품질관리원 이상의 품질관리자 1인이상 ③ 관련법령(고급품질관리원)		
		박사+ 1년이상(품질관리업무) 석사+ 6년이상(품질관리업무) 학사+ 9년이상(품질관리업무) 전문대학+ 12년이상(품질관리업무) 고등학교+ 15년이상(품질관리업무) 국공립시험기관 or 품질검사전문 기관+ 7년(품질관리업무)	토목,건축기사+ 7년이상 토목,건축산업기사+ 10년이상 건설재료시험기사+ 5년 건설재료시험산업기사+ 8년 기사+ 7년(품질관리업무) 산업기사+ 10년(품질관리업무)	
	중급품질 관리대상	① 공사규모 : 총공사비가 100억원 이상인 건설공사 또는 연면적 　5,000㎡ 이상인 다중이용건축물의 건설공사로서 특급 및 고급품질 　관리대상공사가 아닌 건설공사 ② 자격요건 : 시험실규모(30㎡이상) 　- 중급품질관리원 이상의 품질관리자 1인 이상 　- 초급관리원 이상의 품질관리자 1인 이상		

공 종	ACTIVITY	CHECK POINT	비 고
품질관리자 선임기준	중급품질 관리대상	③ 관련법령(중급품질관리원) 석사+3년이상(품질관리업무) / 토목,건축기사+4년이상 학사+6년이상(품질관리업무) / 토목,건축산업기사+7년이상 전문대학+9년이상(품질관리업무) / 건설재료시험기사+2년 고등학교+12년이상(품질관리업무) / 건설재료시험산업기사+5년 국공립시험기관 or 품질검사전문 / 건설재료시험기능사+7년 기관+5(품질관리업무) / 기사+4년(품질관리업무) / 산업기사+7년(품질관리업무)	

	초급품질
	관리대상
		① 공사규모 : 총공사비 5억원 이상(전문2억원이상) 품질시험계획을
		  수립하여야 하는 건설공사로서 중급품질 관리대상공사가 아닌
		  건설공사
		② 자격요건 : 시험실(발주자와 계약한 면적)
		 - 초급품질관리원 이상의 품질관리자 1인 이상
		③ 관련법령(초급품질관리원)
		
		학사+1년이상(품질관리업무) / 토목,건축기사+1년이상
		전문대학+1년이상(품질관리업무) / 토목,건축산업기사+1년이상
		고등학교+3년이상(품질관리업무) / 건설재료시험기사
		국공립시험기관 or 품질검사전문 / 건설재료시험산업기사
		기관+2년(품질관리업무) / 건설재료시험기능사
		 / 기사+1년(품질관리업무)
		 / 산업기사+1년(품질관리업무)	

		PS) 제15조의4(품질시험 및 검사의 실시)
		  ② 영 제42조제4항의 규정에 의한 품질시험 및 검사의
		  실시에 필요한 시험실의 규모, 시험·검사장비의 설치와
		  시험 및 검사요원의 배치기준은 위의 표와 같다	

3.4 구매절차

3.4.1 업무 FLOW

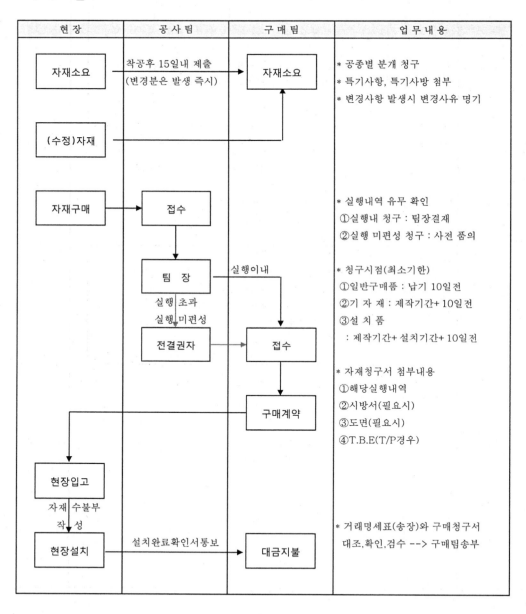

현 장	공 사 팀	구 매 팀	업 무 내 용
자재소요 → 착공후 15일내 제출 (변경분은 발생 즉시)		자재소요	* 공종별 분개 청구 * 특기사항, 특기사방 첨부 * 변경사항 발생시 변경사유 명기
(수정)자재			
자재구매	접수		* 실행내역 유무 확인 ①실행내 청구 : 팀장결재 ②실행 미편성 청구 : 사전 품의
	팀 장 → 실행이내 실행 초과 실행 미편성		* 청구시점(최소기한) ①일반구매품 : 납기 10일전 ②기 자 재 : 제작기간+ 10일전 ③설 치 품 : 제작기간+ 설치기간+ 10일전
	전결권자	접수	
		구매계약	* 자재청구서 첨부내용 ①해당실행내역 ②시방서(필요시) ③도면(필요시) ④T.B.E(T/P경우)
현장입고 자재 수불부 작성			
현장설치 → 설치완료확인서통보		대금지불	* 거래명세표(송장)와 구매청구서 대조.확인.검수 --> 구매팀송부

3.4.2 자재관리

공 종	ACTIVITY	CHECK POINT	비고
자재소요 계획서 작성	총괄 자재 소요 계획서	• 착공 보고회 발표시/소정양식/착공 보고회 첨부	
	연별 자재 소요 계획서	• 매년 12월15일까지/소정양식/작성하여 관리	
	분기별 자재 소요 계획서	• 매분기 시작 15일전/소정양식/작성하여 관리	
자재청구 및 구매	자재구매 요청서	• 공사용 납품, 가설자재/본사 통합구매팀에서 구매실시	
	자재청구서작성 /현장구매	• 현장 잡자재/소액/긴급을 요청하는 자재 (우천, 태풍, 기타)/전도금 정산	

자재입고	입고/기록	① 자재가 입고 되기 전 자재의 성질,수량,분출 계획에
		  따른 하역장(창고.야적장,작업장)을 결정하여 반입
		  준비를 한다.
		② 검수완료되어 입고된 자재는 반드시 수불대장에 기
		  록한다	

자재검수	검수자	① 관리(자재)담당 : 수량 및 발주통보서상의 납품조건 확인 및 검수 ② 시공 담당자 : 규격 및 기술적인 측면 확인 날인 ③ 지정 검수기관 : 감리 또는 발주처의 감독	
	검수요령	① 발주통보서/계약서(사양서,도면)상 조건과 일치여부 ② 품질,수량 및 규격의 정확성 여부 ③ 견본품이 제시된 경우 그와 합치 여부 ④ 파손 및 하자 여부(팔요시 사진 촬영) ⑤ 납품조건(현장도착도/현장하차도/지정장소하차도 등) ⑥ 재작품 또는 특수자재 : 제작중 또는 납품전 공장검수	

	검수결과
	조치
		① 검수 합격시 : 거래 명세서,인수증에 서명 날인
		  (세금 계산서,품질 보증서)
		② 검수 불 합격시 : 납품 업자에 즉시 반품 처리
		  본사 구매 조달팀에 연락	

자재불출	불출기록	① 자재 불출 허가시(담당기사 작성) 결재 후 불출
		  및 수불부에 기록관리
		② 송장 작성시 전출현장 작성 후 보관/ 전인현장 기입후
		  본사 FAX 송부	

공 종	ACTIVITY	CHECK POINT	비고
자재 전출입	전/출입	① 전출입 현장은 전출입품의 상태를 자재수불부에 기록/보관한다. ② 전출 현장은 전출물품의 규격,수량,금액,상태,자산관리 자산관리 번호등을 정확히 기입하여 이관요청한다. ③ 결재선 : 전출현장대표>전입현장대표>본사 관리부 전입 현장은 전입 내역서의 물품을 수불대장에 입고 처리하며 부외자산일 경우 수량 및 자산관리번호 상 태만을 기입한다 ④ 운반비는 전입 현장에서 부담한다	
자재보관 (창고관리)	보관/관리	① 품목별로 분리하여 보관/담당자는 이상여부를 확인 월 1회 보고 ② 수량,부피,중량,특성,상하차방법,사용현장과의 거리,사용 빈도를 고려하여 보관한다 ③ 야적장은 배수로,천먹,도난방지등 자재의 안전 보관에 유의 ④ 자재창고는 가능한한 사무실과 인접한 장소 선택 자재창고에서 입고,출고,보관하는 자재는 별도 수불대장 비치하여 관리	
관리대장 기록/관리	입고/출고	① 모든 입고물품 내역은 월별로 마감하여 수불부에 기록/상시 검열 가능 상태 유지, 보관한다 (입고 즉시 납품/설치확인서를 본사/구메팀에 송부 하며 매월 25일 마감을 원칙으로 한다.) ② 수불상의 출고 및 재고 금액 산출은 이동평균법 선입선출법에 의한다 ③ 부적합 발생에 따른 손실 발생시 일정기준 손실액 계산/재고금액 산출 ④ 계측기/시험기자재/공기구/동력장비등은 입고와 출고 상황을 관리대장에 기록/관리하도록 하며 비품 및 잡자재 또한 동일하게 관리하도록 한다. ⑤ 소모성 공가구는 수불부상 입고와 동시에 출고 처리할 수 있으며, 재사용 가능한 품목은 본사에 보고하여 본사 담당자와 공통으로 관리할 수 있 도록 한다.	

공 종	ACTIVITY	CHECK POINT	비고
손망실 처리	책임 보고 변상	① 손망실 책임은 당해물품 운영 담당자(현장)에게 있다. 　(행위자 확인시 별도) ② 담당자는 사전에 예방 못한 관리에 대한 책임을 지며, 　불분명시 현장대표에게 책임이 있다. 　손망실 보고는 담당자-->현장소장-->본사 ③ 중대 손망실 사항은 다음 사항을 대표께 보고한다. 　(사고 발생시 일시 및 장소/품명, 규격, 수량, 　자산 관리번호/원인 및 조치 사항) ④ 관리부서장은 사고의 진상과 책임 소재를 규명하여 　변상 등 처리방법 결정	
부적합 발생관리 [불용자재/ 폐자재 관리]	매각/폐기	① 부적합 : 본래의 용도를 만족 시킬 수 없는 상태 　[수리필요/검교정 주기 초과/불용재고/미사용 　장기재고/현장 불 채용등에 따른 반품] ② 소장은 부적합 발생시 별동의 관리대장 작성 및 　본사 보고 후 조치 ③ 매각에 따른 수익 발생시 본사보고 후 입금조치 ④ 비품의 부적합 발생에 따른 매각 및 폐기의 범위 　- 내용년수와 상관없이 성능이 현저하게 저하되 　　어 수리비의 과다지출이 발생하는 경우 　- 본사 반납이나 전용이 불가능한 경우 　- 기타 매각/폐기처분이 타당하여 승인된 물품	
검교정 관리	관리/수리	① 소장은 검교정 계획서를 작성 본사에 보고하고 　검교정실시 및 기록관리 ② 검교정 실시 후 필증을 별도 관리 및 준공 후 　이관시 관련 내용 첨부 ③ 현장 소장은 협력 업체에 대한 자재 검교정 　사항도 수시로 확인 및 관리	
공차/공기구 자재관리	관리/수리	① 공차 자재는 가설재, 공기구등 본사 재산을 현장 　에서 손료를 부담하고 임차하여 사용하는 것 ② 전 현장간에 전용도를 최대한 높이도록 한다 ③ 공차 자재의 수리 : 구매조달팀에 의뢰/수리비는 　현장에서 부담 ④ 현장에서 조치할 수 없는 장비 및 공기구는 　본사 통보후 창고에 이관조치	

공종	ACTIVITY	CHECK POINT	비고
비품관리 및 원가처리	원가처리 자산평가	① 비품의 회계처리 투입비용 적용 원칙으로 한다 ② 모든 비품에 대하여 취득 금액을 비용으로 계상하여 100% 원가 처리하고, 공사준공(완료)15일전 공사관리 팀장이 실시하는 자산평가에 의거 재평가 금액을 현장 원가에서 공제하여 결산한다. (단, 현장의 개설 상황 및 기타 제반조건에 의거 본사반납 또는 타 현장 전용이 불가할 경우 현장매각 후 환수 금액을 본사에 환입한다.) ③ 자산의 재평가 기준은 다음과 같이 적용한다 - 자산 재평가는 취득금액, 사용년수 등을 감안하여 통 구매팀에서 산정한다. - 사용년수는 신품의 경우 3~4년으로 하고 중고품을 전용하여 현장에 재투입시 정액법에 의하여 구입단가대비 감가상각하여 원장 원가로 산정적용 한다. (단, 비품의 상태에 따른 구매팀의 자산재평가 금액이 있을 시에는 사용년수의 정액법적 감가상각에 의한 단가보다 우선하여 적용한다) ④ 구매팀장, 공사팀장은 모든 비품의 이상 발생 가능성에 대한 점검/보수/교환/폐기를 관할할 책임이 있다.	
준공후관리	이관 및 환수	① 현장대표는 공사준공 15일 이전에 잉여자재 및 비품 현황보고서를 작성하여, 공사팀장에게 통보하여야 하며 후결 후 이관 및 환수, 시정 조치한다 ② 현장대표는 공사준공 7일 이내에 현장의 자재상태를 조사하여 자재 업무인수인계에 필요한 사항 및 실사 결과를 분석, 검토하여 문제점 발생시 개선책을 강구하고 필요한 조치를 취하여야 한다 ③ 공사팀장은 실사 후 손망실이 발생한 경우 그 원인에 따라 원상복구 및 수리 또는 절차를 밟아 폐기하도록 할 수 있으며 재물 조사결과에 따라 재물조정 내역을 수정 기록한다.	

관련양식 1. 자재승인요청서(대갑승인용)

자 재 승 인 요 청 서

공 사 명 :

문서번호 :

번호	품 명	자재승인요청업체			KS, ISO 인증여부	승 인		REMARK
		A 사	B 사	C 사		불가	가	
01					●			
02					●			
03					●			
04					●			
05					●			
06					●			
07					●			
08					●			
09					●			
10					●			
11					●			
12					●			

상기 자재에 대하여 공급업체 승인을 요청합니다.

20 년 월 일

현장대리인 : (인)

● ● ● ● 주 식 회 사

책임감리원 : (인)

관련양식 2. 자재구매요청서(사내청구용)

갑지

PAGE: 1 OF 1

MATERIAL REQUISITION SHEET
(자재구매 요청서)

관리본부	담 당	구매팀장	본 부 장

□ REQUSITIOPN NO :

□ 작 성 일 자 : _____

□ 작 성 부 서 : _____

□ 작 성 자 : (서 명)

□ 현 장 소 장 : (서 명)

□ JOB NUMBER : _____

□ PROJECT NAME : _____

□ 접 수 일 자 : _____

합의	공사관리팀장 :	(서명)
	공 사 팀 장 :	(서명)

[RECOMMEND VENDOR]
(업체명, 담당자, 연락처를 필히 기재바랍니다)

No	업체명	담당자	연락처
1.			
2.			
3.			
4.			

번호	품 명	규 격	단위	수량	예상 견적가	실행 예상금액	요청납기일	납품조건
1								
2								
3								
4								
5								
6								
7								
8								
9								
10								

구매-049AA4-02

*첨부서류 : 실행내역서 , 특기시방, 관계도면, 작업지시서(변경 및 추가물량 발생시)

3.5 외주발주

3.5.1 업무 FLOW

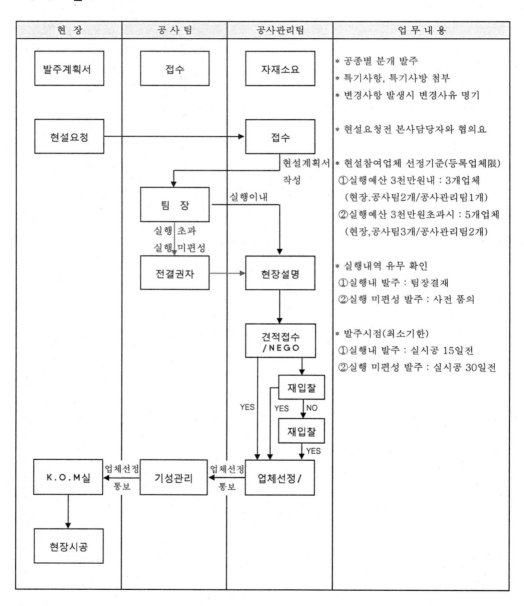

3.5.2 외주관리

공 종	ACTIVITY	CHECK POINT	비고
하도급 개요	목적 및 적용범위	• 공사의 하도급 관리업무에 협력회사의 선정,계약 등록/평가/상벌/지도육성 등의 제반업무를 규정함으로써 효율적인 하도급 관리로 경쟁력강화 기반구축과 차별화된 시공능력을 확보한 우수 협력회사 육성을 목적으로 한다.	
	하도급의 정의	• 원사업자가 수급 사업자에게 건설위탁을 하거나 다른 사업자로부터 건설위탁을 받은 것을 수급사업자에게 다시 위탁하고, 위탁받은 수급사업자가 위탁받은 것을 신고하여 이를 원사업이를 원사업자에게 인도하여 대가로 하도급 대금을 수령하는 행위를 말한다.	
	하도급 거래의 목적	① 조직관리의 효율화 ② 합리적인 역할 분담에 의한 상호이익 보호 ③ 근로자 동원의 원활로 능률 향상 기대 ④ 대기업의 사회적 책임 수행	
협력업체 선정	실정보고의 실시 및 처리	물량 및 내역항목 추가 및 변경으로 인한 실정 보고는 발주품의 15일 이전에 실시하여 공사관리팀의 검토/승인 후 반영하되 실정 보고 미승인시 공무팀에서 적정성을 검토 조정하여 처리한다	

	발주 품의서 포함사항	① 발주 품의서/표준현장 설명서
		② 현장 설명시 구비서류
		 - 공사도면 : 해당공종에 필요한 도면 및 상세도
		 - 견적조건 및 특기 시방서 : 공사범위,시방서
		   자재,지급 조건 등
		 - 내역서 : 도급 및 실행 내역 철저 검토후 작성
		   하며,재료비,노무비,경비로 구분하여 작성한다	

	현장 설명시 준비서류	① 현장 설명서 ② 업체 제출용 공사내역(내역 입찰 시) ③ 열람용 도면,시방서,특기 시방서,지질조사서 구조계산서 등 구조계산서 등	

	현장 설명시 유의사항	• 도급 계약시 발주자와의 협의사항 등을 사전에
		  파악 현장 설명서에 명기하고 공사기간,기성지급
		  조건 공사물량 등은 당사 도급 계약 기준에 따라
		  해당 사항을 상세히 설명한다	

공 종	ACTIVITY	CHECK POINT			비고
하도급 계약	건설공사 종류별 하자담보 책임기간	구분	대상물	하자담보기간	
		건축	① 대형공공성 건축물(공동주택, 종합 병원,관광숙박시설.대규모소매점과 16층 이상 기타용도의 건축물)의 기둥과 내력벽	10년	
			② 대형공공성 건축물 중 기둥 및 내력벽외의 구조상 주요 부분과 ①이외의 건축물 중 주요부분	5년	
			③ 건축물중 ①,②와 전문공사 를 제외한 기타부분	1년	
하도급 대금지급	개요	①현장대표는 매월 25일 기준으로 하도급기성을 당사 담당 기성검사원을 제출토록 하도급자에게 지시한다. ②공종 담당자는 해당월의 기성물량 내역서를 접수하여 검 토하고, 현장대표의 확인을 받아 본사에 제출한다. ③공무팀장은 현장 자금 청구서를 접수,검토 후 회계팀으로 송부해야 한다 ④하도급 거래 공정화에 관한 법률(제13조) 참조			

■ 기성고 확정 및 지급 절차

	구 분		업 무 내 용	비고
	현 장	기성마감	①현장대표는 매월 25일 기준으로 하도급기성을 당사 담당 기성검사원을 제출토록 하도급자에게 지시한다. ②설날,중추절,연말등의 기성마감은 본사의 지침에 따라 시행.	현장 공사책임자
		기성검사원 접수/검토	①하도급업체로부터 해당월의 기성산출 내역서를 접수 받아 검토하도록 한다. ②기성 검사원에는 하도업체의 대표자 또는 현장대리인의 서명 날인이 반드시 있어야 한다.	공사책임자 공무책임자
		기성사정/ 확정기성 통보	①기성검사원에 의거 확정하되 사정내역은 제출한 기성물량 내역서에 표시하여 현장소장의 서명날인 후 하도급자에게 확정 기성을 통보 ②또한 사정금액 위에는 하도급 대표 또는 현장대리인의 서명 날인을 동시에 기재하여 부당감액에 의한 불이익을 사전에 예장하여야 한다.	공무책임자 현장소장

공 종	ACTIVITY		CHECK POINT	비고
하도급 대금지급	현 장	기성청구	① 하도자별로 기성 명세서를 작성하고 총괄내역은 　별도로 작성하여 본사에 자금청구시 제출. ② 하도자별 총괄 청구내역기준 세금계산서 및 계산서 　발행하여 자금청구시 제출 ③ 세금 계산서 발행일은 매월말일 청구 ④ 마감일자 조정시에는 별도 지침에 의거 발행일자를 　조정 (하도급업체의 청구 세금계산서 접수는 현장)	관리책임자 현장소장
	본 사	기성검토 및 지급준비	① 현장 하도자별 기성의 과기성여부 확인 ② 현장별 기성 취합 ③ 건설사업본부 결재후 공사관리팀 송부	공사팀
		기성지급	- 현금 지급분 : 일천만원 미만의 기성금에 대하여 익월 　　　　　　　지정일 이전 재무팀에서 거래계좌로 일괄 지불	재무팀

3.6 설계변경/정산

3.6.1 외주관리

공 종	ACTIVITY	CHECK POINT	비고
하도급 변경계약	개요	① 현장대표는 하도급 계약금액의 변경시 업무협조 변경내역 첨부하여 공사관리팀장에게 송부하여야 한다. ② 공사팀장이 변경사유를 확인/검토하고, 공사관리팀장은 변경 계약절차에 따라 변경계약을 행한다. ③ 건설산업기본법 제 36조(설계변경등에 따른 하도급 대금 조정등) 참조	
	설계변경등에 따른 하도급 대금조정	• 원사업자는 제조등의 위탁을 한후에 발주자로터 설계변경 또는 경제상황의 변경등의 이유로 추가 금액을 지급받은 경우 동일한 목적물의 완성에 추가비용이 소요될 때에는 받은 추가 금액을 따라 감액 할 수 있다 이때, 하도금액의 증액/감액은 원사업자가 발주자로부터 증액/감액을 받은 날부터 30일 이내에 하여야한다.	
하도급 변경계약	하도급 변경계약 요청	① 설계변경이나 물량 정산조건으로 계약된 하도급공사의 계약변경 요청은 현장에서 도급대비표를 작성하여 공사 팀을 경유하여 공관리팀에게 품의 의뢰한다. (승인전 시공분은 지급 불가) ② 설계변경인경우 변경사유를 기재하고 기존의 하도급 계 계약시와 동일단가를 적용하며 신규단가의 경우 물가지 와 관련 업체의 견적서를 비교하여 예산 범위내에서 신 규단가표를 작성하여 결정한다. ③ 원품의서와 동일방식으로 결재 후 본사에서 변경계약을 체결하여 현장에 통보하며 변경계약도 본계약과 동일한 방식으로 체결한다.	
	변경계약시 유의사항	① 변경계약시기 : 변경사유 발생시 ② 변경계약은 변경 합의서에 의거 작성하며 변경내역서를 유첨하여 계약한다 ③ 변경계약에 의거 공사금액.공사기간이 변동시는 사용자 배상책임 보험 및 공사이행보증서도 변경연대보증인 포함) 또는 추가로 징구하여야 한다 ④ 공사금액 변경없이 공사기간만 변경인 경우는 현장에서 현재 사용인감으로 계약체결 후 변경계약서/공사이행보 증서/사용자 배상책임보험증권을 본사에 송부한다.	
	계약변경 서류	• 변경 합의서, 변경 내역서, 계약 이행보증서, 인지 사용자 배상 책임 보험 증권	

공 종	ACTIVITY	CHECK POINT	비고
하도급 정산	개 요	① 현장대표는 하도급 정산시 정산내역을 첨부하여 정산 품의서를 공사팀장의 결재 후 공사관리팀을 경유 대표의 결재를 받는다 ② 공사팀장은 정산품의서의 하도급 정산금액을 확인/검토한 후 합의하며, 필요시 변경계약 품의를 실시하여 건설사업본부장의 승인을 득한 후 공사관리팀에 통보. ③ 공사관리팀은 확정된 정산금액으로 변경 계약을 체결. ④ 관련법규 (하도급 거래 공정화에 관한 법률 시행령 제3조)	
	정산절차	① 하도급 업체의 해당공사가 완료되면 계약건별로 최종 공사물량 및 금액을 정산하여야됨에 따라 하도업체의 대표자 명의로 작성된 준공정산조서를 접수하여 최종 금액을 확정 현장대표의 확인을 득한 후 본사로 송부. (당초대비 하도급 변경내역서 첨부) ② 하도급 계약조건상 물량정산 조건이 없거나 설계변경이 발생한 경우 하도급자가 이의를 제기할 수 있으므로 현장에서 실시공량에 대한 정확한 사정 및 하도급자의 정산 합의서를 징구하여 승인요청한다. ③ 정산 대비표에 의거 공사팀장은 하도급 정산 품의서를 확인,검토한 후 합의하고,건설관리 본부장의 결재를 득하여 현장에 통보한다	
	정산변경계약	① 내부 품의서 상의 기성 정산 내역에 따라 공사 계약팀은 변경 합의서 및 변경 내역서를 작성 하도급자화 계약을 체결 현장에 통보한다 ② 하자보수이행증권 : 계약 정산 금액에 해당하는 일정률의 하자보수이행 보험 증권을 징구한다 ③ 정산합의서 : 하도급 대표로부터 관련 공사의 제반 사항에 대한 정산합의서를 징구하여 차후 분쟁의 소지를 방지한다	
	정산시 유의 사항	① 선급금 지급시 선급금의 정산 여부 확인 ② 지원자재,지원장비대금 등 공제분의 정산확인 ③ 산재등 미결 여부 확인 ④ 현장 주변의 하도업자 미불 정산 확인 ⑤ PUNCH WORK 완료 확인 ⑥ 임금 및 자재대 채불 확인	

chapter 09

JOB 관련자료의 정리 및 최종보고서(JPR 사례)

1. JOB 관련자료의 정리

1.1 목적

Manual은 Job을 진행하면서 Project Team 및 관련 각 부서가 작성, 입수하는 Job 관련자료(이하 자료라 한다.)를 합리적으로 관리, 이용하기 위한 것이며, Job Close Out 시점에 있어서 자료의 등록 및 폐기 기준을 규정한 것이다.

Team 및 관련 각 부서는 Job Close Out 시점까지 이 Manual에 따라서 자료를 등록, 폐기 또는 부내관리를 하도록 한다.

1.2 적용 범위

본 Manual은 수행하는 모든 Job 및 Proposl 특성에 맞추어 적용한다.

1.3 용어의 정의

1.3.1 Job Performance Report(이하 JPR이라 한다.)

Job Close Out 시점에서 Project Manager가 대표이사에게 보고용으로 별도로 정하는 Manual에 따라 작성하는 Job의 성과 보고서를 말한다.

1.3.2 Job Close Out Book(이하 COB라 한다.)

Job Close Out 시점에서 Project Manager가 HTM-0261 「Job Close Out 업무」 Manual에 따라 편집한 Job관련 자료집을 말한다.

1.3.3 자료 등록

프로젝트별 자료등록 Manual을 제정하여 「사내 기술자료의 등록 방법 및 이용」에 따라 자료를 자료실에 것을 말한다.

1.3.4 Vendor Prints

Vendor가 제출하는 모든 도면, 서류를 말한다.

1.4 관련 Manual을 제정

1.4.1 「기술공통자료의 팀내파일링 지침」

1.4.2 「사내 기술자료의 자료등록 방법 및 이용」

1.4.3 「Job Close Out 업무」

1.5 자료관리의 체계

1.5.1 자료의 분류

자료는 그 분류·검색 및 이용이 정확하고 신속하게 이용되도록 하여야 하며 Job Close Out 시점에서 다음과 같이 분류 관리한다.

1) Job Performance Report(JPR)에 첨부되어야 할 자료

소사장 또는 Project Manager가 작성하는 것으로서 첨부되는 자료는 Man Hour (M/H) 및 Cost의 예산 실적 비교표 등이 있으며, 이것들은 모두 대외비로 취급된다.
작성방법은 「Job Close Out 업무」에 따를 것

2) Job Close Out Book으로 편집되어야 할 자료

Project에서 편집하고 자료 등록하는 것으로서 Job명, Job No.만으로 검색하면 이용 가능한 Job자료 가운데 장기적으로 보관되어야 할 자료로서 Appendix I : Project Master Filing System의 COB의 편입란에 표시되어 있으므로 참조할 것

3) 참고자료로 등록되어야 할 자료

각 부서가 자료실에 등록하는 것으로서 Job명, Job NO., 이외에 Image부터 검색할 필요가 있는 자료로서 범용성이 있는 것이나 시공회사의 Know-How에 속하는 자료인 것

4) Vendor Prints

V-101 「Documentation For Vendor's Prints」의 요령으로 편집, 등록한다.

5) Workmanship Guarantee(WG) 시점까지 보관되어야 할 자료

Workmanship Guarantee 시점까지 Project Team에서 보관, 관리하여야 할 자료로서 Appendix I

Project Master Filing System에 표시되어있으며 Workmanship Guarantee 완료 후에 폐기한다.

6) 각 부서가 보관하는 자료

Appendix I Project Master Filing System 항목에 포함되지 않은 자료 중 각 부서가 자료로서 보관해야 할 필요가 있다고 판단되는 자료는 기술공통자료의 팀내 파일링 지침에 따라 보관, 관리한다.

7) 폐기자료

폐기지준(4항 참조)에 의거 폐기로 인정되는 자료는 즉시 폐기한다.

1.5.2 자료의 관리방법

전 항의 각 자료의 구체적 명칭 및 관리방법은 Appendix I Project Master Filing System의 대·중·소 분류에 의거 관리한다.

1.6 Job 진행 중의 자료관리

Project Team 및 각 부서는 장래의 Job Close Out 시점에서의 자료 관리가 편리하게 실시되도록 유의하고 Job 진행 중의 자료는 Appendix I Project Master Filing System의 기준에 따라 관리한다.

1.6.1 Job 자료 관리상의 유의

1) Filing 대상자료는 원칙적으로 기록, 증거, 계약 및 법규상 필요한 것만 Filing하는 것을 원칙으로 하며 기타의 자료는 사용 후 폐기할 수 있도록 관리할 것

2) 따라서 PM/PE는 이러한 것을 염두에 두고 서류에 File의 필요, 여부 및 File No.를 반드시 기입할 것

3) Eng'g 관계자료, 도면은 Project File에 알맞게 File되지 않기 때문에 Project 진행상 반드시 필요한 것은 별도 관리할 것

4) 폐기시기는 계약형태 등에 따라 전후관계를 실정에 맞도록 적당하게 설정하여 운용한다.

5) Job Close Out 후의 자료보관의 책임은 해당 Project와 자료실로 한다.

(주) "Day To Day File"에는 담당자가 필요에 따라 개인 File로 보관하는 것이기 때문에 해당작업이 끝난 시점에서 관계자료를 Project File에 편입 또는 폐기여부를 판단한다.

1.6.2 Project Master Filing System

1) Appendix I : Project Master Filing System의 분류체계 중 중분류까지는 반드시 사용하여야 하며 소분류부터는 각 Project 실정에 맞도록 사용해도 좋으나, 대·중분류의 추가, 변경, 삭제가 필요할 때는 문서관리 담당부서의 합의를 거쳐야 한다.

2) Project나 Team 또는 Assingn Engineer가 작성한 자료 중 본 System에 기재되지 않았거나 더 상세하게 분류 사용하고자 할 때는 가장 유사한 중분류후에 소분류를 추가하거나(MAX. 09까지) 소분류 Code후에 일련번호를 붙여 사용할 것

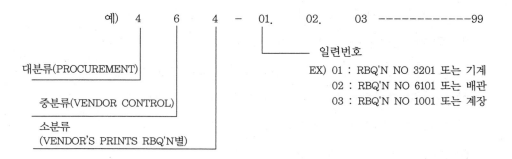

```
예)   4      6      4   -   01.    02.       03  ------------99
                                   │
                                   └──────  일련번호
      대분류(PROCUREMENT)                   EX) 01 : RBQ'N NO 3201 또는 기계
                                               02 : RBQ'N NO 6101 또는 배관
      중분류(VENDOR CONTROL)                   03 : RBQ'N NO 1001 또는 계장
      소분류
      (VENDOR'S PRINTS RBQ'N별)
```

1.7 자료의 폐기 기준

자료의 보존연한은 아래에 따르며 보존 기간이 경과한 자료는 폐기한다.

1.7.1 Job Performance Report 및 부속자료(영구)

1.7.2 Job Close Out Book : Workmanship Guarantee 완료후 10년

1.7.3 Vendor Prints(년 1회 Check하여 폐기)

1.7.4 등록자료(영구, 단 년 1회 Check 한다.)

1.7.5 각 부서 보관 자료 (HTM-0014는 「기술공통자료의 팀내 파일링 지침」에 따른다.)

1.8 보완관리

1.8.1 사외로의 유출금지

1) Job과 관련한 모든 자료는 Project Manager의 승인 없이 사외로 유출시켜서는 안된다.

2) 고객과의 비밀 준수 계약을 맺은 Project에 대하여는 어떠한 경우라도 Job 관련 정보 유출이 되지 않도록 특별히 유의할 것

1.8.2 보안등급

1) Proposal에 관한 자료 (담당자 한)

2) 계약에 관한 자료 (담당자 한)

3) Project 예산 또는 Cost 관리자료(M/H 포함) (담당자 한)

4) Project 관리자료 (회의록, 연락문서 등) (사내 한)

5) Basic Eng'g에 관한 자료 (부내 한)

6) Detail Eng'g에 관한 자료 (부내 한)

7) 구매에 관한 자료 (부내 한)

8) 공사에 관한 자료 (사내 한)

9) 시운전에 관한 자료 (사내 한)

10) 품질에 관한 자료 (사내 한)

1.9 BINDER의 규격

Job 및 Proposal 관련한 문서용 Binder는 다음과 같은 규격을 원칙으로 한다.

1.9.1 사내용 Binder(단위 mm)

- Size   A4 - 80 W   X   235L   X   310H
                      A4 - 60 W   X   235L   X   310H

- Punch Hole   70 X   2 Hole. 좌철

- Color   연미색 (Light Yellow)

1.9.2 고객 제출용(Final Documents) Binder(단위 mm)

- Size A4 - 80 W   X   235L   X   310H

- Punch Hole 70 X   2 Hole. 좌철

- Color 검정색 (Black)

단, 고객의 특별한 요구가 있을 경우에는 Project Manager가 고객과 협의 결정한다.

1.10 BINDER 표지

1.10.1 Job용 Binder진행 Job Binder의 표지를 사전준비하여 사용

1.10.2 Job용 Binder 겉표지 상단의 Color Code란은 빨강, 주황, 노랑, 초록, 파랑, 남색, 보라, 분홍, 연두, 검정색 중에서 Project No. 별도 Project Manager가 선택 사용하며 Job관련부서 모두가 같은 색상으로 하여 Job을 구별할 수 있도록 한다.

1.10.3 고객제출용 Binder

고객제출용 앞표지 및 고객제출용 겉표지를 제작 후 전체 Document를 Package화한다.

2. 공사완료보고

PROJECT 실행정산서 작성

① 현장대표 작성 후 사장 결재 후 집행

② 모든 수치는 공사관리팀의 해당현장 담당직원을 통하여 확인 후 기입

   (비고란 담당부서/담당직원 참조)

② 기입후 보조장부를 출력받아 공사관리팀의 자료와 비교하여 상이한 부분이 있는지 검토함.

| 집행 | 공사관리팀장 | | PROJECT 실행 정산서 | 결재 | 담당 | 팀장 | 부분부장 | 본부장 | 사장 |

현장명:

(단위 : 천원)

구 분	공 종	공 사	원 도 급			실행예산	하 도 계 약			손 익	비 고 (담 당부서)
			최초(A)	최종(B)	증감(C=B-A)	최초(F)	최초(H)	최종(I)	증감(J=I-H)	도급액 대비 (K=B-I)	
기자재		토목 / 건축 / 안전용품									통합구매팀, 담당직원
		기계 / 설비									
		전기 / 계장									
		합 계									개 념 +:이익발생
직접공사비	공사	건축	토목공사								공사관리팀, 담당직원
			파일공사								
			철근콘크리트공사								
			옹벽공사								
			철골공사								
			방수공사								
			습식공사								
			석공사								
			판넬공사								
			금속창호공사								
			도장공사								
			수장공사								
			S T F								
			준공청소								
			소 계								
	설비	설비									공사관리팀, 담당직원
		소 계									
	전기	전기									공사관리팀, 담당직원
		소 계									
	합 계										
	직 접 비 계										
간접공사비	보험료(산재,고용 임금채권, 수수료)										재무팀, 박상월 과장
	현장관리비										공사관리팀, 조혜집
	본사관리비										재무팀, 윤성인 대리
	미주비(설계,감리)										설계지원팀, 서은미
	일반관리비										9%~9.5%
	간 접 비 계										
총 원 가											
세 전 이 익											
세 전 이 익 률											
도 급 액											

3. JPR/COB 작성

3.1 업무절차

ACTIVITY	현 장	① 작성 / 제출 →	공 사 팀 건설사업본부	② 검토 / 결재 →	공사완료보고 현장대표

3.2 JPR(Job Performance Report) – 표준문서 참조

업무명	구 분	ACTIVITY	
작성기준	제출기한	(1) JPR 작성 대표보고 – 현장 JOB 종료후 7일 이내	
	CONTENTS	1. PROJECT 개요	1) PROJECT 형태
			2) 계약 현황
		2. PROJECT 손익현황	1) 손익 계산서
		3. PROJECT 조직	1) H&TC 조직도
			2) 현장 인력 투입 현황
		4. SCHEDULE	1) PROJECT 경과보고
			2) MASTER SCHEDULE
		5. 문제점 및 개선대책	1) 분야별 문제점 및 개선대책
		6. 성공 및 실패 사례	

3.3 COB(Close Out Book)

업무명	구 분	ACTIVITY
작성기준	제출기한	(2) COB 본사이관 – 현장 JOB 종료후 15일 이내
	CONTENTS	1. COB 구비항목 　(1)대갑계약서(최종분)　　　　　---> 바인더 제출 　(2)공문 및 승인관련 서류　　　---> 바인더 제출 　　1)대갑,대하도 주요공문 　　2)자재승인,설계변경승인,주요 검측요청서 　　3)중요 회의록 　(3)인수인계서　　　　　　　　---> 바인더 제출 　　1)시설물 인수인계서(대갑확인 필) 　　2)SYSTEM 운전교육 및 확인서 　　3)유지관리지침서 2. 설계도서　　　　　　　　　---> A3 도면(반접이) 및 CD 제출

4. 최종 보고서(JPR 사례)(Only Reference)

4.1 PROJECT 개요

- PROJECT 형태

- 사 업 명 : ㈜ 0000 신축공사
- 사 업 주 : ㈜ 0000
- 사업장소 : 경기도 00시   000
- 계약금액 : 당초 : 10,600(백만원)/ VAT별도
              최종 : 11,950(백만원)/VAT별도
- 계약기간 : 20 .   .   . ~ 20 .   .   . (개월)
- 계약형태 : LUMP-SUM CONTRACT
- 업무범위 : 시 공
- 공사개요 : 건축 공사

      건축개요 - 규   모 : 사무동 5층 , 공장동 3층
            - 대지면적 :
            - 건축면적 : 8,807.59 ㎡ (2,668.97 평)
            - 연 면 적 : 28,396.37 ㎡ (8,604.96 평)
            - 구   조 : 철근콘크리트 , 철골조

- 계약현황

(단위 : 백만원)

계약내용	계약금액	비 고
원도급계약	10,600	
추가계약	1,350	사업주 요구에 의한 설계변경
계	11,950	VAT 별도

4.2 PROJECT 손익현황

4.2.1 손익계산서

(단위: 백만원)

구 분			최초 도급	변경 도급	실행 예산	변경원가	비 고
도급액			10,600	11,950	11,150	11,950	도급 1,350 추가
총원가	직접비	기자재비	1,232	1,430	1,175	1,237	
		공 사 비	8.890	10,003	8,776	9,685	
		경 비	433	472	152	165	
	소계		10,556	11,906	10,093	11,088	당초 : 도급 -실행 (106억-111.5억 = -5억5천) 변경 : 도급 - 실행 (119.5억 - 122.6억 = -3억1천)
	일반관리비 (9%)		44	44	1,057	1,176	
	총원가		10,600	11,950	11,150	12,264	
손익							5.5억 - 3.1억 = 2억4천 절감(2.6%)

4.2.2 Project 손실발생사유 및 대책

손익차감 문제점	차후 대비책
1. 턴키베이스 방식이 아닌 공사 도급방식으로 설계사무소와 많은 이견 발생으로 인한 공사지연 2. 도급계약내역에 포함되지 않은 특약조건의 발생으로 이 도급내역을 상회하는 실행예산 편성. 3. 공사지연 대책으로 동절기 돌관공사 수행에 따른 투입비 증가 4. 공사계약후 충분한 도면검토 없이 공사착수 5. 지급자재인 판넬자재의 제작 납기지연으로 공기지연 6. 판넬완제품이 아닌 현장제작으로 공기지연 및 투입인원초과로 인한 금액증감	1. Construction Job의 수행시 설계사무소의 협조를 받기가 어려우므로 충분한 도면검토와 필요시 Shop DWG작업 수행. 2. 계약후 인수인계시 예상되는 공사수행의 문제점에 대하여 정확한 대책수립 필요. 3. 공사기간이 동절기기간과 겹칠 경우 동절기공사 수행에 대한 계약명기 필요. 4. 공사착수전 도면에 대한 검토 및 분석과 유사현장사례 연구 필요 5. 사업주 지급자재인 경우 사업주에게 납품확인계획서에 따른 납품이 될 수 있도록 협조요청 6. 사업주에 지시로 인한 무리한 공사일 경우 공기연장과 추가금액 요청.

4.3 PROJECT 조직

4.3.1 프로젝트 조직도

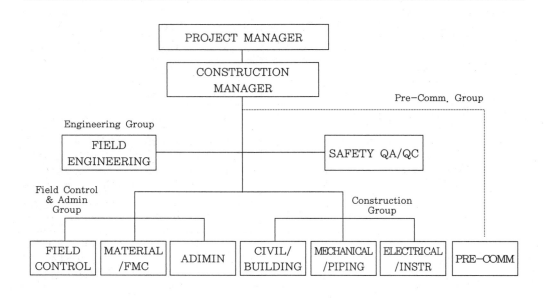

4.3.2 현장 인력 투입 현황

공종/직책	성 명	20 년				20 년				비 고
		D1	D2	D3	D4	D5	D6	D7	D8	
현장대표		←							→	8 개월
건축/과장							←		→	3 개월
전기/대리		←							→	8 개월
설비/대리						←			→	5 개월
건축/사원		←							→	8 개월

4.4 SCHEDULE

- PROJECT 경과보고

1) 공사계약	– 20 년 월 일
2) 준비 및 부지정지 착수	– 20 년 월 일
3) 사무동 및 공장동 PILE 공사	– 20 년 월 일
4) 사무동 기초 콘크리트 타설(MAT)	– 20 년 월 일
5) 공장동 기초 콘크리트 타설(MAT)	– 20 년 월 일
6) 전기공사 착수	– 20 년 월 일
7) 설비공사 착수	– 20 년 월 일
8) 철골공사 착수	– 20 년 월 일
9) 판넬공사 착수	– 20 년 월 일
10) 사무동 지하 1층 콘크리트 타설	– 20 년 월 일
11) 사무동 1층 콘크리트 타설	– 20 년 월 일
12) 사무동 2층 콘크리트 타설	– 20 년 월 일
13) 사무동 3층 콘크리트 타설	– 20 년 월 일
14) 사무동 4층 콘크리트 타설	– 20 년 월 일
15) 내장공사 착수	– 20 년 월 일
16) 전기 수전	– 20 년 월 일
17) 소방검사	– 20 년 월 일
18) 사업주 건물 입주	– 20 년 월 일
19) 건축물 사용승인서 교부	– 20 년 월 일
20) 준공식	– 20 년 월 일

4.5 문제점 및 개선대책

– 분야별 문제점 및 개선대책

항 목	시공회사 대응 및 문제점	대 책
1. 건축공사	① 계약시 영업부와 관련부서와의 유기적 협력 부족으로 원가상승	① 좀더 긴밀한 협조체제 구축으로 원가상승 최소화
2. 설비공사	① 사업주 설계변경 건 – 건축 LAY-OUT변경으로 인한 설비 FCU 및 DIFFUSER 재시공	① 사업주 및 건축과 협의후 재시공의 최소화 필요
3. 전기공사	① 당초 기존공장에서 저압 수전예정으로 작업도중 갑자기 한전 고압 수전으로 변경됨	① 사업주와의 유대관계 개선으로 설계변경 예측 관리로 인한 재시공 최소화
4. 공통		

4.6 성공 및 실패사례

성공사례			실패사례		
항 목	내 용	효 과	항 목	내 용	결 과
방수공사	공장동화장실 방수석고보드 → 방수석고보드위 비노출방수	품질개선	판넬공사	판넬은 시행사 지급자재로 현장제작하여 설치	공기지연
철근콘크리트공사	사무동 계단실과 슬라브 CON'C 분리타설로 동절기공사 정상진행	공기단축	전기공사	전력간선 저압케이블 설치 후 전기실 변경으로 철거	공기지연 및 원가상승
기계실 장비배수	도면누락 → 장비배수 매립배관	사업주 품질만족			
전기공사	HI-PVC 매입배관 → CD 매입 배관 변경	공기단축 원가절감			

부록

Appendix

1. 엔지니어링 용어집

ITEM	DESCRIPTION
계 약	
BL(Battery Limit)	Plant의 매매 계약에 있어서 공급되는 설비의 범위를 규정하는 경계선을 말한다.
Bulk Material	배관재료, 배선재료, 도료, 보온보냉재 등 itemize 할 수 없는 재료를 말함.
Calendar Day	Working Day 와는 다른 개념의 실제 날수
Consumption	소비량, 주요원료, Utility소모량
Capacity	개개기구 또는 plant의 용량. Plant Capacity는 생산능력
Delivery guarantee	납기의 보증
Equipment	Plant를 구성하고 있는 기기
Guarantee	보증
Initial operation	Plant를 건설을 완성하고 최초로 운전하는 것
Instrument	Plant를 제어, 감시하는데 사용하는 공업 계기류
Intermediate Prod.	중간제품
Mechanical Completion	Plant건설공사의 종료를 말함.
Performance guarantee	성능보증
Plant	공장. 일반적으로 제품을 제조하는 목적으로 설치되는 장치, 설비 및 기계의 집합체를 말한다.
Product	제품. *by-product : 부산물, 부제품
Quality	품질
Raw Material	원료를 포함한 원료총칭

Reedstock	주원료
Spare part	예비품
Start-Up	Plant의 정상운전 또는 guarantee test run을 행하기 위하여 운전을 개시하는 것
Stream Day	Plant의 연간 가동 일수
Test operation	Plant를 완성하여 시험적인 운전을 하는 것
Time guarantee	계약서에 정해진 Document Equipment의 Delivery, Mechanical Completion등 시점에 대한 보증을 말한다.
Turn-Over	Plant의 인도
Utility	기계, 설비 등의 운전 및 보수에 필요한 steam, 물, 연료, 전기, Inert gas 등을 총칭함. *INERT GAS : 비활성기체
Breakdown	견적에 대한 내역서를 말한다.
Budgetary Estimate	주로 예산작성을 위한 가산으로 Cost Curve등을 사용한 가산어이다.
Commission	넓은 의미의 수수료
Contingency	risk를 대비한 예비비 *contingency : 우발사건
Direct Cost	직접노무비+직접재료비+직접경비
Estimate	견적을 의미하며 통상 정식 Quotation보다는 개략적으로 견적을 제출하는 것을 말한다.
Field Expense	현장업무에서 필요한 경비로서 현장사무소에서 발생하는 비용
Indirect Cost	간접노무비+간접재료비+간접경비
Know-how Fee	Process Plant 또는 기기에 있어서 연구, 경험, 실적 등에 의해 취득한 기술에 대해서 지불하는 비용
License Fee	Royalty, Know-how Fee 등을 포함한 특허료를 말한다.
Overhead (경상비)	일반관리비, 일반공통으로 발생하는 비용 및 사업전체의 관리에 소요되는 비용
Per Diem Rate	라틴어로 "일상의"라는 의미. Supervisor의 파견비용이며 단가기준으로 필요함.

Project expense	Project 수행상 필요한 경비에서 Home office에서 발생하는 비용
Royalty	특허사용료

타당성 조사(Feasibility Study)

Depreciation	감가상각비
Feasibility	Plant건설 실행 가능성, 손익관계를 연구하는 것
TIC	(Total Investment Cost) 총건설비

업무범위

Basic Design Package	통상 Basic engineering까지의 업무내용을 총칭하는 것으로서 Basic design의 soft부분만을 일괄편집하여 owner에 제공하는 Document
Basic Engineering	기본설계. Process 설계로부터 시작하여 Plant를 구성하는 equipment (기기) 사양, Spec.의 결정 등
Detailed Eng'g	상세설계. Engineering 업무 중에서 Basic Engineering에서부터 이어지는 일로서 통상 공사설계, 즉 기기 및 재료의 시방서, 탑조류 상세도면, 배관도, 토건, 전기 및 계장공사 등 포함
DH (Direct Hire)	임시고용원
Infrastructure	Plant주변의 공공설비 즉, 항만, 철도, 자동차 도로 등 *infrastucture:하부조직[구조], 영구기지
Process design	Eng'g work의 흐름 중에서 중요한 BASE가 되는 업무로 Process flow 의 결정, 기기의 기초설계, Material balance Heat balance 의 계산. Basic design, Plot plan, P & I등의 작성이 여기에 포함된다.
Procurement	조달. Detaled Eng'g 단계에서 작성된 사양서에 기준하여 행해지는 구매 (Bid, Bid tabulation) Expedite, Inspection 등의 업무를 총칭함. *tabulation : (일람)표로 만들다.
Procurement Service	발주업무
Site survey	현지조사, 현장조사
Superintendent	총감독자

Supervisor	감독지도자

Plant의 종류와 설계

Bench Scale Unit	실험실 내 규모의 실험장치
Copy Plant	기존 Plant를 모방한 Plant

Debottlenecking

Expansion	기존 또는 계획중의 설비를 확장하는 것
Grass Root Plant	처녀지에서 건설하는 Plant. 부대설비등의 일체공사, 비용, 경비 등 포함.
Kombinat (원어는 러시아어)	기업집단을 말하는데 일정지역 내에서 기초원료로부터 제품에 까지 생산 단계가 다른 각종 생산부분이 기술적으로 엮여져서 집약적, 계열적으로 건설된 공단(ex. PETROCHEMICAL COMPLEX)
Modification	가감, 수정
Overdesign	안전 또는 장래의 확장을 위하여 장치가 필요로 하는 능력 이상으로 과대하게 설계하는 것
Pilot Plant	새로운 Process Plant가 개발되는 과정에 있어서 공업적 규모의 Plant를 설계하기 전에 제작하는 시험용 Plant를 말함.

설비

Cooling Tower	냉각탑. Plant 내에서 사용하는 냉각수를 순환하여 사용하는 경우 냉각수를 공기와 접촉시켜 냉각시키는 장치
Fire Fighting Facility	방화설비. 화재경보장치, 소화용수, 배관, 소화기, 소방자동차등.
I S B L	Inside of Battery Limit
O S B L	Outside of Battery Limit
On-Site	전 Plant 골격인 Process Plant
Off-Site	Utility, Storage 등
Tank yard	Process plant의 원료, 중간제품, 최종제품, 각종 chemical 등의 탱크를 plant의 한곳에 모아놓은 Area.

Water Treatment Facility	수처리설비. Plant에서 사용하는 Process Water, Cooling water, Boiler water 등을 제조하는 장치
관계기업	
Agent	대리점. owner와 maker간에 거래하여 maker의 영업 또는 기술 service 활동을 대행하고 maker활동을 대행하고 maker로 부터 수수료를 받음.
Client	고객. 통상 Customer와 구별하여 특정고객을 말한다.
Competitor	경쟁자, 경합자. 경쟁응찰의 경우 입찰에 참가하는 회사들을 상호 Competitor라고 한다.
Consortium	국가간 또는 회사간에 재정의 원조 또는 산업지배 등을 위해서 결성하는 국제적인 자본합동차관단을 말한다. 좁은 의미로는 어떤 Project에 대해서 국제적인 융자를 주는 조건으로 몇 개의 기업이 합쳐 Group을 형성하는 것
Consultant	전문적 기술에 대한 상담역 (공사부문, 경영부문 등)
Contractor	계약자. 통상 plant 건설의 계약을 하는 경우 공사, 설계 등을 계약하는 계약 당사자
Customer	고객. 통상 불특정 다수고객을 일컫는다.
Licensee	Licenser로 부터 license를 받은 당사자 또는 피허권자 또는 실시권자라고 말함.
Licenser	해당 Process 에 관한 특허 know-how 소유자
Maker	기기의 설계, 제작등을 하는 업자
Manufacturer	Maker와 동일한 의미
Owner	해당 Project에서 Plant의 소유자
Prime Contractor	주계약자, 원청자
Sub Contractor	하청업자, 재계약자, 하도업자
Technical Advisor	기술적 조언을 하는 사람
User	수요자, 상품사용자

Vendor	기기, 재료 등의 hard 또는 설계, 공사 등의 soft를 주문하는 경우 주문처를 총칭

입찰

Agreement	당사자 간에 의사의 일치가 이루어진 것을 말함.
Bid	입찰은 주문자가 입찰서류에 기준하여 다수의 업자에게 동일조건으로 각각 개별적으로 견적케하여 공정한 견적을 하게 함으로써 주문자 측에 유리한 견적을 제출한 업자를 발주자로 하는 방법을 사용한다.
Bid Bond	입찰에 응한 업자가 일정기간 이전에 정당한 이유없이 응찰을 취하하지 못하도록 보증하는 증서 또는 보증금
Bid Close Date	견적마감일
Bid document * Invitation Letter * Instruction To Bidders * Form of Bid * Condition of Contract * Bid Specifications	입찰서류. 주문자가 입찰에 필요한 정보를 입찰자 위주에 의하여 작성하는 서류로서 project내용, 범위, 공기, 사양, 보증항목, 공사현황, 계약조건, 입찰방법 등이 규정되어 있다.
Bid Evaluation	견적평가
Bid Specification	입찰사양서
Bidder = Tenderer	입찰참가자
Close Bid	비공개 입찰
Contract	계약 또는 계약서를 말한다.
Cost Plus Fee Contract	계약의 대상이 되고 있는 업무를 Fee Portion과 Cost Portion으로 나누어 cost 부분의 업무에 있어서는 실비정산을 하는 계약 형태.
Inquiry	Plant건설 등 Project 수행에 있어서 Owner가 견적을 요구하는 것
ITB(Instruction To Bidders)	입찰지시서

Lum Sum Price Contract	고정가격으로 계약하는 형태. 정해진 범위의 업무 전부를 일괄한 금액으로 계약하는 형태
Negotiation	가격, 납기등 상업상의 조건을 삭감조정하는 것
Letter of Intent	owner가 특정 contractor에게 project 일을 주겠다는 뜻을 확인시켜주는 통지서. 계약효력은 없음. *intent : 의지, 목적, 의미
Open Bid	공개입찰
Penalty	계약상 보증이 되지 못했을 경우 또는 계약업무를 이행치 못할 경우나 이행이 지연되었을 경우 여기에 대해서 당사자가 소정의 금액을 벌금으로 상대방에게 지불하는 것
Prequalification	응찰의 자격을 미리 심사하는 것
Quotation	Owner로 부터 견적요구에 따라서 가격을 견적하는 것
Technical Evaluation	기술적 평가
Tender	입찰서
Turnkey Contract	Plant의 설계업무에서부터 건설, 시운전에 이르기 까지 일괄 사업 수행체제로 계약되는 형태
Unit Price Contract	건설공사 등에서 대상업무가 정형적이고 작업량이 확실히 파악되지 않는 경우 계약을 단가로만 정해서 하는 것

Project 와 Cost 관리

AE	Assign Engineer
AFC(Approval For Construction)	공사승인도
AFD(Approval For Design)	설계 개시 허가
AFP(Approval For Planning)	Planning 개시허가
APM(Assistant Project Manager)	PM을 보좌한다.
Approval	승인

Assign	Project 또는 Proposal 수행을 위한 담당자로 지정하는 것
C.O.B(Job Close Out Report)	Job이 종료되었을 때 PM에 의해 작성, 편집되는 Report
Change Order	Owner 및 Licenser로 부터 변경요구사항을 처리하기 위하여 PM이 사내 각 AE에게 지시하는 지시서
CM(Construction Manager)	PM의 지휘를 받아 공사자재의 현지조달, 현지공사, 공사검사등 현지업무를 총괄하는 관리자
COB(Close Out Book)	Job close out Report와 Job Performance Report로 구성되는 보고서를 PM이 편집한 Job 전반에 관한 자료집
Code of Account(A/C)	비목서류
ID Check(Inter Department Check)	주로 상세설계 단계에서 사내관련 부서를 회람하여 관련사항을 Check하는 것
Job Instruction	계약된 Project를 계약서 및 계약사양서에 기준하여 원활한 수행을 위해 필요한 사항을 사내용으로 규정하여 통일을 기하기 위한 문서
Job Performance Report	PM에 의해서 작성되며 사장보고용으로 작성되는 Report
Kick-off Meeting	수주 보고회의 작업개시 명령서 접수후 1~2주 이내에 Project 담당 본부장 주재로 Project 실행 체제 확립을 위해 개최되는 회의 (수주경위, 계약개요, 내용설명, 실행상중요사항, 특이사항)
Launching Meeting	P.M주재로 모든 A.E를 참가시켜 project관련 전 업무처리를 담당하는 각 담당자에게 그 업무-실행기준 방침 및 업무내용을 명확히 전달, 의뢰하고 각 담당자에의 cost, M/H의 budget 및 Time Schedule의 방침을 제시하고, 각부서안 작성의뢰
Loading Data	하중자료
M/D(Man Day)	공수를 날짜단위로 표시한 것
M/H(Man Hour)	공수를 시간단위로 표시한 것
M/M(Man Month)	공수를 월단위로 표시한 것

M/Y(Man Year)	공수를 일년단위로 나눈 것
PE	Project Engineer
PGM(Project General Manager)	Project 본부장 또는 부본부장의 지휘를 받아 PM을 지휘하면서 통상 여러개의 Job을 동시에 수행
PM(Project Manager)	Project 총 관리자
Progress Report	Job의 진척 보고서
Review	검토

표준화 자료관리 규격, 법규

Document	자료. 일반적으로 정보를 유효하게 전달하기 위해서 작성, 기록되는 매체물 (문서, 보고서, 도면 등)
Engineering Manual	Enginnering 업무수행을 위한 지침을 결정한 설계지침서를 말함.
Engineering Spec.	Plant를 구성하는 설비, 기기, 배관, 전기, 계장, 토건의 설계, 제작 및 공사, 공사 등에 요구되는 품질, 방법을 정한 기술사양서를 말함.
Standard	표준화에 의해서 발행된 표준. ex) KS, JIS, ISO 등
BM(Bill of Material)	재료표
BOQ	Bill of Quantity
General Plot Plan	전체 배치도 Plant의 전체적인 위치 관계나 주위관계를 표시한 도면
Insulation	일반적으로 보온과 보냉을 총칭하며 기기 또는 배관열의 방열 또는 흡수를 차단하기 위해 설치하는 것
Isometric Drawing	주로 Prefabrication Drawing을 작성하는 경우 사용되는 도법으로 배관 Line을 입체적으로 그린 도면
Key Plan	배관도, 매설배관도 등에 표준축척을 이용하여 Plant를 도면화하기 위해서 작성하는 도면작성 계획도
MTO (Material Take-Off)	재료집계

P & ID (Process Piping and Instrument flow Diagram)	PFD의 설계, 조작조건을 base로 하여 모든 배관과 계장을 표시한 Diagram
PFD(Process Flow Diagram)	Process의 흐름과 조작이 일목요연하게 이해 될 수 있도록 작성된 계통도
Piping Arrangement Drawing	Piping Study Drawing 을 기준으로 하여 기기, structure계기 등의 치수를 확인하고 P & I에 표시되어 있는 모든 것을 문자와 Drawing으로 표시한 배관도
Piping Routing Study Drawing	배관 route를 P & I에 표시된 흐름에 따라 Plot Plan상에 평면적으로 표시한 배관도
Planning Drawing	기기, Structure 기타 제설비의 배치 계획을 종합적인 관점에서 행하고져 작성되는 도면
Plot Plan	Plant내의 기기, 건물 등의 배치를 평면도에 표시한 것 기기건물 배치도
Prefabraication Drawing	배관도에서 배관 1개의 line마다 현장에서 제작이 가능하도록 그리는 배관 제작도면
UBD(Utility Balance Diagram)	Flow diagram의 일종으로 모든설비 Utility을 대상으로 작성된 각 공급원으로 부터 각 Section에서 공급, 회수Root등을 표시하고 유량, 압력, 온도 등을 기입한다.
UFD(Utility Flow Diagram)	P & ID가 Process line을 중점으로 표시하는데 반하여 Utility line 만을 Diagram화 한 것
Underground Piping Drawing	지하매설 배관도
vendor Drawing	Vendor 작성도

기 계

공기수송 CONVEYOR	기류 수송기를 총칭. 통상 시멘트, 곡물 등의 가루입자를 관내의 고속 공기류로 부유수송하는 장치
AGITATOR, STILLER	불용성 또는 가용성의 액체, 고체 또는 기체 등을 합한 것에 기계적 운동을 주어 뒤섞음을 행하는 기계

BAFFLE PLATE	방해판, 유체흐름방향을 방해하는 판. 다관식 열교환기에는 SHELL 측에 취부한다. 유체를 전열관에 직각으로 흐르게 하기 위한 CROSS B.와 평행하게 흐르게 하기 위한 LONGITUDINAL B. 가 있다.
BAG FILTER	소각집진기의 일종으로 원주형의 여과포에 기류를 통과시켜 여과한다.
BASE LINE	ELEVATION등 제반크기를 결정하게 되는 기준선으로 대표적인 예로는 입형용기 지지부의 제일 밑선이다.
BASE PLATE	기계를 바닥 기초에 고정시키는 판
BELT CONVEYOR	무한궤도상에 재료를 운반하는 수형방향, 또는 하향, 상향의 경사진 방향으로 수송하는 장치. 선단, 후단에 PULLEY(어느쪽이든 한쪽이 구동)가 있고 중간에는 대체로 지지롤러가 있다.
BLOWER	BLADE 또는 ROTOR의 회전운동으로 기체를 압송시키는 기계로 그 압력비는 1.1이상 2.0미만 또는 토즐압력 1000mmH$_2$O 이상 1Kg/cm^2 미만의 송풍기를 말함.
CASTABLE	내화, 단열 등을 목적으로 CEMENT와 골재 등을 배합하여 만든 부정형의 내화, 단열물
CHAIN BLACK	사람의 손 또는 전동기로 활차를 회전시켜 감아 올리거나 내리는 장치로 호이스트라는 다른 전동을 가지고 있다. 즉, 도르레, 톱니바퀴, 사슬 등을 조합시켜서 무거운 물건을 달아올리는 기계
CHAIN CONVEYOR	CHAIN을 ENDLESS로 연결하여 판, BUCKET등을 설치 또는 직접 CHAIN에 의하여 물품을 운반하는 컨베이어를 말한다.
CHANNEL	다관식 열교환기에서 관측 유체를 전열관에 분배 또는 집합 시키는 방을 말함.
CONE ROOF TANK	SHELL이 원통형. 지붕이 CONE형을 가진 TANK. 대기압 또는 대기압에 가까운 액체의 저장에 적당하다. 대용량인 경우에는 지붕에 기둥을 설치해서 지지한다.
CONICAL HEAD	단면 형상이 원추형인 경판. 통상 특수한 용도에 사용된다.
CONVEYOR	분, 곡류, 석탄 그밖의 모든 분립물 또는 상자 자루 등의 물건을 일정방향으로 동시에 연속적으로 운반하는 장치
COVER	용기 개구부의 뚜껑. 용기 본체에 GASKET을 넣어 BOLT등으로 취부한 경우가 많다. *gasket : 틈을 메우는 고무, 코르크.

CRUSHER	분쇄용 기계의 총칭. 자르는 조쇄기, 즉 ROLL CRUSHER, GYRATORY CRUSHER를 가르킨다. *gyratory : 회전[선회]
CUP	LUG와 같은 모양의 것이나 특히 배관 SUPPORT를 취부하기 위한 LUG를 통상 CUP이라 한다.
CYCLONE	원심력을 이용하여 기류중에 선회류를 만들어 입자의 속도를 증대시켜 기류속의 물질을 분리하는 집진장치
DAMPER	연소실 내의 압력 조정에 따라 연소 GAS통로에 설치되며 개폐에 의해 GAS 량을 조정하는데 BUTTERFLY형식의 것이 많다.
DAVIT	입형용기의 꼭대기에 취부해서 TRAY 충진물 등의 용기 내부품을 채워 넣을때 사용하는 기구
DEMISTER	MIST ELIMINATOR 또는 제습기
DISHED HEAD	반원 곡선에 가까운 경판으로 통상 접시형 경판이라고도 하며 10% DISHED HEAD가 주로 쓰인다.
DISTRIBUTOR	분배기
DOME ROOF TANK	SHELL이 원통형 이고 지붕이 구형(DOME형)을 한 TANK로 휘발성 액체의 저장에 적당하다.
DOUBLE WALL TANK	기체를 대기압에 근사한 압력으로 저온액화시켜 대용량 저장시키는 TANK이다. 저온용 재료의 내부 TANK와 탄소강의 외부 TANK가 있으며, 그 사이를 보냉재로 단열 시키고 질소를 봉입한다. 질소압은 BREATHING TANK에 일정하게 유지한다. TANK바닥 평면밑의 기초 CONCRETE는 액화가스에 따라 동결을 방지하기 위해 부상식으로도 한다.
DRAFT	통풍 또는 통풍력. 연소용 공기를 공급하기 위해 통풍이 필요하다. 통풍의 방법에 따라 NATURAL DRAFT, FORCED DRAFT, INDUCED DRAFT, BALANCED DRAFT가 있다. *induce : 권유하다, 야기하다.
DRUM	조. PROCESS LINE상의 각종 유체를 저장하는 용기의 총칭. 원통형상을 가지며 자립입형, 횡형이 있다.
DRY GAS HOLDER	대용량의 대기압에 가까운 GAS 를 저장하는 장치로 SHELL, BOTTOM, ROOF 및 PISTON 이 주된 구조부이다. 본체는 원통형으로 조립되고 측판의 외부에는 기둥과 계단이 있고 지붕 꼭대기에는 환기 기구와 채광용 창을 가지고 있다 . PISTON 은 가스압과 BALANCE해서 오르내린다.

DRYER	건조기. 고체나 소량의 수분을 가열 증발에 따라서 제거하는 장치의 총칭
DUST COLLECTOR	가스류 가운데 고체 미립자 먼지등을 포집하는 장치
EARTH LUG	가연성 유체를 보유하는 용기의 정전기 또는 낙뢰를 지상에서 피하기 위하여 EARTH를 취부하는 LUG
ECONOMIZER	보일러의 연소가스를 이용하여 급수를 가열하는 장치 절탄기라고도 한다.
ELEVATED FLARE STACK	배기가스를 지상으로 부터 제법 높은 곳으로 연소를 시켜 처리하는 장치
ELLIPSOIDAL HEAD	단면 현상이 타원을 이루는 경판을 말하며 특히 장축과 단축의 길이비가 2:1인 것을 2:1ELLIPSOIDAL HEAD라 부른다.
ENGINEERING DWG.	사내에서 작성하는 VESSEL도면에 형상, 주요크기, 설계조건, 취합조건 등을 표시 기재하는데 이 도면은 배관설계, VESSEL 기초설계가 이뤄지며 VESSEL MAKER제작도의 기초가 된다.
FAN	BLADE의 회전운동에 의해 기체를 압용시키는 기계로 그 압력비는 1.1미만 또는 토즐 압력이 1000mmH2O미만의 송풍기를 말한다.
FILTER PRESS	압력여과
FIRE BRICK	내화벽돌
FLOATING ROOF TANK	지붕이 액면상에 밀착해서 액면의 상하운동에 따라 운동하며 지붕과 SHELL사이에는 SEAL 기구에 의해 내용물이 밀봉되는 TANK. 대용량의 휘발성 액체의 저장에 적당하며 대표적인 예로는 원유 TANK가 있다.
GOVERNER	조속기. 부항의 증감에 대해서 회전속도를 일정한 표준치로 조정하는 제어장치. 회전속도 검출의 방식에는 기계식, 유압식 및 전기식이 있다.
HAND HOLE	충진물을 빼거나 소제용, 내부점검용 구멍으로 사용하며 통상 4"~12"(10.16~30.48cm)구경의 구멍
HEAD	SHELL의 양단을 막아주는 구조부로 대표적인 형은 원형, 접시형, 반구형, 원추형이 있다. 접시형 강판의 경우 중심부를 CROWN, SHELL 에 가까운 곡선부를 KNUCKLE, SHELL에 용접 취부되는 평행부를 STRAIGHT FLANGE라 부른다.

HEAT FLUX * flux : 유동(율), 밀물, 분출	열부하 또는 HEAT DENSITY라고도 하며 단위 면적당으로 표시
HEMISPHERICAL HEAD	단면 형상이 반구형으로 된 경판
HOIST	전동기 혹은 AIR MOTOR, 치차 감속장치. 권통을 일체로 조합 감아올리거나 내리는데 사용하는 기계 즉 가벼운 물품을 오르내리는 장치
HOPPER	분립체를 짧은 시간 유지하고 공급 또는 배출을 목적으로 하는 용기. SILO, BUNKER에 비해 비교적 소용량인 경우가 많다.
INSPECTION HOLE	HAND HOLE과는 별개로 검사 점검을 주 목적으로 하는 구멍으로 탑조 내부의 부식상황, 충진물의 오염도등을 정기적으로 검사하기 위해 설치하는데 개구부에는 GLASS를 사용한다.
INSULATION SUPPORT	용기의 보온재 또는 보냉재의 지지구로 입형용기 SHELL부분의 경우 RING 모양의 것을 표준화 시킨 것을 말함. 보온, 보냉 SUPPORT용 LUG에 취부할 수 있다.
INTERNALS	탑조류의 내부에 있는 각종 구조품의 총칭 대표적인 것으로 TRAY, PACKING이 있다.
JACKET	용기의 일부를 외측으로 부터 냉각 또는 가열하기 위해 용기외측에 취부하는 냉각 매체용 또는 가열 매체용의 방이다.
LABYRINTH	다수의 짜여진 조각이나 통로를 겹쳐 설치하여 유체의 누설을 감소시키는 기구
LADDER	지상으로 부터 용기에 취부해서 PLATFORM에 오르내리기 위해 설치한 계단
LANTERN RING	SEAL CAGE라고도 하며 SHAFT SEAL의 내부에 WATER SEAL 또는 GAS SEAL 감압, 윤활, 냉각등의 목적으로 설치하는 RING. *shaft : 환기공, 승강기통로
LEG	비교적 소구경이고 낮은 입형 용기의 지지방법에 사용 3~4개의 ANGLE 또는 CHANNEL 형강으로 제작
LOADING ARM	TANK 혹은 TANK ROLLEY에 사용하며 액체 혹은 기체를 하역하는 장치. 금속 PIPE의 관절부에 SWIVEL JOINT를 사용 조합한 형태임. *swivel : 회전쇠고리, 회전대
LUG	각종 용기 또는 부속품을 취부하기 위해서 SHELL 외부에 용접 취부하는 작은 조각의 총칭

MANHOLE	용기의 내부 점검, 소제 또는 내부부품의 출입, 보수등을위해 설치하는 개구부. 통상 18"~24"(45.72~60.96cm)구멍을 만든다.
MATERIAL HANDLING	주로 물건을 나르거나 운반을 말하는 것으로 본체취급 전반을 포함한 의미를 지니는 경우가 많다.
MILL	미분쇄기 및 초미분쇄기의 총칭
MIXER	혼합기. 가루입자의 혼합기로 대상과 사용하는 물질을 서로 분산시켜 하나로 균일화 하는 장치
NOZZLE	관대. 용기를 배관이나 계기류에 접속하기 위해 SHELL 또는 경판에 취부하며 통상 NECK, FLANGE보강판 등으로 구성된다.
OVERHEAD CRANE	건물내의 천정공간으로 수평하게 교량형태의 것이 주행하고 그위에 TROLLEY가 움직여 물건을 옮기는 일종의 기중기. *trolley : 손수레, 소형 무게화차
PASS PARTITION PLATE	CHANNEL에 있어서 축유체의 흐르는 물 사이에 넣어 온도 열교환 회수 등을 제어하는 판
PIPE SLEEVE	입형 용기의 하부 경판으로부터 뽑아낸 액출구나 TRAY 등의 NOZZLE이 SKIRT를 통과하는 부분의 개구부에 있으며 PIPE에 보강시킨 것도 있다.
PLATFORM	보수 및 점검용으로 용기 외부에 취부한 일종의 보도
REFRIGERATION TON	냉동능력을 표시하는 단위로서 0℃의 물 1000Kg을 24시간에 0℃의 얼음으로 만드는 능력
REINFORCED RING	용기 내부에 진공이 생기는 경우 용기에 대해 대기압이 외압으로 작용하는데 이 외압에 대해 원통부를 강도상 보강하는 SHELL 둘레의 RING을 말하며 통상 형강을 사용한다.
ROTARY KILN	내화벽돌을 내장한 경사회전 원통으로 원료를 주입하여 회전시켜 가열소성하는 장치
SADDLE	횡형용기의 지지방법의 대표적인 것으로 통상 용기 하단의 2개소에 부착한다.
SCREW CONVEYOR	단면이 U 자형인 홈통 가운데에 SCREW를 회전시켜 가루입자를 축방향으로 수송하는 장치 본체가 긴 SCREW CONVEYOR에 있어서는 강도상 중간에는 중간축수라 칭하는 미끄럼 축수를 갖춘다.
SHELL	용기를 구성하는 제일 많은 부분으로 통상 원통형이다.

SILO	분립체를 비교적 긴 체류시간동안 저장하기 위한 대용량의 용기. BUNKER라고 말하는 경우도 있다.
SKIRT	입형용기 지지부의 일종으로 원통형, 원추형 구조에 통상 용기의 하부 경판에 취부한다.
SPHERICAL TANK, BALL TANK	석유계 GAS, 액화 GAS 등을 가압상태로 대용량 저장하는 TANK 이다. 본체의 재질로는 고장력강을 사용하고 조립공사로 설치 기초상에서 행하는 경우가 많다.
STACK	굴뚝. 필요한 통풍력을 얻기 위한 요소
STACKER	자루 형태의 물건 또는 PACKAGE를 창고내에서 쌓거나 들어내는 기계
TANGENT LINE	원통부와 경판의 이음에서 둥근부분이 시작되는 접선부를 지름으로 연결하는 선
TANK	각종 기체나 액체를 주로하는 원료 또는 제품을 저장하는 용기류의 통칭명이다. 조와의 명료한 구분은 없다. 사용목적에 따라 분류, 구분하면 저장탱크(STORAGE TANK, RESERVOIR), 수조 (RECEIVER TANK), 계량조 (MEASURING TANK)가 있다.
TEMPLATE	기초에 묻히는 입형 용기용 ANCHOR BOLT 의 위치결정에 사용하는 것으로 SKIRT하부에 있는 BASE PLATE의 BOLT구멍 크기에 맞게 만든다. 통상 용기 MAKER로부터 공급된다.
TOWER	입형의 길다란 원통형상을 한 용기로 그 내부에 정유, 증류, 흡수, 세정, 충진등의 조작을 행한다. 대표적인 것으로 TRAY탑, 충진탑이 있고 대형 용기가 많으며 PLANT SITE의 입지조건에 따라서는 현지에서 용접조립하는 경우도 있다.
TUBE	전열관은 통상 나관(BARE TUBE)로 쓰이는데 그 직경은 외경기준으로 표시한다. 두꺼운 것은 mm로 표시하나 관례상 BWG(BIRMINGHAM WIRE GAGE)로 표시하는 경우가 많다.
TUBE ARRANGEMENT	열교환기에 있어서 전열관의 배열방법을 말함. 통상 TRIANGULAR배열, ROTATED TRIANGULAR배열, SQUARE배열, ROTATED SQUARE배열 등의 방법이 있다.
VENT NOZZLE * vent : 구멍, 아가리, 작은 통풍창.	무압 TANK의 최상부에 취부한 통기관으로 BIRD SCREEN이라 부르는 금속망을 취부한다. TANK 화염 방지를 위하여 FLAME ARRESTER 를 취부하며 외부로부터의 열은 여기에 흡수시켜 화염을 TANK 내에 들어오지 못하게 한다.

VESSEL	PLANT내 장치의 하나로 내부에 유체의 반응, 증류, 흡수, 압출, 열교환 등의 조작을 행하고 본체는 원통형을 한 것이 많으며 탑조, 열교환기로 크게 나눌수 있다. 압력을 가지는 경우 압력용기 (PRESSURE VESSEL)이라한다.
VORTEX BREAKER	와류 방지기. *vortex:소용돌이.
WELD LINE	원통부와 경판의 이음부 (용접부) 를 말함.
WET GAS HOLDER	대용량의 대기압에 가까운 GAS를 저장하는 장치로 물탱크내에 GAS TANK를 뜨게해서 GAS 의 출입에 따라 GAS TANK가 오르내리고 물로써 외기와는 단절된 GAS 를 저장하는 구조로 되어 있다. GAS TANK 의 안내방법에 따라 무기둥식과 유기둥식이 있다.

토건 관련용어

건폐율	대지면적에 대한 건축면적의 백분율
계단참	층층대의 도중에 있는 넓게 된 곳
용적율	건축물 연면적의 대지면적에 대한 비율
조감도	건축물이나 사물 등을 윗쪽에서 내려다 보고 그린 그림
투시도	건축물이나 사물을 입체적으로 공간성 있게 나타낸 도면
BACKFILLING	되메우기
BENCH MARK	수준점
BOULDER	호박돌
CATCH BASIN	물을 집수하는 곳 *BASIN : 대야, 세면기, 물웅덩이
CEILING	천장
CHAMFER	면을 따낸 모서리
CONSTRUCTION JOINT	콘크리트의 시공 이음
CONTRACTION JOINT	수축균열이 발생할 우려가 있는 곳에 미리 얇은 금속을 넣거나 줄눈을 내서 균열이 다른 부분에 퍼지지 못하게 하는 이음.
CORE RATIO	건물내에서 화장실, 계단, 엘리베이터 등의 공용부분이 한 곳에 집중되어 있는 부분과 바닥면적과의 비율

D.M.S.L	DATUM MEAN SEA LEVEL
DISPOSAL	잔토처리
DOWNSPOUT	빗물 파이프, 선홈통
EXCAVATION	터파기
EXPOSED CONCRETE	부어 넣으면 그대로 마감을 하는 콘크리트 (제치장 콘크리트)
FACADE	건물의 정면, 외관
FORM WORK	거푸집공사
GIRT	측면덮기를 지지하는 지주에 볼트로 붙여진 빔
GUSSET PLATE	철골구조와 절점에 있어 부재의 이음에 덧대는 판 *GUSSET : (옷의)삼각천, 무섶
GUTTER	지붕에 설치하는 홈통, 처마홈통
HATCH	지붕이나 지붕속 또는 상하의 층으로 물품 및 사람이 출입하도록 지붕, 천장, 바닥에 설치하는 문이 달린 자그마한 개구부
INFRASTRUCTURE	하부구조물
LANDING	계단참
LEAN CONCRETE	기초밑에 설치하는 CONCRETE로 잡석다짐, 자갈다짐 등의 지정 위에 먹줄을 치기위하여 설치하는 것. 버림콘크리트
LINTEL	인방. 기둥과 기둥 또는 문설주에 가로질러 벽체의 뼈대 또는 문 틀이 되는 가로재
MANHOLE	CATCH BASIN의 물을 집수하는 곳으로서 보수유지를 위해 사람 이 출입할 수 있는 것
MOUDULE	기준이 되는 치수. 건축의 공업생산을 하는데 가장 합리적인 치수 의 단위
PENTHOUSE	건물의 옥상부에 건물의 기능을 유지하기 위해 만든 소규모집
PLASTER	광물질의 분말과 물을 섞어 바름, 미장용 몰타르도 PLASTER임.
PURLIN	중도리

RETAINING WALL	옹벽. 땅 깎기 또는 흙쌓기를 비탈면 흙의 압력으로 붕괴하는 것을 방지할 목적으로 설치한 벽체 구조물
S.T.F(STEEL TROWEL FINISH)	쇠흙손 마감.
SCAFFOLDING	비계. 건축공사에 있어 높은 곳에서 작업을 하거나 재료를 운반하기 위하여 만드는 가설물
SCAFFORD BOARD	비계발판. 작업을 하기위해 대놓은 발판
SUB STRUCTURE	하부구조
SUPER STRUCTURE	상부구조
TRENCH	배수도랑
WATER PIT(SUMP PIT)	집수통
WATER STOP	지수판

2. 계약 관련 용어정리

ITEM	DESCRIPTION
accrued depreciation	[누적감가상각] 일반적인 사용으로 인한 마모 또는 노후에 의한 자산가치의 감소를 뜻한다. (reduction in actual value of property as a result of wear and tear, obsolescence)
addition	이에는 기술적인 의미와 계약적인 의미에서 차이가 난다. 기술적의미 : 현존건물의 높이나 면적을 증가시키는 새로운 건축 (신축) (new construction which increases the height or floor area of an existing building) 계약적의미 : 계약사항의 변경(Change, Modification, Variation)에 의하여 계약금액이 증액되는 것
additional work	계약에 포함된 공사의 추가공사 extra work : 계약사항이 아닌 새로운 공사 (the work beyond the intent of the contract)
additive alternate	한 입찰자의 기본입찰(Base Bid)에 추가가 되는 대안입찰(Alternate Bid)
adjustment	[조정, 증감] adjustment of the contract price 계약금액의 조정
advance : advance payment	[선수금] 원래 건설장비나 자재의 차질없는 조달을 위하여 발주처가 시공자에게 그 대금의 일부를 계약시에 선지불하는 것이지만, 총체적으로 계약금액의 일정액(예:10%)을 지불하는 경우가 많다. 선수금의 상환은 공사기성(Interim Payment 또는 Monthly Payment)에서 일정액(예:10%)을 분할하여 공제하는 것으로 하며, 이의 상환을 위하여 시공자가 제공하는 담보를 선수금 보증 Advance Payment Bond : AP Bond)이라고 한다. AP Bond의 액면금액은 선수금이 상환됨에 따라 동일액만큼 공제된다. 이 점에서 어떤 특정시점에 일괄해제되는 여타의 보증과 다르다. Advance Payment는 Payment (또는 Advance) on Account라고도 한다.
adverse physical conditions	FIDIC에서 예시한 공기연장 사유는 아래와 같다. a. Extra of additional work (추가공사) b. Cause of delay referred to in specific conditions (개별조항에서 명시한 공기지체 사유)

	c. Adverse physical conditions (이질적인 물리적 여건) d. Delay, impediment or prevention by the Employer (발주처에 의한 방해 또는 지체) e. Exceptionally adverse climatic conditions (특별한 기후적인 악조건) f. Other specific circumstance (기타 특수여건)
agent	촉매제 : foaming agent 거품제 대리인, 중개인 : 사우디의 경우 외국시공자가 관급공사의 입찰에 참여할 때는 현지 Agent를 고용하여야 하며 Agent Fee의 상한액은 계약금액의 5.5%이다. 이상의 경우에는 Agent의 고용이 엄격히 금지된다.
agreement	제계약 서류중에서 가장 최정적, 우선적으로 고려되는 서류이며, 계약의 체결이란 통산 본건 서류에 서명, 날인하는 것을 말한다.
alteration	구조물의 면적이나 칫수는 변경시키지 않고 정해진 기본요소의 범위내에서 변경하는 행위, 즉 기존 구조물의 구조부, 기계설비 또는 개구부의 위치등을 변경하는 행위이다. 참고로, addition은 기존 구조물의 면적이나 칫수를 증가시키는 행위를 뜻한다.
alternate bid	대안입찰 입찰자의 제안(proposal)이 수락될 때 기본입찰금액에서 증감되는 금액. 공사범위나 자재 또는 공법의 변경제안시 alternate bid가 수반된다. 이와 같은 제안을 Bidder's Proposal이라고 하며, Additive Alternate와 Deductive Alternate가 있다.
article	서류의 세분류 항목중의 하나. Section-Article-Paragraph-Subparagraph-Clause 순으로 구분된다. 그러나, 법규나 계약서에는 Article과 Clause간에 종속개념이 없이 모두 개별조항을 나타내기도 한다. Article, Clause : 조 / Subarticle, Subclause : 항
assessment	[세액 또는 용역비의 사정 또는 부과] cf) valuation, evaluation : 평가, 견적(또는 사정) 가격
asset	[자산] 이 경우는 항상 복수형을 취한다. (assets and liabilities 자산과 부채)
attorney in fact	위임장(Power of Attorney, POA)을 지참한 대리인을 뜻하며, 그의 권한의 범위와 내용은 위임장에 명시된다.
award	[낙찰] 일찰이 수락된(accepted, sussessful) 경우이며, 낙찰자에게는 발주처로부터 Letter of Acceptance 또는 Letter of Intent가 발급된다.

base bid	기본입찰금액 / 대한입찰(Alternate Bid)에서 제시한 공 종은 포함되지 않는다.
beneficial occupancy	초기 의도대로 공사의 일부 또는 전부를 사용하는 것.
bid bond	[입찰보증] 입찰이란 표현에는 bid(미)외에 tender(영)도 있다. bid bond의 액면금액(Face Value)은 통상 입찰금액의 1~5%가 된다.
bidding requirements	입찰정보의 제공이나 입찰서류의 제출절차와 조건등을 명시한 서류 입찰공고 : 입찰공고의 영문표현에는 아래와 같이 다양하게 사용한다. Advertisement for Bids, Notice to Bidders, Advertisement to Bid, Notice to Bid 입찰자 지시사항 (Instructions to Bidders) / 입찰초청장(Invitation to Bid)
bidding phase	입찰단계
bill of quantities (BOQ)	공사용 자재, 장비의 세부적인 분석과 목록으로 물량조사서 또는 물량명세서라고 불리운다. 이곳에 기재된 항목별 단가의 합이 공사금액이며, Schedule of Prices와 함께 발주처의 공사대금지불의 근거가 된다. BOQ상 단가(Unit Price)와 총액이 상치할 때에는 단가가 우선한다. BOQ는 Bill of Materials(BOM)이라고도 한다.
bona fide bidder	일반적으로 발주처가 요구하는 입찰은 아래와 같은 입찰이라 할 수 있다. 입찰요건(Bidding Requirement)에 부합되고 권한있는 자에 의하여 적의 확인(서명)되고 성실하게 작성되어 제출된 입찰로서 bona fide Bid 라고도 한다. bona fide 성실하게, 성실한 (sincerely, really, in good faith) bona fides 성실, 선의 (sincerity, good faith)
bonding capacity	아래와 같은 두가지의 뜻이 있다. * 시공자의 신용도지수(Contractor's credit index) * 보증회사가 시공자에게 부여할 수 있는 최대보증금액(the maximum amount of money extended by a bonding company to a contractor in contract bonds)
bonus clause	시공자가 계약종료일 이전에 공사를 완공하였을 때 발주처에 의하여 지급되는 추가금전을 규정한 계약조항
builder's risk insurance	공사의 수행중 공사상의 재해를 보상받기 위하여 부보하는 일종의 재산보험

care, custody, and control	책임보험약관상의 보상제외기준으로서 피보험자(the insured)의 보호나 관리하에 있는 자산이나 여하한 목적에서든 실제적으로 통제하고 있는 자산에 대한 손상은 보상에서 제외된다는 원칙
cash allowance	어떤 불확정적인 공종의 수행비용을 충당하기 위하여 계약서상에서 책정된 금액으로서, 이 금액과 최종비용간의 차액은 뒤에 계약금액을 재조정하게 되는 계약사항의 변경으로 반영된다.
certificate for payment	시공자의 공사대금청구(application for payment)에 대하여 감독관이 발급하는 지불확인서. Certificate for Valuation이라고도 하며, 발주처는 이 확인서를 근거로 공사대금을 지급한다.
change order	건설계약에서 change라 함은 계약상의 설계나 공사범위를 변경하는 행위로서, 추가(Addition), 삭제(Deletion 또는 Omission, Cancellation), 기타의 모든 변경행위가 포함된다.
clarification drawing	추보(Addendum) 또는 변경지시서(Modification, Change Order, Variation Order, Field Order)의 일부이며, 건축가(Architect)가 발급하는 도면 또는 계약서의 도해(Graphic Interpretation)이다.
classification	우리나라의 도급순위에 해당한다. 발주국 또는 공사규모에 따라 이 확인서(Certificate of Classification)의 제출이 입찰시 강제되는 경우도 있다.
compensation	손실이나 손상에 대한 만족할 정도의 보상. 개념상 배상에 해당하며 indemnity와 같다. 참고로, make good은 보전하다의 뜻이며, reimburse는 상환하다의 뜻이다.
completion bond	시공자가 공사의 완공과 인도를 보장하는 보증으로서 construction bond 또는 contract bond라고도 한다.
completion date	이를 "완공일"로 이해하고 있으나, 정확한 개념은 공사의 실질적인 완공일(thedate of substantial completion of the work)이다.
consent of surety	이행보증이나 임금, 자재비지불보증에서, 변경지시서나 유보금의 감액과 같은 계약사항의 변경 또는 최종기성, 계약사함의 변경 포기통보 등에 대한 보증인의 서면동의(written consent of the surety) 입찰보증에서 보증기간의 연장에 대한 보증인의 서면동의
construction budget	Construction cost를 충당할 목적으로 발주처가 책정한 건설예산. 일반적인 경우 비용은 예산의 범위내에서 집행된다.
construction cost	사의 모든 건설부문의 비용을 뜻하며, 일반적으로 계약금액과 기타 직접공사비를 기준으로 산정되나, (1)감독관비, (2)부지구입비, (3)통행료, (4)기타 계약서에 명시된 금액이라고 하더라도 발주처의 책임인 사항은 제외된다.

construction documents	계약서류(Contract Document) 중 기술관련 서류로서, 작업도면 (Working Drawings)과 시방서(Specifications)를 일컫는다.
constructive change	계약규정에 부합되지는 않으나 공사상 계약사항의 변경과 같은 효력을 발생하는 공식적인 지시로서 Constructive Variation이라고도 불리운다. 유사한 개념으로, Contuctive Notice란 계약사항과 부합되지는 않으나, 실제적인 효력이 인정되는 의사전달을 뜻한다.
contingency allowance	향후 예측할 수 없었던 공종의 수행이나 발주처에 의한 계약사항의 변경에 대비키 위하여 책정된 비용으로 임시비 또는 예비비라고 한다. 이 비용은 1)향후 예측할 수 없었던 공종의 수행과, 2)계약사항의 변경에 대비한다는 점에서, 비록 불확정적인 공종이기는 하나 계약상에 명시된 공종에 대한 비용인 cash allowance와 구별된다. 또한, 이의 집행에는 반드시 감독관의 결정이 요구되며, 경우에 따라서는 전혀 집행되지 않을 수도 있다는 점에서 여타의 BOQ항목과 차이가 있다.
contract administration	발주처와 감독관의 계약관리상의 책임과 의무
contract date	"계약일"로 이해되고 있으나, 정확하게는 계약서중 Agreement에 계약당사자가 서명날인한 날을 말한다. 그러므로, Agreement Date 또는 Date of Agreement라고도 한다.
contractor's affidavit	시공자의 부채나 클레임, 또는 기타 저당권으로부터 발주처를 보호하기 위하여 시공자가 제공하는 서약서. 이와 유사한 용어로 noncollusion affidavit는 입찰자의 부정입찰(예: 타인과의 담합)을 방지하기 위한 서약서이다.
contractor's estimate	이에는 아래와 같은 두가지의 개념이 있다. 확정입찰에 대립되는 개념으로 건설비용(Construction Cost)에 대한 시공자의 예측 시공자의 기성신청: request for interim payment, application for interim payment 여기서 interim 대신에 progress를 쓰기도 한다.
contractor's option	계약금액의 변경을 초래하지 않고 시공자가 그의 재량으로 특정 자재나, 공법 또는 시스템을 선택할 수 있는 계약조항.
contract time	계약기간(착공일부터 완공일까지) : completion time
cost-plus-fee agreement	건설계약의 한 형태이며, 총액계약(Lump Sum)에 대립하는 개념으로서, 계약시 계약액을 미리 확정하지 않고 실제 공사비(직접비와 간접비, 시공자의 보수)를 정산하는 방식이다. 실제 공사비중 시공자의 보수(Service Fee)가 어떻게 결정되는가에 따라 Cost-plus-fee Agreement는 아래와 같이 세분된다.

Cost-plus-percentage of Cost	시공자의 보수는 직접공사비의 일정 비율로 결정된다. 이 경우에는 공사규모가 크면 클수록 시공자의 보수도 증가한다.
Cost-plus-fixed Fee	시공자의 보수는 정액으로 책정되어 있다. 그러므로 이 경우에는 공사규모와 관계없이 시공자의 보수는 고정되어 있다.
Cost-plus-sliding Fee	공사규모를 정확히 예측할 수 없을 때, 이 유형은 실익이 있으며 공사비가 초기예상금액을 초과할 때 초과분에 비례하여 시공자의 보수가 비례적으로 증가된다. 즉, 기본보수+변동보수 체계이다.
dead parking	차량의 장기적인 방치
deductive alternate	기본입찰(Base Bid)의 감액(Deduction)을 초래하는 대체입찰 (Alternate Bid).
defective work	계약조건에 배치되는 공사이며, 하자있는 공사로 해석된다.
Defects Liability Period	하자책임기간 공사가 실제적으로 완공(Substantial Completion)되어 준공검사 (Test on Completion)를 통과한 경우, 시공자는 감독관에게 현장 인수증명서(Taking-over Certification)의 발급을 요청한다. 이에 감독관은 실제적인 완공일을 명시한 현장인수증명서를 발급하게 되는데, 이 실제적인 완공일로부터 입찰서 추보(Appendix to Tender)에서 설정된 기간동안 시공자는 공사상 하자에 대한 치유 책임이 있으며, 이 하자책임기간을 Defect Liability Period(전통 적인 표현은 Maintenance Period)라고 한다.
direct cost	[직접비] 인건비 / 자재 및 장비비 / 하도급비
easement	통행권(right-of-way)이나 일조권(free access to light and air) 과 같이 타인의 토지에서 취할수 있는 권리, 두개의 부재에서 형성 된 곡부 수직면이 curve진 계단난간의 부분
elevation	[입면도]
eminent domain	[토지 수용권]
environmental impact statement	[환경영향평가] 이는 1969년 미국의 국가환경정책법(National Environmental Policy Act)에 의하여 요구되기 시작했다.
equity	자산소유자의 소유자산에 대한 권리의 가치로서 자산가치의 총액 에서 선취득권이나 저당권이 설정된 경우 그 금액을 공제한 금액으 로 나타낸다.

evaluation	[견적, 평가(estimation, valuation)]
ex gratia	법적책임이 없이 [호의로] 행하는 것 / 라틴어 / from favour (without legal duty)
exposure hazard	어떤 건물이 주변 또는 인접자산의 화재에 노출될 개연성
extra work	계약서에서 포함되지 않는 공사. 그러나, 추가비용을 수반한다. 이에 반하여, 비록 추가공사로 이해되지만 additional work는 계약서상의 공사에 대한 추가공사를 뜻한다.
face value	[액면금액, 액면가]
feasibility study	[타당성 조사, 예비조사] 입찰시 입찰자가 입찰참여이익을 연구, 조사하는 대표적인 feasibility study이다.
field order	계약금액이나 계약기간의 조정을 수반하지 안흔 사소한 계약변경 지시
field work	site work 현장작업
final acceptance	계약공사에 대한 발주처의 최종 수락행위를 뜻하며, 이때 발급되는 확인서를 **Certificate for Final Acceptance** 또는 Maintenance Certificate, Defects Liability Certificate 등으로 불리운다.
Final Statement	하자책임 완료증명서(Defects Liability Certificate) 또는 하자보수증명서(Maintenance Certificate)가 발급되고 난 뒤 일정기간(FIDIC에서는 56일)내에 시공자는 아래 사항이 기재된 최종명세서 초안(Draft Final Statement)을 감독관에게 제출하게 되는 바, 이 초안의 내용에 관하여 감독관이 동의할 때 그 초안을 Final Statement(최종명세서)라고 한다.
force account	계약금액(총액 또는 단가)에 대한 사전합의없이 공사의 수행이 지시된 경우의 계약형태로서 공사대금의 지불은 Cost-plus-fee 방식을 취한다.
general conditions	계약당사자의 권리, 의무, 책임, 상호관계등을 규정한 계약서의 일부분으로서, 일반조항이라고 부른다.
general contractor	일반 건설이론에서는 종합건설업자를 뜻하나, 건설계약에서는 원청자를 뜻한다. 전자와 후자간의 차이는 비록 종합건설업자가 아닌 단종건설업자라고 하더라도 원청업자가 될 수 있다는 데에 있다. 원청자를 나타낼 때에는 General Contractor외에 Prime Contractor, 또는 Main Contractor라고도 한다.

guarantee	제품이나 건설공사의 공인된 품질보증(A legally enforceable assurance of the quality or duration of a product or of construction work) / 생산 또는 수행된 제품이나 건설공사의 품질 또는 내구성을 생산자나 시공자, 또는 제3자가 보증하는 것 / **warranty**라고도 한다.
guaranteed maximum cost	Cost-plus-fee 계약에서 발주처와 시공자간 설정한 최대공사비. 시공자는 이비용의 범위내에서 공사를 완공하여야 한다.
indemnification	[배상] indemnity에도 배상의 뜻이 있기는 하나, indemnification 이 배상행위를 나타낸다면, indemnity는 주로 배상금을 나타낸다. 양자 모두 idemnify의 명사형이다.
initial guarantee	[입찰보증] 통상 입찰금액의 1% 상당에 해당하는 은행보증을 제출한다. 이의 해제시기는 다음과 같다. 입찰이 실패하였을 때와 입찰이 수락되었을 경우에는 이행보증(Performance Bond)을 제출하였을 때 (Bid Bond, Tender Bond, Provisional Guarantee[Security], Temporary Guarantee)
initial Hand-over [IHO]	공사의 완공(Substantial Completion) 후 발주처에게 현장을 인도하는 행위이며, 이에 반하여 하자보수(Maintenance)의 완료후에 인도하는 행위는 Final Hand-over가 된다.
invitation to bid	[입찰초청장] 민간공사(Private Construction Project)에서 일반적으로 사용되는 입찰초청의 방식이며, 정부공사에서도 지명경쟁입찰에서는 이 방식의 초청이 채택된다. 공개 또는 제한경쟁입찰에서는 입찰공고 (Advertisement for Bids, Announcement for Bids)의 형식을 취한다. Invitation to Bid로 초청된 입찰자를 Invited Bidders라고 한다.
job	일반적으로 직업을 나타내지만, 건설계약에서는 "공사"를 나타낸다. Project 또는 Work라고도 한다. 그러므로 Job Site는 Work Site이며 "현장"으로 해석된다. 또한, Job Captain은 Architect 의 일원으로 도면의 준비와 기타서류와 도면관의 조정업무를 책임진다.
joint venture [JV]	2이상의 개인 또는 조직이 하나의 시공자로 활동하는 시공형태이며,Consortium이 각기 독립된 개체로서 시공에 참여한다는 점에서 개념상 차이가 난다. 그러므로, JV는 합작시공의 형태이며, Consortium은 연합 또는 공동시공의 형태이다. 즉, JV는 합작단계에서 참여자간 구분이 없으나, Consortium은 연합단계에서 참여자간 시공부문이 분할되며, 각기 소기의 공사를 기본계획에 따라 독립적으로 수행한다. 그러나 사우디에서는 형태나 내용상의 구분없이 현지인과의 합작은 모두 상법상의 JV로 정의 하고 있다.

Key plan	공사계획의 기본구조에 대한 배치를 나타내는 축도면
lastest start date	CPM용어로서, 하나의 활동이 시작되어야 하는 최종가능시점.
lastest finish date	CPM용어로서, 하나의 활동이 종료되어야 하는 최종가능시점.
letter of acceptance	낙찰자(Accepted Bidder 또는 Successful Bidder)에게 발주처가 계약체결의사를 통보하는 서한이며, Notice to Award라고도 한다.
letter of intent (L/I)	"의향서"로 이해되고 있으며, 구체적으로는 발주처가 Lowest Qualified Bidder에게 계약체결 의사를 통보하는 서한이다. 통상 L/I는 낙찰통지서(Notice of Award)와 착공일(Date of Commencement of the Work), 그리고 계약서의 개괄적인 내용을 포함한다. 그러므로 L/I가 발급되는 경우에는 착공지시서(Notice to Proceed, NTP)가 생략됨이 보통이다. L/I의 발급은 가계약을 의미하지만, L/I의 접수후 또는 L/I상에 명시된 착공일에 공사를 착수할 수 있으며, 정식계약은 결국 착공후 체결하게 되는 경우도 있다.
letting of bid	Opening of bid [입찰의 개봉(개찰)]
liquidated damages	원래의 뜻은 시공자의 계약위반(Breach of the Contract)시 부과되는 배상금이나, 건설계약에서는 시공자가 완공을 지체하였을 때, 지체기간 만큼 발주처가 현장을 사용하지 못한 데에 대한 손실(Loss of Use)을 배상하는 형식으로 나타난다.
loss of use insurance	피보험자의 위험(perils)에 의하여 손상된 자산의 수리 또는 교체기간중의 금전적손실을 보상하기 위한 보험
lowest qualified bidder (lowest responsible bidder)	입찰사정(Examination of Bids) 결과 계약수행에 적격자로 판단되는 최저 입찰자. 그러므로 최저입찰자(Lowest Bidder)라고 하여 반드시 Lowest Qualified Bidder인 것은 아니다.
main contractor	prime contractor, principal contractor, general contractor "원청자"를 뜻하며 통상 대문자로 표시하여 Contractor로 하며, 이에 대하여 하청자는 Subcontractor라고 한다.
maintenance certificate	"하자보수확인서"로 이해되고 있으며, "최종완공확인서"(Final Completion Certificate) 또는 "최종수락확인서"(Final Acceptance Certificate) 등으로 표현된다.
maintenance period	하자보수기간은 공사의 완공일로부터 계약상 특정기간을 뜻한다. FIDIC에서는 Defects Liability Period라고 표현한다.

man-month	인력을 중심으로 하여 1개월간의 연인원을 뜻한다는 개념(the person of input to a work for one month) 이 경우 60man-months라 함은 한달간 연투입 인력이 60명이라는 뜻이다. 또한 시간을 중심으로 하며 한 사람의 작업월을 뜻한다는 개념(the month of work done by one person) 이 경우 60man-months라 함은 한 사람이 60개월간 작업하였다는 뜻이다. 즉, 1인을 기준으로 할 때, 60개월의 작업시간을 나타낸다.
measurement	이는 원래 "측정, 크기, 넓이, 길이" 등의 뜻이나 건설계약에서는 1)필요공사비를 도면으로부터 산출하는 것, 2)기 수행공사량을 실측으로 산출하는 것의 두가지 개념으로 사용된다. 그러나 일반적인 measurement는 2)의 개념, 즉 현장에서 이미 수행한 공사에 대한 실제물량을 산출하는 것을 일컫는다. 그러므로 BOQ상의 물량은 추정치이며, measurement에 의한 물량이 실제물량(the actual and correct quantities of the works)이 된다.
memorandum	**메모, 비망록** : 이 경우 통상 memo로 줄여서 쓴다. (site memo : 건설현장에서 시공자와 감독관, 또는 발주처간 간단한 업무내용이나 기술관련 설명을 위한 서신의 일종)
minutes	회의록을 뜻하며 Minutes of Meeting으로 표현됨이 일반적이다.
mock-up	건설세부사항의 연구나 외양의 결정 또는 작업수행을 검토하기 위하여 설계과정에서 실물크기로 제작하는 견양
modification	[계약 사항의 변경] 계약사항은 계약의 수행중 상황에 따라 변경의 가능성이 있으며, 특히 Site Work의 경우 그 예는 빈번하다. 계약사항의 변경 즉, 쌍방간 체결된 계약서류의 문서상의 수정(A written amendment to the contract documents signed by both parties), 변경지시(A change order), Engineer에의하여 작성된 문서 또는 도면상의 해설(A written or graphic interpretation issued by the Engineer)
multiple of direct personnel expense	전문적인 서비스에 대한 보수지급방법이며, 급여와 관례적인 지급 등을 포함한 전문기술인력의 직접비에 합의된 요율을 곱하여 계산한다.
nominated sub-contractor	어떤 작업의 수행이나 설비, 자재 또는 용역의 제공에 있어서, 발주처나 감독관이 선정 또는 승인한 하도급자로서 그 비용이 임시비(Provisional Sum)로 충당되며, 시공자가 계약조건에 따라 상기 항목을 그들에게 하도급토록 강제된 하도급자를 뜻한다.
notice to proceed (NTP)	**착공지시서**라고 불리우며, Notice to Commence라고도 한다.

notice to tenderers	[입찰안내서] 입찰서의 작성 및 제출방법이 기술되어 있다. : Instructions to Tenderers, Information for Tenderers
open bidding	[공개경쟁입찰] Open Tendering이라고도 한다.
overhead expense	간접비(Indirect Expense)를 뜻하며, 통상 아래와 같이 분류된다.
partial hand-over	전체공종의 완공(Completion of the whole of the works) 이전에 일부 완공된 부분을 발주처에게 인도하여 사용토록 하는 것으로서, 이 때의 발주처의 점유 또는 사용을 Partial Occupancy라고 한다.
penal sum	계약서상에 명시된 지체별과금으로서, Delay Fine 또는 Delay Penalty라고도 한다. 이를 규정한 계약조항을 Penalty Clause라고 한다.
performance bond	**[이행보증]**이라고 하며, 시공자의 계약이행을 제3자가 보증하는 것으로서, Performance Guarantee [Security] 또는 Final Security [Deposit]라고도 한다. 이행보증의 유효기간은 시공자의 계약상 제의무를 완료할 때까지, 즉, Final Acceptance시까지이다.
permanent work	계약사의 작업을 뜻하며, Temporary Work와 구별된다. 후자의 경우는 현장요원의 현장내의 사무실, 숙소, 기타의 임시시설을 말한다. 계약서에서 the Works라 함은 Permanent Work와 Temporary Work 양자를 모두 포함하는 개념이다.
permit	[허가서]
PERT schedule	공정상 예상되는 활동과 작업을 나타내는 PERT 도표
PERT	Project Evaluation and Review Technique (계획의 평가 및 분석 기법)
preamble	계약서의 전문(도입부) 또는 설명조항 / Recitals라고도 하며, Whereas로 시작되는 문장이 많음을 강조하여 Whereas Clause라고도 한다.
prequalification (PQ)	[입찰자의 사전자격심사제도] 정확하게는 Prequalification of Prospective Bidders이다. 일반적으로 국제건설계약에서는 PQ의 통과가 필수적이다.
price fluctuation	"물가의 변동"공사비에 직접적으로 영향을 미칠 뿐만 아니라 시공자의 안정적인 자금운용을 저해한다. 일반적으로 건설공사의 계약기간은 장기에 걸치게 되는 바, 입찰서를 제출하고 난 후의 물가의 변동을 나타낸다.

prime contractor	main contractor, general contractor, principal contractor [원청자]
probable construction cost	기본설계(Schematic Design)와 설계전개(Design Development) 및 건설서류(Construction Documents)의 준비단계에서 건축가(Architect)가 발주처의 검토를 위하여 작성한 예상비용을 말한다. 그 보고서류를 Statement of Probable Construction Cost라고 한다.
progress chart	[공정표] 주요공종은 세로로 표기되고, 계획공기는 가로로 표기된다. 각 공종별로 매월 주기적으로 update되므로, 계획 대비 실제공정 현황을 일목요연하게 알수 있다.

progress payment	건설계약의 이행과정에서 수행된 공사나 반입된 자재에 대하여 발주처에 의하여 지불되는 금전이며, "공사진척기성" 또는 "기성"이라고 불리운다.
	* **선수금(Advance Payment)**
	  계약착수금으로서 계약금액의 일정액(예:10%)을 상환을 전제로 계약시에 지불한다.
	* **중간기성(Interim Payment)** 가장 대표적인 공사대금이며, 시공 중 일정 방식에 의하여 지급된다.
	  중간기성은 그 지급방식에 따라 다시 아래와 같이 분류된다.
	* **공사진척기성(Progress Payment)** 이는 공정율에 따라 지급하는 방식으로서, 예를 들어, 매 공정율 10%마다 지급한다면, 완공시까지 10회를 지급하게 된다.
	* **월별기성(Monthly Payment)** : 이는 매월별 공정율에 따라 지급하는 방식으로서, 예를 들어, 계약공기가 2년이라면, 24회를 지급하게 된다. 이 경우 월별 기성액은 다를 수도 있다.
	* **정액기성(Payments in Installments)** : 이는일정기간마다 정액을 지불하는 방식으로서, 예를들어, 2개월마다 계약금액의 10%를 정액으로 지급하는 방식이 그것이다. 또한, 매월별 일정액을 지급한다면 Monthly Installments가 될 것이다.
	* **최종기성(Final Payment)** : 최종정산(Final Accounting) 후 지급되는 기성으로서 통상 하자보수 기간의 종료후 지급되며 Final Payment는 Interim Payment의 한 종류이라고 할 수 있다.

project budget	어떤 공사(Project)를 수행하는데 소요될 것으로 예상하여 발주처가 확보한금액으로서 다음과 같은 항목으로 구성된다.
promissory note	[약속어음] / bill of exchange 환어음
property insurance	공사보험의 일종으로서 화재, 낙뢰, 기타 제위험에 의한 손실과 손상에 대한 보상을 목적으로 하는 보험. 특수재해보험(Special Hazards Insurance)의 부보위험인 누수, 붕괴, 제물질적 손실이나 시공자의 운송중인 자재까지도 이 보험으로 부보될 수 있다.

property damage insurance	이는 책임보험의 일종이며, 유형자산의 손상과 그로 인한 사용기회의 상실에 대한 손해까지도 부보되지만, 피보험자의 보호, 관리, 통제하에 있는 자산(property in the care, custody, and control of the insured)은 제외된다.
proposal	일반적으로 "제의, 제안"을 뜻하지만, 입찰에서는 입찰 그 자체를 나타내기도 한다. Proposal Form : Bid Form, Tender Form, Form of Tender
punch list	[시공자가 완성 또는 보수해야할 작업항목] (list of items of work to be completed or repaired by the contractor) 시공자가 완공통보(Notification of Substantial Completion)를 하면, 감독관이 현장을 점검(Inspection)하게 되는 바, 이 과정에서 노출된 하자있는 공종은 시공자와 발주처에 각기 통보한다. 이 공종의 목록을 Punch List라 한다. Inspection List 또는 Snagging List라고도 한다.
purchase order (PO)	[구매지시서, 구입주문서]
quantity survey (QS)	공사용 자재 및 장비의 분석, 즉 적산을 뜻하나, 영국식 QS는 적산은 물론 계약, 공사관리, 기타 건설업무 전반에 걸친 Engineering을 의미한다. QS업무를 수행하는 사람을 Quantity Surveyor라고 한다.
reimbursable expenses	관련계약조항에 따라 발주처에 의하여 지불될 공사용 지출금액. 이는 주로 Cost-plus-fixed-fee 계약체계에서 언급되며, 임금과 급여, 하도급비, 자재비, 장비비, 여행비, 현장시설비, 보증 및 보험료, 통신비등이 대표적인 예이다.
schedule of rates	공종별로 분류된 계약금액의 배분현황. 계약금액이나 하도급비, 또는 기성의 신청이나 지불의 근거가 된다. 영국 관급공사 계약서의 규정에 의하며, 발주처가 제공한 Schedule of Rates상의 작업개요는 계약서에 의하여 수행될 작업을 정의 하거나 제한할 수 없는 것으로 하고 있다. : Schedule of Values, Schedule of Prices
scope of work	공사규모를 뜻하며, 통상 공사예산(Project Budget)에 의하여 기본설계(Schematic Design) 단계에서 정해진다. Extent of Work라고도 한다.
site investigation	현장조사의 뜻으로 Site Survey라고도 한다. 현장조사는 입찰시 입찰금액의 산정에 매우 중요한 절차이며, 이를 게을리할 경우 그로 인한 손실은 시공자의 부담이 된다.
special hazards insurance	누수(leakage), 붕괴(collapse), 수해(water damage), 기타 제 물리적 손실(physical loss)과 같은 재산상의 위험 뿐만 아니라 운송

	중인 자재에 대한 위험까지도 부보하는 특별위험보험이다. 공사현장의 시공사의 사고에 추가적인 위험(Additional Perils)까지 부보한다.
specification	[시방서] spec으로 줄여서 쓰기도 한다. 공사범위, 사용자재, 설치방법, 작업의 질 등을 상세히 나타내는 계약서류의 하나이며, 통상 작업도면과 함께 이용된다. General Spec과 Technical Spec으로 분리된다.
statutory bond	형식과 내용이 법령에 의하여 규정된 증권
stipulated sum agreement	특정금액이 계약수행에 대한 전체적인 지불임을 규정한 계약(a contract in which a specific amount is set forth as the total payment for performance of the contract) 이는 미국건축사협회(AIA)가 제시한 Lump-Sum Agreement의 근간이 된다.
successful bidder	[낙찰자] : accepted bidder, selected bidder
temporary work	Permanent Work(본공사)의 수행이나 유지보수등과 관련되는 가설공사로서, 현장내 임시숙소, 사무실, 복리시설등이 이에 속한다.
termination of contract	계약의 취소 또는 파기를 의미하며, Termination외에 Takeover, Withdrawal 또는 Determination등과 같은 용어를 사용하기도 한다. Termination은 쌍방간 계약사항이 영구히 소멸한다는 점에서 공정의 일시적인 중지인 Suspension과 다르다.
turn-key contract	기본계획, 설계, 시공을 시공자가 수행하는 일괄도급계약. Design Build Contract라고도 한다.
variation order	계약사항의 변경을 뜻하며, Change Order의 영국식 표현으로 이해되고 있다.
VAT	[부가세, 부가가치세] value-added tax의 약자
waiver of claim	[claim 포기각서] Disclaimer Clause라고도 표현된다.

3. 입찰업무 용어정리

ITEM	DESCRIPTION
영 문	
PQ	Pre-Qualification / 사전적격심사
PT	Presentation / 프리젠테이션
PP	Protection Profile / 보호 프로파일
TP	Technical Proposal / 기술제안서
CM	Construction Management / 건설사업관리
CMP	Construction management professional / 건설사업관리전문가
PM	Project Manager / 프로젝트관리자
PMIS	project management information system / 건설사업관리시스템
VE	value engineering / 가치공학
LCC	Life Cycle Cost / 생애주기비용
BTL	Build Transfer Lease / 민간자본유치사업
FAB	Fabrication / 반도체 제조공장
CES	Community Energy Supply System / 구역형 집단에너지사업
LCD	liquid crystal display / 인가전압에 따른 액정의 투과도의 변화를 이용하여 각종 장치에서 발생되는 여러가지 전기적인 정보를 시각정보로 변화시켜 전달하는 전기소자이다. 자기발광성이 없어 후광이 필요하지만 소비전력이 적고, 휴대용으로 편리해 널리 쓰이는 평판 디스플레이의 일종이다
한 글	
[ㄱ]	
감리	발주기관이 수행할 감독업무를 감리전문회사가 위탁받아 발주자로서의 감독권한을 대행하는것

건설공사	토목공사, 건축공사, 산업설비공사,조경공사 및 환경시설공사 등 시설물을 설치, 유지, 보수하는 공사(시설물을 설치하기 위한 부지조성공사를 포함한다.)기계설비 기타 구조물의 설치 및 해체공사 등, 다만, 다음 각목의 1에 해당하는 공사를 포함하지 아니한다.—전기공사업법에 의한 전기공사—정보통신공사사업법에 의한 정보통신공사—소방법에 의한 소방설비공사—문화재보호법에 의한 문화재 수리공사
건설기술용역(건설기술관리법 제2조 제3호)	다른 사람의 위탁을 받아 건설기술에 관한 역무를 수행하는 것
건설기술자(건설산업기본법 제2조 제12호)	건설공사에 관한 기술 또는 기능을 가진 자로서 관계법령에서 그 기술이나 기능이 있다고 인정된 자
건설사업관리제도(CM)	공사에 관한 기획, 타당성조사, 설계, 시공, 감독, 유지관리등에 관하여 그 전부 또는 일부를 종합관리하는 업무를 수행하는 것을 말함. 기획, 설계, 발주, 공사착공, 인도 등 각 단계에서 관리기술을 사용하여 스케줄 관리, 비용 관리, 품질 관리, 정보 관리등을 하는 업무로 발주자나 건축주를 대신하여 건축공사의 비용절감과 품질개선을 위한 용역과 시공에 관련된 업무를 하는 기능
건설산업(건설산업기본법 제2조 제1호)	건설업과 건설용역업
건설업(건설산업기본법 제2조 제2호)	건설공사를 수행하는 업
건설업자(건설산업기본법 제2조 제5호)	이 법 또는 다른 법률에 의하여 등록 등을 하고 건설업을 영위하는 자
건설용역업(건설산업기본법 제2조 제3호)	건설공사에 관한 조사, 설계,감리,사업관리,유지관리등건설공사에 관한 조사 · 설계 · 감리 · 사업관리 · 유지관리 등 건설공사와 관련된 용역(이하 건설용역 이라 한다)을 수행하는 업
건축사(건축사법 제2조 제1호)	건설교통부장관의 면허를 받아 건축물의 설계 또는 공사 감리의 업무를 수행하는 자
건축설비(건축법 제2조 제3호)	건축물에 설치하는 전기, 전화, 가스, 급수, 배수, 환기, 난방, 소화, 매연 및 오물처리의 설비와 굴뚝, 승강기, 피뢰침, 국기게양대, 공동시청안테나, 유선방송수신시설, 우편물수취함, 기타 건설교통부령이 정하는 설비
경상이익	〈경제〉 기업의 경영 활동에서 경상적으로 발생하는 이익. 영업 외 수익을 가산하고 영업 외 비용을 공제한 것이며, 일정 기간의 경상적 수입과 지출의 차액을 이른다.

계속공사	연관된 공사를 계속하여 시공함이 합리적이라고 인정하여 직전 또는 현재의 시공자와 수의계약을 체결할수 있는 공사
계속비공사	계속비예산으로 계약을 체결할 경우로서 이때에는 계약서상의 계약금액은 총공사금액으로 하고 연부액을 계약서에 명시
계속비대형공사 (국가계약법시행령 제79조 제1항 제9호)	공사비가 계속비예산으로 계상된 대형공사를 말함
계약	사법상의 일정한 법률효과의 발생을 목적으로 2인 이상의 당사자의 의사표시의 합치, 즉 합의에 의하여 성립하는 법률행위
계약단가	공종별 목적물 물량내역서에 각 품목 또는 비목별로 단가를 기재한 산출내역서상의 단가 (국가계약법시행령 제68조 제3항)
계약담당공무원	세입의 원인이 되는 계약에 관한 사무를 각 중앙관서의 장으로부터 위임받은 공무원
계약보증금	계약체결후 계약이행이 완료될 때까지의 계약이행을 계약자로부터 보증받기 위한 물적 담보로서 계약금액의 100분의 10이상을 납부하여야 하며, 계약불이행시 국고에 귀속함.[국가계약법 제12조, 동법 시행령 제50조]
계약상대자	정부와 공사계약을 체결한 자연인 또는 법인
공동계약	제조기술 및 자본의 보완 및 계약불이행에 대한 위험부담을 분산시키기 위하여 2인 이상의 계약상대자와 체결하는 계약 [국가계약법 제25조, 동법시행령 제72조]
공동수급체 대표자 (공동도급계약운용요령 제2조 제3호)	공동수급체의 구성원 중에서 대표자로 선정된 자
공동수급체 (공동도급계약운용요령 제2조 제2호)	구성원을 2인 이상으로 하여 수급인이 당해 계약을 공동으로 수행하기 위하여 잠정적으로 결성한 실체
공동수급협정서 (공동도급계약운용요령 제2조 제4호)	공동도급계약에 있어서 공동수급체구성원 상호간의 권리,의무등 공동도급계약의 수행에 관한 중요사항을 규정한 계약서
공동이행방식	동일한 공종으로 2개 이상의 업체가 협정할 경우

공사손해보험료	회계예규 공사계약일반조건 제10조의 규정에 의하여 공사손해보험에 가입할 때 지급하는 보험료를 말하며, 보험가입대상 공사부분의 총공사원가(재료비, 노무비, 경비, 일반관리비 및 이윤의 합계액을 말한다.)에 공사손해보험료율을 곱하여 계상한다.
공사시방서	시공과정에서 요구되는 기술적인 사항을 설명한 문서로서, 구체적으로 사용한 재료의 품질, 작업순서, 마무리정도 등 도면성 기재가 곤란한 기술적 사항을 표시해 놓은 것
공사예정금액	추정가격과 부가가치세 및 도급자설치 관급자재 대가를 합산한 금액으로 P.Q심사의 5년실적 기준금액 및 시공비율산정의 기준금액으로 사용함
공사이행보증각서	공사계약에 있어서 계약상대자가 계약상의 의무를 이행하지 못하는 경우계약상대자를 대신하여 계약상의 의무를 이행할 것을 보증하되, 이를 보증한 기관이 의무를 이행하지 아니하는 경우에는 일정금액을 납부할 것을 보증하는 증서
공사이행보증서 (국가계약법 시행령 제2조 제4호)	공사계약에 있어서 계약상대자가 계약상의 의무를 이행하지 못하는 경우계약상대자를 대신하여 계약상의 의무를 이행할 것을 보증하되, 이를 보증한 기관이 의무를 이행하지 아니하는 경우에는 일정금액을 납부할 것을 보증하는 증서
공종별 목적물 물량 내역서(공사계약일반조건 제2조 제5호)	공종별 목적물을 구성하는 품목 또는 비목과 동 품목 또는 비목의 규격·수량·단위 등이 표시되고, 국가계약법시행령 제14조 제1항 및 제2항의 규정에 의하여 입찰공고 후 또는 낙찰자 결정 후 입찰에 참가하고자 하는 자 또는 낙찰자에게 교부된 내역서
관급자재	계약내용에 따라 발주기관이 공급하는 공사자재
관련기관 협의체 (종합계약 집행요령 제2조 제4호)	종합계획에 의하도록 허가·인가된 공사의 관련기관이 당해 계약을 공동으로 집행하기 위해 잠정적으로 결성한 조직
구매입찰	제조업자가 아니라 하더라도 입찰참가가 가능
구조물	교량, 터널, 댐 등과 같이 천연 또는 인조재료를 써서 하중을 기초에 전달하고 그 사용목적에 유익하도록 건조된 공작물의 총칭을 말한다.
국제입찰	내·외국인 또는 외국인을 대상으로하여 물품, 공사 및 용역을 조달하기 위한 입찰 [특정조달을위한국가를당사자로하는계약에관한법률시행특례규정 제2조 제1호]
국제입찰 대상공사	양허대상기관에서 발주하는 공사로서 관급자재대가 및 부가가치세를 공제한 금액이 기준가 이상규모인 공사

규격·가격분리입찰	규격·가격분리입찰 이라 함은 국가계약법시행령제18조 제3항의 규정에 의거 규격입찰서와 가격입찰서를 별도로 작성하여 각각 별개의 봉서에 넣어 봉한 후 지정하는 일시에 동시 제출토록 하여 먼저 규격을 심사한 결과 적격자로 확정된 자를 대상으로 가격개찰을 실시하는 입찰을 말한다.
그라우팅(Grouting)	펌프를 사용하여 시멘트, 페이스트 또는 모르타르 등을 가압주입 하는것. 터널 암반의 균열이나 물이 고이는 곳, 터널복공과 본 바닥과의 공급의 추진, 프리팩트 콘크리트, 포스트 텐션방식의 프리스트레스 콘크리트에 있어서의 강선과 사이즈사이의 충진 등에 쓰인다.
기본설계입찰 (국가계약법시행령 제79조 제1항 제6호)	일괄입찰의 기본계획 및 지침에 따라 실시 설계에 앞서 기본설계와 그에 따른 필요한 도면 및 서류를 작성하여 입찰서와 함께 제출하는 입찰을 말함.
기본업무(기술용역계약 일반조건 제2조 제4호)	계약상대자가 수행하여야 하는 업무로서 과업내용서에 기재된 기술용역
기성검사	일정한 시점을 기준으로 하여 계약자의 요청에 의거, 그때까지 시공된 상태를 검사하는 것을 말함
기술용역(기술용역계약 일반조건 제2조 제3호)	건설기술관리법 제2조 제3호 및 엔지니어링기술진흥법 제2조 제1호와 이에 준한 용역

[ㄴ]

NANO	10-9에 해당하는 SI 접두어. 기호는 n. nm(나노미터:1nm=10-9m), ns(나노초:1ns=10-9s) 등으로 사용함. 전에는 μ (미크론:1μ =10-6),m(밀리:1m=10-3) 를 합쳐mμ (밀리미크론)으로서 10-9m를 표현했으나, 현재는 1nm로 대치됨. 그러므로 나노미터는 종래의 밀리미크론과 같은 값임. 시간의 단위인 ns는 μ s(마이크로초)의 1/1000인 mμ s(밀리마이크로초), 즉 1초의 1/10억에 해당함.
낙찰율	예정가격에 대한 낙찰금액의 비율
내역입찰	입찰시에 입찰서와 함께 입찰금액의 산출내역서(현장설명시에 배부된 물량내역서에 단가를 기재하여 입찰금액을 산정한 서류)를 제출하는 입찰제도로 추정가격 50억원이상 공사에 적용 (국가계약법 시행령 제14조(공사의 입찰) 제6항, 회계예규 내역입찰집행요령)
내자	국내에서 생산 또는 공급되는 물품, 일반용역 및 임대차를 말함.

[ㄷ]	
단가계약	다수 기관에서 공통적으로 사용하고 수요빈도가 많은 품목에 대하여 단가에 의하여 입찰 및 수의시담 하고 예정 수량을 명시하여 체결하는 계약[국가계약법 제22조]
단일공사 (동일구조물공사 및 단일공사집행요령 제2조 제2호)	당해 연도 예산상 특정단일사업으로 책정된 공사와 그 시공지역에서 이와 관련하여 시공되는 부대공사, 예산상 특정되지 아니한 경우에는 예산집행과정에서 특정되는 공사에 대하여 가목(위의 내용 참조)의 규정을 준용, 면허나 자격요건 등으로 법령의 규정에 의하여 공사를 분할 발주하여야 하는 경우에는 그 분할 발주하는 공사를 각각 단일공사로 봄. 다만, 관계법령에서 정하고 있는 경미한 공사의 경우에는 그러하지 아니함.
당해공사와 같은 공사실적	현재 발주하려는 공사와 공사내용이 실질적으로 동일하거나 이와 유사하여 계약목적 달성이 가능하다고 인정되는 과거의 공사실적을 의미(회제 2210-677, 92.10.12)
대안(국가계약법시행령 제79조 제1항 제3호)	정부가 작성한 설계서(총공사에 대하여 설계가 완성된 것에 한함)상의 공종 중에서 대체가 가능한 공종에 대하여 기본방침의 변동없이 정부가 작성한 설계에 대체될 수 있는 동등이상의 기능 및 효과를 가진 신공법·신기술 공기단축 등이 반영된 설계로서 당해 설계서상의 가격이 정부가 작성한 설계서상의 가격보다 낮고 공사기간이 정부가 작성한 설계서상의 기간을 초과하지 아니하는 방법으로 시공할 수 있는 설계를 말함
대안입찰 (국가계약법시행령 제79조 제1항 제4호)	원안입찰과 함께 따로 입찰자의 의사에 따라 대안이 허용된 공사의 입찰을 말하며, 대안입찰이 허용된 공종에 한하여 대안을 제시하여야 함
대안입찰제도	정부가 작성한 설계서상의 공종 중에서 대체가 가능한 공종에 대하여 정부설계와 동등 이상의 기능이나 효과를 가진 대체방안을 원안입찰과 함께 입찰자의 의사에 따라 제출할 수 있는 입찰제도
대지급	"대지급"이라 함은 [조달사업에관한법률시행령 제12조(물자대금 및 수수료의 납입시기 등) 제 2항]에 의거 조달요청한 물품대금을 공공기관의 요청에 따라 조달청에서 공공기관을 대신하여 물품납품업체에 지급하는 것을 말한다.
대형공사 설계비보상	중앙관서의 장 또는 계약담당공무원은 일괄입찰 및 대안입찰에서 선정된 자 중 낙찰자로 결정되지 아니한 자에 대하여는 예산의 범위 안에서 설계비의 일부를 보상할수 있다.(국가를 당사자로 하는 시행령 제 89조 제1항), 건설공사의 품질향상과 예산절감 등을 위하여 일괄입찰 등의 활성화가 필요하나, 입찰에서 탈락될 경우 설계비용의 부담이 크므로 입찰참여를 기피하는 경향이 있다. 이러한

	문제점을 해결하기 위하여 탈락자에게 설계비용의 일부를 보상해 주는 제동
대형공사 (국가계약법시행령 제79조 제1항 제1호)	총공사비 추정가격이 100억원 이상인 신규복합공종공사를 의미하며, 국가계약법시행령 제6장의 「대형공사 계약」은 이러한 대형공사 중 대안입찰, 일괄입찰(턴키입찰)에 의한 계약을 그 대상으로 하고 있음을 명시하고 있음, 대형공사 계약에는 신규공사가 아닌 계속공사는 제외되며, 비록 총공사비 추정가격이 100억원 이상인 신규복합공종공사라 하더라도 입찰방법이 위에서 언급한 대안입찰이나 턴키입찰이 아닌경우에는 기타공사라고 하여 구분함.
도급 (건설산업기본법 제2조 제8호)	원도급·하도급·위탁 기타 명칭의 여하에 불구하고 건설공사를 완성할 것을 약정하고, 상대방이 그 일의 결과에 대하여 대가를 지급할것을 약정하는 계약
도급계약 (민법 제664조)	당사자의 일방(수급인)이 어떤 일을 완성할 것을 약정하고, 상대방(도급인)은 그 일의 결과에 대하여 보수를 지급할 것을 약정함으로써 성립되는 계약
도급한도액	공사업자가 도급받을 수 있는 건설공사금액의 한도액
동일구조물공사	천연 또는 인조의 재료를 사용하여 그 사용목적에 적합하도록 만들어진 기능이 상호 연결되는 일체식 구조물 (그 부대공작물을 포함)로서 동일인이 계속하여 시공함이 적합한 시설물

[ㅁ]

마감공사	기시공무에 대한 뒷마무리공사와 성토, 옹벽, 포장등의 부대시설공사를 의미
매출	〈경제〉일반 대중에게 균일한 조건으로 이미 발행한 유가 증권을 매도(賣渡)하거나, 매수(買受)하기 위한 청약을 하도록 권유하는 일
물품수급관리계획	매 회계연도마다 수립하는 물품의 취득과 처분에 대한 계획으로써 불요불급품의 구매를 억제하고 잉여품 및 과장품의 발생을 예방하여 물자예산을 효율적으로 집행하기 위한 계획임

[ㅂ]

발주자(건설산업기본법 제2조 제7호)	건설공사를 건설업자에게 도급하는 자를 말한다. 다만 수급인으로서 도급받은 건설공사를 하도급하는 자를 제외
보증이행업체 (공사이행보증제도 운용요령 제2조 제2호)	공사이행보증서 발급기관(이하 보증기관이라 한다)이 당해 공사의 보증시공을 위하여 지정한 업체

보증채무 (공사이행보증제도 운용요령 제2조 제3호)	계약상대자가 정당한 이유없이 계약상의 의무를 이행하지 아니한 경우 보증기관이 발주기관에 대하여 보증하여야할 의무
복수물품경쟁공급	수요물자중 품질.성능 또는 효율등에 차이가 있는 유사한 종류의 물품중에서 품질등이 일정수준 이상인 물품을 규격별(모델별) 또는 공통규격에 의하여 복수의 공급자와 장기적으로 단가계약을 체결하여 복수계약자에 의하여 수요물자를 경쟁적으로 공급하는것[복수계약자에의한수요물자의경쟁적공급업무처리규정 제3조]
복수예비가격	제한적최저가낙찰제의 경우에 도입되었던 것으로서, 기초금액을 기준으로 하여 동 금액에 2%(각 발주처별로 다름)를 가감한 범위안에서 15개의 예비가격을 작성한다.
부대입찰	공사입찰 산출내역서에 입찰금액을 구성하는 공사 중 하도급할 부분, 하도급금액, 하수급인 등 하도급에 관한 사항을 기재하여 제출하는 제도, 즉 입찰자는 입찰 전에 미리 실제공사를 시공할 하수급인으로부터 하도급에 관한 사항에 대해 견적서를 받아 하도급금액 등을 결정하고, 이를 기초로 입찰서를 작성하여 입찰하게 되며, 낙찰된 후에는 입찰시 제출한 하도급 내용대로 하도급계약을 체결하는 것이다.
부분책임감리	계약단위별 공사의 일부에 대하여 책임감리를 하는 것
부정당업자의 입찰참가자격제한제도	국가가 계약을 체결함에 있어서 입찰단계부터 준공 및 하자보수단계에 이르기까지의 일련의 과정에서 입찰참가자 또는 계약상대자가 경쟁입찰의 공정한 집행, 계약의 적정한 이행을 해칠 염려가 있거나, 기타 입찰에 참가시키는 것이 부적합하다고 인정되는 자에 대해서는 국가가 집행하는 모든 입찰에 일정기간 동안 참가를 배제하는 제도
분담이행방식	공동수급체의 각 구성원이 계약의 목적물을 분할하여 각자 그 분담부분에 대하여서만 자기의 책임으로 이행하고 손익을 계산하되 공동경비만을 갹출하여 계약을 이행하는 방법
분리발주	공사발주에 있어서 다른 업종의 공사와 분리하여 입찰집행 및 도급계약을 체결함을 말하는데 전기 및 정보통신공사 등에서 적용 시행되고 있다.
비축물자	장·단기 물자수급의 원활과 물가안정을 위하여 정부가 직접구매하여 비축·공급하는 생활필수품, 원자재 및 시설자재로서 대통령령이 정하는 물자2. 다음 해당물자로서 재정경제부장관이 관계중앙행정기관과 협의하여 고시하는 물자-- 해외의존도가 높은 물자- 국민생활안정에 긴요한 물자 – 기타 물자안정과 수급조절을 위하여 긴급히 대처할 필요가 있다고 인정하는 물자

비축사업	비축물자의 구매, 운송, 조작, 보관, 공급 및 그에 따르는 사업

[ㅅ]

수주	[명사]주문을 받음. 주로 물건을 생산하는 업자가 제품의 주문을 받는 것을 이르는 말이다.
순이익	[명사]총이익에서 영업비, 잡비 따위의 총비용을 빼고 남은 순전한 이익. ≒순리(純利)·순수익·순익

[ㅇ]

2단계 경쟁입찰	각 중앙관서의 장 또는 계약담당공무원은 물품의 제조, 구매 또는 용역계약에 있어서 미리 적절한 규격 등의 작성이 곤란하거나 기타 계약의 특성상 필요하다고 인정되는 경우에는 먼저 규격 또는 기술입찰을 실시한후 가격입찰을 실시할 수 있다. 규격 또는 기술입찰을 개찰한 결과 적격자로 확정된 자에 한하여 가격입찰에 참가할수 있는 자격을 부여하여야 한다.
엔지니어링	〈공업〉인력, 재료, 기계 따위를 일정한 생산 목적에 따라 유기적인 체계로 구성하는 활동
엔지니어링기술 (엔지니어링기술진흥법 제2조 제3호)	엔지니어링활동을 수행하는 과정에서 응용되는 과학기술을 말함
엔지니어링사업 (엔지니어링기술진흥법 제2조 제4호)	엔지니어링활동주체에게 엔지니어링활동을 발주하는 것
엔지니어링활동 (엔지니어링기술진흥법 제2조 제1호)	과학기술의 지식을 응용하여 사업 및 시설물에 관한 기획·타당성조사·설계·분석·구매·조달·시험·감리·시운전·평가·자문·지도 기타 대통령이 정하는 활동과 그 활동에 대한 사업관리를 말함
역경매	일반적인 경매와는 달리 발주처에서 구매를 원하는 제품의 역경매를 시작하면, 그 제품을 공급하고자 하는 공급업자들이 '내가 팔겠다'하여 자율적으로 입찰에 참여, 제품의 가격을 낮춤으로써 진행되는 새로운 방식
영업이익	〈경제〉 기업의 주요 영업 활동에서 생기는 이익. 매출액에서 매출원가, 일반 관리비, 판매비를 뺀 나머지이다. ≒영업 소득
예비가격기초금액	당해공사의 공사금액(관급자재 대가 불포함)으로서 예비가격작성의 기초금액 및 적격심사의 시공경험 평가 기준금액 산정에 활용하고 입찰일기준 7일전에 일간건설 및 인터넷

예정가격 (국가계약법 시행령 제2조 제2호)	입찰 또는 계약체결 전에 낙찰자 및 계약금액의 결정기준으로 삼기 위하여 미리 작성·비치하여 두는 가액으로서 국가계약법 제8조의 규정에 의하여 작성된 가격
외자	국내에서 생산 또는 공급되지 않거나 차관자금으로 구매 공급하는 물품 및 용역
원가계산가격	신규개발품이거나 특수규격품 등의 특수한 물품·공사·용역등 계약의 특수성으로 인하여 적정한 거래실례가격이 없는 경우, 계약의 목적이 되는 물품·공사·용역등을 구성하는 재료비·노무비·경비와 일반관리비 및 이윤을 계산한 가격[국가계약법시행령 제9조 제1항 제2조]
원가계산용역기관	각 중앙관서의 장 또는 계약담당공무원은 계약목적물의 내용, 성질 등이 특수하여 원가계산을 하기 곤란한 경우에는 재정경제부장관이 정한 요건을 갖춘 원가계산용역기관에 원가계산일 의뢰할수 있다.
유사물품복수경쟁	물품의 종류 및 규격이 다양하고 어떤 규격품을 선택하여도 수요목적을 달성할 수 있을때 가장 경제적인 가격으로 입찰한 자를 낙찰자로 결정[국가계약법시행령 제25조]
유자격자명부에 의한 경쟁입찰	건설업체를 시공능력공시금액 순위에 의하여 등급별 유자격명부에 등록케 하고 발주할 공사에 대해서도 규모별로 유형화하여 고사규모에 따라 등록별 또는 해당등급 이상 등록자에게 입찰참가자격을 부여하는 제도
일괄입찰(Turn-key) (국가계약법시행령 제79조 제1항 제5호)	일괄입찰이란 정부가 제시하는 공사일괄입찰 기본계획 및 지침에 따라 입찰시에 그 공사의 설계서와 기타 시공에 필요한 도면 및 관계서류를 작성하여 입찰서와 함께 제출하는 설계·시공일괄입찰을 말하며 기본설계입찰과 실시설계로 구분
일괄입찰보증서 (일괄입찰보증제도 운용요령 제2조 제1호)	국가계약법시행령 제37조 제2항 제4호에 규정된 보증서중 1회계연도내의 모든 입찰(공사의 경우에 한한다)에 대한 입찰보증금을 납부할 수 있는 보증서
일반경쟁입찰	관보, 전자매체, 게시판등에 공고하여 일정한 자격을 가진 불특정 다수의 희망자를 경쟁입찰에 참가하도록 한 후 그 중에서 가장 유리한 조건을 제시한 자를 선정하는 방법
일반대형공사 (국가계약법시행령 제79조 제1항 제10호)	공사비가 계속비예산으로 계상되지 아니한 대형공사
일위대가	해당 공사의 공종별 단위당 소요되는 재료비와 노무비를 산출하기 위하여 품셈기준에 정해진 재료수량 및 품 수량에 각각의 단가를 곱하여 산출한 단위당 공사비 즉 단가를 말함

입찰담합	경쟁입찰에 있어서 수요독점적 위치에 있는 발주자에 대항하여 다수의 입찰참가자가 미리 특정인을 정하여 낙찰자가 되도록 현시적 또는 묵시적으로 협정하고서 다른 입찰참가자들은 소위 들러리 형식으로 입찰에 참가하는것을 말함.
입찰보증금	입찰후 계약체결을 보장받기 위한 물적 담보로서 입찰금액의 100분의 5이상을 납부하여야 하며, 계약체결을 못할 경우 국고에 귀속조치함. 조달청은 입찰보증금 지급각서로 대체하고 있으나 신용불량자, 가격등락이 심하여 계약을 기피할 우려가 있는 품목으로 계약관이 입찰보증금을 수납하는 것이 필요하다고 인정한 경우에는 입찰보증금을 납부토록 하고 있음.[국가계약법시행령 제37조]
입찰안내서 (국가계약법시행령 제79조 제1항 제7호)	국가계약법시행령 제79조 제1항 제4호 내지 제6호의 규정에 의한 입찰에참가하고자 하는 자가 당해 공사의 입찰에 참가하기 전에 숙지하여야 하는 공사의 범위·규모·설계·시공기준, 품질 및 공정관리 기타 입찰 또는 계약이행에 관한 기본계획 및 지침 등을 포함한 문서
입찰참가자격사전심사 (PQ)에 의한 경쟁입찰	입찰참가자격사전심사제(Pre-Qualification)란 입찰에 참여하고자 하는 자에 대하여 사전에 시공경험·기술능력·경영상태 및 신인도 등을 종합적으로 평가하여 시공능력이 있는 적격업체를 선정하고 동 적격업체에게 입찰참가자격을 부여하는 제도
임시사용승인	준공검사 전에 완공된 건축물의 임시사용에 대한 승인 제도를 말하는데, 그 임시사용기간은 2년 이내로 되어 있으나 시장 등의 허락을 얻어 연장이 가능하다.

[ㅈ]

장기계속계약	그 성질상 수년을 계속하여 존속할 필요가 있거나 이행에 수년을 요하는 계약[국가계약법 제21조, 국가계약법시행령 제69조]
장기계속공사	이행에 수년을 요하는 공사로서 계약을 체결할 때에는 낙찰 등에 의하여 결정된 총공사금액을 부기하고 당해 연도 예산의 범위 안에서 제1차 공사를 이행하도록 계약을 체결 제2차 공사이후의 계약은 부기된 총공사금액에서 이미 계약된 금액을 공제한 금액의 범위 안에서 계약을 체결할 것을 부관으로 약정
저가심의제에 의한 최저가낙찰제	직접공사비 미만으로 입찰한 경우, 저가로 입찰한 자부터 심사하여 적격판정을 받은 자를 낙찰자로 결정
적격심사	입찰자의 계약이행능력을 심사하여 우량업체를 낙찰자로 결정하는 제도로서 물품납품이행능력과 입찰점수 및 신인도 점수로 평가[국가계약법 제42조 제1항]

적격심사 낙찰제	예정가격 이하 최저가격으로 입찰한 자 순으로 공사수행능력(시공경험, 기술능력, 경영상태 등)과 입찰가격등을 종합심사하여 일정점수(85점) 이상 획득하면 낙찰자로 결정하는 제도, 낙찰예정자를 대상으로 당해 공사의 계약이행능력이 있는지의 여부를 심사하여 적정하다고 인정될 경우에 낙찰자로 결정함으로써 불량,부적격자가 계약대상자로 선정되는 것을 배제하는 제도[국가계약법시행령 제42조 제2항, 회계예규 적격심사기준]
전기공사 기술자 (전기공사업법 제2조 제9호)	다음에 해당하는 자로서 대통령이 정하는 자 - 국가기술자격법에 의한 전기분야의 기술자격을 취득한자 - 일정한 학력과 전기분야에 관한 경력을 가진 자
전기공사 (전기공사업법 제2조 제1호)	다음에 해당하는 설비 등을 설치,유지,보전하는 공사 및 이에 따른 예비공사로서 대통령이 정하는 것 - 전기공사법 제2조, 제7호의 규정에 의한 전기설비-전력사용장에서 전력을 이용하기 이한 전기계장설비, - 전기에 의한 신호표지
전기공사업 (전기공사업법 제2조 제2호)	도급 기타 명칭여하에 불구하고 전기공사업법 제2조 제1호의 규정에 의한 전기공사를 업으로 하는 것
전기공사업자 (전기공사업법 제2조 제3호)	전기공사업법 제4조 제1항의 규정에 의하여 공사업의 등록을 한 자
전면책임감리	계약단위별 공사전부에 대하여 책임감리를 하는 것
정보통신공사 (정보통신공사업법 제2조 제2호)	정보통신설비의 설치 및 유지, 보수에 관한 공사와 이에 따르는 부대공사로서 대통령이 정하는 것
정보통신공사업 (정보통신공사업법 제2조 제3호)	도급 기타 명칭여하를 불문하고 이 법의 적용을 받은 정보통신공사를 업으로 영위하는 것
정보통신공사업자 (정보통신공사업법 제2조 제4호)	정보통신공사업법의 규정에 의한 정보통신공사업의 등록을 하고 공사업을 영위하는 자
정보통신기술자 (정보통신공사업법 제2조 제6호)	국가기술자격법에 의한 통신·전자·정보처리 등의 분야의 기술자격을 취득한자 자와 정보통신설비에 관한 기술 또는 기능을 가진 자로서 대통령령이 정하는 자
정보통신설비 (정보통신공사업법 제2조 제1호)	유선·무선·광선 기타 전력적 방식에 의하여 등호·문자·음영 또는 영상 등의 정보를 저장·제어·처리하거나 송·수신하기 위한 기계·기구·선로 기타 필요한 설비

정부조달협정 적용물자	정부조달협정 및 이에 근거한 국제규범에 따라 정부조달협정 가입 국적의 외국인과 내국인을 대상으로 하는 국제입찰 대상물자 [국가계약법 제4조, 특례규정 제3조]
제3자단가계약	수요기관에서 공통적으로 소요되고 신속공급이 필요한 물자의 제조·구매 및 가공등의 계약에 관하여 미리 단가만을 정하여 공고하고 각 수요기관에서 계약상대자에게 직접 납품요구하여 구매하는 계약[조달사업에관한법률 제5조, 동법 시행령 제7조]
제조구매 입찰	당해 제조업을 영위하는 자만이 입찰에 참가
제한적최저가낙찰제	예정가격이하로 입찰한 자중 예정가격 대비 일정비율(예;90%)이상 입찰자로서 최저가격으로 입찰한 자를 낙찰자로 결정하는 제도
제한적평균가낙찰제	예가의 85%이상 입찰한 자의 평균금액 이하로 가장 근접하게 응찰자를 낙찰자로 결정하는 제도
종합계약 (종합계약 집행요령 제2조 제1호)	국가계약법 제24조의 규정에 의해 동일장소에서 서로 다른 국가기관 중 2개기관이상이 관련되는 공사 등에 대하여 관련기관 협의체를 구성하여 공동으로 체결하는 계약
종합계약공사 (종합계약 집행요령 제2조 제3호)	조달청장이 종합계약에 의하는 것이 적합하다고 인정한 간선시설공사로서 도로관리청이 동 계약방식에 의할 것을 조건으로 허가·협의 또는 승인하거나, 사업실시계획의 승인 또는 인가권자가 동 계약방식에 의하도록 승인·인가한 사업실시계획상의 간선시설공사
종합낙찰제	입찰가격이외에 품질·성능·효율등을 종합적으로 고려하여 가장 경제성 있는 가격으로 입찰한 자를 낙찰자로 결정 [국가계약법시행령 제44조, 종합낙찰제 세부운용기준(조달청훈령)]
주계약자 관리방식	도급받은 건설공사를 공동수급체 구성원별로 분담하여 수행하되, 공동수급체 구성원 중 주계약자를 선정하고, 주계약자는 전체 건설공사 수행에 관하여 계획·관리 및 조정하는 공동도급계약 방식을 말함, 현재 정부계약을 제외한 민간계약에 적용되고 있음
준공검사	공사를 완공하여 설계도서대로 시공되었는가를 확인하는 행위로서 신고를 접수한 날로부터 14일 이내에 실시
지명경쟁입찰	계약의 설질 또는 목적에 비추어 특수한 설비, 기술, 자재, 물품이나 실적이 있는자가 아니면 계약목적을 달성하기 곤란한 경우 자력, 신용등이 적당하다고 인정하는 특정다수의 경쟁참가자를 지명하여 입찰방법에 의하여 낙찰자를 결정한 후 계약을 체결하는 방법
지역의무공동도급계약 제도	발주기관이 건설업의 균형발전을 위하여 필요하다고 인정할 때에는 공동도급을 허용하는 경우 공사현장을 관할하는 지역(특별시, 광역시 및 도)에 주된 영업소가 있는 업체 1인 이상은 반드시 공동수급체 구성원으로 하여 입찰에 참가하도록 하는 제도

지역제한 경쟁입찰	지역제한경쟁입찰제도는 재경부령이 정하는 금액 미만에 대하여 공사현장 또는 물품납품지 등을 관할하는 특별시, 광역시 또는 도에 소재하는 업체만이 당해지역의 공사, 물품제조·구매 및 용역 등의 입찰에 참가할수 있도록 하는 제도
[ㅊ]	
차액보증금제도	경쟁계약에 있어서 낙찰금액이 예정가격의 100분의 85미만일 때에는 계약보증금 외에 예정가격과 낙찰금액과의 차액을 현금 또는 보증서 등으로 납부하여야 하는데 이를 차액보증금이라 함(95. 7. 6 국가계약법시행령 제정으로 폐지)
책임감리 (건설기술관리법 제2조 제9호)	감리전문회사가 당해 공사의 설계도서 기타 관계서류의 내용대로 시공되는 지의 여부를 확인하고, 품질관리· 공사관리 및 안전관리 등에 대한 기술지도를 하며, 발주자의 위탁에 의하여 관계법령에 따라 발주자로서의 감독권한을 대행하는 것을 말하되 책임감리는 공사감리의 내용에 따라 대통령령이 정하는 바에의하여 전면책임감리와 부분책임감리로 구분
총액계약	계약목적물 전체에 대하여 총액으로 입찰 또는 수의시담하여 체결하는 계약
총액입찰	입찰서에 입찰금액을 기재하여 입찰하는 제도이며 낙찰된 회사는 착공계 제출시 입찰내역서를 함께 제출하여야 함
최저가낙찰제	예정가격 이하 최저가격으로 입찰한 자를 낙찰자로 결정하는 제도
추가업무 (기술용역계약 일반조건 제2조 제5호)	계약목적의 달성을 위해 기본업무 외에 과업내용서에 추가업무항목으로 기재되거나 계약담당공무원이 추가하여 지시 또는 승인한 기술용역
추정가격 (국가계약법 시행령 제2조 제1호)	물품·공사·용역 등의 조달계약을 체결함에 있어서 국가계약법 제4조의 규정에 의한 국제입찰 대상여부를 판단하는 기준 등으로 삼기 위하여 예정가격이 결정되기 전에 동법 제7조의 규정에 의하여 산정된 가격, 공사예정금액 중 부가가치세 및 도급자설치 관급자재 대가를 제외한 금액으로 국제입찰 및 국내입찰의구분, 적격 심사대상기준의 선택 등 공사규모 별 평가기준을 선택하는 기준이 됨.
추정금액 (국가계약법 시행규칙 제2조 제2호)	공사에 있어서 국가계약법시행령 제2조 제1호의 규정에 의한 추정가격(부가가치세 제외)에 관급재료(도급자설치 관급)로 공급될 부분의 가격을 합한 금액 ,추정가격(부가가치세 제외)과 도급자설치 관급자재 대가를 합산한 금액으로서 조달청 등급별 유자격자명부 등록 및 운용기준과 시공능력공시액에 의한 입찰시 참가자격 등의 기준으로 활용함

[ㅌ]

특별업무 (기술용역계약 일반조건 제2조 제6호)	계약목적외의 목적을 위해 계약특수조건등에 특별업무항목으로 기재되거나 계약담당공무원이 그 수행을 지시 또는 승인한 용역항목으로서 제4호 및 제5호에 속하지 아니하는 기술용역
특정공사 (국가계약법시행령 제79조 제1항 제2호)	총공사비가 추정가격 100억원 미만인 신규복합공종공사 중에서도 각 중앙관서의 장이 대안입찰 또는 일괄입찰로 집행함이 유리하다고 인정하는 공사를 말하며, 「대형공사 계약」의 개념에 포함시키고 있음
특정조달계약	국가계약법제4조제1항 및 제2항의 규정에 의한 국제입찰을 통하여 물품, 공사 및 용역을 조달하기 위하여 국가계약법, 국가계약법시행령 및 특정조달을위한국가를당사자로하는계약에관한법률시행령의 규정에 따라 체결하는 계약

[ㅍ]

표준품셈	정부 및 공공기관에서 집행하는 건설공사에 대하여 가장 대표적이고 표준적이며 보편적인 공종·공법을 기준으로 하여 단위 공종별로 소요되는 재료량 및 노무량을 제시한 것으로서 건설공상의 예정가격 작성시 공사비의 적정산정 기준이 되는 것 즉 사람이나 기계가 어떤 물체를 만들기 위하여 단위당 소요로 하는 노력과 품을 말함
플랜트	[명사]〈경제〉 산업 기계, 공작 기계, 전기 통신 기계 따위의 종합체로서의 생산 시설이나 공장

[ㅋ]

크린클래스	
클린룸(clean room)	반도체 소자나 집적 회로를 제조하기 위하여 미세한 먼지까지 제거한 작업실

[ㅎ]

하도급 (건설산업기본법 제2조 제9호)	도급받은 건설공사의 전부 또는 일부를 도급하기 위하여 수급인이 제3자와 체결하는 계약
하도급거래 (하도급법 제2조)	원사업자가 수급사업자에게 제조위탁(가공위탁 포함)·수리위탁 또는 건설위탁을 하거나, 원사업자가 다른 사업자로부터 이를 위탁받은 것을 수급사업자에게 다시 위탁을 하여 수급사업자가 제조 등을 하여 원사업자에게 납품 또는 인도하고 그 대가를 수령하는 행위

하수급인 (건설산업기본법 제2조 제11호)	수급인으로부터 건설공사를 하도급 받은 자
하자보수보증금	공사계약을 체결할 때에 계약이행이 완료된 후 일정기간 그 계약목적물에 시공상의 하자가 발생할 것에 대비하여 이에 대한 담보적 성격으로 납부하게 하는 일정 금액
하자책임구분이 곤란한 경우	금차공사가 전차공사와 그 수직적 기초를 공통으로 할 경우와 전차 시공물의 일부를 해체 또는 변경하여 이에 접합시키는 경우를 의미
현장설명	공사계약에서만 인정되는 제도로서 입찰참가자로 하여금 공사현장 상황, 기술적인 시공여건, 능력 등을 판단하여 견적의 정확성을 제고하자는데 그 목적을 가지고 입찰 또는 개찰전에 발주기관에서 실시하는 계약체결을 위한 전단계 절차행위를 말한다. 각 중앙관서의 장 또는 계약담당공무원은 공사를 입찰에 부치고자 할 때에는 입찰서 제출마감일 전에 미리 현장설명을 하여야 한다. 다만, 공사의 성질상 현장설명의 필요가 없다고 인정되는 때에는 그러하지 아니하다.
현장설명서	입찰 전에 공사가 수행될 현장에서 현장상황, 설계도면 및 시방서에 표시하기 어려운 사항 등 입찰참가자가 입찰가격의 결정 및 시공에 필요한 정보를 제공·설명하는 서류
환경보전비	계약목적물의 시공을 위한 제반환경오염 방지시설을 위한것으로서, 관련법령에 의하여 규정되어 있거나 의무 지워진 비용을 말함

4. 설계업무 VE메뉴얼(ONLY REFERENCE)

- 목 차 -

제1장 일반사항

1.1 목 적

본 업무 매뉴얼은 건설기술관리법시행령 제38조의13의 규정에 의한 설계의 경제성등 검토업무를 수행함에 있어 발주청 및 VE검토업무 관련자(발주청의 VE 담당관, VE 책임자, VE 팀원, 설계자 등)에게 VE 업무수행을 위한 표준절차를 제공함으로써 설계VE제도의 조기정착 및 업무의 효율성을 증진시키고자 함에 있다.

1.2 적용범위

(1) 본 업무 매뉴얼은 건설기술관리법시행령(이하"영"이라 한다) 제38조의13의 규정에 의한 설계의경제성등검토에관한시행지침(이하"VE지침"이라 한다)에 따라 설계의 경제성등 검토 업무를 수행하는데 적용한다.

(2) 본 업무 매뉴얼은 표준적인 내용을 정한 것으로서 설계의 경제성 등 검토의 대상 공사의 특성, 종류에 따라 발주청에서 관계법령 및 규정 등을 기준하여 별도로 마련하여 적용할 수 있다.

1.3 용어의 정의

• 설계VE(Value Engineering) : 법령에서는 설계의 경제성등 검토라는 용어를 사용하고 있으며, 각종 문헌에서는 VE 또는 설계VE라고 사용하고 있다. 용어에 대한 정의는"최소의 생애주기비용으로 시설물의 필요한 기능을 확보하기 위하여 설계내용에 대한 경제성 및 현장적용의 타당성을 기능별, 대안별로 검토하는 것"을 말한다. 다만, 생애주기비용 관점에서 검토가 불가능한 경우 건설사업비용(시설물의 완성단계까지 소요되는 비용의 합계) 관점에서 검토한다.

• 가치(Value) : VE의 궁극적인 목표는 가치향상에 있다. 가치의 향상은 건설 사업의 3대요소인 시간-비용-품질(기능)의 적정한 안배를 통하여 이루어진다. 또한 VE의 제안은 반드시 최적안(Optimum Solution)을 의미하지는 않는다. 다만 적정안(Satisfactory Solution)에 머무르지 않도록 하는 것이 VE에서 추구하는 가치의 향상

이라 할 수 있으며, 또한 VE는 프로젝트가 요구하는 필수적인 기본기능의 수준을 낮추는 설계의 변경을 추구하지 않는다.

- 기능(Function) : VE는 프로젝트의 기능분석을 수반한다. 대체안의 개발에 있어서의 접근방법은 "What does it do?"라는 무형기능을 파악하는 과정을 수반하는 반면에 일반적인 원가절감방법 또는 설계검토 과정에서는 "What else we can use?"라는 유형의 대안을 찾는 방법이 사용된다. 이러한 기능중심의 사고는 창조적 아이디어의 개발을 돕는 VE에서만의 독특한 접근이다.

- VE 활동 : 각각의 사업에서의 적용되는 VE 프로세스 전체를 의미하며, VE의 준비단계, 분석단계, 실행단계까지 각 VE 대상에 따라 팀 작업을 하는 활동을 의미한다.

- 생애주기비용(LCC : Life-Cycle-Cost) : 시설물의 내구연한동안 투입되는 총비용을 말한다. 여기에는 기획, 조사, 설계, 조달, 시공, 운영, 유지관리, 철거 등의 비용 및 잔존가치가 포함된다. VE의 대안비교에 다루어지는 비용은 초기비용에 국한되지 않는다. 시설물의 완성 후 사용기간 동안의 유지, 관리, 교체비용을 포함한 총비용(Total Life Cycle Cost)을 사용한다. 총비용의 관점에서 대안의 총체적인 평가가 가능해지며, 이러한 VE의 총비용의 접근방식은 일반적인 설계검토 과정에서 다루어지는 비용에 대한 접근방식과 다르다.

- 설계VE 시행부서 : 설계VE 기법의 습득 및 전수, 단위사업별 설계VE팀의 구성, 단위사업별 설계VE의 실시, 설계VE 실적관리 및 사례집 배포, 설계VE 사례 표준화 및 D/B 구축을 통한 활용체계 구축 등의 업무를 수행하는 부서를 말한다.

- VE 담당관 : 발주청에서 당해사업의 VE업무를 수행토록 선임된 자로서 VE검토조직을 관리하는 역할을 한다.

- VE 책임자(VE leader) : 발주청으로부터 VE 검토조직의 총괄 책임자로 선임된 자를 말한다.

- 건설사업관리자(CM : Construction manager) : 발주청으로부터 건설사업관리를 위탁받아 이를 수행하는 자를 말한다.

- 품질모델(Quality Model) : 설계VE 대상사업의 사업관련자들의 요구 및 기대수준을 조사하고 이를 바탕으로 대응수준을 결정하여 도시한 것으로 설계VE의 목표설정 및 일관성 있는 설계VE 활동을 위한 기초 자료가 되며, 특히 창출된 대안을 평가하는데 유용하게(평가척도로) 사용할 수 있다.

- 코스트모델링(Cost Modeling) : 건설사업비용의 비중이 큰 공종 즉, 비용절감의 효과가 큰 공종을 중심으로 설계VE 대상을 선정하는데 적용되는 기법으로, 파레토의

법칙, 비용·효과분석, 전문가적 경험 및 직관 등과 상호 보완적으로 활용된다. 비용모델을 준비함으로써 얻어지는 기대효과는 고비용분야 식별, 잠재적인 VE 대상분야 선정에 도움, 여러 대안들의 비교에 이용할 수 있는 기본참고자료 제공, 분석단계에서 비용배분의 자료작성에 사용 등이 있다.

- **파레토의 법칙(Pareto's Rule)** : 설계VE 대상 선정기법으로 "20:80" 법칙으로도 알려져 있으며, 그 개념은 "다수(80%)를 결정하는 주요 영향요인은 소수(20%)이다." 로 요약될 수 있으며, 설계VE의 관점에서 "공종수 대비 20%의 공종이 건설사업비용 대비 80%를 차지하는 주요 공종이다."라는 의미이다.

- **비용·효과분석(Cost-worth-model)** : 비용과 Worth 사이의 차이는 가치의 불균형을 나타내는 것이며, Cost/Worth로 표현될 수 있다. 이 가치지수에 의해 저가치공종 즉, 건설사업 가치향상이 큰 공종을 중심으로 설계VE 대상을 선정하는데 적용되는 기법이다.

- **비용·성능평가** : 건설사업의 비용측면 뿐 아니라 발주자/사용자 요구를 포함하는 프로젝트 기능향상을 동시에 고려하여 설계VE 대상을 선정하는 방법이며, 비용·성능평가표를 작성하고, 각 항목별 비용측면의 비중과 성능측면의 비중을 분포도 형태로 작성하여 이를 기준으로 설계VE 대상을 선정한다.

- **브레인스토밍(brain-storming)** : 미국의 아렉스 오스본이 아이디어를 용이하게 나오게 하기 위한 집단토의 기법으로 개발하였으며, 사회적으로, 정신적으로 속박 받지 않는 자유로운 분위기에서 최대한 많은 아이디어를 발굴하는데 활용되는 대표적인 기법으로 사실상 설계VE 대상선정 단계에서부터 설계VE 제안서 작성에 이르는 전 과정에서 응용될 수 있다.

제2장 설계의 경제성등 검토(VE) 대상공사 및 업무

2.1 설계의 경제성등 검토(VE) 대상공사

설계의 경제성등 검토를 실시하여야 하는 대상은 다음과 같다.

- 총공사비 100억원 이상인 건설공사의 기본설계 및 실시설계(일괄·대안입찰공사 포함)
- 공사시행중 공사비 증가가 10%이상 발생되어 설계변경이 요구되는 건설공사(단, 물가변동으로 인한 설계변경은 제외함)
- 기타 발주청이 설계의 경제성등의 검토가 필요하다고 인정하는 건설공사

2.2 설계의 경제성등 검토(VE) 업무

설계의 경제성등 검토조직에 참여하는 발주청 VE담당자(이하"VE 담당관"이라 한다), 검토조직의 책임자(이하"VE 책임자"), 검토조직의 구성원(이하"VE 팀원"이라 한다), 설계자 등 구성원의 역할과 업무는 아래와 같다.

2.2.1 VE 담당관의 업무

설계의 경제성등 검토는 발주청이 주관하여 실시하며, 발주청의 장은 소속직원 중에서 VE업무에 대한 전반적인 이해와 지식을 가진 자를 선임한다.

- 해당 사업의 VE 활동의 시작에서부터 종료 때까지 발주청을 대표하여 업무수행
- 발주청·당해 사업의 설계자·검토조직간의 업무연락·조정 등 관련 업무수행
- 검토조직에 참여하는 VE 책임자 및 팀원 등을 선정하는 업무지원 및 관리
- VE 활동계획을 점검하고, 중요 사항의 검토·확인 등의 업무수행
- 준비단계의 오리엔테이션 미팅에 참여하고, 검토조직이 원활한 VE 활동을 수행하기 위해 요구되는 사항 지원
- 분석단계 및 제안단계에 참여하여 평가 및 각종 의견 개진
- VE 제안의 실행과정을 관리·감독하고, 필요한 경우 사용기관에 자문 요청
- VE 책임자가 작성한 VE 제안서 및 최종보고서 등 VE활동결과를 시행부서의 장에게 보고

2.2.2 VE 책임자의 업무

VE 활동의 실질적인 책임자로써 VE 대상 시설물에 대한 VE 활동을 총괄 수행하며, 대상 시설물에 따라 여러 명이 될 수도 있다. VE 책임자의 업무를 원활히 수행하기 위하여 VE지침 제6조 제3호 규정의 전문가를 선정하는 것이 바람직하다.

- VE 활동 과정상의 VE 관련자들에게 일정을 통지
- 준비단계 동안 VE 책임자는 설계자에게 각종 정보요구사항을 통지
- VE 책임자는 VE 제안서를 작성하여 VE 담당관에게 제출(이것으로서 VE 책임자와 팀원의 업무는 사실상 종결되며, 이후의 업무는 VE 제안의 실행에 따른 지원업무에 속한다.)
- 분석단계 종료후 14일 이내에 설계부서의 적용성 검토시 VE 책임자는 VE 제안의 적용성 검토 처리과정의 지원업무를 수행
- 승인된 VE 제안의 최종 처리결과에 대해서 VE 최종보고서를 작성해야 하며, 필요한 경우 이에 대한 검토의견을 VE 담당관에게 개진
- VE제안의 실행을 지원해야 하며, 필요한 경우 각종 기술적 보완자료 제공

2.2.3 VE 팀원의 업무

VE 검토대상 시설물의 각 분야별 전문성을 갖춘 자중에서 선정하며, 업무수행 범위내에서 대상 시설물에 따라 여러 개의 검토조직에 참여할 수 있고, 전임(Full-Time)뿐만 아니라 비전임(Part-Time)으로 검토조직에 참여할 수 있다.

- VE 담당관과 VE 책임자의 지시와 일정에 따라 실질적인 VE 활동 수행
- VE 활동에 필요한 관련 정보를 입수하고 정보분석, 검토, 평가업무 수행
- VE 활동 전과정에 참여하여 아이디어 제안, 발표, 평가
- 당해 분야의 제안서를 작성하고 관련 전문분야의 협조 요청이 있을 시 지원

2.2.4 설계자의 업무

VE 활동기간 중에 설계자의 주요 업무는 다음과 같다.
- 설계자는 준비단계에서 오리엔테이션 미팅에 참가하여 VE 책임자와 검토조직으로부터 요구되는 정보의 유형을 파악하고 VE수행을 위해 요구되는 각종 정보를 충실히 제공하여야 한다.

- 분석단계 중 정보수집 단계에서는 설계개념에 대한 정보를 제공하기 위한 발표를 해야 한다. (특히, 기술적 부분이 주요 논제가 될 경우에 설계팀의 각 전문가들도 함께 참석해서 설명할 수 있다.)

- 설계자는 VE 실행단계에서 VE제안서를 VE 책임자로부터 받아 이를 검토하고 이에 대한 의견을 개진해야 하며, VE 실행을 위한 설계부서의 최종 적용성 검토 시 이의 채택여부를 설계부서 담당자와 함께 협의한다.

- 설계자는 승인된 VE 제안의 조치계획서를 작성하고 이를 설계주관부서에 제출한다.

- 설계자가 만약 VE 제안을 거부할 경우 이에 대한 명확하고 타당한 이유를 밝혀야 하며, 이를 위한 각종 기술적 증빙자료도 제출해야하고, 승인된 VE 제안에 대해서는 즉각적인 수정설계를 착수해야 한다.

제3장 설계의 경제성등 검토 업무절차 및 내용

3.1 VE 수행절차(Job Plan)

설계의 경제성 등 검토 업무는 VE Job Plan 표준절차에 따라 준비단계 (Pre-Study), 분석단계 (VE Study), 실행단계 (Post-Study)로 나누어 실시하며, 각 추진 단계별 목표달성을 위하여 사용되는 운영기법은 해당 설계VE의 특성과 적합성을 검토하여 적용할 수 있다.

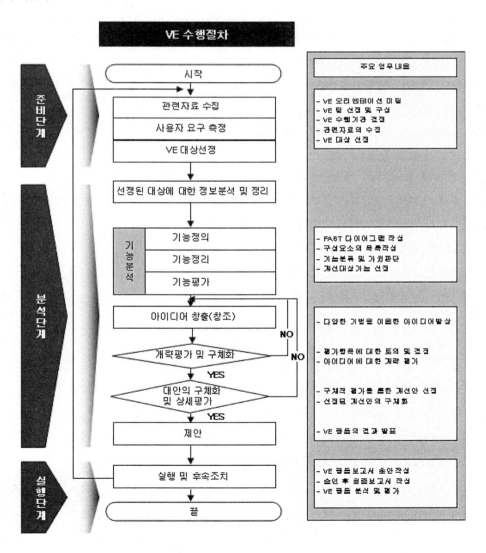

3.2 준비단계

준비단계의 주요 목적은 원활한 VE수행을 위하여 관련된 집단의 협력체계를 구축하고, 공동목표를 설정하며 VE분석단계에 요구되는 충분한 자료를 확보하는 데 있으며 준비단계에서는 오리엔테이션 미팅, 검토조직의 편성, 검토대상 선정, 검토기간 결정, 설계용역의 중간성과품 확보, 기타 관련정보와 자료 등을 충분히 수집하여야 한다.

3.2.1 오리엔테이션 미팅

오리엔테이션 미팅은 VE수행 이전에 VE팀 구성원들간의 팀웍을 다지고 대상 프로젝트에 대한 전반적인 이해 및 기타 정보를 이해함으로써 보다 효율적인 VE 수행을 가능케 하기 위한 것으로 VE 분석단계 이전에 VE 책임자의 주관 하에 개최되며, VE 담당관, VE팀 구성원, 설계팀의 대표자등이 포함된다. 오리엔테이션 미팅의 주요 목적은 다음과 같다.

- 프로젝트에 대한 VE팀 구성원의 전반적인 이해
- 발주청의 목표확립
- VE활동에 요구되는 각종 정보의 파악 및 수행전략의 수립
- 설계제약조건, 정치적인 문제 등 각종 제반요소의 파악을 통한 VE활동의 범위설정을 위한 기초적인 정보의 습득
- VE팀 선정 및 구성계획 마련
- 요구되는 기술 및 비용데이터 규정 및 배포
- 오리엔테이션 미팅의 주요 내용
  - 팀 구조, 선정, 규모 논의
  - 원설계팀 VE활동 참여여부 결정
  - 연구개시일 및 활동 일정 결정
  - VE연구장소 및 요구시설 결정
- 구성원별 주요 업무
  - VE책임자 : 오리엔테이션 미팅 주관, 관련 주체간 협력관계 구축
  - VE 담당관: 발주청의 목표전달, 필요한 각종 제반 사항 파악
  - VE팀원 : 사업의 개략적 이해, 사업 및 설계 정보 요청, 각종 제약사항 파악
  - 당해사업의 설계자 : 필요한 정보 파악, 각종 질의에 응답 및 설계 자료 제공

3.2.2 VE 활동 기간의 결정

VE 활동기간은 일반적으로 5 ~ 10일정도 진행되나 다음의 사항을 고려하여 결정한다.

- VE활동기간은 프로젝트의 규모, 특성, 난이도, VE가 실시될 프로젝트의 단계에 따라 가감될 수 있음
- 예를 들면 기획 또는 기본설계단계의 VE활동은 짧은 기간 동안에 수행될 수 있으며, 난이도가 있는 대규모 사업에서는 보다 많은 기간이 필요함
- 그러나 활동기간이 짧아도 기능분석과 같은 핵심 VE 프로세스를 간과해서는 안 됨

3.2.3 VE 활동장소 결정시 고려사항

- 활동장소의 결정은 VE 담당관, VE 책임자, 설계자가 상호 협의하여 결정함
- VE팀 구성원이 VE 활동기간 동안 해당 설계VE업무에만 집중할 수 있도록 일상적인 업무에서 벗어날 수 있는 장소와 환경을 조성
- 워크샵 이전에 VE 책임자 등 VE팀 구성원이 현장방문을 하는 것도 VE 수행에 많은 도움이 되므로 현장과 가까운 곳에 위치하는 것도 바람직함

3.2.4 VE활동에 요구되는 각종 편의시설 및 공간의 규모

- VE활동에 사용되는 방의 크기는 모든 팀 구성원에게 충분히 여유 있는 공간이 필요
- 기타 이외의 여러 가지 편의시설 제공(전화, 팩시밀리, 복사기, 컴퓨터, 칠판, 화이트보드, 플립차트 등)
- VE활동에 요구되는 적정 소프트웨어와 주변기기를 갖춘 컴퓨터가 있어야 하며 정보 수집 및 파일 송수신 등으로 인하여 인터넷 접속이 가능한 장소로 결정

3.2.5 VE 팀조직의 편성

VE방법에 익숙하지 않은 일반 설계자 및 시공기술자에게 VE활동 전체를 의존해서는 안된다. 이렇게 하면 VE방법론의 전체 프로세스, 예를 들어 워크샵수행, 기능분석, 성능분석, 가치분석 등 일련의 작업을 하는데 상당히 미흡할 수 있다. VE 프로세스를 제대로 적용할 수 있는 VE전문가를 팀조직 편성시 우선적으로 고려하여야 하며, 각 분야의 설계 및 시공에 익숙한 기술자와 VE전문가가 하나의 팀으로 구성되었을 때 VE방법의 실효성을 거둘 수 있을 것이다. 검토조직의 편성 목적은 분석단계시 해당 부문에서 활동할 개별 VE팀 구성원들의 규모, 자격 및 구성안에 대해 결정하는 것이다. 검토조직의 편성은 VE 검토를 성공적으로 수행하기 위해 중요하며 다음과 같은 사항을 고려하여야 한다.

• 팀의 참가자들은 어떻게 선발할 것인가?

• 가장 이상적인 팀조직은 어느 정도 크기인가?

• 어떻게 팀조직의 조화를 이룰 것인가?

• 구성된 팀조직의 사고방식은 어떤 방향으로 이끌 것인가?

• 팀리더는 어떤 방법으로 선출할 것인가?

• 팀의 활동목표는 어떻게 선출할 것인가?

(1) VE팀의 규모 결정

VE팀의 규모는 VE분석 프로젝트의 규모 및 VE분석 대상에 따라 다르다. 국내외 VE 수행사례와 문헌에 의하면, 소규모 프로젝트 전체나 대규모 프로젝트의 일부(공종)를 분석대상으로 할 경우, 5~7명 정도의 전임요원으로 구성한다. 대규모 프로젝트의 전체(공종)를 대상으로 할 경우, VE팀은 10~15명까지 확대편성하게 된다. 다음 표는 VE 팀 구성시 각 팀원의 역할에 따른 인원구성이며, 프로젝트의 상황에 따라 적정수준으로 조정하여 구성하도록 한다.

〈부록 표 4-1〉 VE팀의 규모

구 분	팀 인원	팀 리더 (책임자)	분야별팀원 (공종별)	비용분석팀원 (견적, LCC분석)	지원팀원 (보고서작성)
소규모 프로젝트	5~7명	1명	3~5명	1명	·
대규모 프로젝트	10~15명	1명	6~11명	2명	1명

※ 분야별팀원은 해당 프로젝트의 주요 분야 혹은 공종별로 1~3명을 편성한다.

VE 팀의 규모 결정시 고려사항은 다음과 같다.

① 팀 구성원 전체가 참여시 VE책임자가 팀을 통제할 수 있는 규모여야 함

② 규모가 커지면 소수의 구성원에 의해 토론이 진행되어 구성원 전원의 실질적인 참여가 어려워지며 팀의 단결이 와해될 가능성이 있음

일반적으로 VE팀은 VE책임자 및 전임(Full-time)팀원으로 구성되어 VE를 수행하는 것이 바람직하나, 대상 프로젝트의 특성과 준비단계에서 결정되는 VE 대상에 따라 전문 인력 등이 부족할 경우 VE 연구부문별로 비전임(Part-time) 팀원을 추가로 구성할 수 있다.

(2) VE팀 선정 및 구성 절차

준비단계에서 결정되는 VE팀 선정 및 구성은 전체 VE활동의 성공여부를 결정하는

중요한 사항이므로 다양한 전문지식을 가진 팀의 편성과 구성원의 수의 적절한 안배가 요망된다. 프로젝트의 규모, 유형 및 상황, 설계VE의 수행시기에 의해 결정되며 설계 및 시공뿐만 아니라 시공 후 유지관리 및 사용기관의 대표, 발주청의 대표 등의 다양한 전문가의 참여가 구성원 선정시 고려되어져야 한다. 또한 준비단계에서 결정되는 VE 각 대상의 부문에 따라 VE팀 구성원이 갖추어야 할 전문영역이 결정될 수 있다. 다음은 VE팀 선정 및 구성절차를 기술한 것이다.

① 준비단계에서 VE책임자는 오리엔테이션 미팅을 통하여 프로젝트의 각종 정보를 세부적으로 검토

② VE팀들의 해당 전문분야를 특수한 분야와 일반 분야로 구분하여 규정하고 이를 VE 담당관에게 보고

③ VE담당관은 이를 검토한 후 준비단계에서 결정되는 VE 검토대상 및 대상의 수, 그리고 시기에 따라 요구되는 개별 VE팀의 수, 자격과 규모를 검토한 후 이에 대한 승인여부를 VE 책임자에게 통보

④ VE팀들이 구성이 되면 VE 책임자는 각 팀 구성원이 프로젝트의 기술적 자료를 검토할 수 있도록 이를 배포

⑤ VE 분석단계 이전 이러한 기본적인 정보의 검토는 VE팀 구성원이 해당 프로젝트의 상황에 대한 충분한 이해를 목적으로 수행됨

3.2.6 사용자(발주자) 요구 측정

VE활동의 전과정에서 가장 중요한 기준이 되는 것은 사용자의 가치이다. 따라서 VE를 사용자의 가치에 비추어 성능/비용의 비율을 높이는 노력으로 이해할 수 있다. 사용자가 프로젝트를 수행하는 목적이 무엇이며, 이 목적 속에 포함되어 있는 요소들이 무엇인가에 비추어 프로젝트의 타당성을 평가하고 VE 제안의 채택여부를 결정하게 된다. 따라서, 현상파악단계에서 사용자의 요구사항을 파악하는 것이 가장 기본적인 과제이다.

※ 품질모델 작성
• 사용자 및 발주청 등 프로젝트 이해당사자들의 요구를 측정하는 데는 주로 품질모델(Quality model)이 사용된다. 품질모델은 설계, 시공, 사용, 시설운영, 재무 등 각 분야의 참여자들간의 합의를 통해 사용자의 프로젝트 성능에 대한 기대치를 도식화하는 모델이다.

• 품질모델은 VE활동 시 기능정의, 기능정리, 기능평가, 대안 평가시 의사결정의 지침을 제공하고 대안이 발주자의 요구에 합당한지를 확인할 수 있는 평가 척도로 활용 된다.

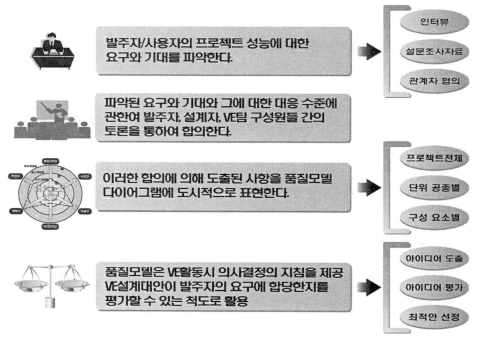

〈부록 그림 4-1〉 준비단계 운용기법

3.2.7 VE대상 선정

VE대상 선정은 프로젝트의 가치를 높이기 위하여 VE팀이 집중적으로 시간과 노력을 투입할 대상을 선정하는 것이다. VE대상은 프로젝트의 진척도 및 상황에 따라 다르며, 자재나 공법의 분석부터 프로젝트의 일부분 혹은 일부 공종, 또는 프로젝트 전체에 이르기까지 다양하게 선정될 수 있다.

VE 대상을 선정하기 위한 기법으로는 비용모델(Cost model)이 자주 사용된다. 비용 모델의 종류는 고비용 분야 선정기법, Cost Worth(가치대비 비용계산법), 비용성능 평가기법, 복합평가기법, 가중치 부여 복합평가기법 등이 있다.

각 기법의 특징은 다음 표에 나타내었으며 프로젝트 또는 대상시설물의 성격에 따라 선택 또는 병행하여 적용할 수 있으며 반드시 아래 표에 있는 방법이외에도 VE대상을 선정할 수 있는 적절한 방법을 사용할 수 있다.

〈부록 표 4-2〉 VE 대상 선정기법 비교

VE대상 선정기법	평가기준	비 고
고비용 분야 선정기법	비용	고비용 분야를 대상으로 선정
Cost Worth 기법	비용과 성능을 종합적으로 판단	Worth의 사용시, 기능분석 개념 사용
비용·성능 평가기법	비용과 성능을 종합적으로 판단	성능평가기준으로 발주자·사용자 요구, 공기 등이 있음
복합 평가기법	개선 예상 효과, 투입가능 노력, 팀의 능력 등	프로젝트의 특성에 따라 평가항목은 다양하게 선정될 수 있음
가중치부여 복합평가기법	품질향상, 안전성, 제약성 등	평가항목에 가중치 부여
기능-비용분석	고비용 기능, Cost-Driver 기능 선정	고비용이 소요되는 기능과 연관된 공종 선정
기능-성능분석	고성능 기능, Performance-Driver 기능 선정	고성능이 요구되는 기능과 연관된 공종 선정

3.2.8 관련자료의 수집

관련 자료수집의 목적은 VE활동을 효율적으로 수행하기 위해서 팀 구성원들이 VE 대상 프로젝트의 주요사항에 대해서 충분히 파악하는 것이다. 본 단계에서 수집된 정보의 질과 포괄성이 VE 활동에 많은 영향을 미치므로 아주 중요한 단계라 할 수 있다. 따라서 정보 수집은 그 질과 포괄성을 향상시키기 위하여 본 단계에서만 실시되는 것이 아니라 VE 활동 전반에 걸쳐 수집되어야 한다.

(1) 주요 업무내용

① 프로젝트의 주요사항 발표

프로젝트의 주요사항에 대하여 완전한 이해를 돕기 위해서 발주청, 설계팀, VE팀에 의해 다양한 발표들이 이루어진다. 발표주체별 내용 및 효과는 다음 표와 같다.

〈부록 표 4-3〉 정보수집 단계의 발표 주체, 내용 및 효과

발표주체	내 용	효 과
발주청 경영진	VE활동 목표 및 시행의지	VE팀과 유관그룹의 단합
VE 책임자	VE 프로세스 및 업무내용의 개략설명	모든 VE 관련자에 VE 프로세스 인지
VE 담당관	프로젝트의 목표	프로젝트에 대한 거시적 목표제시
설계팀	전문 부문별 설계의도 및 배경설명	VE팀의 설계제약요건에 대한 논리적 배경 설명

② 관련자료 수집

자료의 적극 공유 및 정보수집이 미흡한 경우 VE수행이 대단히 어려워질 수 있다. VE 책임자는 적합한 정보 수집을 위해 정보제공자와 VE팀의 협력관계를 구축하는 데 많은 노력을 기울여야 한다. 그리고 VE 담당관은 VE 관련자가 이러한 협력관계를 구축하는데 있어서 전폭적인 지원을 하여야 한다. 준비단계에 요구되는 수집정보의 유형은 아래 표와 같다.

〈정보수집 및 분석 단계에서 요구되는 정보의 유형〉

- 프로젝트 개요서
- 설계기준
- 공간계획
- 시공계획 및 단계
- 설계도면(건축, 구조, 기계, 전기, 토목 등)
- 대지계획
- 개략 공사비(필요시 상세데이터 포함)
- 설계계산(구조, 기계, 전기 등)
- 시방서
- 법규
- 지반 조사서
- 환경 조사서
- 현장사진
- 유지 및 운영관리비용정보
- 사용기간, 운영 및 유지관리계획서
- 조달 전략

③ 공사비 견적 검증

- VE 활동에 활용되는 공사비 견적 정보가 VE 결과에 미치는 영향은 매우 크며, 이 비용자료는 VE 대상 선정 및 이후 개발되는 대안과의 비용비교의 근간이 됨
- VE팀의 잠재 연구영역을 확립하고 대체적 아이디어 평가에 제시된 공사비 정보를 활용하기 때문에 본 단계의 공사비 견적 정보는 매우 중요한 것이므로 VE 담당관, 설계자, VE 책임자 등은 이의 중요성을 충분히 인식해야 함
- 필요한 경우 VE 담당관과 VE 책임자의 협의를 통하여 외부 공사비 분석 전문가를 고용하여 당해 프로젝트의 공사비에 대한 재견적을 시행할 수도 있음
- 하지만 중복된 견적에 소요되는 시간과 비용을 고려한다면 일반적으로 제공된 견적 자료의 간단한 검증 후 조정을 하는 것이 보다 효율적임

3.3 분석단계

분석단계에서는 선정한 대상의 정보 수집, 기능분석, 아이디어의 창출, 아이디어의 평가, 대안의 구체화, 제안서의 작성 및 발표를 하여야 하며 단계별로 다음과 같은 핵심사항을 고려해야 한다.

3.3.1 정보 분석

VE를 효율적으로 실행하기 위해서 VE 대상 프로젝트에 관한 정보를 충분히 파악하고 프로젝트에서 요구되는 기능을 명확하게 한 후 VE 효과의 가능성을 검토하는 것이 필요하다. 프로젝트의 정보 분석에서는 주로 다음과 같은 사항을 검토한다.

- 사전조사단계에서 수집된 정보의 정리·분석 및 필요한 추가자료의 수집
- 프로젝트의 내용에 관한 숙지
- 프로젝트 구성요소의 확인
- 발주자 및 설계자의 프로젝트 내용설명
- 현장답사

3.3.2 기능 분석

기능분석 단계의 목적은 VE 대상선정 단계에서 결정된 대상 시설물에 대하여 기능정의 및 분류, 기능정리, 기능평가의 세 단계를 수행하여 프로젝트를 새로운 안목으로 관찰하게 하는 것이다. 이를 통하여 프로젝트의 최종 목적과 수단이 정의되며 프로젝트에서 수행하는 일들에 대한 명확한 상관관계가 규명된다.

(1) 기능정의 및 분류

기능정의란 필요한 기능을 명확히 하기 위해 시스템 및 그 구성요소들의 작용이나 역할을 언어구조상의 형식(명사+동사)으로 그 존립목적을 표현하는 것이다. 기능은 "명사+동사"의 조합으로 표현하는데, 명사는 정량화가 가능한 표현을 사용하고, 동사는 팀 구성원의 사고의 폭을 넓힐 수 있도록 함축적이고 단순한 표현을 사용하도록 한다.

기능분류는 정의된 기능들을 핵심적인 필요사항인 주(기본)기능과 이것을 달성하기 위한 부(2차)기능으로 분류하는 것이다.

〈부록 표 4-4〉 기능 정의 사례

명사부분을 측정하기 쉬운 예		명사부분을 측정하기 힘든 예	
명 사	동 사	명 사	동 사
기둥을 분수대를 하중을	제거한다 설치한다 줄인다	외관을 기능을 분위기를	좋게한다 확보한다 만든다
객관적, 기계적, 정량적		주관적, 정서적, 정성적	

〈부록 표 4-5〉 기능분류의 구분

구 분	기 준	유 형
주기능 (기본기능)	프로젝트의 핵심기능	발주청의 핵심적인 필요사항 및 요구사항을 의미하며 하나 또는 그 이상이 될 수 있다.
부기능 (2차기능)	주기능 이외의 모든 기능	주기능을 달성하기 위해 산정된 방법 또는 공법의 결과로 생기며 특정(부) 기능은 반드시 수행되어야 하는 경우도 있다.
필수 부기능	반드시 수행되어야 하는 특정 부기능	법규에 의해 요구되는 기능

〈부록 표 4-6〉 기능정의 및 분류 사례

대 상	기능정의		기능분류		비 고
	명 사	동 사	기 본	2차	
토 목 (부지)	대지면적을	확보한다	○		
	절성토를	줄인다		○	
	기존 지형을	확보한다		○	
	주변환경과 조화를	이룬다		○	
	민원을	줄인다		○	
	접근성을	쉽게 한다		○	
- 중 략 -					
구 조	안전성을	확보한다	○		
	내구성을	확보한다	○		
	시공성을	확보한다		○	
	경간을	단순하게 한다		○	
	토압을	줄인다		○	

(2) 기능정리

기능정리의 목적은 'How-Why Logic'을 이용하여 기능간의 위계관계를 정리하여 이를 기능계통도(Function Analysis System Technique; 이하 FAST 다이어그램)로 표현하고, 이렇게 FAST 다이어그램을 작성하는 과정에서 불필요 기능 및 누락된 기능을 규명하여 삭제 혹은 보완함으로써 상호관계가 있는 기능들을 서로 Grouping하여 개선 대상 기능을 찾아내고 아이디어 발상을 용이하게 하기 위한 것이다.

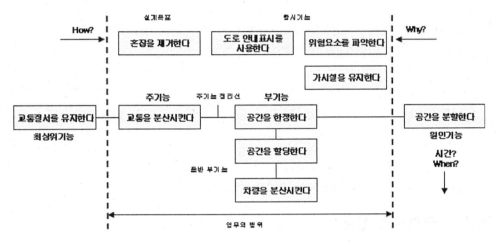

〈부록 그림 4-2〉 FAST 다이어그램 작성 사례(주차장 선구획 공사)

(3) 기능평가

기능평가의 목적은 여러 기능들을 비교·평가하여 중점개선대상기능을 선정하는 것이다. 기능평가 단계에서는 기능정리를 통하여 규명된 대상의 기능들을 비용 대비 효용의 평가 등 다양한 방법으로 비교·평가함으로써 가장 비용 절감여지가 큰 기능(중점개선대상기능)을 선정한다. 이렇게 선정된 중점개선대상기능은 아이디어 창출단계에서 아이디어 발상의 대상이 된다. 다음 표는 기능평가표 작성 사례를 나타내고 있다.

〈부록 표 4-7〉 기능평가표 작성의 사례

항 목	단 위	물 량	기능정의		기능분류		기능평가		
			기능평가표(공간별/부위별/공종별) 컴퓨터정보처리센터 – 조명/전력				○○ 공사		
			명 사	동 사	주기능	부기능	현재비 용 (C)	기능비 용 (F)	F/C
전 선	피트	30,750	전력을	배분한다	○		5,000	4,000	0.8
절연구리 접지선	피트	10,570	전류를	방출한다	○		1,800	1,800	1
EMT도관	피트	6,020	전선을	피복하다		○	6,200	2,000	0.32
EMT도관 부속품	개	1,300	도관을	연결하다		○	4,500	1,000	0.22
사무실 조명기구	개	380	물체를	조명하다	○		42,500	32,500	0.77
			내부이미지를	향상시키다		○	0	10,000	–

※ 현재비용(C) : 현재 설계안에서 각 항목에 배분되어 있는 금액

　기능비용(F) : 'Worth'라고도 표현되며, 각 항목의 기능을 달성하기 위한 최저금액

3.3.3 아이디어 창출

아이디어 창출단계의 목표는 정보단계에서 수집된 정보와 기능분석을 통하여 선정된 개선대상 기능들을 달성할 수 있는 대체방안(아이디어)을 팀 구성원의 숙고를 통하여 가능한 많이 창출하는 것이다.

(1) 기본원칙

① 판단의 연기
- 제안된 아이디어에 대해 바로 판단, 평가, 비판하는 것은 엄격히 금지되어야 함. 즉 가능하면 많은 양의 아이디어가 나오도록 유도되어야 함
- 자신 및 타 구성원의 아이디어에 대한 부연설명도 금지되어야 함
- 부연설명을 금함으로써 아이디어의 창출이 방해 없이 동시다발적으로 이루어질 수 있고 판단을 금함으로써 비현실적이라고 생각되는 아이디어의 제안을 가능케 함
- 단, 타 구성원의 아이디어로부터 착안하여 새로운 아이디어를 제시하는 것은 매우 바람직함
- 이러한 비현실적인 아이디어라 하더라도 실행가능하며 가치있는 아이디어 제안의 촉매 또는 시너지효과를 가져올 수 있음

② 긍정적인 분위기
- 팀구성원 각각의 아이디어는 상호 존중되어야 함
- 자신의 안이 팀 전체가 창출한 안에 긍정적인 효과를 준다는 확신을 갖도록 함
- 아이디어가 실행불가능하다는 부정적인 시각을 버리고, 실행 가능할 수 있도록 긍정적인 방향으로 분위기를 조성하여야 함

③ 다수의 아이디어
- 적은 양의 우수한 아이디어 창출보다는 많은 양의 아이디어(Quantity of ideas)의 창출이 중요함
- 비현실적 아이디어라 하더라도 팀 구성원의 사고의 전환을 유발시킬 수 있음

④ 아이디어 편승
- 팀 구성원간의 아이디어의 상호교환 작용을 통하여 다수의 아이디어가 창출되는 효과가 있음
- 아이디어의 양부에 관계없이 다른 사람의 아이디어에 편승하여 가치 있는 새로운 아이디어의 제안이 가능함

(2) VE 책임자의 역할

- 적정한 기법의 선정 : 적절한 기법을 선정할 뿐만 아니라 장애요소들을 제거하고 다양한 창조적 사고의 발현을 돕는 질문들을 팀 구성원에 제시하여야 한다.
- 체계적인 프로세스 운영 : 프로젝트의 전체적인 기능에 대한 아이디어 창출로부터 상세한 부문의 기능에 대한 아이디어 창출 순으로 프로세스의 체계화를 구축하여야 한다.
- 가치 있는 아이디어의 착안 : 제안된 아이디어 중 경험과 직관으로 실행 가능성 있는 아이디어를 착안하여 팀의 제안방향을 유도하여야 한다.
- 판단의 제지를 위한 방안 강구 : 팀구성원의 제안된 아이디어에 대한 판단은 자연발생적일 수 있으므로 이를 방지할 수 있는 방안을 VE 책임자는 강구해야 한다.
- 기록 : 아이디어의 시너지 또는 편승효과를 극대화하기 위하여, 순간적으로 제안되는 많은 아이디어를 모두 기록하여 전체 팀구성원에게 알릴 수 있는 방법을 강구하여야 한다. 일반적으로 플립 차트(Flip-chart) 방식이 많이 사용되나 구성원 개개인에 아이디어 시트를 제공하여 기록한 후, 그 아이디어들을 전체 구성원들이 열람–검토–제안하는 방식을 사용하기도 한다.

(3) 아이디어 창출방법

아이디어 창출방법으로는 브레인스토밍기법, 델파이법, 시네틱스방법 등이 있으며 일반적으로 아이디어 창출단계에서는 브레인스토밍기법을 활용하여 기능평가를 통하여 도출된 중요한 기능에 대해 기능별로 아이디어를 도출한다. 단, 이 단계에서 원설계자가 참여하는 것은 큰 도움이 안되는 경우가 많으므로 원설계자의 참여는 배제하는 것을 원칙으로 한다. 팀 구성원과 발주청이 필요시 설계자의 참여가 반드시 필요하다고 판단되는 경우는 예외로 할 수 있다.

〈부록 표 4-8〉 개인(집단) 브레인스토밍 사례

개인(집단) 브레인스토밍		기관	AA공사
사업명	○○지구 ○○공사		
회의장소	AA공사 소회의실	일시	2003.11.13
개선대상기능	주거공간을 제공한다.		
번 호	아이디어	비 고	
1	철골조를 사용한다.	구조	
2	단위세대를 PC로 사전 제작한다.		
3	실내정원을 제공한다.		
4	지하공간을 넓힌다.	공간	
5	지하공간을 없앤다.	공간	
6	건식화한다.	재료	
7	UBR을 사용한다.	재료	
8	PFP를 쓴다.	재료	
9	천정고를 낮춘다.	구조	
10	골조를 단순화한다.	구조	
11	아파트향을 가변향으로 한다.		
12	공동화장실을 만든다.		
13	지반고를 높인다.		
14	지하층을 거주공간으로 활용한다.		
15	공용목욕탕을 만든다.		
아이디어	15건		

〈부록 표 4-9〉 개인, 집단 브레인스토밍 비교

구 분	개인 브레인스토밍	집단 브레인스토밍
개 요	• 시간적 제약을 감소 • 많은 아이디어 도출 • 부족한 표현능력의 보완 • 습관적 · 감정적 장애 극복 • 사전준비의 효과 극대화	• 전문적시각적 장애의 극복 • 다양한 아이디어 수렴 • 여러 관점에서의 제안 아이디어에 대한 수용
주 체	VE팀원 개개인	VE팀 구성원 전체
개략절차	• 제공된 자료를 검토 • 가능한 모든 아이디어 도출 • 기록(글, 그림, 표…) • 도출된 아이디어에 대한 검토 및 분석 • 기록의 제출 • 제출된 아이디어에 대한 분류 작업	• 소규모 집단모임 토론후에 전체 집단 창조 단계 • 모든 제안 및 거론된 아이디어에 대한 기록 • 가급적 다수의 아이디어 유도 • 제안에 대한수정종합편승 • 비판 평가의 유보

3.3.4 아이디어 개략평가 및 구체화

아이디어 창출 단계에서 도출된 아이디어는 단순한 힌트에 지나지 않는다. 따라서 본 단계에서는 구성원들이 제안한 많은 아이디어를 개략적으로 몇 가지 기준으로 평가하는 단계라 할 수 있다. 여기서 선정된 아이디어는 보통 5~6가지 정도로 구체화되어 집약되는 것이 일반적이며, 구체적인 방법은 다음과 같다.

(1) 개략평가

일반적으로 개략평가 기준이 되는 지표에는 경제성, 시공성, 실현가능성, 기능성 등이 있으며, 각 해당 발주청에서는 상황에 따라서 이를 조정해서 사용해야 할 것이다. 이와 같은 지표를 사용하여 다음 표와 같이 아이디어 개략 평가를 실시한다.

〈부록 표 4-10〉 아이디어 개략 평가 사례

아이디어 목록 및 개략 평가표							기 관	AA공사
사업명		○○ 지구 ○○공사					일 시	2003.11.14
개선대상기능		앵커 블럭의 케이블 정착부 공법 개선					Page	1/1
번호	제안자	아이디어	평가기준				장 점	단 점
			(1) 작업성	(2) 경제성	(3) 기능성	결 과		
IE-1	김○○	스틸파이프 사용	○	○	△	○		

IE-2	이△△	Dwidge공법 사용	△	△	×	△		
IE-3	박△△	설계성능 기준 내에서 타사제품 사용검토	×	○	△	△		
IE-4	최○○	대체품의 개발	×	×	×	×		

○ : 실행 가능한 것, △ : 좀더 상세한 조사를 요하는 것, × : 전혀 실현이 불가능한 것

이상 세 가지 기준에 의하여 평가하고 ○의 수가 많은 것을 선정하도록 한다. 그 외 다음과 같은 질문을 통해 아이디어를 개략 평가할 수도 있다.

① 이 대안은 기능을 만족하는가?
② 이 대안은 원래의 설계에 비해서 비용이 적게 드는가?
③ 이 대안은 시공이 가능한가?
④ 만약, 위에서 질문한 것 중에 하나라도 대답이 「아니오」인 경우, 이 대안은 수 정이 가능한가? 혹은, 다른 대안과 조합함으로서 답을 「예」로 바꿀 수 있는가?

(2) 아이디어 구체화

브레인스토밍을 통해 도출된 아이디어는 아무런 비판 없이 정리된 것이기 때문에 양이나 질적인 면에서 체계적이고 구체적인 대안으로 발전시켜 상세평가하기 위해서는 몇 가지의 구체안으로 집약시킬 필요가 있다. 이를 위해서는 각 아이디어에서 다음 그림과 같이 유사한 것이나 관련이 있는 것을 몇 가지 그룹으로 묶어 구체화된 안으로 만든다.

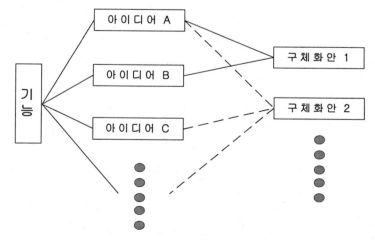

〈부록 그림 4-3〉 아이디어 구체화

예를 들면 "지하 주차장 상부 성토량을 줄인다."라는 아이디어와 "성토하는 대신에 지하 주차장 상부를 개방(선큰화)한다."라는 아이디어가 있을 때 이 둘 아이디어를 종합하여 "지하주차장 상부 성토량을 줄이고 일부는 주차장 상부를 개방한다."라는 구체화된 안으로 만들 수 있다.

3.3.5 대안의 구체화 단계

대안의 구체화 단계는 개략평가 단계에서 선정한 아이디어들에 대한 구체적 조사·분석을 통하여 제안서를 작성해 가는 과정이며 팀 구성원의 기술적 전문지식이 필수적으로 요구된다. 대안의 구체화는 선정된 대안들에 대한 구체적 연구를 통하여 스케치, 상세 계산 데이터, 소요비용 및 기타 대안의 특성 등 구체안의 개발이 이루어져야 한다.

(1) 제안서 작성

VE 책임자는 VE지침 〈별표1〉 서식의 설계의경제성등 검토제안서와 〈별표2〉의 생애주기비용 절감·가치향상 제안서에 다음의 내용을 작성 또는 첨부하여 해당 발주청에 제출한다.

- 당초설계와 제안된 설계와의 차이 설명, 각각의 장·단점, 기능이 변경된 경우 그 타당성, 변경에 의한 시설물의 성능에 미친 영향 및 이와 관련된 객관적인 자료
- 제안이 채택된 경우에 변경된 설계기준 또는 시방서의 목록
- 발주자가 제안을 채택하여 실시한 경우 각각의 제안사항이 건설사업비에 미치는 분석자료
- 수정설계 비용, 시험치 심사비용 등 제안을 채택할 경우 발주자가 부담할 가능성이 있는 비용의 설명 및 견적
- 제안된 변경사항이 생애주기비용에 미치는 영향에 대한 예측
- 제안사항이 설계 또는 시공에 미치는 영향
- 기타 제안의 우수성을 판단하는데 필요한 자료

(2) VE제안의 최종 보고서 포함내용

제안서 내용	• 프로젝트 개요 • VE연구 중인 대상구조물에 대한 구성요소별, 공정별 기능적 평가 내용 • 주요 요소, 공정에 대한 FAST도(개선 전, 개선 후) • 고려된 대안에 대한 설명 • 가장 최적 대안의 선정을 가능하게 한 사실적 정보 및 기술적 데이터 • 원안에 대한 비용과 VE제안 안에 대한 비용의 비교 • 간접비용 등을 고려한 원안과 대안에 대한 생애주기비용 산정 결과 • 원안과 대안에 대한 성능점수 및 상대적 성능향상 정도를 수치로 표현 • 원안 대비 대안에 대한 가치점수 및 상대적 가치향상 정도를 수치로 표현 • 비용절감형인 경우 비용절감정도, 기능향상형과 기능강조형인 경우 가치 향상 정도 • 신기술, 신공법 도입의 경우 도입에 따른 가치 향상 정도를 수치로 표현

3.3.6 비용 상세평가

비용 상세평가에서는 각 대안의 생애주기비용(Life Cycle Cost; 이하 LCC)을 분석하여 경제성을 비교하는 것으로 LCC분석이 용이하지 않을 경우나, LCC분석이 필요하지 않을 경우에 건설사업비용(초기투자비)을 중심으로 대안을 평가한다.

VE에 의해 도출된 대안들을 평가하기 위해서는, 제안된 각 대안에 소요되는 비용을 고려하는 상세한 경제성 평가를 하여야 한다. 이때 프로젝트의 초기공사비만을 고려하는 관점보다는 LCC에 근거하여 대안들을 평가하는 것이 중요하다. 이러한 LCC를 고려한 대안의 평가과정에서는 돈의 시간가치(Time Value Of Money), 할인율, 생애주기 등과 같은 요인과 경제성 평가의 절차가 중요하게 고려되어야 한다.

하지만 이러한 LCC 이론의 정당성에도 불구하고, 실제로 LCC분석시 미래비용에 대한 심리적 거부, 예측의 불확실성, 수집 데이터의 불완전성과 기존의 데이터의 부족, 구체적인 절차와 기법 부족 등의 이유로 아직까지 국내에서 LCC 분석을 적용하는 것은 상당히 어려운 실정이다.

(1) LCC 분석절차

LCC 분석절차를 요약하면 다음 〈부록 그림 4-4〉와 같다.

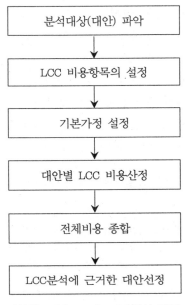

〈부록 그림 4-4〉 LCC분석 절차

① 분석대상(대안) 파악

　　LCC 분석의 첫 단계는 여러 대안 중 어떠한 대안에 대해 평가를 하는지 파악하는 단계이다.

② LCC 비용항목의 명확화

　　LCC 비용항목 모두가 LCC 분석에 사용되어지는 것은 아니다. 여러 대안에 관련된 비용항목과 정보를 바탕으로 하여 필요한 비용항목만을 선택하여 LCC 분석에 적용한다. 또한 복수의 대안을 비교할 경우 각각의 대안에 공통적으로 지출되는 비용과 분석이 시작되기 전에 이미 지출된 비용들은 포함되지 않는다. 다음 표는 일반적인 건설공사의의 LCC 비용항목들을 나열하고 있다.

〈부록 표 4-11〉 LCC 비용항목의 분류

구성항목	내 용
건설사업비	• 기획 및 설계단계에 수반되는 제비용(설계비, 토지대 등) • 건설비(재료비, 노무비, 장비비 등)
유지관리비	• 에너지비, 연료비, 임금 등
보수교체비용	• 건물의 노후화에 따른 보수 및 교체비용
해체처분비	• 잔존가치　　　• 폐기처분비
관련비용	• 기회손실비용, 방범비용, 보험료 등

③ LCC 분석을 위한 기본가정 설정

LCC 분석은 시설물의 미래의 불확실한 예측을 바탕으로 한다. 그러므로 분석을 위해서는 기본적인 가정이 필수적으로 요구된다. 기본가정들은 다음과 같다.

• 분석기간 : 분석기간은 대안의 LCC 분석 결과에 가장 큰 영향을 미치는 요인중의 하나로서, 신중히 결정할 필요가 있다. 따라서 총비용을 분석하는 목적에 따라 내용년수(시설물의 수명)를 정의하고 그 기간을 결정해야 한다. 내용년수의 가정에는 다음과 같은 시설물/시설부품의 수명에 대한 고려가 필요하다.

〈시설물/시설부품의 내용년수의 종류〉

• 물리적 내용년수 : 물리적인 노후화에 의해 결정
• 기능적 내용년수 : 원래의 기능을 충분히 달성하지 못함으로써 결정
• 사회적 내용년수 : 기술의 발달로 사용가치가 현저히 떨어지는 것에 의해 결정
• 경제적 내용년수 : 지가의 상승, 기술의 발달 등으로 인해 경제성이 현저히 떨어지는 것에 의해 결정
• 법적 내용년수 : 공공의 안전등을 위해 법에 의해 결정

• 할인율 : LCC 분석에는 미래의 발생비용을 현재의 가치로 환산하는 과정도 포함한다. 환산 시에는 돈의 시간가치의 계산을 위하여 할인율이 이용된다. 이때의 할인율은 대개 은행의 이자율을 사용한다.

정확한 분석을 위해서는 물가상승률을 고려한 실질 할인율을 이용해야 하지만 그 계산과정이 복잡한 관계로 실무에서 이를 적용하기에는 힘들 것이라 판단된다. 따라서 본 VE 업무 매뉴얼에서 제시하는 LCC 분석기법에서는 물가상승률을 고려하지 않은 할인율을 사용하도록 한다.

④ 대안별 LCC 비용산정

LCC 구성항목별 비용을 산정하는 단계이다. LCC 비용은 모두 미래의 발생비용에 대한 예측이다. 따라서 과거의 유사 시설물/시설부품에 대한 실측자료가 매우 중요하게 사용된다. 그러므로 자료수집을 통해 필요한 자료를 수집하고, 이들 중 해당 LCC 분석에 이용될 수 있는 자료를 엄선하여 구성항목별 비용산정에 사용하여야 한다.

⑤ 전체비용 종합

구성항목별 비용산정이 완료되면 이들 비용을 종합하여 대안별 LCC을 구할 수 있다.

⑥ LCC 분석에 근거한 대안 선정

LCC가 구해지면 이를 기초로 하여 가장 경제적인 대안을 선정한다.

(2) LCC 분석방법

다음 표는 LCC 분석결과의 예를 보여주고 있다. LCC분석표는 크게 건설사업비, 보수·교체비용, 연간비용(에너지비 및 유지관리비)으로 구분된다. 추정비용은 돈의 미래가치를 나타내며 현재가치는 추정비용을 현재의 돈의 가치로 등가환산한 것이다.

〈부록 표 4-12〉 LCC 분석 사례(○○지구 아파트 난방 시스템)　　　　　(단위 : 백만원)

〈LCC 분석표〉 VE 대상명 : 난방 시스템 할인율　：7% 날짜　：2005. 08. 02 내용년수 ： 40년			원 설계안		대안 1		대안 2		대안 3	
			가스 개별난방		지역난방 시스템					
			추정 비용	현재 가치	추정 비용	현재 가치	추정 비용	현재 가치	추정 비용	현재 가치
건설사업비용(초기투자비)										
A. 난방 시스템			572 ㉮	572 ㉯	4,198 ㉮	4,198 ㉯				
B.										
총 초기/부대 비용				572		4,198				
보수·교체비용	년수	현재 가치계수								
A. 교체(원안 1회차)	8 ㉰	0.582009 ㉱	572 ㉲	332 ㉳						
B. 교체(원안 2회차)	16	0.338735	572	193						
C. 교체(원안 3회차)	24	0.197147	572	112						
D. 교체(원안 4회차)	32	0.114741	572	65						
E. 교체(대안 1회차)	15	0.362446			2,411	873				
F. 교체(대안 2회차)	30	0.131367			2,411	316				
매각(공기조절기)	24	0.06678	0	0	0	0				
총 보수·교체 비용				11,118		7,865				
연간비용		연금 현재가치계수								
A. 유지관리		13.3317 ㉴	12 ㉵	159 ㉶	30	399				
B. 에너지		13.3317	822	10,958	560	7,465				
C.										
총 연간비용				11,118		7,865				
LCC 합계				12,395		13,254				
LCC 절감액				858						

LCC 분석표 작성 절차는 다음과 같다(위의 표 참조)

① 분석표 상단에는 VE 대상명, 건물(시설)의 할인율, 내용년수를 적는다. 할인율은 대개 은행의 이자율을 이용하여 구하고, 건물(시설)의 내용년수는 실적 자료를 이용하여 구한다.

② 원 설계안과 대안들을 비교분석이 가능하도록 분석표 상단에 적는다.

③ 건설사업비에는 각 대안의 건설초기의 비용을 계산하여 ㉮란에 적는다. 이때 건설사업비의 추정비용과 현재가치는 동일하기 때문에 ㉰란에는 ㉮란과 똑같은 수치를 적는다.

④ 보수·교체비용을 구하기 위해 ㉱란에는 실적자료를 통하여 원안 및 대안의 보수·교체년수를 기입한다.
(예 : 원안은 32년 내용년수동안 8년 주기로 4회 교체된다) 그리고 매각금액은 교체된 시설물의 잔존가치를 의미한다.

⑤ ㉲란에는 현재가치계수를 구하여 기입한다. 보수 및 교체년수와 할인율이 교차하는 위치의 수치가 구하고자 하는 현재가치계수이다.

⑥ ㉳란에는 실적자료를 통하여 보수·교체의 해당 년수의 추정 보수·교체비용을 기입한다.
(예 : 원 설계안의 1회차 교체년수는 8년이며 그 해당 비용은 572백만원이 된다)

⑥ ㉴란에는 ㉲ × ㉳의 결과치(보수·교체비용의 현재가치)를 구하여 기입한다.

⑦ 연간비용을 구하기 위해서는 에너지 및 유지관리의 연간 추정비용을 가정하여야 한다. 이를 구하기 위하여 실적 자료를 이용한다.

⑧ ㉵란에는 연금현재가치계수를 구한다. 내용년수와 할인율이 교차하는 위치의 수치가 구하고자 하는 연금현재가치계수이다.

⑨ ㉶란에는 실적자료를 통하여 연간비용항목의 비용을 기입한다.

⑩ ㉷란에는 ㉵ × ㉶의 결과치(현재가치)를 기입한다.

⑪ 각 대안에 대한 LCC 합계를 구하고, 이에 따른 LCC 절감액을 구한다.

⑫ LCC 분석에 근거한 가장 경제적인 안을 선정한다.

3.3.7 최적안 선정기법

최적안 선정기법의 목적은 경제적인 측면뿐만 아니라 건물(시설)의 전체적인 측면에서 종합적으로 판단하여 최종적으로 가장 적절한 VE 대안을 선정하는데 그 목적이 있다. 이때 발주자·사용자 요구측정 단계에서 작성된 품질모델과 기능분석 단계에서 작성된 FAST 다이어그램 등을 참고로 하여 대안이 이에 부합하는지를 판단하여야 한다. 본 매뉴얼에서는 최적안 선정기법으로 널리 사용되는 매트릭스 평가법에 대하여 기술한다.

(1) 필요한 정보

① 대안을 간단히 설명할 스케치, 개략도 등과 같은 도면
② 품질모델
③ FAST 다이어그램
④ 대안의 재료비, 노무비, 장비비, 경비 등의 구성원가
⑤ 기능을 만족시키는 것을 증명할 시험성적서, 재료성능표 등
⑥ 대안에 대한 장점, 단점, 주의사항
⑦ 단점 및 문제점 극복방법

(2) 매트릭스(Matrix) 평가법

매트릭스 평가법은 각 대안에 대해서 대안이 실행되었을 때 영향을 받을 평가항목을 결정하고 영향도에 대해 점수를 매긴다. 점수의 범위는 가장 빈약한 것은 1점에서 가장 좋은 영향을 주는 대안에 5점으로 각 대안의 합계점수를 구해서 가장 점수가 높은 대안을 최적안으로 한다. 평가항목으로는 대안이 평가항목에 주는 영향도를 고려하여 결정한다.

매트릭스 평가법의 변형인 가중치 부여 매트릭스 평가법은 특정 공정의 여러 대안 가운데서 최적안을 선정할 때 가장 널리 사용되고 있다. 매트릭스 평가법에서는 "각 평가항목의 중요도가 같다"라는 전제가 있다. 그러나 각 항목의 중요도가 모두 같은 경우는 드문 것이므로, 이 방법에서는 각 평가항목에 가중치를 부여한다. 각 대안의 평가점수는 평가항목별 점수에 평가항목의 가중치를 곱한 점수를 합계해서 계산한다.

본 설계VE 업무 매뉴얼에서는 이러한 가중치 부여 매트릭스 평가법을 편의상 매트릭스 평가법으로 한다.

① 평가항목의 선정

최적안 선정을 하기에 앞서 우선 평가항목을 결정해야 한다(〈부록 표 4-13〉 참조). 이때 품질모델과 FAST 다이어그램을 참고로 하여 평가항목을 결정한다.

평가항목은 보통 5~10항목 정도이다. 그리고 각 항목은 상호 독립적이어야 한다. 만약 항목의 내용이 서로 중첩되면, 특정 항목의 가중치가 편중이 되게 된다. 예를 들면 생애주기비용과 건설사업비용이 같이 평가되면 후자는 전자의 일부이므로 후자에 과중한 수치가 부여될 수 있다.

본 절에서 적용하는 평가항목은 단지 가이드라인을 제공하기 위한 것이기 때문에 실무에서는 프로젝트의 특성에 맞는 평가항목을 VE팀 구성원들의 합의에 의해 선정하여야 한다.

〈부록 표 4-13〉 평가항목 선정표 사례

평가기준	평가항목
경제적 요인	건설사업비용
	운용 및 유지관리비
경제외적 요인	미적 성능
	기능성
	편리성
시공성	작업성
	안전성
	유지관리 성능

② 최적안 선정

최종안 선정을 위한 선정표는 크게 평가항목 점수표[1]와 대안 평가표[2]로 구분된다(다음 〈부록 그림 4-5〉 참조).

---

1) 평가항목 점수표는 평가항목 끼리의 상호비교를 통하여 평가항목별로 가중치를 부여하기 위한 양식이다.

2) 평가 표는 각 대안의 평가항목에 대한 만족도를 종합적으로 평가하여 상대적으로 가장 우수한 대안을 최적안으로 선정하기 위한 양식이다.

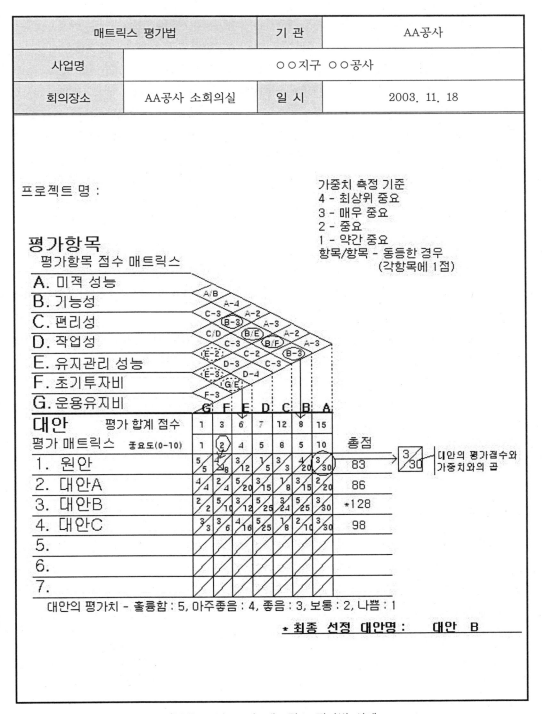

매트릭스 평가법		기 관	AA공사
사업명		○○지구 ○○공사	
회의장소	AA공사 소회의실	일 시	2003. 11. 18

프로젝트 명 :

가중치 측정 기준
4 - 최상위 중요
3 - 매우 중요
2 - 중요
1 - 약간 중요
항목/항목 - 동등한 경우
　　　　　(각항목에 1점)

평가항목
평가항목 점수 매트릭스

A. 미적 성능
B. 기능성
C. 편리성
D. 작업성
E. 유지관리 성능
F. 초기투자비
G. 운용유지비

대안 평가 합계 점수
평가 매트릭스 중요도(0-10)

	G	F	E	D	C	B	A	총점
평가 합계 점수	1	3	6	7	12	8	15	
중요도(0-10)	1	2	4	5	8	5	10	
1. 원안	5/5	1/2	3/12	1/5	3/3	4/20	3/30	83
2. 대안A	4/4	2/4	5/20	3/15	1/8	3/15	2/20	86
3. 대안B	2/2	5/10	3/12	5/25	3/24	5/25	3/30	*128
4. 대안C	3/3	3/6	4/16	5/25	1/8	2/10	3/30	98
5.								
6.								
7.								

3/30 → 대안의 평가점수와 가중치와의 곱

대안의 평가치 - 훌륭함 : 5, 아주좋음 : 4, 좋음 : 3, 보통 : 2, 나쁨 : 1

＊ 최종 선정 대안명 :　　대안　B

〈부록 그림 4-5〉 매트릭스 평가법 사례

③ 최적안 선정을 위한 매트릭스 평가표 작성 절차(〈부록 그림 4-5〉 참조)

- 중요한 평가기준 항목들을 평가항목란에 나열한다.
- 평가항목들은 서로 쌍방으로 비교되고, 가중치 측정기준을 참고하여 「A-4」(A : 평가기준 항목, 4 : A평가항목이 비교되는 다른 평가항목보다 최상위로 중요한 경우)와 같은 형식으로 그 비교정도를 오른쪽란에 기입한다. 만약에 두 평가항목의 중요도가 동일하게 평가되었을 때에는 A/B와 같은 방법으로 표기한다.
- 평가항목에 대한 점수를 합산하여 평가 합계 점수란에 기입하게 되는데, 그 점수합산 방법은 같은 평가항목을 가진 점수를 모은 다음, 전부 더하여 계산한다. (예를 들면, B항목의 점수는 (B-3)+(B/E)+(B/F)+(B-3) = 8
  C항목의 점수는 (C-3)+(C/D)+(C-3)+(C-2)+(C-3) = 12
  E항목의 점수는 (E-2)+(E-3)+(G/E) = 6 등이다.)
- 평가항목에 대한 가중치를 구하기 위해서 합산된 점수는 10등급으로 나뉘어진다. 가장 높은 점수를 받은 항목을 10으로 두고 이를 기준으로 하여 남은 항목들은 비례 환산한다.
- 평가 매트릭스에서 대각선으로 표시된 란 중 왼쪽에는 각 평가항목에 대한 대안의 평가치를 5점 척도(예 - 훌륭함 : 5, 아주 좋음 : 4, 좋음 : 3, 보통 : 2, 나쁨 : 1)를 사용하여 나타내게 된다.
- 대각선으로 표시된 란 중 오른쪽란에는 각 평가항목의 가중치와 대안의 평가치를 곱한 값을 기입하고, 그 합계를 총점란에 기입한다.
- 각 대안의 총점을 구한다.
- 가장 높은 점수를 확보한 대안을 최종 대안으로 선정한다.

3.3.8 제안 단계

제안단계는 VE분석 절차(Job Plan)의 마지막 단계로서 발주청의 의사결정자(경영진, VE 담당관, CMr, 기타 VE책임자가 필요하다고 인정되는 자 등)와 당해사업의 설계팀에게 제안서로 작성한 VE활동의 결과를 구두로 발표하는 단계로 VE활동 수행 결과인 최종 대안에 대한 의사결정자 및 유관 그룹이 대안에 대하여 이해를 하고 받아들일 수 있도록 하는데 목적이 있다.

제안 단계에는 VE 책임자, VE 팀원, VE 담당관, 당해 프로젝트 관련자 전체가 참여한 가운데 검토 수행결과를 발표하여야 하며 필요시 보완 발표를 추가로 실시할 수 있다.

(1) 제안서 발표 전략

① 의사결정자는 크게 발주청의 경영진, VE 담당관 등 운영주체와 당해사업 설계팀으로 구분되므로 발표의 내용은 이 두 그룹의 주요 관심 사항에 초점을 맞추는 전략의 수립이 필요

② 1시간 내외의 짧은 시간에 여러 부문의 제안들을 발표하는 경우가 보통이므로 시행 가능성이 높다고 판단되는 제안 순으로 발표

③ 토론의 여지가 많은 상세한 사항에 대해서는 별도의 시간을 할당하는 등 발표시간을 효율적으로 활용

④ 발표 시에는 우호적인 분위기의 조성이 요구됨. 특히 VE팀에 대한 반감을 최소화하기 위하여 발표시 당해사업 설계의 우수성 및 이를 토대로 대안이 창출되었음을 강조

⑤ VE 분석 단계에서 설계의 오류가 발견되더라도 발표시에 부각시키는 것보다는 대안과의 차이점을 강조하는 우회적인 접근이 필요

(2) VE 제안서의 발표 내용 및 절차

① 참석자 소개

② 개요 설명
- 프로젝트 개요
- 연구범위 및 VE 대상 분야
- 연구기간, 장소, 팀구성

③ VE 수행절차
- VE연구 수행단계별 활동내용 및 성과
- 분야별 주요 활동내용 및 성과
- 분야별 비용절감내역, 성능증감내역 및 가치향상내역

④ 제안서 내용설명

⑤ 질의응답

⑥ 실행단계업무 및 역할 협의

⑥ 총평

3.4 실행단계

실행단계는 분석단계에서 제시된 각 VE 제안의 최종처리 단계로서 VE 수행을 마무리하는 아주 중요한 단계이다. 일반적으로 분석단계의 VE활동이 끝나면 실질적인 VE활동이 종료되는 것으로 인식하고 있으나 실행단계에서 VE 제안에 대한 사후 처리를 효과적으로 관리하지 않으면 지금까지의 VE 활동은 무의미하게 되므로 VE 수행주체는 이의 중요성을 충분히 인식해야 한다.

3.4.1 제안서 검토

본 단계는 VE 제안서의 검토단계로서 VE 제안에 대한 개략적인 실행보고서를 작성하고 평가가 진행되는 단계

(1) 절 차

① 분석단계가 종료되면 VE 책임자는 발표시에 논의된 내용을 VE 제안서에 보충하여 발주청의 경영진, VE 담당관과 설계자 등에 제출하여 검토를 받음

② 이를 바탕으로 최종적으로 VE 제안의 처리결과가 결정되면, VE 책임자는 VE 제안의 처리결과를 포함한 최종VE 보고서를 작성해야 함

③ VE 제안서의 제출이 완료되면 VE 책임자와 VE팀의 업무는 사실상 종료되며, 이후의 최종 VE 보고서 관련 후속조치는 VE 담당관이 주관

(2) 제안서 수록 권장항목

제안서 및 최종보고서에 기본적으로 수록해야 할 권장항목을 〈부록 표 4-14〉에 제시하였으며, 그 세부내용은 다음과 같다.

〈부록 표 4-14〉 VE 제안서 및 최종 VE 보고서 수록 항목

구 분	개요보고서(최소한의 내용)	표준 보고서	종합보고서
VE 제안서	• 실행계획 요약서 • VE제안 요약서 • VE제안서와 실행제안서 • VE팀원	개요보고서 내용포함 • 프로젝트 기술서 • VE팀 의견서 • 기능계통도 • 기능평가 • 아이디어/평가표 • 견적서 사본 • 검토된 설계도서 목록	표준보고서 내용포함 • 서론 • 적용된 VE기법 설명

최종 VE 보고서	개요보고서 내용 포함 • VE제안 처리 결과	표준보고서 내용 포함 • VE제안 처리결과 • 교훈	종합보고서 내용포함 • VE제안 처리결과 • 교훈

(3) 요약 보고서

일반적으로 각 조직의 최상위 관리자 또는 의사결정자는 검토해야 할 많은 업무가 있는 주체이다. 그래서 각 프로젝트에서 제안된 VE 보고서의 세부적인 내용에 대한 정밀한 검토는 사실상 불가능하므로 요약보고서가 필요하다. 요약보고서에 수록해야할 내용은 다음과 같다.

① 연구 목적
② 연구 장소와 일시
③ 각종 모임의 장소와 일시(참석자 명단과 함께)
④ VE팀 명단
⑤ 연구 결과의 개략적인 기술(제안 수, 절감(가능)액 등)
⑥ 연구결과 또는 연구와 관련되는 주목할 만한 내용
⑦ 다음 VE 수행절차에 대한 개략적인 기술

(4) 실행 요약서

실행 요약서의 작성목적은 VE 제안을 사행하고 관리함에 있어 업무의 편리성을 제공하기 위한 것으로 발주청의 요구가 있을 경우에 작성한다. 실행 요약서는 일반적으로 1-2장의 범위에서 VE 실행안의 핵심적인 내용을 간결하게 수록 한다.

〈부록 표 4-15〉 VE 제안 실행 요약서 사례

VE 제안 실행 요약서		기 관	AA공사
사업명	○○지구 ○○공사		
VE제안번호	제안명	실행 내용 요약서	
VE-01	증기덕트의 개선	증기덕트의 개선 : 배기덕트의 개방장소와 배기방식을 바꾸는 것으로 배기덕트 단말구를 부지 경계 내에 하향으로 개발하고, 우물물을 이용한 포말제거용 샤워헤드를 설치한다.	
VE-02	수도인입방식의 개선	수도인입방식의 개선 : 구내도로에 공영의 급수 본관 설치 협력을 조건으로 공영수조를 부지안의 산꼭대기로 유치	

VE-03	방지, 방음시트벽의 개선	방지, 방음시트벽의 개선 : 강풍시 또는 수리시에 시트를 오르내릴 수 있도록 지주형상을 변경하고 기초를 작게 함
VE-04	지붕의 채광창 개선	지붕의 채광창 개선 : 채광창의 치켜 올라간 부분 대신 선입유리를 와이어웨이브로 변경

제안자	김○○	분야	토목	연락처	000-0000

3.4.2 제안서 승인

본 단계에서는 제안된 VE 제안의 최종 처리를 하기 위한 단계이며, 처리방법은 채택, 기각, 재검토 등으로 구분

(1) 제안서 승인 절차

① VE 제안의 심의결과는 '채택, 기각, 재검토'의 세 가지 유형으로 구분

② VE 담당관은 심의결과에 대한 토의를 위하여 심의팀, 설계팀, VE팀이 참여하는 모임을 주관

③ 이 모임에서 개별제안의 심의결과에 대한 이유의 설명과 각 팀의 의견개진 및 조정을 통하여 개별제안의 최종처리 방안을 결정

④ 기각된 제안에 대해서는 심의자가 잘못된 이해가 있었는가를 점검하고 재검토 제안에 대해서는 어떠한 최종결정을 내려야 하는가에 대하여 상세히 논의되어야 하며, 채택된 제안에 대해서는 구체적인 실행계획을 수립

⑤ 수정설계에 반영하기 위한 실행계획은 설계자가 주관하여 작성하게 되며, VE 책임자등은 이에 적극적으로 협조해야 함

⑥ VE 제안에 대한 협의에서도 최종처리 절차가 조율이 되지 않을 경우에는 설계자문위원회에 이를 회부함

(2) 채택, 기각, 재검토의 세부내용

① 채 택

• 채택은 VE 제안서의 개별 VE 제안에 대한 완전한 수용을 의미

- 수용된 VE 제안은 즉시 수정설계 작업이 수행되어야 함
- 만약, VE 제안 중의 일부내용만 수용되고 다른 요소는 거부된 경우 이는 VE 제안의 기각 또는 재검토의 대상이 됨
- VE 제안이 채택된 다음 사안에 따라 수정설계를 실시하는 동안 원 VE 제안의 일부 조정이 요구되는 경우가 있다. 이러한 경우에는 조정내용이 실행계획서 및 요약서에 구체적으로 기술되어야 함

② 기각 혹은 재검토

- VE 제안을 기각할 경우 각 심사주체는 객관적이고 기술적인 근거를 문서로 작성 제시해야 함
- VE 담당관은 심의결과 중에서 반대 혹은 재검토에 대한 근거를 충분히 검토하고 그 수용여부를 결정
- 만일 심사자에 따라 다양한 심의결과가 제출된 경우에는 설계자문위원회에 회부하기 전에 전술한 바와 같이 관련주체 모임을 통해 충분히 협의를 거쳐야 함

3.4.3 후속조치

채택된 제안을 설계에 반영하고, 그 결과를 정리한 최종 VE 보고서를 VE 담당관이 VE 책임자로부터 제출받아 VE 시행부서에 전달하는 단계로서 VE 적용에 대한 효과를 종합적으로 검증하는 단계

(1) 후속조치 활동 절차

① 채택된 VE 제안을 수정설계에 반영한 후 실제적인 효과를 제안당시의 예상효과와 비교
② 실행과정상에 발생된 제반 문제점들을 분석하여 향후 VE 활동에 반영
③ 실행이 되지 않은 제안일지라도 VE 분석단계로부터 얻어진 기술정보들을 축적하여 재활용할 수 있는 방안을 각 발주청 차원에서 마련함
④ 제안 적용의 효과는 시공 완료시뿐만 아니라 시설물의 사용기간에도 점검되어야 하므로 시공 이후 사용자의 만족도 및 시설물의 효용성을 점검하는 POE(Post Occupancy Evaluation)등을 활용하여 장기적인 제안 적용 효과의 평가도 필요
⑤ VE 제안의 실행과 관련한 각종 후속조치 업무는 발주청의 주관 하에 수행되는 것으로 해당기관에서는 VE 제안을 적극적으로 수용하고 실행 가능하려는 자세와 노력이 요구됨

플랜트 엔지니어링
공사 실무

정가 ▌ 35,000원

지은이 ▌ 김 재 희
펴낸이 ▌ 차 승 녀
펴낸곳 ▌ 도서출판 건기원

2015년 5월 15일 제1판 제1인쇄발행
2018년 10월 31일 제1판 제2인쇄발행

주소 ▌ 경기도 파주시 연다산길 244(연다산동 186-16)
전화 ▌ (02)2662-1874~5
팩스 ▌ (02)2665-8281
등록 ▌ 제11-162호, 1998. 11. 24

● 건기원은 여러분을 책의 주인공으로 만들어 드리며 출판 윤리 강령을 준수합니다.
● 본 교재를 복제 · 변형하여 판매 · 배포 · 전송하는 일체의 행위를 금하며, 이를 위반할 경우 저작권법 등에 따라 처벌받을 수 있습니다.

ISBN 979-11-5767-065-9 13530